实用网络技术

吴兴勇　主编

中国农业大学出版社
·北京·

内 容 简 介

全书共分9章，主要内容包括常见网络技术、TCP/IP网络协议、综合布线技术、网络管理配置技术、服务器与存储技术、网络应用技术实践、网络安全技术、热点网络技术应用、网络规划与设计等。

图书在版编目(CIP)数据

实用网络技术／吴兴勇主编．—北京：中国农业大学出版社，2015.5
ISBN 978-7-5655-1226-1

Ⅰ.①实…　Ⅱ.①吴…　Ⅲ.①计算机网络-基本知识　Ⅳ.①TP393

中国版本图书馆CIP数据核字(2015)第085531号

书　　名　实用网络技术
作　　者　吴兴勇　主编

策划编辑　赵　中　　**责任编辑**　冯雪梅　洪重光
封面设计　郑　川　　**责任校对**　王晓凤
出版发行　中国农业大学出版社
社　　址　北京市海淀区圆明园西路2号　　**邮政编码**　100193
电　　话　发行部 010-62818525,8625　　读者服务部 010-62732336
编辑部 010-62732617,2618　　出　版　部 010-62733440
网　　址　http://www.cau.edu.cn/caup　　**e-mail** cbsszs@cau.edu.cn
经　　销　新华书店
印　　刷　涿州市星河印刷有限公司
版　　次　2015年5月第1版　　2015年5月第1次印刷
规　　格　787×1 092　　16开本　　25印张　　616千字
定　　价　52.00元

主　编　吴兴勇
副主编　段海波　文仕军　吴文斗　饶志坚
参　编　黄生健　张海涛　高润琴　孙华兰
周　军

前　言

本书在内容组织上，采用了全新的组织架构，将网络技术与网络体系结构有机融合在一起，并加入了最新的 4G 技术、无线网技术、无源光网络等内容。在网络基础理论介绍后，对综合布线系统进行了深入阐述。当前大部分书籍往往忽视了网络传输介质的讲述，而专业的综合布线系统书籍又难以入门，使得读者对传输介质和综合布线系统掌握得不透彻，导致在组网、建网方面的能力非常低下。在掌握基础理论和布线系统后，针对网络配置管理技术进行了翔实的讲解，通过学习此部分知识，读者便能从容地应对日常网络运行维护中的相关问题。很多读者在学习了计算机网络技术后，对服务器的相关技术很陌生，连 RAID 是什么都不知道，更不用说存储区域网络 SAN 了。因此，本书将服务器与存储技术、网络应用技术实践等内容纳入进来，读者学习后，对数据中心的建设和管理就有了深入的了解，从而能够尽快承担起服务器管理、应用系统管理的相关工作任务。与此同时，本书还安排了网络安全技术、最新的热点技术应用的内容，包括虚拟化、云计算、物联网、大数据等，使读者了解最新网络的应用，掌握信息技术最新的研究方向。最后，本书对网络规划与设计进行了深入分析，针对不同的网络应用场景采用案例的方式进行了设计与分析，读者能快速掌握大型网络规划设计与分析方法，独立完成各类网络的规划与设计。

编写组成员都是高校网络中心的管理技术人员，具有很丰富的网络管理与规划设计经验和教学经验，在编写过程中既注重理论知识，又加入了翔实的案例，将网络技术的实践经验与理论完美地结合在一起。全书共分 9 章，主要内容包括常见网络技术、TCP/IP 网络协议、综合布线技术、网络管理配置技术、服务器与存储技术、网络应用技术实践、网络安全技术、热点网络技术应用、网络规划与设计等。第 1 章由吴兴勇老师负责编写，第 2 章、第 3 章由文仕军和周军老师负责编写，第 4 章由吴文斗老师负责编写，第 5 章、第 8 章由段海波老师负责编写，第 6 章由黄生健、孙华兰老师负责编写，第 7 章由高润琴、张海涛老师负责编写，第 9 章由饶志坚老师负责编写。

全书由吴兴勇主编、统稿，段海波、文仕军、吴文斗、饶志坚任副主编，黄生健、张海涛、高润琴、孙华兰、周军老师参与了编写。在编写过程中还参考了国内外有关计算机网络的文献，在此对帮助本书编写的教师及文献的作者表示诚挚的感谢。由于编者水平有限，书中错误或不妥之处在所难免，恳请各位专家、老师和同学提出宝贵意见。

在本书编写过程中，编写组得到了中国农业大学出版社的大力支持和热情帮助，在此表示衷心感谢。

编者

2014 年 12 月

目 录

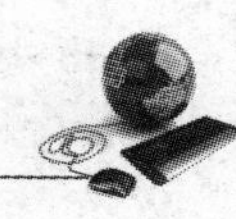

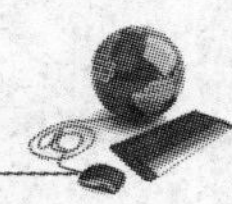

第1章 常见网络技术

当我们利用计算机、手机和平板电脑在互联网上畅游时，我们的数据通过哪些数据通信技术进行传输，利用什么网络技术高速传递我们的信息呢？网络研发人员发明了众多的网络技术供我们选择，如以太网技术、WLAN技术、3G技术、4G技术、ATM技术、SDH技术等。在本章中我们将详细讨论这些网络技术的工作原理和组网技术。

1.1 网络中的数据交换

在数据通信系统中，当终端与计算机之间，或者计算机与计算机之间不是直通专线连接，而是要经过多个节点来中继时，那么两端系统之间的传输通路就是通过通信网络中若干节点转接而成的。中继节点之间进行数据传输所采用的技术就是数据交换技术。主要的交换技术有：电路交换、存储转发交换技术两大类，而存储转发方式又分为报文交换、分组交换两种。

1.1.1 电路交换

电路交换其特点是由交换机负责在两个通信站点之间建立一条物理的固定传输线路，直到通信完毕后再拆除，在通信期间始终由一对用户固定占用。利用电路交换进行通信包括电路建立、数据传输、电路拆除三个阶段。最典型的应用就是电话的交换方式，拨号过程就是电路建立，通话阶段即为数据传输，挂机就拆除电路。

电路交换的优点：通信实时性强，适用于交互式会话通信。

电路交换的缺点：对突发性通信不适应，独占链路，通信系统的效率低下，链路使用率不高；系统不具有存储数据的能力，不具备差错控制能力，无法发现和纠正传输过程中的数据差错。

因此，电路交换不适合计算机网络的通信特点。

1.1.2 存储转发

存储转发即先存储，再转发。把需要传送的数据在交换设备的控制下，缓冲存储在设备的数据缓冲区，当信道空闲时再选择路径转发出去。这样，既提高了信道的利用率，节省了建立电路的延迟，也可以进行差错控制、流量控制和数据安全保障等。

存储转发技术又分为报文交换、分组交换两种方式。

1. 报文交换

报文交换方式不要求在两个通信节点之间建立专用的通路,各节点把要发送的信息组织成一个完整的数据包——报文,该报文中含有目标节点的地址,完整的报文在网络中一站一站地向前传送。每一个节点接收整个报文,检查目标节点地址、差错控制等,然后根据网络中的交通情况在适当的时候转发到下一个节点。经过多次的"存储—转发",最后到达目标节点,因而这样的网络叫"存储—转发"网络。其中的交换节点要有足够大的存储空间,用以缓冲收到的长报文。

小知识

网络节点(Network Node),网络节点是指网络中一台电脑或其他设备,一个有独立地址和具有传送或接收数据功能的与网络相连的设备。节点可以是工作站、客户、网络用户或个人计算机,还可以是服务器、打印机和其他网络连接的交换机、路由器等网络设备。每一个工作站、服务器、终端设备、网络设备都拥有自己唯一网络地址,整个网络就是由这些许许多多的网络节点组成,把各种网络节点用通信线路连接起来,形成一定的几何关系,这就是网络拓扑结构。

报文一般包括 3 个部分内容,分别是报头、报文正文和报尾,报头由源站地址、目的站地址及其他辅助信息组成。报文就如同我们生活中的快递、信件一样,我们把需要邮寄的信件使用信封封装起来,写上收件人地址、姓名(目标地址),也写上寄件人地址(源地址),然后邮寄(相当于数据传输)出去。

交换节点对各个方向上收到的报文进行排队,并查找出下一个要转发的节点,然后再转发出去,这些都带来了排队等待的延迟时间。

(1)"存储—转发"方式的优点

①报文交换不需要为通信双方预先建立一条专用的通信线路,不存在连接建立的时延,用户可随时发送报文。

②由于采用存储转发的传输方式,使之具有下列优点:a. 在报文交换中便于设置代码检验和数据重发设施,加之交换节点还具有路径选择功能,就可以做到某条传输路径发生故障时,重新选择另一条路径传输数据,提高了传输的可靠性;b. 在"存储-转发"中容易实现代码转换和速率匹配,甚至收发双方可以不同时处于就绪状态,这样就便于类型、规格和速度不同的计算机之间进行通信;c. 提供多目标服务,即一个报文可以同时发送到多个目的地址,这在电路交换中是很难实现的;d. 允许建立数据传输的优先级,使优先级高的报文优先转换。

③通信双方不是固定占有一条通信线路,而是在不同的时间一段一段地部分占有这条物理通路,因而大大提高了通信线路的利用率。

(2)报文交换的缺点

①由于数据进入交换节点后要经历存储、转发这一过程,从而引起转发时延(包括接收报文、检验正确性、排队、发送时间等),而且网络的通信量愈大,造成的时延就愈大,因此报文交换的实时性差,不适合传送实时或交互式业务的数据。

②报文交换只适用于数字信号。

③由于报文长度没有限制,而每个中间节点都要完整地接收传来的整个报文,当输出线路

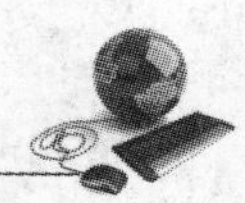

不空闲时，还可能要存储几个完整报文等待转发，要求网络中每个节点有较大的缓冲区。

④由于对报文长度没有限制，如出现较大的报文，其他节点的数据等候发送的延迟时间会较长，就会出现节点间不公平的情况。

(3)报文交换的特点

①源节点和目标节点在通信时不需要建立一条专用的通路。

②与电路交换相比，报文交换没有建立电路和拆除电路所需的等待和时延。

③信道的利用率高，节点间可根据信道情况选择不同的速度传输，能高效地传输数据。

④要求节点具备足够的报文数据存放能力。

⑤数据传输的可靠性高，每个节点在存储转发中都要进行差错控制，即检错和纠错。

2.分组交换

分组交换仍采用存储转发的方式，在报文交换的基础上将一个长报文先分割为若干个较短的分组，然后把这些分组(携带源、目的地址和编号信息)逐一地发送出去，因此分组交换除了具有报文的优点外，与报文交换相比还有以下特点。

(1)分组交换的优点

①加速了数据在网络中的传输。因为分组长度较小，逐一进行传输，所以使后一个分组的存储操作与前一个分组的转发操作可以并行，这种流水线式的传输方式减少了报文的传输时间，降低了缓冲区大小，缩短了存储转发的等待延时。

②简化了存储管理。因为分组的长度固定，相应的缓冲区的大小也固定，在交换节点中存储器的管理通常被简化为对缓冲区的管理，相对比较容易。

③减少了出错概率和重发数据。因为分组较短，其出错概率必然减少，每次重发的数据量也就大大减少，这样不仅提高了可靠性，也减少了传输时延。

④由于分组短小，更适用于采用优先级策略，便于及时传送一些紧急数据，因此对于计算机之间的突发式的数据通信，分组交换显然更为合适些。

(2)分组交换的缺点

①虽然分组交换比报文交换的传输时延少，但仍然存在存储转发的时延，而且交换节点设备必须具有更强的处理能力。

②分组交换的每个分组都要加上源、目的地址和分组编号等控制信息，这样使得传送的数据增加了开销，在一定程度上降低了通信效率，增加了处理的时延，使控制复杂，时延增加。

③当分组交换可能出现失序、丢失或重复分组，分组到达目标节点时，要对分组按编号进行排序等工作，增加了麻烦。

3.分组交换之虚电路服务

为了解决分组交换存在失序、丢失的问题，既能像电路交换那样，实现可靠、有序的数据传输，又能像分组交换那样，可以通过共享链路来提高链路的利用率，因此人们发明了虚电路交换技术来满足传输需求。

在传输方式上虚电路服务与电路交换一样，数据的传输需经过三个步骤：

(1)在源节点与目标节点之间建立一条逻辑链路，即建立虚电路。

(2)将数据组装成分组按顺序沿着逻辑链路传送出去。

(3)数据传输完毕,拆除逻辑链路。

虚电路服务仅在源主机发出呼叫分组中需要填上源和目的主机的全网地址,在数据传输阶段,都只需填上虚电路号。而数据报服务,由于每个数据报都单独传送,因此,在每个数据报中都必须具有源和目的主机的全网地址,以便网络节点根据所带地址向目的主机转发,这对频繁的人-机交互通信每次都附上源、目的主机的全网地址不仅累赘,也降低了信道利用率。另外,虚电路服务沿途各节点只在呼叫请求分组在网中传输时,进行路径选择,在数据传输阶段便不需要进行路径选择了。在保障分组顺序问题上,对于虚电路服务,由于从源主机发出的所有分组都是通过事先建立好的一条虚电路进行传输,所以能保证分组按发送顺序到达目的主机。在可靠性与适应性方面,虚电路服务在通信之前双方已进行过连接,而且每发完一定数量的分组后,对方也都给予确认,故虚电路服务比数据报服务的可靠性高。但是,当传输途中的某个节点或链路发生故障时,数据报服务可以绕开这些故障地区,而另选其他路径,把数据传至目的地,而虚电路服务则必须重新建立虚电路才能进行通信。

总之,若要传送的数据量很大,且其传送时间远大于呼叫时间,则采用电路交换较为合适;当端到端的通路有很多段的链路组成时,采用分组交换传送数据较为合适。从提高整个网络的信道利用率上看,报文交换和分组交换优于电路交换,其中分组交换比报文交换的时延小,尤其适合于计算机之间的突发式的数据通信。

1.2 网络体系结构

计算机网络是一个非常复杂的系统,通信的双方必须高度协调才能将数据正确地传输到目的端。人们为了实现这一复杂系统,采用分层的办法把网络系统中功能相对独立的部分划分开来,形成不同的层次,通过化整为零再来解决各部分的问题就相对简单得多。

1.2.1 网络体系结构的形成

我们在研究网络体系结构之前,先了解一下两台通信终端进行数据通信时需要做些什么,完成哪些事情。

①通信终端之间必须有一条通信链路,不管是有线还是无线的。

②发起通信的终端需要将数据通信的链路激活,即发出一些信令,保证要传送的数据能在此链路上正确地发送和接收。

③网络能够找到目标终端,即解决如何识别目标终端。

④终端之间需要感知对方已准备好,即源端和目的端能够协同工作,完成发送、接收、存储和处理。

⑤各终端还要能够识别各种文件格式和编码,如果文件格式、编码不同的话就需要进行转换。

⑥在数据传输过程中,网络还需要能够处理各种差错和意外事故,如数据传输错误、数据重复、丢失、乱序等。

由此可见,通信双方需要保证高度的协调,才能正确地传输和接收数据。这种高度“协调”需要复杂的控制,而分层的理念指导着网络设计者逐一解决了这些控制难题。早在 ARPA-

NET 设计时就引入了分层的方法，建立起我们现在每天都使用的 Internet 的雏形。

1974 年，美国 IBM 公司第一个发布了它研制的计算机系统网络体系结构 SNA(system network architecture)。这个著名的网络体系结构就是按照分层的方法制定的，以后 SNA 又不断得到改进，更新了几个版本。不久之后，其他一些公司也相继推出各自的一套体系结构，并都采用了不同的名称，如 DEC 的 DNA、Burroughs 的 BNA、三菱的 MNA、富士通的 FNA 和日立的 HNA 等。这些网络体系结构均试图为本公司的计算机和通信产品提供一种统一的通信系统结构，以满足当时和未来的计算机组网要求。甚至个别公司提出的网络体系结构(如 DNA)已经考虑到可以兼容其他厂家(如 IBM)的产品。这一时期，网络技术产品开始迈向批量生产，但其体系结构仍然以面向各自公司为主，尚属"封闭"式体系结构。

1.2.2　网络体系结构的组成

网络体系结构可以定义为网络的层次结构、各层协议和层间接口的集合。通俗地说，网络体系结构就是该网络所有通信功能实现的精确定义。需要注意的是：这些功能是用何种软件或硬件完成则是具体实现的问题。网络体系结构是一个抽象的概念，只提供这个网络的规范定义和设计，而网络的实现则是具体的，是真正运行的软硬件。

1. 分层模型的数据通信

我们把网络分成了若干层次，每个层次完成一定的功能。它和我们现实生活中的快递系统的运行十分相似。在快递系统中，发送者为源端，接收者为目的端。发送者将需要快递的东西封装起来形成邮件包裹，并写上收货人地址、姓名、联系方式，交给快递公司；快递公司将收集的快递件汇聚到地市公司，地市公司按照该级别的规程装箱发往省级公司，省市公司在进行汇聚通过交通运输网发往目标省份，目标省份再进行分发，地市公司也按相应的规程拆箱分发到快递公司门店，快递公司门店把快递件送到收件人(接收者)手里，接收者拆封邮件得到我们的物品或邮件。见图 1-1。

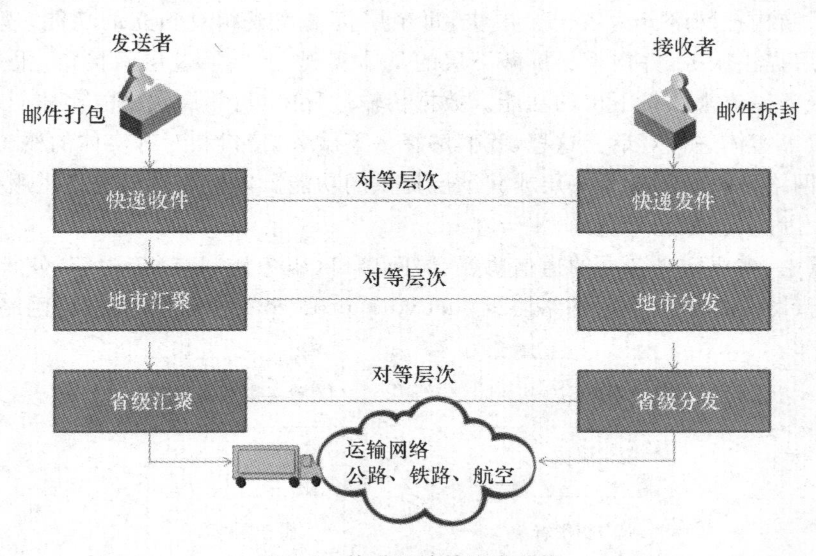

图 1-1　快递系统的层次结构

在实际的网络应用中，也是类似的数据传输过程，如我们所熟知的迅雷文件下载应用，如图 1-2 所示。主机 A 向迅雷程序发出文件下载命令，迅雷程序将向文件服务器 B 发出下载请求，该请求首先会交给主机 A 的通信服务模块完成，主机 A 的通信服务模块则会与文件服务器 B 的通信服务模块进行对等联系，这种联系又将交由“网络传输”层来完成，通信请求被封装起来形成“网络传输层的数据包”由网络转换成电信号、光信号或无线信号进行传递，也许在网络中会经过若干个网络节点，每个节点选择适合的路径将数据包传递出去，最终到达服务器 B 所在的网络，并找到了目的端服务器 B。服务器 B 的通信服务模块将收到的数据包解封，形成文件下载请求并交给文件服务器程序，文件服务器程序则向主机 A 的迅雷软件做出响应。这个响应同样需要借助服务器 B 的通信服务模块、网络传输来完成。但是文件服务器程序却感知不到网络传输的存在，它被通信服务模块屏蔽起来。文件服务器程序也不需要知道通信服务模块的具体实现细节，它只需要调用通信服务的功能即可，在文件服务器程序看来，它是直接与迅雷下载程序直接对话的，即为对等层的对等实体之间的通信，不涉及其他层次和其他实体。

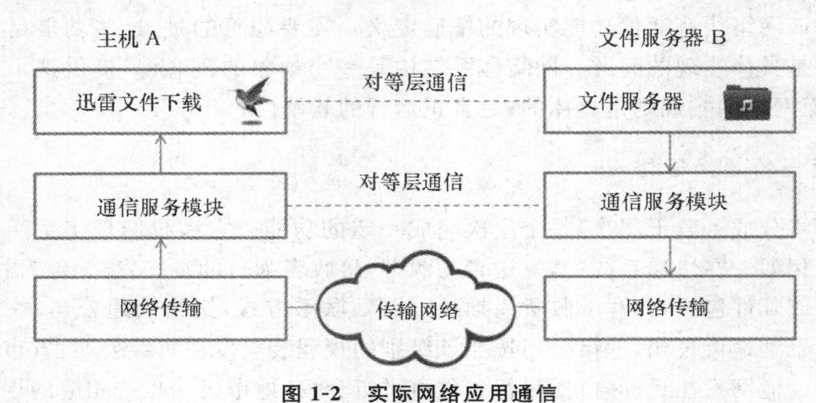

图 1-2　实际网络应用通信

2. 网络体系结构中的概念

网络体系结构把网络分为若干个层次，每个层负责完成相对独立的功能，遵行各自的规程，下层向上层提供服务，并向上层屏蔽下层的具体实现，上层通过层间接口（服务访问点）来调用下层的服务原语来获得下层的功能。数据传输过程中，对等层次中的实体叫对等实体，通信双方通过对等实体进行对话。这里，我们解释一下服务、接口和对等实体的概念。

服务：是网络体系结构中某一层或其下层提供的功能。本层能够向上提供服务，向下调用下层的服务。因此，服务是垂直的。

在每一层中，需要定义各层的通信协议、层间接口（服务访问点）等内容，使得数据传输有条不紊地进行（图 1-3）。我们把网络协议（network protocol）定义为：为进行网络中的数据交

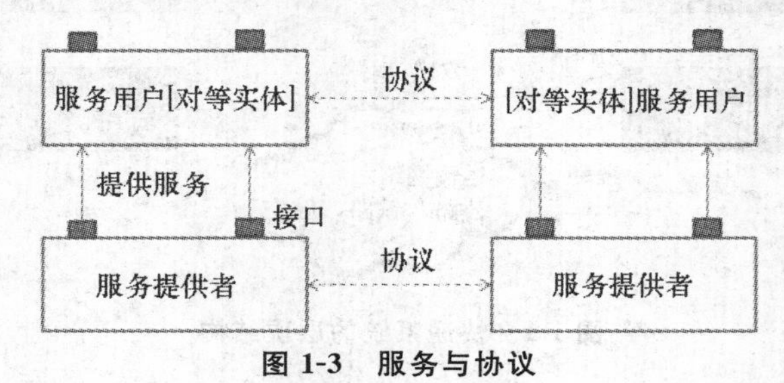

图 1-3　服务与协议

换而预先约定好的通信规则、标准或约定。

网络协议主要由三个要素组成，即语法、语义和时序。

语义：语义是解释控制信息的意义。它规定了需要发出何种控制信息、完成的什么动作和做出什么响应。

语法：语法是用户数据与控制信息的结构与格式，以及数据出现的顺序。

时序：时序是对事件发生顺序的详细说明，也可称为“同步”。

协议是控制对等层中的对等实体之间通信的规则。因此，协议是“水平”的。

接口：在同一节点中相邻两层的实体进行交互的地方称为接口，也叫服务访问点，它是一个抽象的概念，实际上就是一个逻辑接口（类似于函数调用）。只要接口的条件不变、下层功能不变，下层功能的具体实现方法或技术改变就不会影响整个系统的工作，这样层内的任何改动都不会影响到其他层次和整个网络的功能。接口调用采用服务原语来实现，也就是上层通过服务原语来获取下层的功能。

小知识

服务原语，原语是操作系统中的一个重要概念，它是一个函数或过程，实现一定的功能。它的特点是要么一次性执行完成，要么不执行，用于解决多任务操作系统中资源调度问题。如多个程序同时申请一个内存块，如果不使用原语将可能出现还没有完成申请操作就转去执行其他程序，其他程序也可能申请该内存块，这样会导致内存被重复和读写，导致内存读写错误的情况。

我们可以看出，分层的网络体系结构带来很多好处：

①各层之间是相对独立的。上层并不需要了解下一层是如何实现的，而仅仅只需要知道如何调用下层的功能。因为相对独立，所以可将一个难以处理的复杂问题分解为若干容易解决的问题，降低了总体的复杂度。

②灵活性好。当任何一层发生变化时，如技术的变化，只要层间接口关系保持不变，则在这层以上或以下各层均不受影响。

③各层都可以选择最适合的技术来实现。

④易于实现和维护。这种结构使得实现和调试一个庞大而又复杂的系统变得易于处理，相当于把整个系统分解为若干个相对独立的子系统。

⑤有利于网络的标准化。因为每一层的功能及其所提供的服务都已有了精确的说明，只要它提供规定的标准功能和数据格式，就能兼容到该网络系统中。

1.2.3　OSI 体系结构

随着各个公司推出了自己的网络体系结构，所生产的网络设备就只能连接在属于本公司网络体系结构的网络中，这样就容易形成垄断，导致网络互联问题成为新的问题。然而，人们对网络互联的需求越来越大，即迫切要求不同体系结构的网络间能够互相交换信息，共享资源。为了达到这个目的，必须建立一个标准的、统一的网络体系来规范整个网络行业。国际化标准组织 ISO（International Organization for Standardization）于 1977 年成立了专门机构研究此问题。不久，综合了众家之长，提出了一个试图能够互联世界范围内所有计算机的标准框

架，即著名的开放式互联基本参考模型 OSI/RM（Open Systems Interconnection Reference Model），简称为 OSI。这里的“开放”是指任何一个系统只要遵循 OSI 标准就可以和位于世界上任何位置、也遵循这一标准的其他系统进行通信，就像我们所使用的电话和邮政系统一样，都是开放和标准的系统。在 1983 年 OSI/RM 形成了正式文件，即 ISO 7498 国际标准，也就是我们所熟知的七层协议的体系结构。

OSI 参考模型定义了开放系统的层次结构和各层提供的服务功能，它清晰地分开了服务、接口和协议这三个容易混淆的概念。服务描述了每一层的功能，接口定义了每一层的服务如何被上一层调用，而协议是每一层功能的实现方法。

1. OSI 体系层次划分

OSI 参考模型是一个描述网络层次结构的模型，其标准保证了各种类型网络技术的兼容性和互操作性。OSI 参考模型描述了信息在网络中的传输过程，各层在网络中的功能和它们的架构。自下而上 OSI 参考模型分为七个层次：物理层、数据链路层、网络层、传输层、会话层、表示层和应用层。体系结构和层次划分如图 1-4 所示。

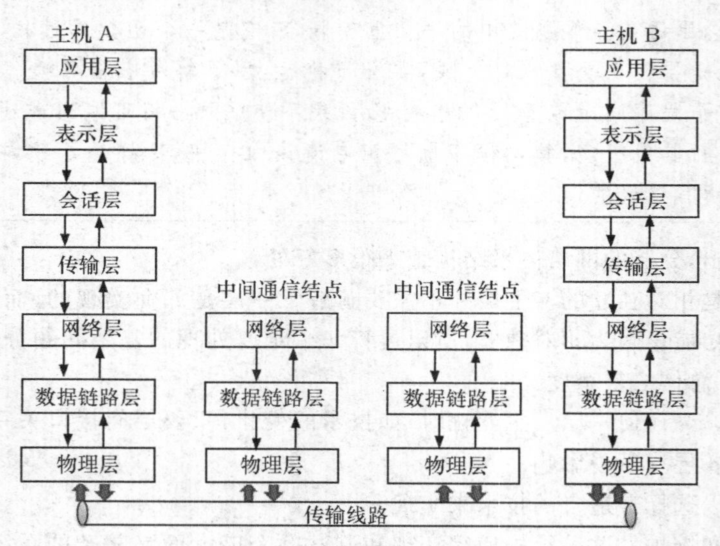

图 1-4　OSI 体系结构图

（1）物理层（physical layer）　物理层处于 OSI 体系结构的最底层，主要的功能是利用物理传输介质为上层提供物理连接，实现透明地传输“比特”流。它负责在网络节点间传送数据位，为在物理传输介质上传输比特流建立传输规则。通俗的说，物理层定义了电缆如何连接到网卡或其他设备上，以及采用何种传送技术来发送数据；同时也定义了位同步和检查，规定了软件和硬件之间的实际连接，定义了上层（数据链路层）访问其功能的方法。

物理层协议是各种网络设备互联的基础，其目的在于实现两个物理设备之间二进制比特流的透明传输，对数据链路层屏蔽物理传输介质的差异。

从以上定义中可以看出，物理层的特点是：

①负责在物理链路上传输二进制比特流。

②提供为建立、维护和释放物理连接所需的机械、电气、功能和规程的特性。

信号的传输离不开传输介质，而传输介质两端必然有接口用于发送和接收信号。因此，既然物理层主要关心如何传输信号，物理层的主要任务就是规定各种传输介质和接口与传输信号相关的一些特性。

在几种常用的物理层标准中，通常将具有一定数据处理及发送、接收数据能力的设备成为数据终端设备(DTE，data terminal equipment)，而把介于 DTE 之间与传输介质之间的设备称为数据电路终结设备(DCE，data circuit-terminating equipment)。DCE 在 DTE 与传输介质之间提供信号变换与编码功能。并负责建立、维护和释放物理连接。DTE 可以是一台计算机也可以是一台 I/O 设备(如具有网络功能的打印机、摄像头等)。调制解调器(modem)是最典型的 DCE 设备。

机械特性：也叫物理特性，指明通信实体间硬件连接接口的机械特点，如接口所用接线器的形状和尺寸、引线数目和排列、固定和锁定装置等。这很像平时常见的各种规格的电源插头，其尺寸都有严格的规定。见图 1-5 和图 1-6。

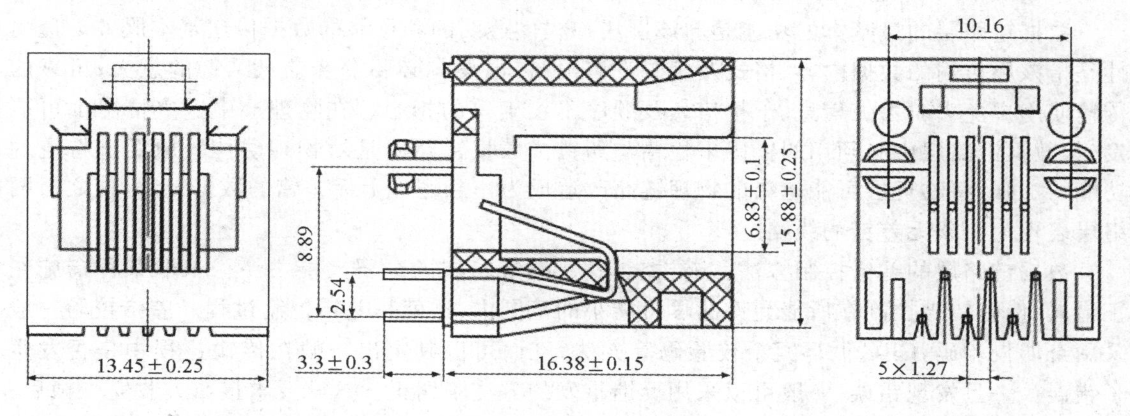

图 1-5　RJ45 的外形尺寸

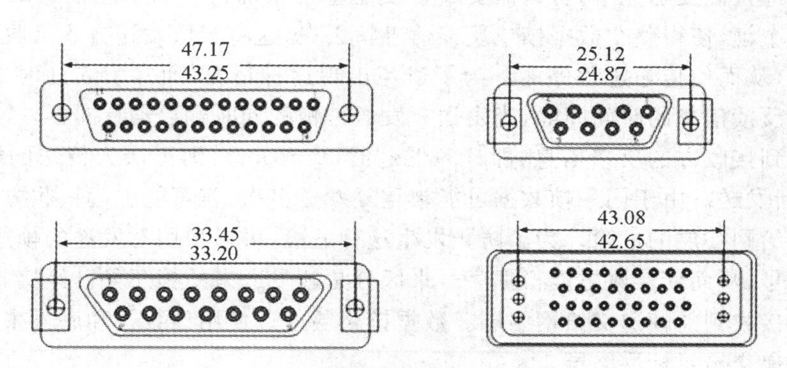

图 1-6　各类串、并行接口图

电气特性：规定了在物理连接上，导线的电气连接及有关电路的特性。一般包括：接收器和发送器电路特性的说明、信号的识别、最大传输速率的说明、与互联电缆相关的规则、发送器的输出阻抗、接收器的输入阻抗等电气参数等。

功能特性：指明物理接口各条信号线的用途(用法)，包括：接口线功能的规定方法，接口信号线的功能分类——数据信号线、控制信号线、定时信号线和接地线 4 类。

规程特性:指明利用接口传输比特流的全过程及各项用于传输事件发生的合法顺序,包括事件的执行顺序和数据传输方式,即在物理连接建立、维持和交换信息时,DTE/DCE 双方在各自电路上的动作序列。

(2)数据链路层(data link layer)　数据链路层是 OSI 参考模型中的第二层,介乎于物理层和网络层之间。数据链路层在物理层提供的服务的基础上向网络层提供服务,其最基本的服务是将网络层来的数据可靠地传输到相邻节点的目标机网络层。为达到这一目的,数据链路层必须具备一系列相应的功能,主要有:

①如何将数据组合成数据块,在数据链路层中称这种数据块为帧(frame),帧是数据链路层的传送单位。

②如何控制帧在物理信道上的传输,包括如何处理传输差错、如何调节发送速率等,从而与接收方相匹配和同步。

③在两个网络实体之间提供数据链路通路的建立、维持和释放的管理。

数据链路层的最基本的功能是向该层用户提供透明的和可靠的数据传送基本服务。透明性是指该层传输的数据内容、格式及编码没有限制,也没有必要解释信息结构的意义;可靠的传输使用户免去对丢失信息、干扰信息及顺序不正确等的担心。在物理层中这些情况都可能发生,数据链路层中必须用纠错码来检错与纠错。数据链路层是对物理层传输原始比特流的功能的加强,将物理层可能出错的物理链路改造成为一条逻辑上无差错的数据链路,使之对网络层表现为一条无差错的线路。

数据链路层的差错控制方法:差错控制是数据链路层的主要功能之一。采取某种措施纠正错误,使差错被控制在所能允许的尽可能小的范围内,这就是差错控制过程。差错校验一般采用奇偶校验码,CRC 循环冗余校验码等方法,从而可以判定出一帧在传输过程中是否发生了错误。一旦发现错误,一般可以采用反馈重发的方法来纠正。这就要求接收方收完一帧后,向发送方反馈一个接收是否正确的信息,发送方仅当收到接收方已正确接收的反馈信号后才能认为该帧已经正确发送完毕,否则需要重新发送直至正确为止。物理信道的突发噪声可能完全"淹没"整个帧,使得整个数据帧或反馈信息帧丢失,这将导致发送方永远收不到接收方发来的反馈信息,从而使传输过程停滞。为了避免出现这种情况,通常引入计时器(timer)来限定接收方发回反馈信息的时间间隔,当发送方发送一帧的同时也启动计时器,若在限定的时间间隔内未能收到接收方的反馈信息,即计时器超时(timeout),则可认为传送的数据帧已出错或丢失,要重新发送。由于同一帧数据可能被重复发送多次,就可能引起接收方多次收到同一帧并将其递交给网络层的危险。为了防止发生这种危险,可以采用对发送的帧进行编号,即赋予每帧一个序号,从而使接收方能根据序号来区分是新发送来的帧还是已经接收的帧,以此来确定要不要将接收到的帧递交给网络层。数据链路层通过使用计数器和序号来保证每帧最终都能被正确地递交给目标网络层。

数据链路层的流量控制:流量控制并不是数据链路层所特有的功能,许多高层协议中也提供流量控制功能,只不过流量控制的对象不同而已。对于数据链路层来说,控制的是相邻两节点之间数据链路上的流量,而对于运输层来说,控制的则是从源到最终目的之间的流量。由于收发双方各自使用的设备工作速率和缓冲存储的空间的差异,可能出现发送方发送能力大于接收方接收能力的现象,如若此时不对发送方的发送速率(也即链路上的信息流量)作适当的限制,前面来不及接收的帧将被后面不断发送来的帧"淹没",从而造成帧的丢失而出错。由此

可见，流量控制实际上是对发送方数据流量的控制，使其发送率不致超过接收方所能承受的能力。这个过程需要通过某种反馈机制使发送方知道接收方是否能跟上发送方，也即需要有一些规则使得发送方知道在什么情况下可以接着发送下一帧，而在什么情况下必须暂停发送，以等待收到某种反馈信息后继续发送。

数据连输层的链路管理：链路管理功能主要用于面向连接的服务。当链路两端的节点要进行通信前，必须首先确认对方已处于就绪状态，并交换一些必要的信息以对帧序号初始化，然后才能建立连接，在传输过程中则要能维持该连接。如果出现差错，需要重新初始化，重新自动建立连接。传输完毕后则要释放连接。数据链路层连接的建立维持和释放就称作链路管理。在多个站点共享同一物理信道的情况下如何在要求通信的站点间分配和管理信道也属于数据链路层管理的范畴。

数据链路层的寻址问题：我们前面了解到，数据链路层发送的数据单位为帧，在众多的网络节点如何将这些数据帧准确地送到目标节点，这就是数据链路层的寻址问题。在数据链路层中，每个节点拥有一个物理地址或者采用链路标识符来区分各节点，网络系统在组装帧的时候将目标节点和源节点的物理地址和链路标识符写入对应的帧中，这样我们就能判断这个帧从哪个节点发出来将要到哪一个节点去。

(3)网络层(network layer)　网络层是 OSI 参考模型中的第三层，介于运输层和数据链路层之间，它在数据链路层提供的两个相邻端点之间的数据帧的传送功能上，进一步管理网络中的数据通信，将数据设法从源端经过若干个中间节点传送到目的端，从而向运输层提供最基本的数据传送服务。具体功能包括寻址和路由选择、连接的建立、保持和终止等。它提供的服务使传输层不需要了解网络中的数据传输和交换技术。网络层关系到通信子网的运行控制，体现了网络应用环境中资源子网访问通信子网的方式。网络层从物理上来讲一般分布地域宽广，从逻辑上来讲功能复杂，因此是 OSI 模型中面向数据通信的下三层(也即通信子网)中最为复杂和关键的一层。网络层数据传送的单位是数据包(Packet)。

小知识

网络的组成：网络系统从功能的角度来说由通信子网和资源子网所组成。通信子网(communication subnet)是指网络中实现网络通信功能的设备及其软件的集合，通信设备、网络通信协议、通信控制软件等属于通信子网，是网络的内层，负责信息的传输。主要为用户提供数据的传输，转接，加工，变换等。通信子网的任务是在端节点之间传送报文，主要由转发节点和通信链路组成。资源子网(Resources Subnet)是指网络中实现资源共享功能的设备及其软件的集合称为资源子网，资源子网负责全网数据处理和向网络用户提供资源及网络服务，包括网络的数据处理资源和数据存储资源，及所有计算机以及这些计算机所拥有的面向用户端的外部设备、软件和共享的数据资源。见图 1-7。

网络层路由选择：在计算机网络中，进行通信的两个计算机之间可能会经过很多个数据链路，也可能还要经过很多通信子网。网络层的任务就是选择合适的网间路由和交换节点，确保数据及时、准确传送。网络层将解封装数据链路层收到的帧，提取网络层数据包，包中封装有网络层包头，其中含有逻辑地址信息——源站点和目的站点的网络地址。

通信子网源节点和目的节点提供了多条传输路径的可能性。网络节点在收到一个分组后，

网络层设备根据目标节点的逻辑地址确定向下一节点传送的路径，这就是路由选择(图 1-8)。

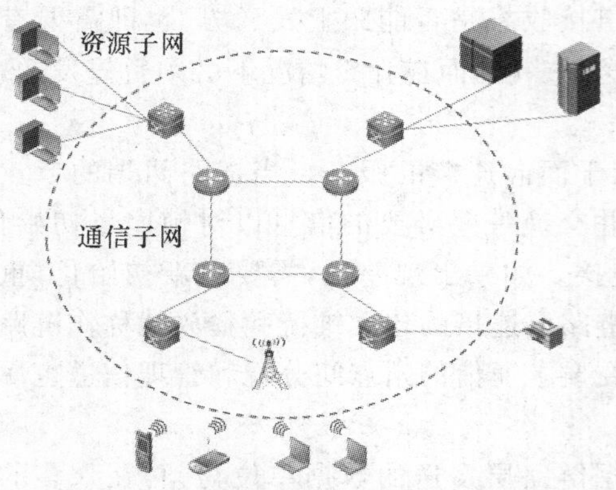

图 1-7　通信子网和资源子网

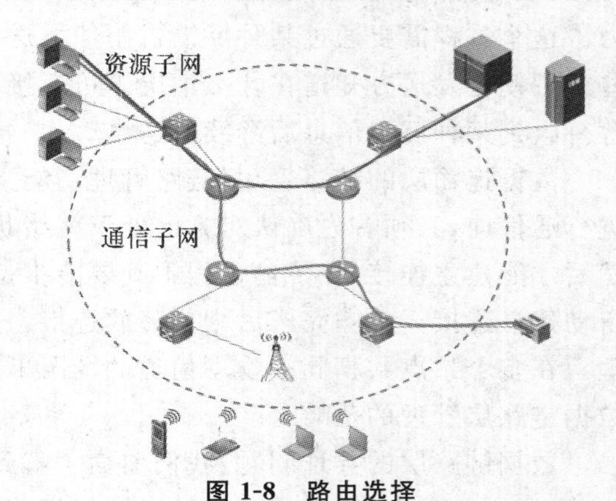

图 1-8　路由选择

(4)传输层(transport layer)　传输层是 OSI 中最重要、最关键的一层，是唯一负责总体的数据传输和数据控制的一层。传输层提供端到端的数据交换机制。传输层对会话层等高三层提供可靠的传输服务，对网络层提供可靠的目的地站点信息。传输层也称为运输层，只存在于开放的端系统中，是介于低三层通信子网系统和高三层之间的一层，因为它是源端到目的端对数据传送进行控制的最后一层。

传输层采用分流、合流，复用、解复用技术来调节通信子网的差异，使会话层感受不到这些差异。此外，传输层还需具备差错恢复，流量控制等功能，以此对会话层屏蔽通信子网在这些方面的细节与差异。传输层面对的数据对象已不是网络地址和主机地址，而是和会话层的界面端口。其最终目的是为会话层提供可靠的、无误的数据传输。传输层的数据传输服务一般要经历传输连接建立阶段、数据传送阶段、传输连接释放阶段，而在数据传送阶段又分为一般数据传送和加速数据传送两种。

小知识

端到端：在我们多任务的操作系统中，可能会有多个进程同时访问网络，我们把进行通信的两个进程称为源端和目的端，端到端的通信就是进程到进程的通信。举个简单的例子，我们在使用腾讯的即时通信软件 QQ 进行聊天时，同时也会在浏览新闻等网站，也会通过网络来点播音乐，当电脑收到一个数据包时，需要区分这个数据包是传给 IE 浏览器的，还是 QQ 聊天软件的，或者是音乐播放器的。因此，在传输层为了区分这些数据包属于哪一个进程，我们为这些进程分配一个端口号，传输数据时将各自的端口号和目标端口号封装在数据报文中，到达目的主机时就能轻易区分这些数据属于哪一个进程。端口的概念和原理在后续章节中会详细介绍。

总的来说，传输层包含以下一些功能：

①分割与重组数据。也就是传输层把上层递交下来的大数据分割为若干小块的数据进行传输，把收到的数据报文重组成上层会话报文并上交给会话层。

②按端口号寻址。网络层通过逻辑地址来实现主机到主机的通信，而传输层为每个进程分配一个端口号来标识各个进程，从而实现进程到进程的通信。

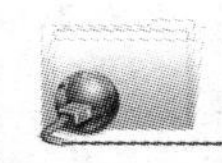

③连接管理。传输层提供面向连接的数据传输服务，因此传输层需要管理这些传输连接，包括连接的建立，数据传输时的连接管理维护，数据传输完成后连接的释放等。

④差错控制、流量控制和纠错功能。传输层要向会话层提供通信服务的可靠性，避免报文的出错、丢失、延迟时间紊乱、重复、乱序等差错控制功能。

(5)会话层(session layer) 会话层允许不同机器上的用户之间建立会话关系。会话层循序进行类似传输层的数据传送，在某些场合还提供了一些有用的增强型服务。如允许用户利用一次会话在远端的系统上登陆，或者在两台机器间传递文件。会话层提供的服务之一是管理会话控制，它允许信息同时双向传输，或任一时刻只能单向传输。如果属于后者，类似于物理信道上的半双工模式，会话层将记录此时该轮到哪一方。另一种与会话控制有关的服务是令牌管理(token management)，有些协议会保证双方不能同时进行同样的操作，为了管理这些活动，会话层提供了令牌，令牌可以在会话双方之间移动，只有持有令牌的一方可以执行某种关键性操作。还有一种会话层服务是同步功能，例如在平均每小时出现一次大故障的网络上，两台机器要进行一次两小时的文件传输，试想会出现什么样的情况呢？每一次传输中途失败后，都不得不重新传送这个文件，当网络再次出现大故障时，可能又会半途而废。为解决这个问题，会话层提供了一种方法，即在数据中插入同步点。每次网络出现故障后，仅仅重传最后一个同步点以后的数据(这个其实就是断点下载的原理)。

会话层传输的数据单位叫“段”，其功能为：①为会话实体间建立会话连接；②数据传输阶段进行会话同步；③数据传输完毕进行会话连接释放。

(6)表示层(presentation layer) 表示层如同应用程序和网络之间的翻译官，主要解决用户信息的语法表示问题，即提供格式化的表示和转换数据服务。数据的压缩、解压、加密、解密都在该层完成。

在表示层，数据将按照网络能理解的方案进行格式化；这种格式化也因所使用网络的类型不同而不同。表示层管理数据的解密与加密，如系统口令的处理。例如在Internet上查询你银行账户，使用的即是一种安全连接，你的账户数据在发送前被加密，在网络的另一端，表示层将对接收到的数据解密。除此之外，表示层协议还对图片和文件格式信息进行解码和编码。

(7)应用层(application layer) 应用层是开放系统的最高层，是直接为应用进程提供服务的，它直接和应用程序关联并提供常见的网络应用服务，如电子邮件服务、文件传输服务等。其作用是在实现多个系统应用进程相互通信的同时，完成一系列业务处理所需的服务。其服务元素分为两类：公共应用服务元素CASE和特定应用服务元素SASE。

OSI体系结构中，下三层称为低层，属于通信子网层，数据在网络的中间节点中只需要感知下三层的数据格式而不需要知道传输层或更高层次的数据含义。上四层称为高层，属于资源子网层。

2. OSI体系结构的数据封装与流动

主机A向主机B发送数据，整个数据的传输过程如图1-9所示，该数据是由一个应用层的程序产生，如浏览器或者Email的客户端等等。这些程序在应用层需要有不同的接口，应用层将数据Data进行封装，即加装应用层报文头部AH，处理完成后形成应用层的协议数据单元PDU向下递交给下面的表示层。

表示层会进行必要的格式转换，使用一种通信双方都能识别的编码来处理该数据。同时

将处理数据的方法添加在数据中，以便对端知道怎样处理数据。同样，表示层也会对应用层传下来的数据报文进行表示层的封装，即将应用层的报文当作表示层的数据，并加装表示层的报文头部 PH，处理完成后，又将数据交给下一层会话层。

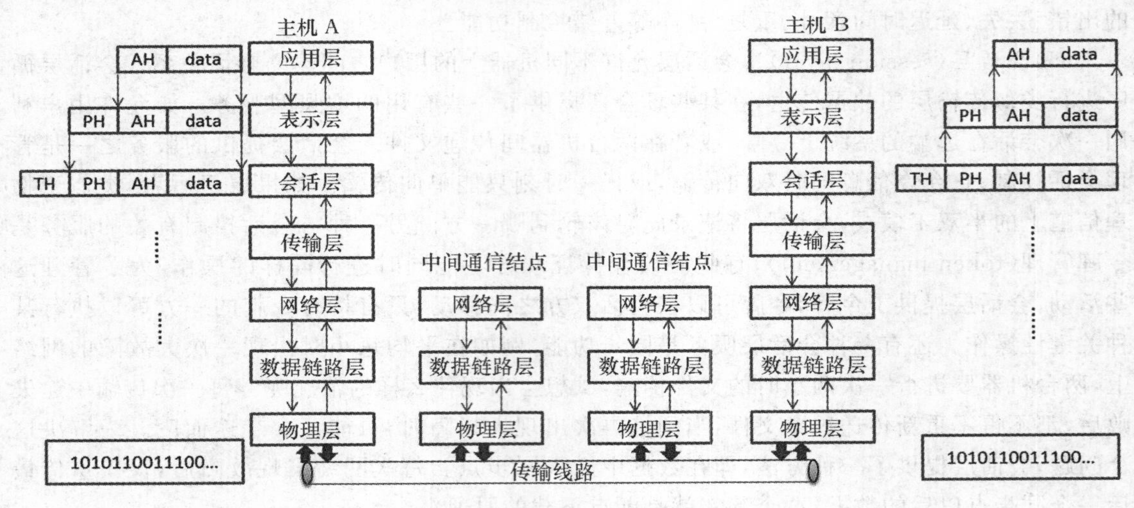

图 1-9　OSI 体系结构的数据封装与流动

会话层收到表示层的数据后，会在 A 主机和 B 主机之间建立一条只用于传输该数据的会话通道，并监视它的连接状态，直到数据同步完成，才会断开该会话。注意：A 和 B 之间可以同时有多条会话通道出现，但每一条都和其他的不能混淆。会话层的作用就是有办法来区别不同的会话通道。会话通道建立后，为了保证数据传输中的可靠性，就需要在数据传输的构成当中对数据进行不要的处理，如分段，编号，差错校验，确认、重传等等。在会话层，仍然需要将表示层的协议数据单元作为数据进行会话层封装，即加装会话层的报文头部 SH，形成会话协议数据单元转交给下层——传输层。

传输层的作用就是在通信双方之间利用上面的会话通道传输控制信息，完成数据的可靠传输。传输层接收到会话层协议数据单元后根据数据的大小将它分割成段，并根据协议创建一个传输层报头 TH 与数据一起封装成传输层的 PDU，向下交给网络层。

网络层是网络中实际传输数据的层次，必须要将传输层中处理完成的数据再次封装，添加上自己的地址信息和对端接收者的地址信息，以及网络层的控制信息，封装为标准的网络层数据包(packet)，交给数据链路层。

数据链路层将网络层的数据包根据物理网络规定的 MTU(最大传输单元)进行分段，并再次进行封装，加上帧(frame)头和帧尾，该层会添加能唯一标识每台设备的地址信息(MAC地址)，形成了数据链路层协议数据单元——帧，并转交给物理层进行传输。

物理层将数据链路层的数据帧转换成 bit 流，以脉冲信号的方式在物理线路中进行传输。

数据经过主机 A 传送到中间通信节点后，中间通信节点的物理层会将比特流组合形成数据帧后逐个上交数据链路层，数据链路层通过数据帧解封、重组得到网络层的数据包，并上传给网络层，网络层收到该数据包后，取出目标主机地址并选择一条合适的路径传输给下一个中间节点，最终送到了目标主机 B，B 主机会将电信号转换成数据链路层的数据帧，数据链路层再去掉本层的帧封装信息形成网络层数据包上交给网络层，网络层同样去掉对端网络层添加

的内容后上交给自己的上层传输层。最终数据到达 B 主机的应用层。数据的流动过程是由源主机最高层垂直的向下传递和目的主机逐一向上交付的过程。在对等层中的实体之间看来，它们的通信是水平传递的，如 QQ 之间的通信是两个客户端之间进行聊天信息的交互，但实际上聊天信息是从高层向下传递，到对端后又逐层向上传递的。

1.2.4　TCP/IP 体系结构

开放系统互联参考模型 OSI 属于理论上的结构模型，实际运行的网络并没有完全遵循 OSI 体系结构进行建设，而 TCP/IP 体系结构是应用最为广泛的，是支撑我们当前所有互联网应用的技术体系，我们每天不管是使用计算机上网还是使用智能手机上网，都在使用 TCP/IP 协议簇进行数据传输。

1. TCP/IP 的发展

20 世纪 70 年代，当时的 ARPA 网为了实现异种网络间的互联，大力资助网间网技术的开发与研究。1973 年 9 月，美国斯坦福大学的文顿·瑟夫与卡恩提出了 TCP/IP 协议。1983 年，ARPANET 全部转换成了 TCP/IP 协议。目前，大部分的计算机系统都安装有相应的 TCP/IP 协议。严格意义上说，TCP/IP 不是体系结构，因为在设计时并没有按照体系结构的设计理念进行，其中 TCP 和 IP 只是 TCP/IP 中的其两个非常重要的协议，因此我们通常叫做 TCP/IP 协议簇。

TCP/IP 是国际互联网（internet）采用的标准协议。Internet 的迅速发展和普及，使得 TCP/IP 协议成为全世界计算机网络中使用最广泛、最成熟的网络协议，并成为事实上的国际标准。TCP/IP 协议是一种异构网络互联的通信协议，它同样也适用于在一个局域网中实现不同种类的计算机间的互联通信。

2. TCP/IP 层次结构

TCP/IP 体系结构分为四个层次，即网络接口层、网际层、传输层和应用层。与 OSI 参考模型相比较，应用层对应着 OSI 的应用层、表示层和会话层，传输层和网际层与 OSI 的相应层对应，网络接口层对应数据链路层和物理层。TCP/IP 体系结构如图 1-10 所示。

（1）网络接口层　网络接口层实际上并不是 TCP/IP 体系结构中的一部分，但是它是数据包从一个设备的网络层传输到另外一个设备的网络层的方法。网络接口层与 OSI 参考模型

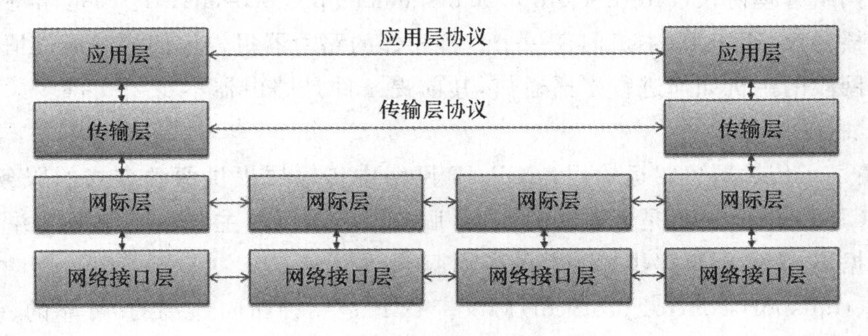

图 1-10　TCP/IP 体系结构

中的物理层和数据链路层相对应。网络接口层是TCP/IP与各种LAN或WAN的接口，如以太网、令牌环网、帧中继等等。网络接口层在发送端将上层的IP数据报封装成帧后发送到网络上；数据帧通过网络到达接收端时，该节点的网络接口层对数据帧拆封，并检查帧中包含的MAC地址。如果该地址就是本机的MAC地址或者是广播地址，则上传到网络层，否则丢弃该帧。在TCP/IP中并没有真正定义该层的功能和协议，任何可以传送IP数据包的设备均可以成为网络接口层的设备，即所谓"IP over everything"。目前比较前沿的技术有：IP over ATM、IP over SDH、IP over WDM和IP over DWDM等。

(2)网际层　网际层也称为IP层(网络互联层)，相当于OSI参考模型中的网络层，它与物理和数据链路层统称为"通信子网"，它是在Internet标准中正式定义的第一层。网际层提供了定义数据分组和确定传输分组路径的功能。网际层是TCP/IP体系结构中最重要的一层，是通信的核心，从低层传来的数据要由它来选择是继续传给其他网络节点还是直接交给传输层；对高层传输来的数据报文，也要负责按照数据分组的格式填充报头，选择发送路径，并交由相应的线路去发送。该层运行的协议有：用于数据传输的IP协议，用于互联网络控制的ARP、RAPP、ICMP协议等。

①IP协议。是一个面向无连接的协议，主要负责在主机和网络间寻址并为IP分组确定路由。IP协议不保证数据分组是否正确传递，在交换数据前它并不建立连接，数据在收到时，IP不需要进行确认，因此IP协议是不可靠的传输。

②地址解析协议(address resolution protocol，ARP)。用于获得同一网络中主机的物理地址。主机在网络层采用IP地址标识，当数据包到达目标网络后，就需要通过数据链路层进行交换到目标主机，因此需要知道目标主机的物理地址才能准确地投递数据帧。ARP协议则专业地实现IP地址与物理地址的解析。ARP协议的报文通过IP协议进行传递。

③网际控制报文协议(internet control message protocol，ICMP)。用于在IP主机、路由器之间传递控制消息。控制消息是指网络通不通、主机是否可达、路由是否可用等网络本身的消息。ICMP提供一致易懂的出错报告信息。发送的出错报文返回到发送原数据的设备，因为只有发送设备才是出错报文的逻辑接受者。发送设备随后可根据ICMP报文确定发生错误的类型，并确定如何才能更好地重发失败的数据包。ICMP只报告问题而不纠正错误，纠正错误的任务由发送方来完成。另外，ICMP协议借助IP协议进行报文传送，也就是说ICMP的报文将被封装在IP报文中传递出去。

④互联网组管理协议(internet group management protocol，IGMP)。是因特网协议家族中的一个组播协议，用于IP主机向任一个直接相邻的路由器报告他们的组成员情况。它规定了处于不同网段的主机如何进行多播通信，其前提条件是路由器本身要支持多播。IGMP信息封装在IP报文中传输。

(3)传输层　传输层也叫运输层，TCP/IP网络中传输层提供两种方式的服务，一种是面向连接的TCP服务，另一种是无连接的UDP服务。传输层的主要功能是分割并重新组装上层提供的数据流，为数据流提供端到端的传输服务。

①TCP(transport control protocol)协议。TCP是一种面向连接的、可靠的、基于字节流的通信协议，由IETF的RFC 793说明。它假定下层只能提供不可靠的数据报服务，在TCP

协议中进行差错控制和流量控制，以保证数据的正确传递。TCP 协议在进行通信时首先建立连接，将数据分成若干个报文段，为其指定顺序号。在接收端收到数据之后进行错误检查，对正确发送的数据发出确认报文，对于发生错误的数据报发出重传请求。TCP 可以根据 IP 协议提供的服务传送大小不等的数据，IP 协议负责对数据进行分段、重组，并在多种网络中传送。

②UDP(user datagram protocol)提供的是非连接的、不可靠的数据传输。UDP 在数据传输之前不建立连接，而是有每个中间节点对数据报文独立进行路由。当一个 UDP 数据报在网络中传送时，发送过程并不知道它是否到达了目的地，这由应用层的协议来控制。

小知识

服务类型：从通信的角度来看，服务可以分为两种方式，即面向连接服务(connection oriented service)和无连接服务(connectionless service)。

①面向连接服务。在面向连接服务中，使用该服务之前用户先要建立连接，而在使用完服务之后，用户应该释放连接。当被叫用户拒绝连接时，连接宣告失败。面向连接服务类似与电话系统的通话过程，包含“呼叫(连接建立)、通话(数据传输)和挂机(连接释放)”。在建立连接阶段，在有关的服务原语以及 PDU 中，必须给出源用户和目的用户的完整地址。但在数据传递阶段，可以只使用一个连接标识符来表示使用的连接。连接本质上像个管道：发送者在管道的一端放入物体，接收者在另一端按同样的次序取出物体。面向连接服务包括两种，即报文序列和字节流。前者保持报文的界限。例如，发送两个 1kB 的报文，收到时仍是两个 1kB 的报文，决不会变成一个 2kB 的报文。而对于后者，连接上传送的字节流，没有报文界限。2kB 的字节到达接收方后，根本无法分辨它是一个 2kB 报文，还是两个 1kB 报文，还是作为 2 048 个单字节报文发送的。

②无连接服务。在无连接服务的情况下，两个实体之间的通信不需要先建立好一个连接。因此，不需要事先对其下层的有关资源预定保留，这些资源是在数据传输时动态进行分配的。无连接服务是邮政系统的抽象。无连接服务有以下三种类型：

—数据报(datagram)：它的特点是把数据连续发送完毕，不需要接收任何响应。

—带确认传输(confirm delivery)：又称为可靠数据报。这种服务对每一个报文产生一个确认信息反馈给发方的用户。不过这个确认不是来自接收端的用户，而是来自提供服务的层。

—请求回答(request reply)：在这种类型的无连接服务中，接收端用户每收到一个报文，就向发端用户发送一个应答报文。

(4)应用层　是 TCP/IP 体系结构的最高层，是网络向用户提供服务的展示层。与 OSI 参与模型相比，TCP/IP 模型没有会话层和表层，它们或者不需要或者由应用层来完成。应用层有许多标准的协议与服务，如 HTTP(超文本传输协议)、FTP(文件传输协议)、SMTP(简单邮件传送协议)、DNS(域名解析服务)、SNMP(简单网络管理协议)等等。

从 TCP/IP 的体系结构可以看出，IP 层在 TCP/IP 分层模型中处于中心地位，在其上可以承载各种各样的业务，在其下可以基于各种各样的物理网络。这就是所谓的“IP over everything”和“everything over IP”的概念。如图 1-11 所示。

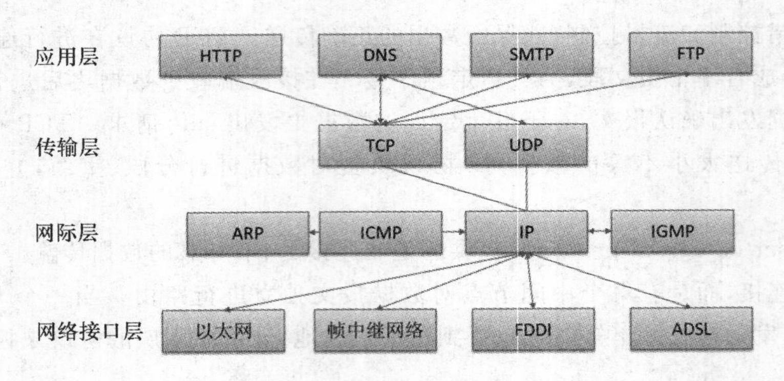

图 1-11　TCP/IP 协议簇的关系

1.2.5　OSI 参考模型与 TCP/IP 的比较

OSI 参考模型和 TCP/IP 模型有很多相似之处，它们都是基于独立的协议概念，各层的功能也大体相似。例如，在两个模型中，传输层及传输层以上的层都为希望通信的进程提供端的、与网络无关的传输服务。这些层成为传输业务的来源。同样，在两个模型中，传输层以下的各层提供网络传输服务。除了这些相似之处以外，两个模型也有如下一些差别。

(1)OSI 模型定义了 3 个主要概念：服务、接口、协议，并且使这 3 个概念之间的区别明确化。每一层都为它的上层提供一些服务，服务定义了该层做些什么，而不管上面的层如何访问它，也不管体层是如何工作。某一层的接口告诉上层进程如何访问它，它定义需要什么参数以及预期结果是什么样的，同样，它也和该层如何工作无关。某一层中使用的对等协议是该层的内部事务，它可以使用任何协议，只要能完成工作(如提供承诺的服务)。每层都可以改变所使用的协议，只要不影响到它的上层。

TCP/IP 参考模型最初没有明确区分服务，虽然后来人们试图改进它以便接近于 OSI，例如，IP 层提供的真正服务只是发送 IP 分组和接受 IP 分组。因此，OSI 模型中的协议比 TCP/IP 参考模型的协议具有更好的隐藏性，在技术发生变化时能相对比较容易地被替换掉。

(2)OSI 参考模型产生在具体协议出现之前，这意味着该模型有偏向于任何特定的协议，因此非常通用，但不利的方面是设计者在协议方面没有太多经验，因此不知道该把哪些功能放到哪一层最好。例如，数据链路层最初只处理点到点的网络，当广播式网络出现以后，就不得不在该模型中再加上一个子层，当人们开始用 OSI 模型和现存的协议组建真正的网络时，才发现它们不符合实际需求的服务规范，因此不得不在模型上增加子层以弥补不足。

而 TCP/IP 却正好相反。首先出现的是协议，模型实际上是对已有协议的描述，因此不会出现协议不能匹配模型的情况，它们配合得相当好。唯一的问题是，该模型不适合于其他任何协议栈，因此它对于描述其他非 TCP/IP 网络并不特别有用。

(3)OSI 与 TCP/IP 模型之间的更具体区别是层的数量。OSI 模型有 7 层而 TCP/IP 模型只有 4 层，它们都有网络层、传输层和应用层，但其他层并不相同。

(4)OSI 模型在网络层支持无连接和面向连接的通信，但在传输层仅有面向连接的通信，然而 TCP/IP 模型的网络层仅有一种通信模式(无连接)，但在传输层支持两种模式，因此给用户更多的选择。

OSI 和 TCP/IP 模型都不是完美的，都有自己的优缺点。TCP/IP 模型成为事实上的工业标准，并被互联网所采用，而 OSI 模型多用作探讨网络分层结构概念。OSI 参考模型虽然作为国际标准发布，但由于 OSI 参考模型在公布标准时 TCP/IP 已经应用与各个大学和科研机构，设备厂商已开始生产支持 TCP/IP 协议的设备了，OSI 没有得到最初的投资支持；另外，OSI 参考模型的服务和协议定义得非常复杂，如很多层次都有差错控制、流量控制，导致实现起来成本高昂和效率低下的问题；在 OSI 公布的同时，UNIX 操作系统得到了空前的发展，而 TCP/IP 协议作为 UNIX 系统的一部分，也得到了广泛的应用，从而 TCP/IP 协议成为事实上的工业标准。

1.3　以太网技术

以太网技术的最初进展来自于美国 Xerox 公司帕洛阿尔托研究中心的许多先锋技术项目中的一个。人们通常认为以太网发明于 1973 年，当年罗伯特・梅特卡夫(Robert Metcalfe)给他 PARC 的老板写了一篇有关以太网潜力的备忘录。但是梅特卡夫本人认为以太网是之后几年才出现的。在 1976 年，梅特卡夫和他的助手 David Boggs 发表了一篇名为《以太网：局域计算机网络的分布式包交换技术》的文章。1977 年底，梅特卡夫和他的合作者获得了“具有冲突检测的多点数据通信系统”的专利。多点传输系统被称为 CSMA/CD(带冲突检测的载波侦听多路访问)，从此标志以太网的诞生。

最早，以太网使用无源电缆作为总线传输数据，以历史上曾表示传播电磁波的以太(Ether)来命名。当时，以太网是一种基带总线局域网，数据传输速率为 2.94 Mbps。1980 年，美国 DEC 公司、Intel 公司和 Xerox 公司联合推出了速率为 10 Mbps 的以太网规范的第一个版本 DIX V1，其中 DIX 是三个公司名称的首字母组合。1982 年，他们又推出了第二个版本也是最后一版规范，即 DIX Ethernet V2。不久，IEEE 的 802 工作组于 1983 年制定了一个以太网标准，其编号为 802.3，数据传输速率为 10 Mbps。IEEE 802.3 标准对 DIX 以太网规范的帧格式做了一点小改动，但仍允许两种以太网的硬件实现在同一个局域网上进行互操作。

1.3.1　IEEE 802 标准体系

IEEE 是国际电气和电子工程师协会的简称，是一个国际性的电子技术与信息科学工程师的协会，是目前全球最大的非营利性专业技术学会，其会员人数超过 40 万人，遍布 160 多个国家。IEEE 致力于电气、电子、计算机工程和与科学有关领域的开发和研究，在太空、计算机、电信、生物医学、电力及消费性电子产品等领域已制定了 900 多个行业标准，现已发展成为具有较大影响力的国际学术组织。目前，国内已有北京、上海、西安、郑州等地的 28 所高校成立 IEEE 学生分会。IEEE 为计算机网络和互联网的发展做出了相当巨大的贡献。

IEEE 的 802 委员会即为局域网标准委员会，在 20 世纪 80 年代就首先制定出局域网的技术体系结构。IEEE 802 系列标准定义了若干种局域网技术，包括对物理层、MAC 子层的定义与描述。其中，许多 802 标准已成为 ISO 国际标准。其体系结构如图 1-12 所示。

在 IEEE 802 标准体系结构中，把局域网技术分为两个层次，即物理层和数据链路层。其中，数据链路层分为逻辑链路控制子层 LLC 和媒体访问控制子层 MAC。媒体访问控制子层

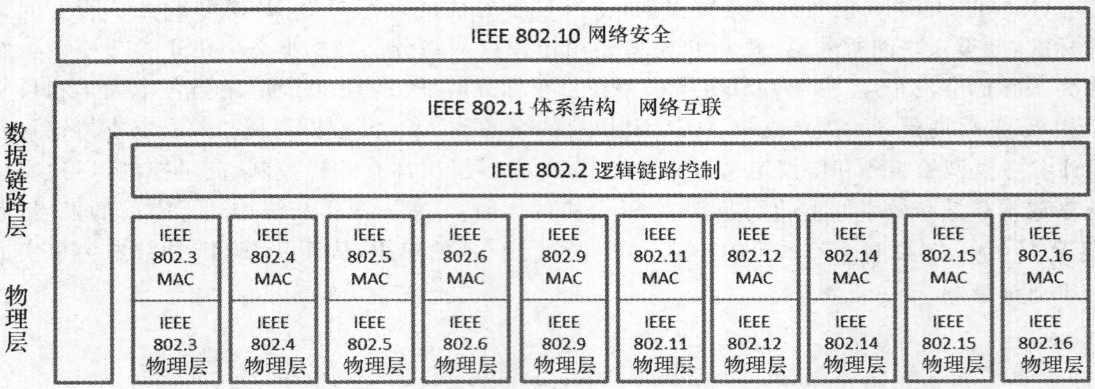

IEEE 802.10 网络安全

IEEE 802.1 体系结构　网络互联

IEEE 802.2 逻辑链路控制

数据链路层	IEEE 802.3 MAC	IEEE 802.4 MAC	IEEE 802.5 MAC	IEEE 802.6 MAC	IEEE 802.9 MAC	IEEE 802.11 MAC	IEEE 802.12 MAC	IEEE 802.14 MAC	IEEE 802.15 MAC	IEEE 802.16 MAC
物理层	IEEE 802.3 物理层	IEEE 802.4 物理层	IEEE 802.5 物理层	IEEE 802.6 物理层	IEEE 802.9 物理层	IEEE 802.11 物理层	IEEE 802.12 物理层	IEEE 802.14 物理层	IEEE 802.15 物理层	IEEE 802.16 物理层

图 1-12　IEEE 802 局域网标准体系结构

主要解决各种与传输媒体相关的问题，同时还负责在物理层的基础上进行无差错的通信，具体包括如下功能：

①完成数据帧的封装与拆解。

②实现传输介质的访问控制。

③完成比特流差错检测。

④实现寻址功能。

逻辑链路控制子层实现的功能与传输媒体无关，虽然 IEEE 制定了该子层，但实际的网络设备中按照 DIX Ethernet V2 的标准实现，很少使用该层功能。其具体功能包括：

①建立和释放数据链路层的逻辑连接。

②提供与高层的接口。

③差错控制，给帧加上序号。

在 IEEE 802 的体系结构中，各标准对应如下：

①IEEE 802.1 定义网络体系结构与网络互联，目前包括以下一些子协议：

IEEE802.1A ——局域网体系结构

IEEE802.1d ——生成树协议 Spanning Tree

IEEE802.1p ——通用注册协议

IEEE802.1q ——虚拟局域网 Virtual LANs：VLan

IEEE802.1w ——快速生成树协议 RSTP

IEEE802.1s ——多生成树协议 MSTP

IEEE802.1x ——基于端口的访问控制 Port Based Network Access Control

IEEE802.1g ——远程 MAC 桥接协议

IEEE802.1v ——Vlan Classification by Protocol and Port

IEEE802.1B ——寻址、网络互联与网络管理

②IEEE 802.2 逻辑链路控制（LLC）子层。

③IEEE 802.3 采用 CSMA/CD 技术的以太网标准。

④IEEE 802.4 采用令牌总线（Token Bus）技术的局域网标准。

⑤IEEE 802.5 采用令牌环（Token Ring）技术的局域网标准。

⑥IEEE 802.6 城域网技术标准。

⑦IEEE 802.9 综合业务局域网(integrated services LAN)。

⑧IEEE802.10 局域网网络安全(interoperable LAN security)。

⑨IEEE802.11 无线局域网(wireless LAN & mesh)。

⑩IEEE 802.12 需求优先级(demand priority)。

⑪IEEE 802.14 电缆调制解调器(cable modems)。

⑫IEEE 802.15 无线个人网(wireless PAN)。

⑬IEEE 802.16 宽带无线接入(broadband wireless access)。

⑭IEEE 802.17 弹性数据包环传输技术(resilient packet ring)。

⑮IEEE 802.18 无线电管制技术(radio regulatory TAG)。

⑯IEEE 802.19 共存标签(coexistence TAG)。

⑰IEEE 802.20 移动宽带无线接入(mobile broadband wireless access)。

⑱IEEE 802.21 媒介独立换手(media independent handover)。

⑲IEEE 802.22 无线区域网(wireless regional area network)。

⑳IEEE 802.23 紧急服务工作组(emergency services working group)。

IEEE 802 工作委员会制定了如此多的网络技术标准,很多标准已经成为国际标准和事实上的工业标准。

1.3.2　以太网工作原理

1. 以太网的拓扑结构

以太网最初设计的思路是要采用一种简单的方法将一些距离比较近的计算机互联起来,是它们能够方便地进行高速数据通信和资源共享。因而,以太网采用一根线缆,以总线结构的方式将计算机连接起来,如图 1-13 所示。

由于设计之初,有源器件的成本比较高,而且更信赖无源电缆线的可靠性。采用总线拓扑结构的以太网的通信方式是一种广播通信。也就是说,当一台计算机发送数据时,总线上的所有计算机都能够收到发送的数据,但我们大部分时间希望一对一的通信而不是广播式通信,因此需要为每一台计算机指定一个与其他计算机都不同的地址。当源主机发送数据时,在帧的首部加上目的主机的物理地址,总线上的计算机收到数据帧后,取出帧的目的地址与自己的地址进行比较,如果一致则接收该数据帧,否则就丢弃。

如图 1-14 所示,E 向 D 发送数据,所有终端(主机和打印机)都能收到此数据帧,但目的地址是 D,因此只有 D 主机将数据收下,而其他主机则丢弃该数据。

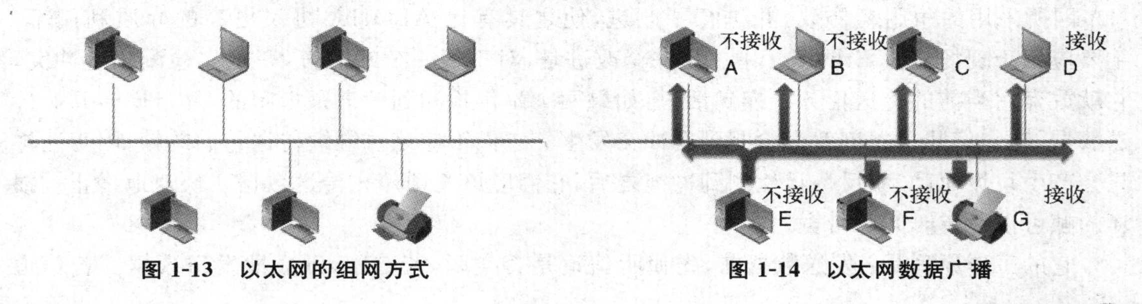

图 1-13　以太网的组网方式　　图 1-14　以太网数据广播

2. 以太网的数据交付

为提高数据的传输效率，以太网采用非常简化的通信过程：

①采用较为灵活的无连接的方式，即不必事先建立连接就可以直接发送数据。

②以太网的数据帧没有进行编号，也不要求目的主机进行确认。因为以太网的信道通信质量很好，产生差错的概率非常小。

因此，以太网提供的是一个不可靠的服务，即“尽力而为”。当目的主机收到有差错的数据帧时，仅仅简单地丢弃该帧而不做任何操作，差错的纠正由高层来完成。例如，高层使用 TCP 协议，那么 TCP 就会发现丢失了数据，于是，经过一定的延时后，TCP 将这些数据重新传递给以太网进行重传，以太网也不知道此数据帧是重传的数据，依然当作一个新的数据帧来进行发送。

3. 以太网的媒体访问控制

以太网采用总线型的拓扑结构，并提供无连接的服务，也就是主机有数据发送的时候就直接发送出去，这样的发送机制下可能导致有多个站点同时发送数据的情况，而总线在同一时刻只能承载一路电信号，即同一时刻只能有一个站点发送数据，就导致了多站点争用总线产生冲突的情况。为了降低冲突的发生，以太网采用 CSMA/CD(carrier sense multiple access/collision detect)具有冲突检测的载波侦听多路访问控制技术的媒体访问控制方法来实现对总线的有效访问。

小知识

媒体访问控制(media access control，MAC)：又称作介质访问控制，即多个站点对传输介质(如双绞线、同轴电缆、光纤等)的共享访问所采取的控制方法，使得站点有序访问传输介质，从而提高传输介质的利用率，减少竞争传输介质带来的冲突。媒体访问控制是数据链路层(data link layer)的底层组成部分，媒体访问控制 MAC 负责解决与媒体接入有关的问题和在物理层的基础上进行无差错的通信。MAC 子层的主要功能是：发送时将上层交下来的数据封装成帧进行发送，接收时对帧进行拆卸，将数据交给上层；实现和维护 MAC 协议；进行比特差错检查与寻址。

1.3.3 CSMA/CD 原理

CSMA/CD 是一种争用型的介质访问控制协议。它起源于美国夏威夷大学开发的 ALOHA 网所采用的争用型协议，并进行了改进，使之具有比 ALOHA 协议更高的介质利用率。主要应用于现场总线 Ethernet 中。另一个改进是，对于每一个站而言，一旦它检测到有冲突，它就放弃它当前的传送任务。换句话说，如果两个站都检测到信道是空闲的，并且同时开始传送数据，则它们几乎立刻就会检测到有冲突发生。它们不应该再继续传送它们的帧，因为这样只会产生垃圾而已；相反一旦检测到冲突之后，它们应该立即停止传送数据。快速地终止被损坏的帧可以节省时间和带宽。

它的工作原理是：发送数据前，先侦听信道是否空闲，若空闲，则立即发送数据。若信道

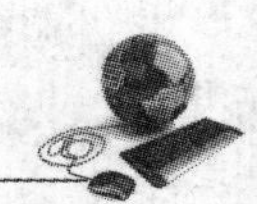

忙碌，则等待一段时间至信道中的信息传输结束后再发送数据；若在上一段信息发送结束后，同时有两个或两个以上的站点同时发送数据，则判定为冲突。若侦听到冲突，则立即停止发送数据，等待一段随机时间，再重新尝试。CSMA/CD 媒体访问控制方法的工作原理，可以概括为“先听后说，边听边说；一旦冲突，立即停说；等待时机，然后再说。”

原理比较简单，技术上易实现，网络中各工作站处于平等地位，不需集中控制，不提供优先级控制。但在网络负载增大时，发送时间增长，发送效率急剧下降。有人将 CSMA/CD 的工作过程形象地比喻成很多人在一间黑屋子中举行讨论会，参加会议的人都是只能听到其他人的声音。每个人在说话前必须先倾听，只有等会场安静下来后，他才能够发言。人们将发言前监听以确定是否已有人在发言的动作称为“载波侦听”；将在会场安静的情况下每人都有平等机会讲话成为“多路访问”；如果有两人或两人以上同时说话，大家就无法听清其中任何一人的发言，这种情况称为发生“冲突”。发言人在发言过程中要及时发现是否发生冲突，这个动作称为“冲突检测”。如果发言人发现冲突已经发生，这时他需要停止讲话，然后随机后退延迟，再次重复上述过程，直至讲话成功。如果失败次数太多，他也许就放弃这次发言的想法。通常尝试 16 次后放弃。

CSMA/CD 的控制过程包含四个处理内容：侦听、发送、检测和冲突处理。

1. 侦听

CSMA/CD 最主要的特点就是发送数据之前的侦听。根据载波侦听策略的不同，分为三种不同的策略：1-坚持型、P-坚持型、非坚持型。

(1)l-坚持型　若站点有数据发送，则先侦听信道是否空闲，若信道空闲则立即发送数据；若发现信道忙，则继续侦听直至信道空闲，然后完成数据发送。在这种情况下，可能会出现几个站点都有数据发送而同时侦听信道的情况，这样就会发生冲突。1-坚持的侦听方式减少了信道空闲时间；缺点是增加了发生碰撞的概率，而且随着站点数量越多通信量越大碰撞的概率就越大。

(2)P-坚持型　P-坚持型把时间分为若干个时隙(时间片)，站点只有在时隙开始时才能发送数据。若站点有数据发送，则先侦听信道；若发现信道空闲，则以概率 P 发送数据，以概率 1-P 延迟至下一个时隙发送。若下一个时隙仍空闲，重复使用 P 的概率进行发送，直至数据发出或时隙被其他站点所占用；若信道忙则重新侦听信道，重复上述过程；如果在发送过程中产生碰撞，则随机等待一段时间，然后重新开始。

(3)非坚持型　若站点有数据发送，先侦听信道是否空闲，若空闲则立即发送数据，若信道忙则等待一个随机时间，然后重新开始侦听。若发送过程中产生冲突，也随机等待一段时间在重新启动侦听。该协议的优点是减少了碰撞的概率；但是如果侦听到信道忙就随机等待一段时间，等待的时间段里有可能信道已经空闲下来，这降低了信道的利用率，数据发送的延迟增加了。

2. 数据发送与侦听

CSMA/CD 在数据发送时最重要的特点是“边发送，边侦听”。在发送数据时的侦听方式是：在发送的同时也从总线上接收数据，并与发送的数据进行比较，直至数据发送完毕，如果完全一致则说明没有出现冲突，如果不一致或者出现未能识别的电平信号则说明产生了冲突；冲突发生后，冲突的各方则发送冲突噪声信号来强化冲突，使得各方能及时感应到冲突而尽快停止数据发送；接收站点收到的帧碎片或者错误帧将被丢弃。如图 1-15、1-16 所示。

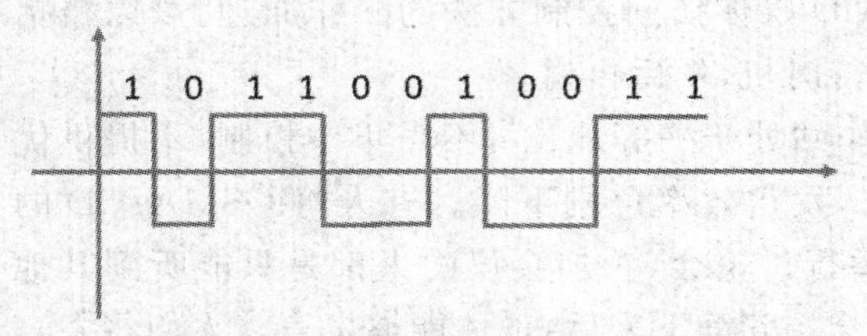

图 1-15　正常侦听无冲突的信号

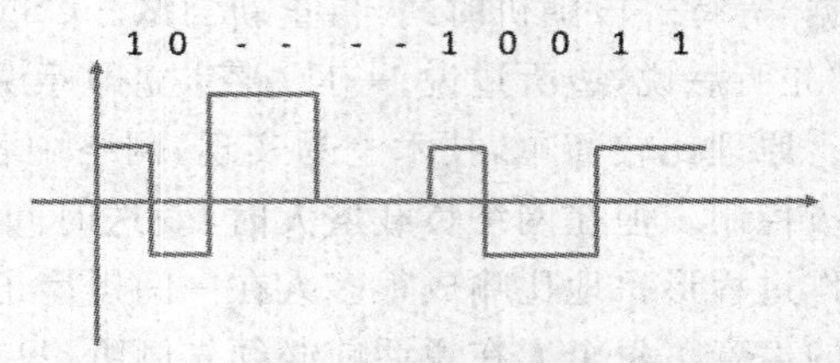

图 1-16　产生冲突电信号叠加后的脉信号

3. 冲突退避

在 CSMA/CD 协议中，一旦检测到冲突，为降低再次发生冲突的概率，需要等待一个随机时间，然后再使用 CSMA 方法试图重新传输。为了保证这种退避维持稳定，采用了二进制指数退避算法，其退避的时间 T 为：

$$T=R(0,(2^i-1))\times 2\tau$$

其中，i 为重传次数，范围为 0～10，R 是随机函数，就是从 0 到 2^i-1 的整数中取一个随机数。基本退避时间(基数)一般定为 2τ，也就是一个争用期时间，对于以太网就是 51.2 μs。

重传退避也不是无休止地进行的，当重传次数达 16 次时都没有成功，就丢弃该帧，向高层协议报告传输失败。

小知识

以太网的竞争期(contention period)：以太网中数据端到端往返的传播时延称为竞争期。每个主机在发送数据后，只有通过竞争期的考验，即经过竞争期这段时间依然没有检测到冲突，才能肯定本次数据发送不会发生冲突。对于 10 Mbps 的以太网，其竞争期时长为 51.2 μs，这不仅考虑了以太网的端到端的传播时延，而且还包括其他的因素，如可能存在的转发器所引入的额外时延及强化冲突的干扰信号的持续时间等。在 51.2 μs 内，以太网可以发送 512 bit 数据，即 64 字节，因此，以太网在发送数据时，如果前 64 字节没有发生冲突，那么后续的数据也就不会发生冲突。以太网就认为这个数据帧的发送是成功的。换句话说，如果发生冲突，那么它一定会在前 64 字节之内。由于一旦检测到冲突就立即停止发送数据，而发送出去的数据一定小于 64 字节，因此以太网规定最短有效帧长度为 64 字节，所有小于 64 字节的帧都是无效帧。

1.3.4　以太网的 MAC 层

1. MAC 硬件地址

在以太网中，硬件地址又称为物理地址或 MAC 地址。IEEE 802 标准为以太网规定了一种 48 比特的全球地址，要求网络上的每台计算机所插入的网卡中都应在其 ROM(只读存储器)中固化这种 48 比特的全球地址。

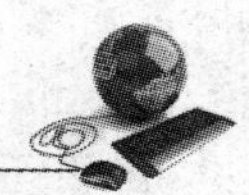

全球物理地址的法定管理机构是IEEE的注册管理委员会，它负责分配6字节中前3个字节(即高24位)，地址字段的后3个字节由厂商自行支配，只要保证生产的网卡或网络设备没有重复的物理地址即可。世界上凡是要生产网卡、网络设备和网络终端的厂商都必须向IEEE购买物理地址块，一个地址块可以生成224个不同的地址。

MAC地址的构成由两部分组成，前3字节为厂商标识符，或者叫做机构唯一标识符；后3个字节为扩展标识符。整个MAC地址成为EUI-48(扩展的唯一标识符)。厂商在生产网络设备时，将MAC地址固化在设备里的ROM中，我们的笔记本电脑、台式计算机、服务器、可管理的网络交换机、路由器、智能手机、平板电脑都有自己固化的MAC地址。

MAC地址一般用十六进制数来表示，如：00-1B-23-EE-FA-5D，其中00-1B-23为厂商表示符，EE-FA-5D是扩展标识符。IEEE规定，地址字段的第一个字节的最低比特为I/G比特，即单播位或组播位。为0表示为一个单播地址，为1则表示是一个组播地址，当所有48位都为1时则表示广播地址，即FF-FF-FF-FF-FF-FF。

网卡从网络上每接收到一个MAC帧，首先用硬件检查MAC帧中的目的地址是否为本机地址，如果是则收下，并进行必要的处理；如果不是则丢弃该帧。MAC的帧包括以下几种类型：

(1)单播(unicast)帧　即一对一的帧。该帧中的目的地址为单播地址，发往唯一一台主机，只有一台主机能够接收。

(2)广播(broadcast)帧　即一对全体的帧。该帧中的目的地址为广播地址，所有主机都能接收该帧。

(3)组播(multicast)帧　即一对多的帧，也叫多播帧。该帧中的目的地址为组播地址，是发往多台但不是全部的主机。

所有的网络设备和终端都能够识别单播地址和广播地址，但组播地址需要通过编程方法来识别，在特殊的应用场合中使用，如网络还原操作系统的应用，通过特别的编程可以将计算机的操作系统通过网络采用组播的方式发送到多台计算机。还可以通过组播实现对多台计算机的统一控制和显示，如大部分网络教室系统和语音教室系统都采用组播方式来控制客户端显示。

2. 以太网MAC帧

由于历史原因，以太网的MAC帧格式有两种常用的标准：一种是DIX Ethernet V2标准，另一种是IEEE 802.3标准，图1-17给出了这两种不同标准的MAC帧格式。

IEEE 802标准中，以太网数据链路层被分为两个子层，一个子层是逻辑链路控制子层LLC，另一个子层是媒体访问控制子层MAC。数据经高层IP层下传到逻辑链路控制子层后被封装成LLC帧，LLC子层再传递给MAC子层后被封装成MAC帧。图1-17上半部分有形象地描述。LLC子层的帧格式包含DSAP、SSAP、控制3个字段，其后是IP数据包作为数据进行封装。DSAP是目的服务访问点，SSAP是源服务访问点，控制字段是指明LLC帧的类型。IEEE 802.3的MAC子层的帧格式是在LLC帧的基础上在帧头部加上了目的MAC地址、源MAC地址和类型字段，在帧尾部加上了帧校验序列。

而DIX Ethernet V2的帧格式是最常用的MAC帧，在实际的网络中，各种网络设备并没有实现LLC子层的功能，而是只实现了MAC子层的功能。因为DIX Ethernet V2的帧格式

更加简单，更容易实现，如图 1-17 下半部分。其帧格式由 5 个字段组成：

目的地址：目的主机的 MAC 地址，占 6 字节。

源地址：发送方主机的 MAC 地址，占 6 字节。

类型：标识上层使用的协议类型，以便把收到的 MAC 帧上交给上层协议，占 2 字节；如类型字段取值为 0800 的帧代表 IP 协议帧，取值为 0806 的帧代表 ARP 协议帧，取值为 0835 的帧代表 RARP 协议帧，取值为 8137 的帧代表 IPX 和 SPX 传输协议帧。

数据：正式名称为 MAC 用户数据字段，长度为 46～1 500 字节。数据字段的最小长度 46 字节是根据最小有效帧（前面有详细说明）长度 64 字节，减去 18 字节的帧首部和尾部，就得到 46 字节的数据部分长度。

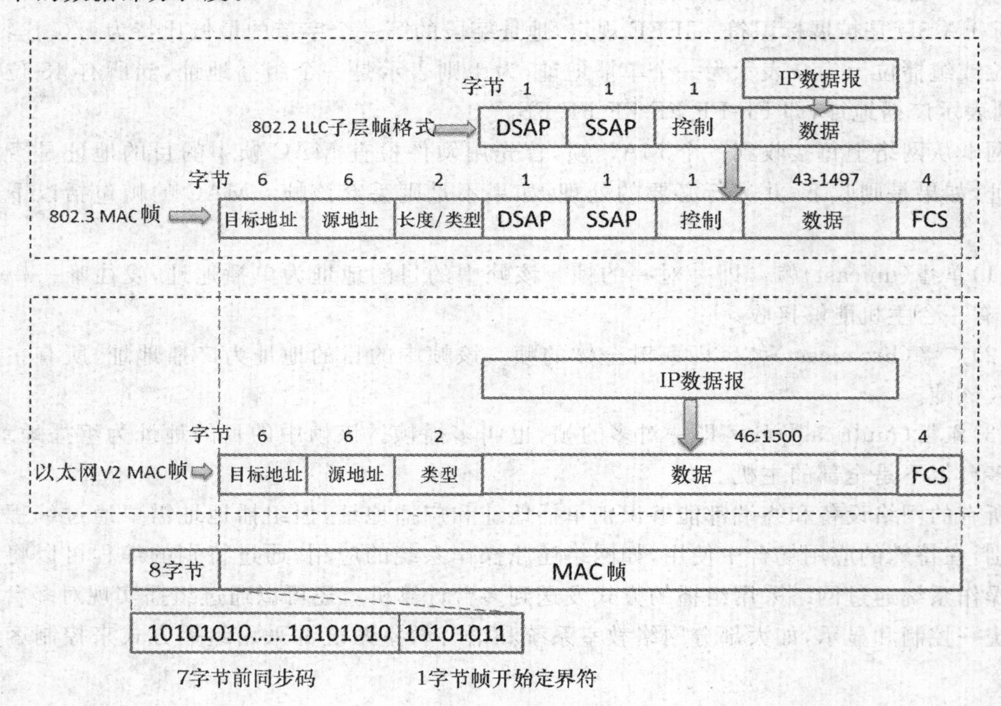

图 1-17 IEEE 802.3 和 DIX Ethernet V2 的 MAC 帧格式

FCS：帧校验序列，采用 CRC 循环冗余校验码对帧头部和数据部分进行校验，采用 32 位的校验序列，用于帧的数据校验，当目的主机收到 MAC 帧时，对帧首部和数据部分进行 CRC 计算得出一个校验序列，并与帧中的 CRC 码进行比较，如果相同则收到的是没有差错的帧，如果不相等则说明传输有误，目的主机丢弃该帧。

当数据字段的长度小于 46 字节时，MAC 子层就会在数据字段的后面加入一个整数字节的填充字段，以保证以太网的 MAC 帧长度不小于 64 字节。但是，这样做产生了一个问题，即由于 MAC 帧的首部并没有指出数据字段的长度是多少，当有填充字段时，上层协议如何能够将 MAC 子层上交的数据字段与填充字段的混合体进行正确分离？解决途径只有一条，即上层协议必须具有识别有效数据字段长度的功能。

IEEE 802.3 标准规定的 MAC 帧更为复杂，它和 DIX Ethernet V2 的 MAC 帧格式相比，主要区别如下：

①IEEE 802.3标准规定的MAC帧的第三个字段长度/类型字段，根据长度字段数值的大小来区分是长度或者是类型。当数值小于0x600时，即小于MAC帧数据字段的长度最大值1 500字节，这个字段表示长度。当数值大于0x600时就表示类型。

②当长度/类型字段表示类型时，IEEE 802.3标准的MAC帧与DIX Ethernet V2的MAC帧一样。但是当长度/类型字段表示长度时，MAC帧就必须装入IEEE 802.2标准定义的LLC子层的LLC帧。LLC帧的首部有三个字段，分别为目的服务访问点DSAP(1字节)、源服务访问点SSAP(1字节)和控制字段(1字节或2字节)。DSAP指出LLC帧的数据应上交给哪个上层协议，而SSAP表示数据来自哪个上层协议。

在图1-17中，我们可以看到以太网的MAC帧在物理层传输时，还要多出8个字节。这是因为当某个节点开始接收数据时，由于尚未与到达的比特流实现同步，因此无法正确接收MAC帧的最前面的若干个比特，因此需要使用前导字节来实现比特同步。包括两个字段，第一个字段是7字节的前同步码(1和0交替的码)，起作用是使接收节点能迅速达到同步状态；第二个字段时帧开始定界符，编码为10101011，占1个字节，表示该字节后面的信息就是MAC帧了。注意，在MAC帧的校验序列不包含前同步码和帧的开始定界符。

媒体访问控制子层(MAC子层)还规定了帧间最小间隔为9.6μs，相当于96比特的发生时间，也就是一个节点在监听到总线空闲时，还要再等9.6μs才能发送数据，这样做是为了使目的主机把前面接收到的MAC帧向上交付并清理接收缓存，以便做好接收下一帧的准备。

1.3.5　以太网的连接方式

传统的以太网可以使用的传输介质有四种，分别为铜缆(又分为粗缆和细缆)、双绞线和光纤。相对于四种传输介质，以太网分别对应了四种不同的物理层，即10Base5(粗缆)、10Base2(细缆)、10Base-T(双绞线)和10Base-F(光纤)。Base表示在介质上传输的是基带信号(未经调制的脉冲信号)。10表示传输速率，5表示粗缆的每段线缆最长500 m，2表示细缆长度最大200 m，T代表双绞线，F代表光纤。目前，用得最广泛的是双绞线和光纤的连接方式。

1.粗缆以太网

粗缆以太网是最初使用的连接方式(图1-18)，其网卡通过DB-15型连接器(15针)与收发电缆相连，收发电缆的另一端连接到收发器，收发电缆的正式名称是AUI电缆，而AUI是连接单元接口的缩写，其长度不能超过50 m。总线的长度限制在500 m范围内，如果太长，会导

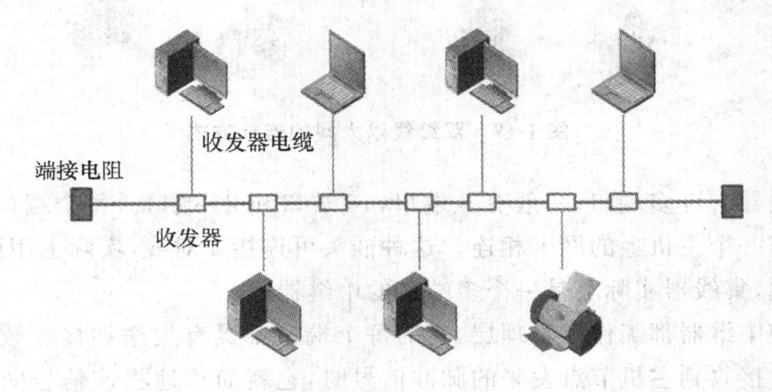

图1-18　粗缆以太网的连接方式

致信号衰减，以致影响到载波侦听和冲突检测的正常工作。如果实际网络需要更长的距离，则需使用中继器(repeater)来中继放大信号，而且任何两个主机之间的最多只能有三段同轴电缆，即中继器最多使用 2 台。

2. 细缆以太网

细缆以太网的连接方式和粗缆以太网的连接方式完全一致，只是将粗同轴电缆换成了细同轴电缆，每个网段的最大长度为 185 m，同时收发器电缆被取消，直接将总线电缆通过 T 形头连接至主机上。

3. 双绞线以太网

双绞线以太网是我们最为常用的连接方式，采用星形拓扑，并且不再使用电缆而使用无屏蔽双绞线作为传输媒体。此时，每个节点需要使用两对双绞线，分别用于发送和接收。在星形拓扑的中央使用一台可靠性非常高的设备——集线器(hub)。双绞线以太网总是和集线器配合使用，而且比粗缆以太网和细缆以太网可靠得多。

1990 年，IEEE 制定了 802.3i 的星形双绞线以太网 10 Base-T 标准。星型以太网的距离不超过 100 m，即双绞线的有效传输距离。

集线器具有以下一些特点：

①表面上看，使用集线器的局域网在物理上是一个星型网。但是，由于集线器是使用电子器件来模拟总线的工作，因此整个系统仍然是总线网的工作原理。也就是说，使用集线器的以太网在逻辑上仍然是一个总线网，各节点仍然使用 CSMA/CD 协议，并共享逻辑上的总线。相当于原来的总线缩短成一个点。双绞线以太网的连接方式如图 1-19 所示。

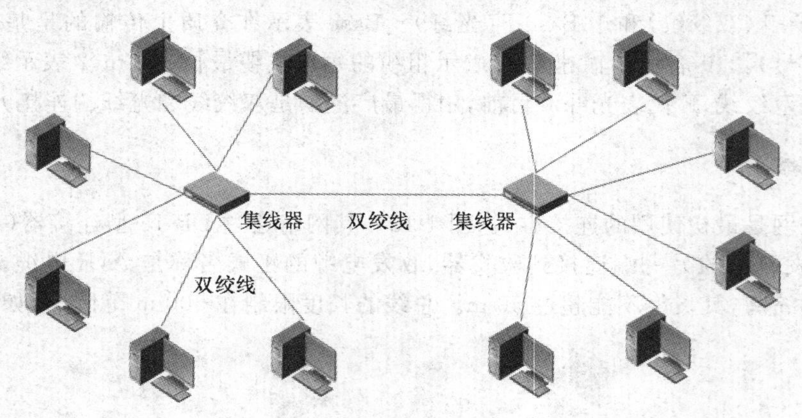

图 1-19　双绞线以太网的连接方式

②一个集线器有许多端口，一般有 8 端口，16 端口和 24 端口。每个端口通过 RJ-45 插头用两对双绞线与一个主机上的网卡相连。这种插头可连接 4 对线，实际上用两对，即发送和接收各一对。因此，集线器实际上是一个多端口的中继器。

③集线器和中继器都工作在物理层，它的每个端口都具有发送和接收数据的功能。当集线器的某个端口接收到主机节点发来的脉冲信号时，它就简单地将该信号向所有其他端口发出去，如果有两个端口同时有信号输入，就发生了冲突(collision)。通过集线器连接起来的整

个网络是一个冲突域。

④集线器采用专门的芯片来实现自适应串音回波抵消。这样做可以使端口转发出去的较强信号不致对该端口接收到的较弱信号产生干扰。每个比特在转发之前都要进行再生、整形并重新定时。

小知识

冲突域(collision domain):当网络中产生冲突后,所影响到的所有范围称为冲突域。在以太网中,如果某个CSMA/CD网络上的两台计算机在同时通信时会发生冲突,那么这个CSMA/CD网络就是一个冲突域。如果以太网中的各个网段以中继器或集线器连接,因为不能避免冲突,所以它们仍然是一个冲突域。冲突域如图1-20所示。

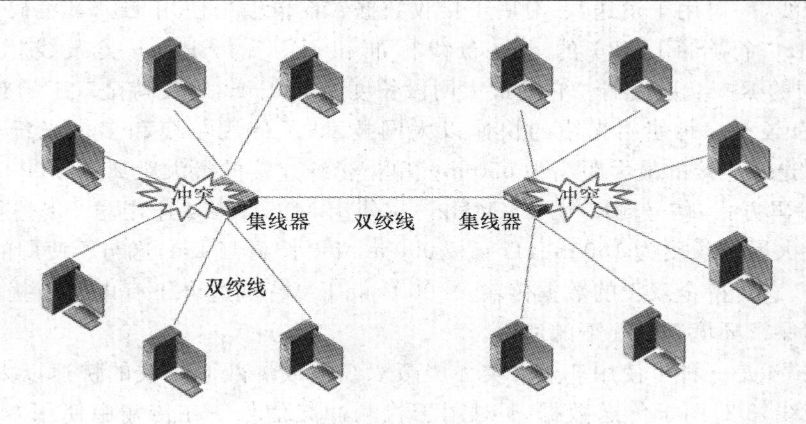

图1-20　冲突域

1.3.6　快速以太网

随着以太网被普遍使用,10 Mbps的传输速率越来越不能满足人们的需求,IEEE于1992年重新召集802.3工作组,希望提升以太网能以更快的速率工作。1995年IEEE正式批准快速以太网标准,即IEEE 802.3u标准。快速以太网(fast ethernet),也称为百兆以太网,其标准的正式名称为100 Base-T,它为现有广大以太网用户提供了一个平滑升级的方案。表1-1是以太网和快速以太网的比较。

表1-1　以太网和快速以太网的比较

特点	以太网	快速以太网
速率	10 Mbps	100 Mbps
IEEE标准	802.3	802.3
媒体访问控制方式	CSMA/CD	CSMA/CD
拓扑结构	总线或星形	星形
电缆支持	同轴电缆、UTP、光纤	UTP、STP、光纤
用UTP连接距离	100 m	100 m
接口方式	AUI	MII
全双工能力	是	是

快速以太网分为交换式和共享式。其中,共享式快速以太网和传统的以太网采用同样的媒体访问控制协议,即 CSMA/CD,所有的媒体访问控制算法不变,只是将有关时间参数加快了 10 倍,其帧格式与传统的以太网一样。

快速以太网和 10 Base-T 一样,采用星形拓扑,即使用同样的缆线配置、同样的软件。由于星形拓扑是当前 10 Mbps 以太网中最广泛采用的拓扑,获得了大量厂商支持,因此当用户从 10 Base-T 以太网向快速以太网进行过渡时,能够获得平滑升级。

快速以太网可以使用两种传输介质:即双绞线和光纤,提供三种类型的收发器件,即使用双绞线的 100 Base-T4 和 100 Base-TX,一种用于光纤的 100 Base-FX。100 Base-FX 类型使用光纤的最大距离可达 2 km,双绞线传输距离为 100 m。

100 Base-TX 是一种使用 5 类数据级无屏蔽双绞线或屏蔽双绞线的快速以太网技术。它使用两对双绞线,一对用于发送,一对用于接收数据。在传输中使用 4B/5B 编码方式,信号频率为 125 MHz。符合 EIA586 的 5 类布线标准和 IBM 的 SPT 1 类布线标准。使用同 10 Base-T相同的 RJ-45 连接器。它的最大网段长度为 100 m。它支持全双工的数据传输。

100 Base-FX 是一种使用光缆的快速以太网技术,可使用单模和多模光纤(62.5 μm 和 125 μm)多模光纤连接的最大距离为 550 m。单模光纤连接的最大距离为 3 000 m。在传输中使用 4B/5B 编码方式,信号频率为 125 MHz。它使用 MIC/FDDI 连接器、ST 连接器或 SC 连接器。它的最大网段长度为 150 m、412 m、2 000 m 或更长至 10 km,这与所使用的光纤类型和工作模式有关,它支持全双工的数据传输。100 Base-FX 特别适合于有电气干扰的环境、较大距离连接或高保密环境等情况下的适用。

100 Base-T4 是一种可使用 3、4、5 类无屏蔽双绞线或屏蔽双绞线的快速以太网技术。它使用 4 对双绞线,3 对用于传送数据,1 对用于检测冲突信号。在传输中使用 8B/6T 编码方式,信号频率为 25 MHz,符合 EIA586 结构化布线标准。它使用与 10 Base-T 相同的 RJ-45 连接器,最大网段长度为 100 m。

快速以太网的思想极为简单:保留原来以太网的帧格式、接口和过程规则,只是将每比特的发送时间长度从 100 ns 缩短到 10 ns,在传输介质上,双绞线具有压倒性的优势,所以快速以太网完全基于双绞线进行设计。快速以太网与传统以太网的主要区别在于,其物理层采用了新的编码,以支持在双绞线和光纤上传送 100 Mbps 的数据。

1.3.7 交换式以太网

1. 交换式以太网概述

以太网在 20 世纪 80 年代得到了快速地发展,随着网络中计算机的数量越来越多,其弊端就暴露无遗了,集线器只是在电气上简单地把线缆连接在一起,越来越多的计算机致使冲突频繁地发生,效率大大降低,每台站点所获得的有效带宽也急剧下降。最终,以太网带宽将被消耗殆尽。在早期,为减少大型以太网的冲突,我们通过网桥来隔离网段,缩小冲突域。但网桥要检测每一个数据包,特别是同时处理多个端口的时候,数据转发相对 Hub(中继器)来说要慢一些。1989 年网络公司 Kalpana 发明了 EtherSwitch,第一台以太网交换机。以太网交换机把桥接功能用硬件实现,这样就能保证转发数据速率达到线速。

大多数现代以太网用以太网交换机代替 Hub。尽管布线同 Hub 以太网是一样的,但是

交换式以太网比共享介质以太网有很多明显的优势，例如提供更大的网络带宽，更好地隔离异常冲突，更多的管理特性等。交换式以太网使用典型的星形拓扑，尽管设备工作在半双工模式，但仍然是共享介质的多节点网。

交换机加电后，首先也像 Hub 那样工作，转发所有数据到所有端口。接下来，当它学习到每个端口的地址以后，就只把非广播数据发送给特定的目的端口。这样，线速以太网交换就可以在任何端口对之间实现，所有端口对之间的通信互不干扰。

因为数据包一般只是发送到他的目的端口，所以交换式以太网上的流量要略微小于共享介质式以太网。尽管如此，交换式以太网依然是不安全的网络技术，因为它还很容易因为 ARP 欺骗或者 MAC 满溢而瘫痪，同时网络管理员也可以利用监控功能抓取网络数据包。

当只有简单设备(除 Hub 之外的设备)接入交换机端口，那么整个网络可能工作在全双工方式。如果一个网段只有 2 个设备，那么冲突探测也不需要了，两个设备可以随时收发数据。总的带宽就是链路的 2 倍(尽管带宽每个方向上是一样的)，但是没有冲突发生就意味着允许几乎 100%的使用链路带宽。

2. 交换机工作原理

集线器的内部只是简单将所有端口连接在一起，当一个端口发来数据时，它只是简单地向其他端口转发信号。而交换机拥有一条很高带宽的背板总线和内部交换矩阵(图 1-21)。交换机的所有的端口都挂接在这条背板总线上，控制电路收到数据包以后，处理端口会查找内存中的地址对照表以确定目的 MAC(网卡的硬件地址)的 NIC(网卡)挂接在哪个端口上，内部交换矩阵将在源端口与目标端口间建立一个通路，迅速将数据包传送到目的端口，目的 MAC 若不存在，才广播到所有的端口，接收端口回应后交换机会“学习”新的地址，并把它添加入内部 MAC 地址表中。

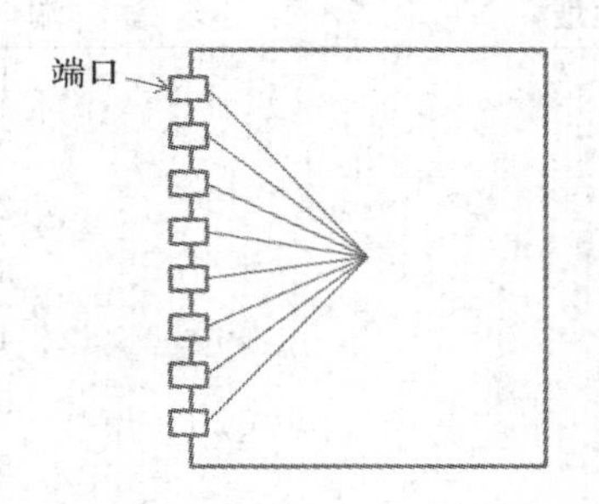

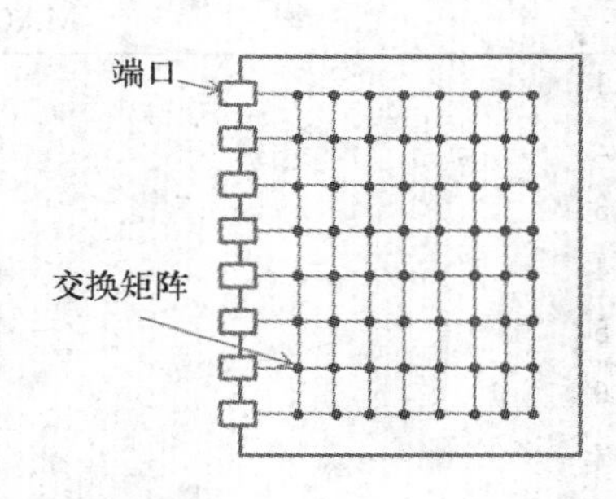

图 1-21　集线器与交换机

交换机在加电启动后，其 MAC 地址表为空，交换机通过动态学习来逐步建立和维护这张表。当一个数据帧交付到交换机的某一端口时，可以学习到源主机的 MAC 地址和其对应的端口号，但它并不知道目标主机在哪个端口上，于是它向整个广播域发出广播包，目的主机将收到此数据包，当目的主机回应数据包时，交换机将学习到目的主机对应的端口号是多少。通过不断学习，交换机就收集齐所有的 MAC 地址和端口的映射条目。交换机在其运行过程中持续地维护这张表作为转发数据帧的依据。

以图 1-22 为例，交换机加电时其 MAC 地址表为空，当 A 主机向 G 主机发送数据时，交换机在 1 号端口收到数据帧，它得知 MAC 地址为 A 的主机对应交换机端口为 1，因此在 MAC

地址表中加入表项(A,1),但交换机不知道MAC地址为G的主机在哪里,于是它将该数据帧采用广播的方式向所有端口复制广播帧,G主机收到该广播帧,并回应A主机,这样交换机在5号端口上收到了源地址为G的数据帧,就学习到MAC地址为G的主机在5号端口上。经过不断学习,交换机就掌握了该网络中所有主机和端口的映射表,当一个数据帧到达交换机时他将目的MAC地址取出,并在MAC地址表中查找到目的MAC地址对应表项,然后将数据帧转发到对应的端口。图1-22的交换机MAC地址表如表1-2所示。

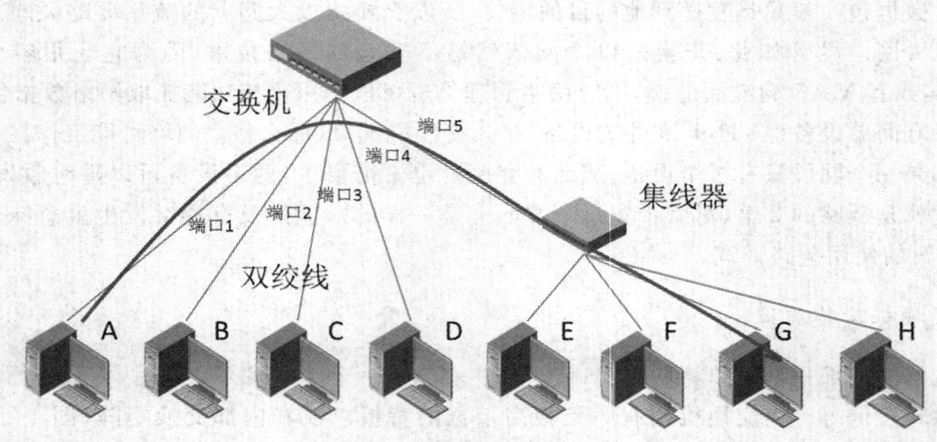

图1-22　交换机的地址学习

从表1-2可以看出,MAC地址表是1对多的映射关系,即一个MAC地址对应唯一一个端口号,一个端口下可以接入多个主机(MAC地址)。

表1-2　交换机MAC地址表

序号	MAC地址	端口号
1	A	1
2	G	5
3	B	2
4	C	3
5	D	4
6	E	5
7	F	5
8	H	5

3. 交换机的数据转发方式

交换机的数据交换方式一般有以下三种:

(1)存储转发模式(store-and-forward)　这种模式是比较常见的。当数据帧进入交换机端口后,交换机会把数据帧放到缓存中,主要是检查数据的完整性以及目的MAC地址,只有数据帧的大小在64～1 518字节之间,而且CRC校验和正确的情况下,交换机才转发这个数据帧,小于64字节的帧会被丢弃。存储转发方式转发的数据都是可靠的,但速度会相对慢一些。

(2)直通式(cut-through)　直通式转发模式对进入交换机的数据帧,只检查目的MAC地

址，然后根据CAM表直接转发数据。这种转发方式比较快，但如果网络上的碎片或者垃圾数据较多的话，这种转发方式带来的后果就是垃圾数据会在网络中占用大量的资源。

(3)无碎片转发(fragment-free)　这种方式综合了以上两种方式的特点，既不检查完整的帧，又不是直接转发。它检查帧的前64字节，帧长度大于等于64字节后就根据目的地址进行转发。

4. 交换机的端口协商

在快速以太网中，交换机的端口一般可以设置全双工、半双工模式，端口速率可设置为100 Mbps或10 Mbps。交换机端口与所连接的设备必须使用相同的双工设置。多数100 Base-TX和1 000 Base-T设备支持自动协商特性，即这些设备通过信号来协调要使用的速率和双工设置。然而，如果自动协商被禁用或者设备不支持，则双工设置必须通过自动检测进行设置或在交换机端口和设备上都进行手工设置以避免双工错配——这是以太网问题的一种常见原因(设备被设置为半双工会报告迟发冲突，而设备被设为全双工则会报告runt)。许多低端交换机没有手工进行速率和双工设置的能力，因此端口总是会尝试进行自动协商。当启用了自动协商但不成功时(例如其他设备不支持)，自动协商会将端口设置为半双工。速率是可以自动感测的，因此将一个10 Base-T设备连接到一个启用了自动协商的10/100交换端口上时将可以成功地创建一个半双工的10BASE-T连接。但是将一个配置为全双工100 Mb工作的设备连接到一个配置为自动协商的交换端口时(反之亦然)则会导致双工错配。

即使电缆两端都设置成自动速率和双工模式协商，错误猜测还是经常发生而退到10 Mbps模式。因此，如果性能差于预期，应该查看一下是否有计算机设置成10 Mbps模式了，如果已知另一端配置为100 Mbps，则可以手动强制设置成正确模式。

当两个节点试图用超过电缆最高支持数据速率(例如在3类线上使用100 Mbps或者3类/5类线使用1 000 Mbps)通信时就会发生问题。不像ADSL或者传统的拨号Modem通过详细的方法检测链路的最高支持数据速率，以太网节点只是简单的选择两端支持的最高速率而不管中间线路。因此如果过高的速率导致电缆不可靠就会导致链路失效。解决方案只有强制通信端降低到电缆支持的速率。

1.3.8　千兆以太网

1998年6月IEEE正式通过了IEEE 802.3 z千兆以太网标准，描述了在通用链路编码的基础上可享有1 000 Mbps传输速率的技术规范，IEEE 802.3 z包括3种物理层接口标准，即1000 Base-SX、1000 Base-LX和1000 Base-CX。其中，1000 Base-SX、1000 Base-LX接口采用光纤作为介质，最远传输距离可达5 000 m，因而广泛应用于建筑物内或园区主干网络。1 000 Base-CX接口标准用于限制在25 m内的距离。

由于IEEE802.3z中1 000 Base-CX的有限距离严重影响其推广，于1999年6月通过认证IEEE 802.3ab千兆以太网标准，它主要描述了1 000 Base-T技术规范。1 000 Base-T接口通过5类非屏蔽双绞线(UTP)介质传输的最远距离可达100 m，并主要应用于面向桌面的网络连接。

千兆以太网的标准化包括编码/译码、收发器和网络介质三个主要模块，其中不同的收发器对应于不同的网络介质类型。1 000 Base-LX基于1 300 nm的单模光缆标准时，使用8B/10B编码解码方式，最大传输距离为5 000 m。1 000 Base-SX基于780 nm的Fibre Channel optics，使用8B/10B编码解码方式，使用50 μm或62.5 μm多模光缆，最大传输距离为300～

500 m。1 000 Base-T 基于非屏蔽双绞线传输介质，使用 1 000 Base-T 铜物理层 Copper PHY 编码解码方式，传输距离为 100 米。1 000 Base-T 在传输中使用了全部 4 对双绞线并工作在全双工模式下。这种设计采用 PAM-5（5 级脉冲放大调制）编码在每个线对上传输 250 Mbps。双向传输要求所有的四个线对收发器端口必须使用混合磁场线路，因为无法提供完美的混合磁场线路，所以无法完全隔离发送和接收电路。任何发送与接收线路都会对设备发生回波。因此，要达到要求的错误率(BER)就必须抵消回波。1 000 Base-T 无法对频率集中在 125 MHz 之上的频段进行过滤，但是使用扰频技术和网格编码能对 80 MHz 之后的频段进行过滤。为了解决 5 类线在如此之高的频率范围内因近端串扰而受到的限制，应该采用合适的方案来抵消串扰。

千兆以太网最大的优点在于它对现有以太网的兼容性。同 100 M 位以太网一样，千兆以太网使用与 10 M 位以太网相同的帧格式和帧长度，以及相同的 CSMA/CD 协议。这意味着广大的以太网用户可以对现有以太网进行平滑的、无须中断的升级，而且无须增加附加的协议栈或中间件。同时，千兆以太网还继承了以太网的其他优点，如可靠性较高，易于管理等。在园区网中，目前占据了主要地位。

1.3.9 万兆以太网

千兆以太网的标准 IEEE 802.3z 通过不久后，1999 年 3 月 IEEE 成立了高速研究组(HSSG)，其任务是致力于 10 Gbps 以太网的研究，10G 以太网的标准由 IEEE 802.3ae 委员会负责制定，其正式标准在 2002 年 6 月公布，即万兆以太网。

万兆以太网的帧格式与传统的以太网、快速以太网和千兆以太网的帧格式完全相同，并且保留了 IEEE802.3 标准中所规定的最小和最大帧长度，这使得用户在现有以太网基础上能平滑地升级，方便地与低速以太网进行通信。

万兆以太网标准和规范都比较繁多，在标准方面，有 2002 年的 IEEE 802.3ae，2004 年的 IEEE 802.3ak，2006 年的 IEEE 802.3an、IEEE 802.3aq 和 2007 年的 IEEE 802.3ap；在规范方面，总共有 10 多个（是一比较庞大的家族，比千兆以太网的 9 个又多了许多）。在这 10 多个规范中，可以分为三类：一是基于光纤的局域网万兆以太网规范，二是基于双绞线（或铜线）的局域网万兆以太网规范，三是基于光纤的广域网万兆以太网规范。下面分别予以介绍。

1. 基于光纤的局域网万兆以太网规范

就目前来说，用于局域网的基于光纤的万兆以太网规范有：10GBase-SR、10GBase-LR、10GBase-LRM、10GBase-ER、10GBase-ZR 和 10GBase-LX4 这六个规范。

(1)10GBase-SR　SR 代表“短距离”(short range)的意思，该规范支持编码方式为 64B/66B 的短波（波长为 850 nm）多模光纤(MMF)，有效传输距离为 2～300 m，要支持 300 m 传输需要采用经过优化的 50 μm 线径 OM3(Optimized Multimode 3，优化的多模 3)光纤（没有优化的线径 50μm 光纤称为 OM2 光纤，而线径为 62.5μm 的光纤称为 OM1 光纤）。10GBase-SR 具有最低成本、最低电源消耗和最小的光纤模块等优势。

(2)10GBase-LR　10GBase-LR 中的“LR”代表“长距离”(long range)的意思，该规范支持编码方式为 64B/66B 的长波(1 310 nm)单模光纤(SMF)，有效传输距离为 2 m 到 10 km，事实上最高可达到 25 km。10GBase-LR 的光纤模块比下面将要介绍的 10GBase-LX4 光纤模块更便宜。

(3)10GBase-LRM　10GBase-LRM 中的"LRM"代表"长度延伸多点模式"(long reach multimode),对应的标准为 2006 年发布的 IEEE 802.3aq。在 1990 年以前安装的 FDDI 62.5 μm 多模光纤的 FDDI 网络和 100Base-FX 网络中的有效传输距离为 220 m,而在 OM3 光纤中可达 260 m,在连接长度方面,不如以前的 10GBase-LX4 规范,但是它的光纤模块比 10GBase-LX4 规范光纤模块具有更低的成本和更低的电源消耗。

(4)10GBase-ER　10GBase-ER 中的"ER"代表"超长距离"(extended range)的意思,该规范支持超长波(1 550 nm)单模光纤(SMF),有效传输距离为 2 m 到 40 km。

(5)10GBase-ZR　几个厂商提出了传输距离可达到 80 km 超长距离的模块接口 10 GBase-ZR 规范。它使用的也是超长波(1 550 nm)单模光纤(SMF)。但 80 km 的物理层不在 IEEE 802.3ae 标准之内,是厂商自己在 OC-192/STM-64 SDH/SONET 规范中的描述,也不会被 IEEE 802.3 工作组接受。

(6)10GBase-LX4　10GBase-LX4 采用波分复用技术,通过使用 4 路波长统一为 1 300 nm,工作在 3.125 Gb/s 的分离光源来实现 10 Gb/s 传输。该规范在多模光纤中的有效传输距离为 2～300 m,在单模光纤下的有效传输距离最高可达 10 km。它主要适用于需要在一个光纤模块中同时支持多模和单模光纤的环境。因为 10GBase-LX4 规范采用了 4 路激光光源,所以在成本、光纤线径和电源成本方面较前面介绍的 10GBase-LRM 规范有不足之处。

2.基于双绞线(或铜线)的局域网万兆以太网规范

在 2002 年发布的几个万兆以太网规范中并没有支持铜线这种廉价传输介质的,但事实上,像双绞线这类铜线在局域网中的应用是最普遍的,不仅成本低,而且容易维护,所以在近几年就相继推出了多个基于双绞线(6 类以上)的万兆以太网规范包括 10GBase-CX4、10GBase-KX4、10GBase-KR、10GBase-T。下面分别予以简单介绍。

(1)10GBase-CX4　10GBase-CX4 对应的就是 2004 年发布的 IEEE 802.3ak 万兆以太网标准。10GBase-CX4 使用 802.3ae 中定义的 XAUI(万兆附加单元接口)和用于 InfiniBand 中的 4X 连接器,传输介质称之为"CX4 铜缆"(其实就是一种屏蔽双绞线)。它的有效传输距离仅 15 m。10GBase-CX4 规范不是利用单个铜线链路传送万兆数据,而是使用 4 台发送器和 4 台接收器来传送万兆数据,并以差分方式运行在同轴电缆上,每台设备利用 8B/10B 编码,以每信道 3.125 GHz 的波特率传送 2.5 Gb/s 的数据。这需要在每条电缆组的总共 8 条双同轴信道的每个方向上有 4 组差分线缆对。另外,与可在现场端接的 5 类、超 5 类双绞线不同,CX4 线缆需要在工厂端接,因此客户必须指定线缆长度。线缆越长一般直径就越大。10GBase-CX4 的主要优势就是低电源消耗、低成本、低响应延时,但是接口模块比 SPF+的大。

(2)10GBase-KX4 和 10GBase-KR　10GBase-KX4 和 10GBase-KR 所对应的是 2007 年发布的 IEEE 802.3ap 标准。它们主要用于背板应用,如刀片服务器、路由器和交换机的集群线路卡,所以又称之为"背板以太网"。

(3)10GBase-T　10GBase-T 对应的是 2006 年发布的 IEEE 802.3an 标准,可工作在屏蔽或非屏蔽双绞线上,最长传输距离为 100 m。这可以算是万兆以太网一项革命性的进步,因为在此之前,一直认为在双绞线上不可能实现这么高的传输速率,原因就是运行在这么高工作频率(至少为 500 MHz)基础上的损耗太大。但标准制定者依靠 4 项技术构件使 10GBase-T 变为现实:损耗消除、模拟到数字转换、线缆增强和编码改进。10GBase-T 的电缆结构也可用于

1000Base-T 规范，以便使用自动协商协议顺利从 1000Base-T 升级到 10GBase-T 网络。10GBase-T 相比其他 10 G 规范而言，具有更高的响应延时和消耗。在 2008 年，有多个厂商推出一种硅元素可以实现低于 6 W 的电源消耗，响应延时小于百万分之一秒(也就是 1 μs)。在编码方面，不是采用原来 1000Base-T 的 PAM-5，而是采用了 PAM-8 编码方式，支持 833 Mb/s 和 400 MHz 带宽，对布线系统的带宽要求也相应地修改为 500 MHz，如果仍采用 PAM-5 的 10GBase-T 对布线带宽的需求是 625 MHz。在连接器方面，10GBase-T 使用已广泛应用于以太网的 650 MHz 版本 RJ-45 连接器。在 6 类线上最长有效传输距离为 55 m，而在 6a 类双线上可以达到 100 m。

3. 基于光纤的广域网万兆以太网规范

前面提到的 10GBase-SW、10GBase-LW、10GBase-EW 和 10GBase-ZW 规范都是应用于广域网的物理层规范，专为工作在 OC-192/STM-64 SDH/SONET 环境而设置，使用轻量的 SDH/SONET(Synchronous Optical Networking，同步光纤网络)帧，运行速率为 9.953Gb/s。它们所使用的光纤类型和有效传输距离分别对应于前面介绍的 10GBase-SR、10GBase-LR、10GBase-ER 和 10GBase-ZR 规范。在 10GBase-LX4 和 10GBase-CX4 规范中没有广域网物理层，因为以前的 SONET/SDH 标准都是工作在串行传输方式的，而 10GBase-LX4 和 10GBase-CX4 规范采用的是并行传输方式。

1.3.10　100 G 以太网

40 吉比特以太网(40 GE)或 100 吉比特以太网(英语：100Gigabit Ethernet，100GE 是一种以太网的传输标准)。IEEE 在在 2010 年 6 月通过，成为 IEEE Std 802.3ba。它规范了以 40 Gbps 或者 100 Gbps 的速度来传输的以太网，仅支持全双工方式连接。

1. 物理层标准

100 G 以太网包含了一系列的物理层标准(表 1-3)，一个网络设备能通过更换不同的物理层插拔模块来支持不同的物理层。特性包括：与其他速率的以太网保持相同的 Ethernet 帧格式以及最大帧最小帧的设置；供无缝的光纤传输支持；MAC 层速率达到 40 Gbps 或者 100 Gbps；提供在单模光纤、多模光纤 OM3/OM4、铜线、背板等不同的物理层的规格说明；更低的数据位差错率。

表 1-3　100 G 以太网传输标准

物理层	最大可传输距离	40 Gigabit 以太网	100 Gigabit 以太网
电气背板	1 m	40GBASE-KR4	
铜缆	7 m	40GBASE-CR4	100GBASE-CR10
OM3 多模光纤	100 m	40GBASE-SR4	100GBASE-SR10
OM4 多模光纤	125 m		
单模光纤	10 km	40GBASE-LR4	100GBASE-LR4
单模光纤	40 km		100GBASE-ER4
单模光纤	2 km(连续)	40GBASE-FR	

2. 商用 100 G 以太网系统

考虑到 100 Gbps 以太网技术与 OTN、SONET/SDH 和传统以太网的兼容性，业界都认为 100 G 以太网将被广泛的使用于所有的网络层传输包括骨干传输系统，边界路由器，数据中心交换系统。然而，100 G 以太网的商用组件样式还是不够丰富，大部分供应商采用与客户合作研发的方式来满足客户对组件的特殊需求。由于 100 Gbps 以太网技术在对降低运营成本，提高速率方面有显著的表现，大部分运营商都希望能直接从 10 Gbps 以太网直接升级到 100 Gbps 以太网，而跳过相对较贵的 40 Gbps 以太网部署。

1.3.11　以太网新的发展

技术总是在不断进步，IEEE 新的负责 400 G 以太网项标准制定 802.3bs 任务组于 2014 年 3 月 27 日正式成立，由他担任工作组主席。而作为以太网产业的领导力量，以太网联盟将着力推动 400 G 标准和技术发展，为此以太网联盟专门成立了 400 G 分委员会。400 G 分委员会负责帮助制定以太网的下一代标准。其中包括通过建立共识来推动 400 G 标准制定进程。同时，该分委员会还会提升市场对 400 G 及相关技术的认知和采用。为此，委员会将在 2014 年 4 月 29 日召开成员会议推动相关技术共识的建立。

在旧金山举办的光纤通信(OFC)大会上，华为和 Xilinx 展示了可以处理 400 G 以太网的路由器线卡。华为的美国研发中心标准战略师 Chuck Adams 表示，该产品现在只是一个原型，华为并没有打算出售预标准产品，但这个产品显示了这两个供应商已经开始为下一个版本以太网“摩拳擦掌”。

供应商称他们已经在开发某种类型的 400 G 技术，当该标准完成时，他们将能够出售 400 G 以太网设备。Dell’Oro 公司分析师 Alam Tamboli 表示，这些正在进行开发可能影响着最终的以太网标准。

以太网是企业网络的中流砥柱。大多数运营商通常会使用其他技术，但现在以太网已经在其网络中发挥着不同的角色。随着服务器、计算机和移动设备在网络传输更多数据，运营商和数据中心现在需要更快的链接。现在运营商正在试图从 100 G 转移到 400 G。但最近，在大型数据中心对速度的需求紧跟其后，这意味着网络供应商至少要服务于两个市场。

在 OFC 大会上，华为和 Xilinx 宣布了长期合作伙伴关系已经路线图。他们的第一个产品原型是基于 Xilinx FPGA(现场可编程门阵列)，该阵列已经开始量产，采用 28 nm 制造工艺。在测试中，这个原型线卡已经能够处理 400 G 以太网，只消耗较低的功耗，没有丢失的数据包。Xilinx 公司有线营销主管 Gilles Garcia 表示，明年将推出的原型将只使用一个芯片，采用 20 nm 工艺，所以它只会使用更少的空间和功耗。

领导 802.3 400 G 研究小组的 John D’Ambrosia 一直在探索新标准需要什么，他预计工作组将在本月晚些时候建立。John D’Ambrosia 认为该标准要到 2017 年上半年才会完成，而其他人认为是 2016 年。该工作组将面临的问题是，添加什么类型的较小连接来实现 400 G。华为-Xilinx 原型采用 16 通道 25 G，但该公司称他们可以使用其他配置，这取决于该标准。

虽然在这次大会上，华为是唯一展示实际的 400 G 以太网原型机的供应商，其他供应商也正在朝这方面努力。瞻博网络路由器部门产品合作伙伴主管 Stephen Turner 表示，其公司正

在开发具有 400 G 能力的 ASIC(应用程序为中心的集成电路),在 400 G 以太网标准准备就绪后,该 ASIC 将可以用于 400 G 以太网。阿尔卡特朗讯还没有宣布任何针对 400G 以太网的产品,但有其他 400 G 设备,已经由法国电信 Orange 部署。思科也尚未宣布任何 400 G 以太网技术,但去年该公司推出了其 nPower 网络处理器,能够支持 400G 的吞吐量。

1.4 ADSL 技术

人们在接入互联网的方式上,除了采用以太网的方式以外,我们还有很多可以选择的技术。早期,人们通过电话线采用拨号的方式接入网络,接入速率仅有 28.8 kbps、33.6 bps 或者 57.6 kbps;后来,通过电话线使用 ISDN(综合业务数字网)技术,将接入速率提升到了 256 kbps,但仍然不能满足人们对互联网的速率需求。以太网接入或光纤接入方式,由于成本或者需要重新铺设网络线路的问题,短时间内难以大面积推广开。虽然光纤到户(fiber to the home, FTTH)是今后接入方式的必然发展方向,但由于光纤到户成本过高。DSL(数字农户线路)技术使用现有的电话铜线环路,降低了用户高速接入网络的成本,从而得到迅速发展,成为近些年宽带接入市场中应用最广的技术。

1.4.1 DSL 技术概述

DSL(Digital Subscriber Line,数字用户线路)技术是一种以铜制电话双绞线为传输介质的传输技术,它通常可以允许语音信号和数据信号同时在一条电话线上传输。

它利用现有的电话线开展宽带接入服务,无须网络建设投入,节省投资。在现有的电话网可以立即为用户开通宽度服务,节省了时间。此外,与拨号接入相比,DSL 在开通数据业务的同时,一般不会影响话音业务,用户可以在打电话的同时上网。因此 DSL 技术很快就得到重视,并在一些国家和地区得到大量应用。

DSL 技术包括 ADSL、VDSL、SDSL、HDSL 等,一般也把这些统称为 xDSL。不同 DSL 技术之间的主要区别体现在两个方面:①信号传输速度和距离;②上行速率和下行速率的对称性。目前,流行的 DSL 技术是 ADSL 和 VDSL。

1.4.2 DSL 技术分类

DSL 技术按照上行和下行的传输速率是否一致,可以分为速率对称型和速率非对称型两种类型。

1. 对称型 DSL

对称型 DSL 的上下行速率是一致的,它们能够提供高速对称的传输速率。一般来说,对称型 DSL 不支持数字信号和语音信号同时在一条电话双绞线上传输。对称型 DSL 适用于企业接入和点对点连接之中。

对称型 DSL 包括 SDSL、HDSL、SHDSL 等(表 1-4)。

表 1-4 各种 DSL 技术对比

技术名称	传输方式	最大上行速率/Mbps	最大下行速率/Mbps	最大传输距离/km	传输媒介
HDSL	对称	2.32	2.32	5	1～3对双绞线
SDSL	对称	2.32	2.32	3	1对双绞线
SHDSL	对称	5.7	5.7	7	1～2对双绞线
VDSL	非对称	2.3	55	2	1对双绞线
ADSL	非对称	1	8	5	1对双绞线

2. 非对称型 DSL

非对称 DSL 的上下行速率是不一样的，一般下行速率要比上行速率大得多。非对称 DSL 适用于家庭普通用户上网，因为在普通用户上网时下载的信息往往比上载的信息要多得多。非对称型 DSL 包括 ADSL、VDSL。

ADSL(asymmetric DSL，非对称用户数字线路)：ADSL 利用一对双绞线，提供上下行不对称的速率，可以同时传输语音和数据。

VDSL(very high speed DSL，甚高速数字用户线路)：VDSL 是基于以太网内核的 DSL 技术，它利用一对双绞线，在短距离内提供最大下行速率 55 Mbps、上行速率 2.3 Mbps 的非对称式传输服务，也可以配置成上下行 13 Mbps 对称模式。但是，VDSL 受到线路质量和线路距离的影响十分大，当线路距离变长时其传输速率会显著下降，VDSL 支持的最大传输距离为 2 km。

1.4.3 ADSL 的原理及特点

ADSL(asymmetric DSL，非对称用户数字线路)是 DSL 家族中最重要的一员，也是目前应用最广的一种宽带接入技术。ADSL 利用现有的铜制电话线，在一对电话双绞线上提供较高带宽的数据传输服务，同时又不会干扰在同一条线上进行的常规话音服务。ADSL 数据信号和电话音频信号以频分复用原理调制于各自频段而互不干扰。

1. ADSL 的特点及优点

ADSL 具有以下一些特点及优点：

(1) 高速传输　提供上、下行不对称的传输带宽，下行速率最高达到 8 Mbps，上行速率最高达到 1 Mbps，最大传输距离为 5 km。

(2) 上网、打电话互不干扰　ADSL 数据信号和电话音频信号以频分复用原理调制于各自频段互不干扰。上网的同时可以拨打或接听电话，解决了拨号上网时不能使用电话的问题。

(3) 独享带宽、安全可靠　ADSL 采用星型的网络拓扑结构，用户可独享高带宽。

(4) 安装快捷方便　利用现有的用户电话线，无须另铺电缆，节省投资。用户只需安装一台 ADSL Modem，无须为宽带上网而重新布设或变动线路。

(5) 价格实惠　ADSL 上网的数据信号不通过电话交换机设备，这意味着使用 ADSL 上网只需要为数据通信付账，并不需要缴付另外的电话费。

2. ADSL 与其他接入方式比较

ADSL 接入技术较其他接入技术具有独特的技术优势，因此能做到较高的性能价格比。

下面看看 ADSL 与其他接入服务的比较。

(1)ADSL 与普通拨号 Modem 的比较　普通拨号 Modem 的速率只有 56 Kbps。在上网时需要通过电话交换设备，占用了传统的语言信道，导致在上网时不能进行语音通话。在使用普通拨号 Modem 上网时，由于上网流量需要经过电话交换设备，导致在上网时既要缴纳上网费用，又要缴纳电话费用。

与普通拨号 Modem 相比 ADSL 的速率优势是不言而喻的。ADSL 技术能够在同一对铜线上分别传送语音与数据信号，数据信号不经过电话交换设备，使得用户在上网时并不影响语音通话，并且上网时不用缴纳额外的电话费。

(2)ADSL 与以太网接入的比较　以太网是目前采用最普遍最成熟的网络技术。它安装容易兼容性强，不需要添置特殊的设备。ADSL 接入技术需要在用户端安装 ADSL Modem，网络侧也需要有相应的设备，实现起来较麻烦。在速率方面以太网速率可以达到 100 Mbps 甚至 1 000 Mbps，相比之下 ADSL 速率要慢很多。

但是对于以太网接入来说，需要重新布线，铺设以太网线路，而 ADSL 可以利用现有的电话线资源。在建设成本上来说，ADSL 要小于以太网。以太网接入，每台交换机只能接入几十个用户，而且一般交换机都分散安装在小区或楼宇内，这使得需要维护的设备多并且维护困难，成本高。ADSL 接入上百甚至上千用户才需要一台设备进行接入，维护成本要低于以太网。

(3)ADSL 与光纤接入的比较　光纤接入是未来必然的接入方式，它具有容量大、速率快、安全性高等特点。但是，同以太网接入类似，它也存在着安装维护成本高的问题。因此现阶段 ADSL 还将是最为实用的接入技术。

3. ADSL 原理

ADSL 技术是一种接入技术，它采用频分复用的方式将数据传输的频带划分成语音、上行、下行 3 个部分，从而实现了语音和数据的同时传输和非对称上下行速率。在数据传输时，通过 ATM 协议进行传输。

(1)ADSL 网络基本结构　ADSL 的网络结构如图 1-23 所示，用户侧 PC 的上网数据经过

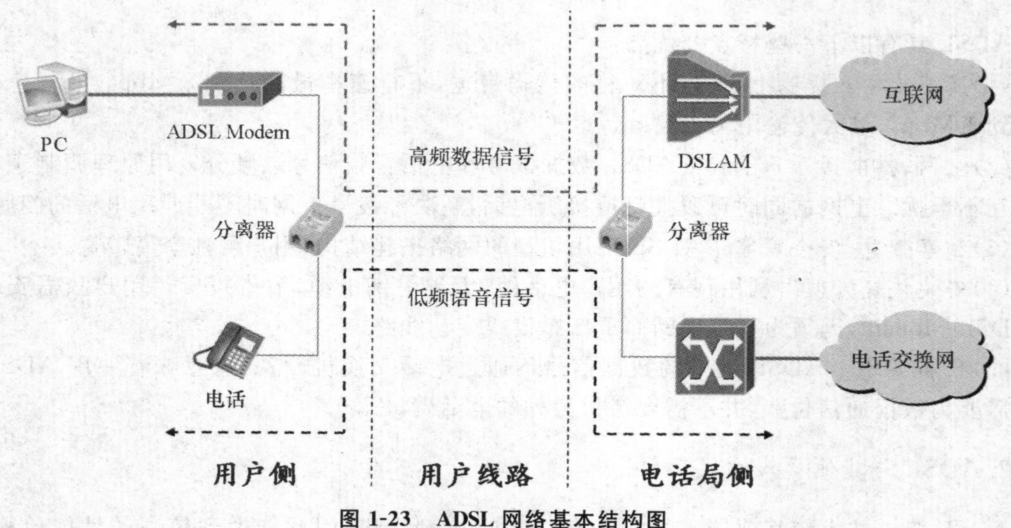

图 1-23　ADSL 网络基本结构图

ADSL Modem 调制成高频信号，在分离器上和普通电话语音的低频信号合成混合信号，传送到用户线路上；这个混合信号被传送至电话局侧的分离器上，被重新分解为数据信号和音频信号；音频信号被传送到电话程控交换机完成普通的语音呼叫；数据信号被传送到 DSLAM (DSL 接入复用器)上，由 DSLAM 将用户数据传送到互联网。

①DSLAM(DSL access multiplexer，DSL 接入复用器)　可以理解为多路 DSL Modem 的组合，它能够同时连接多路 DSL 线路，将其转换到上行线路上，完成多路 DSL 对上行线路的复用。目前主流的 DSLAM 设备可以同时接入几百到上千条 DSL 线路。除此之外，高端 DSLAM 设备还具有路由、协议转换、认证、计费等功能。

②分离器　用于将高频数据信号和低频语音信号分离。在电话局侧，通常将多个分离器组合在一起，称为分离器池。

(2)ADSL 的频段划分　ADSL 使用频分复用技术，实现在一条电话线中同时传输语音与数据信号。在线路中，4 kHz 以下的低频段用来传输普通的模拟语音信号，与传统的电话系统相同。26 k～138 kHz 的频段用来传送上行数据信号，138 k～1.1 MHz 的频段用来传送下行数据信号。

由图 1-24 可看到，对于电话信号而言，仍使用原先的低频频带，而基于 ADSL 的业务使用的是话音以外的频带。所以，原先的电话业务不会受到任何影响，打电话与上网各自独立进行。

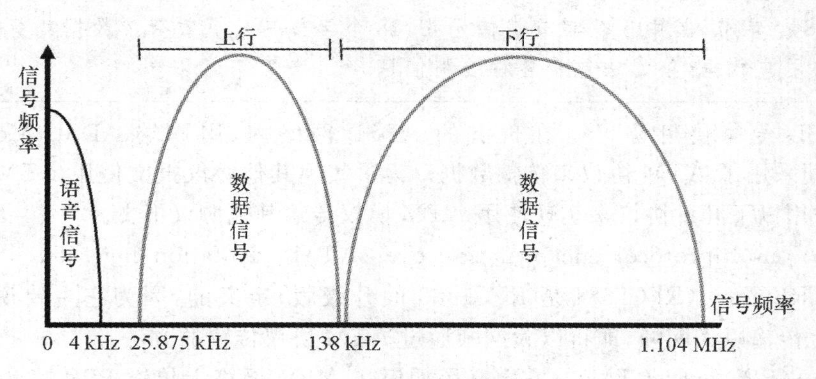

图 1-24　ADSL 的频段划分

4. ADSL 数据传输

(1)ADSL 数据传输过程　在 PC 和 ADSL Modem 之间传输的是普通的以太网帧，在 ADSL Modem 和 DSLAM 之间使用 ATM(asynchronous transfer mode，异步传输模式)协议传输 ATM 信元(ATM 的传输单位)，在 DSLAM 设备上在将 ATM 信元转换成普通的以太网帧进行传输，如图 1-25 所示。

在 ADSL Modem 和 DSLAM 之间传输 ATM 信元，是因为 ADSL 网络是基于 ATM 设计的。因此，ADSL Modem 需要将来自 PC 的以太网数据帧转换成为 ATM 信元，然后在通过 ADSL 帧在 ADSL 线路上传输。

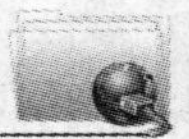

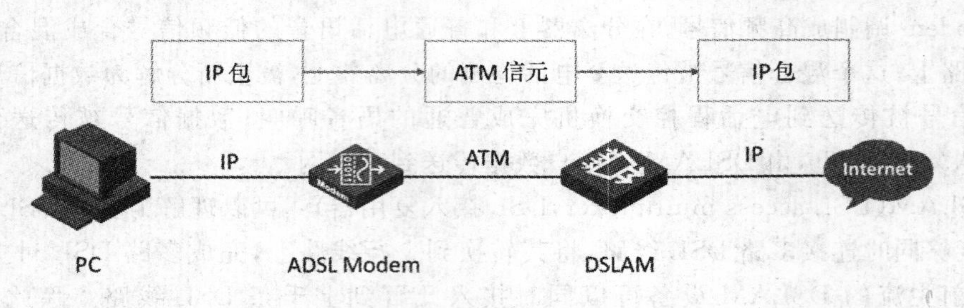

图 1-25 ADSL 数据传输过程

小知识

(1)ATM:ATM(asynchronous transfer mode,异步传输模式)是 20 世纪 90 年代中期出现的一种传输技术。它的最大特点是面向连接的传输机制,可以提供很好的服务质量,以及对多媒体业务的支持。这些特点使得 ATM 网络有可能取代 IP 网络。ADSL 就是在 ATM 网络上设计的。随着技术的发展,高速 IP 路由器已经达到甚至超过了 ATM 的转发速度,目前 ATM 技术已经逐步被 IP 技术挤出了主流市场。

(2)ATM 信元:是 ATM 网络传输的数据单位,信元是一种特殊的数据结构,不同于普通网络传输的帧或者包,因为帧和包是变长的,而 ATM 的信元是定长的,非常小,长度只有 53 个字节,其中 5 个字节是信元头,48 个字节是数据载荷。数据载荷中可以是各类业务的用户数据,信元头包含各种控制信息。

(2)ADSL 传输使用协议　在现有的 ADSL 网络内,用户端 ADSL Modem 和局端 DSLAM 之间采用了 ATM 协议来传输数据。为了实现其他协议报文使用 ATM 协议进行传输,ADSL 采用以下几种协议来实现使用 ATM 协议传输其他协议报文。

①MPoA(multiprotocol encapsulation over ATM adaptation layer 5)　此协议是由 RFC1483 或 RFC2684(RFC2684 是 RFC1483 的升级版)定义的,因为它主要说明了如何在 ATM 网络上传输以太网帧,即将以太网帧通过 ATM 协议传输的方法。

②PPPoA(PPP over ATM)　它定义了如何在 ATM 网络上传输 PPP 帧,一般用于虚拟拨号接入。

③PPPoE(PPP over ethernet)　它定义了如何在以太网上传输 PPP 帧,即平时使用 ADSL 进行虚拟拨号时所用的协议。PPPoE 协议不光可以用在 ADSL 虚拟拨号接入上,还可以用在以太网拨号接入上。由于 ADSL Modem 和 DSLAM 之间使用 ATM 协议传输,所以它需要配合 MPoA 协议来实现虚拟拨号上网。

小知识

PPP:PPP(point to point protocol,点对点协议)是点到点链路上的一种传输协议,由于其支持用户认证,所以在 ADSL 技术中使用 PPP 协议的认证功能进行认证操作。

(3)影响 ADSL 传输速率的因素　虽然 ADSL 技术的最大传输速率为上行 1 Mbps,下行 8 Mbps,但是 ADSL 的传输速率受到线路质量、噪声干扰、线路长度等因素的影响,通常很难

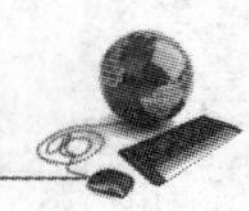

达到最高的速率。

①线路质量　ADSL 技术对线路质量要求很高，理想的 ADSL 线路应该没有感应线圈，线路规格无变化，无桥接抽头，绝缘良好。

②噪声干扰　噪声产生的原因很多，可以是家用电器的开关、电话摘机和挂机以及其他电动设备的运动等，这些突发的电磁波将会耦合到 ADSL 线路中，引起突发错误。

从电话公司到 ADSL 分离器这段连接中，加入任何设备都将影响数据的正常传输，故在 ADSL 分离器之前不要并接电话、电话防盗器等设备。

③线路长度　在传输系统中，发射端发出的信号会随着传输距离的增加而产生损耗，传输距离越远信号损耗越大。ADSL 的最大下行速率在 8 Mbps，会随着距离的增加 ADSL 能够达到的下行速率也越来越小，当传输距离达到 5 km 左右时，基本上已经无法正常进行数据传输了。

在连接 ADSL 线路时，尽量选择绝缘好、抗干扰能力强的电缆。在部署 ADSL 线路时尽量减少接头数量，尽量减少衰减和电缆距离。

5. ADSL2、ADSL2＋和 ADSL2＋＋

随着网络的发展，传统 ADSL 的传输速度已经不能完全满足日益增长的网络流量需求。因此，由于业务发展的需要，为了更好地迎合网络运营和信息消费的需求，新的 ADSL 标准被制定出来，ADSL2、ADSL2＋、ADSL2＋＋（也称 ADSL4）技术应运而生。

(1)ADSL2　与传统 ADSL 相比，ADSL2 标准提供了下行 12 Mbps，上行 1 Mbps 的传输速率。ADSL2 标准采用了高效的调制解调技术以及更先进的编码和算法，提供了更高的数据传输速度以及更远的传输距离。除此之外，ADSL2 标准还提供了功率管理、线路诊断和故障管理、多线对绑定等新功能。

(2)ADSL2＋　ADSL2＋提供了下行 26 Mbps，上行 1 Mbps 的传输速率。与 ADSL2 标准相比较，ADSL2＋标准的核心内容是拓展了线路的使用频宽。ADSL2 定义的下行传输频带的最高频率为 1.1 MHz，而 ADSL2＋技术标准将高频段的最高调制频点扩展至 2.2 MHz，如图 1-26 所示。通过此项技术改进，ADSL2＋提高了上下行的接入速率，在短距离情况下，其下行接入能力能够达到最大 26 Mbps 以上的接入速率。

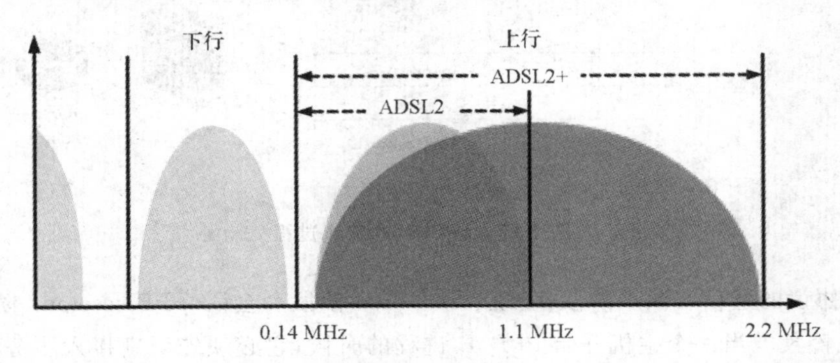

图 1-26　ADSL2 与 ADSL2＋使用频段

(3)ADSL2＋＋　ADSL2＋＋（也称 ADSL4）技术是由设备厂商提出的最新的 ADSL 标准，它能够在短距离内提供最高下行 50 Mbps 上行 12.5 Mbps 的接入速率，是目前最快的

ADSL 技术。

随着技术的成熟，在国内部分城市已经开始使用 ADSL2/ADSL2＋技术。各种 ADSL 技术比较如表 1-5 所示，ADSL2＋＋的最大下行速率已达 50 Mbps，上行速率到 12.5 Mbps。

表 1-5　各种 ADSL 技术比较

ADSL 标准	最大下行速率/Mbps	最大上行速率/Mbps
ADSL	8	1
ADSL2	12	1
ADSL2＋	26	1
ADSL2＋＋	50	12.5

1.4.4　PPPoE 协议

PPPoE 是 point to point protocol over ethernet 协议的简称，它利用以太网将大量主机组成网络，通过一个远端接入设备连入因特网，并对接入的每个主机实现控制、计费功能。把以太网技术和点对点协议的可扩展性及管理控制功能结合在一起，极高的性能价格比使 PPPoE 在 ASDL 接入和小区组网建设等一系列应用中被广泛采用。PPPoE 虚拟拨号接入方式是目前使用最普遍的 ADSL 接入方式。

PPPoE 协议采用 Client/Server（客户机/服务器）方式，在一个 PPPoE 的通信过程中，PPPoE 连接的两端一个为客户端，一个为接入服务器端。PPPoE 连接的建立都是由客户端主动发起的，PPPoE 连接的断开可以由客户端或接入服务器中任意一方发起。PPPoE 协议的通信流程如图 1-27 所示。

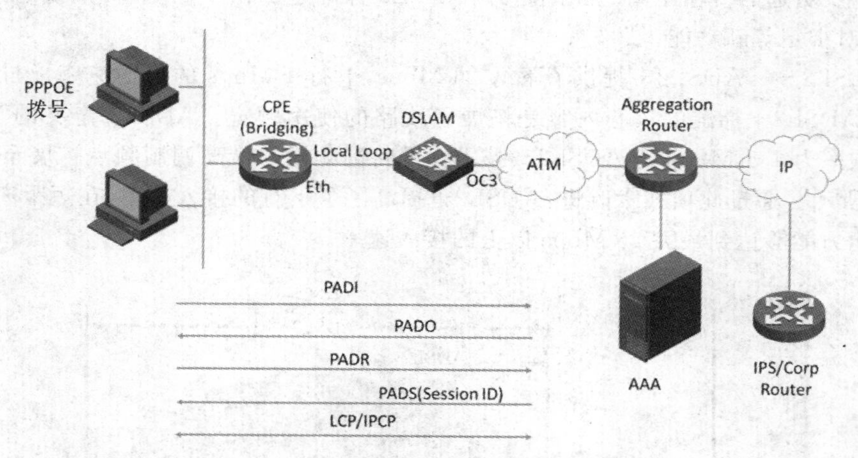

图 1-27　PPPOE 的工作过程

PPPoE 协议的通信有两个阶段：发现（discovery）阶段和会话（PPP session）阶段。

（1）发现阶段　当一个主机开始 PPPoE 进程的时候，它必须先识别接入服务器端的以太网 MAC 地址，建立 PPPoE 的会话 ID。根据主机和接入设备两端的 MAC 地址和会话 ID 可以定义一条 PPPoE 会话。典型的发现（discovery）阶段共包括 4 个步骤：用户主机以广播方式发出 PPPoE 有效发现初始（PPPoE active discovery initiation，PADI）报文；接入设备收到在服

务范围内的 PADI 报文后，发送 PPPoE 有效发现提供(PPPoE active discovery offer，PADO)报文以响应请求；用户主机可能收到多个 PADO 报文，从中选择一个合适的接入设备，然后向所选择的接入设备发送 PPPoE 有效发现请求(PPPoE active discovery request，PADR)报文；接入设备收到 PADR 包后准备开始 PPP 会话，接入设备产生一个唯一的 PPPoE 会话 ID，将其放在 PPPOE 有效发现会话确认(PPPoE active discovery session-confirmation，PADS)报文内，传送至用户主机。当用户主机收到 PADS 报文确认后，双方就进入 PPP 会话阶段。

还有一种 PPPoE 有效发现终止(PPPoE active discovery terminate，PADT)报文，在一个 PPP 会话建立后它随时可由用户主机或接入设备中任何一方发送，指示 PPP 会话已终止。

(2)会话阶段　当 PPPoE 进入会话阶段后，PPP 报文就可以通过 PPPoE 协议转化为标准的以太网帧发到对端。在会话阶段，主机或服务器任何一方都可发 PADT 报文通知对方结束本会话。

从目前来看，ADSL 技术不断地发展，是大部分家庭所采取的接入方式，但是无源光网络的发展会逐渐取代 ADSL。

1.5　SDH 技术

SDH(synchronous digital hierarchy，同步数字体系)是一种将复接、线路传输及交换功能融为一体、并由统一网管系统操作的综合信息传送网络，是美国贝尔通信技术研究所提出来的同步光网络(SONET)。国际电话电报咨询委员会(CCITT)(现 ITU-T)于 1988 年接受了 SONET 概念并重新命名为 SDH，使其成为不仅适用于光纤也适用于微波和卫星传输的通用技术体制。它可实现网络有效管理、实时业务监控、动态网络维护、不同厂商设备间的互通等多项功能，能大大提高网络资源利用率、降低管理及维护费用、实现灵活可靠和高效的网络运行与维护，因此是当今世界信息领域在传输技术方面的发展和应用的热点，受到人们的广泛重视。

1.5.1　SDH 的特点

(1)SDH 电接口　接口的规范化与否是决定不同厂家的设备能否互联的关键。SDH 体制对网络节点接口 NNI 作了统一的规范。规范的内容有数字信号速率等级、帧结构、复接方法、线路接口、监控管理等。于是这就使 SDH 设备容易实现多厂家互联，也就是说在同一传输线路上可以安装不同厂家的设备，体现了横向兼容性。SDH 体制有一套标准的信息结构等级，即有一套标准的速率等级。基本的信号传输结构等级是同步传输模块——STM-1，相应的速率是 155 Mbit/s，高等级的数字信号系列，例如 622 Mbit/s (STM-4)、2.5 Gbit/s (STM-16) 等，可通过将低速率等级的信息模块，例如 STM-1，通过字节间插同步复接而成，复接的个数是 4 的倍数，例如 STM-4＝4×STM-1，STM-16＝4×STM-4。

(2)SDH 光接口　线路接口(这里指光口)采用世界性统一标准规范。SDH 信号的线路编码仅对信号进行扰码，不再进行冗余码的插入。扰码的标准是世界统一的，这样对端设备仅需通过标准的解码器就可与不同厂家 SDH 设备进行光口互联。扰码的目的是抑制线路码中

的长连 0 和长连 1，便于从线路信号中提取时钟信号。

(3)SDH 复用方式　由于低速 SDH 信号是以字节间插方式复用进高速 SDH 信号的帧结构中的，这样就使低速 SDH 信号在高速 SDH 信号的帧中的位置是固定的、有规律性的，也就是说是可预见的，这样就能从高速 SDH 信号例如 2.5 Gbit/s（STM-16）中直接分/插出低速 SDH 信号，例如 155 Mbit/s（STM-1），这样就简化了信号的复接和分接，使 SDH 体制特别适合于高速大容量的光纤通信系统。另外由于采用了同步复用方式和灵活的映射结构，可将 PDH 低速支路信号，例如 2Mbit/s 复用进 SDH 信号的帧中去(STM-N)，这样使低速支路信号在 STM-N 帧中的位置也是可预见的，于是可以从 STM-N 信号中直接分/插出低速支路信号，节省了大量的复接/分接设备(背靠背设备)，增加了可靠性，减少了信号损伤、设备成本功耗、复杂性等，使业务的上下更加简便。SDH 的这种复用方式使数字交叉连接 DXC 功能更易于实现，使网络具有了很强的自愈功能，便于用户按需动态组网，实时灵活的业务调配。

(4)SDH 运行维护　SDH 信号的帧结构中安排了丰富的用于运行维护 OAM 功能的开销字节，使网络的监控功能大大加强，也就是说维护的自动化程度大大加强。SDH 信号丰富的开销占用整个帧所有比特的 1/20，大大加强了 OAM 功能，这样就使系统的维护费用大大降低。

(5)SDH 兼容性　SDH 有很强的兼容性。这也就意味着当组建 SDH 传输网时，原有的 PDH 传输网不会作废，两种传输网可以共同存在，也就是说可以用 SDH 网传送 PDH 业务。另外异步转移模式的信号 ATM 等其他体制的信号也可用 SDH 网来传输。

1.5.2　SDH 网络的常见网元

SDH 传输网是由不同类型的网元通过光缆线路的连接组成的，通过不同的网元完成 SDH 网的传送功能：上/下业务、交叉连接业务、网络故障自愈等，下面我们讲述 SDH 网中常见网元的特点和基本功能。

1. TM 终端复用器

终端复用器用在网络的终端站点上，例如一条链的两个端点，它是一个双端口器件。它的作用是将支路端口的低速信号复用到线路端口的高速信号 STM-N 中，或从 STM-N 的信号中分出低速支路信号。

2. ADM 分/插复用器

分/插复用器用于 SDH 传输网络的转接站点处，例如链的中间节点或环上节点，它是一个三端口的器件。ADM 的作用是将低速支路信号交叉复用进东或西向线路上去，或从东或西侧线路端口收的线路信号中拆分出低速支路信号。另外还可将东/西向线路侧的 STM-N 信号进行交叉连接。

3. REG 再生中继器

光传输网的再生中继器有两种。一种是纯光的再生中继器，主要进行光功率放大，以延长光传输距离；另一种是用于脉冲再生整形的电再生中继器，主要通过光/电变换、电信号抽样、

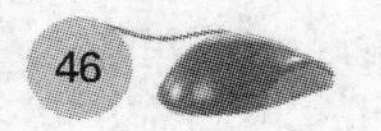

判决、再生整形、电/光变换，以达到不积累线路噪声，保证线路上传送信号波形的完好性。再生中继器 REG 是双端口器件只有两个线路端口 W、E。

4. DXC 数字交叉连接设备

数字交叉连接设备完成的主要是 STM-N 信号的交叉连接功能，它是一个多端口器件，相当于一个交叉矩阵完成各个信号间的交叉连接。DXC 可将输入的 m 路信号交叉连接到输出的 n 路信号上，通常用 DXC m/n 来表示一个 DXC 的类型和性能，注 $m \geqslant n$，m 表示可接入 DXC 的最高速率等级，n 表示在交叉矩阵中能够进行交叉连接的最低速率级别，m 越大表示 DXC 的承载容量越大，n 越小表示 DXC 的交叉灵活性越大。

1.5.3　SDH 映射、定位和复用

SDH 网络中，将低速 PDH 支路信号复用成 STM-N 信号过程中需要经历了 3 种不同步骤：映射、定位、复用。

(1) 映射　映射(mapping)是一种在 SDH 网络边界处(例如 SDH/PDH 边界处)，将支路信号适配进虚容器的过程。例如，将各种速率(140M、34M、2M 和 45 Mbit/s)PDH 支路信号先经过码速调整，分别装入到各自相应的标准容器 C 中，再加上相应的通道开销，形成各自相应的虚容器 VC 的过程，称为映射。为了适应各种不同的网络应用情况，有异步、比特同步、字节同步三种映射方法与浮动 VC 和锁定 TU 两种映射模式。

(2) 定位　定位(alignment)是一种当支路单元或管理单元适配到它的支持层帧结构时，将帧偏移量收进支路单元或管理单元的过程。它依靠 TU-PTR 或 AU-PTR 功能来实现。定位校准总是伴随指针调整事件同步进行的。

(3) 复用　复用(multiplex)是一种使多个低阶通道层的信号适配进高阶通道层(例如 TU-12(×3)→TUG-2(×7)→TUG-3(×3)→VC-4)，或把多个高阶通道层信号适配进复用段层的过程(例如 AU-4(×1)→AUG(×N)→STM-N)。复用的基本方法是将低阶信号按字节间插后再加上一些塞入比特和规定的开销形成高阶信号，这就是 SDH 的复用。

1.5.4　SDH 的开销

开销是开销字节或比特的统称，是指 STM-N 帧结构中除了承载业务信息(净荷)以外的其他字节。开销用于支持传输网的运行、管理和维护(OAM)。

1. 段开销字节

STM-N 帧的段开销位于帧结构的(1～9)行×(1～9N)列(其中第 4 行为 AU-PTR 除外)，如图 1-28 所示。我们以 STM-1 信号为例来讲述段开销各字节的用途。对于 STM-1 信号，段开销包括位于帧中的(1～3)行×(1～9)列的 RSOH 再生段开销和位于(5～9)行×(1～9)列的 MSOH 复用段开销。如图 1-28 所示再生段开销和复用段开销在 STM-1 帧中的位置，它们的区别是什么呢？区别在于监控的范围不同，RSOH 是对应一个大的范围——STM-N，即对每个再生段实行监管；MSOH 是对应这个大的范围中的一个小的范围——STM-1，对每个复用段实行监管。

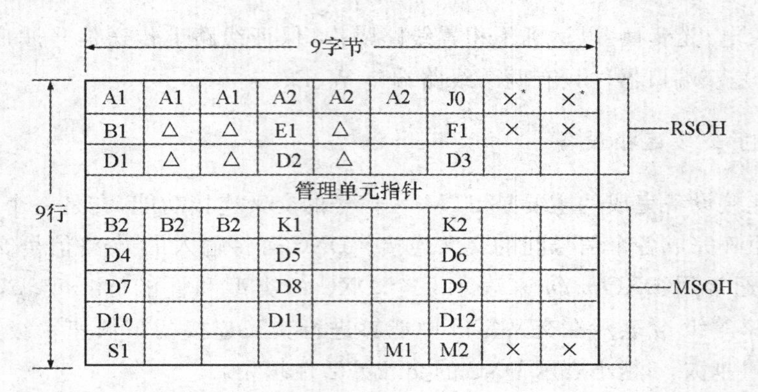

△ 为与传输媒质有关的特征字节(暂用)

× 为国内使用保留字节

* 为不扰码国内使用字节

所有未标记字节待将来国际标准确定(与媒质有关的应用,附加国内使用和其他用途)

图 1-28 STM-1 段开销字节安排

(1)定帧字节 A1 和 A2　定帧字节的作用是识别帧的起始点,以便接收端能与发送端保持帧同步。A1、A2 字节就能起到定帧的作用,通过它,收端可从信息流中定位、分离出 STM-N 帧。

(2)再生段踪迹字节　J0 字节被用来重复地发送段接入点标识符,以便使接收端能据此确认与指定的发送端处于持续连接状态。

(3)数据通信通路(DCC)字节　D1～D12 用于 OAM 功能的数据信息——下发的命令、查询上来的告警性能数据等。其中,D1～D3 字节是再生段数据通路(DCCR),用于再生段终端间传送 OAM 信息;D4～D12 字节是复用段数据通路(DCCM),用于在复用段终端间传送 OAM 信息。

(4)公务联络字节　E1 和 E2 可分别提供一个 64 kbit/s 的公务联络语声通道,语音信息放于这两个字节中传输。

(5)使用者通路字节　F1 提供速率为 64 kbit/s 数据/语音通路,保留给使用者(通常指网络提供者)用于特定维护目的的公务联络。

(6)比特间插奇偶校验 8 位码 BIP-8　B1 字节就是用于再生段层误码监测的(B1 位于再生段开销中第 2 行第 1 列)。

(7)比特间插奇偶校验 N×24 位的(BIP-N×24)字节　检测的是复用段层的误码情况。

(8)复用段远端误码块指示(B2-FEBBE)字节　M1 字节是个对告信息,由接收端回送给发送端。M1 字节用来传送接收端由 B2 所检出的误块数,以便发送端据此了解接收端的收信误码情况。

(9)自动保护倒换(APS)通路字节　K1、K2(b1-b5)用作传送自动保护倒换(APS)信息,用于支持设备能在故障时进行自动切换,使网络业务得以自动恢复(自愈),它专门用于复用段自动保护倒换。

(10)复用段远端失效指示(MS-RDI)字节　K2(b6～b8)这 3 个比特用于表示复用段远端告警的反馈信息,由收端(信宿)回送给发端(信源)的反馈信息,它表示收信端检测到接收方向的故障或正收到复用段告警指示信号。也就是说当收端收信劣化,这时回送给发端 MS-RDI

告警信号，以使发端知道收端的状况。若收到的K2的b6～b8为110码，则表示对端检测到缺陷的告警(MS-RDI)；若收到的K2的b6～b8为111，则表示本端收到告警指示信号(MS-AIS)，此时要向对端发MS-RDI信号，即在发往对端的信号帧STM-N的K2的b6～b8置入110值。

(11)同步状态字节 S1(b5～b8)表示ITU-T的不同时钟质量级别，使设备能据此判定接收的时钟信号的质量，以此决定是否切换时钟源，即切换到较高质量的时钟源上。

(12)与传输媒质有关的字节 △字节专用于具体传输媒质的特殊功能，例如用单根光纤做双向传输时，可用此字节来实现辨明信号方向的功能。

(13)国内保留使用的字节 × 用途待由将来的国际标准确定。

2. 高阶通道开销(HP-POH)

高阶通道开销的位置在VC-4帧中的第一列，共9个字节。

(1)通道踪迹字节J1 AU-PTR指针指的是VC-4的起点在AU-4中的具体位置，即VC-4的首字节的位置，以使收信端能据此AU-PTR的值，准确地在AU-4中分离出VC-4。J1正是VC-4的首字节，AU-PTR所指向的正是J1字节的位置。

(2)高阶通道误码监视字节(BIP-8) B3利用BIP-8原理，B3字节负责监测VC-4在传输中的误码性能，监测机理与B1、B2相类似，只不过B3是对VC-4帧进行BIP-8校验。

(3)信号标记字节 C2用来指示VC帧的复接结构和信息净负荷的性质。

(4)通道状态字节 G1用来将通道终端状态和性能情况回送给VC-4通道源设备，从而允许在通道的任一端或通道中任一点对整个双向通道的状态和性能进行监视。

(5)使用者通路字节 F2、F3这两个字节提供通道单元间的公务通信(与净负荷有关)，目前很少使用。

(6)TU位置指示字节 H4指示有效负荷的复帧类别和净负荷的位置。

(7)自动保护倒换通道 K3字节的b1～b4用于传送高阶通道保护倒换指令。

(8)网络运营者字节 N1用于高阶通道的串联连接监视(TCM)功能。

3. 低阶通道开销(LP-POH)

低阶通道开销这里指的是VC-12中的通道开销，它监控的是VC-12通道级别的传输性能。

(1)通道状态和信号标记字节 V5具有误码检测、信号标记和VC-12通道状态显示等功能。

(2)VC-12通道踪迹字节 J2的作用类似于J0、J1，它被用来重复发送内容——由收发两端商定的低阶通道接入点标识符，使接收端能据此确认与发送端在此通道上处于持续连接状态。

(3)网络运营者字节 N2用于低阶通道的串联连接监视(TCM)功能。

(4)自动保护倒换通道K4 b1～b4比特用于通道保护，b5～b7比特是增强型低阶通道远端缺陷指示，而b8比特为备用。

4. SDH 的指针

指针的作用就是定位，通过定位使收端能准确地从 STM-N 码流中拆离出相应的 VC，进而通过拆 VC、C 的包封分离出 PDH 低速信号，即能实现从 STM-N 信号中直接分支出低速支路信号的功能。

(1)管理单元指针(AU-PTR)　AU-PTR 的位置在 STM-1 帧的第 4 行 1～9 列共 9 个字节，用以指示 VC-4 的首字节 J1 在 AU-4 净负荷的具体位置，以便接收端能据此准确分离 VC-4。当 VC-4 的速率(帧频)于 AU-4 的速率(帧频)不同步时，需要进行指针调整。

(2)支路单元指针(TU-PTR)　TU-12 指针用以指示 VC-12 的首字节(V5)在 TU-12 净负荷中的具体位置，以便接收端能准确分离出 VC-12。

5. SDH 设备的逻辑功能块

现以一个 TM 设备的典型功能块组成(图 1-29)，来讲述各个基本功能块的作用。

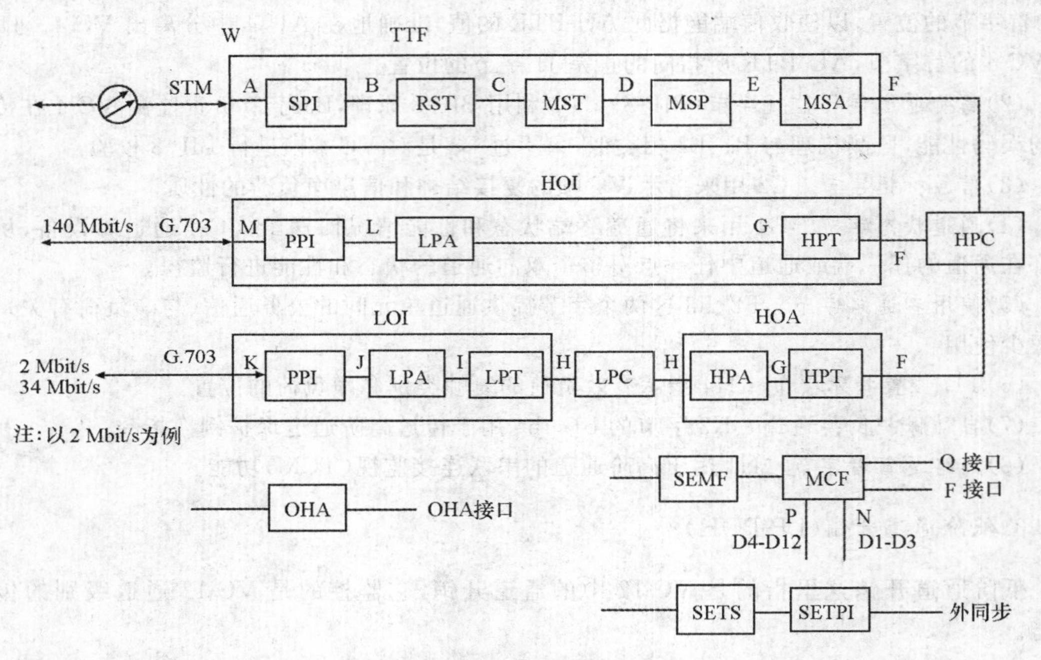

图 1-29　SDH 设备的逻辑功能构成

图 1-29 中出现的功能块名称说明如下：

SPI：SDH 物理接口　　TTF：传送终端功能
RST：再生段终端　　HOI：高阶接口
MST：复用段终端　　LOI：低阶接口
MSP：复用段保护　　HOA：高阶组装器
MSA：复用段适配　　HPC：高阶通道连接
PPI：PDH 物理接口　　OHA：开销接入功能
LPA：低阶通道适配　　SEMF：同步设备管理功能

LPT：低阶通道终端　　　　　　MCF：　消息通信功能
LPC：低阶通道连接　　　　　　SETS：同步设备时钟源
HPA：高阶通道适配　　　　　　SETPI：同步设备定时物理接口
HPT：高阶通道终端

1.5.5　关键技术

1. 通用成帧规程(GFP)

GFP(generic framing procedure)是一种新型的数据链路成帧协议，主要针对基于位同步传输信道的块状编码或面向分组的数据流。一方面，GFP采用灵活的帧封装以支持固定或可变长度的数据，GFP能对可变长度的用户PDU(protocol data unit，协议数据单元)进行全封装，免去对数据的拆分、重组及对帧的填充，简化了系统的操作，提高了系统的处理速度和稳定度；另一方面，GFP不像HDLC以特定字符填充帧头来确定帧边界，GFP使用以HEC(head error check，帧头错误检验)为基础的自描述技术，通过两字节当前帧的净负荷长度和两字节的帧头错误检验来确定帧的边界，因此克服了靠帧标志定位带来的种种缺点，进一步加快了处理速度，适应下一代SDH高速的要求。

在SDH上传输数据包一般采用PoS(packet-over-SDH)协议，原有以点对点协议(PPP)为基础的PoS技术已不符合应用要求，因为PoS仅把数据包或帧用PPP、帧中继(FR)或高级数据链路控制(HDLC)协议封装，再映射到SDH中。PoS不能区别不同的数据包流，因此也不能对每个流的流量工程、保护和带宽进行管理，不能提供许多用户需要的1 Mbit/s-10 Mbit/s以太网带宽颗粒，它实际上是靠高层的路由器等设备来实现流量工程和业务生成功能。

2. 虚级联(VC)技术

级联可以分为相邻级联和虚级联(virtual concatenation，VC)，相邻级联是在同一个STM-N中，利用相邻的VC-4级联成为VC-4-Xc，成为一个整体结构进行传输；而虚级联是将分布在不同STM-N中的VC-4/VC-3等(可能同一路由，也可能不同路由)按级联的方法，形成一个虚拟的大结构VC-4-Xv/VC-3-Xv进行传输，也就是把几个小的信道按数据传输所需带宽的要求合成一个大的信道来传输用户数据，待各个VC-n的数据到达目的终端后，再按原定的级联关系重新组合。因而具有很强的灵活性，能克服相邻级联由带宽分段带来的缺点，充分利用系统的带宽，同时由于能对带宽灵活分配，所以它使SDH能高效率地传输各种接口(速率)的信号。SDH级联传送要求每个SDH网元都具有级联处理功能，而虚级联传送只要求终端设备具有相应功能即可，因此易于实现SDH设备使用相邻级联涉及大量设备硬件改动。

3. 链路容量调整方案(LCAS)

作为基于SDH的协议，链路容量调整方案(LCAS)也是通过定义SDH帧结构中的空闲开销字节来实现的。对于高阶VC和低阶VC，LCAS分别利用VC4通道开销的H4字节和VCl2通道开销的K4字节。

LCAS技术是建立在VC基础上的，与VC相同的是，它们的信息都定义在同样的开销字节中；与VC不同的是，LCAS是一个双向握手协议。在传送净荷前，发送端和接收端通过交

换控制信息，保持双方动作一致。显然，LCAS需要定义更多开销来完成其较复杂的控制。LCAS的最大优点是具有动态调整链路容量的功能。作为一个双向握手协议，当某一端向对端传输数据时若增加或删除成员，对端也要在反方向重复这些动 作，发给源端，其中对端的相应动作不必与源端同步。调整分为增加或减少成员，需要调整VCG中成员的序列号，其中控制域EOS是指VCG序列号的最后一个。下面介绍不同情况下的调整方法：

(1)带宽减少，暂时删除成员　当VC成员失效时，VCG链路的末端节点首先检测出故障，并向首端节点发送成员失效的消息，指出失效成员；首端节点把该成员 的控制字段设置为"不可用(DNU)"，发往末端节点；末端节点把仍能正常传送的VC重组VCG(即把失效的VC从VCG中暂时删除)，此时首端节点也把 失效的VC从VCG中暂时删除，仅采用正常的VC发送数据；然后，首端节点把动作信息上报给网管系统。

(2)业务量增大，新加入成员　当VC成员恢复时，VCG链路的末端节点首先检测出失效VC已恢复，向首端节点发送成员恢复消息；首端节点把该成员的控制字 段设置为"正常(NORM)"，并发往末端节点；首端节点把恢复正常的VC重新纳入VCG，末端节点也把恢复正常的VC纳入VCG；最后，首端节点把动作 信息上报给网管系统。

如前所述，LCAS是对VC技术的有效补充，可根据业务流量模式提供动态灵活的带宽分配和保护机制。按需带宽分配(BOD)业务是未来智能光网络的强大应用，LCAS实现VC带宽动态调整，为实现端到端的带宽智能化分配提供了有效的手段。在突发性数据业务增多的应用环境下，VC和LCAS是衡量带宽是否有效利用的重要指标。因此，LCAS使虚级联的使用更加灵活，使SDH能高效、灵活、迅速地分配带宽，提高带宽的利用率，实现各种数据在SDH上高效、高速、可靠的传输。

1.5.6　网络生存性

为了提高业务传送的可靠性，SDH传送网提供了一整套保护和恢复策略。保护和恢复概念的区别在于：保护只能利用传送节点间预先安排的容量，一定的备用容量为一定的主用容量所用，备用资源无法在网络大范围内共享。恢复则可以利用节点间的任何可用容量，当主用通道失效时，网络可以利用算法为业务重新选择路由。近几年来，一种自愈网(Self-healing network)的概念应运而生，SDH网络在全程范围内实现了网络自愈的功能，所谓自愈网是指当网络发生故障时，无须人为干预，网络就能在极短的时间内(ITU-T规定在50 ms以内)，从失效故障中自动恢复所携带的业务，使用户感觉不到网络出了故障。

自愈网的分类方式分为多种，按照网络拓扑的方式可以分为：

1. 链形网络业务保护方式

(1)1+1通道保护　通道1+1保护是以通道为基础的，倒换与否按分出的每一通道信号质量的优劣而定。通道1+1保护使用并发优收原则。插入时，通道业务信号同时馈入工作通路和保护通路；分出时，同时收到工作通路和保护通路两个通道信号，按其信号的优劣来选择一路作为分路信号，通常利用简单的通道PATH-AIS信号作为倒换依据，而不需APS协议，倒换时间不超过10 ms。

(2)1+1复用段保护　复用段保护是以复用段为基础的，倒换与否按每两站间的复用段信号质量的优劣而定。当复用段出故障时，整个站间的业务信号都转到保护通路，从而达到保

护的目的。复用段1+1保护方式中，业务信号发送时同时跨接在工作通路和保护通路。正常时工作通路接收业务信号，当系统检测到LOS、LOF、MS-AIS以及误码>10E-3告警时，则切换到保护通路接收业务信号。

(3)1∶1复用段保护　复用段1∶1保护与复用段1+1保护不同，业务信号并不总是同时跨接在工作通路和保护通路上的，所以还可以在保护通路上开通低优先级的额外业务。当工作通路发生故障时，保护通路将丢掉额外业务，根据APS协议，通过跨接和切换的操作，完成业务信号的保护。

2.环形网络业务保护方式

环形网保护分为通道环保护和复用段环保护，两种保护方式的对比如表1-6所示。

表1-6　通道环与复用段环的区别

项目	通道环	复用段环
保护单元	业务的保护是以通道为基础的，也就是保护的是STM-N信号中的某个VC(某一路PDH信号)，倒换与否按环上的某一个别通道信号的传输质量来决定的	以复用段为基础的，倒换与否是根据环上传输的复用段信号的质量决定的
倒换条件	通常利用收端是否收到简单的TU-AIS信号来决定该通道是否应进行倒换	复用段倒换环是：倒换是由K1、K2字节所携带的APS协议来启动的，复用段保护倒换的条件是LOF、LOS、MS-AIS、MS-EXC告警信号
倒换方式	例如在STM-16环上，若收端收到第4个VC4的第48个TU-12有TU-AIS，那么就仅将该TU-12通道切换到备用信道上去	当复用段出现问题时，环上整个STM-N或1/2STM-N的业务信号都切换到备用信道上
光纤利用率	通道保护环往往是专用保护，在正常情况下保护信道也传主用业务(业务的1+1保护)，信道利用率不高	而复用段保护环使用公用保护，正常时主用信道传主用业务，1∶1保护的保护方式备用信道传额外业务，信道利用率高

(1)二纤单向通道保护环　二纤单向通道保护环由两根光纤组成两个环，其中一个为主环S1；一个为备环P1。两环的业务流向一定要相反，通道保护环的保护功能是通过网元支路板的倒换功能来实现的，也就是支路板将支路上环业务并发到主环S1、备环P1上，两环上业务完全一样且流向相反，平时网元支路板从主环下支路的业务，若环网中网元A与C互通业务，网元A和C都将上环的支路业务并发到环S1和P1上。P1为顺时针。在网络正常时，网元A和C都选收主环S1上的业务。那么A与C业务互通的方式是A到C的业务经过网元D穿通，由S1光纤传到C(主环业务)；由P1光纤经过网元B穿通传到C(备环业务)。在网元C支路板选收主环S1上的A→C业务，完成网元A到网元C的业务传输。网元C到网元A的业务传输与此类似，S1∶C→B→A；P1∶C→D→A。收端选用S1∶C→B→A。如图1-30所示。

当BC光缆段的光纤同时被切断，注意此时网元支路板的并发功能没有改变，也就是此时S1环和P1环上的业务还是一样的。我们看看这时网元A与网元C之间的业务如何被保护。网元A到网元C的业务由网元A的支路板并发到S1和P1光纤上，其中S1光纤的业务经网元D穿通传至网元C，P1光纤的业务经网元B穿通，由于BC间光缆中断，所以光纤P1上的

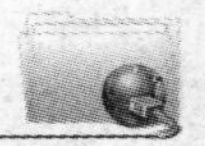

业务无法传到网元 C，不过由于网元 C 默认选收主环 S1 上的业务，这时网元 A 到网 C 的业务并未中断，网元 C 的支路板不进行保护倒换。网元 C 的支路板将到网元 A 的业务并发到 S1 环和 P1 环上，其中 P1 环上的 C 到 A 业务经网元 D 穿通传到网元 A，S1 环上的 C 到 A 业务，由于 BC 间光纤中断所以无法传到网元 A，网元 A 默认是选收主环 S1 上的业务，此时由于 S1 环上的 C→A 的业务传不过来，这时网元 A 的支路板就会收到 S1 环上 TU-AIS 告警信号。网元 A 的支路板收到 S1 光纤上的 TU-AIS 告警后，立即切换到选收备环 P1 光纤上的 C 到 A 的业务，于是 C→A 的业务得以恢复，完成环上业务的通道保护，此时网元 A 的支路板处于通道保护倒换状态——切换到选收备环方式，如图 1-31 所示。

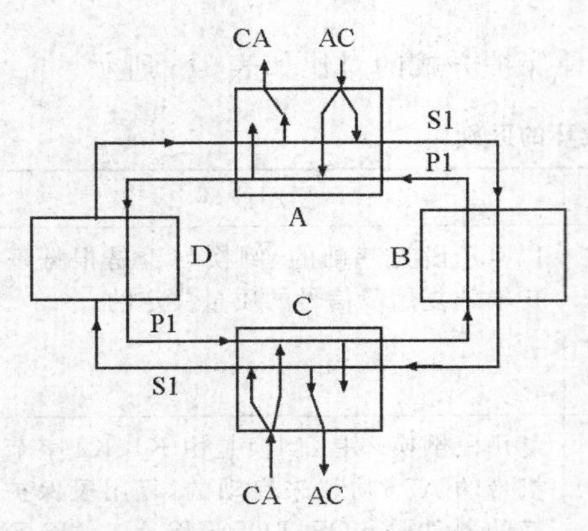

图 1-30　二纤单向通道保护环

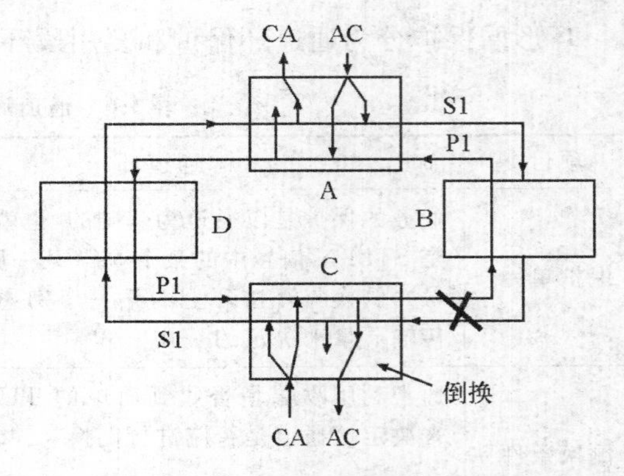

图 1-31　二纤单向通道保护环(故障时)

二纤单向通道保护环的优点是倒换速度快。由于上环业务是并发选收，所以通道业务的保护实际上是 1+1 保护。业务流向简捷明了，便于配置维护。二纤单向通道保护环的缺点是网络的业务容量不大。二纤单向保护环的业务容量恒定是 STM-N，与环上的节点数和网元间业务分布无关。

(2)二纤双向通道保护环　二纤双向通道保护环上业务为双向(一致路由)，保护机理也是支路的“并发优收”，业务保护是 1+1 的，网上业务容量与单向通道保护二纤环相同。二纤双向通道环与二纤单向通道环之间可以相互转换。

(3)二纤双向复用段保护环　二纤双向复用段倒换环(也称二纤双向复用段共享环)是一种时隙保护。即将每根光纤的前一半时隙(例如 STM-16 系统为1＃～8＃AU4)作为工作时隙，传送主用业务，后一半时隙(例如 STM-16 系统的 9＃～16＃AU4)作为保护时隙，传送额外业务，也就是说一根光纤的保护时隙用来保护另一根光纤上的主用业务。例如，S1/P2 光纤上的 P2 时隙用来保护 S2/P1 光纤上的 S2 业务，因此在二纤双向复用段保护环上无专门的主、备用光纤，每一条光纤的前一半时隙是主用信道，后一半时隙是备用信道，两根光纤上业务流向相反，如图 1-32 所示。

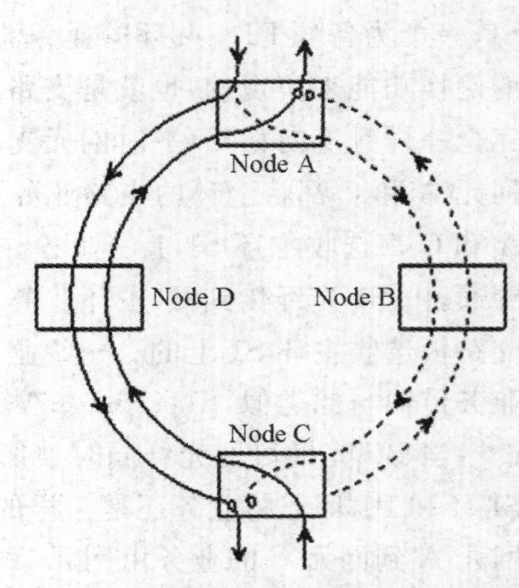

图 1-32　二纤双向通道保护环

在网络正常情况下，网元 A 到网元 C 的主用业务放

在 S1/P2 光纤的 S1 时隙(对于 STM-16 系统,主用业务只能放在 STM-16 的 1＃～8＃AU4 中),沿 S1/P2 光纤由网元 B 穿通传到网元 C,网元 C 从 S1/P2 光纤上的接收 S1 时隙所传的业务。网元 C 到 A 的主用业务放于 S2/P1 光纤的 S2 时隙,经网元 B 穿通传到网元 A,网元 A 从 S2/P1 光纤上提取相应的业务,如图 1-33 所示。

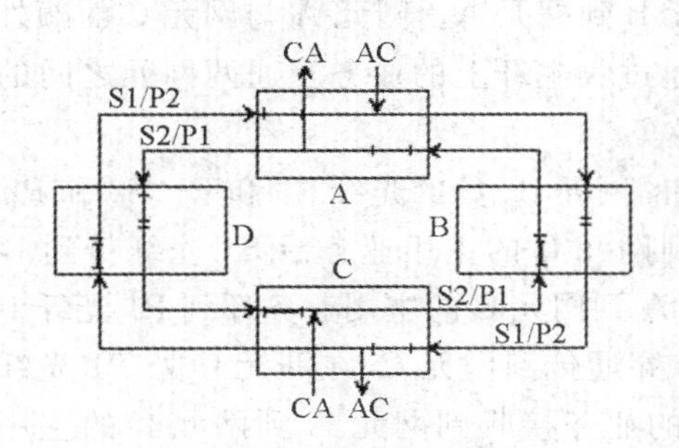

图 1-33　二纤双向复用段保护环

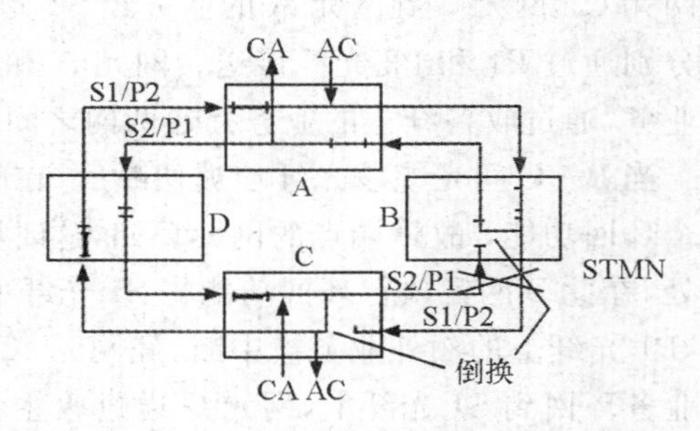

图 1-34　二纤双向复用段保护环(故障时)

当环网 B—C 间光缆段被切断时(图 1-34),网元 A 到网元 C 的主用业务沿 S1/P2 光纤传到网元 B,在网元 B 进行倒换(故障邻近点的网元倒换),将 S1/P2 光纤上 S1 时隙的业务全部倒换到 S2/P1 光纤上的 P1 时隙上去(例如 STM-16 系统是将 S1/P2 光纤上的 1＃-8＃AU4 全部倒到 S2/P1 光纤上的 9＃～16＃AU4),然后,主用业务沿 S2/P1 光纤经网元 A 和 D 穿通传到网元 C,在网元 C 同样执行倒换功能(故障端点站),即将 S2/P1 光纤上的 P1 时隙所载的网元 A 到网元 C 的主用业务倒换回到 S1/P2 的 S1 时隙,网元 C 提取该时隙的业务,完成接收网元 A 到网元 C 的主用业务。网元 C 到网元 A 的业务先由网元 C 将其主用业务 S2 倒换到 S1/P2 光纤的 P2 时隙上,然后,主用业务沿 S1/P2 光纤经网元 D 和 A 穿通到达网元 B,在网元 B 处同样执行倒换功能,将 S1/P2 光纤的 P2 时隙业务倒换到 S2/P1 光纤的 S2 时隙上去,经 S2/P1 光纤传到网元 A 落地。通过以上方式完成了环网在故障时业务的自愈。P1、P2 时隙在线路正常时也可以用来传送额外业务。当光缆故障时,额外业务被中断,P1、P2 时隙作为保护时隙传送主用业务。

(4)四纤双向复用段保护环　四纤环由 4 根光纤组成(图 1-35),这 4 根光纤分别为 S1、P1、S2、P2,其中 S1、S2 为主纤,传送主用业务;P1 P2 为备纤,传送备用业务。也就是说 P1、P2 光纤分别用来在主纤故障时保护 S1、S2 上的主用业务。注意 S1、P1、S2、P2 光纤的业务流

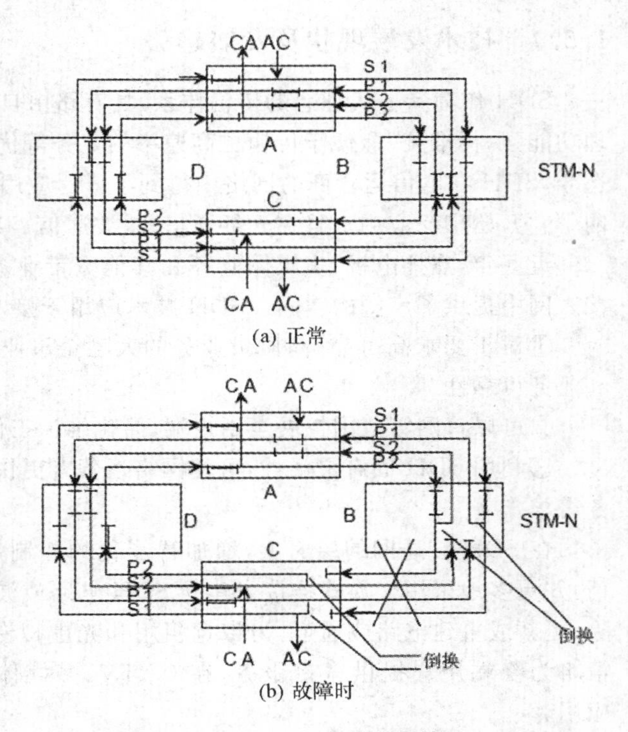

图 1-35　四纤双向复用段倒换环

向。S1 与 S2 光纤业务流向相反(一致路由,双向环),S1、P1 和 S2、P2 两对光纤上业务流向也相反。

如图 1-35 所示,向复用段保护环就是因为 S1 和 P2, S2 和 P1 光纤上业务流向相同才得以将四纤环转化为二纤环。在环网正常时,网元 A 到网元 C 的主用业务从 S1 光纤经 B 网元到网元 C, 网元 C 到网元 A 的业务经 S2 光纤经网元 B 到网元 A。网元 A 与网元 C 的额外业务分别通过 P1 和 P2 光纤传送。网元 A 和网元 C 通过收主纤上的业务互通两网元之间的主用业务,通过收备纤上的业务互通两网之间的备用业务。

当 B—C 间光缆段光纤均被切断后,在故障两端的网元 B、C 的光纤 S1 和 P1、S2 和 P2 有一个环回功能,故障端点的网元环回,这时网元 A 到网元 C 的主用业务沿 S1 光纤传到 B 网元处,在此 B 网元执行环回功能将 S1 光纤上的网元 A 到网元 C 的主用业务环到 P1 光纤上传输,P1 光纤上的额外业务被中断,经网元 A、网元 D 穿通传到网元 C,在网元 C 处 P1 光纤上的业务环回到 S1 光纤上,网元 C 通过收主纤 S1 上的业务接收到网元 A 到网元 C 的主用业务。网元 C 到网元 A 的业务先由网元 C 将其主用业务环到 P2 光纤上(P2 光纤上的额外业务被中断),然后沿 P2 光纤经过网元 D、网元 A 的穿通传到网元 B, 在网元 B 处执行环回功能,将 P2 光纤上的网元 C 到网元 A 的主用业务环回到 S2 光纤上,再由 S2 光纤传回到网元 A,由网元 A 下主纤 S2 上的业务。通过这种环回、穿通方式完成了业务的复用段保护,使网络自愈。

总之,环形网结构具有很高的生存性,网络恢复时间短,具有良好的业务量疏导能力,因而受到很大的欢迎,但采用哪一种保护类型要根据本地的业务容量、保护容量、初始成本、灵活性等而决定。

1.5.7 技术发展现状及发展趋势

SDH 作为新一代理想的传输体系,具有路由自动选择能力,上下电路方便,维护、控制、管理功能强,标准统一,便于传输更高速率的业务等优点,能很好地适应通信网飞速发展的需要。迄今,SDH 在电信运营商的网络中得到了广泛应用与发展。在干线网和长途网、中继网、接入网中它开始广泛应用。且在光纤通信、微波通信、卫星通信中也积极地开展研究与应用。

近些年,点播电视、多媒体业务和其他宽带业务如雨后春笋般纷纷出现,为 SDH 应用在接入网中提供了广阔的空间。SDH 技术应用于接入网的好处是:

①对于要求高可靠、高质量业务的大型企事业用户,SDH 可以提供较为理想的网络性能和业务可靠性。

②可以将网管范围扩展至用户端,简化维护工作。

③利用 SDH 固有灵活性,可使网络运营者更快、更有效地提供用户所需的长期和短期业务需求。

在 SDH 传送网的层面上,增加智能化的控制层面,从而快速响应业务层的带宽实时申请,并更多地采用交换式连接来建立 SDH 电路或波长通道,还能根据实际运营的需要随时拆除、更新或重建电路或通道,为带宽租用和光虚拟专网(O-VPN)等运营场合提供了智能化的策略为终端用户提供宽带服务,在 CATV、多媒体、因特网、全光网络的应用中得到广泛的应用。

1.6　无源光网络 PON

无源光网络(PON)是一种纯介质网络,避免了外部设备的电磁干扰和雷电影响,减少了线路和外部设备的故障率,提高了系统可靠性,同时节省了维护成本,是通信行业长期期待的技术。同有源系统比较,PON 技术具有节省光缆资源、带宽资源共享,节省机房投资,设备安全性高,建网速度快,综合建网成本低等优点。随着以太网技术在城域网中的普及以及宽带接入技术的发展,人们提出了速率高达 1 Gbit/s 以上的宽带 PON 技术,主要包括 EPON 和 GPON 技术:“E”是指 Ethernet,“G”是指吉比特级。

EPON 和 GPON 的相关标准分别由不同的标准组织负责制定,其中 EPON 由 IEEE 802.3ah 提出,它将 Ethernet 技术与 PON 技术结合起来,其目标是用最简单的方式实现一个点到多点结构的吉比特以太网光纤接入系统;GPON 技术则是由 ITU 进行标准化工作,主要目标是实现 Gbit/s 速率,并能支持多种业务,对所有业务最优化。

1.6.1　PON 原理

无源光网络 PON (passive optical network)技术是一种一点到多点的光纤接入技术,它由局侧的 OLT(光线路终端)、用户侧的 ONU(光网络单元)以及 ODN(光分配网络)组成,采用树形拓扑结构。所谓“无源”是指在 ODN 中不含有任何有源电子器件及电子电源,全部由光分路器(splitter)等无源器件组成。OLT 放置在中心局端,分配和控制信道的连接,并有实时监控、管理及维护功能。ONU 放置在用户侧,OLT 与 ONU 之间通过无源光合/分路器连接,如图 1-36 所示。

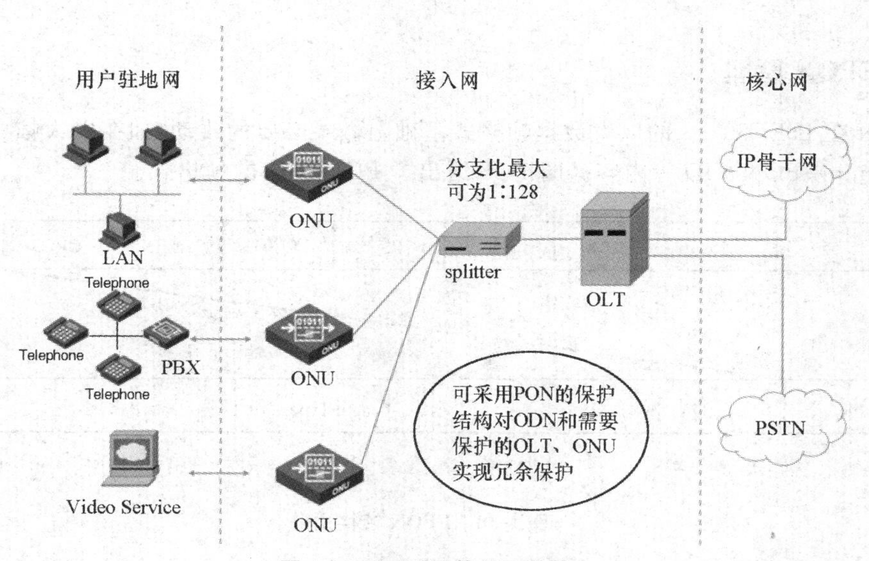

图 1-36　PON 网络组网结构

PON 使用波分复用(WDM)技术,同时处理双向信号传输(图 1-37),上、下行信号分别用不同的波长,但在同一根光纤中传送。OLT 到 ONU/ONT 的方向为下行方向,反之为上行方向。下行方向采用 1 490 nm,上行方向采用 1 310 nm。

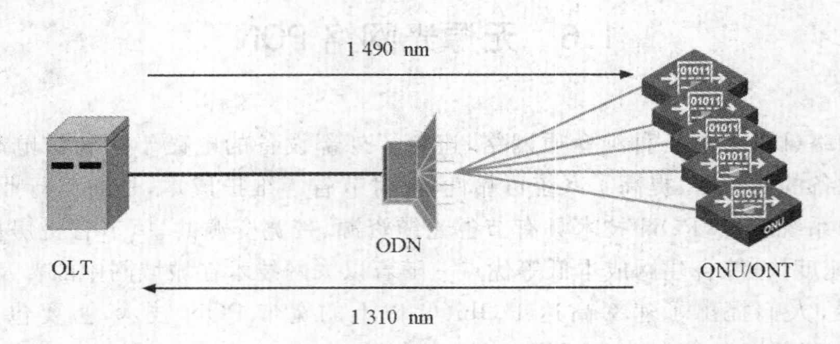

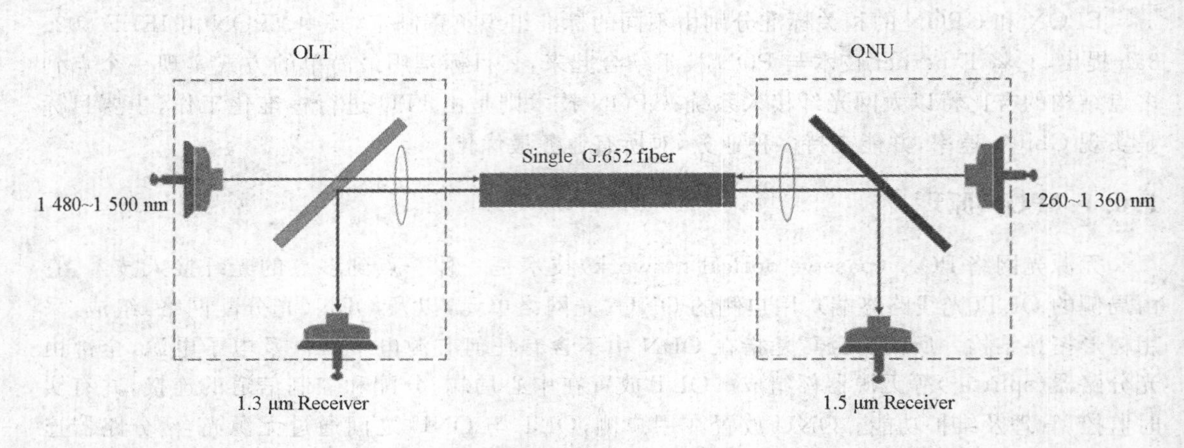

图 1-37　PON 网络的信号传输

1.6.2　EPON 原理

EPON 在 IEEE802.3 的以太数据帧格式基础上做了必要的改动,如在以太帧中加入时戳(Time Stamp)、PON－ID 等内容。图 1-38 给出了 PON 网络的帧格式。

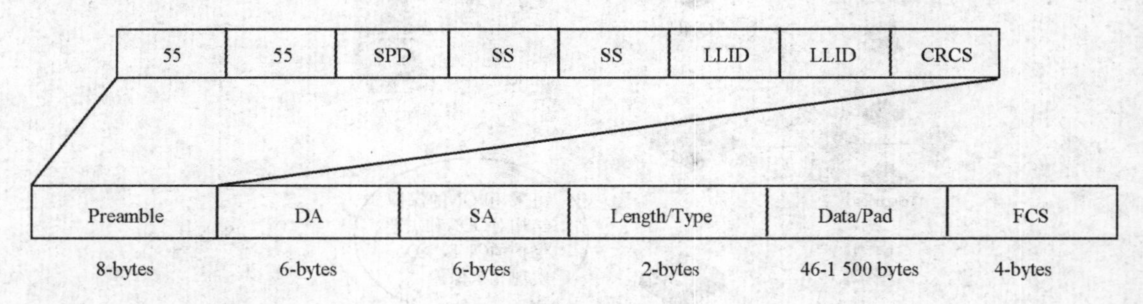

图 1-38　EPON 帧格式

下行采用纯广播的方式,如图 1-39 所示:

①OLT 对已注册的 ONU 分配 PON－ID;

②由各个 ONU 监测到达帧的 PON－ID,以决定是否接收该帧;

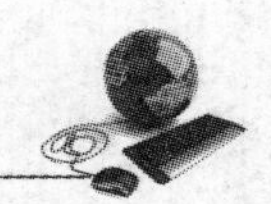

③如果该帧所含的 PON－ID 和自己的 PON－ID 相同，则接收该帧，反之则丢弃。

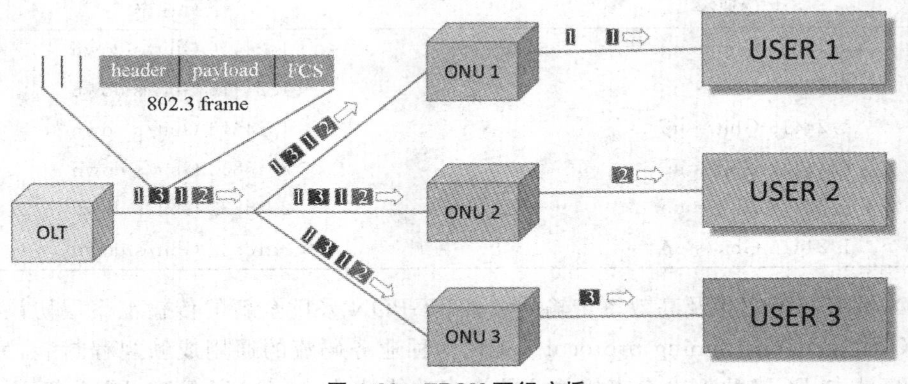

图 1-39 EPON 下行广播

上行采用时分多址接入（TDMA）技术，如图 1-40 所示。

①OLT 接收数据前比较 LLID 注册列表。

②每个 ONU 在由局方设备统一分配的时隙中发送数据帧。

③分配的时隙补偿了各个 ONU 距离的差距，避免了各个 ONU 之间的碰撞。

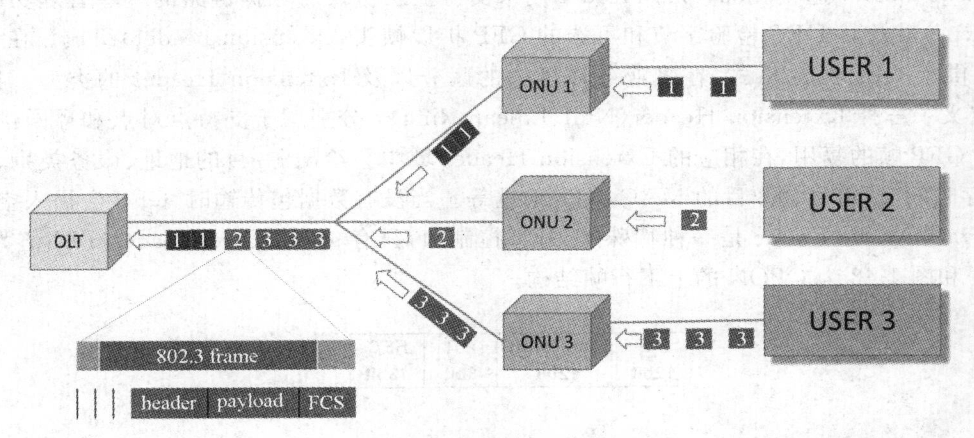

图 1-40 GPON 上行传输

1.6.3 GPON 原理

GPON 传输网络可以是任何类型，如 SONET/SDH 和 ITU-T G.709(ONT)；用户信号可以是基于分组的（如 IP/PPP，或 Ethernet MAC），或是持续的比特速率，或者是其他类型的信号；而 GFP 则对不同业务提供通用、高效、简单的方法进行封装，经由同步的网络传输；对于最靠近用户的接入层来说，

GPON 具有较高的比特率、高带宽；而其非对称特性更能适应未来的 FTTH 宽带市场。因为使用标准的 8 kHz(125 μ)帧，从而能够直接支持 TDM 业务。

GPON 传输网络支持表 1-7 对称和非对称的线路速率选择。

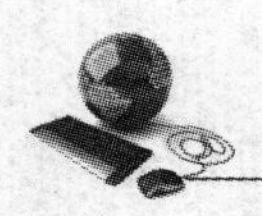

表 1-7 GPON 的速率选择

上行速率	下行速率
0.15552 Gbit/s up	1.24416 Gbit/s down
0.62208 Gbit/s up	1.24416 Gbit/s down
1.24416 Gbit/s up	1.24416 Gbit/s down
0.15552 Gbit/s up	2.48832 Gbit/s down
0.62208 Gbit/s up	2.48832 Gbit/s down
1.24416 Gbit/s up	2.48832 Gbit/s down

GPON 拥有高速宽带及高效率传输的特性。GPON 采用全新的传输汇聚层协议"通用成帧协议"(GFP,generic framing protocol),实现多种业务码流的通用成帧规程封装,另外又保持了 G.983 中与 PON 协议没有直接关系的许多功能特性,如 OAM 管理、DBA 等。

GFP 基本的帧格式主要由两部分组成:4B 的帧头(core header)和 GFP 净负荷(其范围从 4~65535B)。Core Header 域由 2B 的帧长度指示(PLI,PDU length indicator)和 2B 的帧头错误检验(HEC,header error check)组成。

GFP 的净负荷中又分为净负荷的帧头(payload header)、净负荷本身及 4B 的 FCS(frame check sequence)可选项。Payload Header 用来支持上层协议对数据链路的一些管理功能,由类型(type)域及其 HEC 检验字节和可选的 GFP 扩展帧头(extension header)组成。在 Type 域中提供了 GFP 帧的格式、在多业务环境中的区分以及 Extension Header 的类型。目前,GFP 定义了三种 Extension Header(Null、Linear、Ring),分别用于支持点对点和环网逻辑链路上的 GFP 帧的复用,在相应的 Extension Header 域中会给出源/目的地址、服务类别、优先权、生存时间、通道号、源/目的 MAC 端口 地址等。当没有数据包传输时,GFP 会插入空闲帧(Idle Frame),Idle Frame 是一种特殊的 GFP 控制帧,只有 4B 的 Core Header(PLI 值为 0)。图 1-41 和图 1-42 为 GPON 的上下行帧结构。

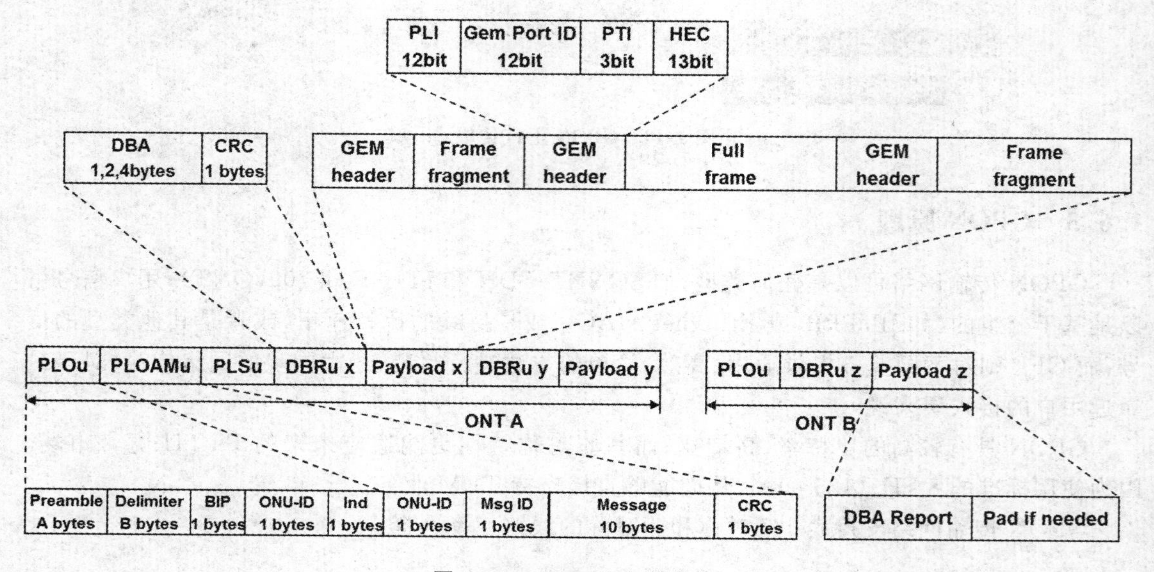

图 1-41 GPON 上行帧结构

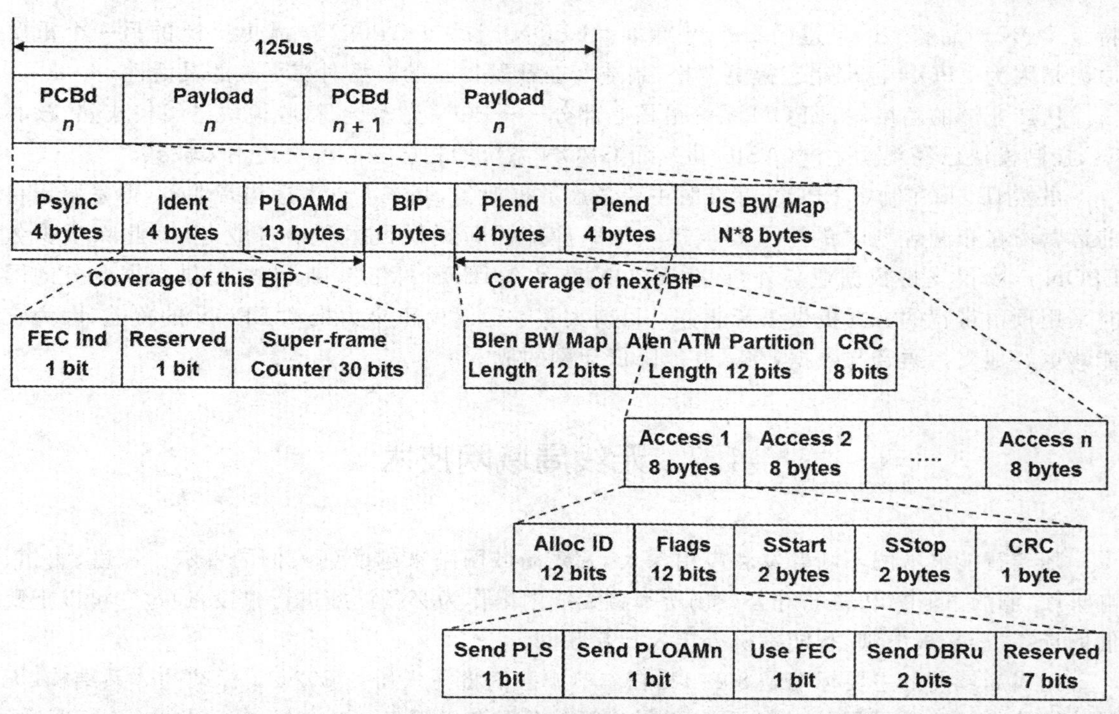

图 1-42　GPON 下行帧结构

GFP 简单灵活尤其适合于在字节同步通信信道上传输块编码和面向分组的数据流，它成功吸收了 ATM 中基于帧描述的差错控制技术来适应固定或可变长度的数据业务。GFP 不需要预先处理客户的字节流，不需要像 8B/10B 或 64B/66B 那样需要插入数据控制比特，也不需要 HDLC 帧结构中的标志符，它仅依赖于当前净荷的长度及帧边界的差错控制校验，有效的确认这两类信息并在 GFP 的帧头中传输是决定数据链路同步及进入下一帧字节数的关键。为了方便地在同一时间里处理到达的随机字节块，GFP 充分减少了数据链路的映射解映射的处理。通过使用具有低比特错误率的新型光纤来作为传输介质，GFP 进一步减少了收端的逻辑处理。这减少了运行的复杂性，使得 GFP 特别适合于点到点的 SONET/SDH 的高速传输链路及 OTN 的波长信道。

GFP 允许执行共存于同一传输信道中的多传输模式。一种模式是帧映射 GFP，这种模式适合于 PPP、IP、MPLS 及以太网业务。另一种模式是透明映射 GFP，它可用于对延迟敏感的存储域网，也可用于光纤信道、FICON 及 ESCON 业务。

总之，GPON 继承了 G. 983 的成果，具有丰富的业务管理能力。GPON 的核心基础是 GFP，它具有覆盖各类网络业务的适应能力，包括数字视频、存储网络（SAN）、电子商务等。GPON 具有面向未来的、可升级的多业务环境，能为将来的业务提供清晰的转移路线，而不需要中断和改变现有的 GPON 设备，也不需要以任何方式改变其传输层。

1.6.4　EPON 和 GPON 比较

由于 IEEE 的 EPON 标准化工作比 ITU-T 的 GPON 标准化工作开展得早，而且 IEEE 的关于 Ethernet 的 802.3 标准系列已经成为业界的最重要的标准，因此目前市场上已有的 G 比特级 PON 产品更多的是遵循 EPON 标准。EPON 产品较 GPON 产品更广泛的另一个重要原因是因为 EPON 标准制定得更宽松，制造商在开发自己的产品时有更大的灵活性。

从产业链的角度看，EPON 系统最核心部分——PON 光发送/接收模块已经较成熟，核心 TC 控制模块已经规模生产（ASIC 化），而 GPON 系统的相应核心模块还不太成熟。

虽然 IEEE 在制定 EPON 标准时主要考虑数据业务，基本上未考虑语音业务，但是鉴于目前运营商在布网规划时更注重要求接入网络应能同时提供数据和语音业务，因此除了少数 EPON 产品仅支持数据业务外，许多 EPON 产品在 IEEE 标准基础上，在提供数据业务的同时采用预留带宽的方式提供语音业务。目前大多数运营商正全力推动 EPON 的覆盖，因为它能够更好地支持语音与数据业务，并能降低建网的成本。

1.7 无线局域网技术

随着智能终端的不断普及和应用深入，无线局域网越来越受到人们的青睐。家庭、餐馆、咖啡厅、酒店、图书馆、机场等公共场所都将无线网络作为必备设施进行建设，通过它可以把我们的计算机、平板电脑、智能手机等接入到互联网。

无线局域网的主要标准是 802.11，在本节中我们将深入研究 802.11 标准的体系结构、无线传输技术、MAC 子层的工作原理、帧结构及提供的相关服务。

1.7.1 IEEE 802.11 的体系结构

802.11 的体系结构与 802.3 的体系结构类似，包括数据链路层的 MAC 子层和物理层。MAC 子层负责完成数据帧的封装、对无线传输媒体进行访问控制和无线接入协商等工作，物理层则完成所使用的微波或红外波的调制与编码，物理层所采用的技术非常复杂。

802.11 定义了两种类型的设备，一种是无线站，通常是通过一台计算机加上一块无线网络接口卡构成的，另一个称为无线接入点 AP(access point)，它的作用是提供无线和有线网络之间的桥接。一个无线接入点通常由一个无线输出口和一个有线的网络接口（802.3 接口）构成，桥接软件符合 802.1d 桥接协议。接入点就像是无线网络的一个无线基站，将多个无线的接入站聚合到有线的网络上。无线的终端可以是 802.11PCMCIA 卡、PCI 接口、ISA 接口的，或者是在非计算机终端上的嵌入式设备。

802.11 提供了三种支持 WLAN（无线局域网）的拓扑结构（topology），分别是：IBSS，BSS 和 ESS，并且具有两种工作模式：AD hoc/IBSS 和 Infrastructure。对于 AD hoc/IBSS 工作模式，站点与站点之间不经过 AP 直接交互。但是在 Infrastructure 模式下，则必须至少包含一个 AP，并由此 AP 将有线网络与一系列的无线站点连接起来。由于大多数的无线终端都需要访问有线的服务器（例如：打印机，Internet 以及一些文件服务器），所以一般的 WLAN 都会选择在 Infrastructure 模式下进行工作，即将 AP 作为站点间的中转站。图 1-43 为无线局域网的 AD hoc 和 Infrastructure。

IEEE802.11 体系结构发展到今天，已有众多的技术标准，IEEE 802.11a/b/g/n/ac 是常用的技术标准，目前用得最多的是 802.11n 技术，802.11ac 也逐步进入市场，目前多数厂商已推出相关产品，并逐渐得到应用。表 1-8 是 802.11 家族的相关协议标准，在本节中我们介绍

常用的技术标准 802.11n 技术和即将使用的 802.11ac 技术。

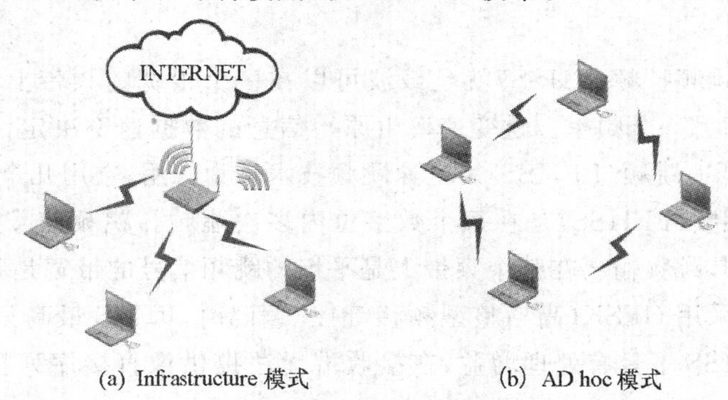

图 1-43　无线网络的工作模式

表 1-8　IEEE 802.11 家族

协议	发布日期	频带	最大传输速度
802.11	1997	2.4～2.5GHz	2 Mbps
802.11a	1999	5.15～5.35/5.47～5.725/5.725～5.875 GHz	54 Mbps
802.11b	1999	2.4～2.5 GHz	11 Mbps
802.11g	2003	2.4～2.5 GHz	54 Mbps
802.11n	2009	2.4 GHz 或者 5 GHz	600 Mbps (40 MHz＊4 MIMO)
802.11ac	2013.9	2.4 GHz 或者 5 GHz	867 Mbps，1.73 Gbps，3.47 Gbps，6.93 Gbps (8 MIMO，160 MHz)
802.11ad	2012.12(草案)	60 GHz	7 000 Mbps

1.7.2　802.11 的物理层

IEEE802.11 标准规定的物理层较复杂，1997 年制定了第一部分，1999 年制定了 802.11b 和 802.11a 两部分，2003 年又进一步制定了 802.11g，2009 年 9 月 IEEE 标准委员会批准通过 802.11n 并成为正式标准，2013 年 12 月 IEEE 通过了 802.11ac 标准。综合起来，802.11x 的物理层使用了以下四种实现方法。

1. 红外线

红外线(IR)的波长为 850～950 nm，可用于室内传送数据。当采用 16 时隙脉冲位置调制(16-PPM)方式时，其传输速率为 1 Mbps；当采用 4 时隙脉冲位置调制(4-PPM)方式时传输速率为 2 Mbps。

2. 直接序列扩频(DSSS)

直接序列扩频 DSSS 使用 2.4 GHz 频段。当采用差分两相相移键控(DBPSK)调制方式时，其基本接入速率为 1 Mbps；当采用差分四相相移键控(DQPSK)调制方式时，其基本接入速率为 2 Mbps。

3. 跳频扩频技术

顾名思义,所谓跳频扩频(FHSS)就是载波可以在一个很宽的频带上按照伪随机码的定义从一个频率跳变到另一个频率。跳变速率由原始信息的数据速率决定,根据速率可分为快速跳频(FFHSS)和低速跳频(LFHSS)。低速跳频技术较为常用,它用几个连续的数据位去调制同一频率。快速跳频(FFHSS)是在每个数字位内多次跳频。跳频信号的发射频谱同直接序列扩频有很大差别,跳频输出在整个频带上是平坦的跳频信号的带宽是频率间隔的 N 倍(N 是载频的个数)。在采用 GFSK(高斯整型频移键控)编码时,FHSS 最高只能达到 2 Mbps 的传输速率。而且,FHSS 不具有处理增益,在接收端无法提供像直接序列扩频(DSSS)那样的高信噪比。

4. 正交频分复用技术 OFDM

正交频分复用技术 OFDM 是一种多载波发射技术,它将可用频谱划分为许多载波,每一个载波都用低速率数据流进行调制。它获取高数据传输率的诀窍就是,把高速数据信息分开为几个交替的、并行的 BIT 流,分别调制到多个分离的子载频上,从而使信道频谱被分到几个独立的、非选择的频率子信道上,在 AP 与无线网卡之间进行传送,实现高频谱利用率。就这一点将可用带宽细分为多个信道,允许多用户进行访问而言,OFDM 类似于频分多址(FD-MA)技术。但 OFDM 信道间隔更小,它的信道划分可达 100～8 000 个,因而具用更高的频谱利用率。这是由于 OFDM 的载波互相正交,因此减少了相邻信道间的干扰。载波的正交性意味着在一个符号传送期内,每个载波具有整数的循环周期。

1.7.3 802.11 的 MAC 子层

802.3 中规定了 CSMA/CD 协议,但是 802.11 不能完全照搬此协议。因为 CSMA/CD 协议的信道监听机制非常简单。由接收器读取线路上的峰值电压,并同阈值电压进行比较,以识别是否出现了冲突,而 802.11 则不能采取这样的方法,主要有以下原因。

①CSMA/CD 协议要求站点在发送本站数据的同时还必须不间断地检测信道,以便发现是否有其他站点也在发送数据,从而实现冲突检测,但是无线局域网中的设备要实现这种功能会造成代价太大。

②即便我们采取了 CSMA/CD 的冲突检测机制,当发送数据时检测到信道空闲,在接收端仍然可能会发生碰撞。因为受无线终端的作用范围和传播特点的限制,会导致不可避免的检测不出冲突产生。换一句话说,在发送数据前未能检测出信道被占用,但不表示信道是空闲的。另一方面,若检测到有信息正在发送,并不表示此信息是发送给目标节点的。图 1-44 说明了此类问题。

在图 1-44(a)中,A、B、C 三个无线终端的作用范围都只能覆盖中心的无线 AP,其信号均未能传送到其他无线终端中,也就是说 A 不能感受的 B 的存在、C 也感受不到 A 的存在。在这种情况下,当 A 在发送数据给无线 AP 时,B、C 检测不到 A 的无线信号,因此均认为信道为空闲状态,可以发送数据,这样就会产生冲突。也就是说,A 相对于其他两个终端来说,是隐藏状态的,其无线信号对 B、C 来说是隐藏的。

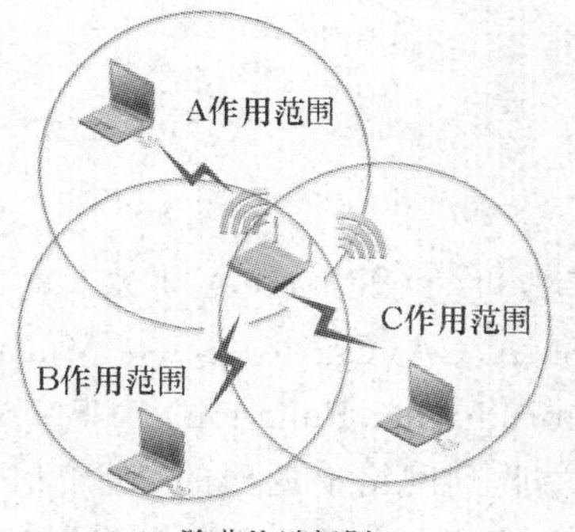

(a) 隐藏终端问题

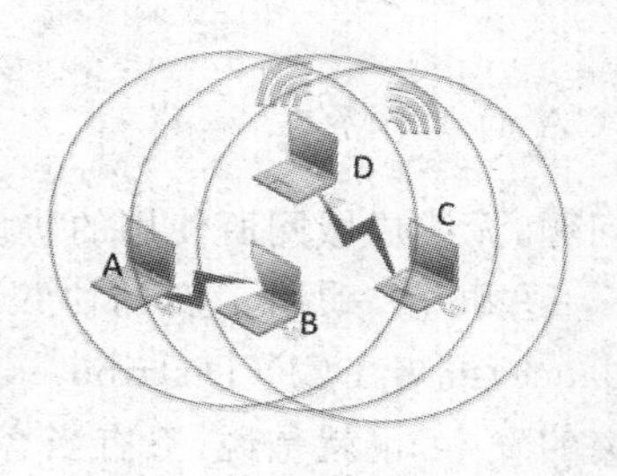

(b) 暴露终端问题

图 1-44　无线局域网隐藏终端与暴露终端问题

在图 1-44(b)中，B、C 能够互相感知到对方的存在，也就是说它们的信号能够互相覆盖到。当 B 向 A 发送数据时，C 能够检测出无线信道中有信号在发送，这时 C 需要向 D 发送数据，但它以为信道是被占用的，不能发送信息，而实际上，C 可以和 D 进行通信，A、B 之间的通信并不影响 C、D 的通信，这就是暴露终端的问题。由暴露终端问题的存在，很难使用 CSMA/CD 协议来实现多个无线终端的同时通信。

除了上述两个问题外，无线信道上还存在着由于多径传播和多普勒效应所造成的频率选择性衰落、时间选择性衰落和空间选择性衰落等问题，因此在无线信道上的信号强度的范围非常大，使得无线终端无法确定是否发生了碰撞。

MAC 子层负责解决客户端工作站和访问接入点之间的连接。当一个 802.11 客户端进入一个或者多个接入点 AP 的覆盖范围时，它会根据信号的强弱以及包错误率来自动选择一个接入点 AP 来进行连接，一旦被一个接入点 AP 接受，客户端就会将发送接收信号的频道切换为接入点 AP 的频段。这种重新协商通常发生在无线工作站移出了它原连接的接入点 AP 的服务范围，信号衰减后。其他的情况还发生在建筑物造成的信号的变化或者仅仅由于原有接入点 AP 中的拥塞。在拥塞的情况下，这种重新协商实现“负载均衡”的功能，它将能够使得整个无线网络的利用率达到最高。802.11 的 DSSS(direct sequence spread spectrum，直接序列扩频)中一共存在着相互覆盖的 14 个频道，在这 14 个频道中，仅有三个频道是完全不覆盖的，利用这些频道来作为多蜂窝覆盖是最合适的。如果两个接入点的覆盖范围互相影响，同时它们使用了互相覆盖的频段，这会造成它们在信号传输时的互相干扰，从而降低了它们各自网络的性能和效率。

802.11MAC 子层提供了另两个强壮的功能，CRC 校验和包分片。在 802.11 协议中，每一个在无线网络中传输的数据报都被附加上了校验位以保证它在传送的时候没有出现错误，这和 Ethernet 中通过上层 TCP/IP 协议来对数据进行校验有所不同。包分片的功能允许大的数据报在传送的时候被分成较小的部分分批传送。这在网络十分拥挤或者存在干扰的情况下(大数据报在这种环境下传送非常容易遭到破坏)是一个非常有用的特性。这项技术大大减少了许多情况下数据报被重传的概率，从而提高了无线网络的整体性能。MAC 子层负责将收到的被分片的大数据报进行重新组装，对于上层协议这个分片的过程是完全透明的。

1.7.4 CSMA/CA 协议

1. CSMA/CA 的工作原理

基于上述问题，无线局域网所使用的协议是改进的 CSMA/CA 协议。在 802.11 中对 CSMA/CD 进行了一些调整，采用了新的协议 CSMA/CA(Carrier Sense Multiple Access with Collision Avoidance)或者 DCF(Distributed Coordination Function)。CSMA/CA 利用 ACK 信号来避免冲突的发生，也就是说，只有当客户端收到网络上返回的 ACK 信号后才确认送出的数据已经正确到达目的地址。这种协议实际上就是在发送数据帧之前先对信道进行预约。

①在图 1-45 中，站 B、站 C、站 E 在站 A 的无线信号覆盖的范围内，而站 D 不在其内；站 A、站 E、站 D 在站 B 的无线信号覆盖的范围内，但站 C 不在其内。

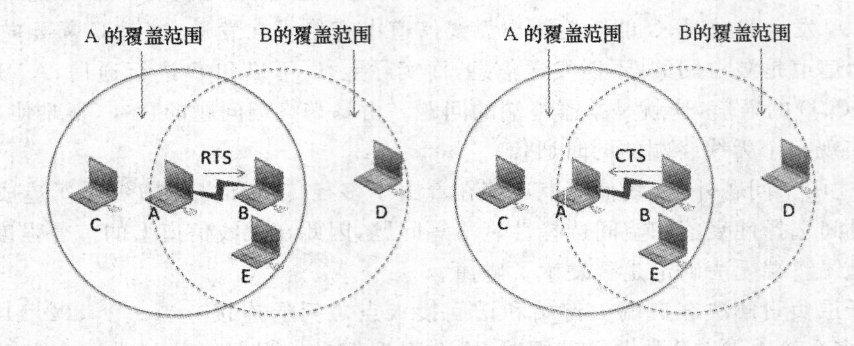

图 1-45　CSMA/CA 的工作原理

②如果站 A 要向站 B 发送数据，那么，站 A 在发送数据帧之前，要先向站 B 发送一个请求发送帧 RTS(request to send)，在 RTS 帧中说明将要发送的数据帧的长度。站 B 收到 RTS 帧后就向站 A 回应一个允许发送帧 CTS(clear to send)，在 CTS 帧中也附上站 A 欲发送的数据帧的长度(从 RTS 帧中将此数据复制到 CTS 帧中)。站 A 收到 CTS 帧后就可发送其数据帧了(图 1-46)。

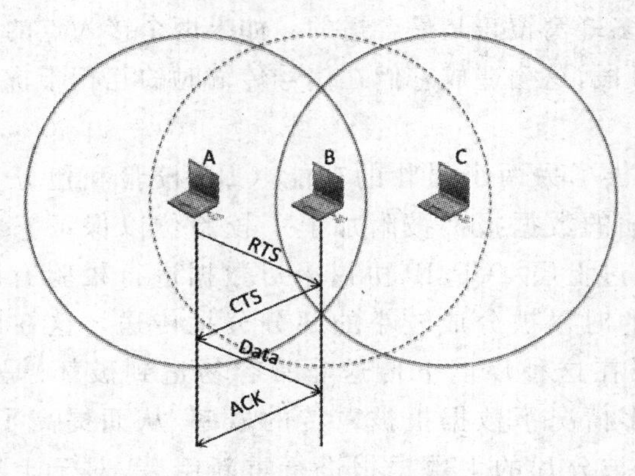

图 1-46　CSMA/CA 数据发送过程

对于站 C，站 C 处于站 A 的无线传输范围内，但不在站 B 的无线传输范围内。因此站 C

能够收听到站A发送的RTS帧，但站C收听不到站B发送的CTS帧。这样，在站A向站B发送数据的同时，站C也可以发送自己的数据而不会干扰站B接收数据（注意：站C收听不到站B的信号表明，站B也收不听到站C的信号）。

对于站D，站D收听不到站A发送的RTS帧，但能收听到站B发送的CTS帧。因此，站D在收到站B发送的CTS帧后，应在站B随后接收数据帧的时间内关闭数据发送操作，以避免干扰站B接收自站A发来的数据。

对于站E，它能收到RTS帧和CTS帧，因此站E在站A发送数据帧的整个过程中不能发送数据。

③虽然使用RTS和CTS帧会使整个网络的效率有所下降，但这两种控制帧都很短，它们的长度分别为20和14字节，而数据帧最长可达2 346字节，相比之下的开销并不算大。相反，若不使用这种控制帧，则一旦发生冲突而导致数据帧重发，则浪费的时间就更大。尽管如此，CSMA/CA协议还是设有三种情况供用户选择：使用RTS和CTS帧；当数据帧的长度超过某一数值时才使用RTS和CTS帧；不使用RTS和CTS帧。

④尽管协议经过了精心设计，但冲突仍然会发生。

例如：站B和站C同时向站A发送RTS帧，这两个RTS帧发生冲突后，使得站A收不到正确的RTS帧因而站A就不会发送后续的CTS帧。这时，站B和站C像以太网发生冲突那样，各自随机地推迟一段时间后重新发送其RTS帧。推迟时间的算法也是使用二进制指数退避。

⑤为了尽量减少冲突，802.11标准设计了独特的MAC子层。

总结起来，CSMA/CA工作原理可以理解为：

• 首先检测信道是否空闲（RTS帧和CTS帧），如果检测出信道空闲，则等待一段随机时间后，才送出数据；

• 接收端如果正确收到数据帧，则经过一段时间间隔后，向发送端发送确认帧ACK；

• 发送端收到ACK帧，以确定数据正确传输。

2. 帧间间隔

为了尽量保证CSMA/CA协议的公平性，尽量避免冲突，IEEE802.11标准规定，所有节点在完成发送后，必须延迟一段时间（继续侦听）才能继续发送下一帧，这段时间统称为帧间间隔（IFS）。IFS的长短取决于该节点的发送帧类型，高优先级帧延迟的时间较短，而优先级帧则延迟较长时间。当多个节点竞争信道时，准备发送高优先级帧的节点可优先获得信道使用权，而准备发送低优先级帧的节点还没有来得及发送就发现媒体已经变忙了，因此只能推迟发送，如此一来，就大大减少了冲突的机会。常用的帧间间隔（IFS）有三种。

（1）SIFS，即短时间间隔　SIFS是最短的时间间隔，用来分隔开属于同一个会话的各帧。一个节点应当能够在这段时间内从发送方式切换至接收方式。使用SIFS的帧类型有ACK帧、CTS帧、由超长MAC帧分片所形成的数据帧、所有回答AP探询的帧、PCF方式中由AP发送的任何帧等。

（2）PIFS，即点协调功能帧间间隔　PIFS比SIFS长，它是为了在开始使用PCF（点协调功能，实现将发送数据的权限轮流交付给每个无线终端，从而避免冲突发送）方式时能够优先接入媒体。PIFS的长度为SIFS再加上一个时隙长度。时隙长度可以这样确定，在一个BSS

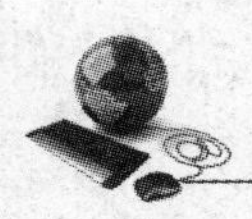

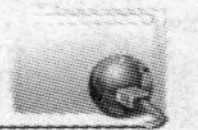

内，当某个无线终端在一个时隙开始时接入到媒体时，那么在下一个时隙开始时其他无线终端都应该能检测到信道已经转变为忙态。

小知识

BSS：基本服务集(Basic Service Set)，基本服务集有两种类型：一种是基础设施模式的基本服务集，包含一个 AP 和若干个移动终端；另一种是独立模式的基本服务集，由若干个移动终端组成，其中的一个充当主移动终端。在基本服务集中，所有无线设备关联到一个访问点上，该访问点连接其他有线设备(也可能不连接)，并且控制和主导整个 BSS 中的全部数据的传输过程。BSS 使用发射器的第二层地址(通常是 MAC 地址)作为其 BSSID(基础服务集标识符)，亦可以指定一个 ESSID(扩展服务集标识符)来帮助记忆。BSS 的覆盖范围称为基本服务区(BSA)或是蜂窝。只有在 BSS 为构成单元，BSA 为其覆盖范围的情况下，BSS 和 BSA 才可以互换。

(3)DIFS，即分布式协调功能帧间间隔　DIFS 是最长的间隔，其长度为 PIFS 再加上一个时隙。在 DCF(分布式协调功能，每个节点都采用 CSMA/CA 机制，通过竞争获得信道使用权并发送数据)方式下，当发送数据帧和管理帧时使用 DIFS。

除了上述三种帧间间隔之外，还有一种扩展帧间间隔帧(EIFS)。EIFS 用于刻画无线终端能够对发送失败的帧进行重传或者对前面未完成过程进行重新处理的最小时间间隔。EIFS 比 DIFS 长出一个时隙。图 1-47 为 CSMA/CA 数据帧发送示意图。

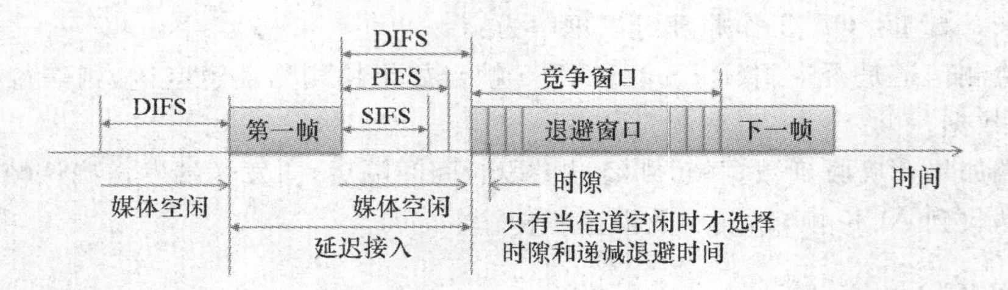

图 1-47　CSMA/CD 的数据帧发送

1.7.5　IEEE 802.11n 技术

2004 年 1 月 IEEE 宣布组成一个新的单位来发展新的 802.11n 标准，数据传输速率估计将达 475 Mbps(需要在物理层产生更高速度的传输率)，此项新标准应该要比 802.11b 快 45 倍，而比 802.11g 快 8 倍左右。802.11n 也比 802.11a/b/g 网络传送到更远的距离，2009 年通过了 802.11n 技术标准。

802.11n 增加了对于 MIMO (multiple-input multiple-output)的标准。MIMO 使用多个发射和接收天线来允许更高的资料传输率。MIMO 并使用了 Alamouti coding coding schemes 来增加传输范围。

MIMO 技术：所谓的 MIMO，就字面上看到的意思，是 multiple input multiple output 的缩写，大部分您所看到的说法，都是指无线网络讯号通过多重天线进行同步收发，所以可以增加数据传输率。然而比较正确的解释，应该是说，网络资源通过多重切割之后，经过多重天线

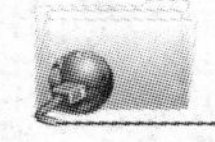
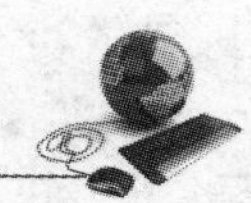

进行同步传送，由于无线信号在传送的过程当中，为了避免发生干扰起见，会走不同的反射或穿透路径，因此到达接收端的时间会不一致。为了避免数据不一致而无法重新组合，因此接收端会同时具备多重天线接收，然后利用 DSP 重新计算的方式，根据时间差的因素，将分开的数据重新作组合，然后传送出正确且快速的数据流。

由于传送的数据经过分割传送，不仅单一数据流量降低，又能增加天线接收范围，提高信号覆盖传送距离。因此 MIMO 技术不仅可以增加既有无线网络频谱的传输速率，而且又不占用额外频谱范围。所以为满足对传输速率与传输距离有较高要求的用户，各设备厂商纷纷开始采用 MIMO 的技术，推出高传输率的无线网络产品。

1.7.6　IEEE 802.11ac 技术

802.11ac 是 802.11n 的继承者。它采用并扩展了源自 802.11n 的空中接口（air interface）概念，包括：更宽的 RF 带宽（提升至 160 MHz），更多的 MIMO 空间流（spatial streams）（增加到 8），多用户的 MIMO，以及更高阶的调制（modulation）（达到 256 QAM）。

802.11ac 的核心技术主要基于 802.11a，继续工作在 5.0 GHz 频段上以保证向下兼容性，但数据传输通道会大大扩充，工作频率增至 40 MHz 或者 80 MHz，甚至 160 MHz。再加上大约 10％的实际频率调制效率提升，新标准的理论传输速度最高达到 1 Gbps，是 802.11n 300 Mbps 的三倍多。

此外，802.11ac 还将向后兼容 802.11 全系列现有和即将发布的所有标准和规范，包括 802.11s 无线网状架构以及 802.11u 等。安全性方面，它完全遵循 802.11i 安全标准的所有内容，使得无线连接能够在安全性方面达到企业级用户的需求。根据 802.11ac 的实现目标，未来 802.11ac 将可以帮助企业或家庭实现无缝漫游，并且在漫游过程中能支持无线产品相应的安全、管理以及诊断等应用。

支持 8x8 MIMO 技术 802.11a 无线通信标准不断地使用更多的空间流来提高数据吞吐能力。比如，802.11n 采用复杂的 4x4 MIMO 配置，802.11ac 采用 8x8 MIMO 配置。最吸引人的是，802.11ac 拥有 MU-MIMO（多任务处理 MIMO）的能力，通过相同的频道将波束成型同步传输给不同方向的站点的功能。例如，一个拥有 8 个天线的无线接入点可以同时在 2 个分散的站点上使用 4x4 MIMO 通道，而目前 802.11n 标准的 MIMO 设备只能实现点对点存取的连接方式。

全面导入波束形成（Beamforming）技术：802.11ac 还有一个亮点就是全面导入波束形成技术，避免在收发器与接收端装置之间，使用无效的传输路径，实现更好的传输效率。波束形成在 802.11n 产品上可以实现，但现有产品并未能加以充分利用，也因此 802.11ac 标准特别将波束形成纳为标准功能，且所有导入此一技术的产品都要能互通运行。

802.11ac 还去除了一些 802.11n 中没有多大作用的东西，由于是 VHT，那么无线帧结构中自然要多了一些表达 VHT 信息的东西，因此帧结构也会有一些改动。除了改动之外，802.11ac新增了 NDPA、Beamforming report poll 两种 mac 帧。802.11ac 是专门为 5GHz 频段设计，特有的新射频特点，能够将现有的无线局域网的性能吞吐提高到可以与有线千兆级网络相媲美的程度，其采用了众多的技术，如更密的调制模式、更宽的信道带宽、更多的空间流、波速成形、MU-MIMO 等。

1.8　移动通信技术

1.8.1　移动通信技术的发展状况

1. 第一代——模拟移动通信系统

第一代(即 1G,是 the first generation 的缩写)移动通信系统的主要特征是采用模拟技术和频分多址(FDMA)技术、有多种制式。我国主要采用 TACS,其传输速率为 2.4 kbps,由于受到传输带宽的限制,不能进行移动通信的长途漫游,只是一种区域性的移动通信系统。第一代移动通信系统在商业上取得了巨大的成功,但是其弊端也日渐显露出来,如频谱利用率低、业务种类有限、无高速数据业务、制式太多且互不兼容、保密性差、易被盗听和盗号、设备成本高、体积大、重量大。所以,第一代移动通信技术作为 20 世纪 80～90 年代初的产物已经完成了任务退出了历史舞台。

2. 第二代——数字移动通信系统

第二代(即 2G,是 the second generation 的缩写)移动通信系统是从 20 世纪 90 年代初期到目前广泛使用的数字移动通信系统,采用的技术主要有时分多址(TDMA)和码分多址(CDMA)两种技术,它能够提供 9.6-28.8 kbps 的传输速率。全球主要采用 GSM 和 CDMA 两种制式,我国采用主要是 GSM 这一标准,主要提供数字化的语音业务及低速数据化业务,克服了模拟系统的弱点。与第一代模拟移动蜂窝移动系统相比,第二代移动通信系统具有保密性强,频谱利用率高,能提供丰富的业务,标准化程度高等特点,可以进行省内外漫游。但因为采用的制式不同,移动标准还不统一,用户只能在同一制式覆盖的范围内进行漫游,还无法进行全球漫游,虽然第二代比第一代有更大的带宽,但带宽还是很有限,限制了数据的应用,还无法实现高速率的业务,如移动的多媒体业务。随着用户对移动互联网的需求越来越大,出现了 GPRS 技术,使得用户在手机上能够访问互联网信息。

小知识

GPRS:通用分组无线服务技术(general packet radio service)的简称,它是 GSM 移动电话用户可用的一种移动数据业务。GPRS 可说是 GSM 的延续。GPRS 和以往连续在频道传输的方式不同,是以封包(packet)式来传输,因此使用者所负担的费用是以其传输资料单位计算,并非使用其整个频道,理论上较为便宜。GPRS 的传输速率可提升至 56 甚至 114 kbps。

GPRS 经常被描述成“2.5G”,也就是说这项技术位于第二代(2G)和第三代(3G)移动通信技术之间。它通过利用 GSM 网络中未使用的 TDMA 信道,提供中速的数据传递。GPRS 突破了 GSM 网只能提供电路交换的思维方式,只通过增加相应的功能实体和对现有的基站系统进行部分改造来实现分组交换,这种改造的投入相对来说并不大,但得到的用户数据速率却相当可观。而且,因为不再需要现行无线应用所需要的中介转换器，所以连接及传输都会更方便容易。如此，使用者既可联机上网，参加视讯会议等互动传播，而且在同一个视讯网络上的使用者，甚至可以无须通过拨号上网，而持续与网络连接。GPRS分组交换的通信方式在分组交换的通信方式中，数据被分成一定长度的包（分组），每个包的前面有一个分组头（其中的地址标志指明该分组发往何处）。数据传送之前并不需要预先分配信道，建立连接。而是在每一个数据包到达时，根据数据报头中的信息（如目的地址），临时寻找一个可用的信道资源将该数据报发送出去。在这种传送方式中，数据的发送和接收方同信道之间没有固定的占用关系，信道资源可以看作是由所有的用户共享使用。由于数据业务在绝大多数情况下都表现出一种突发性的业务特点，对信道带宽的需求变化较大，因此采用分组方式进行数据传送将能够更好地利用信道资源。例如一个进行WWW浏览的用户，大部分时间处于浏览状态，而真正用于数据传送的时间只占很小比例。这种情况下若采用固定占用信道的方式，将会造成较大的资源浪费。

3. 第三代——多媒体移动通信系统

随着通信业务的迅猛发展和通信量的激增，未来的移动通信系统不仅要有大的系统容量，还要能支持话音、数据、图像、多媒体等多种业务的有效传输。第二代移动通信技术根本不能满足这样的通信要求，在这种情况下出现了第三代（即3G，是 the third generation 的缩写）多媒体移动通信系统。第三代移动通信系统在国际上统称为IMT-2000，是国际电信联盟（1TU）在1985年提出的工作在2 000 MHz频段的系统。与第一代模拟移动通信和第二代数字移动通信系统相比，第三代的最主要特征是可提供移动多媒体业务。

4. 第四代——广带接入和分布网络

4G也称为广带接入和分布网络，具有超过2 Mbps的非对称数据传输能力，对高速移动用户能提供150 Mbps的高质量的影像服务，并首次实现三维图像的高质量传输。它包括广带无线固定接入、广带无线局域网。移动广带系统和互操作的广播网络（基于地面和卫星系统）。4G是集多种无线技术和无线LAN系统为一体的综合系统，也是宽带IP接入系统。在这个系统上，移动用户可以实现全球无缝漫游。为了进一步提高其利用率，满足高速率、大容量的业务需求，同时克服高速数据在无线信道下的多径衰落和多径干扰等众多优势。

1.8.2 3G技术

当前，3G存在三大主流标准：一是WCDMA标准，也称为“宽带码分多址接入”，支持者主要是以GSM系统为主的欧洲厂商；二是CDMA2000标准，也称为“多载波码分多址接入”，由美国高通北美公司为主导提出，韩国现在成为该标准的主导者；三是TD-SCDMA标准，中文含义为“时分同步码分多址接入”，是我国独自制定的3G标准，它在频谱利用率、对业务的支持、频率灵活性及成本等方面都具有独特的优势，全球一半以上的设备厂商都宣布可以支持TD-SCDMA标准。

在中国这几年通信技术进入了空前的高速发展，3G已完全进入到我们的生活，给我们带来本质的通信变化和发展。与前两代移动通信系统相比，3G网络系统的特点概括为以下几点：

(1)3G是全球普及和全球无缝漫游的通信系统　2G系统一般为区域或国家标准，而3G是一个可以实现全球范围内覆盖和使用的通信系统，它可以实现使用统一的标准，以便支持同一个移动终端在世界范围内的无缝通信。

(2)具有支持多媒体业务的能力，特别是支持因特网业务　2G系统主要以提供语音业务为主，即使2G的增强技术一般也仅能提供100～200 kbps的传输速率，GSM系统演进到最高阶段的速率传输能力为384 kbps。但是3G系统的业务能力将有明显的改进，它能支持从语音到分组数据再到多媒体业务，并能支持固定和可变速率的传输以及按需分配带宽等功能，国际电信联盟(ITU)规定的3G系统无线传输技术的最低要求中，必须满足四个速率要求：卫星移动环境中至少可提供9.6 kbps的速率的多媒体业务；高速运动的汽车上可提供144 kbps速率的多媒体业务；在低速运动的情况下(如步行时)可提供384 kbps速率的多媒体业务；在室内固定情况下可提供2 Mbps速率的多媒体业务。

(3)便于过渡和演进　由于3G引入时，2G已具相当的规模，所以3G网络能在原来2G网络的基础上灵活的演进，并应与之兼容。

(4)高频谱效率　3G具有高于2G移动通信系统两倍的频谱效率。

(5)高服务质量　3G移动通信系统的通信质量与固定网络的通信质量相当。

(6)高保密性　尽管2G系统的CDMA也有相当的保密性，但是还是不及3G的保密性高。

1.8.3　第三代移动通信系统的结构

1. IMT-2000系统的组成

IMT-2000(国际移动通信-2000)系统构成如图1-48所示，它主要有四个功能子系统构成，即核心网(CN)、无线接入网(RAN)、移动台(MT)和用户识别模块(UIM)组成。分别对应于GSM系统的交换子系统(NSS)、基站子系统(BSS)、移动台(MS)和SIM卡。

2. 系统标准接口

ITU定义了4个标准接口：

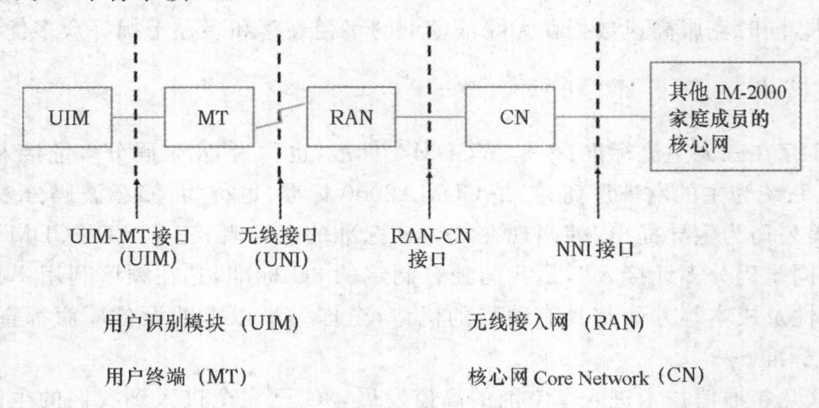

图1-48　IMT-2000功能模型及接口

(1)网络与网络接口(NNI)：由于ITU在网络部分采用了“家族概念”，因而此接口是指不同家族成员之间的标准接口，是保证互通和漫游的关键接口。

(2)无线接入网与核心网之间的接口(RAN-CN)，对应于GSM系统的A接口。

(3)无线接口(UNI)。

(4)用户识别模块和移动台之间的接口(UIM-MT)。

3. 第三代移动通信系统的分层结构

第三代移动通信系统的结构分为三层：物理层、链路层和高层。

(1)物理层　它由一系列下行物理信道和上行物理信道组成。

(2)链路层　它由媒体接入控制(MAC)子层和链路接入控制(LAC)子层组成；MAC子层根据LAC子层不同业务实体的要求对物理层资源进行管理与控制，并负责提供LAC子层业务实体所需的QoS(服务质量)级别。LAC子层与物理层相对独立的链路管理与控制，并负责提供MAC子层所不能提供的更高级别的QoS控制，这种控制可以通过ARQ等方式来实现，以满足来自更高层业务实体的传输可靠性。

(3)高层　它集OSI模型中的网络层，传输层，会话层，表达层和应用层为一体。高层实体主要负责各种业务的呼叫信令处理，话音业务(包括电路类型和分组类型)和数据业务(包括IP业务，电路和分组数据，短消息等)的控制与处理等。

1.8.4　实现3G的关键技术

1. 初始同步与Rake多径分集接收技术

CDMA通信系统接收机的初始同步包括PN码同步，符号同步、帧同步和扰码同步等。CDMA2000系统采用与IS-95系统相类似的初始同步技术，即通过对导频信道的捕获建立PN码同步和符号同步，通过同步信道的接收建立帧同步和扰码同步。WCDMA系统的初始同步则需要通过“三步捕获法”进行，即通过对基本同步信道的捕获建立PN码同步和符号同步，通过对辅助同步信道的不同扩频码的非相干接收，确定扰码组号等，最后通过对可能的扰码进行穷举搜索，建立扰码同步。

由于移动通信是在复杂的电波环境下进行的，如何克服电波传播所造成的多径衰落现象是移动通信的另一基本问题。在CDMA移动通信系统中，由于信号带宽较宽，因而在时间上可以分辨出比较细微的多径信号。对分辨出的多径信号分别进行加权调整，使合成之后的信号得以增强，从而可在较大程度上降低多径衰落信道所造成的负面影响。这种技术称为Rake多径分集接收技术。

为实现相干形式的Rake接收，需发送未经调制的导频(pilot)信号，以使接收端能在确知已发数据的条件下估计出多径信号的相位，并在此基础上实现相干方式的最大信噪比合并。WCDMA系统采用用户专用的导频信号，而CDMA2000下行链路采用公用导频信号，用户专用的导频信号仅作为备选方案用于使用智能天线的系统，上行信道则采用用户专用的导频信道。

Rake多径分集技术的另外一种极为重要的体现形式是宏分集及越区软切换技术。当移动台处于越区切换状态时，参与越区切换的基站向该移动台发送相同的信息，移动台把来自不

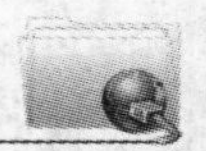

同基站的多径信号进行分集合并，从而改善移动台处于越区切换时的接收信号质量，并保持越区切换时的数据不丢失，这种技术称为宏分集和越区软切换。WCDMA 系统和 CDMA2000 系统均支持宏分集和越区软切换功能。

2. 高效信道编译码技术

第三代移动通信的另外一项核心技术是信道编译码技术。在第三代移动通信系统主要提案中(包括 WCDMA 和 CDMA2000 等)，除采用与 IS-95 CDMA 系统相类似的卷积编码技术和交织技术之外，还建议采用 Turbo 编码技术及 RS-卷积级联码技术。

3. 智能天线技术

从本质上来说，智能天线技术是雷达系统自适应天线阵在通信系统中的新应用。由于其体积及计算复杂性的限制，目前仅适应于在基站系统中的应用。

智能天线包括两个重要组成部分，一是对来自移动台发射的多径电波方向进行到达角(DOA)估计，并进行空间滤波，抑制其他移动台的干扰。二是对基站发送信号进行波束形成，使基站发送信号能够沿着移动台电波的到达方向发送回移动台，从而降低发射功率，减少对其他移动台的干扰。

智能天线技术用于 TDD 方式的 CDMA 系统是比较合适的，能够起到在较大程度上抑制多用户干扰，从而提高系统容量的作用。其困难在于由于存在多径效应，每个天线均需一个 Rake 接收机，从而使基带处理单元复杂度明显提高。

4. 多用户检测技术

在传统的 CDMA 接收机中，各个用户的接收是相互独立进行的。在多径衰落环境下，由于各个用户之间所用的扩频码通常难以保持正交，因而造成多个用户之间的相互干扰，并限制系统容量的提高。解决此问题的一个有效方法是使用多用户检测技术，通过测量各个用户扩频码之间的非正交性，用矩阵求逆方法或迭代方法消除多用户之间的相互干扰。

从理论上讲，使用多用户检测技术能够在极大程度上改善系统容量。但一个较为困难的问题是对于基站接收端的等效干扰用户等于正在通话的移动用户数乘以基站端可观测到的多径数。这意味着在实际系统中等效干扰用户数将多达数百个，这样即使采用与干扰用户数呈线性关系的多用户抵消算法仍使得其硬件实现显得过于复杂。如何把多用户干扰抵消算法的复杂度降低到可接受的程度是多用户检测技术能否实用的关键。

5. 功率控制技术

在 CDMA 系统中，由于用户共用相同的频带，且各用户的扩频码之间存在着非理想的相关特性，用户发射功率的大小将直接影响系统的总容量，从而使得功率控制技术成为 CDMA 系统中的最为重要的核心技术之一。常见的 CDMA 功率控制技术可分为开环功率控制、闭环功率控制和外环功率控制三种类型。

6. 软件无线电技术

软件无线电是近几年发展起来的技术，它基于现代信号处理理论，尽可能在靠近天线的部

位(中频,甚至射频),进行宽带A/D和D/A变换。无线通信部分把硬件作为基本平台,把尽可能多的无线通信功能用软件来实现。软件无线电为3G手机与基站的无线通信系统提供了一个开放的、模块化的系统结构,具有很好的通用性、灵活性,使系统互联和升级变得非常方便。其硬件主要包括天线、射频部分、基带的A/D和D/A转换设备以及数字信号处理单元。在软件无线电设备中所有的信号处理(包括放大、变频、滤波、调制解调、信道编译码、信源编译码、信号流变换,信道、接口的协议/信令处理、加/解密、抗干扰处理、网络监控管理等)都以数字信号的形式进行。由于软件处理的灵活性,使其在设计、测试和修改方面非常方便,而且也容易实现不同系统之间的兼容。

3G所要实现的主要目标是提供不同环境下的多媒体业务、实现全球无缝覆盖;适应多种业务环境;与第二代移动通信系统兼容,并可从第二代平滑升级。因而3G要求实现无线网与无线网的综合、移动网与固定网的综合、陆地网与卫星网的综合。由于3G标准的统一是非常困难的,IMT-2000放弃了在空中接口、网络技术方面等一致性的努力,而致力于制定网络接口的标准和互通方案。

7. 快速无线IP技术

快速无线IP(Wireless IP,无线互联网)技术将是未来移动通信发展的重点,宽频带多媒体业务是最终用户的基本要求。根据ITM-2000的基本要求,第三代移动通信系统可以提供较高的传输速度(本地区2 Mb/s,移动144 kb/s)。现代的移动设备越来越多了(手机、笔记本电脑、PDA等),剩下的好像就是网络是否可以移动,无线IP技术与第三代移动通信技术结合将会实现这个愿望。由于无线IP主机在通信期间需要在网络上移动,其IP地址就有可能经常变化,传统的有线IP技术将导致通信中断,但第三代移动通信技术因为利用了蜂窝移动电话呼叫原理,完全可以使移动节点采用并保持固定不变的IP地址,一次登录即可实现在任意位置上或在移动中保持与IP主机的单一链路层连接,完成移动中的数据通信。

8. 多载波技术

多载波MC-CDMA是第三代移动通信系统中使用的一种新技术。多载波CDMA技术早在1993年的PIMRC会议上就被提出来了。目前,多载波CDMA作为一种有着良好应用前景的技术,已吸引了许多公司对此进行深入研究。多载波CDMA技术的研究内容大致有两类:一种是用给定扩频码来扩展原始数据,再用每个码片来调制不同的载波;另一种是用扩频码来扩展已经进行了串并变换后的数据流,再用每个数据流来调制不同的载波。

9. WCDMA技术

WCDMA(宽带码分多址)是一个ITU标准,它是从码分多址(CDMA)演变来的,从官方看被认为是IMT-2000的直接扩展,与EDGE相比,它能够为移动和手提无线设备提供更高的数据速率。WCDMA采用直接序列扩频码分多址(DS-CDMA)、频分双工(FDD)方式,码片速率为3.84 Mcps,载波带宽为5 MHz。基于Release 99/Release 4版本,可在5 MHz的带宽内,提供最高384 kbps的用户数据传输速率。WCDMA能够支持移动/手提设备之间的语音、图像、数据以及视频通信,速率可达2 Mb/s(室内静止)或者384 kb/s(户外移动)。输入信号先被数字化,然后在一个较宽的频谱范围内以编码的扩频模式进行传输。窄带CDMA使用的

是 200 kHz 宽度的载频，而 WCDMA 使用的则是一个 5 MHz 宽度的载频。

WCDMA 产业化的关键技术包括射频和基带处理技术，具体包括射频、中频数字化处理，RAKE 接收机、信道编解码、功率控制等关键技术和多用户检测、智能天线等增强技术。

10. CDMA2000 技术

CDMA2000 是 TIA 标准组织用于指第三代 CDMA 的名称。适用于 3G CDMA 的 TIA 规范称为 IS-2000，该技术本身被称为 CDMA2000。

CDMA2000(Code Division Multiple Access 2000)是从 CDMA 蜕变进化出来的支援 3G 的一种制式。目的是确保投资发展 CDMA 的网络商，能够简单及有效率地由 CDMA 过渡到 3G 进程。共分为两个阶段进化的 cdma2000，第一阶段将提供每秒 144 kbps 的数据传送率，而当数据速度加快到每秒 2 Mbps 传送时，便是第二阶段。CDMA2000 有多个不同的版本：

(1)CDMA2000 1x　是众所周知的 3G 1X 或者 1xRTT，它是 3G cdma2000 技术的核心，习惯上指使用一对 1.25MHz 无线电信道的 CDMA2000 无线技术。

(2)CDMA2000 1xEV(Evolution)　是 CDMA2000 1x 附加了高数据速率能力，1xEV 一般分成 2 个阶段：CDMA2000 1xEV 第一阶段，CDMA2000 1xEV-DO(Evolution-Data Only)在一个无线信道传送高速数据报文数据的情况下，支持下行数据速率最高 3.1Mbps，上行速率最高到 1.8 Mbps。CDMA2000 1xEV 第二阶段，CDMA2000 1xEV-DV (Evolution-Data and Voice)，支持下行数据速率最高 3.1 Mbps，上行速率最高 1.8 Mbps。1xEV-DV 还能支持 1x 语音用户，1xRTT 数据用户和高速 1xEV-DV 数据用户使用同一无线信道并行操作。

(3)CDMA2000 3x　利用一对 3.75 MHz 无线信道来实现高速数据速率。3X 版本的 CDMA2000 有时被叫作多载波(Multi-Carrier 或者 MC)。

11. TD-SCDMA 技术

TD-SCDMA(Time Division - Synchronous Code Division Multiple Access)是时分-同步码分多址的意思，是 ITU(国际电信联盟)批准的三个 3G 移动通信标准中的一个。该标准是中国大唐电信科技股份有限公司制定的 3G 标准。1998 年 6 月 29 日，向 ITU 提出了该标准；该标准将智能天线、同步 CDMA 和软件无线电(SDR)等技术融于其中。

TD-SCDMA 由于采用时分双工，上行和下行信道特性基本一致，因此，基站根据接收信号估计上行和下行信道特性比较容易。因此，TD-SCDMA 使用智能天线技术有先天的优势，而智能天线技术的使用又引入了 SDMA 的优点，可以减少用户间干扰，从而提高频谱利用率。

TD-SCDMA 还具有 TDMA 的优点，可以灵活设置上行和下行时隙的比例而调整上行和下行的数据速率的比例，特别适合因特网业务中上行数据少而下行数据多的场合。但是这种上行下行转换点的可变性给同频组网增加了一定的复杂性。

TD-SCDMA 是时分双工，不需要成对的频带。因此，和另外两种频分双工的 3G 标准相比，在频率资源的划分上更加灵活。一般认为，TD-SCDMA 由于智能天线和同步 CDMA 技术的采用，可以大大简化系统的复杂性，适合采用软件无线电技术，因此，设备造价可望更低。但是，由于时分双工体制自身的缺点，TD-SCDMA 被认为在终端允许移动速度和小区覆盖半径等方面落后于频分双工体制。同时由于其相对其他 3G 系统的窄带宽，导致出现扰码短，并且扰码少，在网络侧基本通过扰码来识别小区成为理论可能。现以仅仅只能通过 9 个频点来

做小区的区分，每个载波仅1.6M带宽，导致空口速率远低于W-CDMA和CDMA2000。

1.8.5　4G技术

从技术标准的角度看，按照ITU的定义，静态传输速率达到1Gbps，用户在高速移动状态下可以达到100Mbps，就可以作为4G的技术之一。从营运商的角度看，除了与现有网络的可兼容性外，4G要有更高的数据吞吐量、更低时延、更低的建设和运行维护成本、更高的鉴权能力和安全能力、支持多种QoS等级。从融和的角度看，4G意味着更多地参与方，更多技术、行业、应用的融合，不再局限于电信行业，还可以应用于金融、医疗、教育、交通等行业；通信终端能做更多的事情，例如除语音通信之外的多媒体通信、远端控制等；或许局域网、互联网、电信网、广播网、卫星网等能够融为一体组成一个通播网，无论使用什么终端，都可以享受高品质的信息服务，向宽带无线化和无线宽带化演进，使4G渗透到生活的方方面面。从用户需求的角度看，4G能为用户提供更快的速度并满足用户更多的需求。移动通信之所以从模拟到数字、从2G到4G以及将来的xG演进，最根本的推动力是用户需求由无线语音服务向无线多媒体服务转变。

1.现有技术概述

(1)OFDM技术　它实际上是多载波调制MCM的一种，其主要原理是将待传输的高速串行数据经串/并变换，变成在N个子信道上并行传输的低速数据流，再用N个相互正交的载波进行调制，然后叠加一起发送。接收端用相干载波进行相干接收，再经并/串变换恢复为原高速数据。

(2)多输入多输出(MIMO)技术　多输入多输出(MIMO)技术是无线移动通信领域智能天线技术的重大突破。该技术能在不增加带宽的情况下成倍地提高通信系统的容量和频谱利用率，是下一代移动通信系统的核心技术之一。MIMO系统采用空时处理技术进行信号处理，在丰富的散射环境下，空分复用MIMO系统(如BLAST结构)可以获得与天线数成正比的容量增长，从而极大地提高频谱效率，增加系统的数据传输速率。但是当散射程度欠佳时，会引起信道间的空间相关，尤其在室外环境下，由于基站的天线较高，从而角度扩展较小，其空间相关难以避免，在这种情况下MIMO不可能获得所期望的数据传输速率。

(3)切换技术　切换技术能够实现移动终端在不同小区之间跨越和在不同频率之间通信以及在信号质量降低时如何选择信道。它是未来移动终端在众多通信系统、移动小区之间建立可靠通信的基础。主要划分为硬切换、软切换和更软切换.硬切换发生在不同频率的基站或不同系统之间。第4代移动通信中的切换技术正朝着软切换和硬切换相结合的方向发展。

(4)软件无线电技术　与3G技术一样，4G也需要使用软件无线电技术。通过下载不同的软件程序，在硬件平台上可实现不同功能，用以实现在不同系统中利用单一的终端进行漫游，它是解决移动终端在不同系统中工作的关键技术。软件无线电技术主要涉及数字信号处理硬件(Digital Signal Process Hardware，DSPH)、现场可编程器件(Field Programmable Gate Array，FPGA)、数字信号处理(Digital Signal Processor，DSP)等。

(5)IPv6协议技术　3G网络采用的主要是蜂窝组网，而4G系统将是一个基于全IP的移动通信网络，可以实现不同类型的接入系统和通信网络之间的无缝连。为了给用户提供更为广泛的业务，使运营商管理更加方便、灵活，4G中将取代现有的IPv4协议，采用全分组方式传

送数据的 IPv6 协议。

2.4G 的主要优势

如果说 2G、3G 通信对于人类信息化的发展是微不足道的话，那么未来的 4G 通信却给了人们真正的沟通自由，并彻底改变人们的生活方式甚至社会形态。2009 年在构思中的 4G 通信具有下面的特征：

(1)通信速度更快　由于人们研究 4G 通信的最初目的就是提高蜂窝电话和其他移动装置无线访问 Internet 的速率，因此 4G 通信给人印象最深刻的特征莫过于它具有更快的无线通信速度。第四代移动通信系统可以达到 10～20 Mbps，甚至最高可以达到每秒高达 100 Mbps 速度传输无线信息。

(2)网络频谱更宽　要想使 4G 通信达到 100 Mbps 的传输，通信营运商必须在 3G 通信网络的基础上，进行大幅度的改造和研究，以便使 4G 网络在通信带宽上比 3G 网络的蜂窝系统的带宽高出许多。据研究 4G 通信的 AT&T 的执行官们说，估计每个 4G 信道会占有 100 MHz 的频谱，相当于 W-CDMA 3G 网路的 20 倍。

(3)通信更加灵活　从严格意义上说，4G 手机的功能，已不能简单划归"电话机"的范畴，毕竟语音资料的传输只是 4G 移动电话的功能之一而已，任何一件能看到的物品都有可能成为 4G 终端。4G 通信使人们不仅可以随时随地通信，更可以双向下载传递资料、图画、影像，当然更可以和从未谋面的陌生人网上联线对打游戏。

(4)智能性能更高　第四代移动通信的智能性更高，不仅表现于 4G 通信的终端设备的设计和操作具有智能化。

(5)兼容性能更平滑　要使 4G 通信尽快地被人们接受，除考虑它的功能强大外，还应该考虑到现有通信的基础，以便让更多的现有通信用户在投资最少的情况下就能很轻易地过渡到 4G 通信。

(6)提供各种增值服务　4G 通信并不是从 3G 通信的基础上经过简单的升级而演变过来的，它们的核心建设技术根本就是不同的，3G 移动通信系统主要是以 CDMA 为核心技术，而 4G 移动通信系统技术则以正交多任务分频技术(OFDM)最受瞩目，利用这种技术人们可以实现例如无线区域环路(WLL)、数字音讯广播(DAB)等方面的无线通信增值服务。

(7)实现更高质量的多媒体通信　尽管第三代移动通信系统也能实现各种多媒体通信，但未来的 4G 通信能满足第三代移动通信尚不能达到的在覆盖范围、通信质量、造价上支持的高速数据和高分辨率多媒体服务的需要，第四代移动通信系统提供的无线多媒体通信服务包括语音、数据、影像等大量信息透过宽频的信道传送出去。第四代移动通信不仅仅是为了因应用户数的增加，更重要的是，必须要因应多媒体的传输需求，当然还包括通信品质的要求。

(8)频率使用效率更高　相比第三代移动通信技术来说，第四代移动通信技术在开发研制过程中使用和引入许多功能强大的突破性技术，例如一些光纤通信产品公司为了进一步提高无线因特网的主干带宽宽度，引入了交换层级技术，这种技术能同时涵盖不同类型的通信接口，也就是说第四代主要是运用路由技术(routing)为主的网络架构。

(9)通信费用更加便宜　由于 4G 通信不仅解决了与 3G 通信的兼容性问题，让更多的现有通信用户能轻易地升级到 4G 通信，而且 4G 通信引入了许多尖端的通信技术，这些技术保证了 4G 通信能提供一种灵活性非常高的系统操作方式，因此相对其他技术来说，4G 通信部

署起来就容易迅速得多;同时在建设4G通信网络系统时,通信营运商们会考虑直接在3G通信网络的基础设施之上,采用逐步引入的方法,这样就能够有效地降低运行者和用户的费用。

1.8.6　4G通信标准

国际电信联盟(ITU)已经将WiMax、HSPA+、LTE正式纳入到4G标准里,加上之前就已经确定的LTE-Advanced和WirelessMAN-Advanced这两种标准,目前4G标准已经达到了5种。

1. LTE

LTE(long term evolution,长期演进)项目是3G的演进,它改进并增强了3G的空中接入技术,采用OFDM和MIMO作为其无线网络演进的唯一标准。主要特点是在20 MHz频谱带宽下能够提供下行100 Mbit/s与上行50 Mbit/s的峰值速率,相对于3G网络大大地提高了小区的容量,同时将网络延迟大大降低:内部单向传输时延低于5 ms,控制平面从睡眠状态到激活状态迁移时间低于50 ms,从驻留状态到激活状态的迁移时间小于100 ms。

由于目前的WCDMA网络的升级版HSPA和HSPA+均能够演化到LTE这一状态,包括中国自主的TD-SCDMA网络也将绕过HSPA直接向LTE演进,所以这一4G标准获得了最大的支持,也将是4G标准的主流。该网络提供媲美固定宽带的网速和移动网络的切换速度,网络浏览速度大大提升。

2. LTE-Advanced

从字面上看,LTE-Advanced就是LTE技术的升级版,那么为何两种标准都能够成为4G标准呢?LTE-Advanced的正式名称为Further Advancements for E-UTRA,它满足ITU-R的IMT-Advanced技术征集的需求,是3GPP形成欧洲IMT-Advanced技术提案的一个重要来源。LTE-Advanced是一个后向兼容的技术,完全兼容LTE,是演进而不是革命,相当于HSPA和WCDMA这样的关系。LTE-Advanced的相关特性如下:

(1)带宽　100 MHz。

(2)峰值速率　下行1Gbps,上行500 Mbps。

(3)峰值频谱效率　下行30 bps/Hz,上行15 bps/Hz。

如果严格地讲,LTE作为3.9G移动互联网技术,那么LTE-Advanced作为4G标准更加确切一些。LTE-Advanced的入围,包含TDD和FDD两种制式,其中TD-SCDMA将能够进化到TDD制式,而WCDMA网络能够进化到FDD制式。移动主导的TD-SCDMA网络期望能够直接绕过HSPA+网络而直接进入到LTE。

3. WiMax

WiMax(worldwide interoperability for microwave access),即全球微波互联接入,WiMAX的另一个名字是IEEE 802.16。WiMAX的技术起点较高,WiMax所能提供的最高接入速度是70 M,这个速度是3G所能提供的宽带速度的30倍。对无线网络来说,这的确是一个惊人的进步。WiMAX逐步实现宽带业务的移动化,而3G则实现移动业务的宽带化,两种网络的融合程度会越来越高,这也是未来移动世界和固定网络的融合趋势。

802.16工作的频段采用的是无须授权频段，范围在2～66G Hz之间，而802.16a则是一种采用2～11GHz无须授权频段的宽带无线接入系统，其频道带宽可根据需求在1.5～20 MHz范围进行调整，目前具有更好高速移动下无缝切换的IEEE 802.16 m的技术正在研发。因此，802.16所使用的频谱可能比其他任何无线技术更丰富，WiMax具有以下优点：

①对于已知的干扰，窄的信道带宽有利于避开干扰，而且有利于节省频谱资源。

②灵活的带宽调整能力，有利于运营商或用户协调频谱资源。

③WiMax所能实现的50 km的无线信号传输距离是无线局域网所不能比拟的，网络覆盖面积是3G发射塔的10倍，只要少数基站建设就能实现全城覆盖，能够使无线网络的覆盖面积大大提升。

4. HSPA＋

高速下行链路分组接入技术(High Speed Downlink Packet Access)，而HSUPA即为高速上行链路分组接入技术，两者合称为HSPA技术，HSPA＋是HSPA的衍生版，能够在HSPA网络上进行改造而升级到该网络，是一种经济而高效的4G网络。

从上文我们也可以了解到，HSPA＋符合LTE的长期演化规范，将作为4G网络标准与其他的4G网络同时存在，它将很有利于目前全世界范围的WCDMA网络和HSPA网络的升级与过度，成本上的优势很明显。对比HSPA网络，HSPA＋在室内吞吐量约提高12.58％，室外小区吞吐量约提高32.4％，能够适应高速网络下的数据处理，将是短期内4G标准的理想选择。

5. WirelessMAN-Advanced

WirelessMAN-Advanced事实上就是WiMax的升级版，即IEEE 802.11m标准，802.16系列标准在IEEE正式称为WirelessMAN，而WirelessMAN -Advanced即为IEEE 802.16 m。其中，802.16 m最高可以提供1 Gbps无线传输速率，还将兼容未来的4G无线网络。802.16 m可在“漫游”模式或高效率、强信号模式下提供1Gbps的下行速率。

目前的WirelessMAN-Advanced有5种网络数据规格，其中极低速率为16 kbps，低速率数据及低速多媒体为144 kbps，中速多媒 体为2 Mbps，高速多媒体为30 Mbps超高速多媒体则达到了30 Mbps～1 Gbps。但是该标准可能会被率先被军方所采用，IEEE方面表示军方的介入将能够促使WirelessMAN- Advanced更快的成熟和完善，而且军方的今天就是民用的明天。

美、日、韩在4G网络建设上已先行一步，欧洲及发展中国家也在积极部署，海外4G建网高潮已经拉开帷幕。TD-LTE是中国主导的通信技术标准，也是中国在世界范围内争取通信产业话语权的重要武器。在3G时代，中国TD-SCDMA未能走出国门，成为“孤岛化技术”；而如今业界普遍认为TD-LTE成为全球4G主流技术的时间窗口就在这一两年，如果商用时间延后，将致使全球大部分份额被FDD-LTE占据，重演3G时代的窘境。为了避免这一情况，中国政府在加速推进4G进程上决心十足。目前在三家运营商中中国移动由于在3G中的竞争劣势，现在4G牌照已完成发放，已经开始在全国展开大规模推广建设。2013年6月，中国移动正式启动TD-LTE网络设备招标，当前我国已进入实际的应用阶段。

习题

1. 数据交换的方式有哪些？请阐述每种交换方式的工作原理和特点？
2. 什么是网络体系结构？
3. 请阐述OSI体系结构的组成与各层的功能与工作原理。
4. 请阐述CSMA/CD的工作原理与竞争机制。
5. 简述以太网交换机的工作原理。
6. 简述PPPoE协议的工作过程。
7. 简述PON网络的工作原理，请比较EPON和GPON的区别。
8. 为什么CSMA/CD协议不适合用于无线网传输，CSMA/CA协议有哪些改进？
9. 802.11ac技术采用了哪些先进的技术？
10. 实现3G的关键技术有哪些？功能如何？
11. 4G采用了哪些通信技术，其标准有哪些？

第2章 TCP/IP网络协议

2.1 TCP/IP体系结构

计算机网络要实现资源共享、信息交换的最终目的，是解决在传输介质上数据的物理表示形式，数据在传输时如何避免冲突，怎样才能防止数据丢失，高速的发送方式与低速的接收方式的同步处理，在连接设备中怎样指定连接对象和如何建立相互联系，目的数据传送中路径的选择，对连接中传输请求的处理，怎样确保数据正确接收，以及网络中计算机怎样相互了解不同的语言等技术问题。因此，必须建立一套严格的统一标准和网络体系结构，对构成网络的各层次之间的关系及所要实现各层次的功能进行精确定义，具体包括体系结构和层次结构两个不可分离的部分。

大多数的计算机网络都采用层次结构，将一个计算机网络分为若干层次，处在高层次的系统仅是利用较低层次的系统提供的接口和功能，不需要了解低层实现该功能所采用的算法和协议；较低层次也仅是使用从高层系统传送来的参数，这就是层次间的无关性。因为有了这种无关性，层次间的每个模块可以用一个新的模块取代，只要新的模块与旧的模块具有相同的功能和接口，即使它们使用的算法和协议都不一样。

网络中的计算机之间要想正确的传送数据，必须在数据传输的顺序、数据的格式及内容等方面有一个共同遵守的规则、标准和约定，这就是所谓的网络协议。它是计算机彼此通信的基础，是计算机网络软硬件开发的依据，一般由网络标准化组织或厂商制定。网络协议通常由语义、语法和变换规则 3 个部分组成。语义是对协议元素的含义进行解释，不同类型的协议元素所规定的语义是不同的；语法是将若干个协议元素和数据组合在一起，来表达一个完整的内容所应遵循的格式，也就是对信息的数据结构做一种规定。变换规则用以通信双方之间的"应答关系"。由此可以看出，协议(Protocol)实质上是网络通信时所使用的一种语言。

2.1.1 OSI参考模型

国际标准化组织 ISO 于 1984 年公布了一个网络体系结构模型，这就是开放系统互联参考模型(Open System Interconnection)，如图 2-1 所示。OSI 模型将整个网络通信的功能划分为七个层次，由低到高分别是物理层(PH)、数据链路层(DL)、网络层(N)、传输层(T)、会话层(S)、表示层(P)、应用层(A)。每一层完成一定的功能，每层都直接为其上层提供服务，并且所有层次都互相支持。第四层到第七层主要负责互操作性，而一层到三层则用于创造两个网络设备间的物理连接。

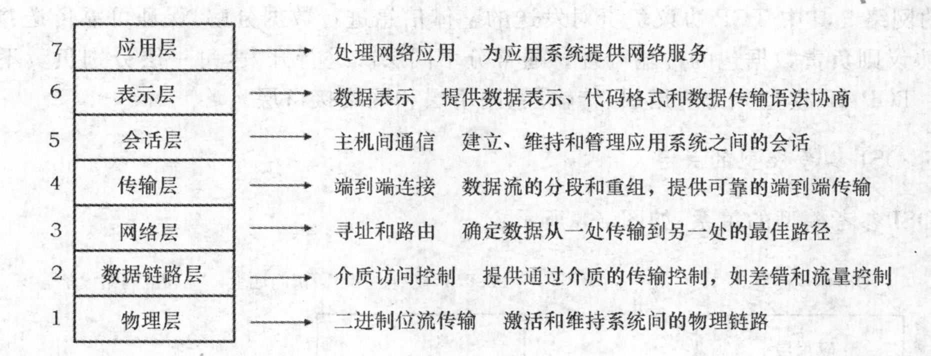

图 2-1　OSI 参考模型

在这个 OSI 七层模型中，每一层都要对数据进行不同的封装，如网络层封装为分组(包)，每一层的通信实体看到的是同一子系统中对等实体送来的包，如图 2-2 所示：

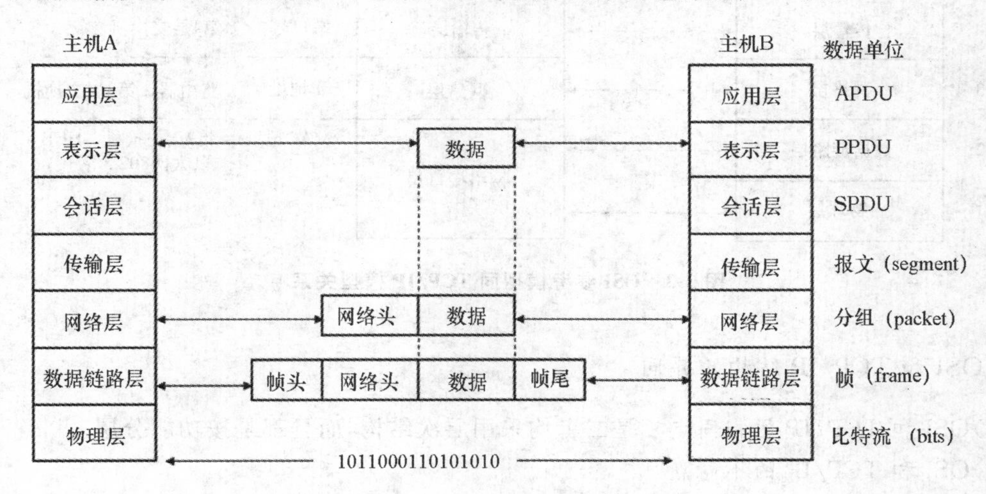

图 2-2　OSI 数据封装

在这个 OSI 七层模型中，每一层都为其上一层提供服务，并为其上一层提供一个访问接口或界面。不同主机之间的相同层次称为对等层。如主机 A 中的表示层和主机 B 中的表示层互为对等层、主机 A 中的会话层和主机 B 中的会话层互为对等层等。对等层之间互相通信需要遵守一定的规则，如通信的内容、通信的方式，我们将其称为协议(Protocol)。OSI 参考模型的提出是为了解决不同厂商、不同结构的网络产品之间互联时遇到的不兼容性问题。但是该模型的复杂性阻碍了其在计算机网络领域的实际应用。与此对照，下面我们将要学习的 TCP/IP 参考模型，获得了非常广泛的应用。实际上，也是目前因特网范围内运行的唯一一种协议。

2.1.2　TCP/IP 模型

1. TCP/IP 模型简述

从通信的角度来看，计算机网络是一个以 TCP/IP 为基础与核心，并依靠该协议实现互联

和通信的网络。其中TCP协议负责对发送的整体信息进行数据分解，保证可靠传送并按序组合。IP协议则负责数据包的传输寻址。通常分不同层次进行开发，每一层分别负责不同的通信功能。TCP/IP模型分为应用层、传输层、网络层和网络接口层。

2. 同OSI参考模型的关系

同OSI参考模型的关系，如图2-3所示：

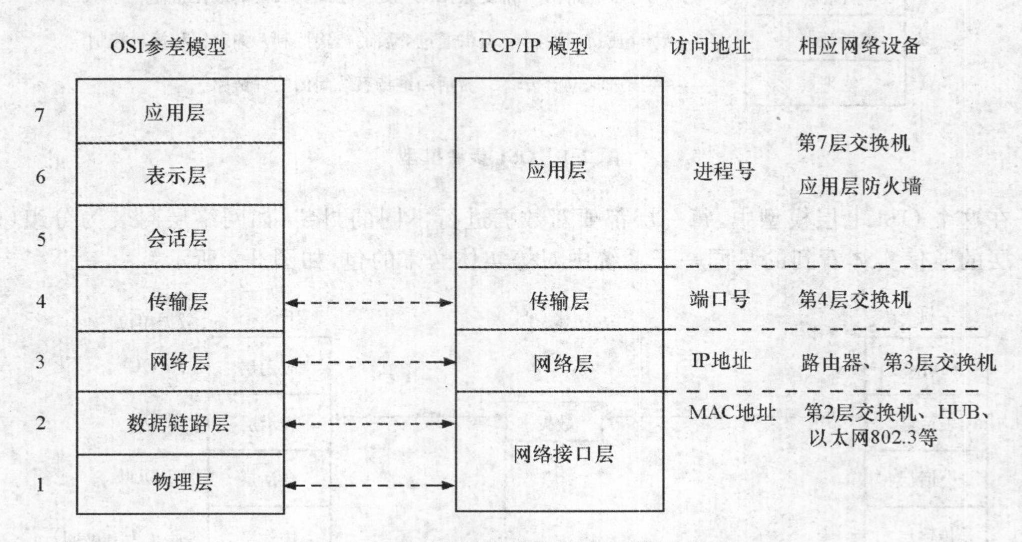

图2-3 OSI参考模型同TCP/IP模型关系

3. OSI和TCP/IP结构的异同

(1)OSI和TCP/IP的相同点　是二者均采用层次结构，而且都是按功能分层。

(2)OSI和TCP/IP的不同点

①OSI分七层，自下而上分为物理层、数据链路层、网络层、传输层、会话层、表示层和应用层，而TCP/IP分四层：网络接口层、网络层(IP)、传输层(TCP)和应用层。严格讲，TCP/IP网间网协议只包括下三层，应用程序不算TCP/IP的一部分。

②OSI层次间存在严格的调用关系，两个(N)层实体的通信必须通过下一层(N-1)层实体，不能越级，而TCP/IP可以越过紧邻的下一层直接使用更低层次所提供的服务(这种层次关系常被称为“等级”关系)，因而减少了一些不必要的开销，提高了协议的效率。

③OSI只考虑用一种标准的公用数据网将各种不同的系统互联在一起，后来认识到互联网协议的重要性，才在网络层划出一个子层来完成互联作用。而TCP/IP一开始就考虑到多种异构网的互联问题，并将互联网协议IP作为TCP/IP的重要组成部分。

④OSI开始偏重于面向连接的服务，后来才开始制定无连接的服务标准，而TCP/IP一开始就有面向连接和无连接服务，无连接服务的数据包对于互联网中的数据传送以及分组话音通信都是十分方便的。

⑤OSI与TCP/IP对可靠性的强调也不相同。对OSI的面向连接服务，数据链路层、网络层和传输层都要检测和处理错误，尤其在数据链路层采用校验、确认和超时重传等措施提供可

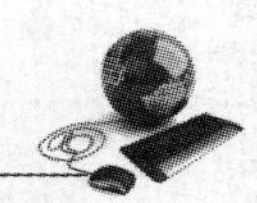

靠性,而且网络和传输层也有类似技术。而TCP/IP则不然,TCP/IP认为可靠性是端到端的问题,应由传输层来解决,因此它允许单个的链路或机器丢失数据或数据出错,网络本身不进行错误恢复,丢失或出错数据的恢复在源主机和目的主机之间进行,由传输层完成。由于可靠性由主机完成,增加了主机的负担。但是,当应用程序对可靠性要求不高时,甚至连主机也不必进行可靠性处理,在这种情况下,TCP/IP网的效率最高。

⑥在两个体系结构中智能的位置也不相同。OSI网络层提供面向连接的服务,将寻径、流控、顺序控制、内部确认、可靠性带有智能性的问题,都纳入网络服务,留给末端主机的事就不多了。相反,TCP/IP则要求主机参与几乎所有网络服务,所以对入网的主机要求很高。

⑦OSI开始没有考虑网络管理问题,到后来才考虑这个问题,而TCP/IP有较好的网络管理。

4. TCP/IP模型每一层负责的功能

(1)网络接口层　有时也称作数据链路层或链路层,通常包括操作系统中的设备驱动程序和计算机中对应的网络接口卡。它们一起处理与电缆(或其他任何传输媒介)的物理接口细节。

(2)网络层　有时也称作互联网层,处理分组在网络中的活动,例如对数据分组和最优路径选择。在TCP/IP协议族中,网络层协议包括IP协议(网际协议),ICMP协议(Internet互联网控制报文协议),以及IGMP等协议(Internet组管理协议)。

(3)传输层　主要为两台主机上的应用程序提供端到端的通信。在TCP/IP协议族中,有两个互不相同的传输协议:TCP(传输控制协议)和UDP(用户数据包协议)。TCP为两台主机提供高可靠性的数据通信。UDP则为应用层提供一种非常简单的服务。

(4)应用层　负责处理特定的应用程序细节。几乎各种不同的实现都会提供的应用程序如Telnet(远程登录)、FTP(文件传输协议)、SMTP(简单邮件传送协议)、SNMP(简单网络管理协议)等。

2.2　主要协议介绍

2.2.1　IPv4协议

1. IPv4协议简述

IPv4协议是互联网协议(internet protocol,IP)的第四版,也是第一个被广泛使用,构成现今互联网技术的基石的协议。

2. 地址格式

IPv4使用32位地址,因此最多可能有4,294,967,296(=2)个地址。一般的书写法为4个用小数点分开的十进制数。也有人把4个字节的数字化成一个巨型整数,但这种标示法并不常见。另一方面,目前还并非很流行的IPv6使用的128位地址所采用的地址记数法。

3. IP 包长

IP 包由首部(header)和实际的数据部分组成。数据部分一般用来传送其他的协议,如 TCP, UDP,ICMP 等。数据部分最长可为 65515 字节(Byte)(=2^{16}-1-最短首部长度 20 字节)。一般而言,低层(链路层)的特性会限制能支持的 IP 包长。例如,以太网(Ethernet)协议,有一个协议参数,即所谓的最大传输单元(maximum transfer unit,MTU),为 1518 字节,以太网的帧首部使用 18 字节,剩给整个 IP 包(首部+数据部分)的只有 1 500 字节。

还有一些底层网络只能支持更短的包长。这种情况下,IP 协议提供一个分割(fragment)的可选功能。长的 IP 包会被分割成许多短的 IP 包,每一个包中携带一个标志(fragmentid)。发送方(比如一个路由器)将长 IP 包分割,一个一个发送,接送方(如另一个路由器)按照相应的 IP 地址和分割标志将这些短 IP 包再组装还原成原来的长 IP 包。

4. IP 路由

Ipv4 并不区分作为网络终端的主机(host)和网络中的中间设备如路由器中间的差别。每台电脑可以即做主机又做路由器。路由器用来联结不同的网络。所有用路由器联系起来的这些网络的总和就是互联网。IPv4 技术即适用于局域网(LAN)也适用于广域网。一个 IP 包从发送方出发,到接送方收到,往往要穿过通过路由器连接的许许多多不同的网络。每个路由器都拥有如何传递 IP 包的知识,这些知识记录在路由表中。路由表中记录了到不同网络的路径,在这儿每个网络都被看成一个目标网络。路由表中记录由路由协议管理,可能是静态的记录比如由网络管理员写入的,也有可能是由路由协议动态的获取的。有的路由协议可以直接在 IP 协议上运行。

路由表如表 2-1 所示,其中的每一项主要都包含下面这些信息:

表 2-1 路由表

Destination/Mark	Proto	pre	Cost	Flags	Next Hop
123.100.0.0/19	Static	60	0	RD	202.203.131.125 GigabitEthernet3/0/19.100
124.42.0.0/17	Static	60	0	RD	202.203.131.125 GigabitEthernet3/0/19.100
124.68.0.0/14	Static	60	0	RD	202.203.131.125 GigabitEthernet3/0/19.100
124.250.0.0/15	Static	60	0	RD	202.203.131.125 GigabitEthernet3/0/19.100
125.216.0.0/13	Static	60	0	RD	202.203.131.125 GigabitEthernet3/0/19.100
127.0.0.0/8	Direct	60	0	D	127.0.0.1 InLoopBack0
127.0.0.1/32	Direct	60	0	D	127.0.0.1 InLoopBack0
127.255.255.255/32	Direct	60	0	D	127.0.0.1 InLoopBack0
162.105.0.0/16	Static	60	0	RD	202.203.131.125 GigabitEthernet3/0/19.100
162.111.0.0/16	Static	60	0	RD	202.203.131.125 GigabitEthernet3/0/19.100
172.16.110.0/29	Direct	60	0	D	172.16.110.1 GigabitEthernet3/1/0
172.16.110.1/32	Direct	60	0	D	127.0.0.1 GigabitEthernet3/1/0
172.16.110.7/32	Direct	60	0	D	172.0.0.1 GigabitEthernet3/1/0
172.16.110.8/29	Direct	60	0	D	172.16.110.9 GigabitEthernet4/0/0

(1)目的 IP 地址。它既可以是一个完整的主机地址,也可以是一个网络地址,由该表目中

的标志字段来指定。主机地址有一个非 0 的主机号，以指定某一特定的主机，而网络地址中的主机号为 0，以指定网络中的所有主机(如以太网，令牌环网)。

(2)下一站(或下一跳)路由器(next-hop router)的 IP 地址，或者有直接连接的网络 IP 地址。下一站路由器是指一个在直接相连网络上的路由器，通过它可以转发数据包。下一站路由器不是最终的目的，但是它可以把我们传送给它的数据包转发到最终目的。

(3)标志。其中一个标志指明目的 IP 地址是网络地址还是主机地址，另一个标志指明下一站路由器是否为真正的下一站路由器，还是一个直接相连的接口。

(4)数据报的传输指定一个网络接口。IP 路由选择是逐跳地(hop-by-hop)进行的。

从路由表信息可以看出，IP 并不知道到达任何目的的完整路径(当然，除了那些与主机直接相连的目的)。所有的 IP 路由选择只为数据包传输提供下一站路由器的 IP 地址。

常用的路由协议有：路由信息协议(routing information protocol，RIP)，开放式最短路径优先协议(open shortest path fast，OSPF)，中介系统对中介系统协议(intermediate system-intermediate system，IS-IS)，边界网关协议(border gateway protocol，BGP)等。

5. IP 数据包首部格式

普通的 IP 首部 13 个字段，长为 20 个字节(不含有选项字段)。IP 数据包由 IP 数据首部和数据构成，共 14 字段，如图 2-4 所示。

<table>
<tr><td>4位
版本</td><td>4位
长度</td><td>8位
服务类型 (TOS)</td><td colspan="2">16位
总长度</td><td rowspan="5">20字节160位</td></tr>
<tr><td colspan="3">16位
标识</td><td>3位
标志</td><td>13位
片偏移</td></tr>
<tr><td colspan="2">8位
生存时间 (TTL)</td><td>8位
协议</td><td colspan="2">16位
首部检验和</td></tr>
<tr><td colspan="5">32位
源IP地址</td></tr>
<tr><td colspan="5">32位
目的IP地址</td></tr>
<tr><td colspan="5">选项 (如果有)</td></tr>
<tr><td colspan="5">数据</td></tr>
</table>

图 2-4　IP 数据包格式及首部中的各字段

最高位在左边，记为 0bit；最低位在右边，记为 31bit。4 个字节的 32 bit 值以下面的次序传输：首先是 0～7 bit，其次 8～15 bit，然后 16～23 bit，最后是 24～31 bit。这种传输次序称作 big endian 字节序。由于首部中所有的二进制整数在网络中传输时都要求以这种次序，因此它又称作网络字节序。以其他形式存储二进制整数的机器，则必须在传输数据之前把首部转换成网络字节序。

目前的协议版本号是 4，因此 IP 有时也称作 IPv4。

首部长度指的是首部占 32 bit 字的数目，包括任何选项。由于它是一个 4 比特字段，因此首部最长为 60 个字节。普通 IP 数据包(没有任何选择项)字段的值是 5。

服务类型(TOS)字段包括一个 3 bit 的优先权字段,4 bit 的 TOS 子字段和 1 bit 未用位但必须置 0。3 bit 的 TOS 用 0~7 进行定义:0 表示常规、1 表示优先、2 表示立刻、3 表示急速、4 表示超急速、5 表示火急、6 表示互联网控制、7 表示网络控制;4 bit 的 TOS 分别代表:D 表示最小时延、表示 T 最大吞吐量、R 表示最高可靠性和 C 表示最小费用。4 bit 中只能置其中 1 bit。如果所有 4 bit 均为 0,那么就意味着是一般服务。

常用应用协议建议的 TOS 值,如表 2-2 所示。

表 2-2　常用应用协议建议 TOS 值

应用协议	建议 TOS 值
Telnet	D
FTP 控制信息	D
FTP 数据信息	T
SMTP 命令	D
SMTP 数据	T
DNS UDP 查询	D
DNS TCP 查询	0
DNS 区域传送	T
ICMP 错误信息	0

总长度字段是指整个 IP 数据包的长度,以字节为单位。利用首部长度字段和总长度字段,就可以知道 IP 数据包中数据内容的起始位置和长度。由于该字段长 16 比特,所以 IP 数据包最长可达 65535 字节。

尽管可以传送一个长达 65535 字节的 IP 数据包,但是大多数的链路层都会对它进行分片。而且,主机也要求不能接收超过 576 字节的数据包。由于 TCP 把用户数据分成若干片,因此一般来说这个限制不会影响 TCP。UDP 的应用(RIP,TFTP,BOOTP,DNS 以及 SNMP 等),它们都限制用户数据包长度为 512 字节,小于 576 字节。但是,事实上现在大多数的实现(特别是那些支持网络文件系统 NFS 的实现)允许超过 8192 字节的 IP 数据包。

总长度字段是 IP 首部中必要的内容,因为一些数据链路(如以太网)需要填充一些数据以达到最小长度。尽管以太网的最小帧长为 46 字节,但是 IP 数据可能会更短。如果没有总长度字段,那么 IP 层就不知道 46 字节中有多少是 IP 数据包的内容。

标识字段唯一地标识主机发送的每一份数据包。通常每发送一份报文它的值就会加 1。标识、标记、片偏移:对分组进行分片,以便允许网上不同 MTU 时能进行传送。

RFC 791 认为标识字段应该由让 IP 发送数据包的上层来选择。假设有两个连续的 IP 数据包,其中一个是由 TCP 生成的,而另一个是由 UDP 生成的,那么它们可能具有相同的标识字段。尽管这也可以照常工作(由重组算法来处理),但是在大多数从伯克利派生出来的系统中,每发送一个 IP 数据包,IP 层都要把一个内核变量的值加 1,不管交给 IP 的数据来自哪一层。内核变量的初始值根据系统引导时的时间来设置。

TTL(time-to-live)生存时间字段设置了数据包可以经过的最多路由器数。它指定了数据包的生存时间。TTL 的初始值由源主机设置,通常为 32 或 64,缺省值为 64,一旦经过一个处理它的路由器,它的值就减去 1。当该字段的值为 0 时,数据包就被丢弃,并发送 ICMP 报文

通知源主机。

协议字段表示如何被 IP 用来对数据包进行分用，可以识别是哪个协议向 IP 传送数据，TCP＝6，UDP＝17。

首部检验和字段是根据 IP 首部计算的检验和码。检查首部数据是否损坏，它不对首部后面的数据进行计算检验。ICMP、IGMP、UDP 和 TCP 在它们各自的首部中均含有同时覆盖首部与数据的检验和码。

为了计算一份数据包的 IP 检验和，首先把检验和字段置为 0 然后，对首部中每个 16 bit 进行二进制反码求和(整个首部看成是由一串 16bit 的字组成)，结果存在检验和字段中。当收到一份 IP 数据包后，同样对首部中每个 16bit 进行二进制反码的求和。由于接收方在计算过程中包含了发送方存在首部中的检验和，因此，如果首部在传输过程中没有发生任何差错，那么接收方计算的结果应该为全 1。如果结果不是全 1(即检验和错误)，那么 IP 就丢弃收到的数据包。但是不生成差错报文，由上层去发现丢失的数据包并进行重传。

ICMP、IGMP、UDP 和 TCP 都采用相同的检验和算法，尽管 TCP 和 UDP 除了本身的首部和数据外，在 IP 首部中还包含不同的字段。在 RFC 1071[Braden，Borman and Patridge 1988]中有关于如何计算 Internet 检验和的实现技术。由于路由器经常只修改 TTL 字段(减 1)，因此当路由器转发一份报文时可以增加它的检验和，而不需要对 IP 整个首部进行重新计算。

但是，标准的 BSD 实现在转发数据包时并不是采用这种增加的办法。

每一份 IP 数据包都包含源 IP 地址和目的 IP 地址。它们都是 32 bit 的值。

最后一个字段是任选项，是数据包中的一个可变长的可选信息。目前，这些任选项定义如下：

• 安全和处理限制(用于军事领域)。
• 记录路径(让每个路由器都记下它的 IP 地址)。
• 时间戳(让每个路由器都记下它的 IP 地址和时间)。
• 宽松的源站选路(为数据包指定一系列必须经过的 IP 地址)。
• 严格的源站选路(与宽松的源站选路类似，但是要求只能经过指定的这些地址，不能经过其他的地址)。

这些选项很少被使用，并非所有的主机和路由器都支持这些选项。

选项字段一直都是以 32 bit 作为界限，在必要的时候插入值为 0 的填充字节。这样就保证 IP 首部始终是 32 bit 的整数倍(这是首部长度字段所要求的)。

2.2.2　TCP 协议

1. TCP 协议简述

TCP(Transmission Control Protocol)协议即传输控制协议，Transmission Control Protocol 传输控制协议 TCP 是一种面向连接(连接导向)的、可靠的、基于字节流的传输层(Transport layer)通信协议。TCP 在 IP 报文的协议号是 6。在简化的计算机网络 OSI 模型中，它完成第四层传输层所指定的功能，UDP 是同一层内另一个重要的传输协议。

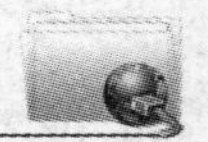

2. TCP 作用

在因特网协议族(Internet protocol suite)四层协议中,TCP 层是位于 IP 层之上,应用层之下的传输层。不同主机的应用层之间经常需要可靠的、像管道一样的连接,但是 IP 层不提供这样的流机制,而是提供不可靠的包交换。应用层向 TCP 层发送用于网间传输的、用 8 位字节表示的数据流,然后 TCP 把数据流分割成适当长度的报文段(通常受该计算机连接的网络的数据链路层的最大传送单元(MTU)的限制)。之后 TCP 把结果包传给 IP 层,由它来通过网络将包传送给接收端实体的 TCP 层。TCP 为了保证不发生丢包,就给每个字节一个序号,同时序号也保证了传送到接收端实体的包的按序接收。然后接收端实体对已成功收到的字节发回一个相应的确认(ACK);如果发送端实体在合理的往返时延(RTT)内未收到确认,那么对应的数据(假设丢失了)将会被重传。TCP 用一个校验和函数来检验数据是否有错误;在发送和接收时都要计算和校验。首先,TCP 建立连接之后,通信双方都同时可以进行数据的传输,其次,它是全双工的;在保证可靠性上,采用超时重传和捎带确认机制。在流量控制上,采用滑动窗口协议,协议中规定,对于窗口内未经确认的分组需要重传。在拥塞控制上,采用广受好评的 TCP 拥塞控制算法(也称 AIMD 算法),该算法主要包括三个主要部分:加性增、乘性减;慢启动;对超时事件做出反应。

3. TCP 数据格式及原理

TCP 数据被封装在一个 IP 数据包中,如图 2-5 所示。

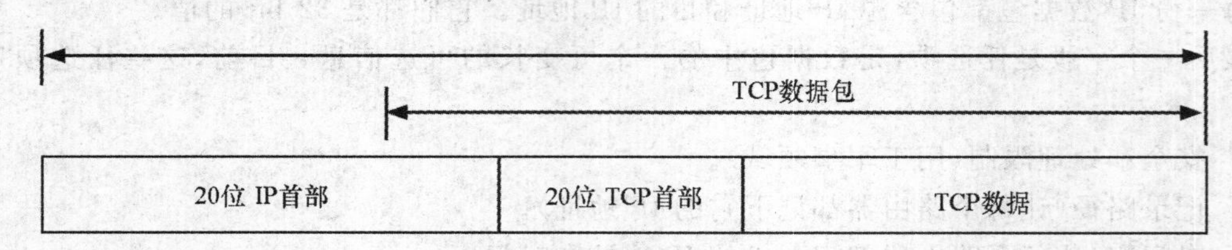

图 2-5 TCP 数据在 IP 数据包中的封装

图 2-6 显示 TCP 首部的数据格式。如果不计任选字段,它通常是 20 个字节。

<table>
<tr><td colspan="3">16位
源端口号</td><td>16位
目的端口号</td><td rowspan="5">20字节160位</td></tr>
<tr><td colspan="4">32位
序列号</td></tr>
<tr><td colspan="4">32位
确认序列号</td></tr>
<tr><td>4位
首部长度</td><td>6位
保留</td><td>6位
编码位</td><td>16位
窗口大小</td></tr>
<tr><td colspan="3">16位
校验名</td><td>16位
紧急指针</td></tr>
<tr><td colspan="4">选项</td></tr>
<tr><td colspan="4">数据</td></tr>
</table>

图 2-6 TCP 包首部数据格式

每个TCP段都包含源端和目的端的端口号，用于寻找发送端和接收端应用进程。这两个值加上IP首部中的源端IP地址和目的端IP地址唯一确定一个TCP连接。

有时，一个IP地址和一个端口号也称为一个插口(socket)。这个术语出现在最早的TCP规范(RFC 793)中，后来它也作为表示伯克利版的编程接口。插口对(socket pair)(包含客户IP地址、客户端口号、服务器IP地址和服务器端口号的四元组)可唯一确定互联网络中每个TCP连接的双方。

序号用来标识从TCP发端向TCP收端发送的数据字节流，它表示在这个报文段中的第一个数据字节。如果将字节流看作在两个应用程序间的单向流动，则TCP用序号对每个字节进行计数。序号是32 bit的无符号数，序号到达$2^{32}-1$后又从0开始。当建立一个新的连接时，SYN标志变1。序号字段包含由这个主机选择的该连接的初始序号ISN(initial sequence number)。该主机要发送数据的第一个字节序号为这个ISN加1，因为SYN标志消耗了一个序号。

既然每个传输的字节都被计数，确认序号包含发送确认的一端所期望收到的下一个序号。因此，确认序号应当是上次已成功收到数据字节序号加1。只有ACK标志(下面介绍)为1时确认序号字段才有效。

发送ACK无须任何代价，因为32 bit的确认序号字段和ACK标志一样，总是TCP首部的一部分。因此，我们看到一旦一个连接建立起来，这个字段总是被设置，ACK标志也总是被设置为1。

TCP为应用层提供全双工服务。这意味数据能在两个方向上独立地进行传输。因此，连接的每一端必须保持每个方向上的传输数据序号。

TCP可以表述为一个没有选择确认或否认的滑动窗口协议。我们说TCP缺少选择确认是因为TCP首部中的确认序号表示发方已成功收到字节，但还不包含确认序号所指的字节。当前还无法对数据流中选定的部分进行确认。例如，如果1～1 024字节已经成功收到，下一报文段中包含序号从2 049～3 072的字节，收端并不能确认这个新的报文段。它所能做的就是发回一个确认序号为1 025的ACK。它也无法对一个报文段进行否认。例如，如果收到包含1 025～2 048字节的报文段，但它的检验和错，TCP接收端所能做的就是发回一个确认序号为1 025的ACK。

首部长度给出首部中32 bit字的数目。需要这个值是因为任选字段的长度是可变的。这个字段占4 bit，因此TCP最多有60字节的首部。然而，没有任选字段，正常的长度是20字节。

在TCP首部中有6个标志比特为编码位。它们中的多个可同时被设置为1。我们在这儿简单介绍它们的用法：

URG：紧急指针(urgent pointer)有效；

ACK：确认序号有效；

PSH：接收方应该尽快将这个报文段交给应用层；

RST：重建连接；

SYN：同步序号用来发起一个连接；

FIN:发端完成发送任务。

TCP 的流量控制由连接的每一端通过声明的窗口大小来提供。窗口大小为字节数,起始于确认序号字段指明的值,这个值是接收端正期望接收的字节。窗口大小是一个 16 bit 字段,因而窗口大小最大为 655 35 字节。

检验和覆盖了整个的 TCP 报文段:TCP 首部和 TCP 数据。这是一个强制性的字段,一定是由发端计算和存储,并由收端进行验证。TCP 检验和的计算和 UDP 检验和的计算相似,使用一个伪首部。

只有当 URG 标志置 1 时紧急指针才有效。紧急指针是一个正的偏移量,和序号字段中的值相加表示紧急数据最后一个字节的序号。TCP 的紧急方式是发送端向另一端发送紧急数据的一种方式。

最常见的可选字段是最长报文大小,又称为 MSS(maximum segment size)。每个连接方通常都在通信的第一个报文段(为建立连接而设置 SYN 标志的那个段)中指明这个选项。它指明本端所能接收的最大长度的报文段。

4. TCP 连接

(1)连接建立　TCP 协议通过三个报文段完成连接的建立,这个过程称为三次握手(three-way handshake),以 telnet 为例,过程如图 2-7 所示,其中 SEQ 为序列号,ACK 为确认号,初始序列号 X、Y 的确定,不同的系统可能采用不同算法。

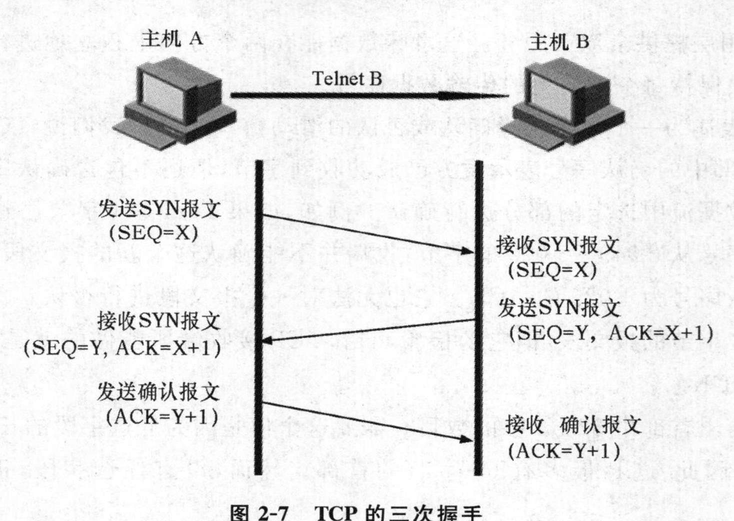

图 2-7　TCP 的三次握手

(2)连接终止　建立一个连接需要三次握手,而终止一个连接要经过四次握手,这是由 TCP 的半关闭(half-close)造成的。TCP 连接的拆除与建立过程略有不同,在于主机 B 接收到 FIN 报文后需通知上层应用程序,上层应用程序要花费一定时间才能给出响应,所以必须先发送确认报文以防对方等待超时后重发 FIN 报文。具体过程如图 2-8 所示。

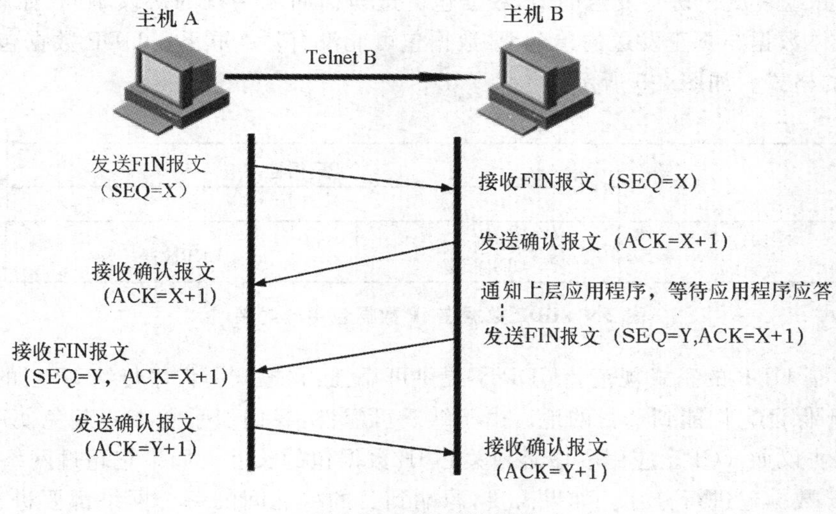

图 2-8　TCP 连接的终止

5. TCP 服务特点

面向连接的传输、端到端的通信、高可靠性，确保传输数据的正确性，不出现丢失或乱序、全双工方式传输、采用字节流方式，即以字节为单位传输字节序列、紧急数据传送功能。

6. TCP 端口号

TCP 段结构中端口地址都是 16 比特，可以有在 0～65 535 个范围内的端口号。对于这 65 536 个端口号有以下的使用规定：端口号小于 256 的定义为常用端口，服务器一般都是通过常用端口号来识别的。任何 TCP/IP 实现所提供的服务都用 1～1023 之间的端口号，是由 IANA 来管理的；客户端只需保证该端口号在本机上是唯一的就可以了。客户端口号因存在时间很短暂又称临时端口号；大多数 TCP/IP 实现给临时端口号分配 1 024～5 000 之间的端口号。大于 5 000 个的端口号是为其他服务器预留的。

2.2.3　UDP 协议

1. UDP 协议简述

UDP 是 User Datagram Protocol 的简称，中文名是用户数据包协议，是 TCP 中一种无连接的传输层协议，提供面向事务的简单不可靠信息传送服务。UDP 在 IP 报文的协议号是 17。

在网络质量令人十分不满意的环境下，UDP 协议数据包丢失会比较严重。但是由于 UDP 的特性：它不属于连接型协议，因而具有资源消耗小，处理速度快的优点，所以通常音频、视频和普通数据在传送时使用 UDP 较多，因为它们即使偶尔丢失一两个数据包，也不会对接收结果产生太大影响。

2. UDP 数据格式及原理

UDP 是一个简单的面向数据包的传输层协议：进程的每个输出操作都正好产生一个

UDP 数据包，并组装成一份待发送的 IP 数据包。这与面向流字符的协议不同，如 TCP，应用程序产生的全体数据与真正发送的单个 IP 数据包可能没有什么联系。UDP 数据包封装成一份 IP 数据包的格式。如图 2-9 所示。

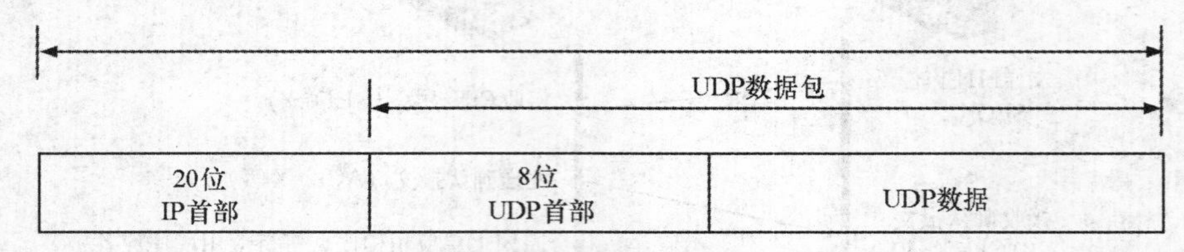

图 2-9　UDP 数据在 IP 数据包中的封装

RFC 768 是 UDP 的正式规范。UDP 不提供可靠性：它把应用程序传给 IP 层的数据发送出去，但是并不保证它们能到达目的地。由于缺乏可靠性，我们似乎觉得要避免使用 UDP 而使用一种可靠协议如 TCP。应用程序必须关心 IP 数据包的长度。如果它超过网络的 MTU，那么就要对 IP 数据包进行分片。如果需要，源端到目的端之间的每个网络都要进行分片，并不只是发送端主机连接第一个网络才这样做。

UDP 首部的各字段如图 2-10 所示。

16位 源端口号	16位 目的端口号	8字节
16位 UDP长度	16位 检验和	
数据（如果有）		

图 2-10　UDP 首部数据格式

端口号表示发送进程和接收进程。由于 IP 层已经把 IP 数据包分配给 TCP 或 UDP（根据 IP 首部中协议字段值），因此 TCP 端口号由 TCP 来查看，而 UDP 端口号由 UDP 来查看。TCP 端口号与 UDP 端口号是相互独立的。尽管相互独立，如果 TCP 和 UDP 同时提供某种知名服务，两个协议通常选择相同的端口号。这纯粹是为了使用方便，而不是协议本身的要求。

UDP 长度字段指的是 UDP 首部和 UDP 数据的字节长度。该字段的最小值为 8 字节（发送一份 0 字节的 UDP 数据包是 OK）。这个 UDP 长度是有冗余的。IP 数据包长度指的是数据包全长，因此 UDP 数据包长度是全长减去 IP 首部的长度。

UDP 检验和覆盖 UDP 首部和 UDP 数据。回想 IP 首部的检验和，它只覆盖 IP 的首部-并不覆盖 IP 数据包中的任何数据。UDP 和 TCP 在首部中都有覆盖它们首部和数据的检验和。UDP 的检验和是可选的，而 TCP 的检验和是必需的。

3. TCP 协议和 UDP 协议的区别

①TCP 协议面向连接，UDP 协议面向非连接。

②TCP 协议传输速度慢，UDP 协议传输速度快。

③TCP 协议保证数据顺序，UDP 协议不保证。

④TCP 协议保证数据正确性,UDP 协议可能丢包。

⑤TCP 协议对系统资源要求多,UDP 协议要求少。

4. 常用默认端口号

常用默认端口号如表 2-3 所示。

表 2-3　常用默认端口号

类别	端口号	服务描述	类别	端口号	服务描述
TCP	13	时间服务	TCP	80	WWW 服务
TCP	20	ftp 数据	TCP	109	pop2 邮件
TCP	21	文件传输	TCP	110	pop3 邮件
TCP	22	SSH 端口	TCP	139	文件共享
TCP	23	远程终端	TCP	143	IMAP4 邮件
TCP	25	SMTP 发送邮件	TCP	443	HTTPS 安全 WEB 访问
TCP	42	WINS 主机名服务	TCP	1433	SQL SERVER
TCP	43	WhoIs 服务	TCP	3389	微软服务器远程桌面
UDP	53	DNS 域名解析	UDP	135	本地服务
UDP	67	DHCP 动态 IP 服务	UDP	137	NETBIOS 名称
UDP	68	DHCP 动态 IP 客户端	UDP	138	NETBIOS DGM 服务
UDP	69	TFTP 服务	UDP	139	文件共享

2.2.4　ICMP 协议

1. ICMP 协议简述

ICMP 是(internet control message protocol)Internet 控制报文协议。它是 TCP/IP 协议族的一个子协议,用于在 IP 主机、路由器之间传递控制消息。控制消息是指网络通不通、主机是否可达、路由是否可用等网络本身的消息。这些控制消息虽然并不传输用户数据,但是对于用户数据的传递起着重要的作用。

ICMP 是一种面向无连接的协议,ICMP 经常被认为是 IP 层的一个组成部分。它传递差错报文以及其他需要注意的信息。ICMP 报文通常被 IP 层或更高层协议(TCP 或 UDP)使用。一些 ICMP 报文把差错报文返回给用户进程。

从技术角度来说,ICMP 就是一个“错误侦测与回报机制”,其目的就是让我们能够检测网路的连线状况,也能确保连线的准确性,其功能主要有侦测远端主机是否存在、建立及维护路由资料、重导资料传送路径、资料流量控制。

2. ICMP 报文数据格式

ICMP 报文是在 IP 数据包内部被传输的,如图 2-11 所示。

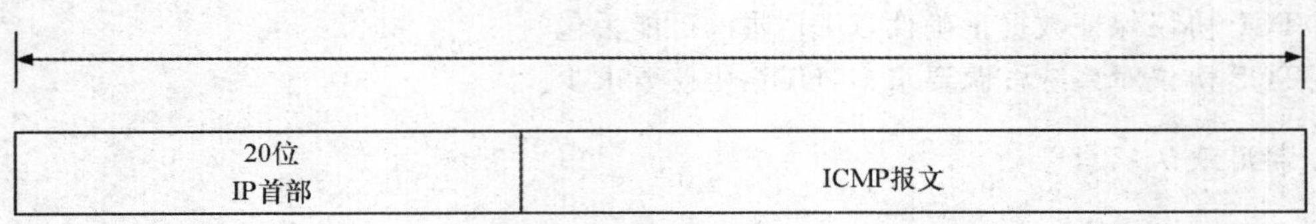

图 2-11 ICMP 报文在 IP 数据包示意图

ICMP 报文的格式如图 2-12 所示。所有报文的，前 32bits 都是三个长度固定的字段：type 类型字段(8 位)、code 代码字段(8 位)、checksum 校验和字段(16 位)，但是剩下的其他字节则互不相同。

8位 类型	8位 代码	16位 检验和
16位 标识符		16位 序列号
选项（如果有）		

图 2-12 ICMP 报文格式

8bits 类型和 8bits 代码字段一起决定了 ICMP 报文的类型。ICMP 报文的类型，各种类型的 ICMP 报文如表 2-4 所示，不同类型由报文中的类型字段和代码字段来共同决定。

表 2-4 各种类型 ICMP 报文

类型	代码	描述	查询	差错
0	0	回显应答	*	
3		目的不可达		
	0	网络不可达		*
	1	主机不可达		*
	2	协议不可达		*
	3	端口不可达		*
	4	需要进行分片但设置了不分片比特		*
	5	源站选路失败		*
	6	目的网络不认识		*
	7	目的主机不认识		*
	8	源主机被隔离(作废不用)		*
	9	目的网络被强制禁止		*
	10	目的主机被强制禁止		*
	11	由于服务类型 TOS,网络不可达		*
	12	由于服务类型 TOS,主机不可达		*
	13	由于过滤,通信被强制禁止		*
	14	主机越权		*
	15	优先权中止生效		*
4	0	源端被关闭		*
5		重定向		*
	0	对网络重定向		*
	1	对主机重定向		*
	2	对服务类型和网络重定向		*
	3	对服务类型和主机重定向		

续表 2-4

类型	代码	描述	查询	差错
8	0	请求回复	*	
9	0	路由器通行	*	
10	0	路由器请求	*	
11		超时		
	0	传输期间生存时间为 0		
	1	在数据报组装期间生存时间为 0		
12		参数问题:		
	0	坏的 IP 首部(包括各种差错)		*
	1	缺少必需的选项		*
13	0	时间戳请求	*	
14	0	时间戳应答	*	
15	0	信息请求(作废不用)	*	
16	0	信息应答(作废不用)	*	
17	0	地址掩码请求	*	
18	0	地址掩码应答	*	

表 2-4 中的最后两列表明 ICMP 报文是一份查询报文还是一份差错报文。因为对 ICMP 差错报文有时需要作特殊处理,因此我们需要对它们进行区分。例如,在对 ICMP 差错报文进行响应时,永远不会生成另一份 ICMP 差错报文(如果没有这个限制规则,可能会遇到一个差错产生另一个差错的情况,而差错再产生差错,这样会无休止地循环下去)。

3. ICMP 定义的主要消息类型

主要消息类型包括:目的端无法到达(destination unreachable)、数据分组超时(time exceeded)、数据分组参数错(parameter problem)、源抑制(source quench)、重定向(redirect)、回声请求(echo)、回声应答(echo reply)、时间戳请求(timestamp)、时间戳应答(timestamp reply)、信息请求(information request)、信息应答(information reply)、地址请求(address request)、地址应答(address reply)等。

2.2.5 ARP 协议

1. ARP 协议简述

ARP 协议即地址解析协议,是根据 IP 地址获取物理地址的一个 TCP/IP 协议,地址解析协议是 IPv4 中必不可少的协议。其功能是:主机将 ARP 请求广播到网络上的所有主机,并接收返回消息,确定目标 IP 地址的物理地址,同时将 IP 地址和硬件地址存入本机 ARP 缓存中,下次请求时直接查询 ARP 缓存。地址解析协议是建立在网络中各个主机互相信任的基础上的,网络上的主机可以自主发送 ARP 应答消息,并且当其他主机收到应答报文时不会检测该报文的真实性就将其记录在本地的 ARP 缓存中。

OSI 模型把网络工作分为七层,彼此不直接打交道,IP 地址在 OSI 模型的第三层,MAC 地址在第二层。在通过以太网发送 IP 数据包时,需要先封装第三层(32 位 IP 地址)、第二层(48 位 MAC 地址)的报头,但由于发送时只知道目标 IP 地址,不知道其 MAC 地址,又不能跨第二、三层,所以需要使用地址解析协议。使用地址解析协议,可根据网络层 IP 数据包包头中的 IP 地址信息解析出目标硬件地址(MAC 地址)信息，以保证通信的顺利进行。

2. ARP 协议工作过程

ARP 协议工作过程如图 2-13 所示。

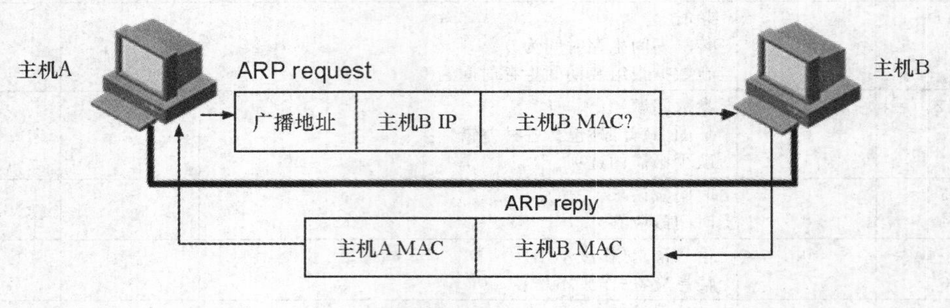

图 2-13　ARP 工作过程

3. ARP 工作原理

主机 A 的 IP 地址为 192.168.1.1，MAC 地址为 0A-11-22-33-44-01；

主机 B 的 IP 地址为 192.168.1.2，MAC 地址为 0A-11-22-33-44-02；

当主机 A 要与主机 B 通信时，地址解析协议可以将主机 B 的 IP 地址(192.168.1.2)解析成主机 B 的 MAC 地址，以下为工作流程：

第 1 步：根据主机 A 上的路由表内容，IP 确定用于访问主机 B 的转发 IP 地址是 192.168.1.2。然后 A 主机在自己的本地 ARP 缓存中检查主机 B 的匹配 MAC 地址。

第 2 步：如果主机 A 在 ARP 缓存中没有找到映射，它将询问 192.168.1.2 的硬件地址，从而将 ARP 请求帧广播到本地网络上的所有主机。源主机 A 的 IP 地址和 MAC 地址都包括在 ARP 请求中。本地网络上的每台主机都接收到 ARP 请求并且检查是否与自己的 IP 地址匹配。如果主机发现请求的 IP 地址与自己的 IP 地址不匹配，它将丢弃 ARP 请求。

第 3 步：主机 B 确定 ARP 请求中的 IP 地址与自己的 IP 地址匹配，则将主机 A 的 IP 地址和 MAC 地址映射添加到本地 ARP 缓存中。

第 4 步：主机 B 将包含其 MAC 地址的 ARP 回复消息直接发送回主机 A。

第 5 步：当主机 A 收到从主机 B 发来的 ARP 回复消息时，会用主机 B 的 IP 和 MAC 地址映射更新 ARP 缓存。本机缓存是有生存期的，生存期结束后，将再次重复上面的过程。主机 B 的 MAC 地址一旦确定，主机 A 就能向主机 B 发送 IP 通信了。

4. RARP 协议

地址解析协议是根据 IP 地址获取物理地址的协议，而 RARP(反向地址转换协议)是局域网的物理机器从网关服务器的 ARP 表或者缓存上根据 MAC 地址请求 IP 地址的协议，其功能与地址解析协议相反。与 ARP 相比，RARP 的工作流程也相反。首先是查询主机向网络送出一个 RARP Request 广播封包，向别的主机查询自己的 IP 地址。这时候网络上的 RARP 服务器就会将发送端的 IP 地址用 RARP Reply 封包回应给查询者，这样查询主机就获得自己的 IP 地址了。一般仅适用于无盘工作站在启动时获取自身 IP 地址。

5. 代理 ARP

地址解析协议工作在一个网段中，而代理 ARP(Proxy ARP，也被称作混杂 ARP(Promiscuous ARP))工作在不同的网段间，其一般被像路由器这样的设备使用，用来代替处于另一个网段的主机回答本网段主机的 ARP 请求。

例如，如图 2-14 所示，主机 A(192.168.20.66/24)需要向主机 B(192.168.20.20/24)发送报文，因为主机 A 不知道子网的存在且和目标主机 B 在同一主网络网段，所以主机 A 将发送 ARP 协议请求广播报文请求 192.168.20.20 的 MAC 地址。这时，路由器将识别出报文的目标地址属于另一个子网(注意，路由器的接口 IP 地址配置的是 28 位的掩码)，因此向请求主机回复自己的硬件地址(0004.dd9e.cca0)。之后，主机 A 将发往主机 B 的数据包都发往 MAC 地址 0004.dd9e.cca0(路由器的接口 E0/0)，由路由器将数据包转发到目标主机 B。接下来路由器将为主机 B 做同样的代理发送数据包的工作。代理 ARP 协议使得子网化网络拓扑对于主机来说时透明的，或者可以说是路由器以一个不真实的主机 B 的 MAC 地址即自己接口的 MC 地址欺骗了源主机 A。数据包在跨网传递过程中，数据包中源、目 IP 地址始终不变，而源、目 MAC 地址逐段变。

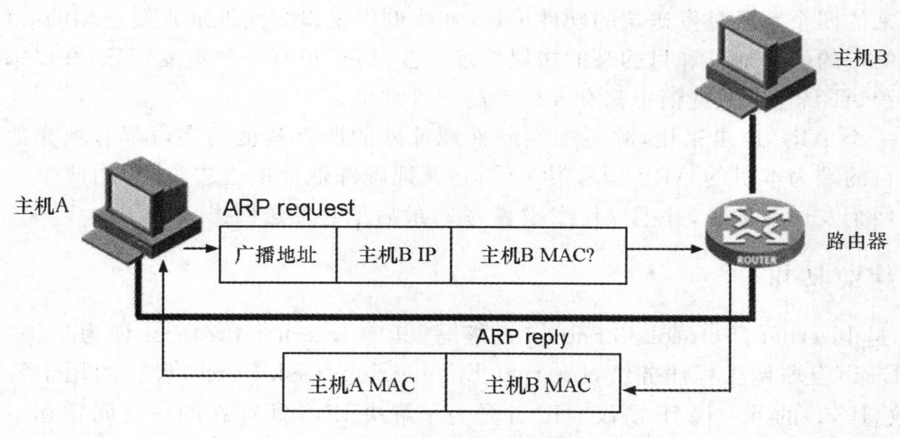

图 2-14　代理 ARP 工作过程

6. ARP 的分组格式

在以太网上解析 IP 地址时，ARP 请求和应答分组的格式如图 2-15 所示(ARP 可以用于其他类型的网络，可以解析 IP 地址以外的地址。紧跟着帧类型字段的前四个字段指定了最后四个字段的类型和长度)。

Ethernet 首部			ARP 数据部分							
6 字节	6 字节	2 字节	2 字节	2 字节	2 字节	2 字节	4 字节	6 字节	4 字节	6 字节
目标 MAC 地址	源地 MAC 地址	帧类型	硬件类型	网络协议类型	MAC/IP 地址长度，恒为 0×06/04	ARP 包类型	ARP 源 IP 地址	ARP 源 MAC 地址	AR 目的地 IP 地址	ARP 目的地 MAC 地址

图 2-15　以太网的 ARP 分组格式

以太网报头中的前两个字段是以太网的源地址和目的地址。目的地址为全 1 的特殊地址是广播地址。电缆上的所有以太网接口都要接收广播的数据帧。

两个字节长的以太网帧类型表示后面数据的类型。对于 ARP 请求或应答来说,该字段的值为 0x0806。

硬件类型和网络协议类型用来描述 ARP 分组中的各个字段。例如,一个 ARP 请求分组询问协议地址(这里是 IP 地址)对应的硬件地址(这里是以太网地址)。

硬件类型字段表示硬件地址的类型。它的值为 1 即表示以太网地址。协议类型字段表示要映射的协议地址类型。它的值为 0x0800 即表示 IP 地址。它的值与包含 IP 数据包的以太网数据帧中的类型字段的值相同,这是有意设计的。

接下来的两个 1 字节的字段,硬件地址长度和协议地址长度分别指出硬件地址和协议地址的长度,以字节为单位。对于以太网上 IP 地址的 ARP 请求或应答来说,它们的值分别为 6 和 4。

操作字段指出四种操作类型,它们是 ARP 请求(值为 1)、ARP 应答(值为 2)、RARP 请求(值为 3)和 R ARP 应答(值为 4)。这个字段必需的,因为 ARP 请求和 ARP 应答的帧类型字段值是相同的。

接下来的四个字段是发送端的硬件地址(在本例中是以太网地址)、发送端的协议地址(IP 地址)、目的端的硬件地址和目的端的协议地址。注意,这里有一些重复信息:在以太网的数据帧报头中和 ARP 请求数据帧中都有发送端的硬件地址。

对于一个 ARP 请求来说,除目的端硬件地址外的所有其他的字段都有填充值。当系统收到一份目的端为本机的 ARP 请求报文后,它就把硬件地址填进去,然后用两个目的端地址分别替换两个发送端地址,并把操作字段置为 2,最后把它发送回去。

2.2.6 IPv6 协议

IPv6 是 Internet Protocol Version 6 的缩写,其中 Internet Protocol 译为“互联网协议”。IPv6 是 IETF(互联网工程任务组,Internet Engineering Task Force)设计的用于替代现行版本 IP 协议(IPv4)的下一代 IP 协议。IPv6 是为了解决 IPv4 所存在的一些问题和不足而提出的,同时它还在许多方面提出了改进,例如路由方面、自动配置方面。经过一个较长的 IPv4 和 IPv6 共存的时期,IPv6 最终会完全取代 IPv4 在互联网上占据统治地位。

IPv6 将现有的 IP 地址长度扩大 4 倍,由当前 IPv4 的 32 位扩充到 128 位,以支持大规模数量的网络节点。这样 IPv6 的地址总数就大约有 3.4×10^{38} 个。平均到地球表面上来说,每平方米将获得 6.5×10^{23} 个地址。对比 IPv4,IPv6 有较多的优点:如有更大的地址空间;简化的报头和灵活的扩展;层次化的地址结构;即插即用的联网方式;网络层的认证与加密;服务质量的满足;对移动通信更好的支持等。

2.3 IP 地址

2.3.1 地址概述

地址是网络设备和主机的标识,网络中的主要有两种寻址方法,分别是 MAC 地址和 IP

地址，两种寻址方法既有联系又有区别。

(1)MAC地址特点　它是设备的物理地址，位于OSI参考模型的第2层，全网唯一标识，无级地址结构(一维地址空间)，固化在硬件中，寻址能力仅限在一个物理子网中。

(2)IP地址特点　是设备的逻辑地址，位于OSI参考模型的第3层，全网唯一标识，分级地址结构(多维地址空间)，由软件设定，具有很大的灵活性，可在全网范围内寻址。

2.3.2　IPv4地址结构、分类

IPv4使用32位地址，因此最多可能有4 294 967 296($=2^{32}$)个地址。每个字节以十进制数表示，一般的书写法为4个用小数点分开的十进制数，如202.112.2.36，如图2-16所示。

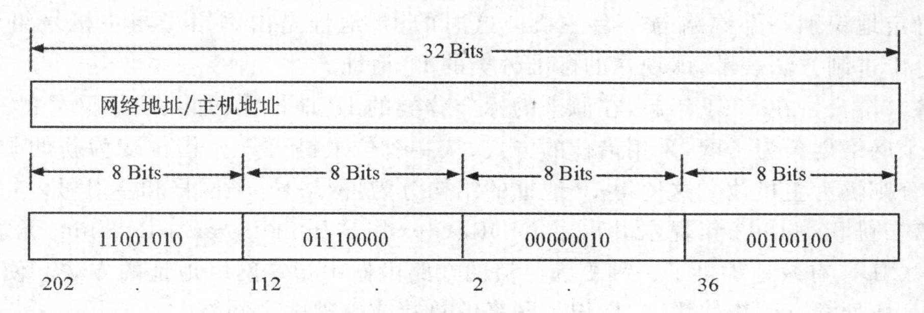

图2-16　IPv4地址格式

过去IANA将IP地址分为A,B,C,D 、E 4类，把32位的地址分为两个部分：前面的部分代表网络地址，由IANA分配，后面部分代表局域网地址，如图2-17所示。其中，A类地址网络地址为十进制的0开头的，B类地址网络地址为十进制的10开头的，C类地址网络地址为十进制的110开头的，D类地址网络地址为十进制的1110开头的，E类地址网络地址为十进制的11110开头的。

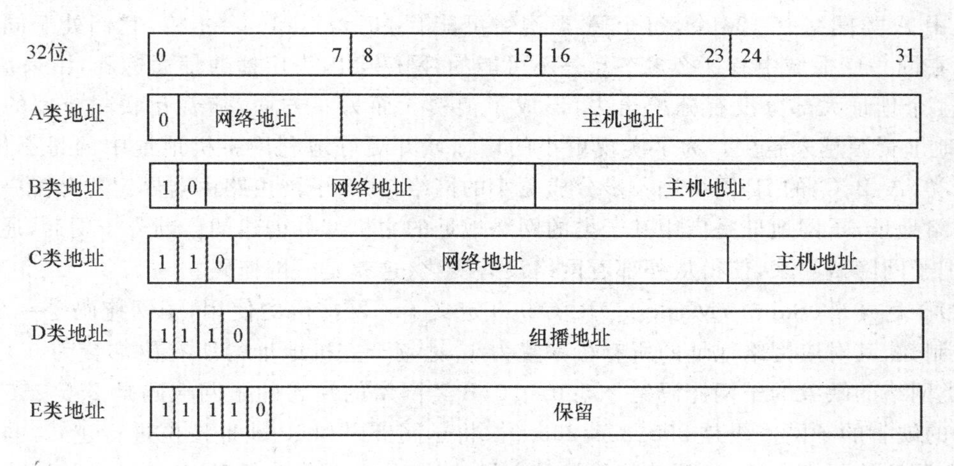

图2-17　IPv4地址分类示意图

如在C类网络中，前24位为网络地址，后8位为局域网地址，可提供254个设备地址(因为有两个地址不能为网络设备使用：255为广播地址，0代表此网络本身)。网络掩码(Net mask)限制了网络的范围，1代表网络部分，0代表设备地址部分，例如C类地址常用的网络

掩码为 255.255.255.0。

一些特别的 IP 地址段：127.x.x.x 给本机地址使用；224.x.x.x 为多播地址段；255.255.255.255 为通用的广播地址；10.x.x.x，172.16.x.x 和 192.168.x.x 供本地网使用，这些网络连到互联网上需要对这些本地网地址进行转换（NAT）。

2.3.3 IPv4 地址规划

1. IP 地址划分的阶段

（1）第一阶段　1981 年，IPv4 协议制定初期，IP 地址设计的目的是希望每个 IP 地址都能唯一地、确定地识别一个网络与一台主机。这时的 IP 地址是由网络号与主机号组成，长 32 位，用点分十进制方法表示，即现在的标准分类的 IP 地址。

（2）第二阶段　在 1991 年起，在原来的标准分类的 IP 地址上，加入了子网号的三级址结构。将一个网络划分为子网，采用借位的方式，从主机位最高位开始借位变为新的子网位，所剩余的部分则仍为主机位。这使得 IP 地址的结构分为：网络号、子网号和主机号。

（3）第三阶段　1993 年提出其出了 CIDR（Classless Inter Domain Routing，无类域间路由）技术。CIDR 有效地提供了一种更为灵活的在路由器中指定网络地址的方法。使用 CIDR 时，每个 IP 地址都有网络前缀，它标识了网络的总数或单独一个网络。

（4）第四阶段　1996 年提出了 NAT（Network Address Translation，网络地址转换）技术，允许一个整体机构以一个公用 IP 地址形式出现在 Internet 上。即是一种把内部私有 IP 地址翻译成合法网络 IP 地址的技术。

2. 子网划分

（1）子网划分定义　Internet 组织机构定义了五种 IP 地址，用于主机的有 A、B、C 三类地址。其中 A 类网络有 126 个，每个 A 类网络可能有 16,777,214 台主机，它们处于同一广播域。而在同一广播域中有这么多节点是不可能的，网络会因为广播通信而饱和，结果造成 16,777,214 个地址大部分没有分配出去，形成了浪费。而另一方面，随着互联网应用的不断扩大，IP 地址资源越来越少。为了实现更小的广播域并更好地利用主机地址中的每一位，可以把基于类（A、B、C）的 IP 网络进一步分成更小的网络，每个子网由路由器界定并分配一个新的子网网络地址，子网地址是借用基于类的网络地址的主机部分创建的。划分子网后，通过使用掩码，把子网隐藏起来，使得从外部看网络没有变化，这就是子网掩码。

（2）子网掩码（Subnet Masks）　RFC 950 定义了子网掩码的使用，子网掩码是一个 32 位的二进制数，其对应网络地址的所有位都置为 1，对应于主机地址的所有位都置为 0。由此可知，A 类网络的缺省的子网掩码是 255.0.0.0，B 类网络的缺省的子网掩码是 255.255.0.0，C 类网络的缺省的子网掩码是 255.255.255.0。将子网掩码和 IP 地址按位进行逻辑"与"运算，得到 IP 地址的网络地址，剩下的部分就是主机地址，从而区分出任意 IP 地址中的网络地址和主机地址。子网掩码常用点分十进制表示，我们还可以用网络前缀法表示子网掩码，即"/＜网络地址位数＞"。如 138.96.0.0/16 表示 B 类网络 138.96.0.0 的子网掩码为 255.255.0.0。

子网掩码告知路由器，地址的哪一部分是网络地址，哪一部分是主机地址，使路由器正确判断任意 IP 地址是否是本网段的，从而正确地进行路由。

案例 1：

有两台主机，主机一的 IP 地址为 222.21.160.6，子网掩码为 255.255.255.192，主机二的 IP 地址为 222.21.160.73，子网掩码为 255.255.255.192。现在主机一要给主机二发送数据，先要判断两个主机是否在同一网段。

主机一

222.21.160.6 即：11011110.00010101.10100000.00000110

255.255.255.192 即：11111111.11111111.11111111.11000000

按位逻辑与运算结果为：11011110.00010101.10100000.00000000

主机二

222.21.160.73 即：11011110.00010101.10100000.01001001

255.255.255.192 即：11111111.11111111.11111111.11000000

按位逻辑与运算结果为：11011110.00010101.10100000.01000000

两个结果不同，也就是说，两台主机不在同一网络，数据需先发送给默认网关，然后再发送给主机二所在网络。那么，假如主机二的子网掩码误设为 255.255.255.128，会发生什么情况呢？

让我们将主机二的 IP 地址与错误的子网掩码相“与”：

222.21.160.73 即：11011110.00010101.10100000.01001001

255.255.255.128 即：11111111.11111111.11111111.10000000

结果为 11011110.00010101.10100000.00000000

这个结果与主机的网络地址相同，主机与主机二将被认为处于同一网络中，数据不再发送给默认网关，而是直接在本网内传送。由于两台主机实际并不在同一网络中，数据包将在本子网内循环，直到超时并抛弃。数据不能正确到达目的机，导致网络传输错误。

反过来，如果两台主机的子网掩码原来都是 255.255.255.128，误将主机二的设为 255.255.255.192，主机一向主机二发送数据时，由于 IP 地址与错误的子网掩码相与，误认两台主机处于不同网络，则会将本来属于同一子网内的机器之间的通信当作是跨网传输，数据包都交给缺省网关处理，这样势必增加缺省网关的负担，造成网络效率下降。所以，子网掩码不能任意设置，子网掩码的设置关系到子网的划分。

(3)三维地址结构　原有地址结构是二维的(网络地址，主机地址)，增加地址空间的维数可提高地址分配中的灵活性和可用性；三维结构为网络地址，子网地址，主机地址。如，在一个 C 类地址中仅主机地址可由网管人员自主分配，向主机地址段借位组成子网地址，以形成三维地址结构，如图 2-18 所示。

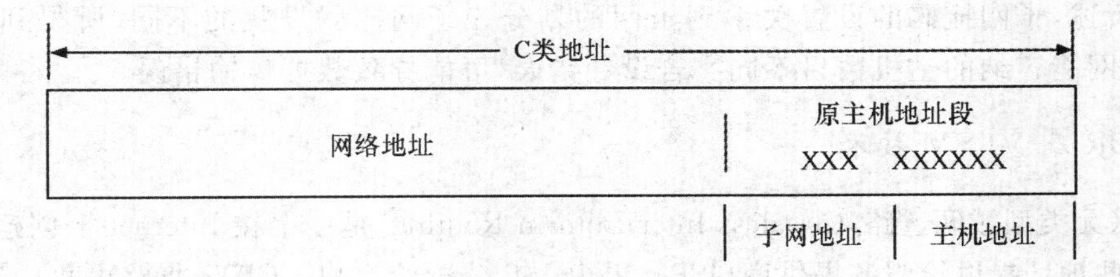

图 2-18　三维地址结构

(4)子网划分与掩码的设置　子网划分是通过借用IP地址的若干位主机位来充当子网地址从而将原网络划分为若干子网而实现的。划分子网时，随着子网地址借用主机位数的增多，子网的数目随之增加，而每个子网中的可用主机数逐渐减少。以C类网络为例，原有8位主机位，2^8 即256个主机地址，默认子网掩码255.255.255.0。借用1位主机位，产生 2^1 个子网，每个子网有 2^7 个主机地址；借用2位主机位，产生 2^2 个子网，每个子网有 2^6 个主机地址……根据子网ID借用的主机位数，我们可以计算出划分的子网数、掩码、每个子网主机数。

(5)子网划分步骤

①确定要划分的子网数。

②求出子网数目对应二进制数的位数N及主机数目对应二进制数的位数M。

③对该IP地址的原子网掩码，将其主机地址部分的前N位置取1或后M位置取0即得出该IP地址划分子网后的子网掩码。

案例2：

对B类网络135.41.0.0/16需要划分为20个能容纳200台主机的网络(即：子网)。因为16<20<32，即：$2^4<20<2^5$，所以，子网位只需占用5位主机位就可划分成32个子网，可以满足划分成20个子网的要求。B类网络的默认子网掩码是255.255.0.0，转换为二进制为11111111.11111111.00000000.00000000。现在子网又占用了5位主机位，根据子网掩码的定义，划分子网后的子网掩码应该为11111111.11111111.11111000.00000000，转换为十进制应该为255.255.248.0。现在我们再来看一看每个子网的主机数。子网中可用主机位还有11位，$2^{11}=2048$，去掉主机位全0和全1的情况，还有2046个主机ID可以分配，而子网能容纳200台主机就能满足需求，按照上述方式划分子网，每个子网能容纳的主机数目远大于需求的主机数目，造成了IP地址资源的浪费。为了更有效地利用资源，我们也可以根据子网所需主机数来划分子网。还以上例来说，128<200<256，即 $2^7<200<2^8$，也就是说，在B类网络的16位主机位中，保留8位主机位，其他的16－8＝8位当成子网位，可以将B类网络138.96.0.0划分成256(2^8)个能容纳256－1－1＝254台(去掉全0全1情况)主机的子网。此时的子网掩码为11111111.11111111.11111111.00000000，转换为十进制为255.255.255.0。

在划分子网时，不仅要考虑目前需要，还应了解将来需要多少子网和主机。对子网掩码使用比需要更多的主机位，可以得到更多的子网，节约了IP地址资源，若将来需要更多子网时，不用再重新分配IP地址，但每个子网的主机数量有限；反之，子网掩码使用较少的主机位，每个子网的主机数量允许有更大的增长，但可用子网数量有限。一般来说，一个网络中的节点数太多，网络会因为广播通信而饱和，所以，网络中的主机数量的增长是有限的，也就是说，在条件允许的情况下，会将更多的主机位用于子网位。

综上所述，子网掩码的设置关系到子网的划分。子网掩码设置的不同，所得到的子网不同，每个子网能容纳的主机数目不同。若设置错误，可能导致数据传输错误。

3. CIDR及VLSM技术

CIDR(无类型域间选路，Classless Inter-Domain Routing)是一个在Internet上创建附加地址的方法，这些地址提供给服务提供商(ISP)，再由ISP分配给客户。CIDR将路由集中起来，使一个IP地址代表主要骨干提供商服务的几千个IP地址，从而减轻Internet路由器的负担。

VLSM(可变长子网掩码)是为了有效的使用无类别域间路由(CIDR)和路由汇总来控制

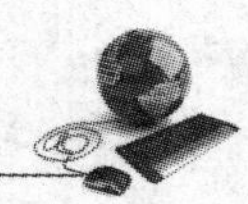

路由表的大小,网络管理员使用先进的 IP 寻址技术,VLSM 就是其中的常用方式,可以对子网进行层次化编址,以便最有效的利用现有的地址空间。VLSM 的作用就是在有类的 IP 地址的基础上,从他们的主机号部分借出一定的位数来做网络号,也就是增加网络号的位数。各类网络可以用来再划分子网的位数为:A 类有 24 位可以借,B 类有 16 位可以借,C 类有 8 位可以借;但是,实际可借的位数为:A 类有 22 位可以借,B 类有 14 位可以借,C 类有 6 位可以借。因为 IP 地址中必须要有主机号的部分,而且主机号部分剩下 1 位是没有意义的。

4. NAT 技术

NAT(network address translation,网络地址转换)属接入广域网(WAN)技术,是一种将私有(保留)地址转化为合法 IP 地址的转换技术,它被广泛应用于各种类型 Internet 接入方式和各种类型的网络中。原因很简单,NAT 不仅完美地解决了 IP 地址不足的问题,而且还能够有效地避免来自网络外部的攻击,隐藏并保护网络内部的计算机。

NAT 是将 IP 数据包头中的 IP 地址转换为另一个 IP 地址的过程。在实际应用中,NAT 主要用于实现私有网络访问公共网络的功能。这种通过使用少量的公有 IP 地址代表较多的私有 IP 地址的方式,将有助于减缓可用 IP 地址空间的枯竭。

NAT 的实现方式有三种,即静态转换 Static Nat、动态转换 Dynamic Nat 和端口多路复用 Over Load。

静态转换是指将内部网络的私有 IP 地址转换为公有 IP 地址,IP 地址对是一对一的,是一成不变的,某个私有 IP 地址只转换为某个公有 IP 地址。借助于静态转换,可以实现外部网络对内部网络中某些特定设备(如服务器)的访问。

动态转换是指将内部网络的私有 IP 地址转换为公用 IP 地址时,IP 地址是不确定的,是随机的,所有被授权访问上 Internet 的私有 IP 地址可随机转换为任何指定的合法 IP 地址。也就是说,只要指定哪些内部地址可以进行转换,以及用哪些合法地址作为外部地址时,就可以进行动态转换。动态转换可以使用多个合法外部地址集。当 ISP 提供的合法 IP 地址略少于网络内部的计算机数量时。可以采用动态转换的方式。

端口多路复用(port address translation,PAT)是指改变外出数据包的源端口并进行端口转换,即端口地址转换(port address translation,PAT)。采用端口多路复用方式。内部网络的所有主机均可共享一个合法外部 IP 地址实现对 Internet 的访问,从而可以最大限度地节约 IP 地址资源。同时,又可隐藏网络内部的所有主机,有效避免来自 internet 的攻击。因此,目前网络中应用最多的就是端口多路复用方式。

5. IP 地址规划总体要求

IP 地址空间的分配,要与网络拓扑层次结构相适应,既要有效地利用地址空间,又要体现出网络的可扩展性、灵活性和层次性,同时能满足路由协议的要求,以便于网络中的路由聚类,减少路由器中路由表的长度,减少对路由器 CPU、内存的消耗,提高路由算法的效率,加快路由变化的收敛速度,同时还有考虑到网络地址的可管理性。

IP 地址规划将遵循以下总体要求来分配:

(1)唯一性　一个 IP 网络中不能有两个主机采用相同的 IP 地址。

(2)可管理性　地址分配应简单且易于管理,以降低网络扩展的复杂性,简化路由表。

(3)连续性　连续地址在层次结构网络中易于进行路径叠合，缩减路由表，提高路由计算的效率；IP 地址的分配必须采用 VLSM 技术，保证 IP 地址的利用率；采用 CIDR 技术，可减小路由器路由表的大小，加快路由器路由的收敛速度，也可以减小网络中广播的路由信息的大小。IP 地址分配尽量分配连续的 IP 地址空间；相同的业务和功能尽量分配连续的 IP 地址空间，有利于路由聚合以及安全控制。

(4)可扩展性　地址分配在每一层次上都要留有一定余量，以便在网络扩展时能保证地址叠合所需的连续性；IP 地址分配处理要考虑到连续外，又要能做到具有可扩充性，并为将来的网络扩展预留一定的地址空间；充分利用无类别域间路由(CIDR)技术和变长子网掩码(VLSM)技术，合理高效地利用 IP 地址，同时，对所有各种主机、服务器和网络设备，必须分配足够的地址，划分独立的网段，以便能够实现严格的安全策略控制。

(5)灵活性　地址分配应具有灵活性，以满足多种路由策略的优化，充分利用地址空间。

(6)层次性　IP 地址的划分采用层次化的方法，和层次化的网络设计相应，地址划分上我们也采用层次化的分配思想。

(7)实用性　在公有地址有保证的前提下，尽量使用公有地址，主要包括设备 Loopback 地址、设备间互联地。

(8)节约性　根据服务器、主机的数量及业务发展估计，IP 地址规划尽可能使用较小的子网，既节约了 IP 地址，同时可减少子网内网络风暴，提高网络性能。

6. IP 地址按业务分类

(1)Loopback 地址　为了方便管理，为每一台网络设备创建一个 Loopback 接口，并在该接口上单独指定一个 IP 地址作为管理地址。Loopback 地址务必使用 32 位掩码的地址，越是核心的设备，Loopback 地址越小。

(2)互联地址　指两台或多台网络设备相互联接的接口所需要的地址。相对核心的设备，使用较小的一个地址，互联地址通常要聚合后发布，在规划时要充分考虑使用连续的可聚合地址。

(3)业务地址　指连接在以太网上的各种服务器、主机所使用的地址以及网关的地址。业务地址的网关地址统一使用相同的末位数字，如：.254 都是表示网关。

2.3.4　IPv6 地址结构、分类

从 IPv4 到 IPv6 最显著的变化就是网络地址的长度。RFC 2373 和 RFC 2374 定义的 IPv6 地址，有 128 位长；IPv6 地址的表达形式一般采用 32 个十六进制数。

IPv6 中可能的地址有 3.4×10^{38} 个。在很多场合，IPv6 地址由两个逻辑部分组成：一个 64 位的网络前缀和一个 64 位的主机地址，主机地址通常根据物理地址自动生成，叫做 EUI-64(或者 64-位扩展唯一标识)。

IPv6 地址为 128 位长，但通常写作 8 组，每组为四个十六进制数的形式。例如：

FE80:0000:0000:0000:AAAA:0000:00C2:0002 是一个合法的 IPv6 地址。

要是嫌这个地址看起来还是太长，这里还有种办法来缩减其长度，叫做零压缩法。如果几个连续段位的值都是 0，那么这些 0 就可以简单地以::来表示，上述地址就可以写成 FE80::AAAA:0000:00C2:0002。这里要注意的是只能简化连续的段位的 0，其前后的 0 都要保留，比如

FE80 的最后的这个 0,不能被简化。还有这个只能用一次,在上例中的 AAAA 后面的 0000 就不能再次简化。当然也可以在 AAAA 后面使用::,这样的话前面的 12 个 0 就不能压缩了。这个限制的目的是为了能准确还原被压缩的 0,不然就无法确定每个::代表了多少个 0。

2001:0DB8:0000:0000:0000:0000:1428:0000

2001:0DB8:0000:0000:0000::1428:0000

2001:0DB8:0:0:0:0:1428:0000

2001:0DB8:0::0:0:1428:0000

2001:0DB8::1428:0000 都是合法的地址,并且它们是等价的。但

2001:0DB8::1428::是非法的。(因为这样会使得搞不清楚每个压缩中有几个全零的分组)

同时前导的零可以省略,因此:

2001:0DB8:02de::0e13 等价于 2001:DB8:2de::e13

一个 IPv6 地址可以将一个 IPv4 地址内嵌进去,并且写成 IPv6 形式和平常习惯的 IPv4 形式的混合体。IPv6 有两种内嵌 IPv4 的方式:IPv4 映像地址和 IPv4 兼容地址。

IPv4 映像地址有如下格式:::ffff:192.168.89.9

这个地址仍然是一个 IPv6 地址,只是 0000:0000:0000:0000:0000:ffff:c0a8:5909 的另外一种写法罢了。IPv4 映像地址布局如下:

| 80bits | 16 | 32bits |

0000....................0000 | FFFF | IPv4 address |

IPv4 兼容地址写法如下:::192.168.89.9

如同 IPv4 映像地址,这个地址仍然是一个 IPv6 地址,只是 0000:0000:0000:0000:0000:0000:c0a8:5909 的另外一种写法罢了。IPv4 兼容地址布局如下:

| 80bits |16 | 32bits |

0000....................0000 | 0000 | IPv4 address |

IPv4 兼容地址已经被舍弃了,所以今后的设备和程序中可能不会支持这种地址格式。

2.3.5　IPv4 地址和 IPv6 地址对比

为了便于大家对 IPv6 的理解,下面以图表的形式 IPv4 与 IPv6 中的一些关键项进行对比,如表 2-5 所示。

表 2-5　IPv4 和 IPv6 地址对比表

类别	IPv4 地址	IPv6 地址
地址位数	32 位	128 位,是 IPv4 的 4 倍
地址格式表示	点分十进制格式	冒号十六制格式,带零压缩
分类	分 A、B、C、D、E5 类	不适用,没有对应地址划分,而主根据传输类型划分
网络表示	点分十进制格式的子网掩码或以前缀长度格式表示	以前缀长度格式表示
回送地址	127.0.0.1	::1
自动配置的地址	169.254.0.0/16	FE80::/64

续表 2-5

类别	IPv4 地址	IPv6 地址
组播地址	224.0.0.0/4	FF00::/8
广播地址	有	不租用,未定义广播地址
未指明的地址	0.0.0.0	::
专用地址	10.0.0.0/8 172.16.0.0/12 192.168.0.0/16	站点本地地址 FEC0::/48
域名解析	主机地址 A 资源记录	主机地址 AAAA 资源记录

习题

1. OSI 参考模型和 TCP/IP 模型的关系及异同点?
2. 解释 TCP 的三次握手。
3. 在子网划分时 C 类地址借 7 位后的结果是什么? 最多只能借几位? 以 202.203.131.0/24 为例,对其进行子网划分,分别写出借 1～7 后的子网号和子网掩码。
4. 解释 ARP 协议。
5. TCP 和 UDP 的异同点。

第3章 综合布线技术

3.1 综合布线系统概述

3.1.1 综合布线系统的定义

综合布线系统是伴随着智能化大厦而崛起的,作为智能大厦中枢神经,综合布线系统是近几十年来发展起来的多学科交叉型的新型研究领域。随着计算机技术、通信技术、控制技术与建筑技术的发展,综合布线系统在理论和技术方面也不断得到提高。

目前,由于理论、技术、厂商、产品甚至国别等多方面的不同,综合布线系统在命名、定义、组成等多方面都有所不同。我国《智能建筑设计标准》(GB/T 50314—2000)中把综合布线系统定义为:综合布线系统是建筑物或建筑群内部之间的传输网络。它能使建筑物或建筑群的内部设备、数据通信设备、信息交换设备、建筑物物业管理设备及建筑物自动化管理设备等系统之间彼此相连,也能使建筑物内部的通信网络设备与建筑物外部的通信网络设备相互连接。

上述的定义通常被称为是建筑物与建筑群综合布线系统。按照《建筑与建筑群综合布线系统工程设计规范》(GB/T 50314—2000)的定义,它包括建筑物到外部网络或电话局线路上的连接点与工作区的语音或数据终端之间所有电缆及相关的布线部件。

这里要注意区分一下综合布线和综合布线系统这两个基本概念:综合布线只作为一个概念而存在,综合布线系统则是一种解决方案或者是一种布线产品。两者既密不可分,又有所区别。

3.1.2 综合布线系统的特点

与传统的相比较,综合布线系统有着许多优越性,是传统布线所无法相比的。其特点主要表现在它具有兼容性、开放性、灵活性、模块化、扩展性、和经济性。而且在设计、施工和维护方面也给人们带来了许多方便。

1. 兼容性

综合布线系统则可将语音、数据与监控设备等信号经过统一的规划的设计,采用相同的传输媒体、信息插座、互联设备、适配器等，把这些不同信号综合到一套标准的布线中进行传送。由此可见，这种布线比传统布线大为简化，可节约大量的物资、时间和空间。

2. 开放性

综合布线系统由于采用开放式体系结构，符合各种国际上现行的标准，因此它几乎对所有著名厂商的产品都是开放的，如计算机设备、交换机设备等；并对相应的通信协议也是支持的，如 ISO/IEC 8802-3，ISO/IEC 8802-5 等。

3. 灵活性

综合布线系统采用标准的传输缆线和相关连接硬件，模块化设计，因此所有通道是通用的。在计算机网络中，每条通道可支持终端、以太网工作站及令牌环网工作站，所有设备的开通及更改均不需要改变布线，只需要增减相应的应用设备以及在配线架上进行必要的跳线管理即可。另外，组网也可灵活多样，甚至在同一房间为用户组织信息流提供了必要条件。

4. 模块化

用于连接设备的适配件都是积木式的标准件，不需要掌握很多有关这些领域的专门知识，就能够连接这些设备。模块化结构设计使得用最小的附加布线与变化(如果需要的话)就可实现系统的搬迁、扩充与重新安装。

5. 扩展性

实施后的结构化布线系统是可扩充的，以便将来有更大需求时，很容易将设备安装接入。

6. 经济性

所谓经济性是指一次性投资，长期受益，维护费用低，使整体投资达到最少。综合布线系统比传统布线更具经济性，主要是综合布线系统可适应相当长时间的用户需求，而传统布线改造则很费时间，耽误工作，造成的损失更是无法用金钱计算。

3.1.3 综合布线系统的优点

上述介绍了综合布线系统的六大主要特点，与传统布线系统相比，综合布线系统还具有以下优点。

1. 结构清晰，便于管理维护

传统的布线方法，对各种不同设施的布线分别进行设计和施工，如电话系统、消防与安全报警系统、能源管理系统等都是独立进行的。一个自动化程度较高的大楼内，各种线路特别复杂，造成整个系统管理困难，布线成本高，功能不完善，并不能适应形势发展的需要，综合布线系统就是针对这些缺点而采取的标准化的统一材料、统一设计、统一施工安装，做到了结构清晰，便于集中管理和维护。

2. 便于扩展，便于管理维护

综合布线系统采用的冗余布线和星形结构的布线方式，既提高了设备的工作能力，又便于用户扩充。虽然传统的布线所使用的线材比综合布线的线材要便宜，但在统一的情况下，可统一安排线路的走向，统一施工，这样就减少了用料的施工费用，也减少了布线时占用大楼空间。

3. 灵活性强，适应各种需求

由于统一规划、设计、施工，使综合布线系统能适应各种不同的需要，操作起来非常灵活，例如，一个标准的插座，既可接入电话，又可用于连接计算机终端，实现语音/数据点互换，可适应各种不同拓扑结构的局域网。

3.1.4　综合布线系统标准

综合布线系统的建设通常要遵守相应的标准的规范。随着综合布线系统技术的不断发展，与之相关的综合布线系统的国内和国际标准也更加规范化、标准化和开放化。国际和国内的各标准化组织都在努力制订新的布线标准，以满足技术和市场的需求，标准的完善又会使市场更加规范化。

1. 国内常用标准简介

(1)国家标准　国家标准《建筑与建筑群综合布线系统工程设计规范》(GB/T 50311—2000)、《建筑与建筑群综合布线系统工程验收规范》(GB/T 50312—2000)于1999年底上报国家信息产业部、国家建设部、国家技术监督局审批，并于2000年2月28日发布，2000年8月1日开始执行。与YD/T. 926相比，新标准确定了一些技术细节。这两个标准只涉及100 MHz 5类布线系统的标准，对于超5类布线系统以上的布线系统没有涉及。

(2)行业标准　1997年9月9日，我国通信行业标准《大楼通信综合布线系统》(YD/T. 926)正式发布，并与1998年1月1日起正式实施。2001年10月19日，由我国信息产业部发机上了我国通信行业标准《大楼通信综合布线系统》(YD/T. 926—2001)第二版，并于2001年11月1日起正式实施。

(3)协会标准　中国工程建设标准化协会参考北美的综合布线系统标准(EIA/TIA 568)于1995年颁布了《建筑与建筑群综合布线系统工程设计规范》(CECS 72:95)。这是和国第一部关于综合布线系统设计的设计规范。

经过几年的实践和经验总结，并广泛征求建设部、原邮电部和原广电部等主管部门各专家的意见后，该协会在1997年颁布了新版《建筑与建筑群综合布线系统工程设计规范》(CECS 72:97)和《建筑与建筑群综合布线工程施工及验收规范》(CECS 89:97)。该标准积极采用国际先进经验，与国际标准ISO/IEC 11801:1995(E)接轨，增加了抗干扰、防噪声污染、防火和防毒等多方面的内容，对旧版本有了很大程度的完善。

现行国内常用标准如表3-1所示。

表 3-1　现行国内常用标准

名称	标准号	发布日期	实施日期	主管(编)部门
《建筑与建筑群综合布线系统工程设计规范》	GB/T 50311—2000	2000.2.28	2000.8.1	信息产业部
《建筑与建筑群综合布线系统工程验收规范》	GB/T 50312—2000	2000.2.28	2000.8.1	信息产业部
《智能建筑设计标准》	GB/T 50314—2000	2000.7.3	2000.10.1	建设部
《大楼通信综合布线系统》	YD/T.926.1～3—2001	2001.10.19	2001.11.1	信息产业部
《建筑与建筑群综合布线工程设计规范》	CECS 72:97	1997.4.15		通信工程委员会
《建筑与建筑群综合布线系统工程施工及验收规范》	CECS 89:97	1997.4.15		通信工程委员会

2. 国际标准简介

(1)ISO/IEC 11801　国际标准 ISO/IEC 11801 是联合技术委员会 ISO/IEC JTC1 的 SC 25/WG 3 工作组在 1995 年制订发布的，这个标准把有关元器件和测试方法归入国际标准。

该标准目前有 1995、2000 和 2000＋(草案)等 3 个版本。

ISO/IEC 11801 的修订稿 ISO/IEC 11801:2000(表 3-2)修正了对链路的定义，还规定了永久链路和通道的等效远端串扰、综合近端串扰、传输延迟，而且也提高了近端串扰等传统参数的指标。

表 3-2　现行国际标准

名称	标准号	批准发布日期	批准发布组织
《信息技术用户房屋综合布线》	ISO/IEC 11801:2000	2000.7.18	国际标准化组织

此外，ISO/IEC 即将推出版本 ISO/IEC 11801:2000＋。这个新规范将定义 6 类、7 类布线的标准，将给布线技术带革命性的影响；同时，新版本将把 5 类 D 级的系统按照超 5 类重新定义，以确保所有的 5 类系统均可运行千兆以太网。更为重要的是，6 类和 7 类链路将被定义。布线系统的电磁兼容性(EMC)问题也将在新版中得到考虑。

(2)IEC 61935(草案)　这个标准定义了实验室和现场测试的比对方法。定义了布线系统的现场测试方法，以及跳线和工作区电缆的测试方法。该标准还定义了布线参数、参考测试过程，以及用于测量 ISO/IEC 11801 中定义的布线参数所使用的测试仪器的精度要求。

3. 美国标准简介

EIA/TIA 标准主要包括以下内容：

568(1991)商业建筑通信布线标准

569(1990)商业建筑电信布线路径和空间标准

570(1991)居住和轻型商业建筑标准

606(1993)商业建筑电信布线基础设施管理标准

607(1994)商业建筑中电信接地及连接要求

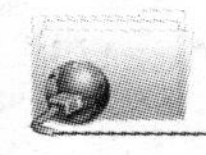

(1)EIA/TIA-568 商业建筑通信布线标准　1991 年 7 月,由美国电子工业协会/电信工业协会发布了 ANSI/EIA/TIA-568,即“商务大厦电信布线标准”,正式定义发布综合布线系统与相关组成部件的物理和电气指标。

1995 年 8 月,ANSI/EIA/TIA-568-A 出现,TSB40 被包括到 ANSI/EIA/TIA-568 的修订版本中,同时还附加了 UTP 的信道在较差的情况下布线系统的电气性能参数。

自从 ANSI/EIA/TIA-568-A 发布以来,随着更高性能产品的问世和市场应用需求的改变,对这个标准也提出了更高的要求。委员会也相继公布了很多的标准增编、临时标准,经及技术公告。为简化下一代的 568-A 标准,TR42.1 委员会决定将新标准分成 3 个部分。

ANSI/EIA/TIA-568-B.1:这个标准着重于水平和主干布线拓扑、距离、介质选择、工作区连接、开放办公布线、电信与设备间、安装方法以及现场测试等内容。

ANSI/EIA/TIA-568-B.2:平衡双绞线布线系统。这个标准着重于平衡双绞线电缆、跳线、连接硬件的电气和机械性能规范以及部件可靠性测试规范、现场测试仪性能规范、实验室与现场测试仪比对方法等内容。

ANSI/EIA/TIA-568-B.2.1:它是 ANSI/EIA/TIA-568-B.2 的增编,是目前第一个关于 6 类布线系统的标准。

ANSI/EIA/TIA-568-B.3:第三部分,光纤布线标准。这个标准定义了光纤布线系统的部件和性能指标,包括光缆、光跳线和连接硬件的电气与机械性能要求,可靠性测试规范,现场测试性能规范。

(2)EIA/TIA-569-A 商业建筑电信布线路径和空间标准　1990 年 10 月公布,它是加拿大标准协会和电子行业协会共同努力的结果。目的是使支持日以电信介质和设备的建筑物内部和建筑物之间设计和施工标准化,尽可能地减少对厂商设备和介质的依赖性。

(3)EIA/TIA-570-A 居住和轻型商业建筑标准　EIA/TIA-570-A 主要是订出新一代的家居电信布线标准,以适应责令及将来的电信服务。标准提出了有关布线的新等级,并建立了一个布线介质的基本规范及标准,主要应用支持语音、探头、警报及对讲机等服务。标准主要用于规划新建筑,更新增加设备,单一住宅及建筑群等。

(4)EIA/TIA-606 商业建筑电信布线基础设施管理标准　EIA/TIA-606 标准的目的是提供一套独立于应用之外的统一管理方案。与布线系统一样,布线的管理系统必须独立于应用之外,这是因为在建筑物的使用寿命内,应用系统大多会多次变化。这套管理方法可以使系统移动、增添设备以及更改更加容易、快捷。

(5)EIA/TIA-607 商业建筑中电信接地及连接要求　制订这个标准的目的是在了解要安装电信系统时,对建筑物内的电信接地系统进行规划设计和安装。这支持多厂商、多产品环境及可能安装在住宅的接地系统。现行美国常用标准如表 3-3 所示。

表 3-3　现行美国常用标准

名称	标准号	批准发布日期	批准发布组织
《商务建筑物电信布线标准》	ANSI/EIA/TIA 568A	2000.5.22	TIA 长途电信工业协会(美国)
《电信通道和空间的商业建筑物标准》	ANSI/EIA/TIA 569	1990.10	电子工业协会(美国)
《非屏蔽双绞线布线系统传输性能现场测试规范》	ANSI/EIA/TIA TSB-67	1994.9.20	电子工业协会(美国)

4. 综合布线其他相关标准简介

(1)防火标准　线缆是布线系统防火的重点部件，国际上综合布线系统中电缆的防火测试标准有 UL 910 和 IEC 60332，国内与建筑物综合布线防火方面的设计相关的标准有：《高层民用建筑设计防火规范》GB 50045—95(1997 年版)、《建筑设计防火规范》GBJ 16—87、《建筑室内装修设计防火规范》GB 50222—95。

(2)机房及防雷接地标准　机房及防雷接地标准可参照以下标准：

《建筑物防雷设计规范》GB 50057—94

《电子计算机机房设计规范》GB 50174—93

《计算机场地技术要求》GB 2887—2000

《计算机场站安全要求》GB 9361—88

《防雷保护装置规范》IEC 1024-1

《商业建筑电信接地和接地要求》J-STD-607-A

(3)智能建筑和智能小区相关标准与规范　在国内，综合布线的应用可分为建筑物、建筑群和智能小区。许多布线项目就与智能大厦集成项目、网络集成项目和智能小区集成项目密切相关，因此，集成人员还需要了解智能建筑及智能小区方面的最新标准与规范。目前信息产业部、建设部都在加快这方面标准的起草和制订工作，已经出台或正在制订中的标准与规范如下：

《智能建筑设计标准》GB/T 80314—2000 推荐国家标准，2000 年 10 月 1 日起施行

《智能建筑弱电工程设计施工图集》97X700，GJBT—471 1998 年 4 月 16 日施行

《城市住宅建筑综合布线系统工程设计规范》CECS 119：2000

《城市居住区规则设计规范》GB 50180—93

《住宅设计规范》GB 50096—1999

《用户接入网工程设计暂行规定》YD/T 5032—96

《中国民用建筑电气设计规范》JGJ/T 16—92

《绿色生态住宅小区建设要点与技术导则(试行)》

《居住小区智化系统建设要点与技术要求》CJ/T 174—2003

另外，还有一些地方标准和规范。

3.2　网络互联设备

3.2.1　中继器

信号在网络媒体上传输时会因损耗发生衰减，衰减到一定程度便导致信号失真，因此需要一个能够连续检测放大信号的底层连接设备，这就是中继器。中继器直接连接到电缆上，驱动电流传送，无须了解帧格式和物理地址，随时传递帧信息。因此，中继器就是一个物理层的硬件设备。

3.2.2　集线器

集线器(Hub)是一种特殊的中继器，不同之处在于集线器是多端口的中继器，可使连接的

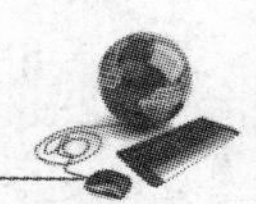

网络之间不干扰，若一条线路或一个节点出现故障，不会影响其他调和的正常工作。目前主流的集线器带宽主要有10Mb/s10/100Mb/s自适应型和100Mb/s三种，端口主要有8口、16口和24口等。目前基本已不使用。

3.2.3　网卡

网卡是计算机与网络相连的接口设备。网卡可以接收并拆分网络传入的数据包，组装并传送计算机传出的数据包，转化并行与串行数据，产生网络信号，利用缓存区对数据进行缓存和存取控制。在接收数据时，网卡识别数据头字段中的目的地址，依据驱动器程序设置的标准判断该数据是否合法，若数据满足接收条件即合法，则向CPU发出中断信号，若目的地址禁止状态则丢弃数据包。CPU收到中断信号后产生中断，由操作系统调用程序接收并处理数据。新型的网卡采用并行机制，将整帧处理在确定帧地址后即开始转发数据，当网卡读完第一数据帧的最后字节后，CPU就开始处理中断并转移数据。

3.2.4　网桥

网桥同中继器一样是连接两个网络的设备，用于扩展局域网，可以将地理位置分散或类型互异的局域网互联，也可以将一个大的单一局域网分割在多个局域网。网桥的特殊之处在于内部的逻辑电路可以随机监听网络信息并控制网络通信量，不会转发干扰信息，从而保证了整个网络的安全。网桥是数据链路层的存储转发设备，由于数据链路层分为逻辑链路控制层(LLC)和媒体访问控制层(MAC)两层，网桥工作在MAC子层，因此网桥连接的网络必须在LLC子层以上使用相同的协议。

3.2.5　交换机

交换机也被称为交换式集线器，它的外观类似于多端口的集线器，每个端口连接一台计算机，负责在通信网络中进行信息交换。交换机与集线器存在着许多不同的特性。首先，集线器工作在OSI第一层(物理层)，而交换机工作在OSI的第二层(数据链路层)。其次，在工作方式上，集线器采用广播方式发送信号，很容易产生网络风暴，对规模较大的网络的性能有很大的影响。而交换机工作时，只在源计算机和目的计算机之间互相作用而不影响其他计算机，当目的计算机不在地址表中时才采用广播方式转发数据，并在数据到达目的地后及时扩展自身的原有地址表，因此能够在一定程度上隔离冲突，有效防止网络风暴产生。

三层交换机就是具有部分路由器功能的交换机，三层交换机的最重要目的是加快大型局域网内部的数据交换，所具有的路由功能也是为这目的服务的，能够做到一次路由，多次转发。对于数据包转发等规律性的过程由硬件高速实现，而像路由信息更新、路由表维护、路由计算、路由确定等功能，由软件实现。三层交换技术就是二层交换技术＋三层转发技术。传统交换技术是在OSI网络标准模型第二层——数据链路层进行操作的，而三层交换技术是在网络模型中的第三层实现了数据包的高速转发，既可实现网络路由功能，又可根据不同网络状况做到最优网络性能。

常见的有品牌锐捷、华为、华三和思科等，如锐捷的RG-S2900系列等属于普通二层交换机，RG-S12000系列RG-S8600系列RG-S5700系列等属于三层交换机。

3.2.6 路由器

路由器是在网络层实现互联的设备,能够对分组信息进行存储转发,路由器需要确定分组从一个网络到任意目的网络的最佳路径,因此具有协议转换和路由选择功能。路由器不关心所连接网络的硬件设备,但要求运行软件要与网络层协议一致,因此多用于异种网络互联和多个同构网络互联。

路由器为了实现最佳路由选择和有效传送分组,必须能够选择最佳的路由算法。路由表的存在支持了路由器的这种功能,表中保存了各条路径的各种信息供路由选择时使用,包括所连接各个网络的地址,整个网络系统中的路由器数目和下一个路由器的 IP 地址等。路由表可以在系统构建时根据配置预先由管理员设定,在系统运行过程中不会改变,也可以由路由器在路由协议支持下根据系统运行状况自动调整,计算最佳路径。

常见的有品牌锐捷、华为、华三和思科等。

3.2.7 防火墙

网络互联使资源共享成为可能,但共享的数据可能是机密的信息也可能是危险的病毒,这就需要一种技术或者设备,使进入网络的数据都是必要的,而输出网络的数据不会有安全隐患,防火墙正是解决这个问题的方法,防火墙的名字形象地体现了它的功能,传统的防火墙是在两个区域之间设置的关卡,起隔离或阻隔的作用,而网络中的防火墙则被安装在受保护的内部网络与外部网络的连接点上,负责检测过往的数据,将不安全的数据拦截下来,只允许那些合法的安全的数据通过。

3.3 传输介质及技术参数

传输介质主要分有线和无线两种介质,有线介质又分为双绞线、同轴电缆和光缆 3 种,无线介质有无线电波、微波、蓝牙、红外线和卫星等。由于无线介质特有的优势,其应用已越来越广泛。

3.3.1 双绞线

1. 双绞线的简述

双绞线是由一对相互绝缘的金属导线绞合而成。采用这种方式,不仅可以抵御一部分来自外界的电磁波干扰,也可以降低多对绞线之间的相互干扰。

双绞线分为屏蔽双绞线(shielded twisted pair,STP)与非屏蔽双绞线(unshielded twisted pair,UTP)。屏蔽双绞线在双绞线与外层绝缘封套之间有一个金属屏蔽层。屏蔽双绞线分为 STP 和 FTP(foil twisted-pair),STP 指每条线都有各自的屏蔽层,而 FTP 只在整个电缆有屏蔽装置,并且两端都正确接地时才起作用。屏蔽层可减少辐射,防止信息被窃听,也可阻止外部电磁干扰的进入,使屏蔽双绞线比同类的非屏蔽双绞线具有更高的传输速率。非屏蔽双绞线(unshielded twisted pair,缩写 UTP)是一种数据传输线,由四对不同颜色的传输线所组成，广泛用于以太网路和电话线中。

2. 双绞线的分类

双绞线可分一类、二类、三类、四类、五类、超五类、六类、超六类和七类，常见的主要有三类、超五类、六类等。

(1)一类线(CAT1) 线缆最高频率带宽是750kHZ。

(2)二类线(CAT2) 线缆最高频率带宽是1MHZ。

(3)三类线(CAT3) 指目前在ANSI和EIA/TIA568标准中指定的电缆，该电缆的传输频率16 MHz，最高传输速率为10 Mbps(10 Mbit/s)，主要应用于语音、10 Mbit/s以太网(10BASE-T)和4 Mbit/s令牌环，最大网段长度为100 m，采用RJ形式的连接器，目前已淡出市场。

(4)四类线(CAT4) 该类电缆的传输频率为20 MHz，用于语音传输和最高传输速率16 Mbps(指的是16 Mbit/s令牌环)的数据传输。最大网段长为100 m，采用RJ形式的连接器，未被广泛采用。

(5)五类线(CAT5) 该类电缆增加了绕线密度，外套一种高质量的绝缘材料，线缆最高频率带宽为100 MHz，最高传输率为100 Mbps，用于语音传输和最高传输速率为100 Mbps的数据传输，主要用于100BASE-T和1 000BASE-T网络，最大网段长为100 m，采用RJ形式的连接器。这是最常用的以太网电缆。

(6)超五类线(CAT5e) 超5类具有衰减小，串扰少，并且具有更高的衰减与串扰的比值(ACR)和信噪比(SNR)、更小的时延误差，性能得到很大提高。超5类线主要用于千兆位以太网(1 000 Mbps)。

(7)六类线(CAT6) 该类电缆的传输频率为1～250 MHz，它提供2倍于超五类的带宽。六类布线的传输性能远远高于超五类标准，最适用于传输速率高于1 Gbps的应用。六类与超五类的一个重要的不同点在于：改善了在串扰以及回波损耗方面的性能，对于新一代全双工的高速网络应用而言，优良的回波损耗性能是极重要的。永久链路的长度不能超过90 m，信道长度不能超过100 m。

(8)超六类或6A(CAT6A) 此类产品传输带宽介于六类和七类之间，传输频率为500 MHz，传输速度为10 Gbps，标准外径6 mm。目前和七类产品一样，国家还没有出台正式的检测标准，只是行业中有此类产品，各厂家宣布一个测试值。

(9)七类线(CAT7) 传输频率为600 MHz，传输速度为10 Gbps，单线标准外径8 mm，多芯线标准外径6 mm，可能用于今后的10 G以太网。

3.3.2 光纤

1. 光纤的简述

光纤是光导纤维的简写，是一种由玻璃或塑料制成的纤维，可作为光传导工具。传输原理是光的全反射。前香港中文大学校长高锟和George A. Hockham首先提出光纤可以用于通信传输的设想，高锟因此获得2009年诺贝尔物理学奖。

微细的光纤封装在塑料护套中，使得它能够弯曲而不至于断裂。通常，光纤的一端的发射装置使用发光二极管(light emitting diode,LED)或一束激光将光脉冲传送至光纤,光纤的另一端的接收装置使用光敏元件检测脉冲。由于光在光导纤维的传导损耗比电在电线传导的损耗低得多,光纤被用作长距离的信息传递。

通常光纤与光缆两个名词会被混淆。多数光纤在使用前必须由几层保护结构包覆,包覆后的缆线即被称为光缆。

2. 光纤的分类

根据不同光纤的分类标准的分类方法,同一根光纤将会有不同的名称,现列举几种常见的分类方法。

(1)按光纤的材料分类　按照光纤的材料,可以将光纤的种类分为石英光纤和全塑光纤。

石英光纤一般是指由掺杂石英芯和掺杂石英包层组成的光纤。这种光纤有很低的损耗和中等程度的色散。目前通信用光纤绝大多数是石英光纤。

全塑光纤是一种通信用新型光纤,尚在研制、试用阶段。全塑光纤具有损耗大、纤芯粗(直径 100～600 μm)、数值孔径(NA)大(一般为 0.3～0.5,可与光斑较大的光源耦合使用)及制造成本较低等特点。目前,全塑光纤适合于较短长度的应用,如室内计算机联网和船舶内的通信等。

(2)按光纤剖面折射率分布分类　按照光纤剖面折射率分布的不同,可以将光纤的种类分为阶跃型光纤和渐变型光纤。

(3)按传输模式分类　按照光纤传输的模式数量,可以将光纤的种类分为多模光纤和单模光纤。

多条不同角度入射的光线在一条光纤中传输,可以认为每一束光线有一个不同的模式,这种有多种模式的光纤,称为多模光纤。

单模光纤是只能传输一种模式的光纤。单模光纤只能传输基模(最低阶模),不存在模间时延差,具有比多模光纤大得多的带宽。单模光纤的模场直径仅几微米(μm),其带宽一般比渐变型多模光纤的带宽高一两个数量级。因此,它适用于大容量、长距离通信。二者简单的比较,如表 3-4 所示。

表 3-4　多模和单模光纤简单比较

类别	多模	单模
芯径	粗(50/62.5 μm)	细(8.3～10 μm)
耗散	大	极小
效率	低	高
成本	低	高
传输速率	低	高
传输距离	短	长
光源	发光二极管	激光

常用光纤连接器有 SC、ST、FC、LC 等,如图 3-1 所示。

连接器型号	描述	外形图	连接器型号	描述	外形图
FC/PC	圆形光纤接头/微凸球面研磨抛光	 FC/PC	FC/APC	圆形光纤接头/面呈8°并做微凸球面研磨抛光	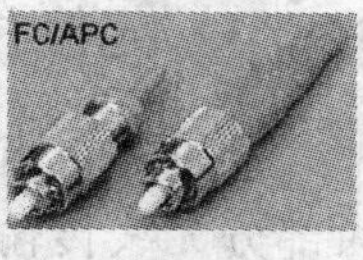 FC/APC
SC/PC	方形光纤接头/微凸球面研磨抛光	 SC/PC	SC/APC	方形光纤接头/面呈8°并做微凸球面研磨抛光	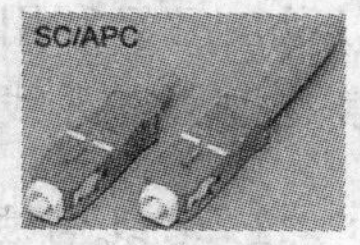 SC/APC
ST/PC	卡接式圆形光纤接头/微凸球面研磨抛光	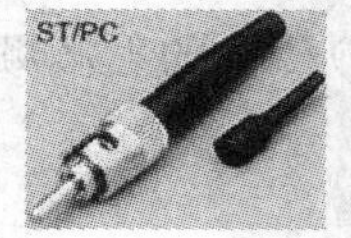 ST/PC	ST/APC	卡接式圆形光纤接头/面呈8°并做微凸球面研磨抛光	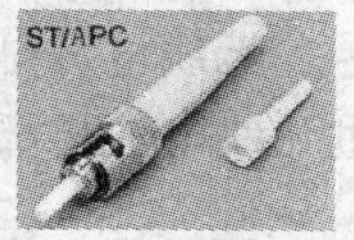 ST/APC
MT－RJ	机械式转换-标准插座	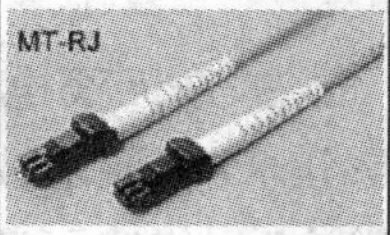 MT-RJ	LC/PC	卡接式方形光纤接头/微凸球面研磨抛光	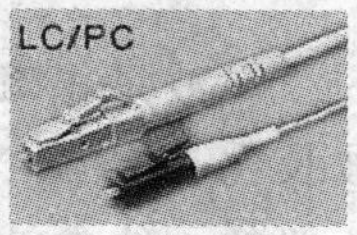 LC/PC

图 3-1　常用光纤连接器

常用光纤规格：单模：8/125 μm，9/125 μm，10/125 μm；多模：50/125 μm，62. 5/125 μm。其中：9/125 μm 指光纤的纤核为 9 μm，包层为 125 μm，9/125 μm 是单模光纤的一个重要的特征，50/125 μm 指光纤的纤核为 50 μm，包层为 125 μm，50/125 μm 是多模光纤的一个重要的特征。

3. 光纤传输优点

高带宽、损耗低、重量轻、抗干扰能力强、保真度高、工作性能可靠、本不断下降。

4. 光学定律

目前，有人提出了新摩尔定律，也叫作光学定律(optical law)。该定律指出，光纤传输信息的带宽，每 6 个月增加 1 倍，而价格降低 1 倍。光通信技术的发展，为 Internet 宽带技术的发展奠定了非常好的基础。

5. 光纤技术的发展方向

全光网、WDM(波分复用)和多芯光纤(multi core fiber)是光纤技术今后发展的重要方向。

3. 3. 3　同轴电缆

同轴电缆从用途上分可分为基带同轴电缆和宽带同轴电缆(即网络同轴电缆和视频同轴电缆)。同轴电缆分 50 Ω 基带电缆和 75 Ω 宽带电缆两类。575 Ω 同轴电缆常用于 CATV 网，故称为 CATV 电缆，传输带宽可达 1 GHz，目前常用 CATV 电缆的传输带宽为 750MHz。50 Ω 同轴电缆主要用于基带信号传输，传输带宽为 1～20 Mbps，总线型以太网就是使用 50 Ω

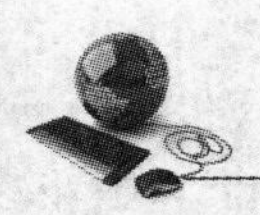

同轴电缆,在以太网中。50 Ω 细同轴电缆的最大传输距离为 185 m,粗同轴电缆可达 1 000 m。

3.3.4 无线传输介质

可以在自由空间利用电磁波发送和接收信号进行通信就是无线传输。地球上的大气层为大部分无线传输提供了物理通道,就是常说的无线传输介质。无线传输所使用的频段很广,人们现在已经利用了好几个波段进行通信。紫外线和更高的波段目前还不能用于通信。无线通信的方法有无线电波、微波、蓝牙、红外线和卫星等。

1. 无线电波

无线电波是指在自由空间(包括空气和真空)传播的射频频段的电磁波。无线电技术是通过无线电波传播声音或其他信号的技术。

2. 微波

微波是指频率为 300 MHz—300 GHz 的电磁波,是无线电波中一个有限频带的简称,即波长在 1 m(不含 1 m)到 1 mm 之间的电磁波,是分米波、厘米波、毫米波的统称。微波频率比一般的无线电波频率高,通常也称为"超高频电磁波"。传输距离可达 30～50 km,传输带宽可达 2.5 Gbps。

基于 IEEE802.11 标准的 WLAN(无线局域网)是指允许在局域网络环境中使用可以不必授权的 ISM 频段中的 2.4 GHz 或 5 GHz 射频波段进行的无线连接。

3. 蓝牙

蓝牙,是一种支持设备短距离通信(一般 10 m 内)的无线电技术。能在包括移动电话、PDA、无线耳机、笔记本电脑、相关外设等众多设备之间进行无线信息交换。蓝牙采用分散式网络结构以及快跳频和短包技术,支持点对点及点对多点通信,工作在全球通用的 2.4 GHz ISM(即工业、科学、医学)频段。其数据速率为 1 Mbps。

4. 红外线

太阳光谱中,红光的外侧必定存在看不见的光线,这就是红外线。也可以当作传输之媒界。太阳光谱上红外线的波长大于可见光线,波长为 0.75～1 000 μm。红外线可分为三部分,即近红外线,波长为 0.75～1.50 μm 之间;中红外线,波长为 1.50～6.0 μm 之间;远红外线,波长为 6.0～1 000 μm 之间。

5. 卫星

卫星通信是在地球站之间利用位于 36 000 km 高空的人造同步地球卫星作为中继器的一种接力通信。

3.4　综合布线工程设计

3.4.1　案例概述

以XX大学校园网工程建设为例，将达到以下目标：

①构架万兆校园网主干，实现新综合教学楼、教学楼、办公楼、实验楼、餐厅、学生楼、家属楼群的互联。

②每个教室、实验室、办公室、家属楼、宿舍均可实现100 M的校园网接入，实现信息资源的充分共享。学校领导、老师、学生可以随时随地进入校园网获取校园网信息。

③校园网将采用10 000 M光纤接入运营商网络。

④校园网的建设必须为以后网络建设预留发展和扩容的空间。

⑤要求综合布线产品必须全部统一。

网络中心设在新综合教学楼六楼，因此各宿舍楼、教学楼、办公楼、实验楼、餐厅、学生宿舍楼的核心交换机将采用万兆可控网管型交换机接入。同时各宿舍楼、教学楼、办公楼、实验楼、餐厅、学生宿舍楼配置万兆交换机连接到核心交换机。对于核心机房也就是网络中心要求全部铺设防静电地板并做好接地和防雷措施，除此之外还应安装一台40KVA的UPS备用电源以及两个4 h的后备电池作为停电之需。

假设校园网信息点分布说明，如表3-5、表3-6所示。

表3-5　校园网信息点分布

楼名	光纤配线架	铜缆配线架
家属楼	1	1
新综合教学大楼	1	2
教学楼	1	2
办公楼	1	2
实验楼	1	2
合计	5	9

表3-6　新综合教学楼信息点分布

楼名	层数	信息点
新综合教学楼	1	7
	2	17
	3	19
	4	17
	5	17
	6	18
合计	21	95

3.4.2 总体系统设计方案

整个综合布线系统由工作区子系统、水平子系统、管理子系统、垂直干线子系统、设备间子系统、建筑群子系统构成，如图 3-2 所示。

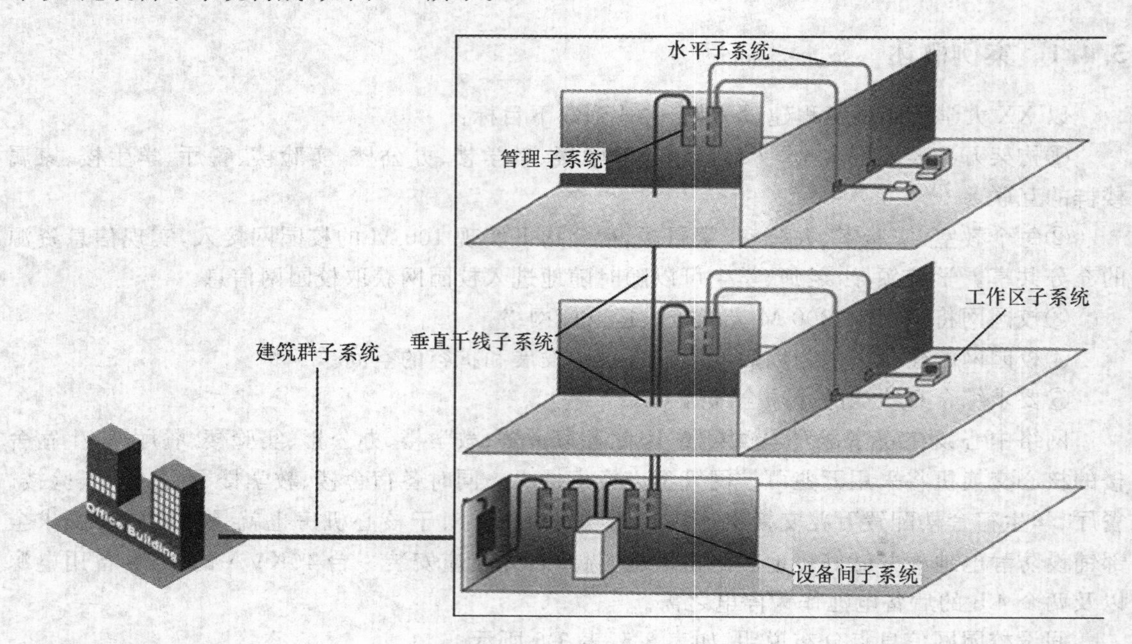

图 3-2　综合布线各子系统示意图

各子系统所实现的功能如下：

(1)工作区子系统　由水平布线系统的信息插座延伸到工作站终端设备处的连接电缆及适配器组成，每个工作区根据用户要求，设置一个电话机接口和 1 至 2 个计算机终端接口。

(2)水平子系统　由工作区用的信息插座，每层配线设备至信息插座的配线电缆、楼层配线设备和跳线等组成。

(3)垂直干线子系统　由设备间的配线设备和跳线，以及设备间至各楼层配线间的连接电缆组成。

(4)设备间子系统　由综合布线系统的建筑物进线设备，如电话、数据、计算机等各种主机设备及其保安配线设备等组成。

(5)管理子系统　设置在每层配线设备的房间内，是由交接间的配线设备，输入/输出设备等组成。

(6)建筑群子系统　由二个及以上建筑物的电话、数据、电视系统组成一个建筑群子系统，它是室外设备与室内网络设备的接口，它包括铜线、光纤以及防止其他建筑的电缆的浪涌电压进入本建筑的保护设施(如避雷及电源超荷保护)等。

1. 工作区子系统的设计

工作区子系统布线由信息插座至终端设备的连线组成，是插座到用户终端的区域，包括所有用户实际使用区域。信息插座采用地面安装形式，也可以采用墙面安装方式。

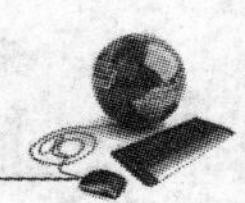

(1)信息插座选择　信息插座选用某品牌 RJ45 型插座(图 3-3)。墙面安装插座盒底边距地 300 mm,在地面插座盒内和墙面信息插座旁安装单相三孔电源插座。工作区子系统为满足信息高速传输具体情况,全部选用超五类系列信息模块,性能全部超过国际标准 ISOIS11801 的指标。而数据点采用某品牌超 5 类 RJ45 信息插座模块,其功能 100 MHz 时其最差线对近端串音衰减高达 44 dB。专利设计的全金属化簧片结构,无印制板,确保长期使用的可靠性。模块化设计,免接线工具,使用灵活方便,后部压线盖设计更合理。

(2)模块安装方法　将双绞线按模块上标明的颜色对应插入;将上面板往下扣好,保证每条线都对应入槽;将模块扣上面板。

(3)插座面板选择　使用某品牌双位插座面板,如图 3-3 所示,并具有防尘弹簧盖板,其功能有单口、双口、斜角双口三种规格,PC 材料,面板上有标识模块用于端口标记,专利防尘门,可安装某品牌系列插座模块,外形尺寸:86 mm×86 mm。可配合底座明装盒或暗盒使用。

(4)面板安装方法　将接好的模块卡在面板上;标记块标识信息口的用途,安在面板上;端口号可用不干胶贴在外框面板反面,以便于管理;将面板盖好。

图 3-3　插座及面板

2. 水平子系统的设计

水平子系统是由建筑物各管理间至各工作区之间的电缆构成。水平子系统的作用是将干线子系统电缆线路延伸到用户工作区,该系统从各个子配线间出发到达每个工作区的信息插座。水平线缆采用超五类 4 对非屏蔽双绞线。它可以在 100 m 范围内保证 100 Mbps 的传输速率,可以满足信息传输的要求。为了满足高速率数据传输,数据传输选用某品牌超 5 类四对 UTP 双绞线,由于所用的数据线均采用了超 5 类 UTP 双绞线,因此对 XX 大学校园网而言,超 5 类 UTP 双绞线布线时的带宽和传输速率能满足校园网楼宇内信息点要求的 100 M 接入,超 5 类布线与垂直干线一起使用,为带宽应用程序提供完全的端到端布线解决方案,适用于网络的扩展及升级,成本的维护费用少。所有产品满足 ISO/IEC 11801 等标准。

(1)RJ45 水晶头的压接方法　T568A 标准:基本线序是绿白、绿、橙白、蓝、蓝白、橙、棕白、棕色;T568B 标准:基本线序是橙白、橙、绿白、蓝、蓝白、绿、棕白、棕色。

压接水晶头将 5 类双绞线外皮剥掉,留出 4 对双绞线长度约 1 cm。按上述 T568A 标准或 T568A 标准安排线色顺序,并将 8 条线插入水晶头,用 RJ45 压线工具加工即成。

(2)布设方法　水平双绞线的安装长度均不应超过 90 m。水平双绞线布线从房间内的信息点引出并布到相应的配线机柜内。其设计采用 PVC 线槽安装。根据整个 XX 大学校园网综合布线设计方案,对配置信息点插座应采取安装在墙底面壁上。

3. 管理子系统设计

管理子系统连接水平电缆和垂直干线，是综合布线系统中关键的一环，常用设备包括配线架、理线架、跳线和必要的网络设备，其作用是为连接其他子系统提供连接手段，允许将通信线路定位或重新定位到建筑物的不同部分，以便能容易地管理通信线路，使移动设备时能方便地进行跳接。为方便日后的更改、增加、维护，必须要对整个布线系统的电缆、连接硬件、空间、走道等进行统一管理。

对于校园网而言在设计方案中，将各个楼层的信息点通过 PVC 管槽走墙边通向各个楼层的配线机柜，机柜里放置某品牌超 5 类 24 口配线架，对各个信息点的接头进行跳线配置，再通过配线架与交换机相连。采用某品牌超 5 类 24 口配线架(由安装板和超 5 类 RJ45 插座模块组合而成)，可安装在 19″标准机架上，只占用 1U 空间，占用地方小，搬运迁移方便。插座正面是标准的 RJ45 插座，端口性能达到超五类性能的要求，屏蔽性能完全符合标准要求。数据主干光缆的端接采用某品牌抽屉式 12 端口光纤分线盒。超 5 类系列跳线在设备间用于连接配线架到网络设备端口，在终端用于连接墙面插座到终端设备的计算机网络接口。

4. 垂直干线子系统设计

(1)干线子系统选型　垂直干线的设计必须满足用户当前的需求，同时又能适合用户今后的要求。为此，我们采用某品牌 12 芯单模光缆，支持数据信息的传输。当计算机数据传输距离超过 100 m 时，用光纤作为数据主干将是最佳选择，并具有大对数电缆无法比拟的高带宽和高保密性、抗干扰性。随着计算机网络和光纤技术的发展，光纤的应用愈来愈广泛。光纤的数据传输速率可达 10 Gbps 以上，可满足校园网信息化的需求，适应计算机网络的发展。

(2)干线电缆布设方法　垂直干线子系统的作用是把主配线架与各分配线架连接起来，在垂直干线子系统中连接计算机中心机房至楼层配线间的主要是主干光纤和大对数电缆。目前拟用 12 芯单模光缆进行，由于构架万兆校园网主干，也方便日后的网络扩展，干线电缆将使用明铺金属线槽由连接设备传递到设备间并送至最终接口。

5. 设备间子系统设计

(1)设备间子系统设计选择　设备间子系统是整个布线数据系统的中心单元，实现每层楼汇接来的电缆的最终管理。设备间是在每幢大楼的适当地点设置进线设备，进行网络管理以及管理人员值班的场所。由综合布线系统的建筑物进线设备，数据、计算机等各种主机设备及其保安配线设备等组成，主要用于汇接各个 IDF(分配线架)，包括配线架、连接条、绕线环和单对跳线等。设备间子系统所有进线终端设备采用色标区别各类用途的配线区。

网络中心及各配线间安装：采用标准机柜，对所有信息点均通过一定的编码规则和颜色规则，以方便用户的使用和管理方便，数据主配线间设在整个校园的网络中心，用 12 芯室外光缆连接到各个楼的配线机柜内，本机柜另外还担负着一楼的所有信息点的配线架。而校园网网络中心设在新综合教学楼六楼在此安装核心交换机，校园网教学楼配线间设在 4 楼弱电间内，校园网负责管理教学楼信息点，校园网行政办公楼配线间设在 3 楼弱电间内，校园网负责管理行政办公楼信息点，校园网学生宿舍 1 号楼、2 号楼、3 号楼、4 号楼配线间均设在 2 楼弱电间内，负责管理校园网学生宿舍 1 号楼、2 号楼、3 号楼、4 号楼信息点，主设备间设在校园网网络中心。

(2)设备间环境注意要求　主设备间对环境有较高要求。主设备间内需建立一个照明良好、经过仔细调节、安全而又得到保护的环境，通常应达到以下要求：

保持室内无尘，具有良好的通风条件，室内的照明不低于540 lx(照度单位)。

室温保持在18～27℃之间，相对湿度保持在30%～55%。建议安装空调以保证温度、湿度要求。

安装合适的符合相关规定要求的消防系统。

使用防火门、至少能耐火1 h的防火墙(从地板到天花板)和阻燃漆。

房间至少有一扇窗留作安全出口。

设备间内设备安装建议进行抗震加固。网络机架用螺栓固定在抗震底座上。设备间内机架或机柜前面净空大于800 mm，后面净空大于600 mm。壁挂式配线设备底部离地面的高度大于300 mm。任意配线架的金属基座都应接地，接地电阻不大于3 Ω，每个电源插座的容量不小于300 W。室内应提供UPS电源以保证网络设备运行及维护的供电，对电源插座的容量也有一定的要求。

对各楼中的管理间对环境也有要求。对于环境温度，通风情况等都必须符合一定的要求，通常应尽量保持室内无尘土，符合有关的消防规范，配置消防系统等。

6. 建筑群子系统

(1)建筑群子系统选型　建筑群子系统将一栋建筑的线缆延伸到建筑群内的其他建筑的通信设备和设施。它包括铜线、光纤以及防止其他建筑的电缆的浪涌电压进入本建筑的保护设施。在校园网综合布线设计方案中各楼间的距离都超过了100 m，而当计算机数据传输距离超过100 m时，用光纤作为数据主干将是最佳选择，并具有大对数电缆无法比拟的高带宽和高保密性、抗干扰性。因此各楼间的连接采用某品牌12芯单模光缆，支持数据信息的传输。

(2)电缆布设方法　在校园网综合布线设计方案中将使用光纤把各新综合教学楼、教学楼、办公楼、实验楼、餐厅、家属楼群、学生宿舍楼互联。并集中于校园网网络中心。其敷设方式室内采用金属桥架，室外采用暗埋深沟填铺的方式进行。

7. 防雷及接地保护

(1)设计依据　主要有：建筑物防雷设计规范BG 50057—94、电子计算机机房设计规范GB 50174—93、民用建筑电器设计规范JGJ/T 16—92、计算站场地安全要求GB 9361—88。

(2)设计原则　由于机房雷电防护系统对所保护系统的业务正常运行具有非常重要的作用，因此雷电防护系统应具备先进性、可靠性、易维护、易升级等方面的突出特性。

(3)防雷防浪涌及接地系统　实施防雷工程主要就是要保证机房设备安全运行，保证计算机网络的传输质量，在各点进行不同等级的防雷保护。根据办公楼的实际情况，提出这些防雷措施：对信息中心机房进行全方位的防雷接地保护、对监控机房等进行全方位的防雷接地保护、对室外摄像头进行电源、视频、控制线路进行全面保护。

为了保证在机房内的工作人员不受静电及电磁脉冲的危害，需在静电地板下做均压网，且均压网与接地做良好的连接。使整个机房内地板的电位一致。

需将静电地板下方的支撑钢架和需要接地的设备的金属表面与均压网做良好的电气连接，使静电地板上积累的电荷有良好的泻放通道。

(4)接地保护　综合布线电缆和相关连接硬件接地是提高应用系统可靠性、抑制噪声、保障安全的重要手段。如果接地系统处理不当,将会影响系统设备的稳定性,引起故障,甚至会烧毁系统设备,危害操作人员生命安全。综合布线系统机房和设备的接地,按不同作用分为直流工作接地、交流工作接地、安全保护接地、防雷保护接地、防静电接及屏蔽接地等。

①机房独立接地要求　根据《电子计算机机房设计规范》GB 50174—93 中对接地的要求:交流工作接地、安全保护接地、防雷接地的接地电阻应≤4 Ω,本设计的接地电阻≤2 Ω,以提高安全性和可靠性。机房设独立接地体接地网,要求接地桩距离大楼基础 15～20 m。

②机房接地系统　计算机接地系统是为了消除公共阻抗的合,防止寄生电容偶合的干扰,保护设备和人员的安全,保证计算机系统稳定可靠运行的重要措施。如果接地与屏蔽正确的结合起来,那么在抗干扰设计上最经济而且效果最显著的一种,因此,为了能保证计算机系统安全,稳定、可靠的运行,保证设备人身的安全,针对不同类型计算机的不同要求,设计出相应的接地系统。

(5)线路防护

①进入建筑物的所有线路必须安装电涌保护器,低压配电线路应设计三级保护。

②技术参数:SPD1 选用Ⅰ级分类试验冲击电流 Iimp 通过幅值电流不小于 35 kA (10/350 μs),残压小于 4 kV;SPD2 选用标称放电电流不小于 15 kA(8/20 μs),残压小于 1.5 kV;SPD3 选用标称放电电流不小于 3.5 kA(8/20 μs),残压小于 1.2 kV。

(6)产品验收　所有产品必须具有国家相关部级质检机构出具的检验报告。

3.4.3 综合布线系统施工要点

一般注意以下要点:

①做好动工前环境的探究。

②布线前的准备:设计综合布线实际施工图、规划设计和预算。

③施工进行中注意事项:在实施设计时首先应注意符合规范化标准、根据实际情况设计;要注意选材和布局;现场督查确保质量;做各类标识。

④施工结束时,还应该注意清理现场,保持现场清洁、美观;对墙洞、竖井等交接处要进行修补;各种剩余材料汇总,并把剩余材料集中放置一处,并登记其还可使用的数量;并做好总结材料:开工报告、布线工程图、施工过程报告、测试报告、使用报告和工程验收所需的验收报告等。

3.5 综合布线系统的测试与验收

3.5.1 双绞线验收测试标准

1. 主要的标准

国际商业建筑物布线标准 TIA/EIA-568 等前面讲到的相应标准。26.2-1997 neq ISO/IEC11801:1995。

2. 主要验收测试项目

(1)长度　长度有物理长度与电气长度两种。所定义基本链路/通道的物理长度是两个端点之间的电缆物理长度总和。通过测量电缆物理长确定。基本链路的物理长度是 90 m。通道的最大物理长度是 100 m(含快速边线与快速连线)

(2)线序　根据 EIA/TIA568 A 或 568B 国际标准。

(3)衰减　由于集肤效应、绝缘损耗、阻抗不匹配、连接电阻等因素,造成信号沿链路传输损失的能量,称之为衰减。衰减是针对"基本回路"/"通道回路"信号损失程度的量度。最坏线对的衰减应小于以下"基本回路"/"通道回路"允许的最大衰减值。衰减是在基本链路或通道中信号损耗的测量,由一条链路内所有线对的最坏情况下的衰减值为基准确定。

(4)近端串音　电磁波从一个传输回路(主串回路)串入另一个传输回路(被串回路)的现象称为串音,能量从主串回路串入回路时的衰减程度称为串音衰减。在 UTP 布线系统中,近端串音为主要的影响因素。布线系统都应通过 NEXT 衰减的测试,而且 NEXT 衰减的测试必须从两个方向进行,也就是双向测试。

(5)回波损耗　回波损耗,又称为反射损耗。是电缆链路由于阻抗不匹配所产生的反射,是一对线自身的反射。不匹配主要发生在连接器的地方,但也可能发生于电缆中特性阻抗发生变化的地方。典型情况下设计者的目标是至少 10dB 的回波损耗。

(6)环路电阻　环路电阻(20℃时):<176 Ω/km、容抗:54 nF/100 m、阻抗:(100±15)Ω。

(7)阻抗　阻抗(Ohm)107~111。

3. 常见测试工具

主要要 Fluck、MicroTek 等公司的产品。

3.5.2　光缆测试

测试标准:光缆传输性能的测试可参照 GB/T 8401 执行。

1. OTDR

OTDR 的英文全称是 optical time domain reflectometer,中文意思为光时域反射仪。OTDR 是利用光线在光纤中传输时的瑞利散射和菲涅尔反射所产生的背向散射而制成的精密的光电一体化仪表,它被广泛应用于光缆线路的维护、施工之中,可进行光纤长度、光纤的传输衰减、接头衰减和故障定位等的测量。

2. 光衰减

无论是水平布线子系统,建筑物主干布线子系统还是建筑群主干布线子系统,光缆中的每芯光纤的光衰减不应超过下表的规定值。

光缆布线各子系统光衰减,如表 3-7 所示。

表 3-7 光衰减参考值

类型子系统	单模光衰减/dB (1 310 nm)	单模光衰减/dB (1 550 nm)	多模光衰减/dB (850 nm)	多模光衰减/dB (1 300 nm)
水平布线(100 m)	2.2	2.2	2.5	2.2
建筑物布线(500 m)	2.7	2.7	3.9	2.6
建筑群布线(1 500 m)	3.6	3.6	7.4	3.6

3. 全程光衰减

由若干子系统组合成的光缆布线链路,在工作波长点,每芯光纤的全程光衰减不应超过 11dB。

3.5.3 测试程序

在开始测试之前,应该认真了解布线系统的特点、用途,信息点的分布情况,确定测试标准,选定测试仪后按程序进行:测试仪测试前自检,确认仪表是正常的;选择测试了解方式;选择设置线缆类型及测试标准;NVP 值核准(核准 NVP 使用缆长不短于 15 m);设置测试环境湿度;根据要求选择"自动测试"或"单项测试";测试后存储数据并打印;发生问题修复后复测;测试中出现"失败"查找故障。

3.5.4 测试结果应报告的内容

除长度、特性阻抗、环路电阻等项测试外,其余各测试项都是与频率有关的技术指标,测试仪测试结果应报告表中所规定的各项目,并按测试结果内容说明规定做出报告。

以上测试方面,在从配线架连接到数据网络设备之所有双绞线电缆都要执行。在测试过程中,如有任何信息端口不能通过测试,需作出检查,维修或更换,直至全部通过测试为止。而当整个布线工程完成后,全部之测试报告则会连同其他文件一并交到用户手上作为纪录。

3.5.5 工程验收步骤及方法

①工程竣工以后,施工单位应在工程验收以前,将工程竣工技术资料交给建设单位。

②综合布线系统工程的竣工技术资料应包括这些内容:安装工程量;工程说明;设备、器材明细表;竣工图纸为施工中更改后的施工设计图;测试记录(宜采用中文表示);工程变更、检查记录及施工过程中,需更改设计或采取相关措施,由建设、设计、施工等单位之间的双方洽商记录;随工验收记录;隐蔽工程签证;工程决算。

③竣工技术文件要保证质量,做到外观整洁,内容齐全,数据准确。在验收中发现不合格的项目,应由验收机构查原因,分清责任,提出解决办法。

④综合布线系统工程如采用计算机进行管理和维护工作,应按专项进行验收。

习题

1. 通过查找资料了解光纤容量情况和发展历史。
2. 通过理论学习,结合教材中 XX 大学校园网综合布线材料,设计出综合布线的详细方案,包括所需要的设备、线材及线材数量和距离、标准、相关文档等。

第4章 网络管理配置技术

4.1 网络设备配置方式与配置模式

在组建网络的时候，理解并能配置各种网络设备，熟练掌握操作系统特性和初始配置是很重要的。在网络工程中，对于各个厂家的网络设备配置与管理大同小异，它们在配置命令和特性上会有一些区别。

具有网络管理功能的设备可以通过以下几种途径进行管理：通过 RS-232 串行口（或并行口）通过 Console 端口进行管理；通过网络浏览器或者 Telnet 进行远程管理；通过网络管理软件进行集中管理配置。

4.1.1 Console 端口管理

当一台网络设备没有经过任何配置时，我们一般采用这种方式进行设备初始化的配置与管理。

小知识

CONSOLE 端口一般为设备的控制端口，实现设备的初始化或远程控制，Console 端口使用配置专用连线直接连接至计算机的串口，利用终端仿真程序（如 Windows 下的"超级终端"）进行本地配置。Console 端口多为 RJ-45 端口或串行端口。

操作步骤：

①设备连接：先把串口电缆的一端插在交换机背面的 Console 口中，另一端插入计算机的串口里。若计算机没有串行端口，则需要使用 RS-232 转串口的线缆，并安装驱动程序。如图 4-1 所示。

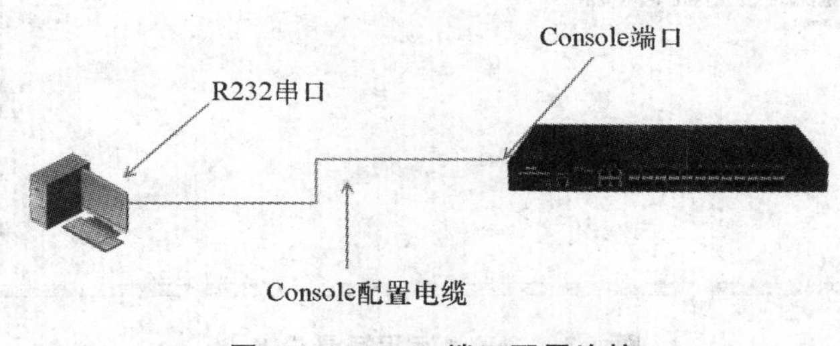

图 4-1　console 端口配置连接

②当交换机加电后，在 Windows 系统中使用“超级终端”程序，或者安装 SecuCRT 等终端软件。打开“超级终端”，设定好连接参数，包括 COM 口设置、速率设置、数据位、奇偶校验、停止位、数据流控制等参数设置。第一次使用超级终端需要设置区号，随便输入一个就可以了。设置完成后便可以加电设备，就可以配置网络设备了。连接成功后如图 4-2 所示。

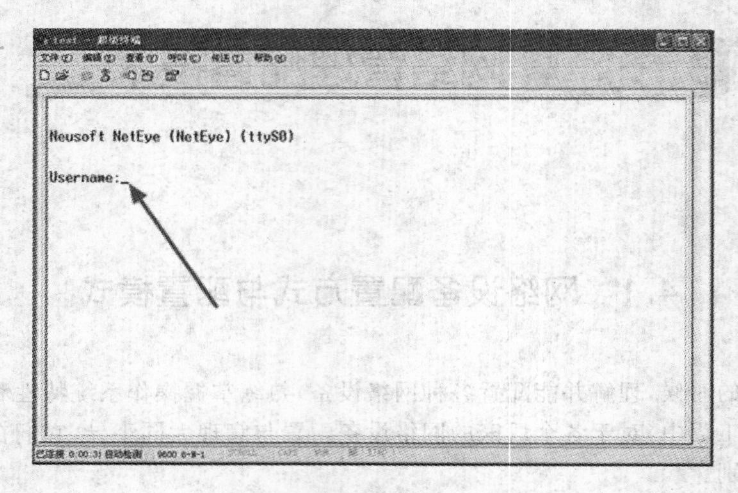

图 4-2　超级终端成功连接

注意 不管你使用计算机 COM 口，还是使用 USB 转换端口，都可以在 Windows 设备管理器中看到 COM 口的号码，速率设置一般为 9600、数据位为 8、奇偶校验为“无”、停止位为 1、数据流控制为“硬件”。

4.1.2　使用 Telnet 进行远程管理

另外一种最常用的管理方式就是使用 Telnet 进行远程管理(图 4-3)。Telnet 在网络设备管理中用不同的线路表示，即 VTP(Virtual type terminal)虚拟类型终端，也有用 Virtue terminal line 表示虚拟连线的方式。在设备中常用 line vty 0 4 管理 5 个终端可以同时连接，交

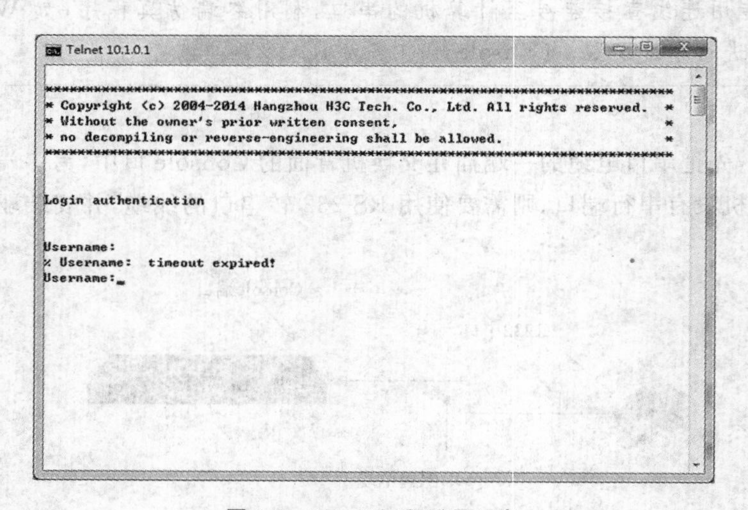

图 4-3　Telnet 远程登录设备

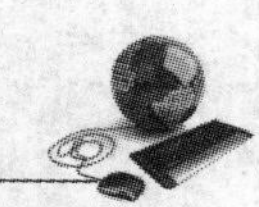

换机用 line vty 0 15 表示可以同时接入 16 个终端。VTY 线路启用后,并不能直接使用,必须对其网络设备配置访问密码和设置了正确的 IP 地址之后才能允许用户进行登录。一般对已在网络中运行的设备可以采用 Telnet 的方式进行远程管理。

Telnet 在 Win 7 和 Win 8 系统下需要在程序管理中添加 Telnet 功能后方可使用。我们可以在运行窗口中输入 CMD 命令,运行命令窗口。

Telnet 的使用方法为:

telnet x. x. x. x(ip 地址)或者 telnet 主机名(如 s1. ynau. edu. cn)

4.1.3 通过 Web 进行远程管理

网络设备还可以通过虚拟交换机管理器(Visual Switch Manager,VSM)进行管理,VSM 内置的 HTTP 服务器能够通过一个标准浏览器(例如,IE、百度浏览器等),启动基于 Web 界面的管理界器,但前提是必须给交换机指定一个 IP 地址,这个 IP 地址的用途一般只是作为网络管理。在默认状态下,交换机没有 IP 地址,因此,必须通过串口或其他方式指定一个 IP 地址之后,才能启用这种管理方式。

此时,交换机相当于一台 Web 服务器,只是它的网页并不储存在硬盘里面,而是在交换机的 NVRAM 里面。当管理员在浏览器中输入交换机 IP 地址时,交换机就像一台服务器一样把网页传递给计算机,此时给人的感觉就像在访问一个网站一样。大多数桌面级的无线路由器都采用这种方式进行管理。

4.1.4 通过网管系统进行管理

可网管的交换机均遵循 SNMP 协议(简单网络管理协议),SNMP 协议是一整套符合国际标准的网络设备管理规范。凡是遵循 SNMP 协议的设备,均可以通过网管软件来管理。只要在一台网管工作站(PC)上安装一套 SNMP 网络管理软件,通过局域网就可以很方便、可视化地管理网络设备。

4.2 网络设备的配置模式

网络设备实质上就是一台具有特别功能的计算机,并安装有操作系统,操作系统有不同的操作模式,不同的操作模式可以设置不同的设备功能。在对网络设备管理和配置中,需要进入相应的操作模式,才能正确地操作和配置网络设备。主要的模式有如下几种:

4.2.1 普通用户模式

我们在使用 Console 端口或 Telnet 方式登录设备,输入用户名、密码后就进入普通用户管理模式,会出现“>”的命令提示符。在普通用户模式下,我们只能进行很有限的操作,比如网络测试命令、显示简单的设备信息等。

提示 在任何状态下,你可以输入“?”来寻求帮助,将会列出当前状态中可以使用的命令和选项。例如:

RG-8606>show ?

arp-guard	Show ARP guard information
class-map	Show QoS Class Map
clock	Display the system clock
logging	Show the contents of logging buffers
mainfile	Display MainFile Name
……	
traffic-shape	Show traffic rate shaping configuration
version	Display Version Information

当我们不记得 show 后面的命令选项是什么时，我们在 show 后面加上"?"，系统就自动提示我们可以跟上 arp-guard、class-map、clock、logging 等等，提示的信息，左面为命令选项，右边文字为描述信息。

4.2.2 特权用户模式

特权用户模式则是取得了设备完全的管理控制权，即为管理员权限。在此模式下，我们可以设置、配置网络设备的任何特性和功能。特权模式的命令提示符为"#"，与 Linux 系统的 Root 提示符一样。在普通用户模式下，使用 enable 命令可以进入特权模式。

RG-8606>enable

Password:

RG-8606#

输入 enable 命令回车后，系统将提示你输入特权用户密码，密码验证正确后则转入特权模式。

4.2.3 全局配置模式

当需要改变设备的配置、功能或特性时，首先需要进入到全局配置模式，然后才能进行相应的操作。在特权用户模式下，使用 configure terminal 命令进入全局配置模式。

RG-8606#configure terminal

Enter configuration commands, one per line. End with CNTL/Z.

RG-8606(config)#

输入命令后，提示"输入配置命令，每行一个 mingle，按 Contrl+Z 退出当前模式。"然后显示配置模式提示符"(config)#"。

4.2.4 其他配置模式

在全局配置模式下，能够转入其他的配置模式，比如端口配置模式、Vlan 配置模式、OSPF 路由配置模式、接口 Vlan 配置模式等。需要配置设备的哪一功能特性，则需转入相应的配置模式，才能完成操作，后续会逐一详细讲述。

4.2.5 命令行在线帮助

各个厂家设备的操作系统，均会提供方便的在线帮助功能，在操作中可以利用这些帮助提高操作效率。

1. ? 键的使用

在任意视图下，键入?，即可获取该视图下您可以使用的所有命令及其简单描述。

```
RG-8606>?
Exec commands:
<1-99>            Session number to resume
  disable         Turn off privileged commands
  disconnect      Disconnect an existing network connection
  enable          Turn on privileged commands
  exit            Exit from the EXEC
……
RG-8606#show vlan ?
  access-map      Vlan access-map
  filter          Vlan filter information
  id              Vlan status by Vlan id
  private-vlan    Private vlan
  |               Output modifiers
<cr>
```

其中<cr>表示可以可直接回车执行命令，后面可以没有参数，|表示管道操作，可以有三个选项 begin、include、exclude，三个选项后都跟上一个字符串。如：

RG-8606#showrunning-config | begin interface gigabitethernet0/0/1

此命令就表示显示正在运行的配置文件，从"interface gigabitEthernet0/0/1"开始显示，include 是显示包含字符串的内容，exclude 是过滤改字符串显示。

如果? 位置为参数，则列出有关的参数描述。例如：

```
RG-8606#show vlan ?
  access-map      Vlan access-map
  filter          Vlan filter information
  id              Vlan status by Vlan id
  private-vlan    Private vlan
  |               Output modifiers
<cr>
```

键入命令的不完整关键字，其后紧接?，显示以该字符串开头的所有命令关键字。例如：

```
RG-8606(config)#s?
security service show snmp-server sntp spanning-tree switchport
system-guard
```

列出了所有以 s 开头的命令。

2. 其他按键使用

- TAB 键可以自动补全不完整的命令。

- 向上、向下方向键可以将前面执行的命令重复显示。
- 在显示信息中,如果满屏需要翻页,按空格键将显示下一页、回车键将逐行显示。
- Ctrl+z 键退出当前模式转换到特权模式。

3. 特殊提示

- <1-24> 表示参数只能为数字,范围为 1～24。
- LINE 表示参数为字符串
- A. B. C. D 表示参数为 IP 地址或子网掩码
- WORD 表示参数为字符串

4.2.6 简写命令

网络设备的操作系统可接受不完整命令,并不需要输入整个单词。一般来说,输入命令的前 3～4 个字符即可执行相应的命令。

例如:

RG-8606＃show interface gigabitEthernet0/11

可以简写为:

RG-8606＃sh int g0/11

特别注意,用户必须输入足够的字符,以便网络设备能够识别唯一的命令。当有多个备选的命令时,网络设备便不能执行,就会提示错误信息。

4.2.7 错误信息

一般情况下,如果命令正确执行,网络设备不会提示任何信息。如果命令有误,或简写没有达到识别唯一命令的时候,会给出错误信息,并在错误参数或单词下面提示“^”。主要有以下几种错误类型。

- 不明确的命令,没有输入足够的字符,无法识别该命令。
- 不完整的命令,没有输入这个命令要求的所有关键字或值。
- 检测到非法输入,即不正确的命令或参数。

当我们不知道命令如何输入,或不知道参数如何输入时可以使“?”来看一下提示,帮助我们理解和掌握配置命令。

4.3 网络设备基本配置

4.3.1 Show 命令

Show 命令是我们查看网络设备各项信息、状态的一个非常重要的命令,是网络管理员与设备交互的眼睛,网络语言“秀”就从这个命令音译过来的。比较常用的 show 命令有如下一些。

(1)显示网络设备的版本信息　show version

(2)显示时间　show clock

(3)显示在线用户　show user

(4)显示设备CPU状态　show cpu

(5)显示接口信息　show interface

(6)显示vlan信息　show vlan

(7)显示路由信息　show ip routing

(8)显示ARP表　show arp

(9)显示MAC地址表　show mac-address table

(10)显示当前运行的配置文件　show running-config

(11)显示已保存的配置信息　show startup-config

Show命令还有很多用法，在后续的管理中我们会逐一介绍。

4.3.2　配置设备基本信息

我们面对一台崭新的网络设备的时候，需要先配置一些基本信息，如设备名称、特权模式密码、Console端口设置、Telnet设置等

1. 设置主机名

设置网络设备的主机名使用hostname命令，其使用格式如下：

hostname WORD

该命令在全局配置模式下进行配置，WORD是你为设备取得名字，具体配置例如：

```
Switch>enable                      进入特权模式
Password:                          输入特权密码
Switch#configure terminal          进入全局配置模式
Switch(config)#hostname Center1    设置设备名称
Center1(config)#                   设备名称已设置为"Center1"
```

2. 设置时间

设备的时间尽量要设置准确，以方便查看设备的运行日志，在有些场合需要同步设备之间的时间。使用clock set命令在特权模式下进行设置时间和日期，特别注意是特权模式，例如：

Center1(config)#clock set 12:30:55 12 10 2014 时间格式为hh:mm:ss 月 日 年

如果需要改变时区，则在全局配置模式下使用clock timezone命令进行设置，例如：

Center1(config)#clock timezone UTC+8

表示设置为世界标准时间，+8即在世界统一时间的基础上加8 h，中国大陆的时间即为在世界时间的基础上加8 h。

3. 设置线路终端

一般情况，网络设备有四种线路：控制台线路、辅助线路、异步线路、虚拟终端线路。不同的设备有不同的线路类型和数量。为了管理指定类型的某一个线路，则需要进入相应线路配置模式。在全局配置模式下，使用line命令进入相应线路。

line [aux|console|tty|vty] Number [End-Number]

中括号内部表示可选内容,必须选择一个,|分隔开各个选项。包括 aux、console、tty、vty,aux 是辅助线路,目前很少的设备配有该线路;console 为控制台线路,线路号为 0,一台设备一般只有一个 console 线路;tty 标准异步线路;vty 虚拟终端线路,我们使用 telnet 方式管理设备时就是使用 vty 线路,有的设备线路号可以从 0 至 35,表示同时支持 36 个虚拟终端接入。命令中 Number 代表开始线路号,End-Number 表示结束线路号。例如:

Center1(config) # line vty 0 5　　进入虚拟终端 0 至 5 号线路配置模式

Center1(config) # line console 0　　进入控制台 0 号线路

在线路配置模式下,主要配置线路的管理权限和口令,设置各类终端信息、流量控制等。最为常用的是权限与口令设置。

Center1(config-line) # login　　登录时检查特权密码

Center1(config-line) # no login　　取消检查登录时检查特权密码

Center1(config-line) # privilege level 7　　设置线路登录后权限为 7 级,最低为 0,最高为 15

Center1(config-line) # password abc123　　设置线路密码为"abc123"

4. 设置特权密码和启用密码加密服务

设置特权密码使用命令 enable password,特权密码可以完全获取网络设备的访问和控制权。Enable 命令实际上可以用在不同的权限等级之间切换,0 级为参观权限,1 级为普通用户权限,15 级为特权用户权限,最常用的就是 1 级与 15 级之间的切换,在电信级网络管理中,管理员有很多角色,不同角色能够获得不同的管理控制权,因此设置多个级别方便权限分配。例如,设置特权密码为"abc123"使用如下命令:

Center1(config) # enable password abc123　　设置特权密码为 abc123

Center1(config) # no enable password　　取消特权密码设置

当我们设置特权密码后,采用 show running-config 时,会发现我们设置的密码完全暴露在人们视线中,为保证密码安全,可以采用密码加密的方式,防止旁人盗取特权密码,在全局配置模式下,使用命令:

Center1(config) # service password-encryption　　密码加密显示

Center1(config) # enable password abc123

Center1(config) # show running|begin enable 从 enable 开始显示正在运行的配置文件

enable password 7 004b224012654b

!

!

……

我们看到特权密码已通过加密为 004b224012654b,而不是 abc123 了。Service 命令即为启用服务,例如 dhcp 服务、标准格式系统消息服务、时间戳服务等。如果需要取消相应服务我们在命令前加 no 即可取消相应服务了。

4.3.3　设备端口配置

1. 交换机端口

(1)交换机端口分类　交换机的端口可以从速率和传输介质进行分类，从速率来分有 10 Mbps、100 Mbps、1 000 Mbps、10 000 Mbps 的端口，从传输介质来分一般分为电端口和光端口。电端口目前大部分都为自适应端口，如 10/100/1000Mbps 自适应端口。

(2)交换机端口编号　交换机端口的编号一般的规则为：端口类型＋业务板位/端口号。例如：

fastethernet0/1　　　　　快速以太网 0 号业务板的第 1 号端口

GigabitEthernet 2/12　　千兆以太网 2 号业务板的第 12 号端口

inter Ten-GigabitEthernet万兆以太网 1 号业务板的第 0 号端口

堆叠交换机端口编号规则为：端口类型＋交换机号/业务板位/端口号

例如：fastethernet2/0/3 表示第 2 号交换机的 0 号业务板的第 3 号端口，端口类型为快速以太网端口，即速率为 100Mbps。

在一些模块化交换机中，端口的编号也采用 3 个编号描述，如 GigabitEthernet 2/0/2，表示 2 号业务板的 2 号端口，中间的 0 没有实际含义。

端口编号可以缩写，如 fastethernet0/1 可以缩写为 f0/1，GigabitEthernet 2/0/2 可以缩写为 g2/0/2。

2. 路由器端口

路由器有丰富的端口类型，除了前述的交换机端口分类方式以外，还可以按照接入的物理网络技术来分，也就是说端口连接哪一种技术的网络，比如 ISDN、帧中继、X. 25 等，我们常见的端口有以太网端口、串行端口。

路由器端口的编号与交换机基本一致，在固化的中低端路由器中，端口省去了业务插槽编号，如 serial 0 表示第 0 号串行口，ethernet1，表示以太网 1 号口。同样，也可以进行简写，serial 0 可以简写为 s0。

3. 以太网端口的配置

网络设备以太网端口的主要特性有：端口速率、端口工作模式、端口描述、端口地址学习、端口状态管理、流量控制等。

①端口速率的配置需要在端口配置模式下进行，使用 speed 命令，该命令的选项有 4 个：10、100、1000、auto，单位为 Mbps、auto 表示自适应速率。例如将端口 g2/0/2 速率设置为 100Mbps。

Center1(config)＃interface gigabitehternet2/0/2　　进入端口 g2/0/2

Center1 (config-if-GigabitEthernet 2/0/2)＃speed 100　　设置速率为 100Mbps

②以太网端口工作模式有全双工、半双工、自协商三种模式，使用命令 duplex 进行配置，选项为 full(全双工)、half(半双工)和 auto(自协商)。配置时需进入端口配置模式。

Center1(config)＃interface gigabitehternet2/0/2　　进入端口 g2/0/2

Center1 (config-if-GigabitEthernet 2/0/2)＃duplex full　　设置端口工作模式为全双工

注意 端口两端的工作模式需要设置为同一种，否则该链路就无法正常工作。

③端口描述有利于我们管理设备，能够方便地看出该端口是接到什么地点或什么设备，良好的端口描述为我们远程管理带来方便。端口描述使用 description 命令，其后跟上规范的描述信息。

端口描述信息一般可以包含目的端设备间编号或名称、目的端设备号、目的端设备端口号等信息。如果是接入设备，即用户端设备，端口的描述信息可以包含房间号、房间信息插座编号等信息。例如：

Center1(config)＃interface gigabitehternet2/0/2　　　　进入端口 g2/0/2

Center1 (config-if-GigabitEthernet 2/0/2)＃description shiyanlou-3-10. 1. 23. 12-24

此描述包括四个方面的信息：到实验楼-3 号设备间，设备编号为 10. 1. 23. 12，对端设备端口号为 24。经过描述后，该信息能够为网络管理员快速地定位对端设备，发现故障点。

④以太网端口具有自动学习地址的功能，通过端口发送和接收的帧的源 MAC 地址将被存放在设备的地址表中。那么下一次有数据帧需要转发时就查找 MAC 地址表，实现帧的快速转发。地址表各项设置了一个老化时间，即为有效期，默认为 300 s，当超过有效期的地址表项将被删除。端口的 MAC 地址管理包括开启端口的地址学习、绑定静态地址、设置老化时间等。下面我们就逐一进行实验

开启端口地址自动学习使用 mac-address-learning 命令，关闭端口地址自动学习只需在前面加 no 关键字即可。默认情况下，端口的自动学习是开启的。

Center1(config)＃interface gigabitehternet2/0/2　　　　进入端口 g2/0/2

Center1 (config-if-GigabitEthernet 2/0/2)＃ mac-address-learning　　　　开启自动学习

Center1 (config-if-GigabitEthernet 2/0/2)＃no mac-address-learning　　　　关闭自动学习

设置地址表项的老化时间需在全局配置模式下进行，老化时间设置为 0 表示停止老化时间检查，也就是表项永久有效，有效的老化时间的数值范围为 10～630，单位为秒。老化时间的设置可以让网络终端(计算机)能够调换端口。

Center1 (config-if-fastethernet0/2)＃ exit　　　　退出端口配置模式

Center1 (config)＃ mac-address-table aging-time 100　　　　老化时间设为 100 s

手工配置的 MAC 地址表项，用于绑定 MAC 地址与端口关系，这类地址只能通过手工配置添加和删除，保存配置后设备重启，静态地址也不会丢失。绑定静态 Mac 地址即将 MAC 地址绑定到固定的端口上，这样可以增强网络的安全性，避免用户随意更换入网地址。配置过程如下：

Center1 (config-if-fastethernet0/2)＃no mac-address-learning 关闭端口的自动学习功能

Center1 (config)＃exit　　　　退出端口配置模式，进入全局配置模式

Center1 (config)＃ mac-address-table static 1111. 1111. 1111 vlan 10 inter fa0/2

将 1111. 1111. 1111 的 MAC 地址绑定到端口 fa0/2 上，并加入 Vlan 10 中。

4. 端口状态信息

网络设备的端口状态信息能够让管理人员更好地掌握网络设备的运行状况，负载情况、端口的配置情况等。主要的端口状态信息包括端口连接状态、5 min 端口速率和包交换速率、传输介质类型、端口工作模式、数据统计等。

对于端口连接状态，可以在端口配置模式下进行设置，使用 shutdown 命令关闭端口，使用 no shutdown 开启端口。

Center1 (config)＃interface f0/12　　　　进入端口配置模式

Center1 (config-if-fastethernet0/12)＃shutdown　　　　关闭端口

Center1 (config-if- fastethernet0/12)＃no shutdown　　　　开启端口

其他端口状态信息可以在全局配置模式或特权用户模式下采用 show 命令进行查看，比如查看 gigabitEthernet 1/2 端口的状态信息进行如下操作：

Center1 (config)＃ show interfaces gigabitEthernet 1/2　　　　显示 g1/2 端口的状态信息

显示的信息如下：

GigabitEthernet 1/2 is UP, line protocol is UP

Hardware is Broadcom 5464 GigabitEthernet

Description: Connect _ To _ ShiYanLou

Interface address is: no ip address

MTU 1500 bytes, BW 1000000 Kbit

Encapsulation protocol is Bridge, loopback not set

Keepalive interval is 10 sec , set

Carrier delay is 2 sec

RXload is 3 ,Txload is 3

Queueing strategy: FIFO

Output queue 0/0, 0 drops;

Input queue 0/75, 0 drops

Switchport attributes:

interface's description:"Connect _ To _ ShiYanLou"

medium-type is fiber

lastchange time:0 Day: 0 Hour: 2 Minute:18 Second

Priority is 0

admin duplex mode is AUTO, oper duplex is Full

admin speed is AUTO, oper speed is 1000M

flow control admin status is OFF,flow control oper status is OFF

broadcast Storm Control is OFF,multicast Storm Control is OFF,unicast Storm Control is OFF

5 minutes input rate 14553009 bits/sec, 2925 packets/sec

5 minutes output rate 13896408 bits/sec, 2378 packets/sec

2216733665 packets input, 1054388219493 bytes, 0 no buffer, 0 dropped

Received 232 broadcasts, 0 runts, 0 giants

0 input errors, 0 CRC, 0 frame, 0 overrun, 0 abort

2384215993 packets output, 1691399118476 bytes, 0 underruns , 0 dropped

0 output errors, 0 collisions, 0 interface resets

上面显示的信息中，有一些关键的信息需要掌握。

GigabitEthernet 1/2 is UP, line protocol is UP

这表示 GigabitEthernet 1/2 端口处于连接状态，数据接收和发送正常，如果线路故障或

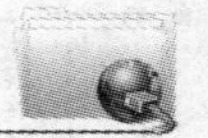

另一端没有接设备或处于关闭状态，则会显示 DOWN 状态。line protocol 是线协议的意思，表示两段设备端口协商正常，速率、工作模式匹配。有时两段设备速率不匹配或配置的协商模式不匹配，线协议将会处于 DOWN 状态。

```
Hardware is Broadcom 5464 GigabitEthernet
Description: Connect _ To _ ShiYanLou
Interface address is: no ip address
  MTU 1500 bytes, BW 1000000 Kbit
  Encapsulation protocol is Bridge, loopback not set
  Keepalive interval is 10 sec , set
  Carrier delay is 2 sec
  RXload is 3 ,Txload is 3
  Queueing strategy: FIFO
    Output queue 0/0, 0 drops;
    Input queue 0/75, 0 drops
```

这部分描述了端口硬件型号是 Broadcom 5464 GigabitEthernet、端口描述信息为 Connect _ To _ ShiYanLou、端口没有配置 IP 地址、最大传输单元长度为 1 500 字节、带宽为 1 000Mbps、封装的协议为网桥、环回测试没有设置、保活时间间隔为 10 s、载波延时为 2 s、发送接收负载利用率为 3、存储转发队列策略为 FIFO(其中发送 output 队列总长度为 0，当前队列长度为 0，接收 input 队列总长度为 75，当前长度为 0，丢弃的数据包为 0)。

后面的内容为端口属性，包括端口描述、介质类型，最近端口改变时间、端口工作模式、速率等等，各属性的解释信息如下：

Switchport attributes:

interface's description: "Connect _ To _ ShiYanLou"　　//端口的描述信息

medium-type is fiber　　//传输介质为光纤

lastchange time:0 Day: 0 Hour: 2 Minute:18 Second　　//最近改动时间为 2 min 18 s

Priority is 0　　//

admin duplex mode is AUTO, oper duplex is Full　　//端口工作模式为自动，运行在全双工模式下

admin speed is AUTO, oper speed is 1000M　　//端口速率设置为自动模式、运行速率为 1 000Mbps

flow control admin status is OFF,flow control oper status is OFF　　//端口流量控制状态的配置处于关闭状态，实际运行也为关闭状态。

broadcast Storm Control is OFF, multicast Storm Control is OFF, unicast Storm Control is OFF　　//广播风暴控制关闭、多播风暴控制关闭、单播风暴控制关闭

5 minutes input rate 14553009 bits/sec, 2925 packets/sec　　//最近 5 min 平均接收速率为每秒接收 14553009 位，每秒接收 2925 个包

5 minutes output rate 13896408 bits/sec, 2378 packets/sec　　//最近 5 min 平均发出速率为每秒发送 13896408 位，每秒发送 2378 个包

2216733665 packets input, 1054388219493 bytes, 0 no buffer, 0 dropped　　//自

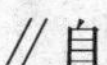

设备启动运行以来接收到 2216733665 个包，共 1054388219493 字节，0 个缓冲不足，0 个被丢弃

Received 232 broadcasts, 0 runts, 0 giants　　//收到 232 个广播包、0 个碎片帧、0 个超长帧

0 input errors, 0 CRC, 0 frame, 0 overrun, 0 abort　　//接收 0 出错、0 个 CRC 校验错误、0 个超载错误（进入端口的数据速率大于接收速率导致的错误）、0 个非法报文总数。

2384215993 packets output, 1691399118476 bytes, 0 underruns , 0 dropped　//自交换机启动运行以来从本端口共发送出去 2384215993 个数据包，1691399118476 字节，underruns 与 overrun 相反，就是发送速率过快导致设备无法处理的次数，0 个数据帧被丢弃。

0 output errors, 0 collisions, 0 interface resets　　//该端口 0 个发送错误，0 个冲突，0 次端口复位或重启。

4.4　Vlan 技术

4.4.1　什么是 Vlan

Vlan(Virtual Local Area Network)即虚拟局域网，是一种通过将局域网内的设备逻辑地而不是物理地划分成一个个网段从而实现逻辑上组网分段，用户各自在自己的逻辑网络内通信，用户的感觉就像是在不同的物理网络内一样。IEEE 于 1999 年颁布了用于标准化 Vlan 的实现方案 802.1Q 协议标准草案。

如图 4-4 所示，2 台交换机相连的 8 台电脑，被划分为 2 个 Vlan，生产部 A、B、G、H 划分到 Vlan10，市场部 C、D、E、F 划分到 Vlan 20。这样，各自的只能在逻辑的网络内进行通信。

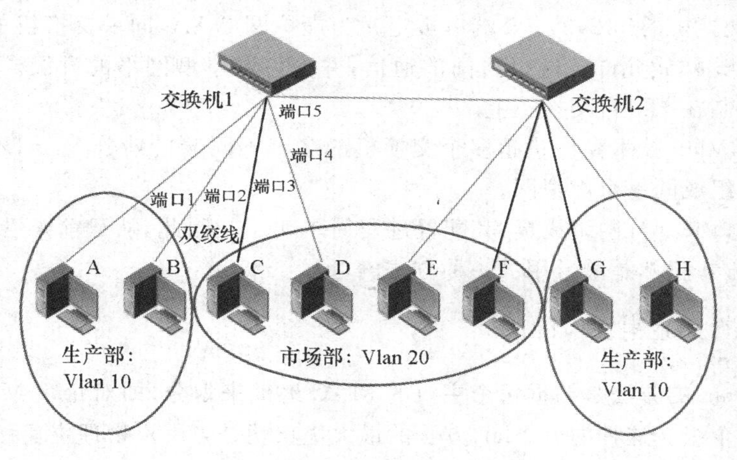

图 4-4　Vlan 分割网段

Vlan 技术允许网络管理者将一个物理的 lan 逻辑地划分成不同的广播域（或称虚拟 lan，即 Vlan），每一个 Vlan 都包含一组有着相同需求的计算机工作站，与物理上形成的 lan 有着相同的属性。但由于它是逻辑地址而不是物理地址划分，所以同一个 Vlan 内的各个工作站无须

被放置在同一个物理空间里，即这些工作站不一定属于同一个物理 lan 网段。一个 Vlan 内部的广播和单播流量都不会转发到其他 Vlan 中，即使是两台计算机有着同样的网段，但是它们却没有相同的 Vlan 号，它们各自的广播流也不会相互转发，从而有助于控制流量、减少设备投资、简化网络管理、提高网络的安全性。

Vlan 是为解决以太网的广播问题和安全性而提出的，它在以太网帧的基础上增加了 Vlan 头，用 Vlan ID 把用户划分为更小的工作组，限制不同工作组间的用户二层互访，每个工作组就是一个虚拟局域网。虚拟局域网的好处是可以限制广播范围，并能够形成虚拟工作组，动态管理网络。

既然 Vlan 隔离了广播风暴，同时也隔离了各个不同的 Vlan 之间的通信，所以不同的 Vlan 之间的通信是需要通过三层路由来完成。

4.4.2　Vlan 的优点

(1)限制广播域　广播域被限制在一个 Vlan 内，节省了带宽，提高了网络处理能力。

(2)增强局域网的安全性　不同 Vlan 内的报文在传输时是相互隔离的，即一个 Vlan 内的用户不能和其他 Vlan 内的用户直接通信，如果不同 Vlan 要进行通信，则需要通过路由器或三层交换机等三层设备。

(3)灵活构建虚拟工作组，管理方便　用 Vlan 可以划分不同的用户到不同的工作组，同一工作组的用户也不必局限于某一固定的物理范围，使得网络构建和维护更方便灵活。

4.4.3　Vlan 的划分

1. 根据端口来划分 Vlan

许多 Vlan 厂商都利用交换机的端口来划分 Vlan 成员。被设定的端口都在同一个广播域中。例如，一个交换机的 1,2,3,4,5 端口被定义为虚拟网 AAA，同一交换机的 6,7,8 端口组成虚拟网 BBB。这样做允许各端口之间的通信，并允许共享型网络的升级。但是，这种划分模式将虚拟网限制在了一台交换机上。

第二代端口 Vlan 技术允许跨越多个交换机的多个不同端口划分 Vlan，不同交换机上的若干个端口可以组成同一个虚拟网。

以交换机端口来划分网络成员，其配置过程简单明了。因此，从目前来看，这种根据端口来划分 Vlan 的方式仍然是最常用的一种方式。

2. 根据 MAC 地址划分 Vlan

这种划分 Vlan 的方法是根据每个主机的 MAC 地址来划分，即对每个 MAC 地址的主机都配置它属于哪个组。这种划分 Vlan 方法的最大优点就是当用户物理位置移动时，即从一个交换机换到其他的交换机时，Vlan 不用重新配置，所以，可以认为这种根据 MAC 地址的划分方法是基于用户的 Vlan，这种方法的缺点是初始化时，所有的用户都必须进行配置，如果有几百个甚至上千个用户的话，配置是非常累的。而且这种划分的方法也导致了交换机执行效率的降低，因为在每一个交换机的端口都可能存在很多个 Vlan 组的成员，这样就无法限制广播包了。另外，对于使用笔记本电脑的用户来说，他们的网卡可能经常更换，这样，Vlan 就必须

不停地配置。

3. 根据网络层划分 Vlan

这种划分 Vlan 的方法是根据每个主机的网络层地址或协议类型(如果支持多协议)划分的,虽然这种划分方法是根据网络地址,比如 IP 地址,但它不是路由,与网络层的路由毫无关系。

这种方法的优点是用户的物理位置改变了,不需要重新配置所属的 Vlan,而且可以根据协议类型来划分 Vlan,这对网络管理者来说很重要,还有,这种方法不需要附加的帧标签来识别 Vlan,这样可以减少网络的通信量。

三种划分方法各有优劣,在实际应用中,基于端口的划分方法是使用得最多的。

4.4.4　Vlan 管理与配置

1. Vlan 建立与端口划分

在交换机中,有一个 Vlan 信息表专门管理和维护 Vlan,Vlan 的建立与端口划分需要两个步骤,第一是建立 Vlan,第二讲交换机端口划分到 Vlan 中。

在全局配置模式下,使用 Vlan 命令可以建立 Vlan 并进入 Vlan 配置模式。以图 4-5 所示的网络拓扑结构,两台交换机中建立 Vlan 10 和 Vlan 20,交换机 1 的 f0/1、f0/2 端口属于 Vlan 10,f0/3 与 f0/4 端口属于 Vlan20,交换机 2 的 f0/1、f0/2 端口属于 Vlan20,f0/3 与 f0/4 端口属于 Vlan 10,两台交换机均通过 f0/5 进行互联。

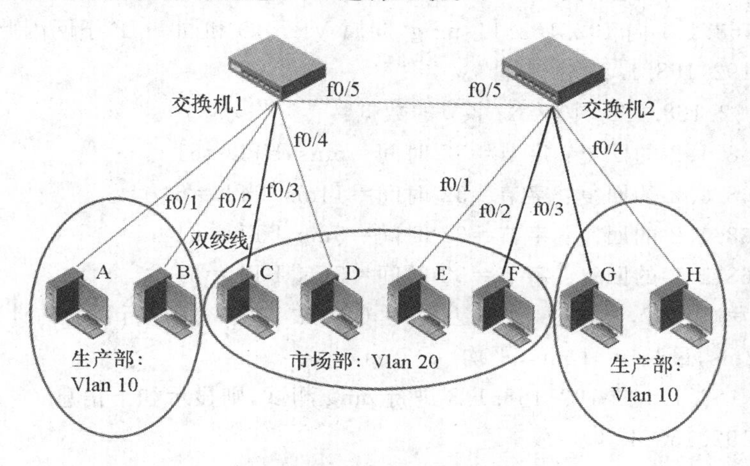

图 4-5　Vlan 划分拓扑

小提示 在配置管理网络时,建议画出网络拓扑图后再进行配置管理,这样能够清楚地掌握网络结构、连接方式,更便于我们规划设计 Vlan、路由等。

在对网络结构有清晰的认识后,就可以着手配置设备了。交换机 1 的配置步骤如下:

Center1＃config t　　进入全局配置模式

Center1(config)＃Vlan 10　　建立 Vlan 10,并转入 Vlan 10 配置模式

Center1 (config-Vlan)＃description Product　　描述 Vlan 10 为 Product

Center1 (config-Vlan)#exit　　退出 Vlan 10 配置模式，转到全局配置模式

完成上述命令后，Vlan 10 就建立起来，可以使用命令 show Vlan 来查看 Vlan 信息，接下来将相应端口划入 Vlan 10 中。

Center1(config)#interface f0/1　　进入 f0/1 端口

Center1 (config-if-fastethernet0/1)#switchport mode access　　将本端口设置为 access 模式，access 模式即为用户接入模式。默认情况下端口均为 access 模式。

Center1 (config-if-fastethernet0/1)#switchport access Vlan 10　　将端口划入 Vlan 10

Center1 (config-if-fastethernet0/1)#interface f0/2　　转入 f/2 端口配置模式

Center1 (config-if-fastethernet0/2)# switchport mode access　　设置为 access 模式

Center1 (config-if-fastethernet0/2)# switchport access Vlan 10　　将端口划入 Vlan 10

Center1 (config-if-fastethernet0/2)#exit　　退出端口配置模式，转到全局配置模式

采用同样的方法，可以建立 Vlan 20，Vlan 20 描述信息为 Market，将 f0/3、f0/4 加入到 Vlan 20 种。对交换机 2 也采用一样的方法，建立 Vlan 10、Vlan 20，端口加入 Vlan。Vlan 的划分工作就完成了。如果需要删除 Vlan 可以在全局配置模式下，使用 no Vlan 命令即可删除相应 Vlan，如删除 Vlan 10：

Center1(config)#no Vlan 10　　删除 Vlan 10

Vlan 建立划分完成后，即可对 Vlan 进行测试，我们将计算机 A、B、C、D、E、F、G、H 的 IP 分别设置为 192.168.1.1、192.168.1.2、……192.168.1.8，掩码都为 255.255.255.0，从 IP 设置上来看，所有计算机都在同一个 IP 子网内，网络号为 192.168.1.0，但由于计算机接入的端口划分在不同的 Vlan，因此不同 Vlan 之间的计算机不能通信。我们可以是使用 ping 命令进行测试，从 192.168.1.1 向 192.168.1.2ping，同属 Vlan 10 和同一 IP 子网因此能够 ping 通。

C:\>ping 192.168.1.2

正在 Ping 192.168.1.2 具有 32 字节的数据：

来自 192.168.1.2 的回复：字节=32 时间=6ms TTL=61

来自 192.168.1.2 的回复：字节=32 时间=14ms TTL=61

来自 192.168.1.2 的回复：字节=32 时间=5ms TTL=61

来自 192.168.1.2 的回复：字节=32 时间=5ms TTL=61

数据包：已发送 = 2，已接收 = 2，丢失 = 0 (0% 丢失)，往返行程的估计时间(以毫秒为单位)：最短 = 3ms，最长 = 14ms，平均 = 7ms

如果从 192.168.1.1 向 192.168.1.3 进行 ping 测试，则显示如下信息：

C:\>ping 192.168.1.3

正在 Ping 192.168.1.3 具有 32 字节的数据：

请求超时。

请求超时。

请求超时。

请求超时。

192.168.1.3 的 Ping 统计信息：

数据包：已发送 = 4，已接收 = 0，丢失 = 4 (100% 丢失)

说明在同一 Vlan 中的计算机能够互相通信，但在不同 Vlan 中的计算机之间则无法通信。

但是我们从 192.168.1.1 计算机向另一交换机上的 192.168.1.8 进行 ping 测试时，发现也不能通信。原因在于交换机的互联端口没有进行 Trunk 设置来实现跨交换机多 Vlan 通信。

2. Trunk 端口配置

配置 Trunk 端口之前，先了解一下交换机 Vlan 的端口模式。交换机 Vlan 的端口工作模式常用的有三种：access、trunk 和 hybird。

Access 类型的端口只能属于 1 个 Vlan，一般用于连接计算机的端口；

Trunk 类型的端口可以属于多个 Vlan，这类端口可以接收和发送多个 Vlan 的报文，一般用于交换机之间连接的端口，也叫干路端口。

Hybrid 类型的端口实质上是 Access 和 Trunk 混合型，可以属于多个 Vlan，可以接收和发送多个 Vlan 的报文，可以用于交换机之间连接，也可以用于连接用户的计算机。Hybrid 端口和 Trunk 端口的不同之处在于 Hybrid 端口可以允许多个 Vlan 的报文发送时不打标签，而 Trunk 端口只允许缺省 Vlan 的报文发送时不打标签。

设置 Vlan 端口的工作模式使用 switchport mode { access|trunk|hybrid}命令，在图 4-5 中，交换机 1 与交换机 2 的互联端口均为 f0/5，为使互联端口允许通过多个 Vlan 报文，需要将两个互联端口设置为 trunk 端口。操作步骤如下：

交换机 1：

Center1＃config t　　进入全局配置模式

Center1(config)＃interface f0/5　　进入端口 f0/5 配置模式

Center1 (config-if-fastethernet0/5)＃switchport mode trunk　　设置端口为 trunk 模式

交换机 2：

Center2＃config t　　进入全局配置模式

Center2(config)＃interface f0/5　　进入端口 f0/5 配置模式

Center2 (config-if-fastethernet0/5)＃switchport mode trunk　　设置端口为 trunk 模式

设置完成后，通过 192.168.1.1 向 192.168.1.8 进行 ping 测试，能够顺利 ping 通。通过 192.168.1.3 向 192.168.1.6 进行 ping 测试，也能通过测试。说明了端口 f0/5 能够通过多个 Vlan 的数据帧。

实质上，Vlan 数据帧是在传统的以太网帧基础上加入了一个标记字段，长度为 4 个字节，包括 2 个字节的标签协议标识(TPID)、2 个字节的标签控制信息(TCI)，TCI 信息包括 3 位的优先级(Priority)、1 位规范格式指示器(CFI)、12 位 Vlan 号(Vlan id)。Vlan 帧格式如图 4-6 所示。

其中，TPID(Tag Protocol Identifier)是 IEEE 定义的新的类型，表明这是一个加了 802.1Q标签的帧。TPID 包含了一个固定的值 0x8100。

TCI 是包含帧的控制信息，它包含的元素有：

Priority：这 3 位指明帧的优先级。一共有 8 种优先级，0—7，IEEE 802.1Q 标准使用这三位信息；

Canonical Format Indicator(CFI)：CFI 值为 0 说明是规范格式，1 为非规范格式，它被用在令牌环/源路由 FDDI 介质访问方法中来指示封装帧中所带地址的比特次序信息；

Vlan Identified(Vlan ID)是一个 12 位的域，指明 Vlan 的 ID，一共 4 096 个，也就是一个二层网络中最多能够组建 4 096 个 Vlan，每个支持 802.1Q 协议的交换机发送出来的数据包

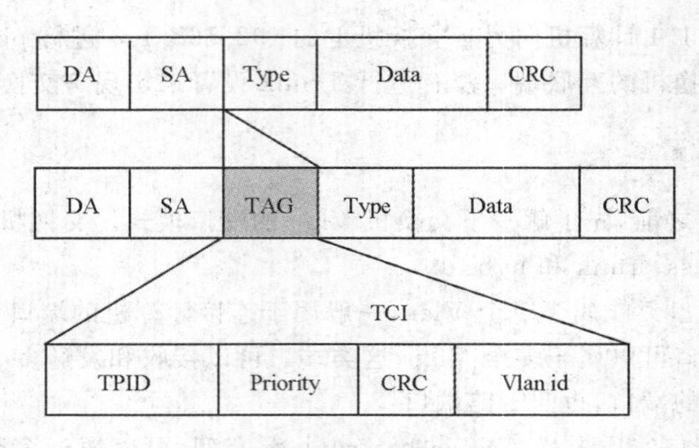

图 4-6 Vlan 帧结构

都会包含这个域，以指明自己属于哪一个 Vlan。

在一个交换网络环境中，以太网的帧有两种格式：有些帧是没有加上这四个字节标志的，称为未标记的帧（ungtagged frame），有些帧加上了这四个字节的标志，称为带有标记的帧（tagged frame）。未标记的帧只能在本 Vlan 范围内被转发，带标记的帧则可以通过 Trunk 端口进行转发。

小提示 网络设备配置完成，测试通过后，需要注意保存配置文件。我们在特权用户模式下使用 write memory 命令完成保存，使用 show running-config 可以查看当前运行的配置文件，使用 show startup-config 查看以保存的配置文件。

Center2＃write memory　保存当前配置

Center2＃show startup-config　显示当前已保存的配置文件

3. Trunk 端口的 Vlan 修剪

在默认情况下，端口设置为 trunk 端口，该端口将允许所有的 Vlan 数据帧通过，但很多情况下，网络不希望通过全部的 vlan 数据帧，而是按需放行。在图 4-7 中，网络中有 4 个 vlan，分别为 10、20、30、40，其中 10 和 20 需要跨交换机进行通信，而 30，40 则不需要跨交换机通信。这种情况下就需要对 trunk 端口进行 vlan 修剪，只允许通过 Vlan 10 和 20。Vlan 修剪使用 switchport trunk allowed vlan remove 命令进行修剪。交换机 1 完整的配置步骤如下：

Center1＃config t　//进入全局配置模式

Center1(config)＃vlan 10　//建立 Vlan 10

Center1 (config-Vlan)＃description Product　//Vlan 描述

Center1＃vlan 20　//建立 Vlan 20

Center1 (config-Vlan)＃description Market　//Vlan 描述

Center1＃vlan 30　//建立 Vlan 30

Center1 (config-Vlan)＃description Maintenance　//Vlan 描述

Center1(config-Vlan)＃exit　//退出 Vlan 配置模式

Center1(config)＃interface f0/1　//进入 f0/1 端口配置模式

Center1(config-if-fasterethernet0/1)＃switchport mode access 设置为 access 模式

Center1(config-if-fasterethernet0/1)＃switchport access Vlan 10　//将端口 f0/1 加

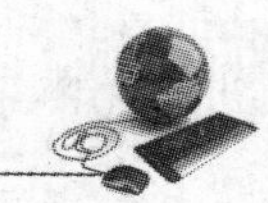

入 Vlan 10

Center1(config-if-fasterethernet0/1)＃interface f0/2　　　//进入 f0/2 端口配置模式

Center1(config-if-fasterethernet0/2)＃switchport mode access　　　//设置为 access 模式

Center1(config-if-fasterethernet0/2)＃switchport access Vlan 10　　　//将端口 f0/2 加入 Vlan 10

Center1(config-if-fasterethernet0/2)＃interface f0/3　　　//进入 f0/2 端口配置模式

Center1(config-if-fasterethernet0/3)＃switchport mode access　　　//设置为 access 模式

Center1(config-if-fasterethernet0/3)＃switchport access Vlan 20　　　//将端口 f0/2 加入 Vlan 20

Center1(config-if-fasterethernet0/2)＃interface range f0/4-5　　　//进入 f0/4-6 端口组配置模式，如果有 20 个端口需要划分到 Vlan 30，一个端口一个端口划分太麻烦，可以使用端口范围，一次性设置多个端口。如 interface range f0/1-20，表示从 f0/1 至 f0/20 的 20 个端口，也可以是分散的，如 interface range f0/3，0/7-12，表示 f0/3 端口和 f0/7 至 12 号端口。

Center1(config-if-range)＃switchport mode access　　　//设置为 access 模式

Center1(config-if-range)＃switchport access Vlan 30　　　//将端口组加入 Vlan 30

Center1(config-if-range)＃interface f0/8　　　//转入 f0/8 端口配置模式

Center1(config-if-fasterethernet0/8)＃switchport mode trunk　　　//将 f0/8 设置为 trunk 模式

Center1(config-if-fasterethernet0/8)＃switchport trunk allowed vlan remove 2-4094 //默认情况下，Trunk 端口允许通过所有的 Vlan，先把所有的 Vlan 移除，不允许通过。注意，命令中使用了 remove 关键字，即为删除。

Center1(config-if-fasterethernet0/8)＃switchport trunk allowed Vlan add 10，20 //Trunk 端口加入 Vlan 10，20。命令使用的是 add 关键字。

采用同样的配置方法，将交换机 2 配置 Vlan 10、20、40，并把各端口划分到相应的 Vlan，并将 f0/8 设置为 Trunk 端口，并只允许通过 Vlan10、20。配置完成后，即可进行测试，按从左到右配置计算机的 IP 为 192.168.1.1～192.168.1.12，可以发现，A、B、G、K、L 在 Vlan 10

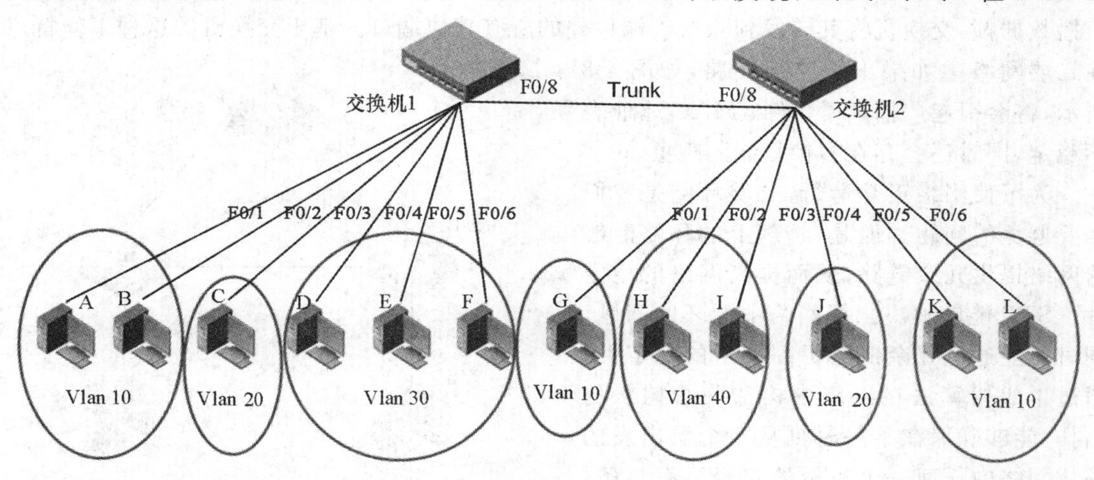

图 4-7　TRUNK 端口 Vlan 修剪

中,均能自由通信;C、J 在 Vlan 20 中,也可互相通信。说明图 4-7 规划的 Vlan 达到了预期的效果。可以使用 show Vlan 命令查看配置的 Vlan 信息:

```
Center1 # show Vlan
Vlan Name            Status      Ports
---------------------------------------------------------------
1 Vlan0001           STATIC      Fa0/7,Fa0/8
10 Product           STATIC      Fa0/1, Fa0/2,Fa0/8
20 Market            STATIC      Fa0/3,Fa0/8
30 Maintenance       STATIC      Fa0/4,Fa0/5,Fa0/6
```

交换机中会有一个默认 Vlan,Vlan 号为 1,未经配置的交换机所有端口均默认划入 Vlan 1 中,因此 Vlan 1 包含的端口有 Fa0/7、Fa0/8;Vlan 10 包含端口 Fa0/1、Fa0/2、Fa0/8;Vlan 20 包含端口 Fa0/3、Fa0/8;Vlan 30 包含端口 Fa0/4、Fa0/5、Fa0/6。可以看出 Fa0/8 在多个 Vlan 中,可以允许 Vlan1、10、20 通过,而 Vlan30 则没有包含 Fa0/8,则作为 trunk 端口的 Fa0/8 不允许 Vlan 30 通过,从而在 Fa0/8 端口上减少了广播帧的流量,增强了 Vlan 30 的安全性。

4.5 STP

为了提高网络的性能,有时我们希望在网络中提供设备、模块和链路的冗余。在二层网络中,冗余链路可能会导致交换环路,使广播包在交换环路中无休止地循环,进而破坏网络中设备的工作性能,甚至导致整个网络瘫痪。STP(Spanning Tree Protocol,生成树协议)技术能够解决交换环路的问题,同时为网络提供冗余,STP 有 STP、RSTP 和 MSTP 三个版本。

4.5.1 STP 基本概念

在二层网络中,交换机通过 MAC 地址表来转发数据帧,如果数据帧的目标 MAC 地址在 MAC 地址表中不存在,那么交换机将此数据帧洪泛到接收端口外的所有端口。对于组播和广播数据帧,交换机将其转发到除接收端口外的所有其他端口。基于交换机的这种工作特点,在二层网络中如果出现交换环路,如图 4-8 所示,将会引起广播风暴,导致 MAC 地址表不稳定,同时还会存在多帧复制的现象。

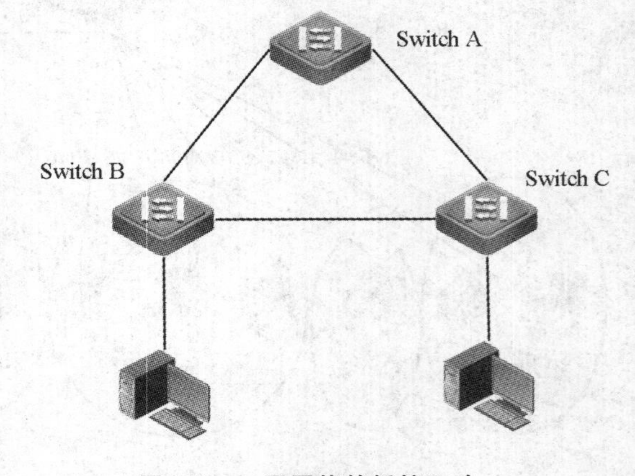

图 4-8 二层网络的桥接环路

为了使网络正常运行,二层环路是我们需要避免的问题。但是,物理上的环路能够给网络提供冗余链路,从而提高网络的稳定性。STP 能够解决二层网络中的环路问题,同时又能通过冗余链路提高网络的稳定性。通过生成树算法在网络中构造一个树状的拓扑,能够确保在某一时刻从一个源出发的到达网络中任何一个目标的路径只有一条,这样就不会在网络中存在环路。如果在网络中发现某条正在使用的链路出现故障时，网络中开启了 STP 技术的交换机将之前阻塞的一些端口打开，从而恢复曾经断开的一些链路，保证网络的连通性，如图 4-9 所示。

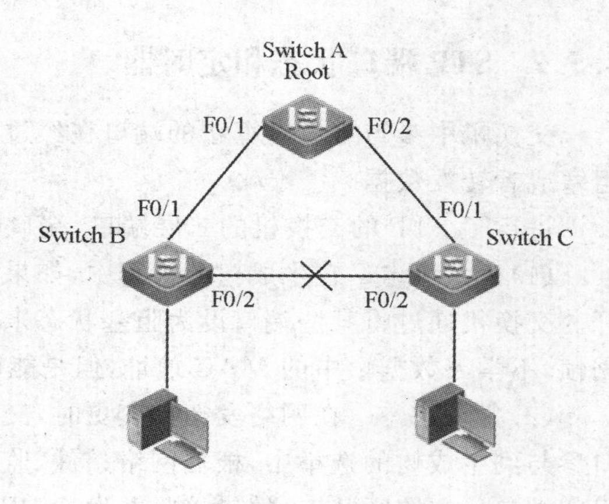

图 4-9　STP 提供冗余

在运行 STP 技术的交换机之间，通过 BPDU(Bridge Protocol Data Unit，桥协议数据单元)报文来交换信息，同时从其他交换机那里获取信息。

在网络中运行 STP 的交换机利用 BPDU 将 LAN 拓扑信息传递给其他交换机，交换机以固定频率周期性地发送 BPDU 报文，运行 802.1d 的交换机发送 BPDU 报文的默认时间间隔是 2 s。

BPDU 有两种类型，配置 BPDU 和 TCN BPDU(Topology Change Notification BPDU，拓扑变更通知 BPDU)。配置 BPDU 由运行 STP 的网络中的根交换机周期性的发送，配置 BPDU 包括根网桥 ID、发送网桥 ID、链路开销、时间间隔等参数，主要用于选举根交换机和保持拓扑稳定。当网络中的某台交换机一段时间没有收到根交换机发出的配置 BPDU 报文时，会认为网络拓扑发送变化，需要重新计算端口的状态以切换链路。

当网络中的交换机检测到拓扑变更时，会向根交换机的方向发送拓扑变更通知，网络中的交换机收到 TCN BPDU 报文后会回复确认信息 TCA。当根交换机收到拓扑变更通知后，向网络中发送配置 BPDU，通知网络中的交换机重新计算拓扑情况。

BPDU 中的字段见表 4-1 。

表 4-1　BPDU 字段

字段	描述
Protocol ID	协议号，目前都是 0
Protocol Version ID	协议版本号，对于 STP 值位 0
BPDU Type	配置 BPDU 为 00，TCN BPDU 为 80
BPDU flags	标志位，最高位置为 1 时为 TC 报文，最低位置为 1 时为 TCA 报文
Root ID	根网桥 ID，在生成树中，每台交换机都有一个唯一的 Bridge ID
Cost of path	到根交换机的路径开销
Bridge ID	发送网桥的 Bridge ID
Priority	交换机优先级
Port ID	交换机发送 BPDU 的端口号
Message age	当运行 STP 的非根交换机收到配置 BPDU 后，开启生存期定时器，当生存期定时器达到 Max Age 还未从根端口收到配置 BPDU 报文时，交换机则认为该端口连接的链路发送故障。802.1d 中默认为 20s
Hello time	发送 BPDU 报文的间隔时间，802.1d 中默认 2s
Forward delay	拓扑发送变更时，交换机端口状态从侦听状态转到学习状态的时间间隔，802.1d 中默认 15s

4.5.2 STP 端口状态和定时器

交换机中参与生成树算法的端口在经过一系列的状态变迁后达到稳定的状态，即端口被阻塞或者转发数据。

进行了 STP 的交换机的二层端口，端口的工作状态有五种：

(1)阻塞状态　在生成树的计算中，如果网络中存在环路，那么一些链路逻辑上需要被断开。交换机通过将某些端口设为阻塞状态来阻塞端口所在链路。阻塞状态下的端口不转发数据帧，不学习数据帧中的 MAC 地址，但是能监听从上游交换机发送来的 BPDU 报文。

(2)监听状态　在网络发拓扑变更时，交换机的部分端口进入监听状态。在此状态下的端口参与到生成树的选举中，根据网络条件，监听端口有可能会被选举为根端口、指定端口或者阻塞端口。在监听状态，端口接收并发送 BPDU 报文，参与到端口角色的选举中，但是不能学习数据帧的 MAC 地址。监听状态是一个临时状态，端口会在一段时间后进入其他状态，这个时间长度是 Forward delay time，默认为 15s。

(3)学习状态　交换机端口在监听状态时，如果被选举为根端口或者指定端口，那么此端口应该是进入学习状态。在学习状态下的端口，学习数据帧中的 MAC 地址，接收和发送 BPDU 报文，但是不转发数据帧，交换机在学习状态下等待的时间由根交换机配置 BPDU 报文中的 Forward delay 时间决定，默认是 15s。

(4)转发状态　从学习状态等待了 Forward delay 时间后，端口将进入到转发状态。在转发状态下，交换机为了构造 MAC 地址表，端口将学习数据帧的源 MAC 地址。

(5)禁用状态　禁用状态的端口不参与 STP 的选举与计算，不发送和接收 BPDU 报文，也不发送和接收任何数据帧。

为了保证 STP 网络中树型结构的稳定，交换机通过发送和接收 BPDU 报文来学习网络中关于 STP 的信息，同时通过 Hello time、Max-age 和 Forward delay time 三个定时器来维护网络的稳定。

(6)Hello time　当 STP 拓扑稳定后，根交换机定时向网络中发送配置 BPDU，由网络中其他的交换机转发并扩散到各交换机。根交换机发送 BPDU 报文的时间间隔就是 Hello time，默认为 2 s。这个时间可以通过配置修改。

(7)Max-age　最大生存时间，根交换机发送的 BPDU 除了通知网络中的 STP 参数外，另一个重要的功能是维护网络拓扑的稳定。如果交换机发现某个根端口一段时间都没有收到 BPDU 报文，则认为网络中拓扑发送变化，则向根交换机发送 TCN BPDU 报文，这段时间的最大生存时间，默认为 20 s。

(8)Forward delay time　转发延迟时间。这个时间是端口停留在监听状态和学习状态的时间，默认情况下，延迟时间为 15 s，该定时器也可以通过配置修改。

通过定时器的周期可以看出，当 STP 网络拓扑发送变化时，交换机端口从阻塞状态变为转发状态，需要等待的时间是 30～50 s，最短为 2 倍 Forward delay time，最长为 Max-age time 加上两倍的 Forward delay time。

4.5.3 STP 选举

为了在网络中形成没有环路的树型结构，运行 STP 的交换机之间需要进行一系列的选举过程。

1.根交换机的选举

在生成树计算过程中,首先需要选举出一个根节点,从根节点出发在网络中计算出无环路的树型结构。在802.1d中,生成树网络中只有一个根节点,即根交换机。根交换机用来向网络中发送配置BPDU和拓扑变更TC报文,以此来维护网络稳定以及当拓扑方式变化时及时对网络进行调整。

在交换机上电后,会假定自己就是根交换机,同时发送BPDU报文,并将Root ID字段填入自己的Bridge ID。交换机的Bridge ID共8字节,前2个字节是交换机优先级,默认值为32768,后6个字节是交换机的MAC地址。选举根交换机的规则是Bridge ID数值越小的交换机越有可能被选为根交换机。

在图4-10中,三台交换机最初都认为自己是根交换机,发送自己的BPDU,同时也接收其他交换机发送的BPDU。在选举过程中,交换机A由于Bridge ID最小被选为根交换机,此时,交换机B和C不再发送自己的BPDU报文,而只转发根交换机的BPDU报文。

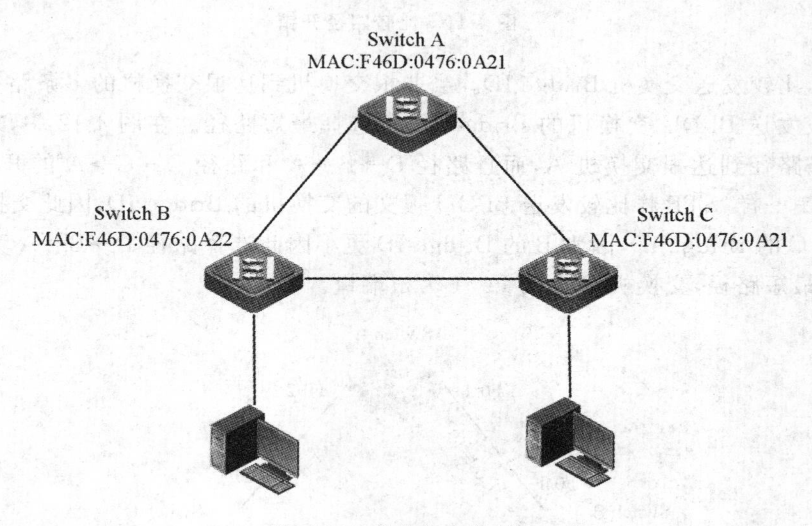

图4-10　根交换机选举

为了保证网络的稳定性,一般通过配置修改交换机的优先级,将需要成为根交换机的交换机优先级设置为最低。

2.根端口的选举

在选出根交换机后,其他交换机就都为非根交换机。每台非根交换机都需要选出一个到达根交换机最近的端口作为根端口。根端口用来接收根交换机发出的BPDU报文。当网络中存在环路时,某些非根交换机可能拥有到达根交换机的多条路径,那么非根交换机会选出到达根交换机的最短路径上的本地端口作为根端口,选择方法为:

第一步,比较路径开销。在图4-11中,假设交换机A为根交换机,交换机B和C需要选出根端口。对于交换机B来说,B→A的开销为4,B→C→A的开销为4+19=23,通过比较选择路径一为最短路径,因此交换机B的根端口为F0/1。同样,对于交换机C,C→A的开销为

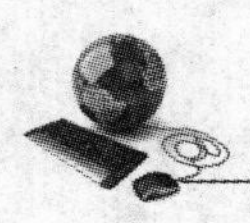

19,C→B→A 的开销为 4+4=8,因此交换机 C 到达根交换机的最短路径是由 C 到 B 再到 A。交换机 C 的根端口为 F0/2。

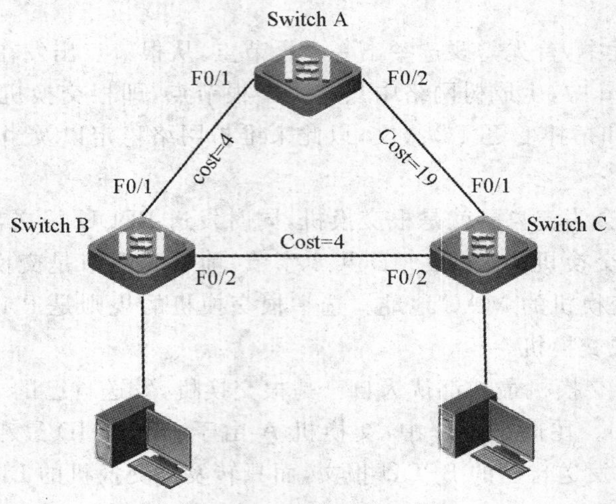

图 4-11 比较路径开销

第二步,比较发送交换机 Bridge ID。当非根交换机到达根交换机的多条路径开销都一样时,通过比较发送 BPDU 交换机的 Bridge ID 来选择最短路径。在图 4-12 中,对于交换机 D 来说,有两条路径到达根交换机 A,而且路径 D→B→A 和路径 D→C→A 的开销一样为 38。如果路径开销一样,STP 将比较发送 BPDU 报文的交换机的 Bridge ID,因此交换机 D 将比较交换机 B 和 C 的 Bridge ID,因为 B 的 Bridge ID 更小因此选择路径 D→B→A 为交换机 D 到根交换机的最短路径,交换机 D 上的 F0/1 为根端口。

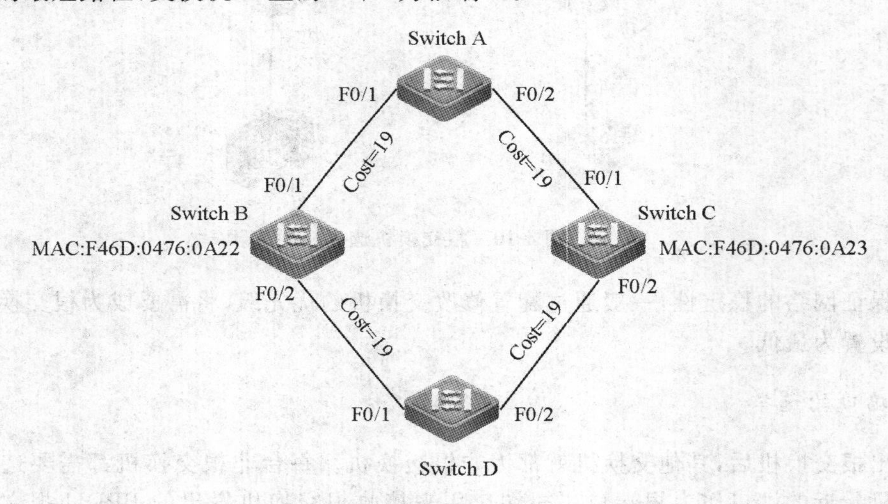

图 4-12 比较发送交换机的 Bridge ID

第三步,当交换机的路径开销和 Bridge ID 都相同是,STP 将通过比较发送交换机的 port ID 来选举根端口。

第四步,如果前三个参数都完全相同,通过比较接收端口的 port ID 来选举根端口。

3. 指定端口的选举

在STP中，每一个以太网段(Segment)都需要选出一个指定端口来为这个网段转发数据流。指定端口为以太网段到根交换机最近的端口，指定端口保持为转发状态。

在图4-13中，交换机A为根交换机，对于网段1来说，到达根交换机上最近的端口是交换机A上的F0/1端口，对于网段2来说，到达根交换机最近的端口是交换机A上的F0/2端口。根交换机的特点是没有根端口，所有启用的端口均是指定端口。对于网段3，可以通过交换机B上的端口到达根交换机，也可以通过交换机C上的端口到达根交换机。在选择指定端口时，判断依据和选举根端口的依据一样。假设链路带宽相同，那么由于交换机B的Bridge ID更小，所有网段3会选择交换机B上的F0/2端口作为本网段的指定端口。交换机C上的F0/2端口由于既不是根端口，也不是指定端口，会进入阻塞状态，不转发数据，但是会接收BPDU报文。

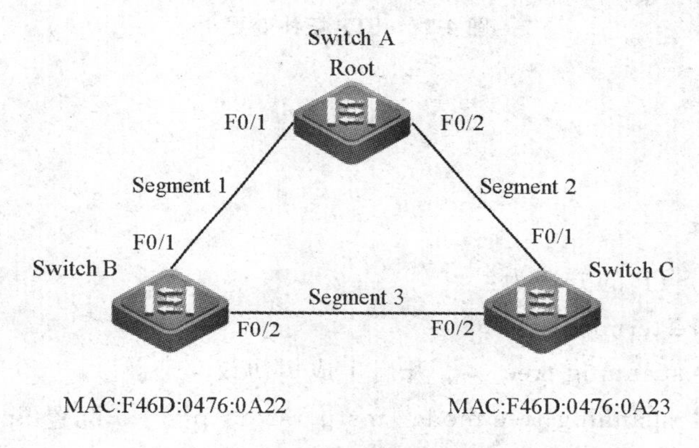

图4-13　指定端口的选举

对于阻塞的链路来说，并不是此链路上的所有端口都是阻塞状态，通常只是部分端口阻塞。

4.5.4　STP拓扑变更

通过根交换机、根端口和指定端口的选举后，STP将在网络中阻塞部分端口从而形成没有环路的树型结构，此时网络处于稳定状态。当网络拓扑发送变化时，交换机会向根交换机的方向发送TCN(拓扑变更通知) BPDU报文。通常，在发生链路故障、增加新的链路等情况时，交换机会发送TCN BPDU报文。

在图4-14中，假设交换机F和交换机D之间的链路为主要链路，那么D和F上的端口分别为指定端口和根端口。当此链路出现故障时，交换机D由于链路故障导致转发状态的端口进入阻塞状态，因此交换机D会从自己的根端口发送TCN报文，此报文被交换机B收到。交换机B向发送者发送TCA报文，同时交换机B从自己的根端口发送TCN BPDU报文。报文到达根交换机A，交换机A向发送者交换机B发送TCA报文。最后交换机A从自己的指定端口发送TC报文，收到TC报文的交换机都将自己的MAC表老化时间设短，同时再将TC报文从自己的指定端口转发出去，扩散到全网。

对于交换机F，需要重新选举自己的端口角色，将和交换机E的端口设置为根端口，交换机E上的端口为指定端口，从而完成冗余链路的切换。

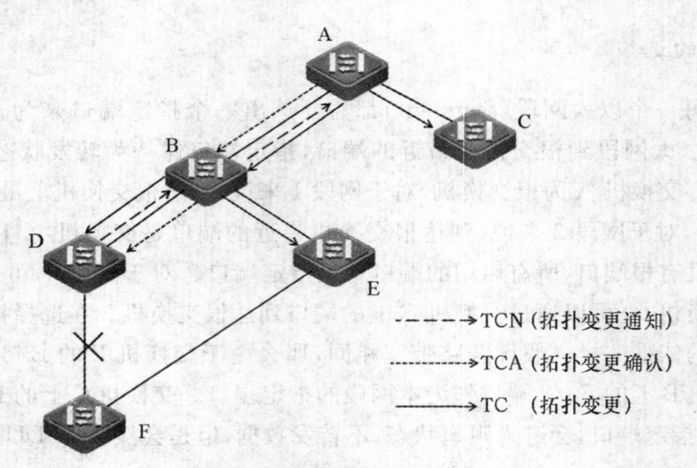

图 4-14 STP 拓扑变更

4.5.5 STP 配置

1. STP 基本配置

在交换机上配置 STP 的方法为:

Switch＃configure terminal

Switch(config)＃spanning-tree　　开启生成树协议

Switch(config)＃ spanning-tree mode {mstp|rstp|stp}　　配置 Spanning Tree 模式

可以根据需要选择生成树的版本:STP、RSTP 或 MSTP。默认情况下,当启用生成树协议后,生成树模式为 MSTP。

STP 自动选出来的根交换机可能不是我们期望的根交换机,因此需要手工配置优先级,以使期望的交换机成为根交换机。

Switch(config)＃spanning-tree priority priority

交换机的优先级范围是 0～61 440,可以配置的优先级数值是 0 或者 4 096 的整数倍,默认值是 32 768。

在某些链路开销相同的拓扑中,由于最短路径的选择与 port ID 有关,因此还可以配置端口优先级:

Switch(config-if)＃spanning-tree port-priority priority

交换机端口优先级的范围是 0～240,可以配置的优先级是 0 或者 16 的整数倍,默认值是 128。

在 STP 中,各项定时器均有默认值,但是也可以通过手工配置修改定时器的值:

Switch(config)＃spanning-tree hello-time seconds　　修改 hello time 默认值

Switch(config)＃spanning-tree forward-time seconds　　修改 forward time 默认值

Switch(config)＃spanning-tree max-age seconds　　修改 max-mag 默认值

hello time 默认值 2 s,取值范围为 1～10 s,forward time 默认值为 15 s,取值范围是 4～30 s,max-mag 默认值 20 s,取值范围 6～40 s。

2. STP 配置实例

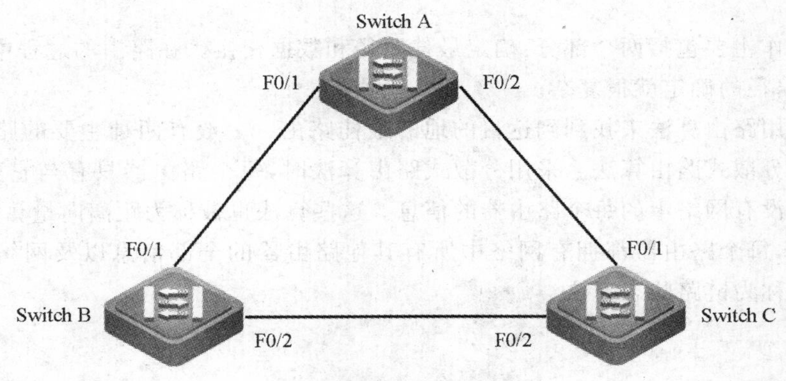

图 4-15 STP 配置实例

在图 4-15 中，设置交换机 A 为根交换机，交换机 A 端口 F0/2 的优先级为 16。配置如下：

在交换机 A 上配置：

```
SwitchA＃configure terminal
SwitchA(config)＃spanning-tree
SwitchA(config)＃ spanning-tree mode stp
SwitchA(config)＃ spanning-tree priority 4096
SwitchA(config)＃interface fastethernet 0/2
SwitchA(config-if)＃ spanning-tree port-priority 16
```

在交换机 B 上配置：

```
SwitchB＃configure terminal
SwitchB(config)＃spanning-tree
SwitchB(config)＃ spanning-tree mode stp
```

在交换机 C 上配置：

```
SwitchC＃configure terminal
SwitchC(config)＃spanning-tree
SwitchC(config)＃ spanning-tree mode stp
```

4.6 静态路由

4.6.1 路由概述

1. 路由的概念

路由 Route，是指将对象从一个地方转发到另一个地方的行为和动作。能够将数据包转发到正确的目的地，并在转发过程中选择最佳路径的设备，就是路由器。路由又是指路由器从

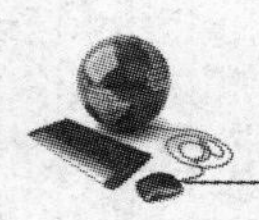

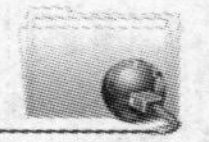

一个接口上收到数据包，根据数据包的目的地址进行定向并转发到另一个接口的过程。路由器与桥接比较类似，桥接发生在 OSI 参考模型的第二层(数据链路层)，而路由发生在第三层(网络层)。

路由的工作主要包括两个部分：确定最佳路径和数据交换。在路由的过程中，数据交换相对简单，最佳路径的确定就很复杂。

路由器使用路由算法来找到到达目的地的最佳路由。一般有两种主要的路由算法：总体式路由算法和分散式路由算法。采用分散式路由算法时，每个路由器只有与它直接相连的路由器的信息而没有网络中的每个路由器的信息。这些算法也被称为距离向量算法。采用总体式路由算法时，每个路由器都拥有网络中所有其他路由器的全部信息以及网络的流量状态。这些算法也被称为链路状态算法。

2. 路由类型

路由表的产生方式一般有 3 种：直连路由、静态路由和动态路由。

①直连路由是给路由器接口配置一个 IP 地址，路由器自动产生本接口 IP 所在网段的路由信息。如图 4-16 所示。

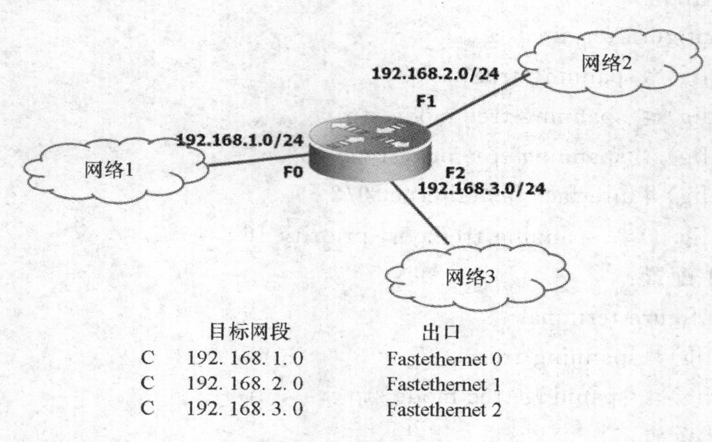

	目标网段	出口
C	192. 168. 1. 0	Fastethernet 0
C	192. 168. 2. 0	Fastethernet 1
C	192. 168. 3. 0	Fastethernet 2

图 4-16　直连路由

②静态路由是由管理员在路由器中手工配置的固定路由，路由明确得指定了数据包到达目的地必须经过的路径，除非网络管理员干预，否则静态路由不会发生变化。静态路由允许对路由的行为进行精确地控制，减少了网络流量，而且配置简单。由于静态路由不能对网络的改变做成反应，一般静态路由用于网络规模不大、拓扑结构相对固定的网络。

③动态路由是网络中的路由器之间相互通信、传递路由信息，利用收到的路由信息更新路由表的过程，是基于某种路由协议来实现的。常见的路由协议类型有：距离向量路由协议(如 RIP)，链路状态路由协议(如 OSPF)。路由协议定义了路由器在与其他路由器通信时的一些规则。动态路由无须管理员手工维护，但是占用了网络带宽，在路由器上运行路由协议，使路由器可以自动根据网络拓扑结构的变化调整路由条目。动态路由适用于网络规模大、拓扑复杂的网络。

3. 路由表

路由器的主要工作就是为经过路由器的每个数据包寻找一条最佳的传输路径,并将该数据有效地传送到目的站点。由此可见,选择最佳路径的策略即路由算法是路由器的关键所在。为了完成这项工作,在路由器中保存着各种传输路径的相关数据——路由表(routing table),供路由选择时使用。路由表指的是路由器或者其他网络设备上存储的表,该表中存有到达特定网络终端的路径。在某些情况下,还有一些与这些路径相关的度量值。

路由表可以是由系统管理员固定设置好的,也可以由系统动态修改,可以由路由器自动调整,也可以由主机控制。由系统管理员事先设置好固定的路由表称之为静态(static)路由表,一般是在系统安装时就根据网络的配置情况预先设定的,它不会随未来网络结构的改变而改变。动态(dynamic)路由表是路由器根据网络系统的运行情况而自动调整的路由表。路由器根据路由选择协议(routing protocol)提供的功能,自动学习和记忆网络运行情况,在需要时自动计算数据传输的最佳路径。

路由表中包含了下列关键项,见表4-2。

表4-2　路由表

目的地址	子网掩码	输出接口	下一跳IP地址	Metric
0.0.0.0	0.0.0.0	192.168.123.88	192.168.123.254	3
127.0.0.0	255.0.0.0	127.0.0.1	127.0.0.1	1
192.168.123.0	255.255.255.0	192.168.123.68	192.168.123.68	1
192.168.123.0	255.255.255.0	192.168.123.88	192.168.123.88	1

(1)目的地址　用来标识IP报文的目的IP地址或目的网络,32比特。

(2)子网掩码　与目的地址一起标识目的主机或路由器所在网段的地址。

(3)输出接口　说明IP报文将从该路由器的哪个接口转发出去。

(4)下一跳IP地址　说明IP报文所经由的下一个路由器。

(5)Metric　跳数,一般情况下,如果有多条到达相同目的地的路由记录,路由器会采用metric值小的那条路由。

4.6.2　静态路由

1. 静态路由原理

从一个网络路由到末节点时,一般使用静态路由。静态路由描述转发路径的方式有两种:指向本地接口(即从本地某接口发出)和指向下一跳路由器直连接口的IP地址(即将数据包交给X.X.X.X)。如表4-3所示。

静态路由的一般配置步骤:

- 为路由器每个接口配置IP地址
- 确定本路由器有哪些直连网段的路由信息
- 确定网络中有哪些属于本路由器的非直连网段
- 添加本路由器的非直连网段相关的路由信息

配置静态路由用命令 ip route,其完整配置命令为:

ip route network-address subnet-mask {ip-address|exit-interface}

例:ip route 192.168.10.0 255.255.255.0 serial 1/2

表 4-3 静态路由参数

参数	描述
network-address	要加入路由表的远程网络的目的网络地址
subnet-mask	要加入路由表的远程网络的子网掩码。可对此子网掩码进行修改,以汇总一组网络
ip-address	下一跳路由的 IP 地址
exit-interface	将数据包转发到目的网络时使用的送出接口

缺省路由一般使用在 stub 网络中(称末端或存根网络),stub 网络是只有 1 条出口路径的网络。使用默认路由来发送那些目标网络没有包含在路由表中的数据包。缺省路由可以看作是静态路由的一种特殊情况。

配置缺省路由用如下命令:

router(config)#ip route 0.0.0.0 0.0.0.0 [转发路由器的 IP 地址/本地接口]

2. 静态路由配置实例

在图 4-17 中,路由器 1 上的接口 F0/0 上连接一台计算机 PC1,IP 地址为 192.168.1.2,网络掩码为 255.255.255.0,接口 F0/1 上连接路由器 2;路由器 2 的 F0/1 口连接路由器 1,F0/0 口接路由器 3;路由器 3 上的接口 F0/0 上连接一台计算机 PC2,IP 地址为 192.168.4.2,网络掩码为 255.255.255.0,接口 F0/1 上连接路由器 2。

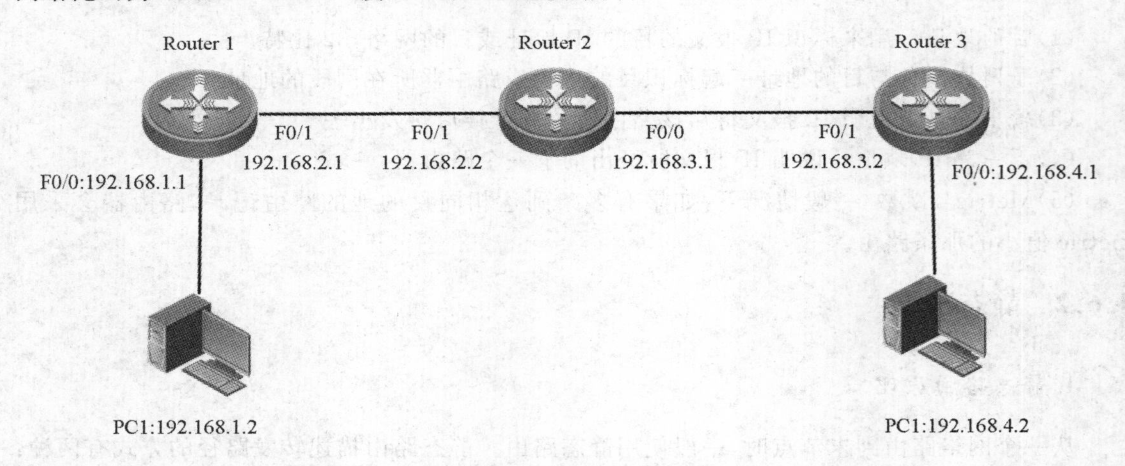

图 4-17 静态路由配置

(1)在 Router1 上配置接口 IP 地址等信息

Router1#configure terminal

Router1(config)#interface fa 0/0

Router1(config-if)#ip address 192.168.1.1 255.255.255.0 配置接口

Router1(config-if)#no shutdown 激活接口

Router1(config)＃interface fa 0/1

Router1(config-if)＃ip address 192.168.2.1 255.255.255.0　　　配置接口

Router1(config-if)＃no shutdown　　　激活接口

在 Router1 上配置静态路由：

Router1(config)＃ip route 192.168.4.0 255.255.255.0 192.168.2.2

Router1(config)＃ip route 192.168.3.0 255.255.255.0 192.168.2.2

(2)在 Router2 上配置接口 IP 地址等信息

Router2＃configure terminal

Router2(config)＃interface fa 0/0

Router2(config-if)＃ip address 192.168.3.1 255.255.255.0　　　配置接口

Router2(config-if)＃no shutdown　　　激活接口

Router2(config)＃interface fa 0/1

Router2(config-if)＃ip address 192.168.2.2 255.255.255.0　　　配置接口

Router2(config-if)＃no shutdown　　　激活接口

在 Router2 上配置静态路由：

Router2(config)＃ip route 192.168.1.0 255.255.255.0 192.168.2.1

Router2(config)＃ip route 192.168.4.0 255.255.255.0 192.168.3.2

(3)在 Router3 上配置接口 IP 地址等信息

Router3＃configure terminal

Router3(config)＃interface fa 0/0

Router3(config-if)＃ip address 192.168.4.1 255.255.255.0　　　配置接口

Router3(config-if)＃no shutdown　　　激活接口

Router3(config)＃interface fa 0/1

Router3(config-if)＃ip address 192.168.3.2 255.255.255.0　　　配置接口

Router3(config-if)＃no shutdown　　　激活接口

(4)在 Router3 上配置静态路由

Router3(config)＃ip route 192.168.2.0 255.255.255.0 192.168.3.1

Router3(config)＃ip route 192.168.1.0 255.255.255.0 192.168.3.1

3.结果测试

在路由器 1 上使用 show ip route 命令，可以查看路由器 1 的路由表，结果如下：

Router1＃show ip route

C 192.168.1.0 is directly connected，FastEthernet0/0

C 192.168.2.0 is directly connected，FastEthernet0/1

S 192.168.3.0 [1/0] via 192.168.2.2

S 192.168.4.0 [1/0] via 192.168.2.2

在路由器 2 和路由器 3 上使用 show ip route 命令可以查看相应的路由信息。

通过 tracert 命令，可以测试 IP 包在端到端的发送过程中所经过的网关的数量和 IP 地址。在路由器 1 上使用 tracert 192.168.4.2，结果如下：

```
Router1# tracert 192.168.4.1
1  1ms  1ms  1ms  192.168.2.2
2  2ms  1ms  1ms  192.168.3.2
3  4ms  1ms  1ms  192.168.4.2
```

4.6.3 使用单臂路由实现 Vlan 之间的路由

在交换网络中，通过 Vlan 对一个物理网络进行了逻辑划分，不同的 Vlan 之间是无法直接访问的，必须通过三层的路由设备进行连接。一般利用路由器或三层交换机来实现不同 Vlan 之间的互相访问。

将路由器和交换机相连，通过 IEEE 802.1q 来启动路由器上的子接口成为干道模式，就可以利用路由器来实现 Vlan 之间的通信。

路由器可以从某一个 Vlan 接收数据包，并将这个数据包转发到另外的一个 Vlan，要实施 Vlan 间的路由，必须在一个路由器的物理接口上启用子接口，也就是将以太网物理接口划分为多个逻辑的、可编址的接口，并配置成干道模式，每个 Vlan 对应一个这种接口，这样路由器就能够知道到达这些互联的 Vlan。

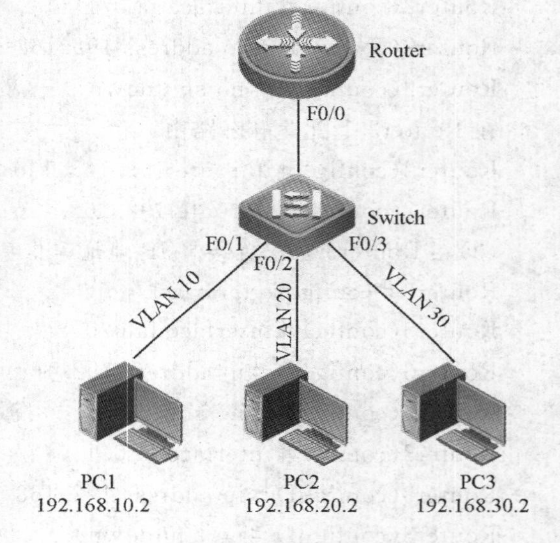

图 4-18 单臂路由配置

在图 4-18 中，PC1 属于 Vlan 10、PC2 属于 Vlan 20 、PC3 属于 Vlan 30，三台 PC 通过二层交换机互联，为了实现三台 PC 之间的通信，必须进行如下配置：

(1)在二层交换机上配置

```
Switch#configure terminal
Switch(config)#vlan 10
Switch(config-vlan)# name test10
Switch(config)#vlan 20
Switch(config-vlan)# name test20
Switch(config)#vlan 30
Switch(config-vlan)# name test30
Switch(config)# interface fastethernet fa 0/1
Switch(config-if)# switchport access vlan 10
Switch(config)# interface fastethernet fa 0/2
Switch(config-if)# switchport access vlan 20
Switch(config)# interface fastethernet fa 0/3
Switch(config-if)# switchport access vlan 30
```

(2)在路由器上配置

```
Router(config)#interface fastEthernet 0/0
```

```
Router(config-if)#no ip address
Router(config)#interface fastEthernet 0/0.10
Router(config-subif)#encapsulation dot1Q 10
Router(config-subif)#ip address 192.168.10.1 255.255.255.0
Router(config)#interface fastEthernet 0/0.20
Router(config-subif)#encapsulation dot1Q 20
Router(config-subif)#ip address 192.168.20.1 255.255.255.0
Router(config)#interface fastEthernet 0/0.30
Router(config-subif)#encapsulation dot1Q 30
Router(config-subif)#ip address 192.168.30.1 255.255.255.0
```

同时，各个 Vlan 内的主机，要以相应 Vlan 子接口的 IP 地址作为网关，才能实现 Vlan 之间的通信。

将 PC1 的 IP 设置为 192.168.10.2，网关为 192.168.10.1，将 PC2 的 IP 设置为 192.168.20.2，网关为 192.168.20.1，将 PC1 的 IP 设置为 192.168.30.2，网关为 192.168.30.1。在 PC1 上使用 PING 命令：ping 192.168.30.2 得到如下结果：

正在 Ping 192.168.30.2 具有 32 字节的数据：

来自 192.168.30.2 的回复：字节=32 时间=1ms TTL=1

来自 192.168.30.2 的回复：字节=32 时间=1ms TTL=1

来自 192.168.30.2 的回复：字节=32 时间=1ms TTL=1

来自 192.168.30.2 的回复：字节=32 时间=9ms TTL=1

通过路由器上子接口配置后，不同 Vlan 中的 PC1、PC2 与 PC3 都能互相通信。

4.7 RIP

4.7.1 RIP 简介

RIP(routing information protocol) 路由信息协议是一种较为简单的内部网关协议(interior gateway protocol,IGP)，配置简单，易于实现，主要用于中小型网络。RIP 是为 TCP/IP 环境中开发的第一个路由选择协议，至今仍被广泛的使用着。

RIP 是一种典型的距离矢量路由协议，管理距离 120，使用跳数 metric 作为度量值来衡量路径的优劣。跳数的取值范围是 0～15，16 跳表示路由不可达。跳数就是路由器的个数。相对于其他路由协议，rip 虽然简单，易于实现，但它是每隔 30 s 定期把所有路由信息通告出去，导致协议开销较大，协议收敛较慢，再加上 16 跳到限制，使得 RIP 只是在中小型网络中使用。

RIP 总共有两个版本 RIPv1 和 RIPv2，RIPv1 属于有类路由协议，路由更新包在通告路由时不带子网掩码，无法支持 VLSM 和 CIDR，基本不再使用。现在用的主要是 RIPv2，RIPv2 是无类路由协议，路由更新包通告路由时带子网掩码，支持 VLSM。RIPv1，RIPv2 支持 IPv4，而工作原理基本相同的 RIPng 支持 IPv6，RIPng 也叫下一代 RIP。

1. RIP 工作原理概述

RIP 协议通过 UPD520 的端口来操作，所有的 RIP 消息都被封装在 UPD 用户数据报协议中传递。RIP 定义了两种信息类型：request（请求消息）和 response（响应消息）。

（1）Request（请求消息）　RIP 的 request 消息在特殊情况下发送，当路由器需要时它可以提供即时的路由信息。它可以请求全部的路由条目也可以请求具体的某些路由条目。最常见的情况是当路由器第一次加入网络时，通常会发送 request 消息，以要求获取相邻路由器的最新路由信息。

（2）response　当 RIP 接收到 request 消息，将处理并发送一个 response 消息。消息包含自己的整个路由表，或请求要求的条目，正常情况下路由器通常不会发送对路由信息有特殊要求的请求消息。RIP 会每 30 s 发送一个 response 消息，用于路由表更新。

2. RIP 路由通告

每个路由器都可以通过接口知道自己的直连网络，如果该网络被宣告进 rip，则 rip 把该网络的跳数设置为 0。启动 rip 后，路由器首先从属于 rip 的接口向邻居发请求包，然后每隔 30 s 从这些接口向邻居通告所有 RIP 已知的路由，通告之前，跳数加 1。收到邻居通告的路由，查看路由表，基于路由优选原则，更新路由表，并刷新路由条目的失效计时器。

这样，通过彼此通告路由，每个路由器都会生成路由表。路由表的形成过程为：

第一步，路由器学习到直连网段，见图 4-19。

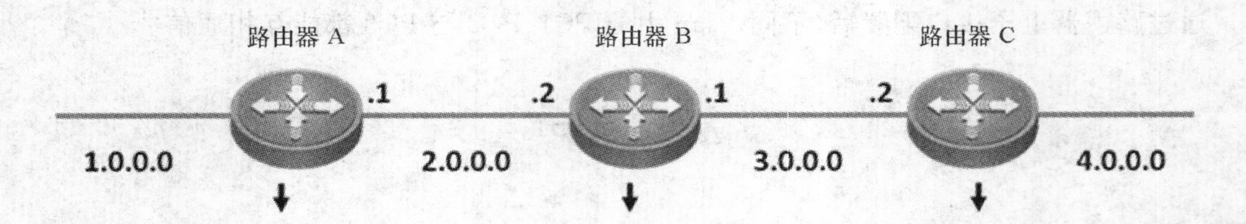

Routing Table（路由器 A）

	NET	Nexthop	Metric
C	1.0.0.0		0
C	2.0.0.0		0

Routing Table（路由器 B）

	NET	Nexthop	Metric
C	2.0.0.0		0
C	3.0.0.0		0

Routing Table（路由器 C）

	NET	Nexthop	Metric
C	3.0.0.0		0
C	4.0.0.0		0

图 4-19　路由通告 1

第二步，当路由器的更新周期 30 s 到了，会向邻居发送路由表，见图 4-20。

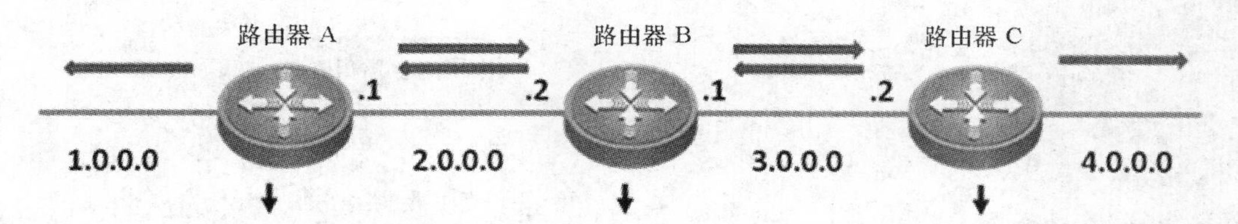

Routing Table			
	NET	Nexthop	Metric
C	1.0.0.0		0
C	2.0.0.0		0
R	3.0.0.0	2.0.0.2	1

Routing Table			
	NET	Nexthop	Metric
C	2.0.0.0		0
C	3.0.0.0		0
R	1.0.0.0	2.0.0.1	1
R	4.0.0.0	3.0.0.2	1

Routing Table			
	NET	Nexthop	Metric
C	3.0.0.0		0
C	4.0.0.0		0
R	4.0.0.0	3.0.0.1	1

图 4-20　路由通告 2

第三步，再过 30 s，路由器的第二个更新周期到了，再次发送路由表，见图 4-21：

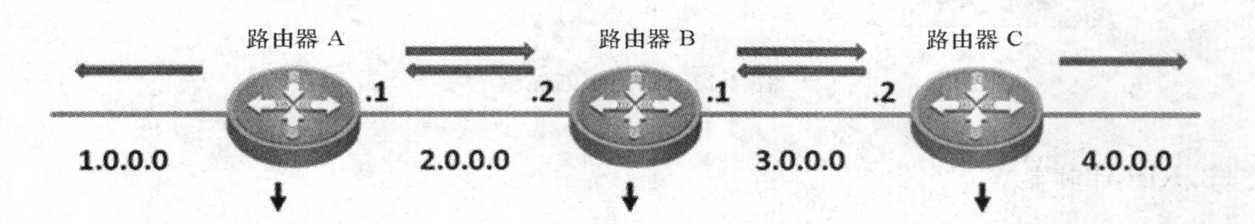

Routing Table			
	NET	Nexthop	Metric
C	1.0.0.0		0
C	2.0.0.0		0
R	3.0.0.0	2.0.0.2	1
R	4.0.0.0	2.0.0.2	2

Routing Table			
	NET	Nexthop	Metric
C	2.0.0.0		0
C	3.0.0.0		0
R	1.0.0.0	2.0.0.1	1
R	4.0.0.0	3.0.0.2	1

Routing Table			
	NET	Nexthop	Metric
C	3.0.0.0		0
C	4.0.0.0		0
R	4.0.0.0	3.0.0.1	1
R	1.0.0.0	3.0.0.1	2

图 4-21　路由通告 3

到此，通过路由通告，三个路由器的路由表全部形成，也称为路由收敛。经过一系列路由更新，网络中的每个路由器都具有一张完整的路由表的状态，称为收敛。路由更新流程见图 4-22。

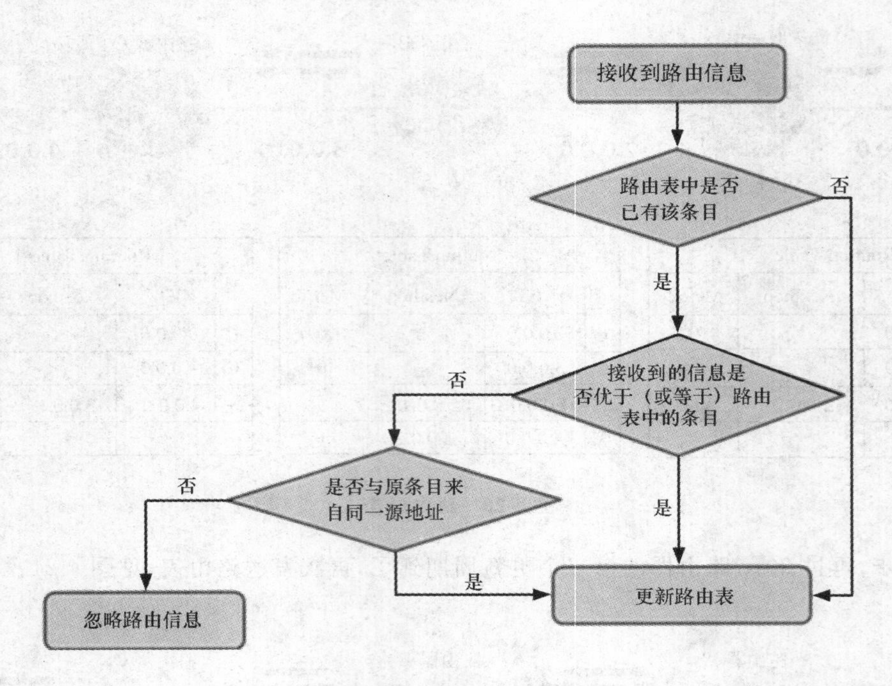

图 4-22　路由更新流程

3. RIP 计时器

RIPv1 和 RIPv2 都依赖下面三个计时器来维护路由表，RIPng 在计时器方面和 RIPv1 和 RIPv2 略有不同。如图 4-23 所示。

①第一个计时器叫做更新时间，rip 会每隔 30 s 定期向邻居通告所有 rip 已知的路由。

②第二个计时器叫做失效时间，一个路由条目进入路由表后就会启动失效计时器，如果 180 s 没有再次收到该条目则宣布该条目失效，但并不清除。

③第三个计时器叫做删除时间，当到达这个时间后就将该路由条目从路由表内删除，默认为 300 s。

RIPv2 使用了触发更新机制加快收敛，当一个路由条目发生变化，感知变化的路由器会立刻产生触发更新，只通告该条目。

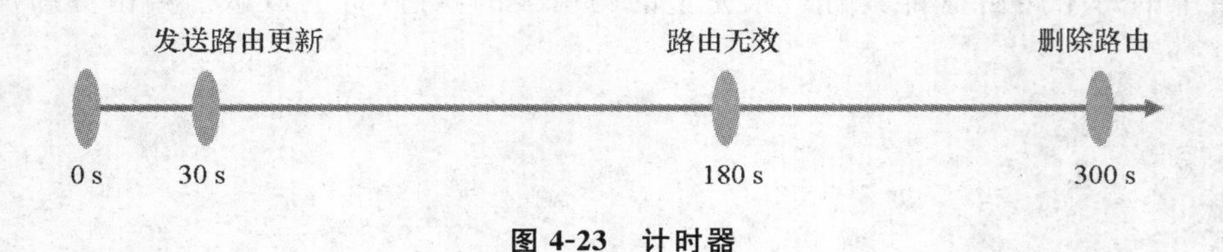

图 4-23　计时器

4. RIP 路由环路

见图 4-24 至图 4-27。

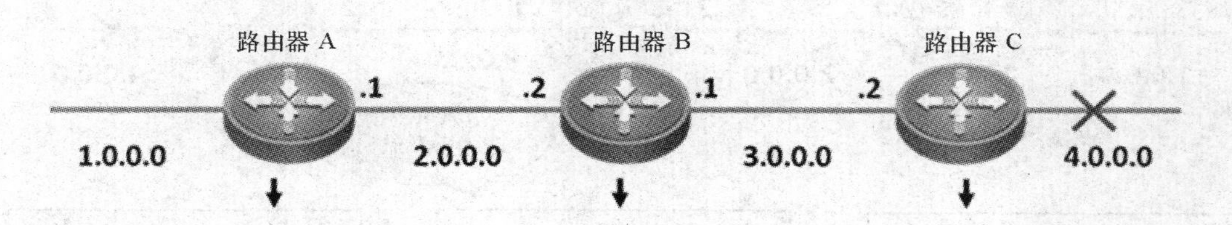

路由器 A

Routing Table		
NET	Nexthop	Metric
1.0.0.0		0
2.0.0.0		0
3.0.0.0	2.0.0.2	1
4.0.0.0	2.0.0.2	2

路由器 B

Routing Table		
NET	Nexthop	Metric
1.0.0.0	2.0.0.1	1
2.0.0.0		0
3.0.0.0		0
4.0.0.0	3.0.0.2	1

路由器 C

Routing Table		
NET	Nexthop	Metric
1.0.0.0	3.0.0.1	2
2.0.0.0	3.0.0.1	1
3.0.0.0		0
4.0.0.0		0

图 4-24　RIP 环路问题(1)

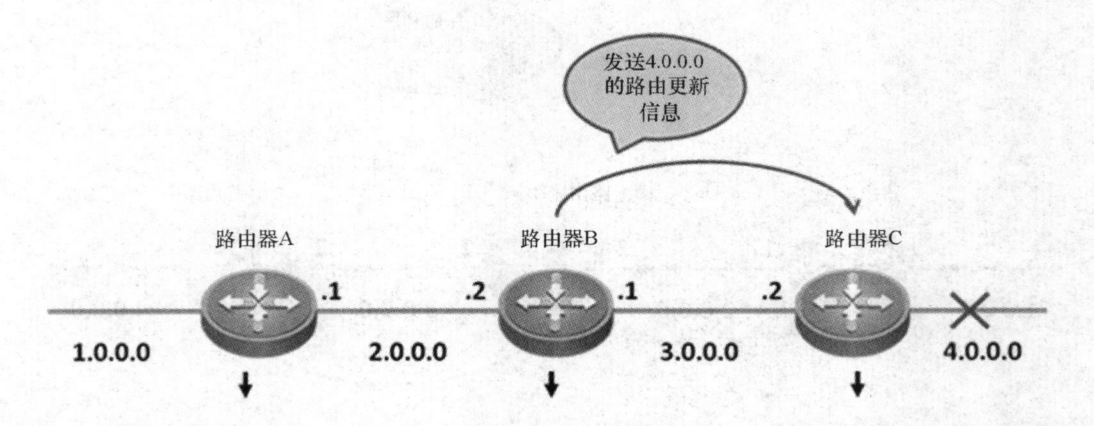

路由器A

Routing Table		
NET	Nexthop	Metric
1.0.0.0		0
2.0.0.0		0
3.0.0.0	2.0.0.2	1
4.0.0.0	2.0.0.2	2

路由器B

Routing Table		
NET	Nexthop	Metric
1.0.0.0	2.0.0.1	1
2.0.0.0		0
3.0.0.0		0
4.0.0.0	3.0.0.2	1

路由器C

Routing Table		
NET	Nexthop	Metric
1.0.0.0	3.0.0.1	2
2.0.0.0	3.0.0.1	1
3.0.0.0		0
4.0.0.0		16

图 4-25　RIP 环路问题(2)

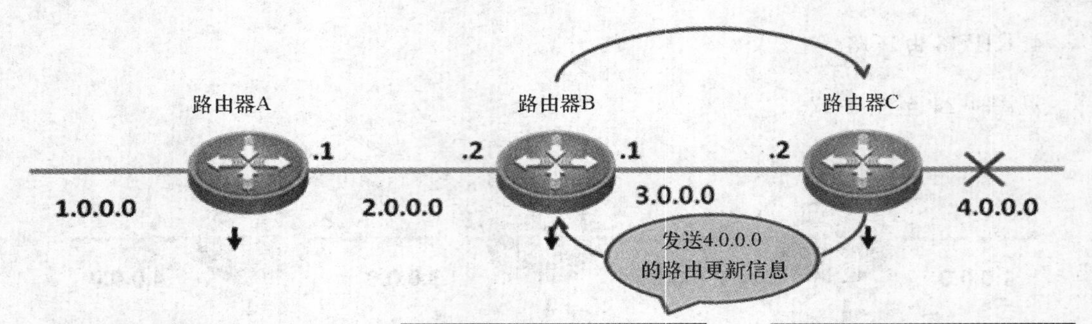

Routing Table

NET	Nexthop	Metric
1.0.0.0		0
2.0.0.0		0
3.0.0.0	2.0.0.2	1
4.0.0.0	2.0.0.2	2

Routing Table

NET	Nexthop	Metric
1.0.0.0	2.0.0.1	1
2.0.0.0		0
3.0.0.0		0
4.0.0.0	3.0.0.2	1

Routing Table

NET	Nexthop	Metric
1.0.0.0	3.0.0.1	2
2.0.0.0	3.0.0.1	1
3.0.0.0		0
4.0.0.0	3.0.0.1	2

图 4-26　RIP 环路问题(3)

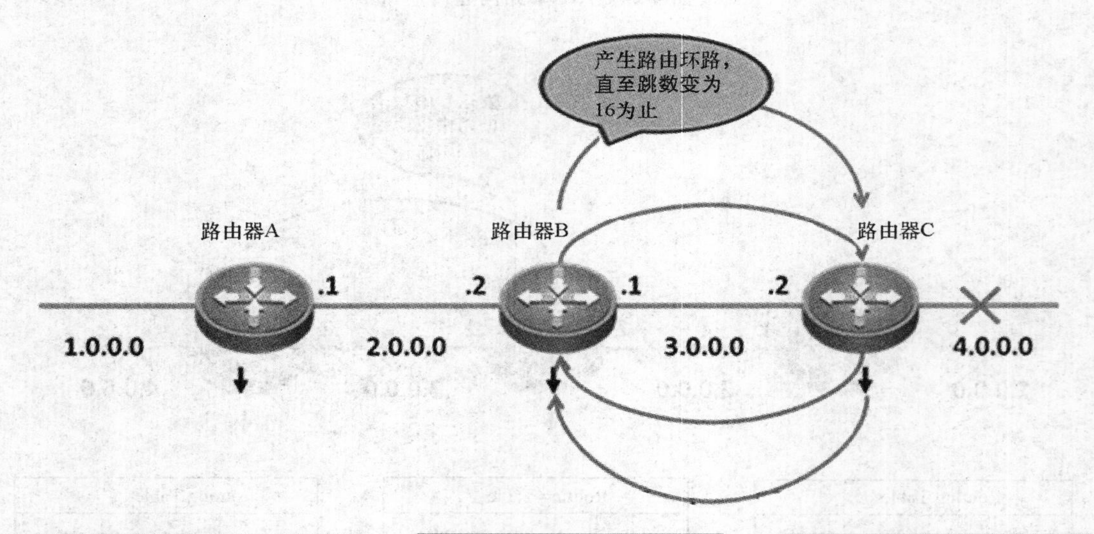

Routing Table

NET	Nexthop	Metric
1.0.0.0		0
2.0.0.0		0
3.0.0.0	2.0.0.2	1
4.0.0.0	2.0.0.2	2

Routing Table

NET	Nexthop	Metric
1.0.0.0	2.0.0.1	1
2.0.0.0		0
3.0.0.0		0
4.0.0.0	3.0.0.2	3

Routing Table

NET	Nexthop	Metric
1.0.0.0	3.0.0.1	2
2.0.0.0	3.0.0.1	1
3.0.0.0		0
4.0.0.0	3.0.0.1	2

图 4-27　RIP 环路问题(4)

通过图 4-24 RIP 环路问题(1)，在路由器 C 上的 4.0.0.0 网络出现故障。在图 4-25 RIP 环路问题(2)中，4.0.0.0 的网络在路由器 C 的路由表中的 Metric 被置为 16，即该路由不可

达，此时路由器B的更新周期正好到了，那么路由器B将会把自己的路由表副本传递给路由器C。在图4-26RIP环路问题(3)中，路由器C发现路由器B发送的副本中有到达4.0.0.0的条目，就立刻学习下来，并将该条目的metric值从16变成2。路由器C在更新周期到了之后，会将自己的路由器副本传递给路由器B。在图4-27RIP环路问题(4)中，路由器B从路由器C的副本学习到了到达4.0.0.0网络的路由信息，并更新自己的路由表，Metric的值被置为3，此时环路便形成了。随着各路由器的更新行为，这个错误的信息会被无止境的传递下去，并且4.0.0.0网络的跳数随着传递次数的增加而增加，直至跳数变为16为止。

5. RIP防止路由环路

RIP的更新机制和接受更新的方式导致它必然会有环路产生，所以RIP提供了几种机制用于防止路由环路。

(1)最大跳数　当一个路由条目作为副本发送出去的时候就会自动加1跳，最大加到16跳，把16跳作为无穷大计数，表示路由不可达。

(2)水平分割　从一个接口接收到的路由不能再从这个接口发送出去。

(3)带毒性逆转的水平分割　路由器从某些接口学习到的路由有可能从该接口反发送出去，只是这些路由已具有毒性，即跳数都被加到了16跳。

(4)触发更新　因网络拓扑发送变化导致路由表发生改变时，路由器立即产生更新通知直连邻居，不再需要等待30 s的更新周期。

(5)抑制计时　一条路由信息无效之后，一段时间内这条路由都处于抑制状态，即在一定时间内不再接收关于同一目的地址的路由更新。如果，路由器从一个网段上得知一条路径失效，然后，立即在另一个网段上得知这个路由有效。这个有效的信息往往是不正确的，抑制计时避免了这个问题，而且，当一条链路频繁起停时，抑制计时减少了路由的浮动，增加了网络的稳定性。

如图4-28中所示，对于路由器B来说，由于水平分割的限制，从接口1发出去的路由只有1.0和2.0，而没有3.0和4.0。

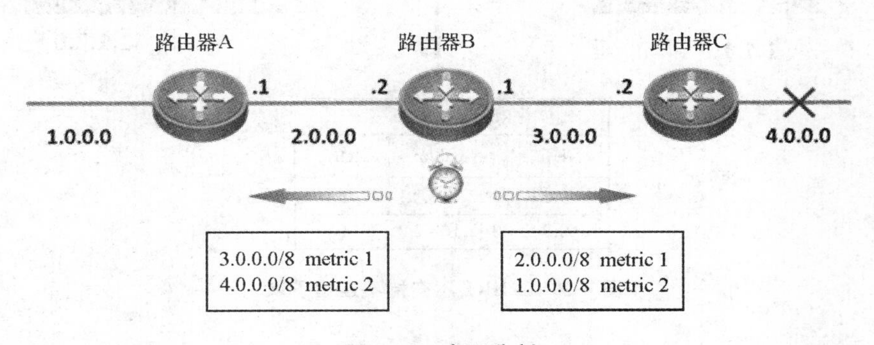

图4-28　水平分割

6. RIP的特点

①仅和相邻的路由器交换信息。如果两个路由器之间的通信不经过另外一个路由器，那么这两个路由器是相邻的。RIP协议规定，不相邻的路由器之间不交换信息。

②路由器交换的信息是当前本路由器所知道的全部信息。即自己的路由表。

③按固定时间交换路由信息，如每隔 30 s，然后路由器根据收到的路由信息更新路由表。

4.7.2 RIPv1 和 RIPv2 的区别

RIPv1 使用分类路由，定义在[RFC 1058]中。在它的路由更新(routing updates)中并不带有子网的资讯，因此它无法支持可变长度子网掩码。这个限制造成在 RIPv1 的网络中，同级网络无法使用不同的子网掩码。换句话说，在同一个网络中所有的子网络数目都是相同的。另外，它也不支持对路由过程的认证，使得 RIPv1 有一些轻微的弱点，有被攻击的可能。

因为 RIPv1 的缺陷，RIPv2 在 1994 年被提出，将子网络的资讯包含在内，透过这样的方式提供无类别域间路由，不过对于最大节点数 15 的这个限制仍然被保留着。另外针对安全性的问题，RIPv2 也提供一套方法，透过加密来达到认证的效果。

1. 有类路由和无类路由

根据路由协议在进行路由信息宣告时是否包含子网掩码，可以把路由协议分为两种：一种是有类路由，一种是无类路由。有类路由协议在宣告路由信息时不携带子网掩码，不支持不连续子网，如 RIPv1 协议，无类路由协议在宣告路由信息时携带子网掩码，支持不连续子网，如 RIPv2 协议。RIPv1 采用广播的方式发送路由更新信息，目标地址为广播地址 255.255.255.255。RIPv2 采用组播的方式更新路由信息，目标地址为组播地址 224.0.0.9。如图 4-29、图 4-30 所示。

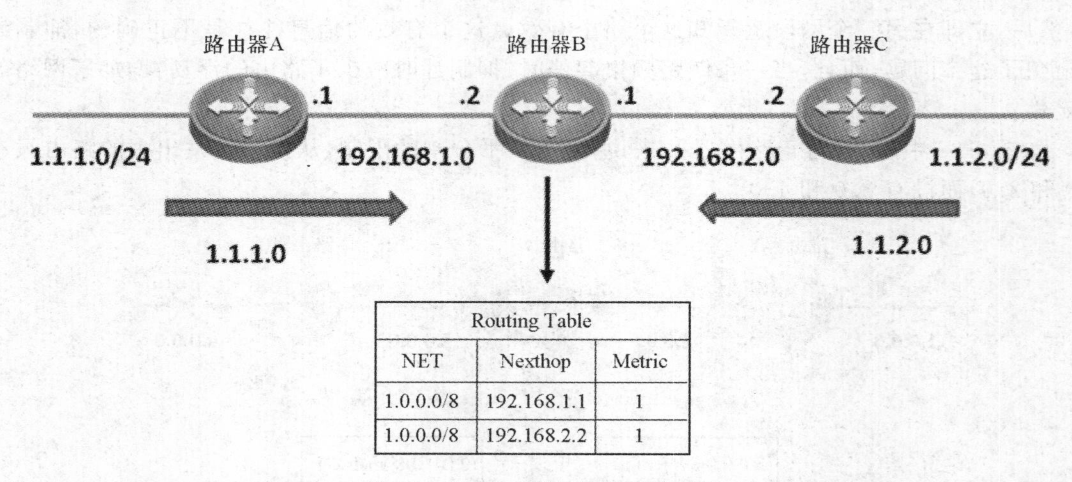

Routing Table		
NET	Nexthop	Metric
1.0.0.0/8	192.168.1.1	1
1.0.0.0/8	192.168.2.2	1

图 4-29 RIPv1 不支持不连续子网

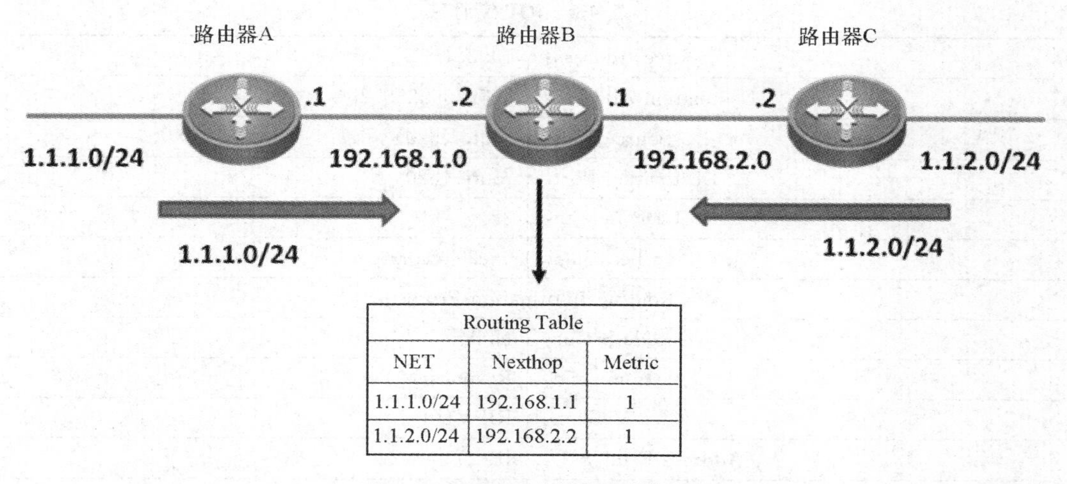

Routing Table		
NET	Nexthop	Metric
1.1.1.0/24	192.168.1.1	1
1.1.2.0/24	192.168.2.2	1

图 4-30　RIPv2 支持不连续子网

2. RIPv1 报文

RIPv1 消息格式，如图 4-31 所示。

8Bits	8Bits	8Bits	8Bits
Command(命令)	Version(版本)	Unused(set to all zeros)	
Address Family Identifier(地址族标志)		Unused(set to all zeros)	
IP Address(IP 地址)			
Unused(set to all zeros)			
Unused(set to all zeros)			
Metric(度量值)			
…			

图 4-31　RIPv1 消息格式

(1)命令(command)　取值 1 或 2，1 表示该消息是请求消息，2 表示该消息是响应消息。

(2)版本号(version)　用户表示 RIP 的版本，对于 RIPv1，该字段的值为 1。

(3)地址族标识(address family identifier)　对于 IP 该项设置为 2，只有一个例外的情况，该消息是路由器(或主机)整个路由选择表的请求。

(4)IP 地址(IP address)　路由的目的地址，这一项可以是主网络地址、子网地址或主机路由地址。

(5)度量值(metric)　Metric 在 RIP 里面指的是跳数，该字段的取值范围是 1～16。

用协议分析仪观察到的一个 RIPv1 消息解码如表 4-4 所示。

表 4-4 RIPv1 消息

Source Address:	10.2.1.2
Destination Address:	255.255.255.255
Source Port:	router(520)
Destination Port:	router(520)
UDP Length:	32
CheckSum:	0xe294(correct)
Routing Information Protocol	
Decode Status:	N/A
Command:	Response(2)
Version:	RIPV1(1)
Address Family ID:	IP(2)
IP Address:	10.2.2.0
Metric:	1

3. RIPv2 报文

RIPv2 消息格式,如图 4-32 所示。

8Bits	8Bits	8Bits	8Bits
Command(命令)	Version(版本)	Unused(set to all zeros)	
Address Family Identifier(地址族标志)		Rout Tag(路由标志)	
IP Address(IP 地址)			
Subnet Mask(子网掩码)			
Next Hop(下一跳)			
Metric(度量值)			
…			

图 4-32 RIPv2 消息格式

用协议分析仪观察到的一个 RIPv1 消息解码如表 4-5 所示。

表 4-5 RIPv2 消息

Source Address:	10.2.1.2
Destination Address:	224.0.0.9
Source Port:	router(520)
Destination Port:	router(520)
UDP Length:	32
CheckSum:	0xe294(correct)
Routing Information Protocol	
Decode Status:	N/A

续表 4-5

Command:	Response(2)
Version:	RIPv2(2)
Address Family ID:	IP(2)
IP Address:	1.1.1.0
Subnet Mask:	255.255.255.0
Next Hop:	192.168.1.1
Metric:	1

4. RIPv1 和 RIPv2 的区别

因为 RIPv1 存在一定的缺陷，RIPv2 做了针对性的调整，RIPv1 和 RIPv2 的区别见表 4-6：

表 4-6　RIPv1 和 RIPv2 的区别

RIP version 1	RIP version 2
有类路由(Classful)	无类路由(Classless)
不支持 VLSM	支持 VLSM
不支持不连续子网	支持不连续子网
广播更新(255.255.255.255)	组播更新(224.0.0.9)
自动汇总(不可关闭)	自动汇总(可以关闭)
不支持手动汇总	支持手动汇总
不支持路由认证	支持路由认证
产生 CIDR	不产生 CIDR

4.7.3　RIP 配置

1. 启动 RIP 进程

在全局配置模式中使用 router rip 来启动 rip 进程：

Router(config)# router rip

2. RIP 版本配置

路由器的 RIP 版本缺省是版本 1，由于 RIPv1 的缺陷，现在主要使用的就是 RIPv2，因此，要在路由模式下使用 version 2 命令强制指定为版本 2，指定为版本 2 后，该路由器只能发送和接收版本 2 的路由协议包。

Router(config-router)# version {1|2}

3. 定义关联网络

Router(config-router)# network 网络号

在路由模式下使用 network 网络号定义要关联的网络，要关联的网络必须是本路由器接

口IP所在的网络。RIP对外通告本路由器关联的直连网络和通过RIP从邻居那里学习到非直连网络，而且，只从关联网络所属的接口通告和接收路由信息。

4. 关闭RIPv2自动汇总

作为一种距离矢量路由协议，RIP缺省在主网边界自动汇总，会产生一些不必要的错误信息，要在路由模式下使用no auto-summary关闭自动汇总。

Router(config-router)＃ no auto-summary

如果通告的路由是连续的，可以在关闭自动汇总后，在接口下使用ip rip summary-address命令手工精确汇总。例如对于网络拓扑图4-33，可以进行手工汇总：

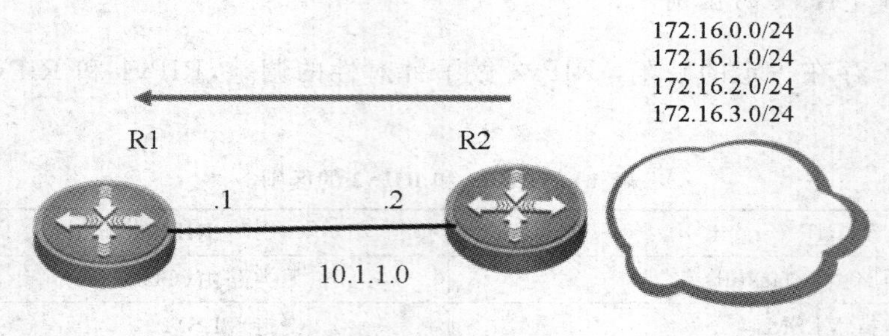

图4-33　手工汇总

R2(config-if)＃ ip rip summary-address 172.16.0.0 255.255.252.0

5. RIPv1配置实例

对于RIPv1配置的拓扑图4-34，路由器A、B、C进行RIP配置如下：

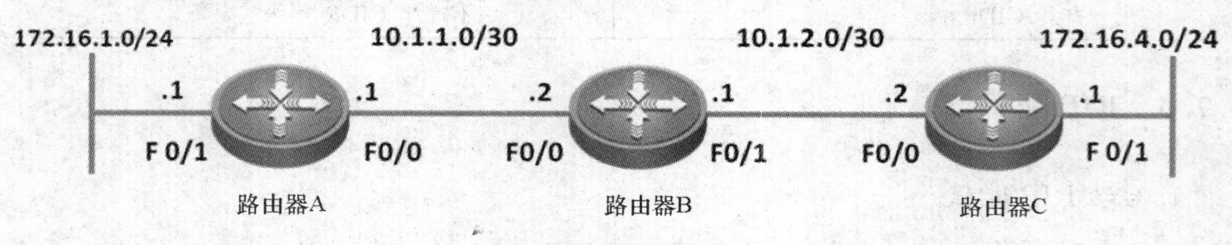

图4-34　RIPv1配置

(1)对路由器A

RouterA(config)＃ router rip

RouterA(config-router)＃ network 172.16.1.0

RouterA(config-router)＃network 10.1.1.0

(2)对路由器B

RouterB(config)＃ router rip

RouterB(config-router)＃ network 10.1.1.0

RouterB(config-router)＃ network 10.1.2.0

(3)对路由器C

RouterC(config)＃ router rip

RouterC(config-router)# network 172.16.4.0

RouterC(config-router)#network 10.1.2.0

6. RIPv2 配置实例

对网络拓扑图 4-35，对路由器 A、B、C 进行 RIP 配置如下：

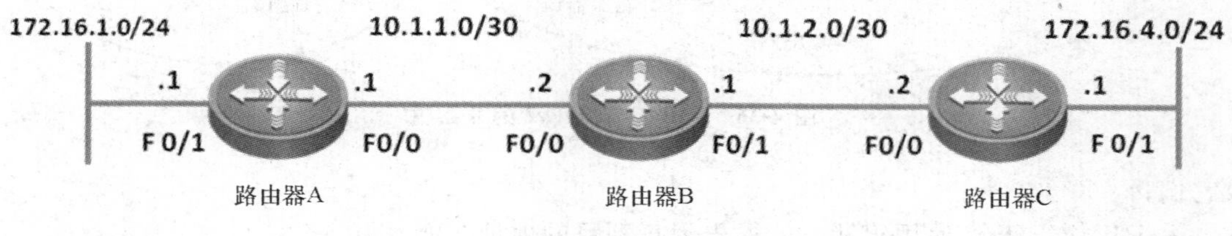

图 4-35　RIP 配置

(1)对路由器 A 的配置如下

RouterA(config)# router rip

RouterA(config-router)#version 2

RouterA(config-router)# no auto-summary

RouterA(config-router)# network 172.16.0.0

RouterA(config-router)#network 10.0.0.0

(2)对路由器 B 的配置如下

RouterB(config)# router rip

RouterB(config-router)#version 2

RouterB(config-router)# no auto-summary

RouterB(config-router)# network 10.0.0.0

(3)对路由器 C 的配置如下

RouterC(config)# router rip

RouterC(config-router)#version 2

RouterC(config-router)# no auto-summary

RouterC(config-router)# network 172.16.0.0

RouterC(config-router)#network 10.0.0.0

4.7.4　RIPv1 与 RIPv2 的兼容性

在默认情况下，版本 1 可以发送版本 1，接收任意版本的更新，版本 2 发送版本 2，只能接收版本 2 的更新。如图 4-36 所示，路由器 A 和路由器 B 运行的是 RIPv2 的路由协议，路由器 C 运行的是 RIPv1 的路由协议，则路由器 A 和 B 无法学习到路由器 C 的路由，同样，路由器 C 也学习不到路由器 A 和 B 的路由，所以在配置 RIP 路由协议时，需要注意 RIPv1 和 RIPv2 的兼容性问题。

RPC1723 用 4 个设置定义了一个“兼容性开关”，用来允许版本 1 和版本 2 之间的互操作：

- RIP-1：只有 RIPv1 的消息传送
- RIP-1 兼容性：使 RIPv2 使用广播方式代替组播方式来通告消息，以便 RIPv1 可以接

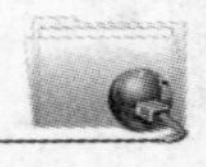

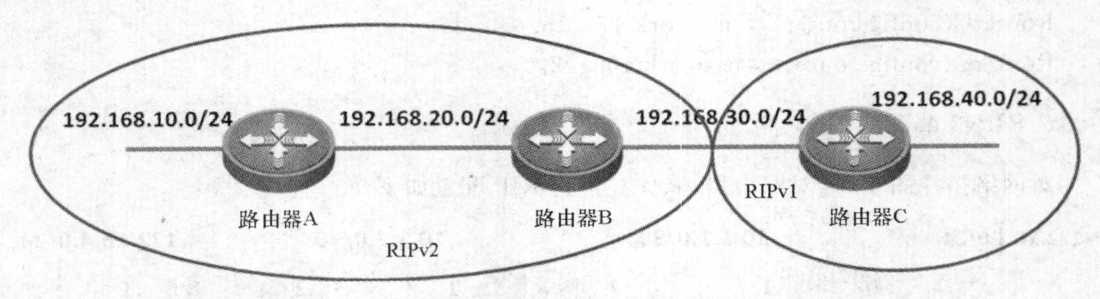

图 4-36　RIPv1 与 RIPv2 的兼容性

收它们；

- RIP-2：RIPv2 使用组播方式通告消息到目的地址 224.0.0.9；
- None：不发生更新。

RFC 建议这个开关基于每一个接口上配置。另外，RFC1723 定义了一个“接收控制开关”来控制更新的接收。对于这个开关，4 个设置是：

- RIP-1 only
- RIP-2 only
- Both
- None：不接受更新

这个开关也是基于每个接口上配置的。

配置命令需要在接口模式下配置：

ip rip [send|receive] version [2|1]

定义 RIP 在接口上发送和接收版本 1 或版本 2 数据包。

通过图 4-37 对路由器进行配置后，路由器 A 和 B 能够学习到路由器 C 的路由，同样，路由器 C 也能学习到路由器 A 和 B 的路由。可以使用命令 show ip route 和 show ip rip 来查看结果。

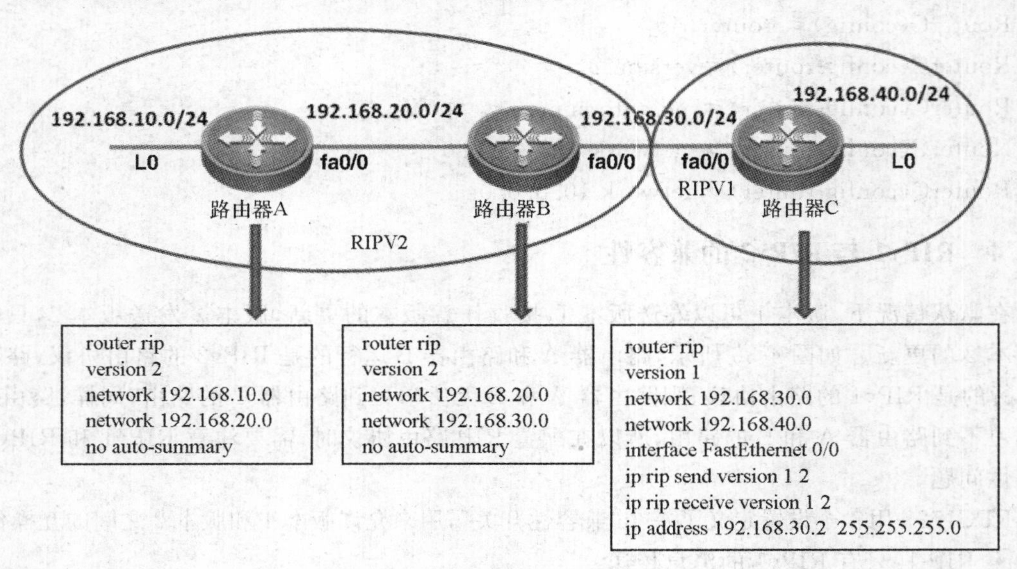

图 4-37　RIP 版本兼容性配置

4.8　OSPF

4.8.1　OSPF协议介绍

开放式最短路径优先协议(OSPF,Open Shortest Path First)是IETF(Internet Engineering Task Force)于1988年提出的一种链路状态路由选择协议。它服务于IP网络,是一个内部网关协议(IGP,Interior Gateway Protocol),工作在一个自治系统中,用于自治系统内部的路由选择信息交换。

OSPF分为OSPFv2和OSPFv3两个版本,其中OSPFv2由RFC 2328定义,用在IPv4网络,OSPFv3由RFC 5340定义,用在IPv6网络。在FRC1131中详细说明了OSPFv1版本,这个版本从来没有在实验平台之外使用过。

1. 链路状态路由协议

链路(Link)就是路由器上的接口,因此OSPF也称为接口状态路由协议。链路状态(Link-State)是指路由器接口、链路和邻居的状态,包括接口的地址、网络类型、UP状态和DOWN状态等。链路状态信息被封装在LSA(Link-State Advertisement,链路状态通告)消息中扩散到每个路由器,并用来建立一个拓扑数据库LSDB(Link-State Database,链路状态数据库),这个数据库是依靠收到的所有路由器发送的链路状态通告而构建成的。

链路状态路由协议(Link-State Routing Protocol)具有三个特征:

①对网络发生的变化能够快速响应。

②当网络发送变化时发送触发式更新。

③发送周期性更新(链路状态刷新)。

链路状态路由协议只在网络拓扑发送变化以后产生路由更新。当链路状态发生变化以后,检测到变化的路由器生成并发送LSA,并通过组播地址发送给所有的邻居路由器。接收到LSA的每个路由器都会拷贝一份LSA,更新自己的LSDB,然后再将LSA转发给其他的邻居。这种机制被称为泛洪(flooding),该机制保证了所有的路由器在更新自己的路由表之前更新自己的LSDB。

2. COST

OSPF的开销(cost)是路由穿越的那些中间网络的开销的累加,OSPF使用接口的带宽来计算Cost,其默认公式为开销$=10^8$除以带宽(带宽单位是b/s),也即100M除以带宽。例如一个10 Mbit/s的接口,计算Cost的方法为:将10 Mbit换算成bit,为10 000 000 bit,然后用100 000 000除以该带宽,结果为100 000 000/10 000 000 bit = 10,所以一个10 Mbit/s的接口,OSPF认为该接口的Cost值为10。如果路由器要经过两个接口才能到达目标网络,那么很显然,两个接口的Cost值要累加起来,才算是到达目标网络的COST值,所以OSPF路由器计算到达目标网络的Cost值,必须将沿途中所有接口的Cost值累加起来,在累加时,只计算出接口,不计算进接口。

OSPF会自动计算接口上的Cost值,也可以通过手工指定该接口的Cost值,手工指定的

优先于自动计算的值。

OSPF 计算的 Cost,同样是和接口带宽成反比,带宽越高,Cost 值越小。到达目标相同 Cost 值的路径,可以执行负载均衡,最多 6 条链路同时执行负载均衡。

3. OSPF 特点

OSPF 与 RIP 都属于内部网关协议,但是 OSPF 是完全的无类链路状态路由协议,见表 4-7。

表 4-7　网关协议

	内部网关协议		外部网关协议
	距离矢量路由协议	链路状态路由协议	路径矢量
有类	RIP　IGRP		EGP
无类	RIPv2　EIGRP	OSPFv2　IS-IS	BGPv4
IPv6	RIPng EIGRP for IPv6	OSPFv3 IS-IS for IPv6	BGPv4 for IPv6

链路状态路由协议与距离矢量路由协议的一个重要区别就是:距离矢量路由协议是基于流言的路由协议,也就是说,距离矢量路由协议依靠邻居发给它的信息来做路由决策,而且路由器不需要保持完整的网络信息。而运行了链路状态路由协议的路由器则拥有完整的网络信息,而且每个路由器自己做出路由决策。

相对 RIP,OSPF 具有很多的优点:

(1)使用了区域的概念,可以减少路由器的 CPU 与内存负载,可以使网络拓扑进行层次化的规划。

(2)支持完全无类别地址。

(3)支持无类别的路由选择表查询、VLSM 与超网。

(4)支持无大小限制的,任意的度量值。

(5)支持多路径的高效等价负载均衡。

(6)使用组播地址进行路由报文交互而非广播。

(7)支持更安全的路由选择认证。

(8)使用可以跟踪外部路由的路由标记。

4. OSPF 邻居关系

运行 OSPF 的路由器通过交换 Hello 报文和别的路由器建立邻接关系,运行如图 4-38 所示:

第一步,路由器采用多播地址作为目标地址发送 Hello 报文;

第二步,Hello 报文交换完毕,邻居关系形成;

第三步,路由器通过交换 LSA 进行 LSDB 的同步,同步完成后,双方进入完全邻接状态,形成邻接关系;

第四步,如果需要,路由器发送新的 LSA 给其他的邻居,来保证整个区域内 LSDB 的完全同步。

对于 LAN 链路,OSPF 还需要选一个路由器作为指定路由器(DRDesignated Router)和一个备份指定路由器(BDR,Backup Designated Router)。所有其他路由器都和 DR 以及 BDR 形成完全邻接状态,而且只传输 LSA 给 DR 和 BDR。DR 从邻居接收 LSA,然后再将其泛洪给其他所有非 DR 路由器。

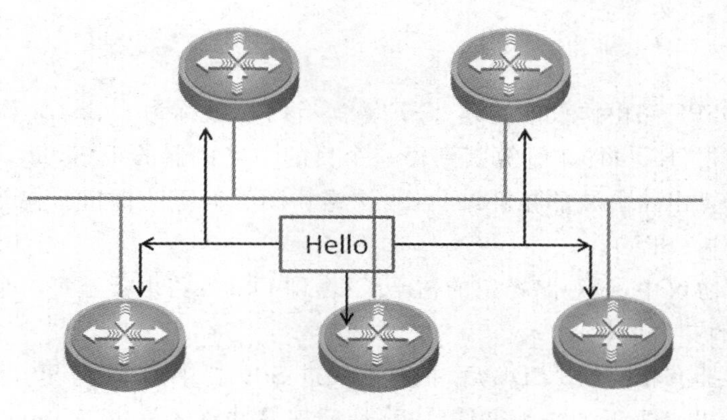

图 4-38　广播网络中的 Hello 报文

5. OSPF 泛洪机制

每条 LSA 条目都有老化时间，这是通过老化定时器来控制的。在 OSPF 中，每隔 1 800 s，原始生成该 LSA 条目的路由器都会重新泛洪 LSA，这个过程也称为 LSA 刷新。当 LSA 在 LSDB 中的寿命到达 3 600 s 后，该 LSA 被认为无效，然后从 LSDB 中删除。

在 OSPF 中，每个 LSA 条目都有一个序列号，用来标识一个 LSA 的版本。当 OSPF 路由器刷新一条 LSA 后，会将其序列号增加，这样接收路由器就可以通过序列号来判断该 LSA 的实时性。

LSA 通告承载在 LSU(Link-State Update，链路状态更新)报文中，一个 LSU 报文可以包含多个 LSA 条目。OSPF 路由器在收到一个 LSA 后所做的处理过程如图 4-39 所示。

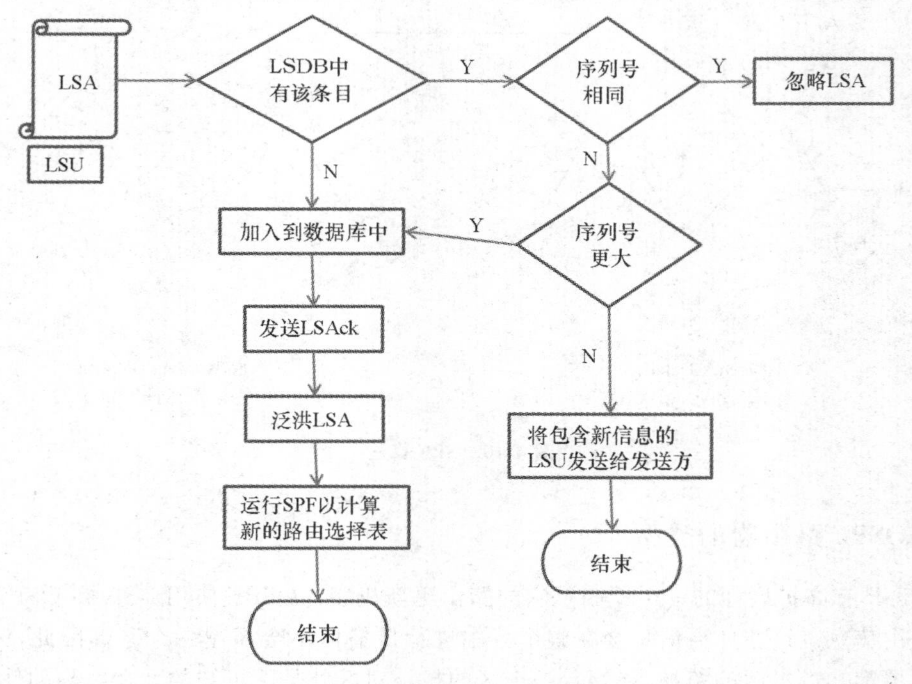

图 4-39　LSA 工作原理

6. SPF 算法

SPF 算法是 OSPF 路由协议的基础,SPF 算法有时也被称为 Dijkstra 算法。SPF 算法将每一个路由器作为根(ROOT)来计算其到每一个目的地路由器的距离,每一个路由器根据一个统一的数据库计算出路由域的拓扑结构图,该结构图类似于一棵树。在 SPF 算法中,这棵树被称为最短路径树(SPF)。

在 OSPF 路由协议中,最短路径树的树干长度,即 OSPF 路由器至每一个目的地路由器的距离,称为 OSPF 的花费值(Cost)。

所有的路由器拥有相同的 LSDB 后,把自已放进 SPF 树中的 Root 里,然后根据每条链路的花费(cost),选出花费最低的作为最佳路径,最后把最佳路径放进 Forwarding Database(路由表)里。

在图 4-40 中,路由器 X 有四台邻居路由器:A、B、C、D。它从这些路由器那里收到了网络中所有其他路由器的 LSA。根据这些 LSA,它能够推断出路由器之间的所有链路,并绘制出图中所示的路由器连接情况。通过计算后,可以得到最佳路径(SPF 树)。根据这些最佳路径,将前往每台路由器连接的目标网络的路由加入到路由选择表中,并将相应邻居路由器(A、B、C、D)制定为下一跳地址。

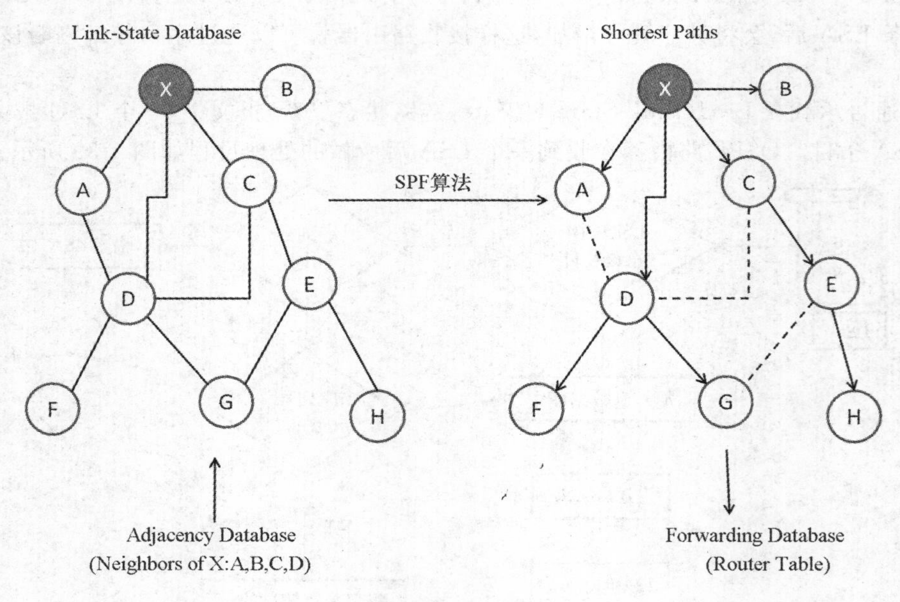

图 4-40　SPF 算法

4.8.2　OSPF 路由器的类型

OSPF 具有高扩展性的一个原因是它的路由更新机制。OSPF 使用 LSA 在 OSPF 节点之中共享路由信息。这些广播信息会在整个区中进行传播但不会超越一个区。因此,区中的每一个路由器都知道本区的拓扑。然而,一个区的拓扑对区外是不可知的。在实际的使用中,存在四种不同类型的 OSPF 路由器,每种路由器都有不同的对等实体集,路由器与这些对等实体

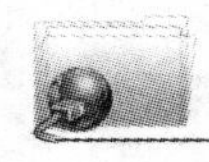

交换 LSA。

1. 内部路由器

内部路由器是指在一个 OSPF 区域内部的路由器，这些路由器不与其他区域相连，并且只维护其所在区域的 LSDB。内部路由器与区域内的其他路由器交换 LSA，包括作为区域边界的路由器。如图 4-41 所示，在整个 Area 10 中泛洪 LSA，最下方的路由器 D 为内部路由器。OSPF 直接把 LSA 报文发送到区域中的每一个路由器，并且使用任何可用的链路来转发这些 LSA。

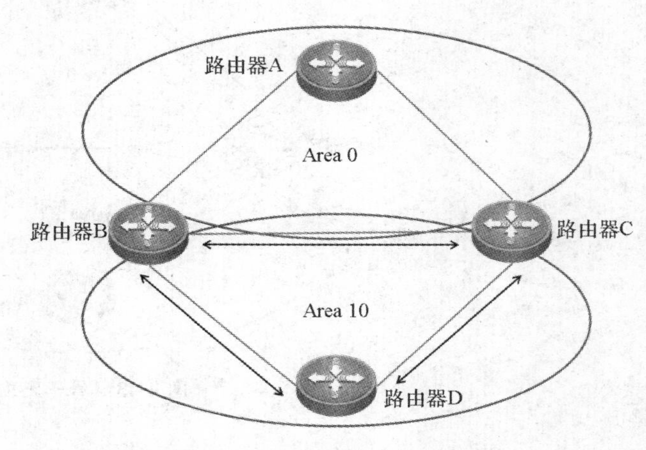

图 4-41　区域内部路由器

OSPF 路由器能同时直接寻址并发送 LSA 至区中所有的路由器(泛洪)，这和 RIP 使用的“邻居到邻居”的收敛方式完全不同，区域内的路由器几乎同时收敛到新拓扑结构。OSPF 区域内的拓扑信息不会被传输到边界之外，收敛不是在自治系统中的所有路由器上发生，而只发生在受影响的区域中，这种收敛方式既加速了收敛，又增加了网络的稳定性。

2. 区域边界路由器

区域边界路由器(ABR)是同时连接多个区域的路由器，ABR 维护多个区域的 LSDB，并且作为区域之间路由信息共享的“中间人”。在 OSPF 中，所有的区域都必须与骨干区域(Area 0)相连，所以 ABR 至少要连接到骨干区域和一个非骨干区域。图 4-42 中，路由器 B 和路由器 C 作为 ABR，用来在 Area 0 和Area 10之间交换路由信息。

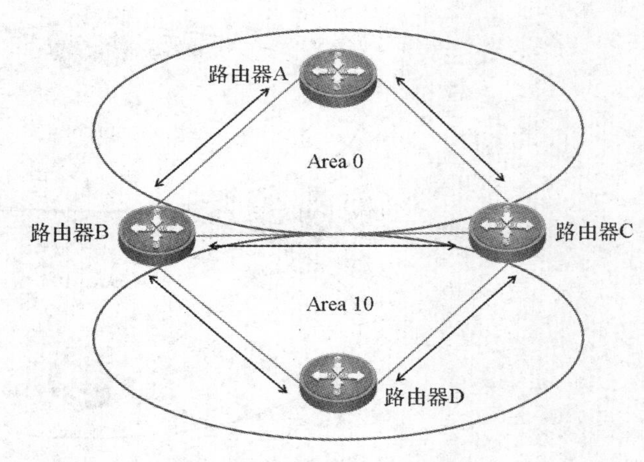

图 4-42　区域边界路由器

OSPF 支持在 ABR 上对区域内的路由进行汇总，路由汇总不但减少了路由表的规模，而且提高了网络的稳定性。

3. 骨干路由器

骨干路由器是指骨干区域(Area 0)内的路由器，这些路由器只维护骨干区域的 LSDB。在 OSPF 中，所有非骨干区域之间的信息都要通过骨干区域进行中转，图 4-43 中，处于最上方

的路由器 A 为骨干路由器。

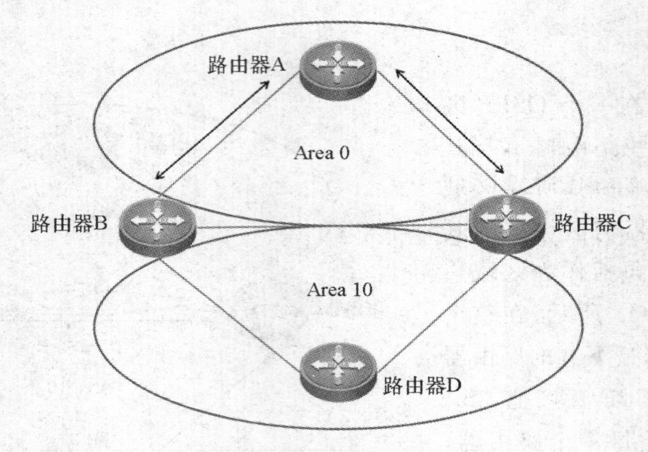

图 4-43 骨干路由器

4. 自治系统边界路由器

自治系统边界路由器(ASBR)是指其他路由域相连的 OSPF 路由器,通常在这些路由器上使用了多种路由协议,如 OSPF 和 RIP。ASBR 为 OSPF 路由域的边界,它将其他路由域中的路由引入到 OSPF 中,并且将 OSPF 路由域的路由发布给其他路由域。图 4-44 中,同时连接 OSPF 路由域和 RIP 路由域的路由器 A 为 OSPF ASBR。

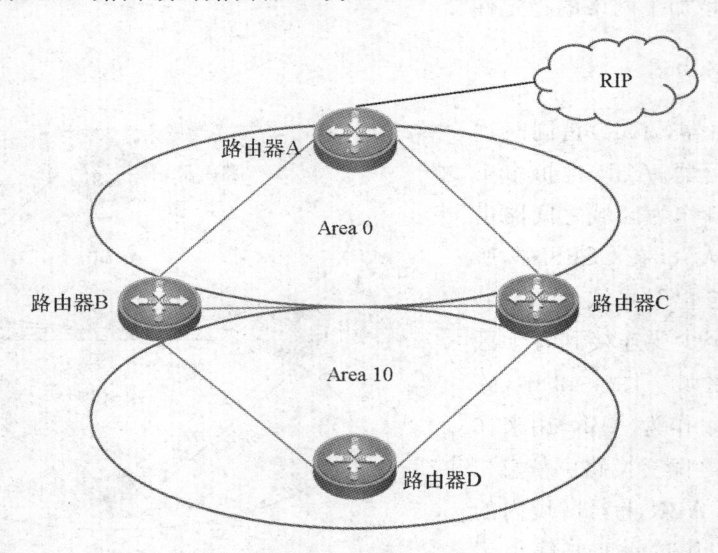

图 4-44 自治系统边界路由器

4.8.3 OSPF 报文类型

OSPF 报文是由多重封装构成的,图 4-45 中,封装在 IP 报头部内的是 5 种 OSPF 报文类型中的一种,每一种报文类型都是由一个 OSPF 报头部开始,OSPF 报头之后是 OSPF 报文数据流,根据报文类型的不同会有所不同。

IP报头
(协议号=89)
OSPF报文
OSPF
报文头部
OSPF报文数据
报文特有
类型数据
LSA
LSA
LSA
LSA
LSA
LSA
LSA头部
LSA数据

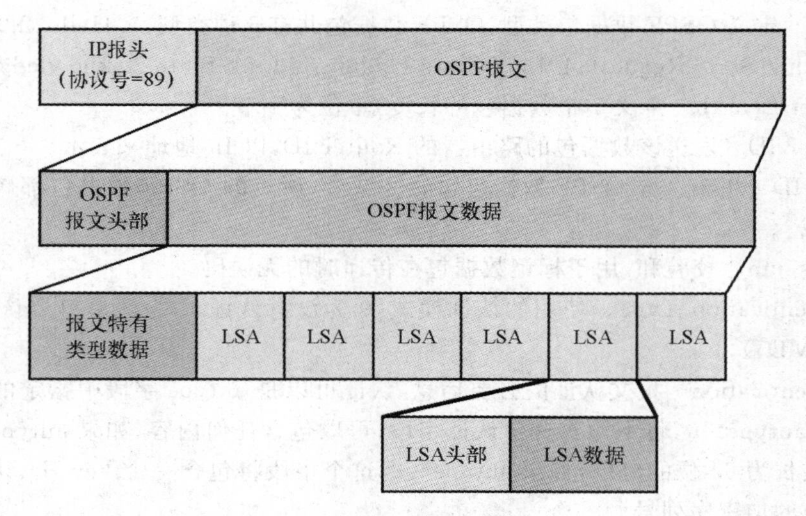

图 4-45　OSPF 报文封装结构

OSPF 有 5 种报文类型，见表 4-8，这 5 种报文类型直接封装到 IP 报文的有效负载中，通常 OSPF 报文是不转发的，只传递一跳，即在 IP 报文头中 TTL 值被设为 1。

表 4-8　OSPF 报文

类型	数据包名称	描述
1	Hello	发现邻居并在它们之间建立邻接关系
2	数据库描述(DBD)	检查路由器的数据库之间是否同步
3	链路状态请求(LSR)	向另一台路由器请求特定的链路状态信息
4	链路状态更新(LSU)	发送请求的链路状态信息
5	链路状态确认(LSAck)	对其他类型的报文进行确认

在 IP 报头中，协议标识符 89 表示 OSPF 报文，所有的 OSPF 报文开头的报文格式都相同，该报头包含下列字段，如图 4-46 所示。

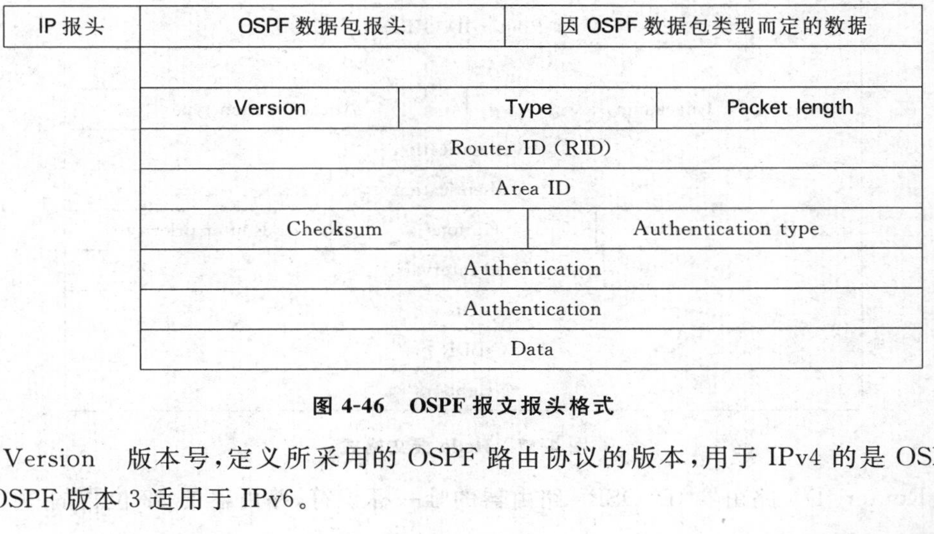

IP 报头
OSPF 数据包报头
因 OSPF 数据包类型而定的数据
Version
Type
Packet length
Router ID (RID)
Area ID
Checksum
Authentication type
Authentication
Authentication
Data

图 4-46　OSPF 报文报头格式

(1) Version　版本号，定义所采用的 OSPF 路由协议的版本，用于 IPv4 的是 OSPF 第 2 版本。OSPF 版本 3 适用于 IPv6。

(2)Type　定义 OSPF 数据包类型，OSPF 数据包共有 5 种类型：1. Hello；2. Database Description；3. Link-State Request；4. Link-State Update；5. Link-State Acknowledgment。

(3)Packet Length　定义整个数据包的长度，单位为字节。

(4)Router ID　发送该数据包的路由器的 Router ID，以 IP 地址来表示。

(5)Area ID　用于区分 OSPF 数据包属的区域号，所有的 OSPF 数据包都属于一个特定的 OSPF 区域。

(6)Checksum　校验和，用于标记数据包在传递时的无误码。

(7)Authentication Type　使用的认证模式，0 为没有认证、1 为简单口令认证、2 为加密检验和认证(MD5)。

(8)Authentication　报文认证的必要信息，认证可以是 autype 字段中指定的任何一种认证模式，如果 autype=0，将不检查这个认证字段，可以包含任何内容，如果 autype=1，这个字段包含一个最长为 64 位的口令，如果 autype=2，这个字段将包含一个 key ID、认证数据长度和一个不减小的加密序列号。

(9)Data　包含的信息随 OSPF 报文类型而异：

①对于 Hello 报文，包含一个由已知邻居组成的列表。

②对于 DBD 报文，包含 LSDB 摘要，其中包括所有已知路由器的 ID、最后使用序列号和一些其他字段。

③对于 LSR 报文，包含需要的 LSU 类型和能够提供所需 LSU 的路由器 ID。

④对于 LSU 报文，包含完整的 LSA 条目，一个 OSPF 更新报文中可以包含多个 LSA 条目。

⑤对于 LSAck 报文，该字段为空。

1. Hello 报文

Hello 协议用来建立和保持 OSPF 邻居关系，采用多播地址 224. 0. 0. 5. 网络中的 OSPF 路由器必须彼此看到对方后方能共享信息。Hello 协议通过确保邻居之间的双向通信来建立和维护邻接关系。图 4-47 为 Hello 报文格式。

<table>
<tr><td colspan="2">Version V2</td><td colspan="2">Type=1</td><td colspan="2">Packet length</td></tr>
<tr><td colspan="6">Router ID (RID)</td></tr>
<tr><td colspan="6">Area ID</td></tr>
<tr><td colspan="3">Checksum</td><td colspan="3">Authentication type</td></tr>
<tr><td colspan="6">Authentication</td></tr>
<tr><td colspan="6">Authentication</td></tr>
<tr><td colspan="2">Hello intervals</td><td colspan="2">Options</td><td colspan="2">Router priority</td></tr>
<tr><td colspan="6">Dead intervals</td></tr>
<tr><td colspan="6">DR</td></tr>
<tr><td colspan="6">BDR</td></tr>
<tr><td colspan="6">Neighbors</td></tr>
</table>

图 4-47　Hello 报文格式

(1)Router ID　路由器 ID，OSPF 路由器的唯一标识符，路由器的 32 位长的一个唯一标识符。

(2)Hello/Dead intervals　Hello 间隔和失效间隔，定义发送 Hello 报文频率(默认在一个多路访问网络中间隔为 10 s)，Dead 间隔是 4 倍于 Hello 包间隔。

(3)Neighbors　邻居列表，邻居字段中包含已建立双向通信关系的邻接路由器。

(3)Area ID　区域 ID，为了能够通信，OSPF 路由器的接口必须属于同一网段中的同一区域(Area)。

(4)Router priority　路由器优先级，选举 DR 和 BDR 的时候使用，8 位长的一串数字，默认为 1。

(5)DR/BDR　指定路由器(DR)和备份指定路由器(BDR)的 IP 地址信息。

2. 数据库描述报文

当 OSPF 中的两个路由器初始化连接时，要交换数据库描述(BDB)报文。这个报文类型用于描述，而非实际地传送 OSPF 路由器的链路状态数据库内容。如图 4-48 所示。

<table>
<tr><td colspan="4">Version V2</td><td colspan="4">Type=2</td><td colspan="8">Packet length</td></tr>
<tr><td colspan="16">Router ID (RID)</td></tr>
<tr><td colspan="16">Area ID</td></tr>
<tr><td colspan="6">Checksum</td><td colspan="10">Authentication type</td></tr>
<tr><td colspan="16">Authentication</td></tr>
<tr><td colspan="16">Authentication</td></tr>
<tr><td colspan="4">Interface MTU</td><td colspan="4">Options</td><td>0</td><td>0</td><td>0</td><td>0</td><td>0</td><td>I</td><td>M</td><td>MS</td></tr>
<tr><td colspan="16">DD sequence number</td></tr>
<tr><td colspan="16">An LSA Header</td></tr>
</table>

图 4-48　数据库描述报文格式

(1)Interface MTU　用来检查两端 OSPF 路由器接口的 MTU 是否匹配，在 Virtual-link 中的 Interface MTU 字段为 0。

(2)MS　用来描述路由器的主从关系，M/S 为 1，则该路由器为 Master，反之则为 Slave。

(3)I/M　用于传输 DBD 包时所使用，I 为初始位，当一个 DBD 包被发送时被置为 1。M 位为 More DBD Packet，在同个 DD sequence number 中最后一个 DBD 包的 M 位为 0，表示传输完毕。

(4)DD sequence number　用来标识一组 DBD 包。当第一个发送 DBD 包时，该 DD sequence number 字段开始使用，在往后的 DBD 包中 DD sequence number 都会递增 1。

3. 链路状态请求报文

链路状态请求(LSR)报文用于请求邻居路由器的链路状态数据库中的信息。在收到一个 DBD 报文之后，OSPF 路由器发现自己的数据库多缺少的信息，然后发送一个或几个链路状态请求报文给它的邻居(具有更新信息的路由器)以得到更多的链路状态信息。

LSR用链路状态(LS)类型号(1到5)、LS标识、通告路由器来唯一的标识要请求的LSA，LSR报文见图4-49 。

Version V2	Type=3	Packet length
Router ID (RID)		
Area ID		
Checksum	Authentication type	
Authentication		
Authentication		
LS type		
Link State ID		
Advertising Router		

图4-49 链路状态请求报文格式

4.链路状态更新报文

链路状态更新(LSU)报文用于把LSA发送给它的邻居，这些更新报文是用于对LSA请求的应答。一个LSU中可以包含多个LSA条目。LSU报文格式如图4-50所示：

Version V2	Type=4	Packet length
Router ID (RID)		
Area ID		
Checksum	Authentication type	
Authentication		
Authentication		
LSAs		
LSAs …		

图4-50 LSU数据包格式

在OSPF中，常用的LS类型A有5种，见表4-9。

表4-9 OSPF LSA类型

LSA类型	描述
1类	路由器LSA
2类	网络LSA
3类和4类	汇总LSA
5类	AS外部LSA

续表 4-9

LSA 类型	描述
6 类	组播 OSPF LSA
7 类	为次末节区域定义的
8 类	外部属性 LSA
9、10 或 11 类	不透明 LSA

(1)路由器 LSA(Router LSA,类型 1)　路由器 LSA 描述了路由器的链路状态,例如接口的花费值、接口的地址等。所有的链路都必须在一个 LSA 报文中进行描述。同时,路由器必须为它属于的每个区域产生一个路由器 LSA。区域边界路由器将产生多个路由器 LSA。

(2)网络 LSA(Network LSA,类型 2)　网络 LSA 与路由器 LSA 相似,它描述的是连接到某个网段的所有路由器的链路状态和花费信息。只有指定路由器 DR 才是网络 LSA。

(3)网络汇总 LSA(Network Summary LSA,类型 3)　只有 OSPF 网络中的边界路由器 ABR 才会生成这种 LSA。当 ABR 将一个区域的理由信息或者汇总后的路由信息通告给另一个区域时,使用网络汇总 LSA。

(4)ASBR 汇总 LSA(ASBR Summary LSA,类型 4)　类型 4 与类型 3 的关系密切,二者的区别是类型 3 描述区内路由,类型 4 描述 OSPF 网络之外的路由。

(5)自治系统外部 LSA(AS-External LSA,类型 5)　AS 外部 LSA 用于描述 OSPF 网络之外的目的地。这些目的地可以是特定主机或外部网络地址。作为和外部自治系统相连的 ASBR 负责把外部路由信息在整个 OSPF 路由域中传播。

5. 链路状态确认报文

OSPF 的特点是可靠地泛洪 LSA 报文,可靠性意味着通告的接收方必须应答,否则,源节点将没有办法知道是否 LSA 已到达目的地。当接收方收到 LSA 后,将使用 LSAck 报文进行确认。LSAck 报文格式见图 4-51 :

<table>
<tr><td colspan="6">Version V2</td><td colspan="0"></td></tr>
</table>

Version V2	Type=5	Packet length
Router ID (RID)		
Area ID		
Checksum	Authentication type	
Authentication		
Authentication		
An LSA Header		

图 4-51　LASck 报文格式

LSAck 报文唯一的标识其要应答的 LSA 报文,标识以包含在 LSA 头中的信息为基础,包括 LS 顺序号和通告路由器。LSA 与应答报文之间无须 1 对 1 的对应关系,多个 LSA 可以用一个报文来应答。

4.8.4 OSPF 区域

在链路状态路由协议中，OSPF 路由器越多，LSDB 就越大。这对了解完整的网络信息有帮助，但是随着网络的增长，可扩展性的问题就会越来越突出。通常将网络划分成区域(Area)，以减少 SPF 算法的计算量。使用分区域拓扑后，区域内的路由器数量以及在区域内扩散的 LSA 数量较少，这就意味着区域内的链路状态数据库较小，SPF 算法的计算量更小，收敛需要的时间更短。

引入区域的概念后，在某一个区域里的路由器只维护该区域中所有路由器或链路的详细信息和其他区域的部分信息。当某个路由器或某条链路出故障后，信息只会在那个区域内进行传递，区域以外的路由器不会收到该信息。

OSPF 要求层次化的网络设计，包括两层：

- 中转区域：Transit Area(Backbone 或 Area 0)
- 常规区域：Regular Area(Nonbackbone areas)。

骨干区域必须是连续的，同时要求其余区域必须与骨干区域直接相连。骨干区域的主要工作是在其他区域间传递信息。所有区域，包括骨干区域之间的网络结构情况是互不可见的，当一个区域的路由信息对外广播时，其路由信息是先传递至区域 0，再由区域 0 将该路由信息传向其余区域。

常规区域的主要功能是连接用户和资源，一般根据功能和地理位置来划分。一个常规区域不允许其他区域的流量通过它到达另外一个区域，必须通过中转区域。

在 OSPF 中，建议每个区域中的路由器的数量为 50 到 100 个。图 4-52 中，路由器 A 就是骨干路由器，路由器 B 和路由器 C 就是 ABR。

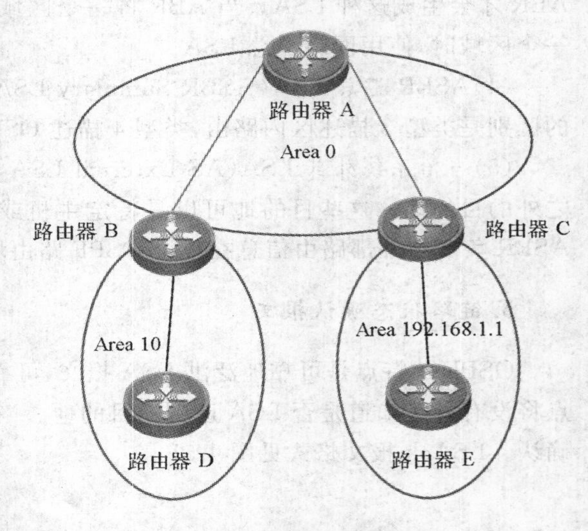

图 4-52 OSPF 区域

区域是由一个 32 位的区域 ID 来标识的，区域 ID 可以表示成一个十进制的数字，也可以表示成一个点分十进制的数字，使用哪一种格式来标识一个具体的区域 ID，通常是根据使用的方便性来选择。

4.8.5 OSPF 网络类型

OSPF 有 4 中网络类型：广播网络、非广播多路访问网络、点到点网络和点到多点网络，根据网络的类型不同，OSPF 的工作方式也不同。

1. 广播网络

多路访问广播网络中，需要进行 DR/BDR 的选举，所有的非 DR/BDR(即 DROTHER)路由器和 DR/BDR 形成安全邻接关系(FULL)，如图 4-53 所示。非 DR/BDR 路由器使用多播

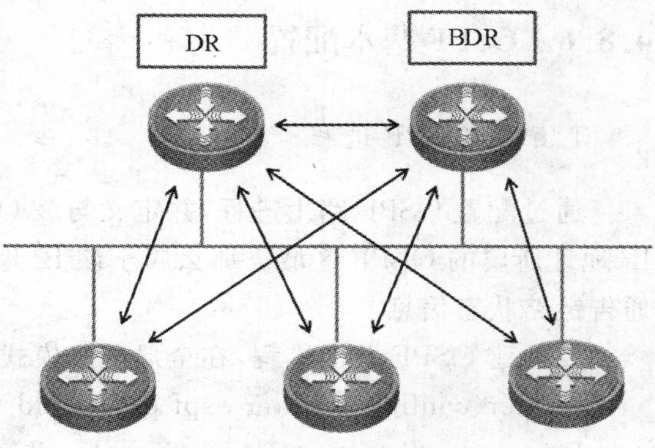

图 4-53　广播式网络

地址 224.0.0.6 将链路状态信息发送给 DR，然后 DR 使用多播地址 224.0.0.5 再将链路状态信息发送给非 DR/BDR 路由器。在广播网络中，OSPF 的 Hello 间隔（Hello-interval）是 10 s，死亡间隔（Dead-interval）是 40 s。

选举 DR 和 BDR 的好处有两个方面：

减少路由器更新数据流：DR 和 BDR 是多路访问网络上的链路状态信息交换中心，每台路由器都必须与 DR 和 BDR 建立邻接关系。网段上的路由器只将链路信息发送给 DR 和 BDR，而不是同所有其他路由器交换链路状态信息。DR 收到路由器发送的链路状态信息后，将其转发给网络中其他的所有路由器。当有新的路由器加入到网络中后，它只需要与 DR 同步数据库即可，无须与网络中的所有路由器都进行数据库的同步。

管理链路状态同步：DR 和 BDR 确保网络上的其他路由器拥有相同的关于互联网络的链路状态信息，从而减少了路由选择错误。

选举 DR/BDR 的时候，要比较 Hello 报文的优先级，优先级高的为 DR，次高的为 BDR，默认优先级为 1。在优先级相同的情况下，比较 RID，RID 等级最高的为 DR，次高的为 BDR。当把优先级置为 0 是时，OSPF 路由器就不能成为 DR/BDR，只能成为 DROTHER。

2. 非广播多路访问网络

非广播多路访问（NBMA）网络，如帧中继、ATM 和 X.25，不支持广播的能力，但具有多路访问的特点。OSPF 在 NBMA 网络中也要选举 DR 和 BDR。

默认在 NBMA 网络中，Hello 报文的发送时间间隔和 Dead 时间间隔分别是 30 s 和 120 s。NBMA 网络中的邻居不是自动发现的，需要手工建立一张邻居列表。默认情况下，OSPF将帧中继（ATM）的主接口、点对多点子接口看作是 NBMA 网络。

3. 点到点网络

点到点网络一般采用 PPP 或者 HDLC 进行封装的串行接口，OSPF 将自动检测接口类型，并且在点对点网络中，OSPF 不需要进行 DR/BDR 的选举。邻居通过发送使用多播地址 224.0.0.5 的 Hello 报文来动态发现邻居。点对点网络中，默认 Hello 报文的发送间隔是 10 s，Dead 间隔是 40 s。OSPF 将帧中继（ATM）点对点子接口看作是点到点网络。

4. 点到多点网络

通常情况下，没有点到多点网络，OSPF 通过在接口上使用 ip ospf network point-to-multipoint 命令，将接口配置为点到多点网络。点到多点网络通常用于星形拓扑网络中，以取代默认的网络类型，并简化 OSPF 配置。在点到多点网络中，不需要进行 DR/BDR 的选举，邻居是自动发信的。默认 Hello 报文的发送间隔是 30 s，Dead 间隔是 120 s。

4.8.6 OSPF 基本配置

1. 配置 OSPF 进程

通过配置 OSPF 路由进程，并定义与该 OSPF 路由进程关联的 IP 地址范围，以及该范围 IP 地址所属的 OSPF 区域。那么属于该 IP 地址范围的接口将发送、接收 OSPF 报文，并对外通告链路状态信息。

要创建 OSPF 路由进程，在全局配置模式中执行以下命令：

Router(config)＃router ospf process-id 创建 OSPF 路由进程

Router(config)＃network network wildcard area area-id 定义接口所属区域

process-id 只在本路由器内有效，所以可以设置成和其他路由器相同，network 和 wildcard 为网络地址和反向掩码。

2. 配置 OSPF 接口参数

OSPF 允许用户更改某些特定的接口参数，用户可以根据实际应用的需要设置这些参数。在进行参数设置时，要注意与该接口相邻的路由器的接口参数。要配置 OSPF 接口参数，在接口配置模式中执行以下命令：

Router(config-if)＃ip ospf cost cost　　指定该接口的花费

Router(config-if)＃ip ospf transmit-delay seconds　　设置 OSPF 发送一个更新报文的时间

Router(config-if)＃ip ospf priority priority　　设置 OSPF 优先级，用于指定路由器的选举

Router(config-if)＃ip ospf hello-interval seconds　　设置发送 Hello 报文时间间隔

Router(config-if)＃ip ospf dead-interval seconds　　设置无效时间间隔

Router(config-if)＃ip ospf authentication-key key　　设置 OSPF 明文认证密钥

Router(config-if)＃ip ospf message-digest-key key-id md5　　设置 OSPF MD5 认证密钥

3. 配置 Router ID

OSPF 路由器 ID 唯一标识了网络中的每一台路由器，OSPF 路由进程启动时将选择路由器 ID。在整个 OSPF 自主系统中，路由器 ID 不能重复，否则可能会导致路由计算错误。关于 RID 的选举有如下规则：

①如果不存在回环接口，选择物理接口地址等级最高的作为 RID(假如没有设置回环接口)，接口不是必须参与 OSPF 进程，但是状态必须是 up。

②假如回环接口存在，选举回环接口地址作为 RID(回环接口永远不会 down 掉)。

③通过使用 router-id 命令配置的 RID 具有最高的优先级。

一旦 RID 设置了，将不会改变，及时设置 RID 的接口 down 掉了，RID 也不会改变，除非路由器重新启动，或者重启 OSPF 进程。

手动配置 OSPF 的 RID 命令为：

Router(config) # router ospf process-id

Router(config-router) # router-id ip-address

本次设置的新 RID 在下次 OSPF 进程中生效，或者重启 OSPF 进程改变 RID。

4. 查看 OSPF 配置

show ip ospf [process-id]命令显示 OSPF 路由进程的运行信息概要，如果没有指定进程号，就显示所有的 OSPF 进程信息，否则只是显示指定路由进程信息。

show ip ospf interface 命令用来查看接口的 OSPF 信息。

show ip ospf neighbor 命令显示邻居列表，包括它们的 OSPF 路由器 ID、OSPF 优先级、邻接关系状态机失效时间等信息。

show ip ospf nerghbor [detail] [interface-type interface-number][neighbor-id]可以显示指定的邻居信息。detail 显示邻居的详细信息、interface-type interface-number 显示指定接口的邻居信息、neighbor-id 显示指定邻居信息。

4.8.7 OSPF 区域配置

1. OSPF 单区域配置

对于路由器比较少的网络，可以只设置一个区域，如图 4-54 所示，三个路由器都属于 Area 0。

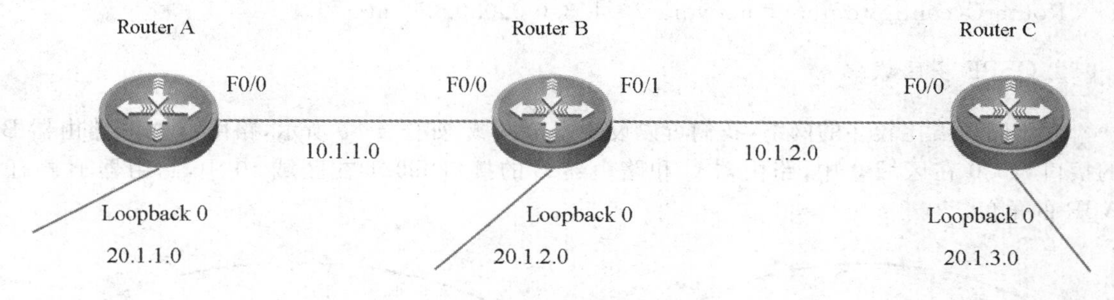

图 4-54　单区域 OSPF

路由器 A 配置如下：

RouterA # configure terminal

RouterA(config) # interface FastEthernet 0/0

RouterA(config-if) # ip address 10. 1. 1. 1 255. 255. 255. 0

RouterA(config) # interface Loopback 0

RouterA(config-if) # ip address 20. 1. 1. 1 255. 255. 255. 0

RouterA(config) # router ospf 10

RouterA(config-router) # network 10. 1. 1. 0 0. 0. 0. 255 area 0

RouterA(config-router) # network 20. 1. 1. 0 0. 0. 0. 255 area 0

路由器 B 配置如下：

```
RouterB#configure terminal
RouterB(config)#interface FastEthernet 0/0
RouterB(config-if)#ip address 10.1.1.2 255.255.255.0
RouterB(config)#interface FastEthernet 0/1
RouterB(config-if)#ip address 10.1.2.1 255.255.255.0
RouterB(config)#interface Loopback 0
RouterB(config-if)#ip address 20.1.2.1 255.255.255.0
RouterB(config)#router ospf 10
RouterB(config-router)#network 10.1.1.0 0.0.0.255 area 0
RouterB(config-router)#network 10.1.2.0 0.0.0.255 area 0
RouterB(config-router)#network 20.1.2.0 0.0.0.255 area 0
```

路由器 C 配置如下：

```
RouterC#configure terminal
RouterC(config)#interface FastEthernet 0/0
RouterC(config-if)#ip address 10.1.2.2 255.255.255.0
RouterC(config)#interface Loopback 0
RouterC(config-if)#ip address 20.1.3.1 255.255.255.0
RouterC(config)#router ospf 10
RouterC(config-router)#network 10.1.2.0 0.0.0.255 area 0
RouterC(config-router)#network 20.1.3.0 0.0.0.255 area 0
```

2. OSPF 多区域配置

对于路由器比较多的网络，我们可以设置多个区域，如图 4-55 所示，路由器 A 和路由器 B 的接口 fa0/0 在区域 0 中，路由器 C 和路由器 B 的接口 fa0/1 在区域 10 中，路由器 B 担任 ABR 的角色。

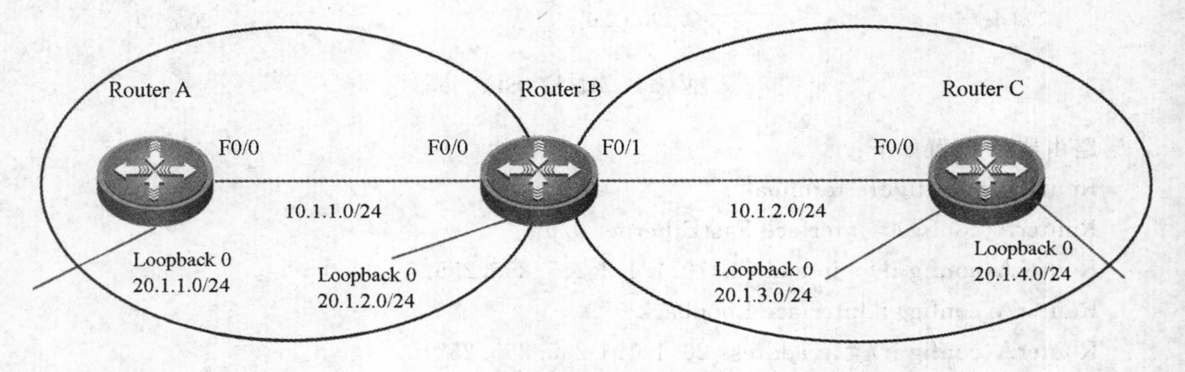

图 4-55 OSPF 多区域配置

路由器 A 配置如下：

```
RouterA#configure terminal
RouterA(config)#interface FastEthernet 0/0
```

```
RouterA(config-if)#ip address 10.1.1.1 255.255.255.0
RouterA(config)#interface Loopback 0
RouterA(config-if)#ip address 20.1.1.1 255.255.255.0
RouterA(config)#router ospf 10
RouterA(config-router)#network 10.1.1.0 0.0.0.255 area 0
RouterA(config-router)#network 20.1.1.0 0.0.0.255 area 0
```

路由器B配置如下：

```
RouterB#configure terminal
RouterB(config)#interface FastEthernet 0/0
RouterB(config-if)#ip address 10.1.1.2 255.255.255.0
RouterB(config)#interface FastEthernet 0/1
RouterB(config-if)#ip address 10.1.2.1 255.255.255.0
RouterB(config)#interface Loopback 0
RouterB(config-if)#ip address 20.1.2.1 255.255.255.0
RouterB(config)#router ospf 10
RouterB(config-router)#network 10.1.1.0 0.0.0.255 area 0
RouterB(config-router)#network 10.1.2.0 0.0.0.255 area 10
RouterB(config-router)#network 20.1.2.0 0.0.0.255 area 0
```

路由器C配置如下：

```
RouterC#configure terminal
RouterC(config)#interface FastEthernet 0/0
RouterC(config-if)#ip address 10.1.2.2 255.255.255.0
RouterC(config)#interface Loopback 0
RouterC(config-if)#ip address 20.1.3.1 255.255.255.0
RouterC(config)#interface Loopback 1
RouterC(config-if)#ip address 20.1.4.1 255.255.255.0
RouterC(config)#router ospf 10
RouterC(config-router)#network 10.1.2.0 0.0.0.255 area 10
RouterC(config-router)#network 20.1.3.0 0.0.0.255 area 10
RouterC(config-router)#network 20.1.4.0 0.0.0.255 area 10
```

4.8.8　OSPF路由汇总配置

路由汇总是将多条路由汇总成一条路由，路由汇总的目的是减少路由表的规模、减少路由信息的通告数量，增强网络的稳定性。如果不进行汇总，每条详细的路由都将传播到OSPF骨干中，导致不必要的网络数据流量和系统开销。

OSPF路由汇总分为两类，区域间汇总和外部路由汇总。区域间路由汇总是在ABR上进行的，针对的是每个区域内的路由，这种汇总不能用于通过重分发导入的OSPF中的外部路由。要实现有效的区域间路由汇总，区域内的网络号应该是连续的，这样可以最大限度减少汇

总后地址数。

外部路由汇总是针对通过重分发导入到 OSPF 中的外部路由。要确保被进行汇总的外部路由地址范围是连续的，在两台不同的路由器对重叠的地址范围进行汇总，可能导致报文被发送到错误的地方。只能在 ASBR 上汇总外部路由。

OSPF 是一种无类的路由选择协议，不支持自动汇总，要实现路由汇总必须手工进行配置。默认情况下，OSPF 没有配置手工汇总。

在 ABR 上使用如下命令可与配置区域间路由汇总，使用该命令的 no 选项可取消路由汇总。

Router(config-router)＃area area-id range ip address mask [advertise|not-advertise]

Router(config-router)＃no area area-id range ip address mask

area-id：区域号

ip-address：汇总后的地址

mask：汇总后的掩码

advertise：设置该选项将为其产生一个类型 3 的 LSA

advertise：设置该选项将不会为其产生类型 3 的 LSA

在 ASBR 上配置外部路由汇总的命令如下，使用命令中的 no 选项可以删除路由汇总。

Router(config-router)＃summary-address address mask [advertise|not-advertise]

Router(config-router)＃no summary-address address mask

address：汇总后的地址

mask：汇总后的掩码

advertise：公告该聚合路由

advertise：不公告该聚合路由

1. OSPF 区域间路由汇总

在拓扑图 4-56 中，有三台路由器，路由器 A、路由器 B 在 Area 1 中，路由器 B 和路由器 C 在 Area 0 中，路由器 B 作为 ABR。路由器 A 上有 6 个子网，可以通过路由汇总将 6 条路由条码汇总成一条路由通告到 Area 0。

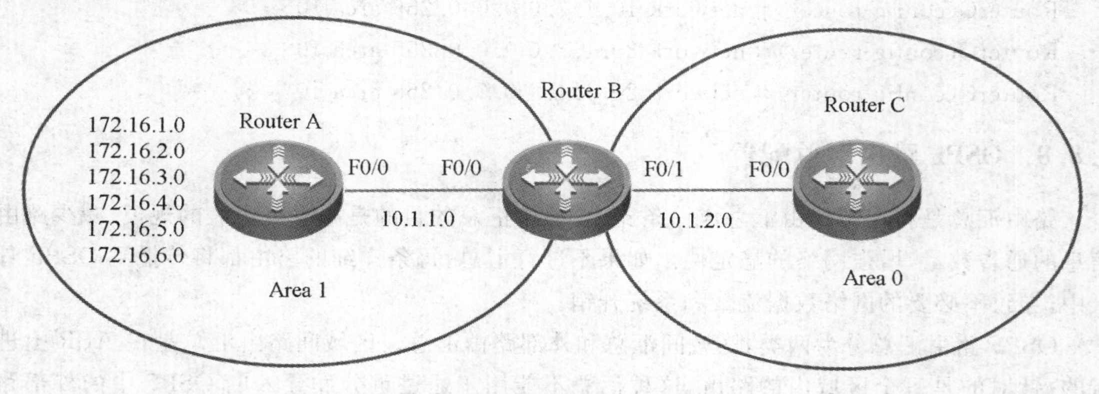

图 4-56　在 ABR 上配置区域间路由汇总

ABR 路由汇总配置如下：

```
RouterA#configure terminal
RouterA(config)#interface Loopback 0
RouterA(config-if)#ip address 172.16.1.1 255.255.255.0
RouterA(config)#interface Loopback 1
RouterA(config-if)#ip address 172.16.2.1 255.255.255.0
RouterA(config)#interface Loopback 2
RouterA(config-if)#ip address 172.16.3.1 255.255.255.0
RouterA(config)#interface Loopback 3
RouterA(config-if)#ip address 172.16.4.1 255.255.255.0
RouterA(config)#interface Loopback4
RouterA(config-if)#ip address 172.16.5.1 255.255.255.0
RouterA(config)#interface Loopback 5
RouterA(config-if)#ip address 172.16.6.1 255.255.255.0
RouterA(config)#router ospf 10
RouterA(config-router)#network 10.1.1.0 0.0.0.255 area 1
RouterA(config-router)#network 172.16.1.0 0.0.0.255 area 1
RouterA(config-router)#network 172.16.2.0 0.0.0.255 area 1
RouterA(config-router)#network 172.16.3.0 0.0.0.255 area 1
RouterA(config-router)#network 172.16.4.0 0.0.0.255 area 1
RouterA(config-router)#network 172.16.5.0 0.0.0.255 area 1
RouterA(config-router)#network 172.16.6.0 0.0.0.255 area 1

RouterB#configure terminal
RouterB(config)#interface FastEthernet 0/0
RouterB(config-if)#ip address 10.1.1.2 255.255.255.0
RouterB(config)#interface FastEthernet 0/1
RouterB(config-if)#ip address 10.1.2.1 255.255.255.0
RouterB(config)#router ospf 10
RouterB(config-router)#area 1 range 172.16.0.0 255.255.248.0
RouterB(config-router)#network 10.1.1.0 0.0.0.255 area 1
RouterB(config-router)#network 10.1.2.0 0.0.0.255 area 0

RouterC#configure terminal
RouterC(config)#router ospf 10
RouterC(config-router)#network 10.1.2.0 0.0.0.255 area 0
```

2. OSPF 外部路由汇总配置

如图 4-57 所示，拓扑中有四台路由器，路由器 A、路由器 B 在 Area 1 中，路由器 B 和路由器 C 在 Area 0 中，路由器 D 和路由器 C 启动了 RIP 进程。路由器 A 上有 6 个连续子网，路由器 D 上也有 6 个连续子网。通过在 ABR 和 ASBR 上配置路由汇总将 12 条路由条目汇总成两条路由条目。

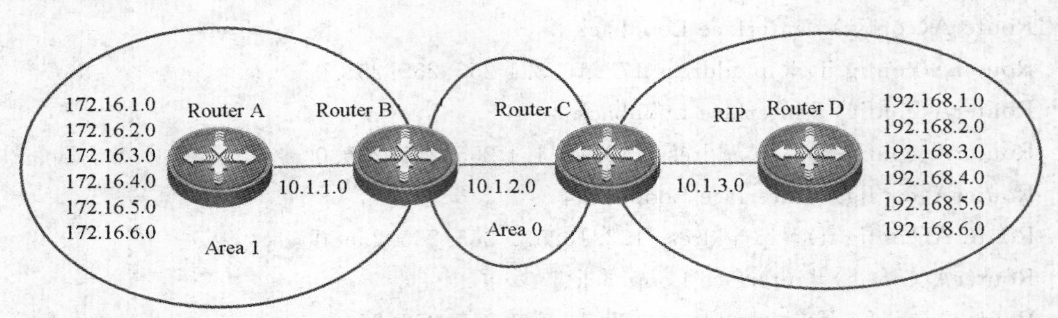

图 4-57　在 ABR 和 ASBR 配置路由汇总

ABR 路由汇总配置如下：

```
RouterA＃configure terminal
RouterA(config)＃router ospf 10
RouterA(config-router)＃network 10.1.1.0 0.0.0.255 area 1
RouterA(config-router)＃network 172.16.1.0 0.0.0.255 area 1
RouterA(config-router)＃network 172.16.2.0 0.0.0.255 area 1
RouterA(config-router)＃network 172.16.3.0 0.0.0.255 area 1
RouterA(config-router)＃network 172.16.4.0 0.0.0.255 area 1
RouterA(config-router)＃network 172.16.5.0 0.0.0.255 area 1
RouterA(config-router)＃network 172.16.6.0 0.0.0.255 area 1
RouterA(config-router)＃redistribute connected subnets
RouterA(config-router)＃redistribute rip metric 50 subnets
RouterA(config-router)＃network 10.1.2.0 0.0.0.255 area 0
RouterA(config-router)＃summary-address 192.168.0.0 255.255.248.0
RouterA(config)＃router rip
RouterA(config-router)＃version 2
RouterA(config-router)＃network 10.0.0.0
RouterA(config-router)＃no auto-summary
RouterA(config-router)＃redistribute connected
RouterA(config-router)＃redistribute ospf metric 1

RouterB＃configure terminal
RouterB(config)＃router ospf 10
```

```
RouterB(config-router)#area 1 range 172.16.0.0 255.255.248.0
RouterB(config-router)#network 10.1.1.0 0.0.0.255 area 1
RouterB(config-router)#network 10.1.2.0 0.0.0.255 area 0

RouterC#configure terminal
RouterC(config)#router ospf 10
RouterC(config-router)#redistribute connected subnets
RouterC(config-router)#redistribute rip metric 50 subnets
RouterC(config-router)#network 10.1.2.0 0.0.0.255 area 0
RouterC(config-router)#summary-address 192.168.0.0 255.255.248.0
RouterC(config)#router rip
RouterC(config-router)#version 2
RouterC(config-router)#network 10.0.0.0
RouterC(config-router)#no auto-summary
RouterC(config-router)#redistribute connected
RouterC(config-router)#redistribute ospf metric 1
```

配置完后，可以通过 show 命令验证路由汇总信息。

习题

1. 选择题

(1)在网络设备配置中，哪一个命令是进入交换接口 f0/10 的(　　)。

A. port f0/10　　B. switchport 0/10

C. enter f0/10　　D. interface f0/10

(2)在 Windows 环境下一般通过哪一条命令来测试从源主机到目的主机所经过的路由(　　)。

A. tracert　　B. telnet

C. ipconfig　　D. ping

(3)下面命令中，哪一条是将端口 f0/20 分配到 vlan 10 中的(　　)。

A. switchport trunk vlan f0/20

B. 在接口 f0/20 配置模式下使用 switchport access vlan 10

C. 在 vlan 10 配置模式下使用 permit add port f0/20

D. vlan 10 add port f0/20

(4)交换机在未作任何配置的情况下，我们使用哪一种配置方式(　　)。

A. 采用 telnet 方式进行配置　　B. 采用 WEB 方式进行配置

C. 通过设备的 console 口进行配置　　D. 采用网络管理系统进行设备配置管理

2. 在进行网络系统集成时如何配置和管理交换机？

3. 请简述 Vlan 技术，并给出在锐捷交换机上配置 Vlan 的步骤？

4. 网络设备的配置模式有哪些？各自的权限和功能是什么？

5. 请按下图要求配置两台交换机，请写出两台交换机详细配置的内容。

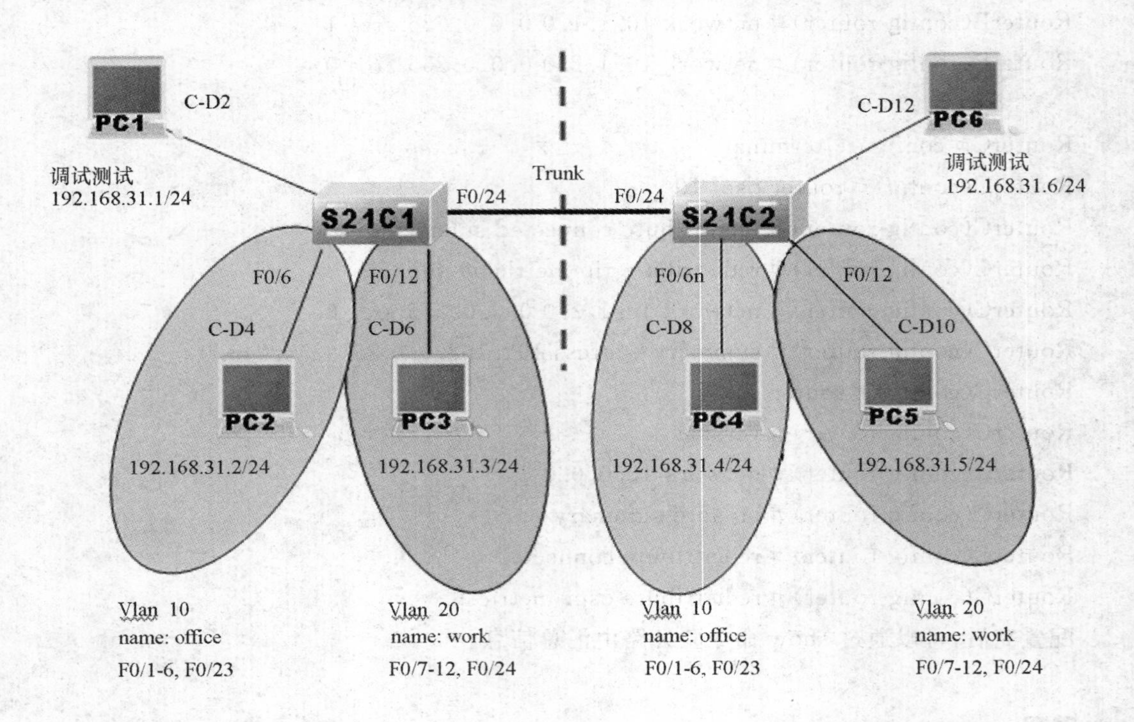

第5章 服务器与存储技术

5.1 服务器基础概念

5.1.1 服务器介绍与分类

1.服务器介绍

作为在局域网内或互联网上为用户提供信息服务的重要载体,服务器发挥着极为重要的作用。从理论定义来看,服务器是网络环境中的高性能计算机,它侦听网络上其他计算机(客户机)提交的服务请求,并提供相应的服务。为此,服务器必须具有承担服务并且保障服务质量的能力。

事实上服务器与个人电脑的功能相类似,均是帮助人类处理信息的工具,只是二者的定位不同,个人电脑是为满足个人的多功能需要而设计的,而服务器是为满足众多用户同时在其上处理数据或获取服务设计的。而多人如何同时使用同一台服务器呢?这只能通过网络互联,来帮助达到这一共同使用的目的。因此服务器首先是承担众多的应用服务,其次是面向众多人,再者只有置于网络环境中才有存在的价值。

服务器可以说是网络上的核心节点,是提供各种应用系统的载体。随着互联网技术与应用的发展,服务器的部署越来越集中,一般集中部署在网络中心或者数据中心,大部分用户都设有专门的机房。服务器越来越集约化,机架式服务器以及刀片服务器已经成为主流产品。服务器与存储结合越来越紧密,共同构成IT系统的核心。如图5-1所示。

服务器英文名称为“server”,指的是在网络环境中为客户机(client)提供各种服务的、特殊的专用计算机。在网络中,服务器承担着数据的存储、转发、发布等关键任务,是各类基于客户机/服务器(C/S)模式网络中不可或缺的重要组成部分。其实对于服务器硬件并没有一定硬性的规定,特别是在中、小型企业,它们的服务器可能就是一台性能较好的PC机,不同的只是其中安装了专门的服务器操作系统,所以使得这样一台PC机就担当了服务器的角色,俗称PC服务器,由它来完成各种所需的服务器任务。当然由于PC机与专门的服务器在性能方面差距较远,所以可以想象由PC机担当的服务器无论是在网络连接性能,还是在稳定性等其他各方面都不能承担高负荷任务,只能适用于小型,且任务简单的网络。本文及后面各篇所介绍的不是这种PC服务器,而是各种专门的服务器。

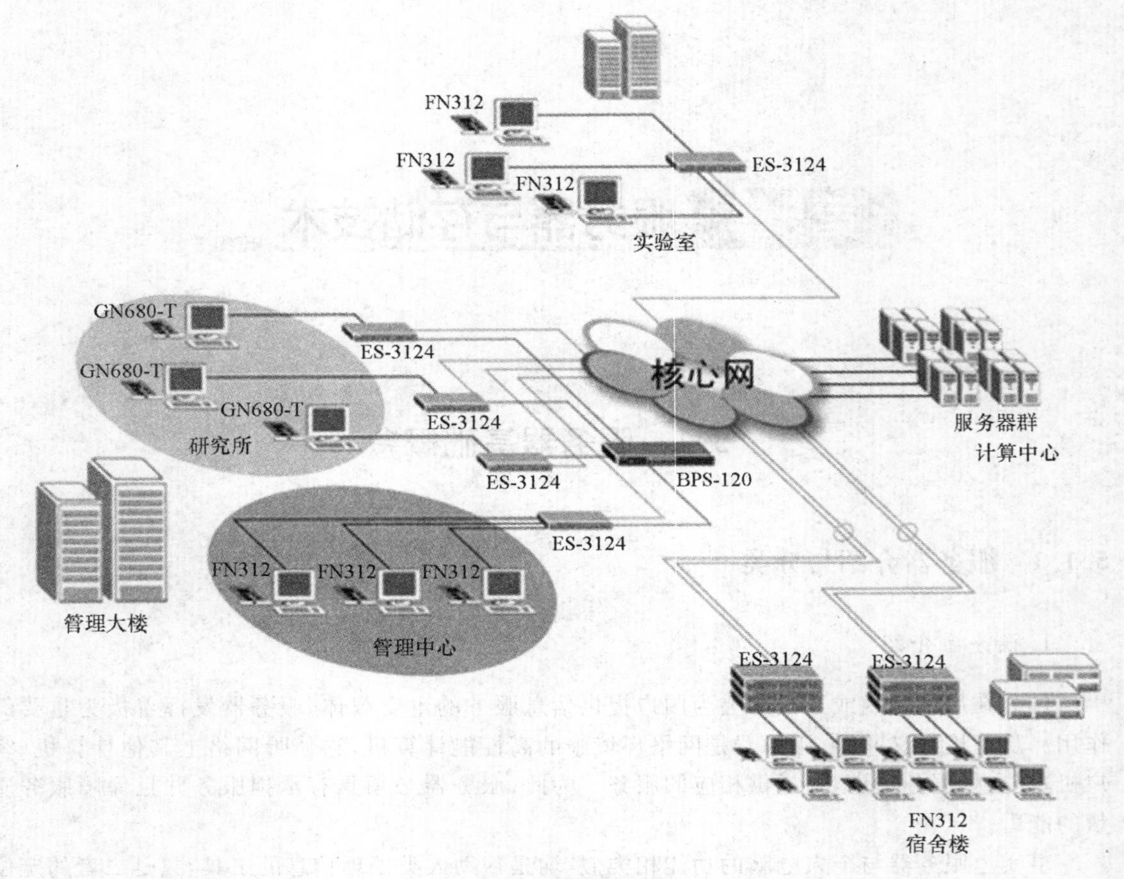

图 5-1　IT 系统架构

服务器的发展过程是随着计算机相关技术的发展而发展的。在早期网络不是很普及的时候，并没有服务器这个名称，当时在整个计算机领域只有大型计算机和微型计算机两大类。只不过随着网络，特别是局域网的发展和普及，"服务器"这个中间层次的计算机开始得到业界的接受，并随着网络的普及和发展不断得到发展。尽管如此，服务器与我们普通所见的计算机又不完全一样，这是由服务器的四大主要特性决定的。虽然服务器也与 PC 机一样是诸如主板、CPU、内存、硬盘等组成，但这些硬件均不是普通 PC 机所用的，都是专门开发，用于服务器环境的，尽管外观上基本类似。也正因如此，服务器的价格通常非常高，中档的服务器都在几万元左右，高档的达几十万元、上百万元。当然，目前我们也见到了许多标价仅几千元的名牌服务器，如 DELL 和 HP 都有这样的服务器。但这些服务器都属于入门级的服务器档次，在性能方面仅相当于一台高性能 PC 机，可以称之为"PC 服务器"，这是为了满足一些小型企业对专用服务器的需求而开发的。正因如此，这些服务器也只具有很少部分服务器性能。

随着 PC 计算机技术的不断发展，服务器和 PC 技术之间出现了一些反常现象，原来一直以来都是 PC 技术落后服务器技术，PC 机的许多技术都是从服务器中移植过来，但现在发生了一些改变。因为 PC 机中许多性能都得到了极大的提高，如 CPU 高主频、800 MHz 总线频率、SATA 串行磁盘接口、PCI－Express 接口和超线程技术等，这些新技术对于服务器来说同样是从未有过的，而且其相应性能要好于服务器原有对应性能，所以这些技术也很快在当前最

新的服务器中得到广泛应用。当然，服务器仍还有许多其先进的特殊性能。

2.服务器特点

服务器作为计算机，与我们日常工作、学习生活中所用的计算机有什么根本区别，我们从这几个方面来衡量：R：reliability 可靠性；A：availability 可用性；S：scalability 可扩展性；U：usability易用性；M：manageability 可管理性，即服务器的 RASUM 衡量标准。

(1)可扩展性　服务器必须具有一定的"可扩展性"，这是因为企业网络不可能长久不变，特别是在当今信息时代。如果服务器没有一定的可扩展性，当用户一增多就不能胜任的话，一台价值几万元，甚至几十万元的服务器在短时间内就要遭到淘汰，这是任何企业都无法承受的。为了保持可扩展性，通常需要在服务器上具备一定的可扩展空间和冗余件(如磁盘阵列架位、PCI 和内存条插槽位等)。

可扩展性具体体现在硬盘是否可扩充，CPU 是否可升级或扩展，系统是否支持 Windows、Linux 或 UNIX 等多种可选主流操作系统等方面，只有这样才能保持前期投资为后期充分利用。

(2)易使用性　服务器的功能相对于 PC 机来说复杂许多，不仅指其硬件配置，更多的是指其软件系统配置。服务器要实现如此多的功能，没有全面的软件支持是无法想象的。但是软件系统一多，又可能造成服务器的使用性能下降，管理人员无法有效操纵。所以许多服务器厂商在进行服务器的设计时，除了在服务器的可用性、稳定性等方面要充分考虑外，还必须在服务器的易使用性方面下足功夫。

服务器的易使用性主要体现在服务器是不是容易操作，用户导航系统是不是完善，机箱设计是不是人性化，有没有关键恢复功能，是否有操作系统备份，以及有没有足够的培训支持等方面。

(3)可用性　对于一台服务器而言，一个非常重要的方面就是它的"可用性"，即所选服务器能满足长期稳定工作的要求，不能经常出问题。因为服务器所面对的是整个网络的用户，而不是单个用户，在大中型企业中，通常要求服务器是永不中断的。在一些特殊应用领域，即使没有用户使用，有些服务器也得不间断地工作，因为它必须持续地为用户提供连接服务，而不管是在上班，还是下班，也不管是工作日，还是休息、节假日。这就是要求服务器必须具备极高的稳定性的根本原因。

一般来说专门的服务器都要 7×24 h 不间断地工作，特别像一些大型的网络服务器，如大公司所用服务器、网站服务器，以及提供公众服务 WEB 服务器等更是如此。对于这些服务器来说，也许真正工作开机的次数只有一次，那就是它刚买回全面安装配置好后投入正式使用的那一次，此后，它不间断地工作，一直到彻底报废。如果动不动就出毛病，则网络不可能保持长久正常运作。为了确保服务器具有高的"可用性"，除了要求各配件质量过关外，还可采取必要的技术和配置措施，如硬件冗余、在线诊断等。

(4)易管理性　在服务器的主要特性中，还有一个重要特性，那就是服务器的"易管理性"。虽然我们说服务器需要不间断地持续工作，但再好的产品都有可能出现故障，拿人们常说的一句话来说就是：不是不知道它可能坏，而是不知道它何时坏。服务器虽然在稳定性方面有足够保障，但也应有必要的避免出错的措施，以及时发现问题，而且出了故障也能及时得到维护。这不仅可减少服务器出错的机会，同时还可大大提高服务器维护的效率。

服务器的易管理性还体现在服务器有没有智能管理系统，有没有自动报警功能，是不是有独立于系统的管理系统，有没有液晶监视器等方面。只有这样，管理员才能轻松管理，高效工作。

3. 服务器分类

服务器的分类(图 5-2)没有一个统一的标准，从多个纬度来看服务器的分类可以加深我们对各种服务器的认识。

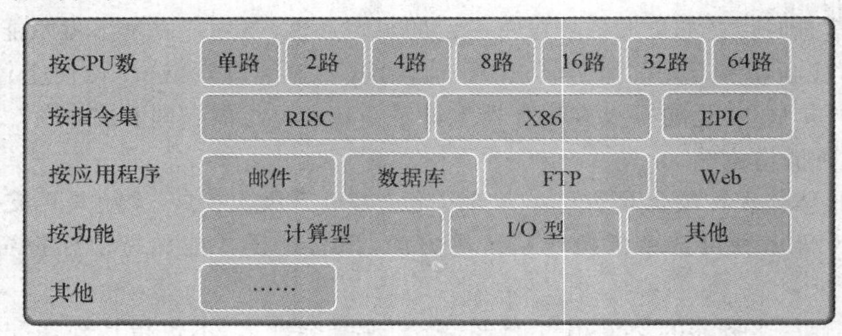

图 5-2　服务器分类

服务器的分类通常可以按 CPU(所采用的指令集及体系)类型、物理形态(外观)及所提供的服务或应用进行分类，这里主要从常见的方式进行区分，对服务器的类别有一个基本的认识。

(1)按照体系架构来区分

①非 x86 服务器　包括大型机、小型机和 UNIX 服务器，它们大多使用 RISC(精简指令集)或 EPIC(并行指令代码) 处理器，并且主要采用 UNIX 和其他专用操作系统的服务器，精简指令集处理器主要有 IBM 公司的 POWER 和 PowerPC 处理器，SUN 与富士通公司合作研发的 SPARC 处理器、EPIC 处理器主要是 Intel 研发的安腾处理器等。这种服务器价格昂贵，体系封闭，但是稳定性好，性能强，主要用在金融、电信等大型企业的核心系统中。

②x86 服务器　又称 CISC(复杂指令集)架构服务器，即通常所讲的 PC 服务器，它是基于 PC 机体系结构，使用 Intel 或其他兼容 x86 指令集的处理器芯片和 Windows 操作系统的服务器。价格便宜、兼容性好、稳定性较差、安全性不算太高，主要用在中小企业和非关键业务中。

(2)按物理形态划分

①塔式(TOWER)服务器(图 5-3)　即常见的立式、卧式机箱结构服务器。可放置于普通办公环境，一般机箱结构较大，有充足的内部硬盘、冗余电源、冗余风扇的扩容空间，并具备较好的散热能力。入门级和工作组级服务器基本上都采用这一服务器结构类型。

图 5-3　塔式服务器

②机架式服务器　机架式服务器(图 5-4)的外形看来不像计算机，而像交换机，有 1 U(1 U＝4. 45 cm)、2 U、4 U 等规格。机架式服务器安装在标准的 19 英寸机柜里面。这种结构的多为功能型服务器。通常 1 U 的机架式服务器最节省空间，但性能和可扩展性较差，适合一些业务相对固

定的使用领域。4 U 以上的产品性能较高，可扩展性好，管理也十分方便，不过空间利用率不高。

图 5-4　机架式服务器

③刀片服务器　所谓刀片服务器(图 5-5)是指在标准高度的机架式机箱内可插装多个卡式的服务器单元，实现高可用和高密度。每一块“刀片”实际上就是一块系统主板。它们可以通过“板载”硬盘启动自己的操作系统，如 Windows NT/2000、Linux 等，类似于一个个独立的服务器，在这种模式下，每一块母板运行自己的系统，服务于指定的不同用户群，相互之间没有关联。

图 5-5　刀片服务器

(3)*按应用层次划分*　按应用层次划分通常也称为“按服务器档次划分”或“按计算能力和服务能力”分，是服务器最为普遍的一种划分方法，它主要根据服务器在网络中应用的层次(或服务器的档次来划分)及其计算能力来划分的。要注意的是这里所指的服务器档次并不是按服务器 CPU 主频高低来划分，而是依据整个服务器的综合性能，特别是所采用的一些服务器专用技术来衡量的。按这种划分方法，服务器可分为：入门级服务器、工作组级服务器、部门级服务器、企业级服务器、视频服务器。

①入门级服务器　这类服务器是最基础的一类服务器，也是最低档的服务器。随着 PC 技术的日益提高，许多入门级服务器与 PC 机的配置差不多，所以也有部分人认为入门级服务器与“PC 服务器”等同。

入门级服务器处理能力有限，在稳定性、可扩展性以及容错冗余性能较差，这种服务器一般采用 Intel 的专用服务器 CPU 芯片，是基于 Intel 架构(俗称“IA 结构”)的，当然这并不是一种硬性的标准规定，而是由于服务器的应用层次需要和价位的限制。

这类服务器主要可以充分满足中小型网络用户的文件共享、数据处理、Internet 接入及简单数据库应用的需求。这种服务器与一般的 PC 机很相似，有很多小型公司干脆就用一台高性能的品牌 PC 机作为服务器，所以这种服务器无论在性能上，还是价格上都与一台高性能 PC 品牌机相差无几。

②工作组服务器　工作组服务器是一个比入门级高一个层次的服务器，但仍属于低档服务器之类。工作组服务器通常仅支持单或双 CPU 结构的应用服务器（但也不是绝对的，特别是 SUN 的工作组服务器就有能支持多达 4 个处理器的工作组服务器，当然这类型的服务器价格方面也就有些不同了）。可支持大容量的 ECC 内存和增强服务器管理功能的 SM 总线。功能较全面、可管理性强，且易于维护。采用 Intel 服务器 CPU 和 Windows 操作系统，但也有一部分是采用 UNIX 系列操作系统的，可以满足中小型网络用户的数据处理、文件共享、Internet接入及简单数据库应用的需求。

工作组服务器较入门级服务器来说性能有所提高，功能有所增强，有一定的可扩展性，但容错和冗余性能仍不完善，也不能满足大型数据库系统的应用，但价格也比前者贵许多，一般相当于 2～3 台高性能的 PC 品牌机总价。

③部门级服务器　这类服务器是属于中档服务器之列，一般都是支持双 CPU 以上的对称处理器结构，具备比较完全的硬件配置，如磁盘阵列、存储托架等。部门级服务器的最大特点就是，除了具有工作组服务器全部服务器特点外，还集成了大量的监测及管理电路，具有全面的服务器管理能力，可监测如温度、电压、风扇、机箱等状态参数，结合标准服务器管理软件，使管理人员及时了解服务器的工作状况。同时，大多数部门级服务器具有优良的系统扩展性，能够满足用户在业务量迅速增大时能够及时在线升级系统，充分保护了用户的投资。它是企业网络中分散的各基层数据采集单位与最高层的数据中心保持顺利连通的必要环节，一般为中型企业的首选，也可用于金融、邮电等行业。

部门级服务器一般采用 IBM、SUN 和 HP 各自开发的 CPU 芯片，这类芯片一般是 RISC 结构，所采用的操作系统一般是 UNIX 系列操作系统，LINUX 也在部门级服务器中得到了广泛应用。由于这类服务器需要安装比较多的部件，所以机箱通常较大，采用机架式，价格也较为昂贵。

④企业级服务器　企业级服务器是属于高档服务器行列，正因如此，能生产这种服务器的企业也不是很多，但同样因没有行业标准硬件规定企业级服务器需达到什么水平，所以也看到了许多本不具备开发、生产企业级服务器水平的企业声称自己有了企业级服务器。企业级服务器最起码是采用 4 个以上 CPU 的对称处理器结构，有的高达几十个。

另外一般还具有独立的双 PCI 通道和内存扩展板设计，具有高内存带宽、大容量热插拔硬盘和热插拔电源、超强的数据处理能力和群集性能等。这种企业级服务器的机箱就更大了，一般为机柜式的，有的还由几个机柜来组成，像大型机一样。企业级服务器产品除了具有部门级服务器全部服务器特性外，最大的特点就是它还具有高度的容错能力、优良的扩展性能、故障预报警功能、在线诊断和 RAM、PCI、CPU 等具有热插播性能。有的企业级服务器还引入了大型计算机的许多优良特性。这类服务器所采用的芯片也都是几大服务器开发、生产厂商自己开发的独有 CPU 芯片，所采用的操作系统一般也是 UNIX(solaris)或 LINUX。

企业级服务器适合运行在需要处理大量数据、高处理速度和对可靠性要求极高的金融、证券、交通、邮电、通信或大型企业。企业级服务器用于联网计算机在数百台以上、对处理速度和数据安全要求非常高的大型网络。企业级服务器的硬件配置最高，系统可靠性也最强。

(4)按服务器承载的典型应用划分　服务器最终是为用户提供不同的网络应用服务的，从此角度也可将服务器按承载或提供的服务和用户进行划分，如：办公 OA 服务器、ERP 服务

器、WEB服务器、数据库服务器、财务服务器、邮件服务器、打印服务器、流媒体服务器、VOD视频点播服务器、网络下载服务器等等。在现今这个网络时代，最典型当数WEB服务器，目前互联网上不论提供何种应用，用户访问时绝大多数都是先通过浏览器访问提供网页服务的WEB服务器。

尽管服务器可以按上述不同的分类方法进行区分，但随着后面会讲到虚拟化技术及一些知名公司如Gooogle自己研发采用的技术，传统的大型机、小型机或企业级专用服务器被大量的X86架构的较为廉价的服务器所取代，通过虚拟化等技术实现大量服务器的集群，提供高性能数据并行处理、高容错性、高扩展性及高度自动化的管理，适应多种应用场景，在很大程度上颠覆了传统服务器的应用和管理方式，基础架构的改变。

5.1.2 服务器系统技术

服务器系统的硬件构成与我们平常所接触的电脑有众多的相似之处，主要的硬件构成仍然包含如下几个主要部分：中央处理器、内存、芯片组、I/O总线、I/O设备、电源、机箱和相关软件。这些部件也成了我们选购一台服务器时所主要关注的指标。

由于服务器因其用途决定了其构造上虽然与个人电脑很类似，但因其运行要求远比普通PC高得多，因此其部件如机箱、主板、CPU、内存及风扇等都依据服务器特点在安全性、可靠性等方面进行了更多考虑。下面主要介绍几项重要的组成部件。

1. CPU（中央处理器）

中央处理器（CPU，central processing unit）是一块超大规模的集成电路，是一台计算机的运算核心和控制核心。主要包括运算器（ALU，arithmetic and logic unit）和控制器（CU，control unit）两大部件。此外，还包括若干个寄存器和高速缓冲存储器及实现它们之间联系的数据、控制及状态的总线。它与内部存储器和输入/输出设备合称为电子计算机三大核心部件。

CPU是计算机的大脑，承担着所有的计算任务，计算机的性能在很大程度上由CPU的性能所决定，而CPU的性能主要体现在其运行程序的速度上。影响运行速度的性能指标包括CPU的工作频率（包括主频、外频、总线频率、倍频）、Cache容量、指令系统和逻辑结构等参数。具体的性能指标，感兴趣的读者可以进一步查阅相关资料学习。

随着CPU的发展，服务器也依据指令集的不同往两个方向发展，一个是基于RISC（英文“reduced instruction set computing”的缩写），中文意思是“精简指令集”，典型的有SUN的SPARC（UltraSPARC）处理器、HP的Alpha处理器、IBM的Power系列处理器）架构发展的小型机、大型机，一个是基于CISC（英文complex instruction set computer的缩写），中文意思是“复杂指令集”，CISC型CPU主要指英特尔生产的x86（intel CPU的一种命名规范）系列CPU及其兼容CPU（其他厂商如AMD）架构的PC服务器。而基于CISC的个人电脑CPU的出现，CPU从1971年的支持4位运算、8位运算的低档微处理器到现在，几乎一直遵循着“摩尔定理”经历了不同阶段的快速发展。得益于x86架构服务器及相关技术的应用，如多核、多路、虚拟化、集群技术等的应用，目前PC服务器计算能力已经能够媲美小型机，甚至大型机，PC服务器的市场占有率已经远远超过小型机、大型机（在一些大型传统行业有应用，如金融、研究机构等），目前的生产厂商主要是Intel公司及AMD公司。而基于x86 CPU架构的

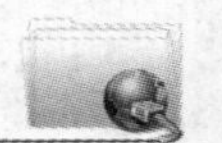

服务器出现的较晚，这跟计算机技术及互联网的发展有关，直到 1995 年，Intel 才推出了第一款 PC 服务器或者工作站用的处理器。2003 年之前一直都是 Intel 一家独大，以至于 PC 服务器统称为 IA 架构（英特尔架构）。2003 年 AMD 推出了划时代意义的 AMD64 架构，称为 x86-64 体系，打破了 Intel 的垄断地位。

目前，Intel 专用于服务器的 CPU 根据档次有至强 E3、E5、E7 系列，每颗 E7 单路（每颗）CPU 可以达到 15 核心（每核相当于一个虚拟 CPU），AMD Opetron 系列服务器 CPU 已经到单路 16 核，现在的服务器已经完全支持 8 路 CPU，计算能力非常强劲，而通过一些先进的技术，通过大量的 PC 架构服务器组合能够提供满足海量用户的访问服务需求，目前谷歌公司全球数据中心已部署超过 100 万台服务器，为全世界的用户提供搜索等服务。

2. 内存

内存是计算机中重要的部件之一，它是与 CPU 进行沟通的桥梁。计算机中所有程序的运行都是在内存中进行的，因此内存的性能对计算机的影响非常大。内存（memory）也被称为内存储器，其作用是用于暂时存放 CPU 中的运算数据，以及与硬盘等外部存储器交换的数据。只要计算机在运行中，CPU 就会把需要运算的数据调到内存中进行运算，当运算完成后 CPU 再将结果传送出来，内存的运行也决定了计算机的稳定运行。

在计算机诞生初期并不存在内存条的概念，最早的内存是以磁芯的形式排列在线路上，每个磁芯与晶体管组成的一个双稳态电路作为一比特（BIT）的存储器，每一比特都要有玉米粒大小，可以想象一间的机房只能装下不超过百 k 字节左右的容量。后来才出线现了焊接在主板上集成内存芯片，以内存芯片的形式为计算机的运算提供直接支持。那时的内存芯片容量都特别小，最常见的莫过于 256K×1bit、1M×4bit，虽然如此，但这相对于那时的运算任务来说却已经绰绰有余了。

内存芯片的状态一直沿用到 286 初期（90 年代初期），鉴于它存在着无法拆卸更换的弊病，这对于计算机的发展造成了现实的阻碍。有鉴于此，内存条便应运而生了。将内存芯片焊接到事先设计好的印刷线路板上，而电脑主板上也改用内存插槽。这样就把内存难以安装和更换的问题彻底解决了。其后经历了 SDRAM、DDR、DDR2、DDR3 不同的发展阶段，内存厂商预计在不久 DDR4 时代将开启。

内存有内存主频，和 CPU 主频一样，习惯上被用来表示内存的速度，它代表着该内存所能达到的最高工作频率。内存主频是以 MHz（兆赫）为单位来计量的。内存主频越高在一定程度上代表着内存所能达到的速度越快。内存主频决定着该内存最高能在什么样的频率正常工作。目前较为主流的服务器内存频率是 1 333～1 666 MHz 的 DDR3 内存，而服务器内存专门加入了 ECC（error checking and correcting）错误检测与纠错等相关技术，以提高运行的稳定和容错性。此外，容量也是内存的一个衡量指标，不过现在的服务器通过主板能提供更大的总体容量，内存容量单条已可达 64G，单台服务器的内存容量可以扩展到几个 T。

3. 服务器主板

主板，又叫主机板（mainboard）、系统板（systemboard）或母板（motherboard）；它安装在机箱内，是计算机最基本的也是最重要的部件之一。主板一般为矩形电路板，上面安装了组成计算机的主要电路系统，所有的功能部件都连接到主板上，如 CPU、内存在主板上都有相应接口。

芯片组(chipset)是构成主板电路的核心。一定意义上讲,它决定了主板的级别和档次。计算机主板芯片组一般由北桥(north bridge)芯片和南桥(south bridge)芯片组成。其中北桥是处理器和高速设备之间的联系纽带,如内存、PCI Express x16、AGP 8x、高速的 PCI-X 等设备,而南桥是负责完成相对低速的系统设备的连接,如 I/O 设备、IDE、SATA、USB 2.0、32Bit 的普通 PCI 插槽,甚至是声效等芯片。

服务器主板是专门为满足服务器应用(高稳定性、高性能、高兼容性的环境)而开发的主机板。由于服务器的高运作时间,高运作强度,以及巨大的数据转换量,电源功耗量,I/O 吞吐量,因此对服务器主板的要求是相当严格的。而对于前面讲过的服务器的特点,冗余可扩展、可管理,其功能就在主板上实现的,服务器的主板不仅考虑了服务器的性能及有关部件的冗余、容错,同时加入相应的监控、报警等功能,比如服务器主板一般都是至少支持两路以上处理器服务器,几乎任何部件都支持 ECC(内存、处理器、芯片组),服务器很多地方都存在冗余,特别是硬盘、电源的冗余是非常常见的。此外,由于服务器的网络负载比较大,因此服务器的网卡一般都是使用 TCP/IP 卸载引擎的网卡,效率高,速度快,CPU 占用小,而为了一定时期内的性能扩展,也设计有多种冗余插槽和接口。

服务器由于其服务特点,在数据存储方面也需要充分考虑数据的安全性和服务的连续性,一般容量较大,同时也要充分考虑相应的数据保护机制,关于服务器硬盘及相关的存储技术,在下一节统一介绍。

5.2　存储阵列技术

5.2.1　硬盘技术介绍

硬盘(Hard Disk Drive,简称 HDD,全名温彻斯特式硬盘)是电脑主要的存储媒介之一,由一个或者多个铝制或者玻璃制的碟片组成。碟片外覆盖有铁磁性材料。

如果说服务器是网络数据的核心,那么服务器硬盘就是这个核心的数据仓库,所有的软件和用户数据都存储在这里。对用户来说,储存在服务器上的硬盘数据是最宝贵的,因此硬盘的可靠性是非常重要的。为了使硬盘能够适应大数据量、超长工作时间的工作环境,服务器一般在速度、稳定、安全性方面都与普通电脑硬盘有较大区别,比如更快的读写速度,利用 RAID 技术实现冗余,并且支持热插拔。

硬盘按数据接口不同,大致分为 ATA(IDE)、SATA、SCSI 以及 SAS。ATA 全称 advanced technology attachment,是用传统的 40-pin 并口数据线连接主板与硬盘的,外部接口速度最大为 133 MB/s,因为并口线的抗干扰性太差,且排线占空间,不利计算机散热,将逐渐被 SATA 所取代。SATA 全称 Serial ATA,也就是使用串口的 ATA 接口,因抗干扰性强,且对数据线的长度要求比 ATA 低很多,支持热插拔等功能,已越来越为人所接受。SATA-Ⅰ的外部接口速度为 150MB/s,SATA-Ⅱ更达 300MB/s,SATA-Ⅲ更达 600MB/s SATA 的前景很广阔。而 SATA 的传输线比 ATA 的细得多,有利于机壳内的空气流通。SCSI 全称为 small computer system interface(小型机系统接口),历经多世代的发展,从早期的 SCSI-Ⅱ,到 Ultra320 SCSI 以及 Fiber-Channel(光纤通道),接头类型也有多种。SCSI 硬盘广为工作站

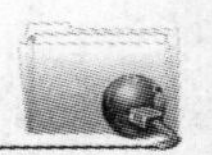

级个人计算机以及服务器所使用，因此会先导入较为先进的技术，如可达 15 000 r/min 的高转速，且数据传输时占用 CPU 计算资源较低，但是单价也比同样容量的 ATA 及 SATA 硬盘昂贵。SAS(serial attached SCSI)是新一代的 SCSI 技术，和 SATA 硬盘相同，都是采取序列式技术以获得更高的传输速度，可达到 3Gb/s。此外也透过缩小连接线改善系统内部空间等。此外，由于 SAS 硬盘可以与 SATA 硬盘共享同样的背板，因此在同一个 SAS 存储系统中，可以用 SATA 硬盘来取代部分昂贵的 SAS 硬盘，节省整体的存储成本。

目前，在一些重要的应用场景里开始使用 SSD 固态硬盘，固态硬盘(solid state disk)用固态电子存储芯片阵列而制成的硬盘，由控制单元和存储单元(FLASH 芯片、DRAM 芯片)组成。固态硬盘在接口的规范和定义、功能及使用方法上与普通硬盘的完全相同，在产品外形和尺寸上也完全与普通硬盘一致。固态硬盘较传统硬盘具有更快的读写速度，更好的防摔能力，并且功耗、噪声都很低，工作温度范围也较大。不过目前较传统硬盘在容量上较小，并且因其设计特点读写次数导致其寿命限制，并且同样容量价格远远高于传统硬盘。

不论个人电脑还是服务器硬盘，都要考虑几个重要因素，主要包括容量、转速、平均访问时间、缓存等。但对于服务器硬盘因其环境要求，还要更多考虑冗余、容错等额外的因素。表5-1和表 5-2 是几种硬盘的相关说明。

表 5-1　硬盘接口对比

IDE	SATA	SCSI	SAS	FC
规格主要有 ATA-100、ATA-133 甚至是 ATA-150，容量有 40G/80G/120G/160G/200G/250G/300G/400G，转速基本不超过 7 200 r/min，缓存较小，2MB 或者 8MB	串行 IDE，采用串行技术进行数据传输，规格有 SATA -1 (150MB/s)，SATA -2 (300MB/s)，SATA -3 (600MB/s)容量有 80G/120G/160G/200G/250G/300G/400G/500G	Ultra 320，外部数据传输率 320MB/s 转速普遍在 10 000 r/min 和 15 000 r/min，容量多为 36G/73G/146G/300G，随着 SAS、SATA 盘的应用，已经使用很少。SCSI 硬盘及设备的接口有标准 68 针、高密 68 针、68 针 VHDCI、80 针	串行 SCSI，起始速率 3 Gbps 还有 6 Gbps和 12 Gbps 的产品，SAS 可以兼容 SATA 现有 2.5 英寸和 3.5 英寸接口规格，现在 SAS 的盘阵已经大量被使用	FC 硬盘的内部机械结构和 SCSI 几乎一样，Fibre Channel 技术提高了性能和可扩展性，目前 FC 硬盘多用在磁盘阵列中，价格较贵

表 5-2　硬盘接口

	SATA	Ultra320	SAS	FC AL
性能	1.5Gb/s 3.0Gb/s	3.0Gb/s	3.0Gb/s 计划 12Gb/s	4.0Gb/s 计划 16Gb/s
	1 m	12 m	8 m	15 m
连接性	1 个设备	15 设备	128 设备 用扩展器最多 16 256 个设备	127 个设备 环或环交换
	只可接 SATA 设备	只可接 SCSI 设备	可接 SATA 和 SAS 设备	只可接 FC 设备

续表 5-2

	SATA	Ultra320	SAS	FC AL
可用性	单端口硬盘	单端口硬盘	双端口硬盘	双端口硬盘
	单机点对点	多机 共享	多机 点对点	多机 共享或点对点

硬盘要考虑的参数有：

主轴转速：IDE、SATA——7 200 r/min，SCSI、FC——10 000 r/min、15 000 r/min；内部数据传输率：目前主流硬盘的内部数据传输率都在 30～60 MB/s 之间；单碟容量：增加容量，提高性能；缓存：缓存越大，性能越好，一般有 2 MB、8 MB 甚至是 16 MB；平均寻道时间：硬盘机械性能的重要指标，例如大于 8 ms 的 SCSI 硬盘就不要考虑。

5.2.2　磁盘阵列概述

为提高服务器运行中数据读写的可靠性，普遍采用了磁盘阵列技术。磁盘阵列（Redundant Arrays of Independent Disks，RAID），有“具有冗余能力的磁盘阵列”之意。原理是利用数组方式来做磁盘组，配合数据分散排列的设计，提升数据的安全性。磁盘阵列是由很多磁盘，组合成一个容量巨大的磁盘组，利用个别磁盘提供数据所产生加成效果提升整个磁盘系统效能。利用这项技术，将数据切割成许多区段，分别存放在各个硬盘上。磁盘阵列还能利用同位检查（Parity Check）的观念，在数组中任一颗硬盘故障时，仍可读出数据，在数据重构时，将数据经计算后重新置入新硬盘中。正是由于磁盘阵列是把相同的数据存储在多个硬盘的不同的地方（因此，冗余地）的方法，把数据放在了多个硬盘上，输入输出操作能以平衡的方式交叠，改良得到性能和实现了容余能力。

磁盘阵列中针对不同的应用使用的不同技术，称为 RAID level，而每一 level 代表一种技术，目前业界公认的标准是 RAID 0～RAID 5。这个 level 并不代表技术的高低，level 5 并不高于 level 3，level 1 也不低过 level 4，至于要选择哪一种 RAID level 的产品，纯视用户的操作环境（operating environment）及应用（application）而定，与 level 的高低没有必然的关系。RAID 0 及 RAID 1 适用于 PC 及 PC 相关的系统如小型的网络服务器（network server）及需要高磁盘容量与快速磁盘存取的工作站等，因为比较便宜，但因一般人对磁盘阵列不了解，没有看到磁盘阵列对它们的价值，市场尚未打开；RAID 2 及 RAID 3 适用于大型电脑及影像、CAD/CAM 等处理；RAID 5 多用于 OLTP，因有金融机构及大型数据处理中心的迫切需要，故使用较多而较有名气，但也因此形成很多人对磁盘阵列的误解，以为磁盘阵列非要 RAID 5 不可；RAID 4 较少使用，因为两者有其共同之处，而 RAID 4 有其先天的限制。其他如 RAID 6，RAID 7，乃至 RAID 10 等，都是厂商各做各的，并无一致的标准，在此不作说明。

根据不同要求，磁盘阵列有以下常用的几种应用 RAID 级别：

1. RAID 0

RAID 0 是最早出现的 RAID 模式，即 Data Stripping 数据分条技术。RAID 0 是组建磁盘阵列中最简单的一种形式，只需要 2 块以上的硬盘即可，成本低，可以提高整个磁盘的性能和吞吐量。RAID 0 没有提供冗余或错误修复能力，但实现成本是最低的。

RAID 0 最简单的实现方式就是把 N 块同样的硬盘用硬件的形式通过智能磁盘控制器或用操作系统中的磁盘驱动程序以软件的方式串联在一起创建一个大的卷集。在使用中电脑数据依次写入到各块硬盘中，它的最大优点就是可以整倍的提高硬盘的容量。如使用了三块 80 GB 的硬盘组建成 RAID 0 模式，那么磁盘容量就会是 240 GB。其速度方面，各单独一块硬盘的速度完全相同。最大的缺点在于任何一块硬盘出现故障，整个系统将会受到破坏，可靠性仅为单独一块硬盘的 1/N。

为了解决这一问题，便出现了 RAID 0 的另一种模式。即在 N 块硬盘上选择合理的带区来创建带区集。其原理就是将原先顺序写入的数据被分散到所有的四块硬盘中同时进行读写。四块硬盘的并行操作使同一时间内磁盘读写的速度提升了 4 倍。

在创建带区集时，合理的选择带区的大小非常重要。如果带区过大，可能一块磁盘上的带区空间就可以满足大部分的 I/O 操作，使数据的读写仍然只局限在少数的一两块硬盘上，不能充分地发挥出并行操作的优势。另一方面，如果带区过小，任何 I/O 指令都可能引发大量的读写操作，占用过多的控制器总线带宽。因此，在创建带区集时，我们应当根据实际应用的需要，慎重的选择带区的大小。

带区集虽然可以把数据均匀地分配到所有的磁盘上进行读写。但如果我们把所有的硬盘都连接到一个控制器上的话，可能会带来潜在的危害。这是因为当我们频繁进行读写操作时，很容易使控制器或总线的负荷超载。为了避免出现上述问题，建议用户可以使用多个磁盘控制器。最好解决方法还是为每一块硬盘都配备一个专门的磁盘控制器。

虽然 RAID 0 可以提供更多的空间和更好的性能，但是整个系统是非常不可靠的，如果出现故障，无法进行任何补救。所以，RAID 0 一般只是在那些对数据安全性要求不高的情况下才被人们使用。

2. RAID 1

RAID 1 称为磁盘镜像，原理是把一个磁盘的数据镜像到另一个磁盘上，也就是说数据在写入一块磁盘的同时，会在另一块闲置的磁盘上生成镜像文件，在不影响性能情况下最大限度地保证系统的可靠性和可修复性上，只要系统中任何一对镜像盘中至少有一块磁盘可以使用，甚至可以在一半数量的硬盘出现问题时系统都可以正常运行，当一块硬盘失效时，系统会忽略该硬盘，转而使用剩余的镜像盘读写数据，具备很好的磁盘冗余能力。虽然这样对数据来讲绝对安全，但是成本也会明显增加，磁盘利用率为 50%，以四块 80 GB 容量的硬盘来讲，可利用的磁盘空间仅为 160 GB。另外，出现硬盘故障的 RAID 系统不再可靠，应当及时的更换损坏的硬盘，否则剩余的镜像盘也出现问题，那么整个系统就会崩溃。更换新盘后原有数据会需要很长时间同步镜像，外界对数据的访问不会受到影响，只是这时整个系统的性能有所下降。因此，RAID 1 多用在保存关键性的重要数据的场合。

RAID 1 主要是通过二次读写实现磁盘镜像，所以磁盘控制器的负载也相当大，尤其是在需要频繁写入数据的环境中。为了避免出现性能瓶颈，使用多个磁盘控制器就显得很有必要。

3. RAID0＋1

RAID0＋1 名称上我们便可以看出是 RAID0 与 RAID1 的结合体。在我们单独使用 RAID 1 也会出现类似单独使用 RAID 0 那样的问题，即在同一时间内只能向一块磁盘写入数

据，不能充分利用所有的资源。为了解决这一问题，我们可以在磁盘镜像中建立带区集。因为这种配置方式综合了带区集和镜像的优势，所以被称为 RAID 0＋1。把 RAID0 和 RAID1 技术结合起来，数据除分布在多个盘上外，每个盘都有其物理镜像盘，提供全冗余能力，允许一个以下磁盘故障，而不影响数据可用性，并具有快速读/写能力。RAID0＋1 要在磁盘镜像中建立带区集至少需要 4 块硬盘。

4. RAID5：分布式奇偶校验的独立磁盘结构

它的奇偶校验码存在于所有磁盘上，其中的 p0 代表第 0 带区的奇偶校验值，其他的意思也相同。RAID5 的读出效率很高，写入效率一般，块式的集体访问效率不错。因为奇偶校验码在不同的磁盘上，所以提高了可靠性。但是它对数据传输的并行性解决不好，而且控制器的设计也相当困难。RAID 3 与 RAID 5 相比，重要的区别在于 RAID 3 每进行一次数据传输，需涉及所有的阵列盘。而对于 RAID 5 来说，大部分数据传输只对一块磁盘操作，可进行并行操作。在 RAID 5 中有“写损失”，即每一次写操作，将产生四个实际的读/写操作，其中两次读旧的数据及奇偶信息，两次写新的数据及奇偶信息。

5. RAID6：带有两种分布存储的奇偶校验码的独立磁盘结构

它是对 RAID5 的扩展，主要是用于要求数据绝对不能出错的场合。当然了，由于引入了第二种奇偶校验值，所以需要 N＋2 个磁盘，同时对控制器的设计变得十分复杂，写入速度也不好，用于计算奇偶校验值和验证数据正确性所花费的时间比较多，造成了不必需的负载。

5.2.3　存储网络协议

由于服务器自身的限制，无法大规模扩展硬盘的数量及容量，为了应对服务所需的数据存储，出现了专门的存储网络。而根据不同的应用场景，有不同的存储网络架构及相关协议。先来看看相关的存储网络协议。

1. SCSI

如前所述，SCSI（small computer system interface，小型计算机系统接口）是一种为小型机研制的接口技术，用于主机与外部设备之间的连接。如图 5-6 所示。

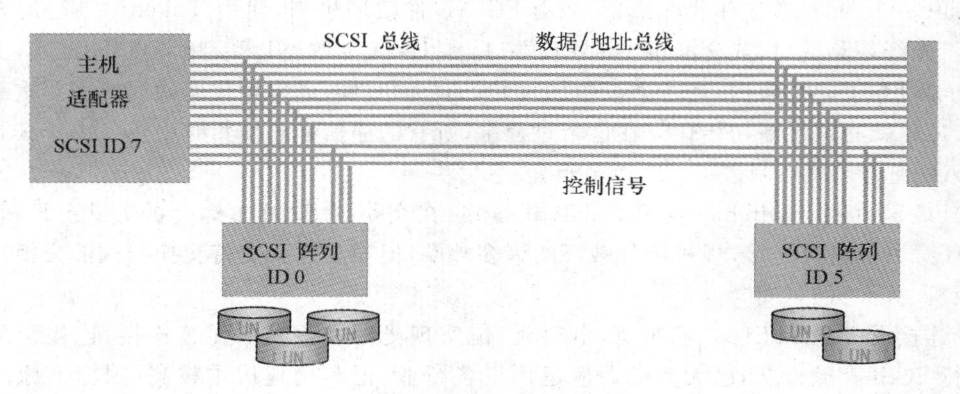

图 5-6　SCSI 协议

SCSI-1是1986年ANSI标准，采纳了SASI接口(1979)，它定义了硬盘、磁带和其他存储设备的物理接口、传输协议和标准指令集；SCSI-2是1994年ANSI标准，SCSI-1的后续接口，提高了速度和总线带宽，支持多线程指令，增加了更多存储设备类型指令集；SCSI-3是更高的速度类型：Ultra-2/Ultra-160/Ultra-320(最高数据传输率已经达到了320MB/s)，定义了物理接口、传输协议和SCSI指令集分层。SCSI-3是所有存储协议的基础，其他存储协议都用到SCSI的指令集。

SCSI本身连接的设备数量有限，而且连接距离受到限制，基于此，又发展出了FCP(基于光纤通道)及ISCSI(基于存储协议)。

2. FC

FC(Fibre Channel)，光纤通道技术，最早应用于SAN(存储局域网络)。FC接口是光纤对接的一种接口标准形式，FC开发于1988年，最早是用来提高硬盘协议的传输带宽，侧重于数据的快速、高效、可靠传输。到20世纪90年代末，FC SAN开始得到大规模的广泛应用。光纤通道是构建FC SAN的基础，是FC SAN系统的硬件接口和通信接口。FC可以通过构建帧来传输SCSI的指令、数据和状态信息单元。

FC光纤通道拥有自己的协议层，它们是

- FC-0：连接物理介质的界面、电缆等；定义编码和解码的标准。
- FC-1：传输协议层或数据链接层，编码或解码信号。
- FC-2：网络层，光纤通道的核心，定义了帧、流控制和服务质量等。
- FC-3：定义了常用服务，如数据加密和压缩。
- FC-4：协议映射层，定义了光纤通道和上层应用之间的接口，上层应用比如：串行SCSI协议，HBA的驱动提供了FC-4的接口函数。FC-4支持多协议，如：FCP-SCSI，FC-IP，FC-VI。

光纤通道的主要部分实际上是FC-2。其中从FC-0到FC-2被称为FC-PH，也就是“物理层”。光纤通道主要通过FC-2来进行传输，因此，光纤通道也常被成为“二层协议”或者“类以太网协议”。

按照连接和寻址方式的不同，光纤通道支持三种拓扑方式：

(1)PTP(点对点)　一般用于DAS(直连式存储)设置。

(2)FC-AL(光纤通道仲裁环路)　采用FC-AL仲裁环机制，使用Token(令牌)的方式进行仲裁。光纤环路端口，或交换机上的FL端口，和HBA上的NL端口(节点环)连接，支持环路运行。采用FC-AL架构，当一个设备加入FC-AL的时候，或出现任何错误或需要重新设置的时候，环路就必须重新初始化。在这个过程中，所有的通信都必须暂时中止。由于其寻址机制，FC-AL理论上被限制在了127个节点。

(3)FC-SW(FC Switched 交换式光纤通道)　在交换式SAN上运行的方式。FC-SW可以按照任意方式进行连接，规避了仲裁环的诸多弊端，但需要购买支持交换架构的交换模块或FC交换机。

FC连接设备比SCSI多，高带宽，低时延，能实现光纤和铜缆的无缝连接，连接距离远远超出并行SCSI存储设备，已大规模普遍运用于各行业，但其构建成本较高，因标准原因兼容性不是很好。

3. ISCSI

ISCSI (Internet SCSI)把SCSI命令和块状数据封装在TCP中在IP网络中传输。ISCSI作为SCSI的传输层协议,基本出发点是利用成熟的IP网络技术来实现和延伸SAN。ISCSI具有高扩展性、良好的标准化,由于基于成熟的IP技术,使其管理非常容易,只需很低的安装成本和维护费用。由于不需要特殊的FC交换机,减少了异构网络和电缆,无距离限制,可应用于远程存储:异地数据交换、备份及容灾。由于其基于IP技术之上构建,其可靠性和稳定性受到挑战。

4. FCoE

Fibre Channel over Ethernet 以太网光纤通道,FCoE技术标准可以将光纤通道映射到以太网,可以将光纤通道信息插入以太网信息包内,从而让服务器-SAN存储设备的光纤通道请求和数据可以通过以太网连接来传输,而无须专门的光纤通道结构,从而可以在以太网上传输SAN数据。FCoE允许在一根通信线缆上传输LAN和FC SAN通信,融合网络可以支持LAN和SAN数据类型,减少数据中心设备和线缆数量,同时降低供电和制冷负载,收敛成一个统一的网络后,需要支持的点也跟着减少了,有助于降低管理负担。它能够保护客户在现有FC-SAN上的投资(如FC-SAN的各种工具、员工的培训、已建设的FC-SAN设施及相应的管理架构)的基础上,提供一种以FC存储协议为核心的I/O整合方案。

FCoE的发展和使用比预想的要慢,主要是因为技术还不够成熟,单一厂商的统一产品问题较少,但是当多个独立的供应商产品混在一起,就会产生操作性问题;其次虽然FCoE技术可以提供比FC低的总拥有成本(TCO),通过融合TCP/IP LAN和FC SAN,从而减少重复结构。但是,目前厂商销售的支持FCoE的交换机、CAN(整合业务卡)和存储系统成本相对较高。

5.2.4 常见存储架构

为了更好地实现数据存储,基于服务器的数据存储系统环境(主机、连接、存储设备)随技术发展逐渐形成了主要的三种应用架构,分别是:DAS——直接附加存储,NAS——网络附加存储,SAN——存储区域网络。

1. DAS(Direct Attached Storage,直接附加存储)

已经有近40年的使用历史,是直接连接于主机服务器的一种储存方式,每一台主机服务器有独立的储存设备,每台主机服务器的储存设备无法互通,需要跨主机存取资料时,必须经过相对复杂的设定,若主机服务器分属不同的操作系统,要存取彼此的资料,更是复杂,有些系统甚至不能存取。随着用户数据的不断增长,其在备份、恢复、扩展、灾备等方面已无法适应应用发展的需要。如图5-7所示。

2. NAS(Network Attached Storage,网络附加存储)

它是一种专用数据存储服务器。它以数据为中心,将存储设备与服务器彻底分离,集中管理数据,从而释放带宽、提高性能、降低总拥有成本、保护投资。其成本远远低于使用服务器存储,而效率却远远高于后者。NAS本身能够支持多种协议(如NFS、CIFS、FTP、HTTP等),而且能够支持各种操作系统。

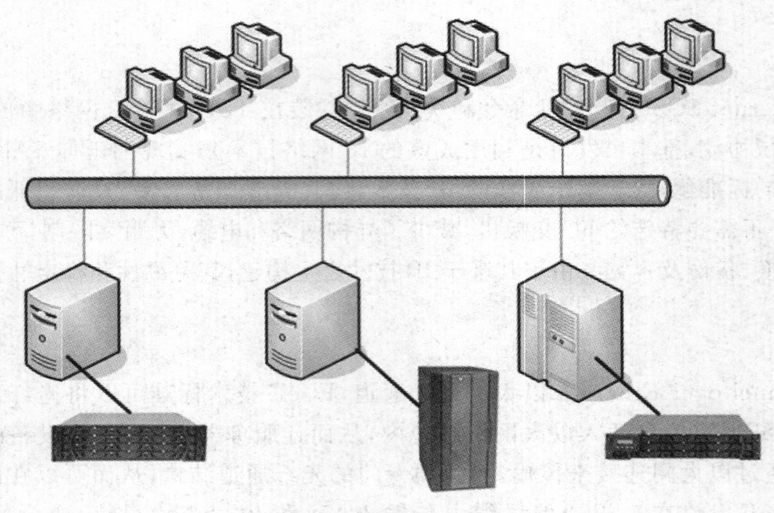

图 5-7　DAS 存储架构

NAS 产品是真正即插即用的产品。NAS 设备支持多计算机平台，用户通过网络支持协议可进入相同的文档，因而 NAS 设备无须改造即可用于混合 Unix/Windows NT 局域网内。NAS 设备的物理位置同样是灵活的。它们可放置在工作组内，靠近数据中心的应用服务器，或者也可放在其他地点，通过物理链路与网络连接起来。无须应用服务器的干预，NAS 设备允许用户在网络上存取数据，这样既可减小 CPU 的开销，也能显著改善网络的性能。如图 5-8 所示。

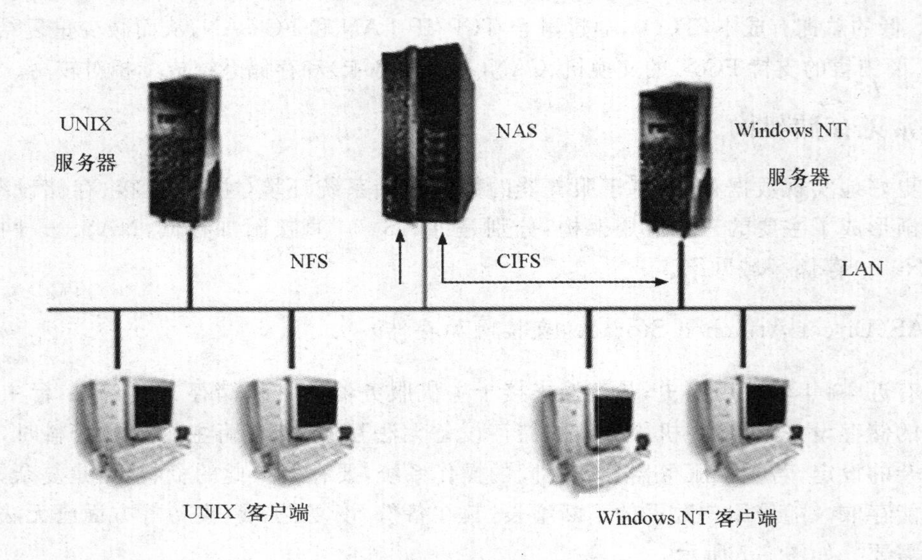

图 5-8　NAS 存储架构

3. SAN(storage area network，存储区域网络)

存储区域网络(SAN)是一种高速网络或子网络，提供在计算机与存储系统之间的数据传输。存储设备是指一张或多张用以存储计算机数据的磁盘设备。一个 SAN 网络由负责网络连接的通信结构、负责组织连接的管理层、存储部件以及计算机系统构成，从而保证数据传输

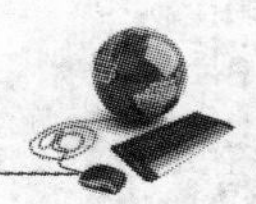

的安全性和力度。如图 5-9 所示。

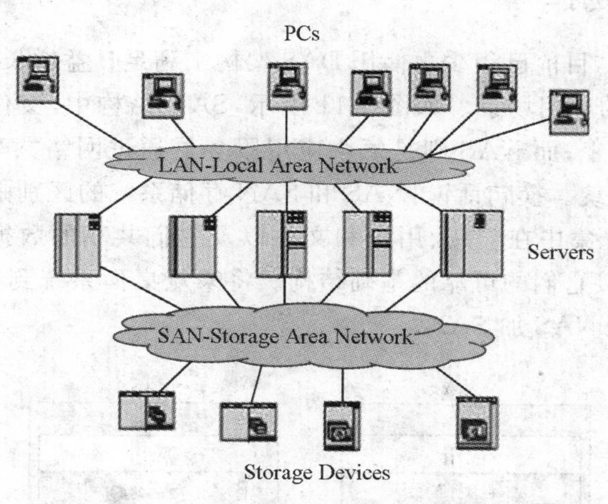

图 5-9　SAN 存储架构

典型的 SAN 是一个企业整个计算机网络资源的一部分。通常 SAN 与其他计算资源紧密集群来实现远程备份和档案存储过程。SAN 支持磁盘镜像技术(disk mirroring)、备份与恢复(backup and restore)、档案数据的存档和检索、存储设备间的数据迁移以及网络中不同服务器间的数据共享等功能。此外 SAN 还可以用于合并子网和网络附接存储(NAS:network-attached storage)系统。如图 5-10 所示。

目前主要采用光纤通道(fibre channel)、IP 技术,通过光纤交换机或 IP 交换机将不同的数据存储设备连接到服务器的快速、专门的网络,从而实现存储器从应用服务器中分离出来,进行集中管理。这样做有很多好处,如统一性,实现数据集中管理,容易扩充,即收缩性很强,具有容错功能,整个网络无单点故障。

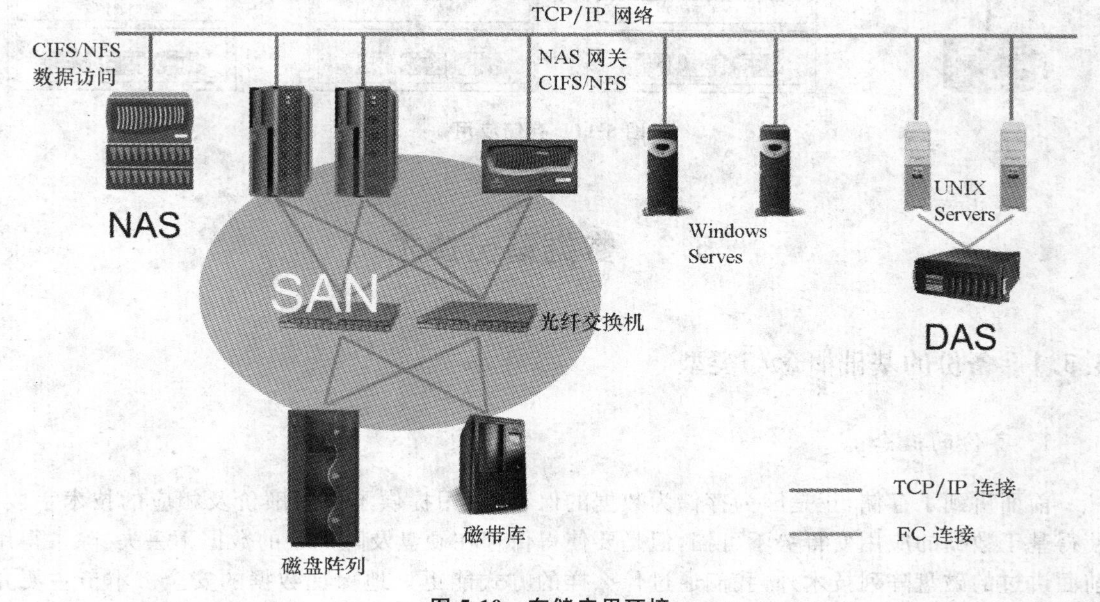

图 5-10　存储应用环境

5.2.5 存储方案的选择

由于技术的局限性，目前已很少再使用DAS架构来满足日益增长的存储需求，而NAS和SAN则继续拥有大量的应用场景。如图5-11所示，SAN结构中，文件管理系统(FS)还是分别在每一个应用服务器上；而NAS则是每个应用服务器通过网络共享协议(如：NFS、CIFS)使用同一个文件管理系统。换句话说：NAS和SAN存储系统的区别是NAS有自己的文件系统管理。NAS是将目光集中在应用、用户和文件以及它们共享的数据上。SAN是将目光集中在磁盘、磁带以及连接它们的可靠的基础结构。将来从桌面系统到数据集中管理到存储设备的全面解决方案将是NAS加SAN。

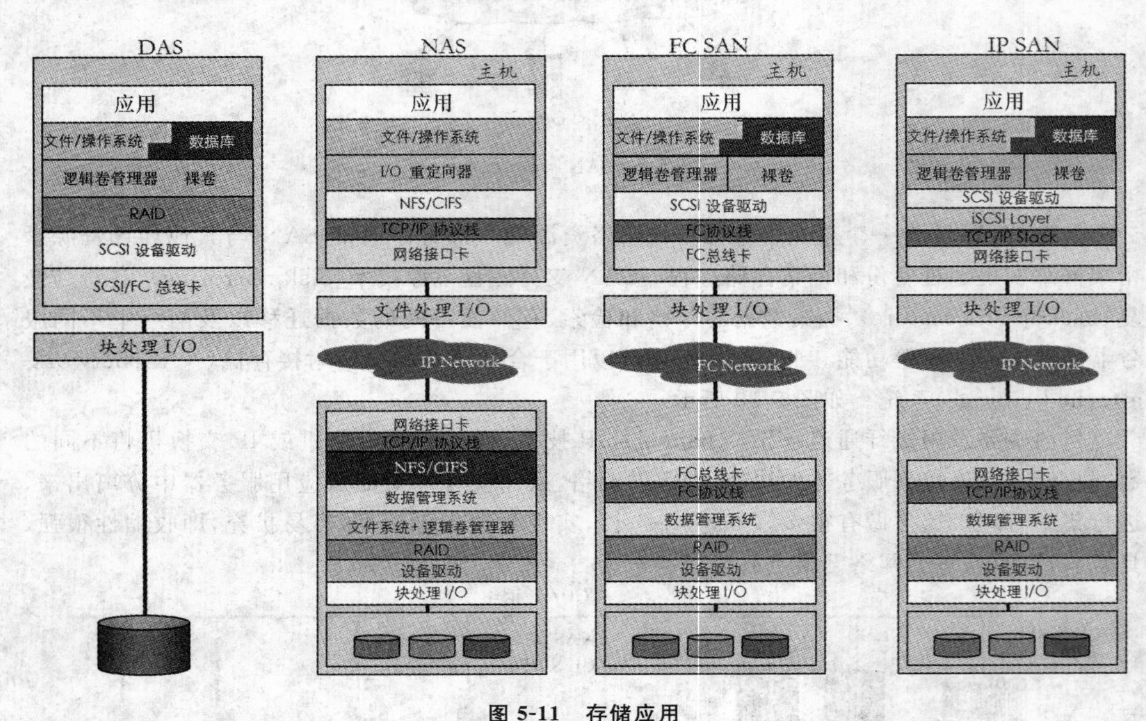

图5-11 存储应用

5.3 数据备份技术

5.3.1 备份的基础概念与类型

1. 备份的概念

前面讲到了存储，正是因为存储为数据的保存、利用提供了更为廉价及相应的技术手段，使得基于数据的应用变得势不可挡，但是要使得保存在硬盘及阵列中的数据不丢失，除了得用前面讲过的磁盘阵列技术外，我们通过什么样的方式能更好地保证数据的安全。本节主要介绍数据的备份技术，我们可以站在存储的视角，来看看备份是如何定义的。SNIA(存储网络工

业协会)对备份(Backup) 的定义:备份是一组存储在非易失性的(通常是可移动的)存储介质上的数据集合,它的目的是用于当原始数据丢失或不可用时能够及时恢复,备份也称为备份拷贝。它即指创建一个备份的过程,也是指创建一个备份的动作。

我们也可从备份的角度来看,我们要备份的主体无外包括文件、系统、数据库、应用系统等,通过一定的技术手段(备份工具或引擎),按照某种备份策略,依据某种备份路径,将备份主体在指定的目的介质上(光盘、磁带、硬盘)上进行存储。按照备份策略,备份应能记录某一时间点状态的备用数据,备用数据存放于与原数据不同的介质中,可创建多个不同时间点的副本。

之所以需要备份,是因为在某些不可预知的时刻,有可能因为硬件设施故障、软件系统故障、人为的误操作、病毒或非法入侵破坏、灾难性事故带来数据丢失的严重后果,也可能需要对数据的历史记录进行留存,从而产生了对备份的需求,其重要性也可见一斑。可以看出,备份的根本目的是为了实现数据恢复,以解决数据不丢失的问题。但是只有应用真正依赖于数据而产生价值的时候,我们才开始需要对数据进行备份,现在已经进入大数据时代,全方位的需要对数据进行收集、保存、分析和利用,备份从未像今天这样显得如此重要。

2. 备份的指标

备份有三个关键指标:

(1)备份窗口(Backup Windows)　是指在不严重影响使用需要备份的数据的应用程序的情况下,进行数据备份的时间间隔,或者说是用于备份的时间段。

(2)RTO (Recovery Time Objective)—恢复时间目标　是指灾难发生后,从系统停机导致业务停顿开始,到 IT 系统恢复可以支持业务恢复运营之时,所需要的时间。这不仅要考虑数据的恢复时间,还应该考虑恢复后数据的完整性、一致性的修复和确认、备份中心计算机处理系统的启动和备份中心的网络切换等全部时间,如图 5-12 所示。

(3)RPO (Recovery Point Objective)—恢复点目标　发生意外灾难事件时可能丢失的数据量。是指能够恢复至可以支持业务运作,系统及数据恢复到怎样的更新程度—可以是上一周的备份数据,也可以是上一次交易的实时数据。

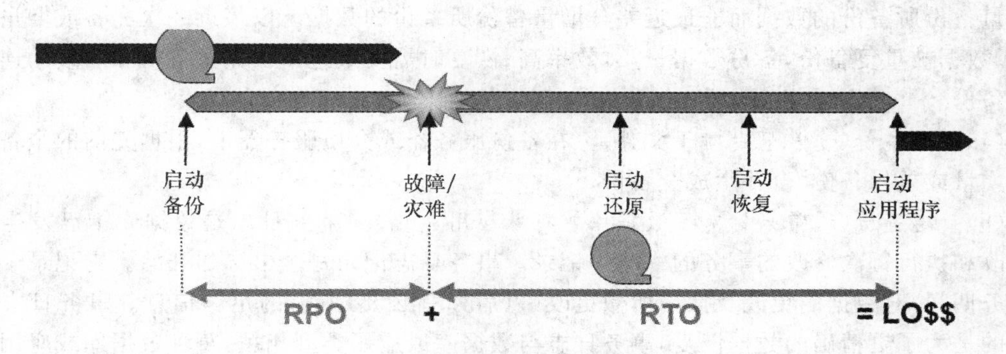

图 5-12　备份 RPO、RTO 示意

为了实现有效的备份，必须按照某种事前的设定规划进行，这就是备份策略，它是一种规则，决定备份执行的时间和方式。备份策略指定了备份的信息，例如需要备份的文件或者目录名、备份执行的时间、可以接收备份的设备和介质、进行备份的份数，以及备份操作失败时的处理等。策略举例：

数据源：SQL Server/(local)实例；

目的地：介质服务器/media 1；

压缩策略：不压缩；

加密策略：AES 256 高强度加密；

时间策略：每周日 23:00 做完全备份，周一到周六 23:00 做差异备份；每天每两个小时做事务日志备份；备份数据保留策略：保留 4 个完全备份副本。

备份策略需要结合用户对 RPO/RTO 的需求及用户实际环境制定，如图 5-12 所示，若数据量小，备份策略可设置更频繁，数据量大，可灵活设计完全、增加、差异的组合策略；为避免影响业务，运行备份时间一般设置在晚上，对每个业务或服务器的备份，应避免在同一时刻进行，策略需要根据用户数据量的增长定期调整。

3. 备份类型

现有的备份类型基本是基于定时的备份，随数据量的变大，备份与恢复时间都较长，由于备份窗口的存在，仍然存在数据丢失的可能，往往需要多种设备与软件配合，基本上作为数据安全解决手段的最后一道防线。基于定时的备份类型主要有：

(1)完全备份　将所有指定的数据对象都进行备份(不论数据对象自上次备份之后是否修改过)的备份过程。完全备份是进行增量备份的基础。恢复简单，且效率高；数据被多次重复备份，冗余大；备份耗时长，效率低；需根据数据总量合适制定备份策略；

(2)差异备份　自上次完全备份以来所有修改过的数据对象都要进行备份。对于使用累积增量备份技术的数据，要实现数据的恢复，只需要最近一次的完全备份数据以及最近一次的累积增量备份数据。始终以最近一次完备为基础；增量数据被多次重复备份，有冗余；备份效率相对较低；恢复时需要最近一次完全备份和选定的差异备份时间点的数据。

(3)增量备份　对所有自上次完全备份或者增量备份操作以来所修改过的数据对象进行备份。要恢复使用差分增量备份技术的数据，需要最近完全备份操作的备份数据以及所有差分增量备份所备份的数据而非最近差分增量备份所备份的数据。以最近一次完备或增量为基础；无数据被重复备份，备份数据量小，效率高；恢复时需要最近一次完全备份和后续的连续的增量备份。

(4)合成备份(通常只针对于文件)　在备份服务器或介质服务器上，根据先前的全备份和其他增量或差异备份，合并生成全备份。

(5)日志备份(通常只针对于数据库或特殊应用系统)　事务日志是数据库中已发生的所有修改和执行每次修改的事务的一连串记录。事务日志记录每个事务的开始。它记录了在每个事务期间，对数据的更改及撤销所做更改(以后如有必要)所需的足够信息。事务日志备份的目的是为了更精确的数据恢复，事务日志与数据库或应用类型相关，每种数据库或应用的日志都有些差别，事务日志备份建立在完全备份的基础上。

此外，也可按在线(online)和离线进行分类(offline)。在线备份指正在备份的数据在备份

过程中仍然可以被应用程序访问。离线备份指正在备份的数据在备份过程中不能被应用程序访问。在实践中，往往会考虑，数据库、应用及重要文档都需要以在线备份的方式进行，离线备份也建议定期进行，增强数据的安全性，在做数据恢复、迁移、结构调整等工作时，在开展工作之前，务必对原数据进行一次离线备份(冷备份)。

随着备份要求的不断提高，还出现了更灵活和高级的一些备份技术，如快照，CDP(连续数据保护技术)。快照是实现备份的一种技术方式之一，它是关于指定数据集合的一个完全可用拷贝，该拷贝包括相应数据在某个时间点(拷贝开始的时间点)的映像。快照可以是其所表示的数据的一个副本，也可以是数据的一个复制品。有基于主机的快照和基于存储的快照。快照是 CDP 技术的前身，目前已经成为备份软件或存储产品整合的功能项之一。

CDP，即持续数据保护，是一套方法，它可以捕获或跟踪数据的变化，并将其在生产数据之外独立存放，以确保数据可以恢复到过去的任意时间点。持续数据保护系统可以基于块、文件或应用实现，可以为恢复对象提供足够细的恢复粒度，实现几乎无限多的恢复时间点。如图 5-13 所示。

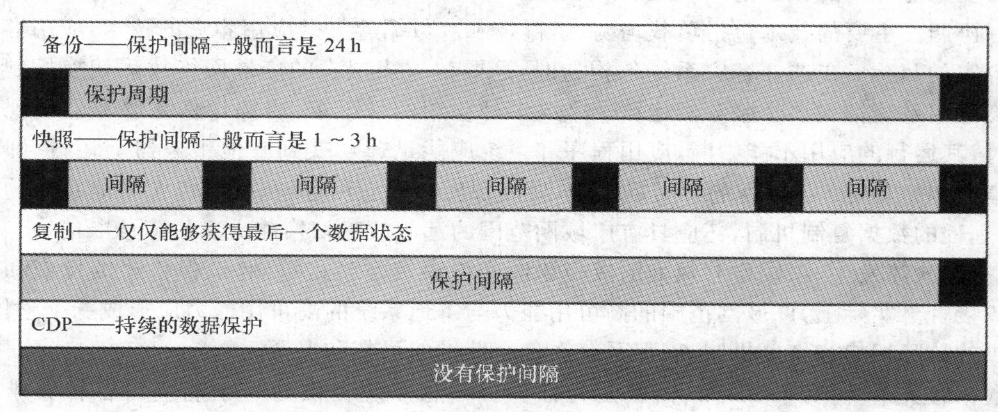

图 5-13　备份技术时间对比

CDP 具有数据丢失量少，抵御逻辑错误，更容易恢复，备份窗口小，主机影响小的特点。

5.3.2　容灾介绍

备份是为了应对灾难来临时造成的数据丢失问题，在备份的基础上进一步提出了容灾的概念，要使应用能在灾难发生后快速的恢复甚至不停止，即容灾是当遇难灾难时将信息系统从灾难造成的故障或瘫痪状态恢复到可正常运行状态，并将其支持的业务功能从灾难造成的不正常状态恢复到可接受状态的活动和流程，以保证组织业务的连续性目标。容灾管理需要利用技术、管理手段以及相关资源，确保已有的关键数据和关键业务在灾难发生后在确定的时间内可以恢复和继续运营的过程，是一项集技术和管理于一体的系统工程。

为了实现容灾，一般都是相隔较远距离的异地，建立两套或多套功能相同的 IT 系统，互相之间可以进行健康状态监视和功能切换，当一处系统因意外(如火灾、地震等)停止工作时，整个应用系统可以切换到另一处，使得该系统功能可以继续正常工作。

从容灾要实现的目标来看，容灾系统分为数据容灾和应用容灾。

①所谓数据容灾，就是指建立一个异地的数据系统，该系统是本地关键应用数据的一个可

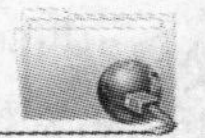

用复制。在本地数据及整个应用系统出现灾难时，系统至少在异地保存有一份可用的关键业务的数据。该数据可以是与本地生产数据的完全实时复制，也可以比本地数据略微落后，但一定是可用的。采用的主要技术是数据备份和数据复制技术。数据容灾技术，又称为异地数据复制技术，按照其实现的技术方式来说，主要可以分为同步传输方式和异步传输方式(各厂商在技术用语上可能有所不同)，另外，也有如“半同步”这样的方式。半同步传输方式基本与同步传输方式相同，只是在 Read 占 I/O 比重比较大时，相对同步传输方式，可以略微提高 I/O 的速度。而根据容灾的距离，数据容灾又可以分成远程数据容灾和近程数据容灾方式。下面，我们将主要按同步传输方式和异步传输方式对数据容灾展开讨论，其中也会涉及远程容灾和近程容灾的概念，并作相应的分析。

②所谓应用容灾，是在数据容灾的基础上，在异地建立一套完整的与本地生产系统相当的备份应用系统(可以是互为备份)，在灾难情况下，远程系统迅速接管业务运行。数据容灾是抗御灾难的保障，而应用容灾则是容灾系统建设的目标。建立这样一个系统是相对比较复杂的，不仅需要一份可用的数据复制，还要有包括网络、主机、应用、甚至 IP 等资源，以及各资源之间的良好协调。主要的技术包括负载均衡、集群技术。数据容灾是应用容灾的技术，应用容灾是数据容灾的目标。在选择容灾系统的构造时，还要建立多层次的广域网络故障切换机制。本地的高可用系统指在多个服务器运行一个或多种应用的情况下，应确保任意服务器出现任何故障时，其运行的应用不能中断，应用程序和系统应能迅速切换到其他服务器上运行，即本地系统集群和热备份。在远程的容灾系统中，要实现完整的应用容灾，既要包含本地系统的安全机制、远程的数据复制机制，还应具有广域网范围的远程故障切换能力和故障诊断能力。也就是说，一旦故障发生，系统要有强大的故障诊断和切换策略制订机制，确保快速的反应和迅速的业务接管。实际上，广域网范围的高可用能力与本地系统的高可用能力应形成一个整体，实现多级的故障切换和恢复机制，确保系统在各个范围的可靠和安全。

数据容灾系统，对于 IT 而言，就是为计算机信息系统提供的一个能应付各种灾难的环境，如图 5-14 所示。当计算机系统在遭受如火灾、水灾、地震、战争等不可抗拒的自然灾难以及计算机犯罪、计算机病毒、掉电、网络/通信失败、硬件/软件错误和人为操作错误等人为灾难时，容灾系统将保证用户数据的安全性(数据容灾)，甚至，一个更加完善的容灾系统，还能提供不间断的应用服务(应用容灾)。可以说，容灾系统是数据存储备份的最高层次。

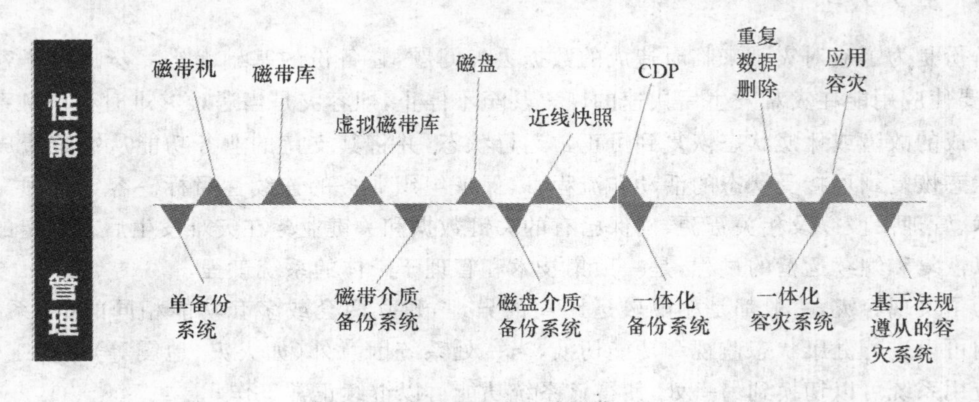

图 5-14　容灾系统概览

我们有一些相关的法规可以遵从进行容灾备份的建设，如国际标准-SHARE78 模型、国

标 GB/T20988-2007，如图 5-15、图 5-16 所示。

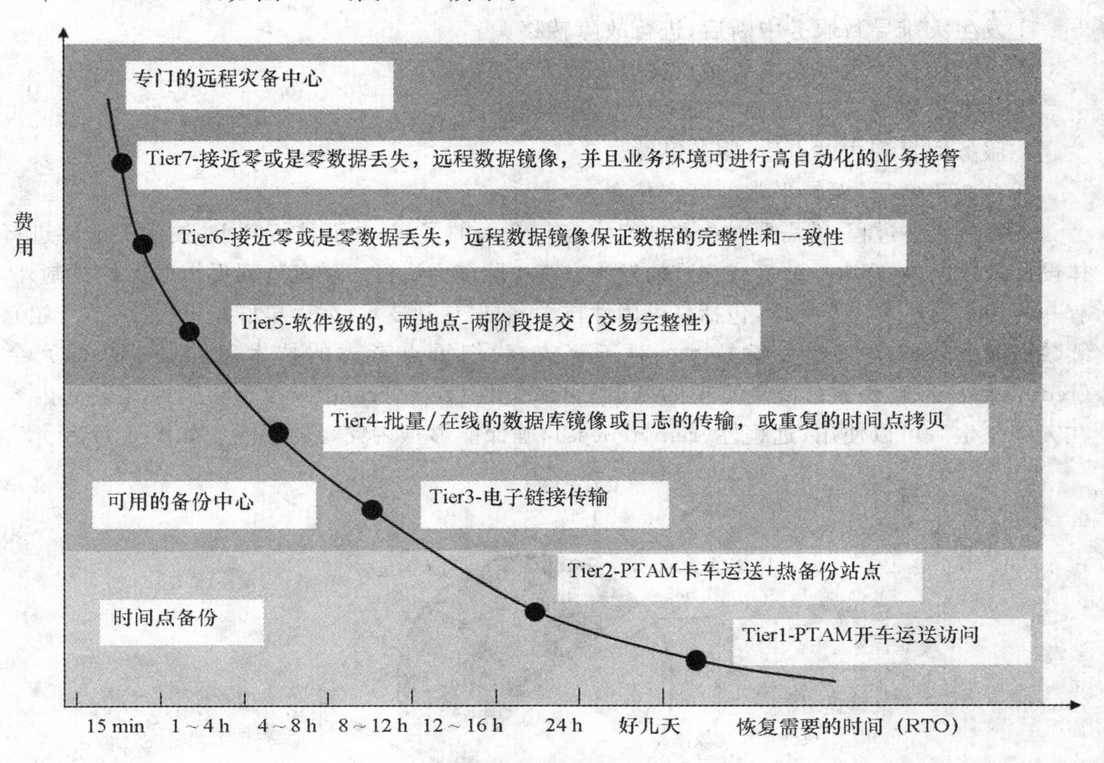

图 5-15　备份要求

	容灾等级	恢复耗时	数据丢失程度
6 级	数据零丢失和远程集群支持：实时备份所有数据和业务，灾难发生时可立即切换接管	1 h 以内	接近0丢失
5 级	实时数据传输及完整设备支持：本地数据与异地中心相互映像，保持同步	2～4 h	丢失 2 h 以内
4 级	电子传输及完整设备支持：将数据通过网络备份到异地	4～12 h	丢失 4 h 以内
3 级	电子传输和部分设备支持：备份数据通过网络传输到异地数据中心	12～24 h	丢失 1 d 以内
2 级	备用场地支持：备份磁带通过车辆转移到异地，并在异地建立备用系统	24～72 h	丢失 1 d 以上
1 级	基本支持：无异地备份，数据只在本地存储	无法预计	可能全部丢失

图 5-16　国标 GB/T 20988-2007

5.3.3　备份容灾技术概览

发生灾难故障时，需要对让服务能够得以继续提供，解决故障，这就涉及灾难恢复的过程，

一般而言,需要有以下几个过程:

①发生灾难导致服务中断后,进行故障转移。

②故障转移后服务在灾备站点得以恢复。

③主站点恢复后,服务回复到主站点,服务暂时中断。

④服务回复到主站点后,服务继续。

⑤系统正常后,保持平常的容灾状态。

要完成上述过程,就需要对相关的容灾有较全面的了解,从而从管理上、技术上能够进行整体设计和考虑,从容应对故障或灾难的发生。其中除前面讲过的磁盘阵列提供的保护机制外,还有一些相关的技术需要考虑,包括高可用性技术、数据复制技术、远程集群技术(下一节介绍)、持续数据保护技术等其他关键技术。对于容灾,我们重点考虑的技术思路是 3R,即冗余性(redundancy),它是灾难恢复实现的基础;可恢复性(recoverability),能够确保冗余的内容能在灾难发生后可以使用;远程性(remoteness),确保能够抵御灾难的影响。如图 5-17 所示。

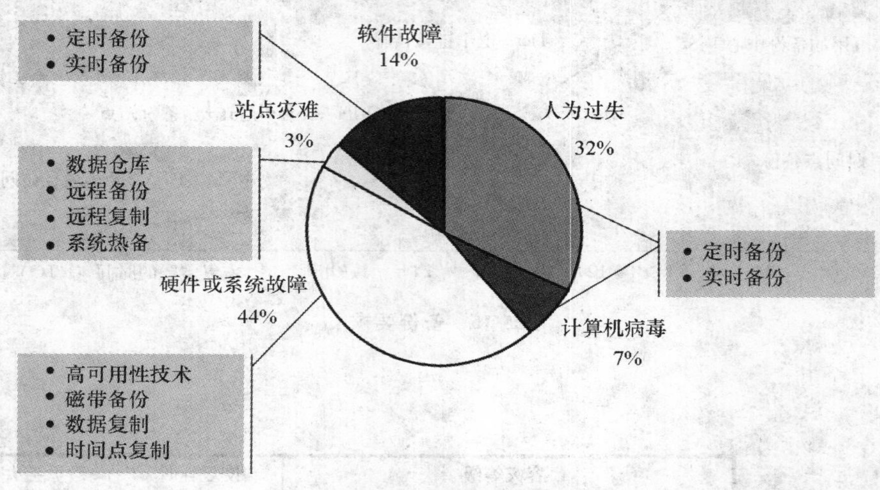

图 5-17　系统停机原因及防护技术

1. 高可用技术

高可用技术(图 5-18)是系统在相当长的一段时间内(此段时间应该比系统单个组件的可

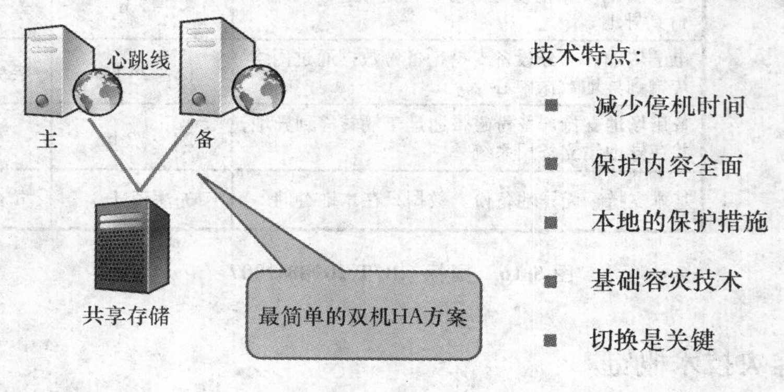

图 5-18　高可用技术示意

靠性时间要更长)，能够不间断地持续正常运转的能力。最常用来获得高可用性的途径是容错技术。高可用性是一个不易度量的术语。其限度(系统能够被称为是高可用的)和程度(系统的可用性达到什么程度才称得上是高可用性)都是随着系统的不同而不同的。

图 5-19 展示高可用的不同层次。

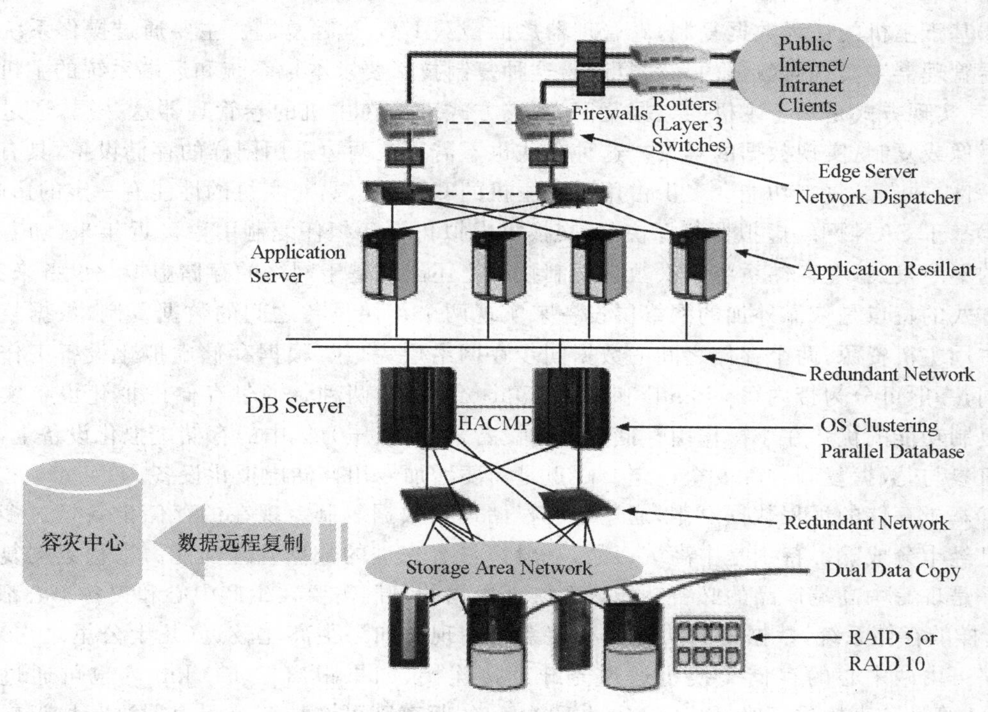

图 5-19　高可用的不同层次

2. 基于容灾的数据复制技术

前面讲过，数据备份是将数据通过备份系统备份到磁带等介质上面，而后将介质运送到异地保存管理。它具有实时性低、可备份多个副本、备份范围广、长期保存、投资较少等特点，由于是备份一般是压缩后存放到存储介质的方式所以数据恢复较慢，而且备份窗口内的数据都会丢失，因此一般用于数据恢复的 RTO(目标恢复时间)和 RPO(目标恢复点)要求较低的容灾。为了实现应用的高可用，更多的做法将传统的备份容灾和在线容灾结合起来增加系统容灾的完整性和安全性。

在线容灾要求生产中心和灾备中心同时工作，生产中心和灾备中心之间有传输链路连接。数据自生产中心实时复制传送到灾备中心。在此基础上，可以在应用层进行集群管理，当生产中心遭受灾难出现故障时可由灾备中心接管并继续提供服务。因此实现在线容灾的关键是数据的复制。和数据备份相比，数据复制技术具有实时性高、数据丢失少或零丢失、容灾恢复快、投资较高等特点。根据数据复制的层次，数据复制技术的实现可以分为：

①基于应用的复制，应用程序在本地、远端双写 I/O。

②基于数据库复制，数据库本身的远程复制。数据库数据复制技术通常采用日志复制功能，依靠本地和远程主机间的日志归档与传递来实现两端的数据一致。这种复制技术对系统

的依赖性小，有很好的兼容性。缺点是本地复制软件向远端复制的是日志文件，这需要远端应用程序重新执行和应用才能生产可用的备份数据，同时占用主机 CPU 资源，实施周期长，维护复杂，隐性成本过高，备份中心的备份数据较难回切主中心，不支持数据级容灾。目前主要的应用有 Oracle 数据库。

③基于主机的远程数据复制，卷管理器层面截获 I/O，远程复制。主要通过操作系统或者数据卷管理器来实现对数据的远程复制。这种复制技术要求本地系统和远端系统的主机是同构的，其实现方式是基于主机的数据复制，容灾方式工作在主机的卷管理器这一层，通过磁盘卷的镜像或复制，实现数据的容灾。这种方式也不需要在两边采用同样的存储设备，具有较大的灵活性，缺点是复制功能会多少占用一些主机的 CPU 资源，对主机的性能有一定的影响。

④基于 SAN 网络虚拟器数据快照，交换机虚拟化设备担任复制引擎。近年来，随着存储技术的不断发展，在存储系统层次数据复制技术上还出现基于网络的存储虚拟化设备来实现，这种方式的特点是依靠外加的网络层设备来实现两个存储设备之间的数据复制，数据复制过程不占用主机资源，两个存储之间的数据同步在网络层完成。根据存储虚拟化设备工作机制的不同，一般可分为带内(In-Band)和带外(Out-of-Band)两种。通过存储虚拟化设备实现卷镜像复制功能的优势在于操作由存储虚拟化设备来完成、压力集中的存储虚拟化设备上，不需要主机参与，数据复制进程安全稳定。缺点是需要增加专用存储虚拟化设备。

⑤基于存储的远程数据复制，通过智能存储远程数据复制。现在的存储设备经过多年的发展已经十分成熟。特别是中高端产品，一般都具有先进的数据管理功能。远程数据复制功能几乎是现有中高端产品的必备功能。要实现数据的复制需要在生产中心和灾备中心都部署 1 套这样的存储系统，数据复制功能由存储系统实现。如果距离比较近(几十公里之内)之间的链路可由两中心的存储交换机通过光纤直接连接，如果距离在 100 km 内也可通过增加 DWDM 等设备直接进行光纤连接，超过 100 km 的距离则可增加存储路由器进行协议转换途径 WAN 或 INTERNET 实现连接，因此从理论上可实现无限制连接。存储系统层的数据复制技术对于主机的操作系统是完全透明的，是对于将来增加新的操作平台，可不用增加任何复制软件的投资，即可完成实现复制。这样管理比较简单，最大程度保护了用户的投资，达到充分利用资源的目的。基于存储的复制一般都是采用 ATM 或光纤通道作为远端的链路连接，不仅可以做到异步复制，更可以做到同步复制，使两端数据可做到实时同步的目的，保证了数据的一致性。缺点是由于基于存储是由存储硬件厂商提供的，在兼容性方面有局限性。用户要使用同一厂商的 devices，给用户造成的选择面太小，成本容易提高，并且对线路带宽的要求通常也较高。对于预算充足，存储环境不是很复杂的企业来说，选择基于存储的技术比较适合。

3. 持续数据保护(CDP)

持续数据保护(CDP)是一种在不影响主要数据运行的前提下，可以实现持续捕捉或跟踪目标数据所发生的任何改变，并且能够恢复到此前任意时间点的方法。CDP 系统能够提供块级、文件级和应用级的备份，以及恢复目标的无限的任意可变的恢复点。

持续数据保护(CDP)技术是对传统数据备份技术的一次革命性的重大突破。传统的数据备份解决方案专注在对数据的周期性备份上，因此一直伴随有备份窗口、数据一致性以及对生产系统的影响等问题。现在，CDP 为用户提供了新的数据保护手段，系统管理者无须关注数

据的备份过程(因为 CDP 系统会不断监测关键数据的变化,从而不断地自动实现数据的保护),而是仅仅当灾难发生后,简单地选择需要恢复到的时间点即可实现数据的快速恢复。

相对传统备份,可以比喻为照相机,只在按快门的时候产生照片,即数据备份总是基于某个时间点进行手动或定时备份,而 CDP 软件则是摄像机,打开就不停工作,任何时间的图像都不会错过。持续数据保护是一种连续捕获和保存数据变化,并将变化后的数据独立于初始数据进行保存的方法,而且该方法可以实现过去任意一个时间点的数据恢复。CDP 系统可能基于块、文件或应用,并且为数量无限的可变恢复点提供精细的可恢复对象。所有的 CDP 解决方案都应当具备以下几个基本的特性:数据的改变受到连续的捕获和跟踪;所有的数据改变都存储在一个与主存储地点不同的独立地点中;恢复点目标是任意的,而且不需要在实际恢复之前事先定义。

表 5-3 是以上技术的一个简单比较。

表 5-3　各种容灾技术的对比

项目	保护方式	数据丢失量(RPO)	系统恢复时间(RTO)
高可用性	减少停机时间	本地、需要配合其他技术实现灾难恢复	
备份/恢复	离线数据	周→天→小时	周→天→小时
复制/恢复	在线数据	分钟→秒	天→小时
全局集群	在线数据和系统	分钟→秒	小时→分钟→秒
持续数据保护	在线数据	分钟→秒	小时→分钟→秒

5.3.4　备份容灾的管理体系模型

容灾的管理体系模型其实是对出现灾难故障时高效应对并恢复的过程进行管理的一系列规范。它包括人、技术与流程,如图 5-20 所示。这三个要素按照预先定义的策略计划组合在一起实现对容灾的管理。

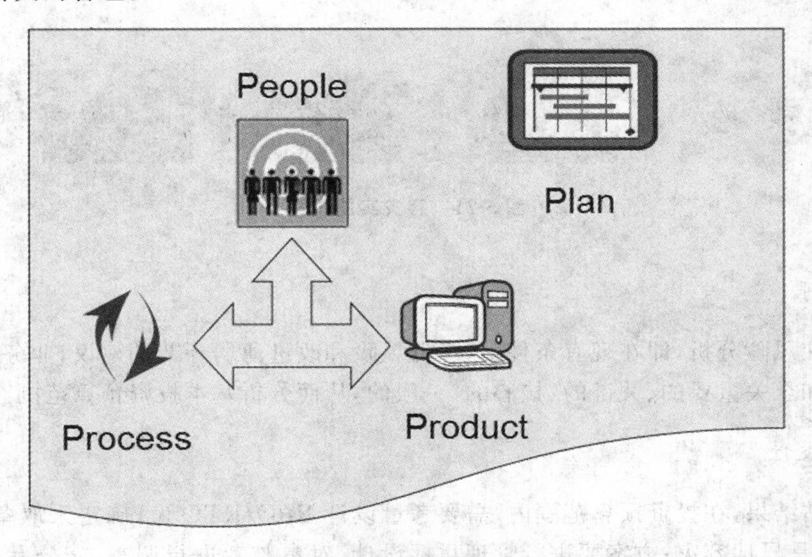

图 5-20　容灾管理体系要素

（1）流程　流程包括日常维护和预警，应急响应 、评估与声明，业务紧急接续、过渡期处理，重新安置及启动等处理动作和过程。流程要能预防灾难，降低风险发生的概率，同时规范操作行为从而够做到高效行动，降低灾难造成的损失。

（2）人　这里的人其实可理解为进行容灾保障的团队建设，比如我们为了保障业务与数据的安全，在容灾过程中会针对不同的处理环节建立不同的保障组织，它们可能包括领导组、业务恢复操作组、技术功能操作组、外部协调和联系人员、设备和软件供应商联系人、外部协作机构等。由于人是流程的执行主体和关键因素，因而在建设容灾管理时一定要形成合理的组织架构，明确机构和人员职责，选择合适的人员和后备人员，保障人员的培训并加强管理。

（3）技术　技术是实现容灾的基础，前面已经对一些技术做过介绍，这里要强调的是在纳入容灾管理体系中考虑时，还将包括其他的一些技术及具体的实施设备等。包括能够保证数据恢复和业务运行的信息系统基础设施，如主机、网络、卡车、打印机等，此外还包括场地，如灾难发生或演练所需的指挥、办公等。因而技术方面在考虑一些决策要素如 RTO、RPO、保护距离、TCC、保护对象时，还要综合考虑完整技术方案的可行性及外部保障条件。

（4）策略计划　策略计划应包括容灾的目标和范围，各类组织机构和职责，维护和处理灾难时沟通协调机制，完善规范的应急响应流程（恢复及重续运行流程、灾后重建和回退），各类为实现安全及容灾目标所需要的保障条件等。

5.3.5　备份容灾的应用实践

针对备份容灾的实践，可以四个方面展开行动，主要是分析评估、方案设计、实施验证、维护管理。如图 5-21 所示。

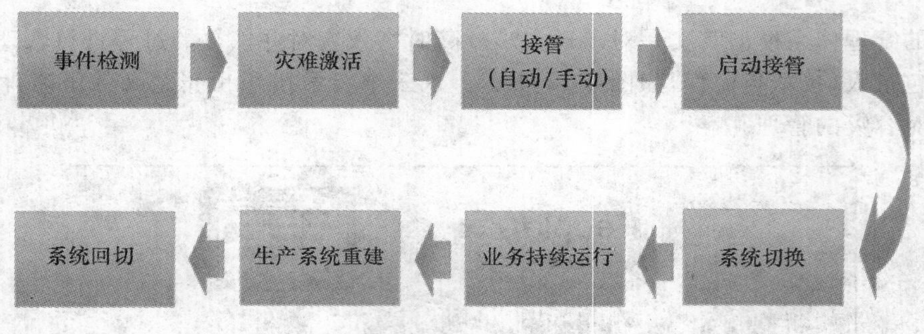

图 5-21　容灾实施过程

1. 分析评估

包括潜在风险分析，即在现有条件下，降低风险和改进薄弱环节的建议；业务影响分析，根据业务分类如至关重要的、关键的、核心的、一般的，从而分析基本投资预算范围。

2. 方案设计

根据评估结果，在投资预算范围内，需要考量设计 RPO/RTO 值，确定采取备份还是应用容灾，本地还是异地容灾；方案要进行管理目标设计，对参与者进行调查，充分考虑易用性、可维护性；确定部署、应用方式及总拥有成本等形成可行的确定方案。

3. 实施验证

预定的方案实施，需要对产品进行选型与展开测试，涉及供应商选择，相关的项目实施管理、网络工程实施、系统搭建等内容，方案的验证是为确定方案是否真正达到预期目标，主要包括对 RTO/RPO 验证、灾难恢复测试验证。

4. 维护管理

基于验证，优化设计制定灾难恢复计划及基于 RPO/RTO 的时间计划，这些计划可能需要定期进行测试或演练，还要针对不同级别灾难进行恢复计划管理、灾难恢复计划有效性审核及持续改进措施。

5.4 服务器集群技术

5.4.1 服务器集群技术概述

长期以来，科学计算、数据中心等领域一直是高端 RISC 服务器的天下，用户只能选择 IBM、SGI、SUN、HP 等公司的产品，不但价格昂贵，而且运行、维护成本高。随着 Internet 服务和电子商务的迅速发展，计算机系统的重要性日益上升，对服务器可伸缩性和高可用性的要求也变得越来越高。

集群技术的出现和 IA 架构服务器的快速发展为社会的需求提供了新的选择。它价格低廉，易于使用和维护，而且采用集群技术可以构造超级计算机，其超强的处理能力可以取代价格昂贵的中大型机，为行业的高端应用开辟了新的方向。通过集群技术，可以在付出较低成本的情况下获得在性能、可靠性、灵活性方面的相对较高的收益。目前，随着集群技术的成熟和解决方案的推广，越来越多的 IT 应用场景都采用集群技术来实现。

集群是由一些互相连接在一起的计算机构成的一个并行或分布式系统。这些计算机一起工作并运行一系列共同的应用程序，同时，为用户和应用程序提供单一的系统映射。从外部来看，它们仅仅是一个系统，对外提供统一的服务。集群内的计算机物理上通过电缆连接，程序上则通过集群软件连接。这些连接允许计算机使用故障应急与负载平衡功能，而故障应急与负载平衡功能在单机上是不可能实现的。可以简单地将集群理解为把多台服务器通过快速通信链路连接起来，从外部看来，这些服务器就像一台服务器在工作，而对内来说，外面来的请求通过一定的机制动态地分配到这些节点机中去，从而达到超级服务器才有的高性能、高可用。

与传统的单机应用相比，集群的优点是不言而喻的。体现在：

(1)高可伸缩性　服务器集群具有很强的可伸缩性。随着需求和负荷的增长，可以向集群系统添加更多的服务器。在这样的配置中，可以有多台服务器执行相同的应用和数据库操作。

(2)高可用性　高可用性是指在不需要操作者干预的情况下，防止系统发生故障或从故障中自动恢复的能力。通过把故障服务器上的应用程序转移到备份服务器上运行，集群系统能够把正常运行时间提高到大于 99.9%，大大减少服务器和应用程序的停机时间。

(3)高可管理性　系统管理员可以从远程管理一个、甚至一组集群，就好像在单机系统中

一样。

5.4.2 服务器集群的分类

集群软件一般根据侧重的方向和试图解决的问题分为三大类：

1. 高性能计算集群(HPC)

将计算任务分配到不同计算节点来提高整体计算能力，高性能计算集群具有响应海量计算的性能，处理能力与真正超级并行机相等，主要应用于科学计算、大任务量的科学计算领域。有并行编译、进程通信、任务分发等多种实现方法，这种集群是并行计算的基础，相比于传统的高性能应用的成本，并具有优良的性价比。

高性能计算集群大多涉及为解决特定的问题而设计的应用程序，针对性较强，常见于科研机构，企业环境很少用到。

2. 负载均衡集群 (LBC)

这种集群的核心是把业务的负载流量尽可能平均合理分摊到集群各个节点。所有节点对外提供相同的服务，这样可以实现对单个应用程序的负载均衡，而且同时提供了高可用性，性能价格比极高。这种集群系统会计算应用负载或网络流量负载，非常适合于提供静态内容网站。每个节点都可以处理一部分负载，并且可以根据节点负载进行动态平衡，以保持负载平衡。对于网络流量，负载均衡算法还可以根据每个节点不同的可用资源或网络的特殊环境来进行优化。

网络流量负载均衡是一个过程，它检查集群的入网流量，然后将流量分发到各个节点以进行适当处理。负载均衡网络应用服务要求群集软件检查每个节点的当前负载，并确定哪些节点可以接受新的作业。因此，集群中的节点(包括硬件和操作系统等)没有必要是一致的。

3. 高可用性集群 (HAC)

侧重于提高系统的可用性，它通过集成硬件和软件的容错性来实现整体服务的高可用。当集群中的一个系统发生故障时，集群软件迅速做出反应，将该系统的任务切换到集群中其他正在工作的系统上执行。考虑到计算机硬件和软件的易错性，高可用性集群的目的主要是为了使集群的整体服务尽可能可用。如果高可用性集群中的主节点发生了故障，那么这段时间内将由次节点代替它。次节点通常是主节点的镜像，所以当它代替主节点时，它可以完全接管其身份。

在一个集群环境中，如果只能由部分机器运行而其他机器作为后备，那么这个集群就属于高可用集群；如果集群环境中所有的机器都在做一件任务，每个单机的单 CPU 仅仅分担一件任务的一部分工作，那么这种属于高性能集群；如果集群中所有机器同时工作，完成很多不同的任务，那么它就是一个负载均衡集群，集群的功能是为了将不同任务分配到不同单机，分担运行负载。在实际应用的集群环境中，HAC 和 LBC 这两种基本类型经常会发生混合和交杂。

5.4.3 服务器集群的应用

采用集群技术能够提高性能、降低成本、提高扩展生及增强可靠性，因而很多应用需要满

足高并发、高负载、高可用性的使用要求，为防范系统出现故障，造成服务中断或者重要资料丢失，出现重大的损失，根据不同的应用场景采用服务器集群技术来满足应用需求，主要包括：

• 一些计算密集型应用，需要计算机要有很强的运算能力，可采用计算机集群技术来满足计算要求。

• 在达到同等性能的条件下，采用计算机集群比采用同等能力的计算机所花的代价要小很多。

• 采用传统服务器的用户如果需要大幅度扩展系统的能力，就必须购买昂贵的最新的服务器。如果该服务系统采用集群技术，则只需要将新的服务器加入集群中即可。

• 集群技术可以使系统在故障发生时仍继续工作，将系统停运时间减到最小，大大提高了系统的可靠性。

前面介绍基于集群的三种基本类型，经常会发生混合。高可用性集群可以在其节点之间均衡用户负载。同样，也可以从要编写应用程序的集群中找到一个并行集群，使得它可以在节点之间执行负载均衡。

5.5　服务器虚拟化技术

5.5.1　服务器虚拟化技术概述

虚拟化是一种方法，本质上讲是指从逻辑角度而不是物理角度来对资源进行配置，是从单一的逻辑角度来看待不同的物理资源的方法。以此出发，虚拟化是一种逻辑角度出发的资源配置技术，是物理实际的逻辑抽象。比如说，当前只有一台计算机，通过虚拟技术，在用户看来，可以多台，每台都有其各自的CPU、内存、硬盘等物理资源。

对于用户，虚拟化技术实现了软件跟硬件分离，用户不需要考虑后台的具体硬件实现，而只需在虚拟层环境上运行自己的系统和软件。而这些系统和软件在运行时，也似乎跟后台的物理平台无关。

服务器虚拟化技术是将服务器物理资源抽象成逻辑资源，让一台服务器变成几台甚至上百台相互隔离的虚拟服务器，我们不再受限于物理上的界限，而是让CPU、内存、磁盘、I/O等硬件变成可以动态管理的“资源池”，从而提高资源的利用率，简化系统管理，实现服务器资源整合，让IT对业务的变化更具适应力。

虚拟化的概念在20世纪60年代首次出现，利用它可以对属于稀有而昂贵资源的大型机硬件进行分区。随着时间的推移，微型计算机和PC可提供更有效、更经济的方法来分配处理能力，因此到20世纪80年代，虚拟技术已不再广泛使用。

但是到了20世纪90年代，研究人员开始探索如何利用虚拟化解决与廉价硬件激增相关的一些问题，例如，利用率不足、管理成本不断攀升和易受攻击等。现在，虚拟化技术处于时代前沿，可以帮助企业升级和管理他们在世界各地的IT基础架构并确保其安全。虚拟化技术可以扩大硬件的容量，简化软件的重新配置过程。CPU的虚拟化技术可以单CPU模拟多CPU并行，允许一个平台同时运行多个操作系统，并且应用程序都可以在相互独立的空间内运行而互不影响，从而显著提高计算机的工作效率。

所有的IT设备，不管是PC、服务器还是存储，都有一个共同点：它们被设计用来完成一组特定的指令。这些指令组成一个指令集。对于虚拟技术而言，“虚拟”实际上就是指的虚拟这些指令集。虚拟机有许多不同的类型，但是它们有一个共同的主题就是模拟一个指令集的概念。每个虚拟机都有一个用户可以访问的指令集。虚拟机把这些虚拟指令“映射”到计算机的实际指令集。硬分区、软分区、逻辑分区、Solaris Container、VMware、Xen、微软 Hyper-V 这些虚拟技术都是运用的这个原理，只是虚拟指令集所处的层次位置不同。无论哪一种虚拟技术，都要求需要实施虚拟化的物理服务器能够良好地支持这些的虚拟化指令集。

5.5.2 虚拟化技术的特点

由于虚拟化技术将物理服务器进行了抽象，形成逻辑上的服务器，因而有助于我们更好管理服务器的计算资源，与传统应用相比，有以下四大突出的特征。

(1)分区　将物理服务器进行虚拟化后，使得在一个物理服务器上同时运行多操作系统，每个操作系统单独运行在一台虚拟机，通过在多个虚机之间划分系统资源以满足使用需求，显然，这将提高服务器的利用效率。

(2)隔离　由于在硬件层实现了虚拟机之间的故障和安全隔离，因而因操作系统或应用软件带来的安全问题能够更好地进行隔离，更好地保证安全性。而且通过高级资源调控还能动态地保证不同虚机的性能。

(3)封装　运行的每个虚机都被封装为文件，这样在移动和复制虚机时就如同移动和复制文件一样简单，提高管理和部署的便利。

(4)硬件独立性　虚机可以在异构硬件安装和移动，基于虚拟化技术，可以在 AMD 或 Intel 架构的服务器上进行不同操作系统的安装和移动，可以更好地整合现有的异构硬件资源来提高使用效率和节约投资。

5.5.3 虚拟化技术应用

基于服务器虚拟化技术所体现的特点，采用虚拟化技术带来的好处非常明显通过整合物理服务器，提高的资源利用率相当充分，绝大多数应用的传统部署利用率不超过10%，虚拟化后利用率往往超过70%；此外，虚拟化意味着降低成本，节能减排，成为构建绿色 IT 的必然选择，因为数据中心每减少一台服务器，可以降低约 4 t 的二氧化碳排放量，这相当于减少了 1.5 辆在路上行驶的汽车或多种植 55 棵树木，对于环境的保护意义非凡；虚拟化实现上是对物理硬件进行抽象，形成池化的计算资源，使得用户面对多台服务器时的管理复杂度大大降低，将大幅节约在传统架构上的管理成本。正是基于这些优势，虚拟化技术得到广泛认可和应用。现在不仅服务器被广泛进行虚拟化，由于云计算的驱动，传统的桌面 PC 也以新的虚拟化应用方式提供，存储、网络也被虚拟化，以全池化的形式进行资源的分配和管理，通过虚拟化层的软件重新对数据中心的建设和应用方式进行定义。

5.5.4 主流的虚拟化技术厂商及产品介绍

目前既有商业化的、也有开源的虚拟化产品。开源的虚拟化技术主要有基于 linux 下 x86 硬件平台的 KVM (全称是 Kernel-based Virtual Machine)、OpenVZ，开放源代码虚拟机 Xen 等。这里主要介绍三个主流的虚拟化厂商及其产品。

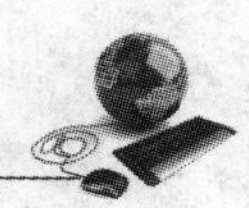

1. VMWare

中文名为威睿，VMware是全世界第三大软件公司，创建于1998年的VMvare公司，专注于虚拟化方面的技术和产品，是从桌面到数据中心虚拟化解决方案的领导厂商。Fortune 100的企业中100%都使用了VMware产品，而Fortune 500大企业有98%都使用了VMware产品器，目前在虚拟化市场占有率超过80%。

Mware有一套完整的产品线，可以实现虚拟化(包括服务器及桌面虚拟化)及云计算平台。

(1)基础架构产品　有能并发负担多个虚拟机的虚拟基础架构产品Vmware vSphere Hypervisor(ESXi)，数据保护产品vSphere Data Protection，用于网络虚拟化和安全平台的VMware NSX，聚合了虚拟化管理程序的极其简单的存储产品VMware Virtual SAN，灾难恢复自动化产品Site Recovery Manage等。

(2)运营管理产品　全方位了解基础架构及关键应用的性能、容量和运行状况的vCenter Operations Manager，跨虚拟和物理服务器、工作站和桌面自动执行配置管理来提升效率的vCenter Configuration Manager，通过单一管理控制台自动执行、控制和监控虚拟基础架构的vCenter Server，可监控物理、虚拟和云计算环境中运行的操作系统、中间件和应用vCenter Hyperic，实现日志聚合、分析和搜索提供自动化日志管理vCenter Log Insight，通过安全的自助门户跨公有云和私有云、物理基础架构、虚拟机管理程序和公有云提供商部署和调配云计算服务的vCloud Automation Center等。

(3)桌面和应用虚拟化　主要有可通过单一平台向位于任何地点、使用任何设备的终端用户安全地提供虚拟化桌面的产品Horizon，将PC作为一组由IT或终端用户拥有的逻辑层来运行从而简化物理桌面管理的产品Mirage，提供一种简单的方式来访问任何设备上的业务应用和文件并同时支持IT部门集中交付、管理和保护这些资产的产品WorkSpace。

2. Citrix

中文名思杰，创建于1989年，是应用交付基础架构解决方案提供商，在桌面虚拟化及应用虚拟化方面有一定优势。

(1)服务器虚拟化产品XenServer　XenServer是一种全面而易于管理的服务器虚拟化平台，也是可支撑云计算应用环境的企业级虚拟化平台，为企业提供创建和管理虚拟基础架构所需的所有功能，利用思杰的免费服务器虚拟化软件，用户可以自己构建虚拟基础架构。

(2)应用和桌面虚拟化产品　主要包括应用虚拟化产品XenApp，桌面虚拟化产品XenDesktop，客户端虚拟化产品XenClient及实现应用迁移产品AppDNA。

3. Microsoft

作为OS的主力厂商，微软不仅是全球最大的软件提供商之一，而且在虚拟化技术的布局和应用上同样令人瞩目。微软提供了一个从数据中心到桌面完整的套件。

(1)数据中心服务器虚拟化产品Windows Server 2012 R2 Hyper-V　Windows Server 2012 R2 Hyper-V提供企业级可扩展性、性能和关键功能，辅以跨虚拟机管理程序、存储和网络的深度硬件集成，例如SQL、Exchange、SharePoint，以及SAP、Oracle等第三方企业软件和应用程序。

(2)虚拟化管理产品 System Center 2012 R2 结合 Hyper-V 提供的深度集成管理功能相结合，客户可以简化虚拟化应用程序和服务部署、监视、自动化、保护等。

5.5.5 发展

从传统孤岛型系统的服务器应用模式，到实现了资源整合、降低综合成本的服务器虚拟化应用，随着虚拟化技术的成熟和功能不断丰富，正被广泛应用于各行各业，并基于虚拟化构建云基础架构，虚拟化已被认为是云计算的必由之路，是云计算的基础，通过虚拟化革新带来的促进因素，能够激发云计算的潜力，最终将转变未来资源使用的方式和管理模式。

第6章 网络应用技术实践

6.1 网络操作系统

6.1.1 网络操作系统的概念

计算机网络是由硬件和软件两部分组成的，其中网络操作系统是构建计算机网络的软件核心和基础，是网络的心脏和灵魂，是向网络计算机提供服务的特殊的操作系统。它除了实现传统的单机操作系统全部功能以外，还具备管理网络中的共享资源、实现用户间的通信以及方便用户使用网络等功能。从某种意义上讲，网络操作系统可以看成是网络用户与计算机网络之间的接口，它为用户屏蔽了所有网络通信的处理细节，提供给用户直观、简单的网络应用环境。因此，要配置和管理好网络，开展网络技术的应用，发挥网络的优势，就必须熟悉网络操作系统。

6.1.2 网络操作系统的功能

1.数据通信

这是网络最基本的功能。在源主机和目标主机进行通信时，保证所传送的数据无差错的通过各个网络层次。因此，网络操作系统应具有以下几个基本功能：

(1)建立和拆除通信链路　为使源主机与目标主机进行通信，通常应首先在两主机之间建立连接，以便通信双方能利用该连接进行数据传输；在通信结束或发生异常情况时，拆除已建立的连接。

(2)传输控制　为使用户数据在网络中能正常传输，必须为数据配上报头。报头含有用于控制数据传输的信息，包括目标主机地址、源主机地址等，网络根据报头中的信息控制报文的传输。

(3)差错控制　数据在网络中传输时，难免会出现差错。因而网络中必须具有差错控制的机制以完成下述两个具体任务：检测差错，即发现数据在传输过程中所出现的错误；纠正错误，即对已发现的错误加以纠正。

(4)流量控制　指控制源主机发送数据报文的速度，使之与目标主机接收数据报文的速度相匹配，以保证目标主机能够及时地接收和处理所到达的数据报文；否则，可能使接收方缓冲区中的空间全部用完，进而造成数据的丢失。

(5)路由选择　公用数据网中,源主机到目标主机之间,通常都有多条路由。数据在网络中传输时,每到一个节点,该节点中的路由控制机制便按照一定的策略,为被传输的数据选择一条最佳传输路由。

(6)多路复用　在通信系统中,都采用了多路复用技术。多路复用是指将一条物理链路虚拟为多条虚电路,每一条虚电路供给一个“用户对”进行通信,这样便允许多个“用户对”多路复用一条物理链路来传输数据。

2. 资源管理

对网络中的所有硬件、软件等共享资源实施有效管理,协调用户对共享资源的使用,保证数据的安全性、一致性和完整性。主要通过以下两种方式来实现:

(1)数据迁移(data migration)方式　第一种方法是将主机B中的指定文件送到主机A。以后凡是主机A中的用户要访问该文件时,都变成了本地访问。

第二种方法是把文件中用户当前需要的那一部分从主机B传送到主机A,需要该文件的另一部分,可继续将另一部分从主机B传送到主机A。这种方法类似于存储管理中的请求调段方式。

(2)计算迁移(computation migration)　传送计算要比传送数据更有效。若采取数据迁移的方式,便须将驻留在不同主机中的所需文件,传送到驻留作业的主机中,要传送的数据量相当大。而采用计算迁移的方式,则只须分别向各个驻留了所需文件的主机发送一条远程命令,由各主机将结果返回。

一般地说,如果传输数据所需的时间长于远程命令的执行时间,则计算迁移的方式更可取;反之,则数据迁移方式更有效。

3. 网络管理

通过对网络配置、故障检测、性能监控、数据安全和行为审计等方面的管理,来增强网络的可用性,提高网络运行的质量,保障数据的安全,有效的提高使用网络的社会和经济效益。

(1)配置管理　涉及定义、收集、监视和控制以及使用配置数据。配置数据包括网络中重要资源的静态和动态信息,这些数据是被广泛使用的。

(2)故障管理　故障管理设施,用来检测网络中所发生的异常事件。

(3)性能管理　收集网络各部分使用情况的统计数据来分析网络的运行情况,包括响应时间、吞吐量、阻塞情况和运行趋势等。

(4)安全管理　通过安全策略来实现对受限资源的访问。

(5)审计管理　用于监视和记录用户使用网络资源的种类、数量和时间等。

4. 网络服务

向用户提供各种有用的网络应用,如电子邮件、文件传输、Web服务、共享打印服务等。这些应用将在本章后面几节详细阐述。

5. 互操作能力

在一个由若干个不同网络互联所形成的互联网络中,必须提供一种应用互操作功能,允许

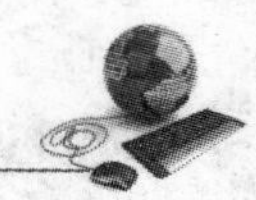

用户透明地访问各主机,以实现下述的信息互通性及信息互用性。

(1)信息的"互通性"　指在不同网络的节点之间能实现通信。如果各个网络使用了各不相同的传输协议,就会妨碍信息"互通性"。

(2)信息的"互用性"　指不仅各个网络中的文件能相互访问,其中的数据库系统中的数据也能实现共享。

6.1.3　网络操作系统的工作模式

1. 客户机/服务器(client/server)模式

客户机/服务器(简称 C/S)模式是现阶段网络操作系统流行的工作模式,它把网络应用划分成客户机端和服务器端。根据各应用的不同情况,客户机端或许拥有某些独立计算数据、处理业务的能力,并在有需要时向服务器提交请求并接收服务器返回的处理结果;服务器端则作为网络控制中心或数据中心,提供共享打印、通信传输、数据库等各类服务,并响应客户机端提交的请求并向其发送处理结果。如图 6-1 所示。

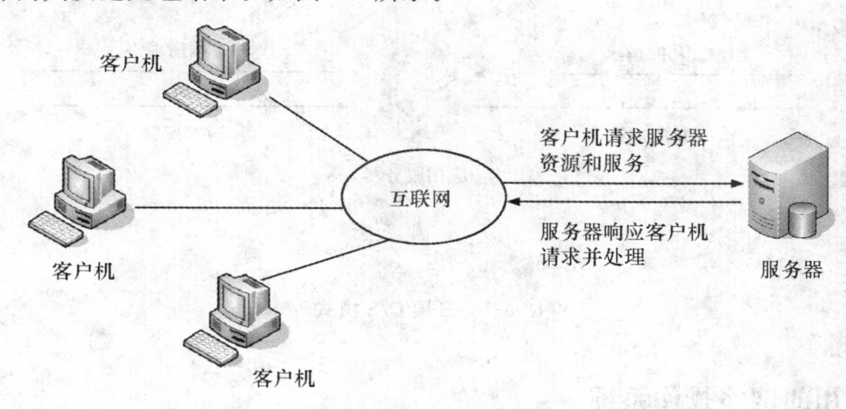

图 6-1　C/S 模式

2. C/S 模式的优点

(1)数据的分布存储　把共享数据和基础数据存放在服务器,各客户机存储自身的业务数据,解决了传统上把一切数据都存放在服务器中而造成的既不可靠又容易产生瓶颈的现象。

(2)数据的分布处理　由于客户机已具有相当强的处理和存储能力,有效地减少了服务器和客户机之间的交互,这不仅提高了对用户命令的响应速度,而且减少了因信息交互而产生的网络流量。

(3)灵活性和可扩充性　客户机的选择不受服务器的影响,可以建立适用于不同平台的客户端或客户机;根据网络环境及服务器性能,能不断扩充客户机数量。

(4)友好的用户界面　客户机上较容易做出适合于各种客户的用户界面,特别是在屏幕上能显示出极为友好的图形化信息来帮助用户。

(5)易于改编应用软件　在 C/S 模式中,对于客户机程序在功能上的修改和增、删上相对都容易得多,必要时也可交由客户根据需求自行修改。

3. 三层结构的 C/S 模式的引入

C/S 模式也有某些不足之处，主要是可靠性和瓶颈问题。一旦发生网络故障或者服务器故障，将导致整个系统瘫痪。此外，当服务器在重负荷下工作时，会因忙不过来而显著地延长对用户请求的响应时间。

解决这些问题的基本思路是：设法使客户机与提供数据、处理等服务的服务器无关，既在客户机与服务器之间搭建一个中间实体，使客户机和服务器在逻辑上相互独立。通常把这中间实体称为应用服务器或中间件，而把原来提供数据服务的服务器称为数据服务器，如图 6-2 所示。此时，应用服务器作为客户机与数据服务器之间沟通的桥梁，将客户机功能的请求包转换为对数据访问的请求包，并且将数据服务器返回的响应包转换为对客户机的响应包，同时简化了客户机，使之由"胖客户机"变为"瘦客户机"。现今非常的流行的浏览器/服务器(B/S)模式就是三层 C/S 模式的一个特例。

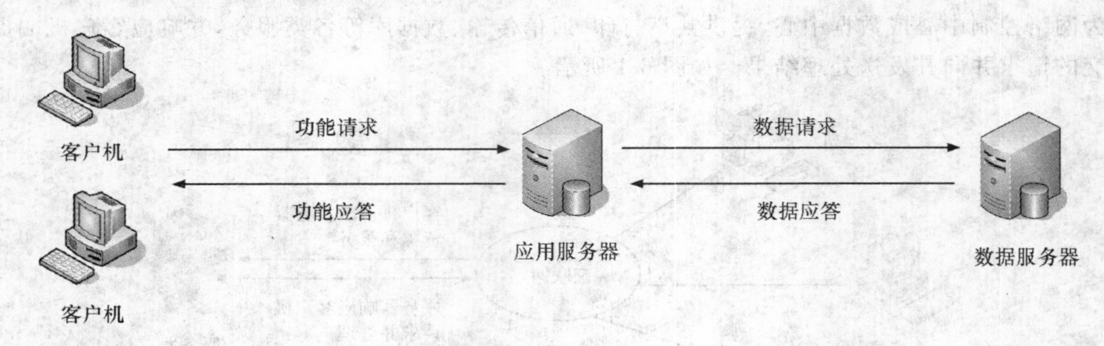

图 6-2　三层 C/S 模式

6.1.4　常用的网络操作系统

1. Windows Server 操作系统

Windows 系列操作系统是美国微软公司开发的一种界面友好、操作简便的操作系统，不仅在个人操作系统中占据绝对优势，在服务器网络操作系统中也占有很大的市场份额，尤其在中小型企业级应用中非常普遍。从 1993 年开始，微软公司就推出了针对服务器市场的 Windows NT，至今已相继推出了 Windows Server 2000、Windows Server 2003、Windows Server 2008、Windows Server 2012 等多个版本。

最新版本 Windows Server 2012 除具有图形窗口界面、方便易用、兼容性好、多窗口多任务、集成网络和通信功能、数据共享、多应用支持等传统的 Windows 系列操作系统特点以外，还具有以下特性：

(1)Server Core 用户界面　可以在服务器核心(只有命令提示符)模式下启动和管理服务器，脱离图形界面，使系统运行更稳定和安全。

(2)Hyper-V 服务器虚拟化　从 Windows Server 2008 开始，微软公司提供了对服务器虚拟化的支持。Windows Server 2012 中加强了这方面的功能，主要有网络虚拟化、多用户、存

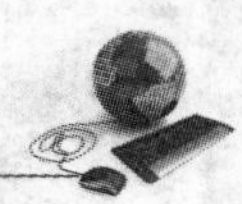

储资源池、交叉连接、云备份和实时迁移等。

(3)Internet 信息服务　IIS(internet information server,互联网信息服务)是一种 Web 服务组件,最早内置在 Windows NT 3.51 SP3 内,在 Windows Server 2012 中,已经更新到 IIS8.0,具有了更好的管理性、扩展性和安全性。

(4)IP 地址管理　用于发现、监视、审核和管理局域网络上使用的 IP 地址,可以对运行动态主机配置协议(DHCP)和域名服务(DNS)的服务器进行管理和监视。

2. UNIX 操作系统

UNIX 操作系统是一个强大的多用户、多任务的分时操作系统,发展历史悠久,最早于 1969 年就由贝尔实验室研发用于构建程序设计的研究和开发的环境。UNIX 可以认为是目前功能最强、安全性和稳定性最高的网络操作系统,因此特别适用于大、中型企业级应用。随着各大服务器厂商对 UNIX 操作系统进行的独立开发,UNIX 出现了很多变种,通常与特定的硬件服务器产品一起捆绑销售,主要有 IBM 公司的 AIX、Oracle 公司的 Solaris 和 HP 公司的 HP-UX 等。免费版有 BSD UNIX。

UNIX 操作系统的特性主要包括:

①是一个多用户、多任务的分时操作系统。

②可移植性。基本上是由 C 语言编写,使得系统易于理解和修改,并具有良好的可移植性。

③功能强大。提供了三种功能强大的 Shell,每种 Shell 本身就是一种解释型高级语言,通过用户编程就可创造无数功能命令。

④稳定性好。错误处理能力非常强大,能保护系统的正常运行。

⑤安全性好。设计有多级别的安全性能,防止系统及其数据未经许可而被非法访问。

⑥强大的网络支持。具有很强的联网功能,目前流行的 TCP/IP 协议最早就是在 UNIX 上定义的。

3. Linux 操作系统

Linux 是芬兰赫尔辛基大学的学生 Linux Torvalds 开发的具有 UNIX 操作系统特征的新一代网络操作系统。它最大的特点在于其源代码是完全向用户公开的,任何一个用户都可根据自己的需要修改 Linux 操作系统的源代码并且自由地使用。所以,通过在 Internet 上经过众多技术人员的传播,Linux 操作系统的发展速度非常迅猛。目前,Red Hat Linux 是全世界应用最广泛的 Linux,而在我国,红旗 Linux 是较大、较成熟的 Linux 发行版之一。

Linux 操作系统具有如下特点:

①完全开放源代码,可完全免费获得。

②可实现 BSD UNIX 操作系统的所有功能,并继承了 UNIX 系统的多数特性。

③对硬件要求较低,可运行于多种硬件平台。

④具有庞大的高素质 IT 用户群。

6.2 DHCP及配置管理

6.2.1 DHCP产生的背景

在TCP/IP网络上，任何终端在访问网络资源之前，都必须设定IP地址及其他的一些网络参数，如网关地址、子网掩码和域名服务器地址等。对于这些参数，如果网络管理员提前告知，那么用户可以手动进行设定；反之，则需要一种技术来使得终端设备能自动获取这些参数。

BOOTP(bootstrap protocol，自举协议)是一种较早出现的基于IP/UDP协议的协议，它可以远程自动启动局域网中的无盘工作站，并动态的为其分配IP地址。BOOTP主要应用于相对静态的网络环境，网络管理员创建一个BOOTP配置文件，该文件定义了每个工作站的一组BOOTP参数。如果网络环境不发生变化，那么该文件就不会发生改变。

随着网络规模的不断扩大，网络应用环境的复杂度不断提高，尤其对于含有移动终端的动态网络，原有针对静态主机配置的BOOTP已经越来越不能满足实际需求。那么，面对经常有移动终端加入或移出网络、从一个子网移到另一个子网、终端数量超过可分配的IP地址等情况，势必要求简化IP地址的配置，提高IP地址资源的利用率，方便用户快速的接入和退出网络。为此，IETF(Internet网络工程师任务小组)设计了一个新的协议，即DHCP(dynamic host configuration protocol，动态主机配置协议)。

6.2.2 DHCP工作原理

DHCP采用C/S的通信模式，其中客户端使用的端口号是68，服务器的端口号是67。所有的IP网络配置参数都由DHCP服务器集中管理，并负责处理客户端的DHCP请求；而客户端则会使用服务器分配的IP等网络参数连接网络并进行通信(图6-3)。

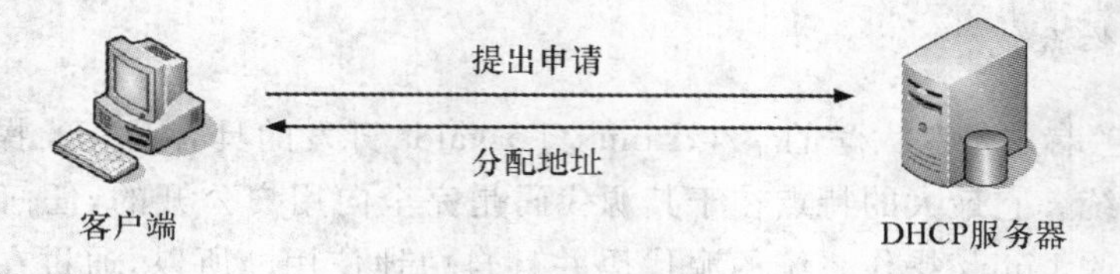

图6-3 DHCP工作原理

针对客户端的不同需求，DHCP提供两种IP地址分配策略：

手工分配地址：由管理员为少数特定客户端(如各类应用服务器等)根据其网卡的物理地址来静态绑定固定的IP地址，通过DHCP将配置的固定IP地址发给客户端；

自动分配地址：DHCP为客户端分配一定租期的IP地址，到达使用期限后，客户端需要重新申请地址。

为了动态获取并使用一个合法的IP地址，需要经历以下几个阶段：

(1)发现阶段　即DHCP客户端寻找DHCP服务器的阶段。当客户端启动时，它会对网络中的所有DHCP服务器以广播的形式发送DHCP-DISCOVER报文(在报文中包含了客户端的硬件地址和计算机名)，就像是广播电台一样对外发布信息，申请租用一个IP地址。此

时，客户端还没有自己的 IP 地址，规定用 0.0.0.0 作为客户端源地址；服务器的 IP 地址客户端也还不知道，规定用广播地址 255.255.255.255 作为服务器的目标地址。

(2)提供阶段　即 DHCP 服务器提供 IP 地址的阶段。网络中接收到 DHCP-DISCOVER 报文的 DHCP 服务器，会选择一个合适的 IP 地址，连同 IP 地址租约期限和其他配置信息，包括源地址(DHCP 服务器的 IP 地址)、目标地址(同样使用广播地址 255.255.255.255 作为客户端的 IP 地址)等，一同通过 DHCP-OFFER 报文发送给客户端。

如果客户端在规定时间内接收不到 DHCP 服务器发来的 DHCP-OFFER 报文，那么客户端会暂时使用预留的 B 类网络中的 IP 地址。

(3)选择阶段　即 DHCP 客户端选择某台 DHCP 服务器提供的 IP 地址的阶段。

(4)确认阶段　即 DHCP 服务器确认所提供的 IP 地址的阶段。

6.2.3　DHCP 中继

一般情况下，DHCP 协议要求客户端要和服务器在同一个子网内才能接收服务器分配的地址信息。但在实际应用环境中，为了保障服务器的安全性或者局域网内用户数很多的原因，应用服务器都是单独划分在一个网段内的。因此，对于有多个网段的复杂网络，DHCP 中继的引入就解决了这一问题，它在处于不同网段间的 DHCP 客户端和服务器之间承担中继代理服务。如图 6-4 所示，DHCP 客户端发送请求报文给 DHCP 服务器，DHCP 中继收到该报文并适当处理后，发送给指定的位于其他网段上的 DHCP 服务器。服务器根据请求报文中提供的必要信息，通过 DHCP 中继将配置信息返回给客户端，完成对客户端的动态配置。

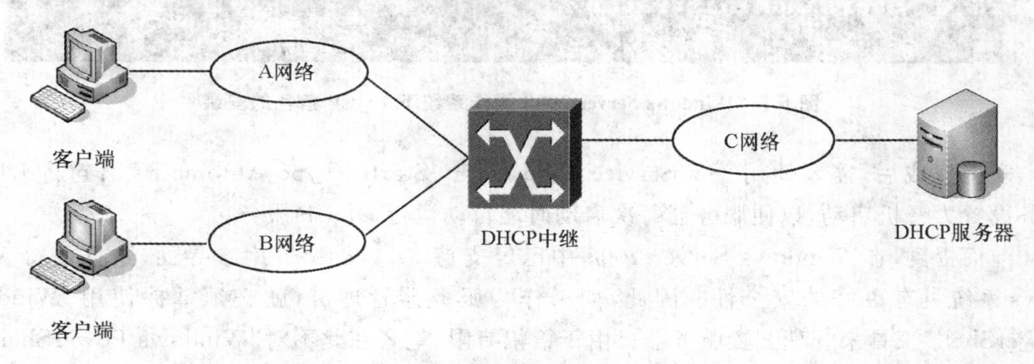

图 6-4　跨网段的 DHCP 中继

DHCP 中继有两种解决方案：一种是在运行网络操作系统的服务器上安装 DHCP 中继代理组件；另一种是在支持 DHCP 中继的路由器或交换机上进行配置。现在的三层交换机都支持 DHCP 中继，因此，一般都使用后一种方案。需要注意的一点是，组网时需要把 DHCP 中继的接口网段与 DHCP 服务器的地址池网段配置为一致，否则可能会导致 DHCP 客户端申请的地址不在网关的网段内，致使 DHCP 客户端无法进行通信。

6.2.4　DHCP 的配置和管理

1. DHCP 服务器的安装

现在的网络操作系统，像 Windows Server 系列、Red Hat Linux 系列等都集成了 DHCP

服务器软件。它们的功能都很强，都可以用来支持非常复杂的网络。此外，有些网络硬件也支持简单的 DHCP 服务，常见的如家用无线路由器等。

在 Windows Server 2008 上安装 DHCP 服务并不复杂，只需使用控制面板中的“打开或关闭 Windows 功能”命令选择“添加角色”，然后按照向导安装即可；或者可以通过“Windows PowerShell”工具进行安装（在开始菜单的“运行”中，输入“cmd”命令进入到命令行中，再输入“PowerShell”），如图 6-5 所示：第一条语句“Import-Module Servermanager”是将服务器管理器模块加载到 Windows PowerShell 会话中，第二条语句“Add-WindowsFeature dhcp”是通过“Add-WindowsFeature”（添加服务器角色）命令来向服务器添加 DHCP 角色功能。

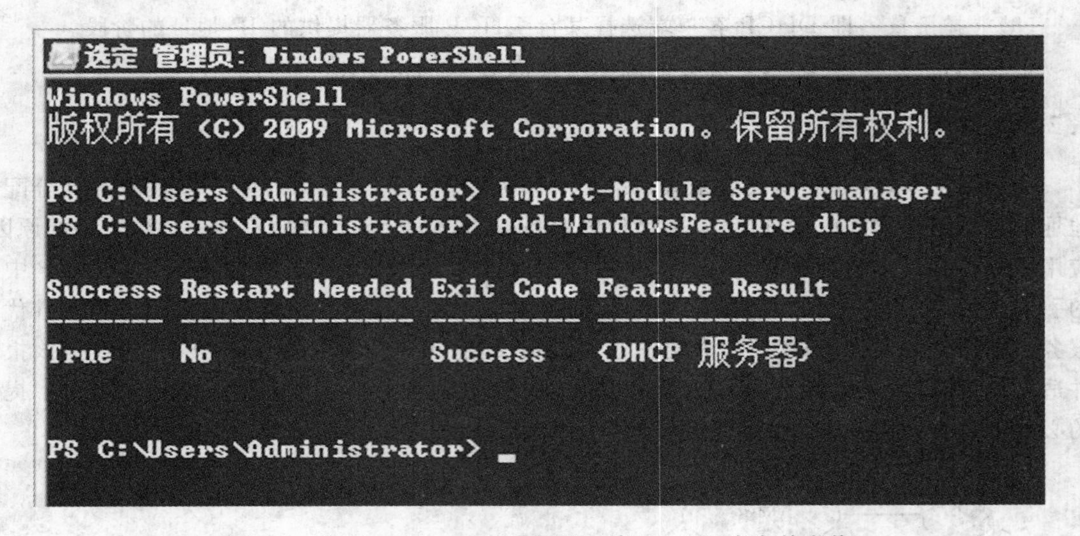

图 6-5　Windows Server 2008 操作系统下 DHCP 角色的安装

安装完成后，需要使用“Set-Service dhcpserver -StartupType Automatic”语句将 DHCP 服务设置为开机启动，以便服务器每次启动时能自动运行 DHCP 服务。

前面提到，在 Windows Server 2008 中已经支持 Server Core 用户界面，这样使得 Windows 系统具有更好的安全性。因此，如果作为服务器管理员，就必须掌握使用“Windows PowerShell”工具来管理配置服务器。由于篇幅有限，笔者在此不对“Windows PowerShell”工具做过多介绍，有兴趣的读者可以自行查阅相关资料。

2. DHCP 服务的启动、重启和停止

当我们对 DHCP 服务进行某些管理和配置时，需要先停止该服务，使用命令“Stop-Service dhcpserver”；完成操作后，需要启动服务，使用命令“Start-Service dhcpserver”；或者，可以在配置完成后，执行“Restart-Service dhcpserver”重启 DHCP 服务以使配置生效。

3. DHCP 服务的配置

（1）作用域的添加　我们知道，DHCP 服务的功能是向客户端提供 IP 地址。那么，它能提供的 IP 地址的范围就需要我们事先进行确定，而 IP 地址的范围是由所划分的 Vlan 包含的 IP 地址段所决定的。我们把这些 IP 地址段称之为 DHCP 作用域。通过“Windows Power-

Shell"创建DHCP作用域，需要我们先通过"netsh＞dhcp＞server"命令进入DHCP配置模式，然后使用"add scope"命令创建作用域，它包含三个参数，分别是：网络地址、子网掩码和作用域名称。如图6-6所示，我们使用"add scope 192.168.1.0 255.255.255.0 test"这条命令创建了一个网络地址为"192.168.1.0"，子网掩码为"255.255.255.0"，名称为"test"的作用域。

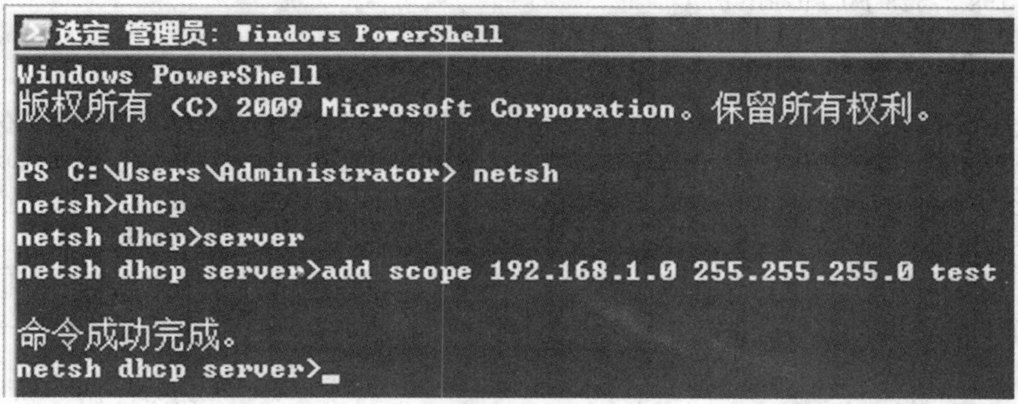

```
选定 管理员: Windows PowerShell
Windows PowerShell
版权所有 (C) 2009 Microsoft Corporation。保留所有权利。

PS C:\Users\Administrator> netsh
netsh>dhcp
netsh dhcp>server
netsh dhcp server>add scope 192.168.1.0 255.255.255.0 test

命令成功完成。
netsh dhcp server>_
```

图6-6　添加DHCP作用域

如果要删除已经添加的作用域，则可以通过"del scope 192.168.1.0 dhcpfullforce"命令。

(2)指定作用域IP地址范围　创建完作用域后，必须为作用域指定可分配的IP地址范围。一般情况下，这个范围是和作用域定义的IP地址段一致的。特别的，当需要预留一定数量的IP地址静态分配给诸如服务器、网络打印机等网络设备时，就会有所差别，但无论如何，分配的IP地址范围只能是作用域所定义网段的子集。

当DHCP客户端向DHCP服务器申请地址时，服务器就根据客户端所在的网段从相应作用域的IP地址范围内选择一个尚未分配的IP地址给它。

指定作用域的IP地址范围，首先需要进入到该作用域，命令为："scope 192.168.1.0"，然后使用"add range 192.168.1.10 192.168.1.250"命令进行添加，如图6-7所示。

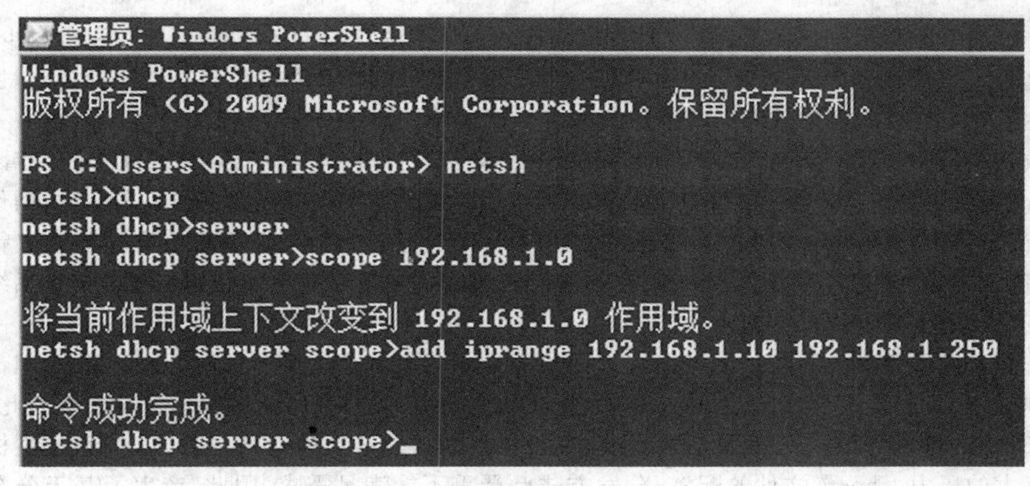

图6-7　添加作用域可分配的IP地址范围

(3)指定作用域的保留地址　对于一些特殊的客户端,像前面提到的网络打印机、服务器等,需要一直占有固定的IP地址,也可以通过建立保留地址的方式来实现。其机制是通过绑定客户端网卡的物理地址(MAC地址)和对应的IP地址来实现,因此,不难想到,配置保留地址的命令需要两个参数,分别是客户端MAC地址和要分配的IP地址。如:“add reservedip 192.168.1.128 14CF92FBF67A”。

4. DHCP服务的备份和还原

不管是DHCP服务器,还是具有其他功能的服务器,其数据都是需要进行定期备份的。一旦服务器出现了任何异常,管理员就可以用以前的备份数据立即恢复服务器以前的功能。因此,定期备份数据是管理员应该养成的一个好习惯。对于DHCP服务器而言,最繁重的工作是前期对DHCP服务的配置,建议每次修改配置后都对DHCP服务进行一次备份。

备份和恢复DHCP服务的命令很简单,都只带一个参数,即备份或恢复文件的地址。例如:备份命令“backup C:\dhcp”和恢复命令“restore C:\dhcp”。

6.3 DNS及配置管理

6.3.1 DNS概述

DNS是域名系统(domain name system)的简称,在TCP/IP网络上是通过DNS服务器提供DNS服务来实现的。和DHCP一样,DNS同样采用C/S模式运行,实现主机名与IP地址转换的功能,即当用户在应用程序中输入名称时,DNS服务可以将此名称解析为与之相关的主机IP地址。我们知道,计算机之间的通信是通过IP地址进行查找的,但用数字表示的IP地址不够形象,难以记忆,为方便用户更容易的查找网络资源,由此产生了域名方案。

1. hosts文件

域名系统是由早期的hosts文件发展而成的。早期的TCP/IP网络,因为主机数量少,主机名与IP地址映射是保存在hosts文件中的。现在的TCP/IP网络仍然支持这种模式,但仅适用于较小规模的网络或者一些特定的网络测试环境。在Windows操作系统中,hosts文件存放在C:\Window\System32\drivers\etc目录下,用记事本就可以打开和进行编辑;在Linux操作系统中,hosts文件的位置是/etc/hosts。当用户在应用程序中输入名称时,操作系统首先会自动从hosts文件中寻找与名称对应的IP地址,一旦找到,系统会立即与之进行连接;反之,系统则将名称提交DNS服务器进行IP地址的解析。读者可以自行更改操作系统内的hosts文件进行简单测试。

随着网络规模的不断扩大,每天都有很多提供各种服务的主机要求加入地址解析,但都是等到很多天以后互联网信息中心(NIC)才把主机名和对应的IP地址加在hosts文件中;此外,每天也有很多主机要求下载最新的hosts文件以便能访问最新的网络资源,对NIC的主机造成巨大的压力。hosts文件的配置、分发方式已严重不能满足需求,因此,产生了基于分布式数据库的域名系统DNS。

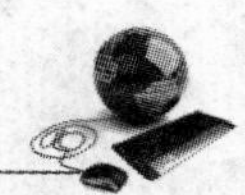

2. DNS的组成

DNS包括以下四个组成部分：

(1)域名空间　是一个树状结构，指定用于组织名称的域的层次结构。

(2)资源记录　是与名字相关的一些数据。需要在域名空间中注册，将域名映射到对应的资源，以供在解析名称时使用。

(3)DNS服务器　即服务器程序，它存储域名树结构和资源记录，同时缓冲各种数据，并响应客户机的查询请求。通常一台DNS服务器只保存域名空间的一个子集(由NIC分配的域名空间)，如果需要查询其他信息而且服务器缓存也未保存此信息，那么可以通过指向其他域名服务器进行查询。

(4)DNS客户机　也称解析程序，向DNS服务器提出查询请求并将接受的结果返回给客户。

6.3.2 域名空间与区域

1. 域名空间及其结构

前面提到，域名空间是树状结构。在这个树状结构中的每个节点都与资源记录集相对应，域名系统不区别树内节点和叶子节点，统称为节点。如图6-8所示，根域位于倒过来的树的最顶部；接下来一层是com、gov、cn、org等一系列顶级域，主要分为机构域和地理域两类，机构域是根据注册的机构类型来分类，地理域是通过地理区域(国家或地区英文名称的缩写)来划分域名。根据规划，每个顶级域又可以进一步划分为不同的二级域；二级域下可以有主机，或者再划分子域；依此类推，直到最后一层是主机为止，它被称之为完全合格的域名，例如：www.ynau.edu.cn。

如果一个域包括在另一域中，则称它为这个域的子域，我们可以通过域名的表示很直观地看出。如ynau.edu.cn是edu.cn和cn的子域，而edu.cn又是cn的子域。

需要注意的一点，域名和主机名的命名只能用字母“a～z”、数字“0～9”和下划线“_”组成，其他任何字符都不能使用。

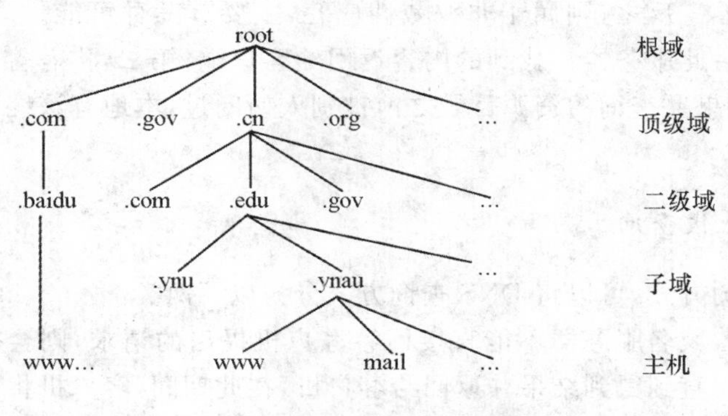

图6-8　域名空间结构示意图

2. 区域

由于域名空间十分庞大，除了主机节点以外，其他所有的节点都是一个域。实际情况中，为了减轻网络管理负担，让用户享有更灵活的自行管理所拥有域名的权利，将 DNS 名称空间划分为区域(zone)为单位来进行管理，它是 DNS 域名空间中的一个连续部分，由单个区域或由具有上下隶属关系的紧密相邻的多个子域组成。

区域中的数据保存在管理它的 DNS 服务器中，DNS 服务器首先建立区域，再根据实际情况在区域建立子域或资源记录，最后再在子域中建立资源记录。一台 DNS 服务器可以管理一个或多个区域。而一个区域也可以由多台 DNS 服务器来管理。常见的情况是为增强 DNS 服务器对所管理区域的解析能力，对同一个区域建立一台主 DNS 服务器和一台以上辅助 DNS 服务器。

另外，一个区域可以管辖多个域或子域，一个域也可以被划分成多个部分交由多个区域进行管理，主要在于实际情况中用户如何去组织这些名称空间。

6.3.3 DNS 解析原理

在学习 DNS 解析过程之前，我们先来学习几组和 DNS 解析有关的概念。

1. 正向解析和反向解析

根据 DNS 解析的目的，可以将 DNS 解析分为以下两类：

(1)正向解析　根据主机名称解析出相映射的 IP 地址，这是 DNS 解析最常用的功能。

(2)反向解析　根据主机的 IP 地址解析出相映射的名称，多用来做服务器身份验证，比如邮件服务器中对没有注册域名的 IP 地址发送的垃圾邮件的防范。

2. 权威性应答和非权威性应答

对于 DNS 服务器返回的解析结果，可以分为权威性应答和非权威性应答。

(1)权威性应答　如果 DNS 服务器在自己管辖的区域文件里找到了客户端需要查询的资源记录，那么这种结果就是权威性的，即是权威性应答。

(2)非权威性应答　反之，则属于非权威性应答，主要有三种可能。第一，查询其他 DNS 服务器直到找到，然后此服务器将找到的内容返回给客户端；第二，推荐客户端到上一级 DNS 服务器查找；第三，如果要查询的资源目录之前被别人访问过，本地有该缓存，那么直接用缓存里的数据回答。

3. 递归查询和迭代查询

根据 DNS 查询的方式，可以将 DNS 查询方式分为以下两类：

(1)递归查询　若域名服务器不能直接回答客户机提出的请求，则会向域中其他的 DNS 服务器发出查询请求，直到得到结果并返回给客户机，在此期间，客户机将完全处于等待状态。通常客户机和服务器之间属递归查询。

(2)迭代查询　若域名服务器 B 不能直接回答域名服务器 A 提出的请求，它将返回一个最佳的查询点 C(C 应为 B 的下属授权 DNS 服务器)的 IP 地址给 A，让 A 去请求 C 查询。若

C 中包含需要查询的主机地址，则返回主机地址信息；若此时还不能够查询到主机地址，则是根据提示依次查询，直到得到结果为止。一般 DNS 服务器之间属迭代查询。

4. DNS 解析过程

当 DNS 客户机接到应用程序给出的要查询的名称时，它会通过客户端解析器向本地域名服务器发送查询请求，并将服务器给出的答案回传给提出请求的应用程序。其详细的解析过程如图 6-9 所示。

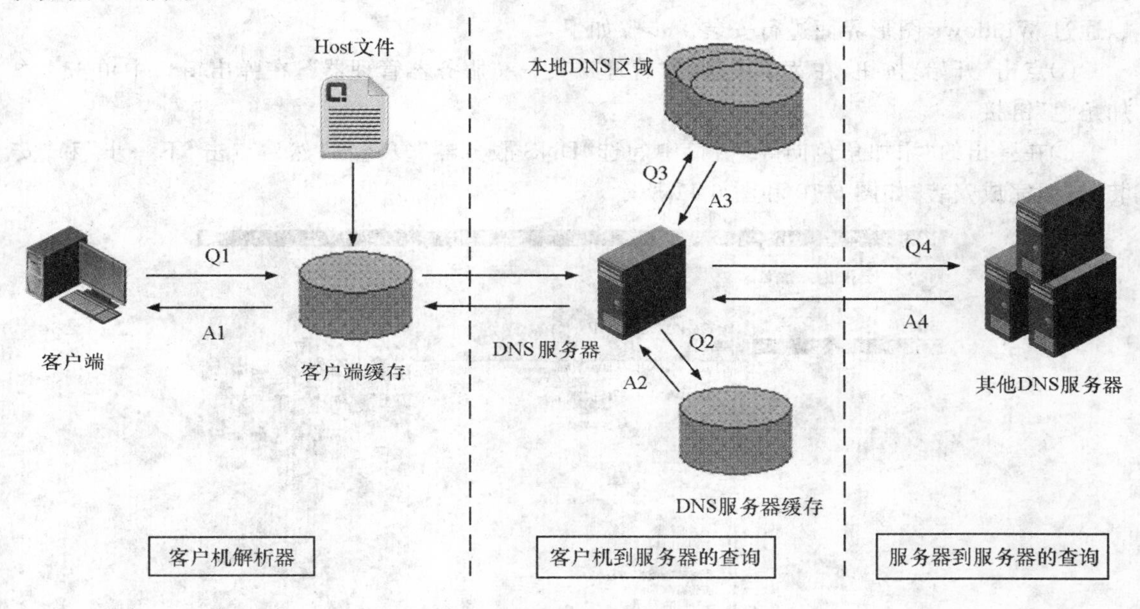

图 6-9　DNS 解析过程

①DNS 客户机接到客户端的查询请求时，首先在本地计算机的 hosts 文件或者缓存中查找(Q1)。如果此时就获得查询信息，则将结果返回给客户端应用程序(A1)，查询完成。

②若未在本地计算机查询到结果，则将该请求发送给本地的域名服务器，发起一个递归的 DNS 查询。当本地的 DNS 服务器收到请求后，首先查询本地服务器缓存(Q2)。如果存在该纪录项，则直接返回查询结果(A2，非权威应答)，查询完成。

③若未在本地 DNS 服务器缓存查询到结果，则查找本地 DNS 区域数据文件(Q3)。如果本地 DNS 服务器就是所查询名称的权威服务器，无论是否找到匹配记录项，都作出权威应答(A3)，并将结果保存到缓存以备下次使用，至此查询完毕。

④若本地 DNS 服务器未能查询到结果，它将把请求发给根 DNS 服务器(Q4)开始迭代查询，直到找到正确的记录。此时，本地 DNS 服务器同样把返回的结果保存到缓存以备下一次使用，同时将结果返回给客户机(A4)。

⑤本地 DNS 客户机将返回的结果保存到本地缓存，同时将结果返回给客户端应用程序。这样就完成了一次 DNS 解析过程。

6.3.4 DNS 配置与管理

1. DNS 服务器的安装

和安装 DHCP 服务器一样，安装 DNS 服务器也可以通过“Windows PowerShell”工具进行安装，只是在最后把命令改为“Add-WindowsFeature dns”即可。同样的，在安装完成后需要使用“Set-Service dns -StartupType Automatic”语句将 DNS 设置为开机启动。或者，也可以通过 Windows 图形界面进行安装。步骤如下：

①点击“开始”按钮，在菜单中选择“管理工具”→“服务器管理器”，在弹出窗口中单击“添加角色”链接；

②在弹出的“添加角色向导”窗口中勾选“DNS 服务器”复选框，然后点击“下一步”和“安装”按钮完成安装，如图 6-10 和图 6-11 所示。

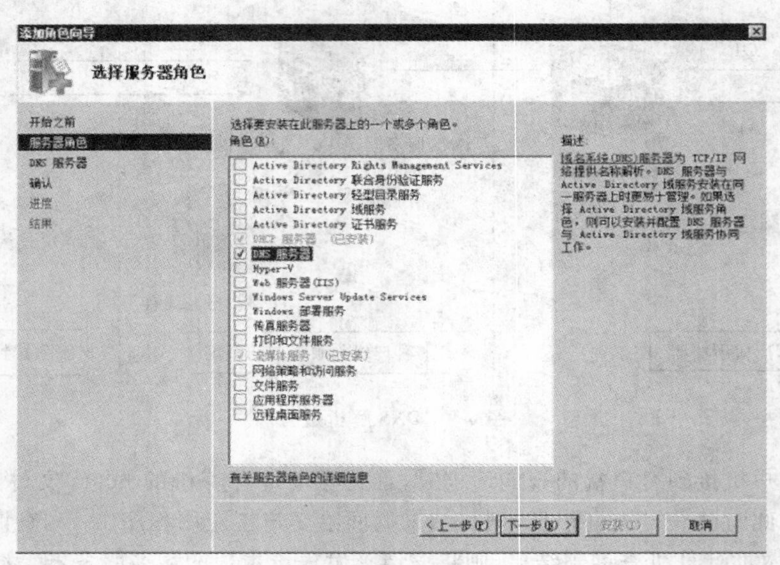

图 6-10　选择服务器角色

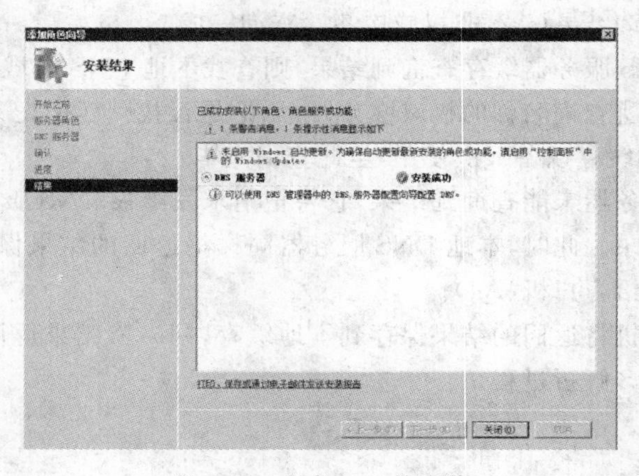

图 6-11　完成 DNS 的安装

对于DNS服务的启动、停止和重启，也可以使用“ Start-Service dns”、“Stop-Service dns”和“Restart-Service dns”命令执行，在此不作过多说明。

2. 设置区域

安装并启动DNS服务以后，如果该服务器处于联网状态，那么它已经能够解析域名了。如图6-12所示。把服务器网卡的DNS地址改为它自身的IP地址后，使用nslookup程序解析域名 www. ynau. edu. cn，返回了查询地址，如图6-13所示。

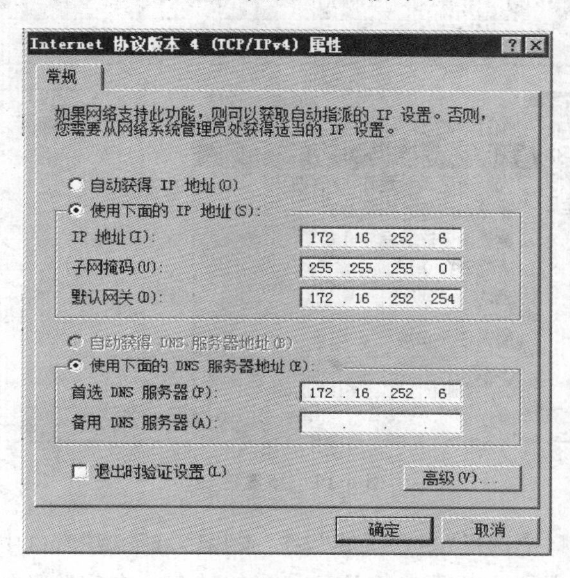

图6-12　DNS服务器地址设置

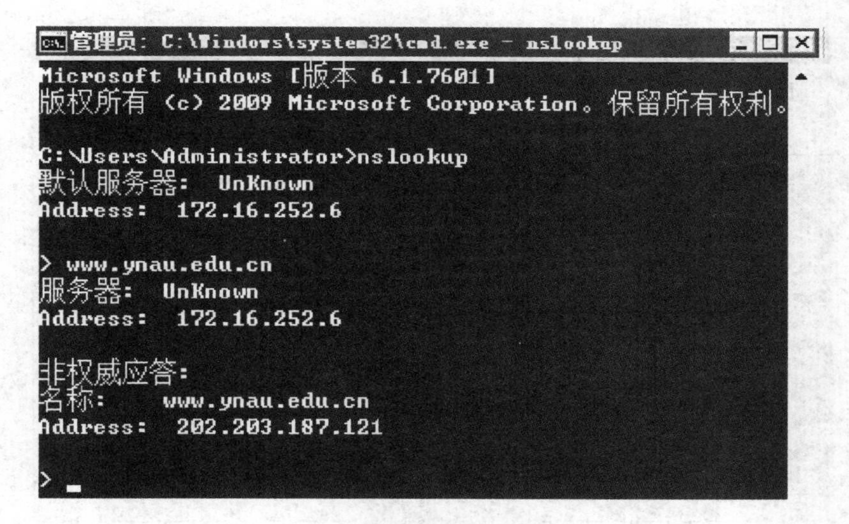

图6-13　DNS服务器域名解析

但是，此时DNS服务器对所有请求的域名解析，都是转发到其他DNS服务器上，得到查询结果后记入服务器缓存，再把结果返回给客户端。这些应答都属于非权威应答，因为它本身

不是权威 DNS 服务器。因此，首先应为 DNS 服务器设置解析区域，这个区域是由 IDC 所分配的，步骤如下：

①点击“开始”按钮，在菜单中选择“管理工具”→“DNS”，进入 DNS 管理器；

②右键单击服务器名称节点，在右键弹出菜单中选择“新建区域”，如图 6-14 所示，进入“新建区域向导”对话框；

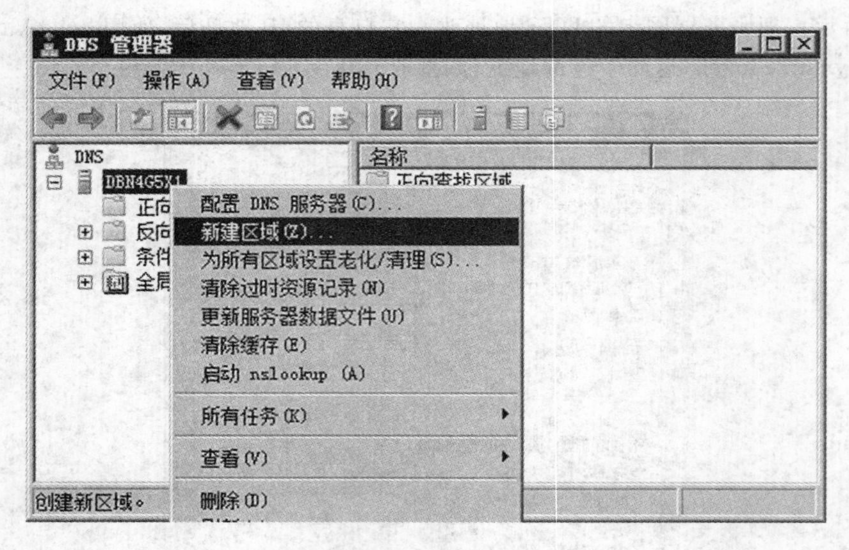

图 6-14 新建区域

③在“区域类型”窗口中选择“主要区域”，在“查找区域类型”窗口中选择“正向查找区域”，在“区域名称”窗口中输入已经申请或者 IDC 分配的域名。在实验环境中，可以任意输入，如图 6-15 所示。

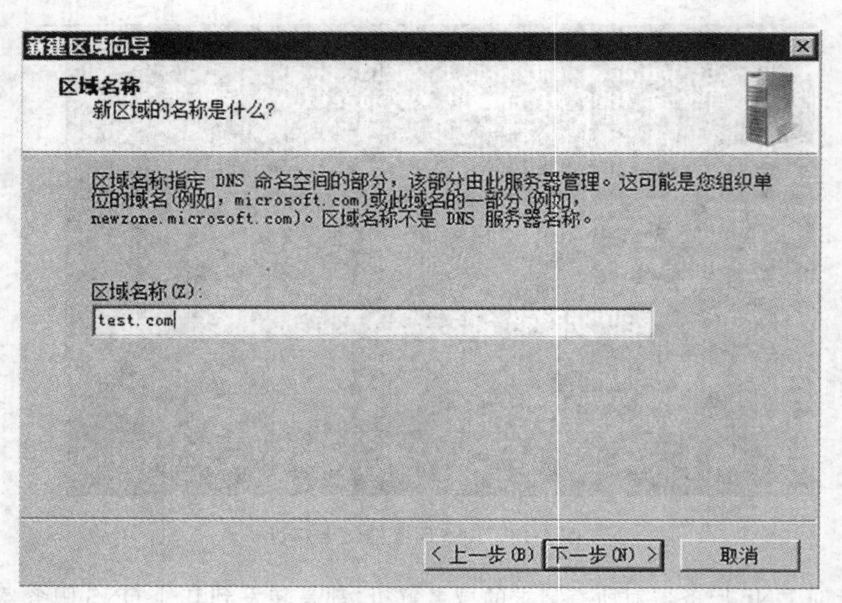

图 6-15 区域名称

④一直点击“下一步”按钮，完成解析区域的创建。

3. 添加记录

现在已经成功创建了一个名为“test. com”的区域，但是客户端用户还不能使用这个名称来访问网络资源，因为它不是一个完整的域名，也没有映射到对应的主机 IP 地址。因此，管理员须根据实际需要，向区域中添加资源记录。常用的资源记录有主机(A 类型)记录、起始授权机构(SOA)记录、名称服务器(NS)记录、别名(CNAME)记录和邮件交换器(MX)记录等，现已主机记录为例进行说明。

主机记录是最常用的记录，它记录了在正向搜索区域内 DNS 域名与主机 IP 地址的映射关系，以实现从域名到主机的查询。可以为 Web 服务器、文件服务器和邮件服务器等建立主机记录，步骤如下：

①在“DNS 管理器”左边树状目录中，找到刚才创建的名为“test. com”的正向查找区域，点击鼠标右键，在弹出菜单中选择“新建主机”，如图 6-16 所示。

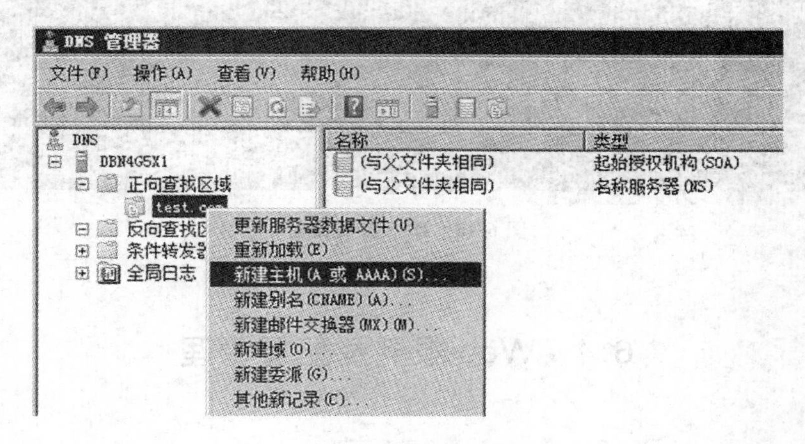

图 6-16　新建主机

②在弹出的“新建主机”对话框中，输入名称和对应的 IP 地址，如图 6-17 所示，点击“添加主机”按钮完成主机记录的创建。

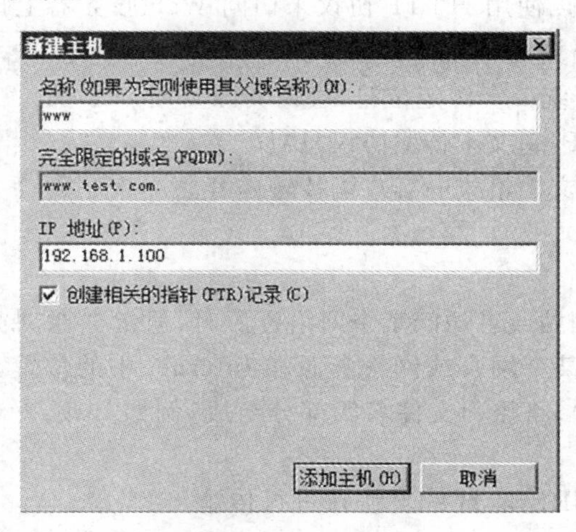

图 6-17　输入主机信息

现在已经创建了域名为 www. test. com 的主机记录，指向的主机 IP 地址为 192. 168. 1. 100。用 nslookup 程序对该域名进行解析，得到的结果如图 6-18 所示。可以看到，DNS 服务器依据本地资源记录，正确了应答了 DNS 客户机提出的域名解析请求，此次应答为权威性应答。

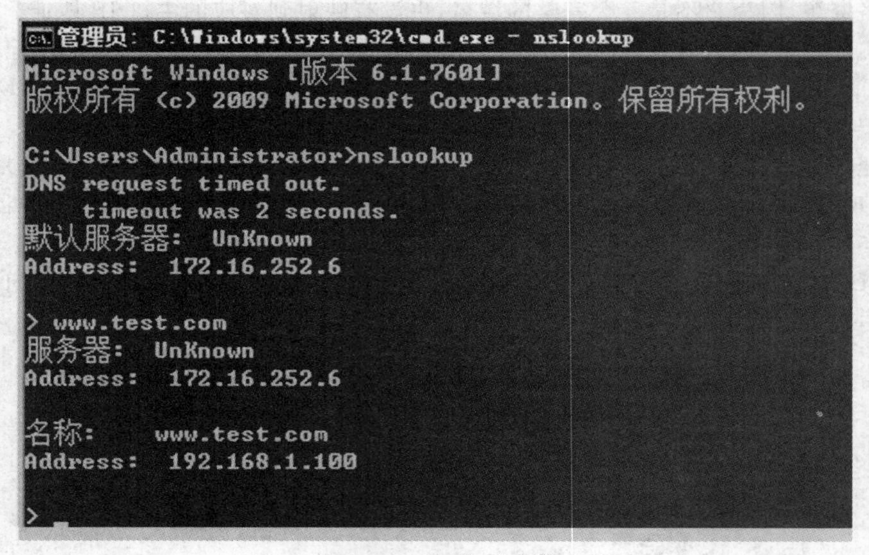

图 6-18 DNS 权威应答

6.4 Web 服务及配置管理

6.4.1 Web 服务概述

Web 服务，也称 WWW(world wide web)服务，是 Internet 最重要的组成部分。它是由 Web 服务器来实现的，可以使用 HTTP 协议来访问 Web 服务器上提供的包含文字、图像、影音等各种数据类型的网络资源。它包含三个要素：

①客户端通过 URL(统一资源定位符)查询资源位置。

②应用层使用 HTTP(超文本传输协议)协议。

③服务端以 HTML 文档格式向客户端传输内容。

1. URL

当我们要浏览某个网站或者访问某个网络资源时，通常会在浏览器的地址栏里输入一个网址，该网址唯一确定了某个网页或网络资源在 Internet 中的位置，这就是 URL。它由协议名称、主机名(或 IP 地址)、路径和文件名四部分组成，例如 http://www. edu. cn/edu/index. html，它包含以下信息：

(1)http:// 说明 URL 以 HTTP 协议进行传输。

(2)www. edu. cn 是一个域名，经过 DNS 解析后实际指向的是搭建该域名网站的服务器 IP 地址。

(3)edu/　是存放在服务器上的组成该网站源文件的一个文件夹，和硬盘中的文件夹一样。

(4)index. html　是 edu 文件夹中的一个网页文件，即具体的一个网络资源。

2. HTTP

用于处理 URL 的应用层协议很多，主要有 http、https、ftp、mailto 等。Web 服务使用的应用层协议是 HTTP(hyper text transfer protocol)协议，它是 Web 服务的核心，也是 Internet 最常用的协议之一。HTTP 协议是基于客户端/服务器模式运行的，客户端就是 Web 浏览器，服务器亦即 Web 服务器，因此很多基于 Web 服务的应用程序也被称之为 B/S(浏览器/服务器)模式。

对于一个 URL 请求，通常经过以下处理过程：

(1)客户端与 Web 服务器建立连接　发送 URL 请求的客户端，通过 URL 中包含的主机名查询到 Web 服务器 IP 地址，并与它的 HTTP 端口(默认为 80)建立一个 TCP 套接字连接。

(2)发送 HTTP 请求　通过 TCP 套接字，客户端向 Web 服务器发送一个请求报文，包含请求方法和资源路径等信息。请求方法常用的有 GET、HEAD、POST，每种方法规定了客户端与 Web 服务器联系的类型。

(3)Web 服务器接受响应　Web 服务器根据客户端请求的 URL 进行解析并定位资源文件，并以 HMTL 格式向客户端做出响应。客户端浏览器对 HTML 文档进行解释并呈现内容。对于 HTML 文档里包含的内容，如文字、表格、超级链接等信息，浏览器可以直接进行处理，而对于声音、视频等格式的文件，则通过调用客户端关联的程序进行处理。

(4)释放 TCP 连接　响应完成后，Web 服务器主动关闭 TCP 套接字，释放与客户端的 TCP 连接。

HTML，即超文本标记语言，是一种建立网页文件的语言。它通过标记符号来标记要显示的网页中的各个部分，以告知浏览器如何显示其中的内容。

单纯通过 HTML 语言编写的网页是静态网页，浏览器简单的根据页面元素的顺序来显示其提供的内容，如果网页编辑人员没有对 HTML 网页进行修改，那么这些内容是不会改变的，而且也不会与用户进行交互。

而所谓动态网页，就是可以动态的改变浏览器显示的 HTML 内容，也可以完成用户查询、提交等动作。常用于开发动态网页的技术有 ASP、JSP、PHP、ASP. NET 等，这些技术开发的网页经 Web 服务器编译解释后，仍以 HTML 形式发回给客户端浏览器。因此，HTML 本身也是一种规范和标准，它要求所有动态网页技术开发的网页经编译后的内容仍然以 HTML 标记组成。

目前，HTML 最新版本是 HTML5，它具有以下特点：

①更好的改进了用户的友好体验。

②新增了几个标记，有助于开发人员定义重要的内容。

③能替代 FLASH 和 Silver light 进行动画展示。

④将被大量应用于移动应用程序和游戏。

6.4.2 Web服务器软件

随着Internet的不断发展，基于Web服务的应用越来越多，传统的HTML静态网页技术已经满足不了现在的需求。使用动态网页技术开发的Web应用更多的应用于数据存储、数据查询、数据挖掘、人机交互等功能，以满足各个领域的需要。而Web应用程序是基于Web服务的，其所有的网页都是运行在Web服务器上。只有当服务器对动态网页进行编译并回传浏览器后，浏览器才会显示其信息，否则浏览器不能理解服务器端代码，将不会显示任何信息。

1. Web服务器软件的选择

要搭建Web应用程序，必须使用Web服务器。对于Web服务器的搭建，除了要考虑服务器硬件和网络环境等因素外，Web服务器软件的选择也是一个重要环节，主要考虑以下几个方面：

(1)规模和用途　对于访问量极大的大型综合性网站，需要多线程支持；对于专家系统、数据统计挖掘等计算量大的Web应用程序，需要企业级服务支持；而对于小型企业或个人网站，则适用轻量级Web服务器软件，甚至仅申请虚拟空间即可。

(2)多功能服务支持　现在有些Web服务器软件除了具有WWW服务功能以外，还集成了FTP、SMTP和POP3等服务，成为多功能的服务器软件。

(3)操作系统的支持　相对来说，UNIX系统家族安全性较高，但兼容性和操作性较差；Windows系统平台则较易操作和管理，但安全性较低。应根据选择的操作系统来选择运行在相应系统上的Web服务器软件。另外，有些运行在Linux系统上的Web服务器软件也可以移植到Windows系统中，但性能可能会降低。

(4)对开发技术的支持　前面提到，用于开发动态Web应用程序的技术有很多，要根据应用程序的开发语言，选择具有对该语言编译功能的Web服务器软件。

2. 常见的Web服务器软件

(1)IIS　IIS(internet information server)是美国微软公司提供的基于运行在Microsoft Windows上的Web服务器软件，是目前最流行的Web服务器软件之一。除了Web服务以外，它还集成了FTP、NNTP和SMTP等服务，分别用于文件传输、新闻服务和邮件发送等方面。

IIS提供了图形界面的管理工具，称为Internet服务管理器，用于监视配置和控制Internet服务。同时它还提供了ISAPI(intranet server API)作为扩展Web服务器功能的编程接口，使得IIS不仅支持微软公司的ASP、ASP.NET等开发技术，也可以作简单的API扩展，增加JSP、PHP等脚本编译器到服务器中。

(2)Tomcat　Tomcat是一个免费的开放源代码、运行servlet和JSP网页的Web应用软件容器，属于轻量级应用服务器，在并发访问用户不是很多的场合下也被普遍使用，是开发和调试JSP程序的首选。

它运行时占用的系统资源很少，具有扩展性好、支持负载平衡等特点。

(3)Apache　Apache(apache HTTP server)是使用排名世界第一的Web服务器软件，它可以运行在几乎所有正在广泛使用的操作系统之上，它的成功之处在于开放的源代码、开放的开发队伍、应用的跨平台支持和可移植性等方面。

Apache 的特点是简单、速度快、性能稳定，并可做代理服务器来使用。

(4)BEA WebLogic　BEA WebLogic 是美国 Oracle 公司出品的一个基于 JAVA EE 架构的用于开发、集成、部署和管理大型分布式 Web 应用、网络应用和数据库应用的 Java 应用服务器，属于大型商业应用软件。

它提供开发和部署各种业务驱动应用所必需的底层核心功能，具有功能全面、多层架构、基于组件开发等特点，便于在大型企业各分支机构之间共享信息、提交服务，实现协作自动化。因此，大多数基于 Internet 办公的大型公司都选择用它来开发和部署应用。

6.4.3　Apache 服务器的安装和管理

对已经开发好的 Web 应用程序，可以安装 Web 服务器进行测试。如果要发布到 Internet 上，还需要申请和注册域名和主机 IP 地址。

1. Apache 服务器的安装

Apache 软件是免费的，可以从 Apache 软件基金会的网站(http://www.apache.org)下载，我们下载目前最新的版本 httpd-2.4.10.tar。在 Linux 系统上安装软件，一般执行以下命令即可。

```
# tar -zxvf httpd-2.4.10.tar          //解压 apache 的压缩包
# cd httpd-2.4.10                     //进入解压目录
#./configure                          //配置安装环境
#make                                 //编译安装环境
#name install                         //进行安装
```

在安装过程中，如果 Linux 系统本身缺少必要的编译工具，那么在输入./configure 命令时，因找不到必要的编译器，该命令不能被执行，系统是会报错的。因此，在安装 Linux 系统时，最好把必要的编译器一起安装好。此外，现今所有的 Linux 系统都捆绑了 Apache，如果不需要安装最新本的 Apache，也完全可以在安装系统时一同安装 Apache。

2. Apache 服务器的启动和停止

启动服务器，在安装目录的 bin 目录下，输入以下命令即可：

```
#/usr/local/apache/bin/apachectl start
```

停止服务器命令：

```
#/usr/local/apache/bin/apachectl stop
```

重新服务器命令：

```
#/usr/local/apache/bin/apachectl restart
```

如果 apache 安装成为 linux 系统的一个服务，用以下命令操作更为简便：

```
#service httpd start
#service httpd restart
#service httpd stop
```

6.4.4 Apache服务器的配置

Apache的配置文件是httpd.conf，默认位置是在/etc/httpd/conf/目录下。几乎所有的Apache服务器配置都可通过对该文件的修改来实现。httpd.conf文件主要由4部分组成：

(1)全局环境设置　控制整个Apache服务器行为的部分，主要由一些基本参数构成。

(2)主服务配置　定义主要或者默认服务参数的指令，也为所有虚拟主机提供默认的设置参数。

(3)访问授权控制　主要涉及默认目录特性、用户授权和访问控制等。

(4)虚拟主机设置　配置虚拟主机，以便让一台Apache服务器能同时运行多个Web站点。

下面依次对这4部分的重要设置作简要介绍：

1. 全局环境设置

设置服务器根目录。即服务器保存其配置、出错和日志文件等的根目录，httpd在启动之后自动将进程的当前目录改变为这个目录。指令名称为ServerRoot。

```
ServerRoot "/usr/local"
```

设置连接参数。作为Web服务器，提供的主要功能就是响应HTTP请求，服务器能响应的HTTP请求数是衡量服务器性能的一个重要参数。而每个HTTP请求都需要使用一个单独的TCP连接，服务器响应后才会关闭。对于服务器来说，能打开的TCP连接数量是固定的，那么，如果能对多个请求重复使用同一个连接(长连接)，则可减少服务器打开和关闭TCP连接的负担，并能对更多的HTTP请求进行响应，从而提高了服务器的效率。设置服务器连接的指令如下：

```
# Timeout定义客户端和服务器连接的超时间隔(秒)，超过这个间隔后服务器将断开与客户端的连接。默认值为300。
Timeout 300
# 允许客户端和服务器之间保持长连接，且该连接是可以重复连接的。
KeepAlive On
#一次长连接允许HTTP请求的最大次数。值为0时允许进行无限次的传输请求。
MaxKeepAliveRequests 100
# KeepAliveTimeout一次长连接中同一客户端的两个请求之间的等待时间。如果服务器已经响应了一次请求，但在设定时间内一直没有接收到客户端的下一次请求，就会断开连接。
KeepAliveTimeout 15
```

设置服务器监听的IP地址和端口号。默认情况下，Apache会在服务器的所有已配置的IP地址的80端口上监听所有的客户端请求。但并不是所有的服务器IP地址及80端口都用于Apache的Web服务，因此，可以绑定Apache服务到指定的IP地址和端口上。

```
Listen 192.168.1.1:8080
```

2. 主服务配置

设置服务器管理员电子邮件地址。当 Web 服务出现错误时，邮件地址会包含在错误消息中一并发送给客户端，以便让客户端用户和网站管理员联系。

```
ServerAdmin WebMaster@test.cn
```

设置服务器主机名和端口。缺省情况下，服务器将自动通过域名解析来获得自己的主机名。但如果域名解析有问题（通常为反向解析不正确），或者没有注册域名，也可以指定 IP 地址。另外，当该参数设置不正确的时候，服务器不能正常启动。

```
ServerName www.test.com:8080
```

设置网站主目录的路径。每个网站都有一个主目录，该目录包含了网站的所有文件内容，映射为网站域名或服务器 IP 地址。客户端输入域名或 IP 地址访问时，请求都将指向该目录。但是可以使用符号链接和别名来指向到其他的位置。此外，目录路径最后不要添加"/"，否则服务器会报错。

```
DocumentRoot "/usr/local/www"
```

设置网站默认网页。前面提到，当在浏览器地址栏中输入网站域名或相应目录时，也可访问网页。那么，此时访问的网页就是预先设置的默认网页。默认网页可以在网站主目录进行设置，此时该网页为网站的主页，也可在网站目录列表内设置为索引文件。默认网页通过 DirectoryIndex 参数进行设置，如要设置多个默认网页，需用空格分开。

```
DirectoryIndex index.html index.php
```

设置网站日志文件。日志文件不属于网站功能的一部分，但对于每一个网站都是需要的。它记录了网站运行过程中所有的业务请求、错误信息和相关安全信息。日志文件主要分为错误日志和访问日志，它们的配置如下：

```
#使用的是相对于 ServerRoot 的路径，也可使用绝对路径。错误信息将保存在 error.log 文件中。指令 LogLevel 用于记录错误信息的等级，日志文件只记录高于指定级别的错误信息。
ErrorLog log/error.log
LogLevel info
#客户端所有的访问信息将记录在 access.log 文件中，参数 combined 指定 access.log 文件以规定的日志文件格式保存。
CustomLog log/access.log combined
```

3. 访问授权控制

当我们访问某些网站时遇到过这样的情况：进入某个网页时，浏览器会弹出一个身份验证的对话框要求输入账号及密码，如果不输入或输入错误就无法继续浏览。这就是 Web 服务器的用户授权和访问控制机制在发挥作用。在 Apache 服务环境中，是通过以下指令来对不同的目录提供不同的保护的：

```
<Directory 目录名>
指令组
</Directory >
```

指令组中包含有以下指令：

- Options：用于控制目录的服务器特性。可用的参数有 All（默认选项，包含除 MultiViews 以外的所有特性）、None（不启用任何特性）、Indexes（允许目录浏览，即没有设置默认网页时将显示整个目录列表）、MultiViews（用于使用多重视图）等。
- AllowOverrid：控制.htaccess 文件的使用。.htaccess 文件也可用于配置目录授权控制，但基于安全行和灵活性考虑，一般不使用它。
- Allow：指定允许访问目录的主机列表。主机列表通过 IP 地址或域名来进行设置。
- Deny：指定禁止访问目录的主机列表。与 Allow 指令相反。
- Order：指定 Allow 和 Deny 指令的判断顺序。先判断后者，再判断前者。

以下是对访问授权控制的一个例子：

```
<Directory "/var/www/">
Options Indexes MultiViews        #允许目录浏览和多重视图
AllowOverride None        #禁用.htaccess 文件
Order allow,deny        #先判断 deny 指定，再判断 allow 指令
Allow from all        #允许所有用户访问
Deny from 192.168.0.0/16        #禁止 192.168 网段的主机访问
</Directory >
```

4. 虚拟主机设置

如果要在一台 Web 服务器上运行注册有域名的多个网站，就需要使用虚拟主机。当启用虚拟主机时，对虚拟主机的设置会覆盖主服务的设置，而虚拟主机未定义的参数，将沿用主服务的设置。定义一个虚拟主机主要包括以下参数：

- ServerAdmin：网站管理员的邮件地址。
- DocumentRoot：网站根目录。
- ServerName：网站的域名。
- ErrorLog：错误日志文件定义。
- CustomLog：访问日志文件定义。

以下代码是定义虚拟主机的一个例子：

```
<VirtualHost 192.168.0.1> #虚拟主机 IP 地址
ServerAdmin test@test.com
DocumentRoot /usr/local/www
ServerName www.test.com
ErrorLog log/error.log
CustomLog log/access.log
</VirtualHost>
```

6.5　代理服务器的配置管理

6.5.1　代理服务器概述

随着 Internet 技术的迅速发展，它不断地改变着人们的生活、学习和工作方式，越来越多的企业也将自己的局域网接入了互联网。作为企业，在互联网接入带宽限定的情况下如何保证局域网内的所有计算机都能快速的访问 Internet，如何保证访问 Internet 的同时局域网内的安全性？这些考虑成为当今的热门话题。在这种情况下，代理服务器技术便应运而生。

1. 代理服务器的概念

代理服务器(proxy server)就是连接 Internet 与 Intranet 的桥梁，其功能就是代理局域网内的用户去取得互联网内的信息，形象地说：它是网络信息的中转站。它负责转发合法的网络信息，并对转发进行控制和登记。

2. 代理服务器的工作原理

一般情况下，我们使用浏览器直接去访问 Internet 的资源时，Web 服务器响应请求后直接发回 HTML 格式信息。而代理服务器是介于浏览器和 Web 服务器之间的一台服务器，有了它之后，浏览器不是直接向 Web 服务器发送请求，而是转向代理服务器，详细的工作过程如图 6-19 所示。

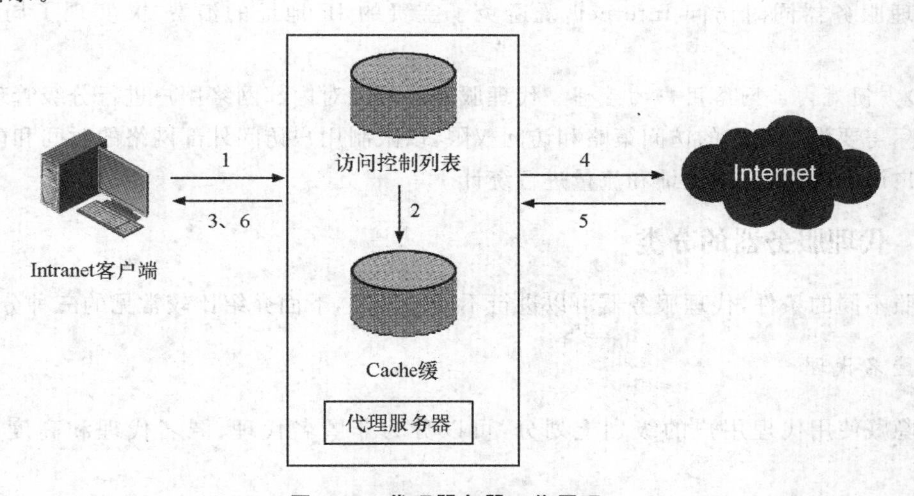

图 6-19　代理服务器工作原理

①局域网内的客户端向代理服务器提出访问 Internet 的请求。

②代理服务器收到请求后，首先把该请求信息与它的访问控制列表进行核对，如果属于可访问资源，则在缓存中查找是否存在请求的信息。

③如果缓存中存在客户端请求的信息，则将该信息发送给客户端。

④如果不存在，代理服务器就替客户端向 Internet 上的主机请求指定的信息。

⑤Internet 上的主机将请求的信息发送给代理服务器，代理服务器在接收的同时将信息存入缓存。

⑥代理服务器将 Internet 上的主机发送的信息传递给客户端。至此，客户端通过代理服务器完成了一次资源请求。

通常，缓存有主动缓存与被动缓存之分。所谓被动缓存，指的是代理服务器只在客户端请求数据时才将服务器返回的数据进行缓存，如果数据过期了，又有客户端请求相同数据时，代理服务器又必须重新发起新的数据请求。所谓主动缓存，就是代理服务器不断地检查缓存中的数据，一旦有数据过期，则代理服务器主动发起新的数据请求来更新数据。这样，当有客户端请求该数据时就会大大缩短响应时间。另外，出于安全考虑，对于数据中的认证信息，代理服务器不会进行缓存。

3. 代理服务器的主要功能

通过对代理服务器工作原理的分析，实际上可以很容易得出代理服务器具有的主要功能。

(1)通过缓存增加访问速度　代理服务器有一个很大的硬盘缓冲区，不断地将新取得的数据保存在 Cache 中。如果浏览器所请求的数据在其缓冲区中已经存在，那么它就直接将缓冲区中的数据传送给浏览器，从而显著地提高访问速度。

(2)提高局域网内的安全性　代理服务器连接 Internet 与 Intranet，具有防火墙的功能。由于局域网与 Internet 之间没有直接连接，所有的通信都通过代理服务器，因此外界不能直接访问到局域网络，从而提高了局域网的安全性。

(3)节省 IP 地址开销，共享网络　局域网内的客户机对外只占用一个有效的 IP 地址就可通过代理服务器同时访问 Internet，既避免了宝贵的 IP 地址的浪费，又实现了局域网共享上网。

(4)方便对内部网络用户的管理　代理服务器可以对内部网络用户进行分级管理，管理员根据实际需要设置相应的访问策略和访问权限，以限制用户访问外部网络的时间和内容，并可以对用户访问时间、访问地址和流量进行统计。

6.5.2　代理服务器的分类

按照不同的条件，代理服务器可以进行不同的分类，下面介绍比较常见的三种分类方法。

1. 匿名代理

从隐藏使用代理用户的级别上划分，可以分为非匿名代理、匿名代理和高度匿名代理三种。

(1)非匿名代理　不具备匿名代理功能，即使用代理服务的客户机 IP 地址不进行隐藏。

(2)匿名代理　能隐藏客户机的真实 IP 地址，但会改变客户机发送的请求信息。使用此种代理时，虽然接受请求的服务器不知道用户的 IP 地址，但可以知道用户在使用代理，并且可以通过技术手段侦测到用户的真实 IP 地址。

(3)高度匿名代理　能隐藏客户机的真实 IP 地址，也不改变客户机发送的请求信息。这样在接受请求的服务器看来就像有个真正的客户机在访问它，这时客户的真实 IP 是隐藏的，服务器端也不会认为用户使用了代理。

2. 传统代理和透明代理

从代理的设置方式上划分，可以分为传统代理和透明代理两种。

(1)传统代理　客户机需要进行一定的设置才能使用代理服务器访问外网。

(2)透明代理　客户机不需要在浏览器或其他客户端工具中设置代理服务器，只需设置正确的网关和DNS地址即可正常访问Internet，感觉不到有代理的存在，就好像直接访问Internet一样。其基本原理是代理服务器代替内部网络主机完成与外网主机通信，然后把结果传回给内网主机。在这个过程中，无论内网主机还是外网主机都意识不到它们其实是在和代理服务器进行通信，隐藏了内网网络，提高了安全性。

3. HTTP代理、SOCKS代理、VPN代理、反向代理等

从代理的功能上划分，可以分为HTTP代理、SOCKS代理、VPN代理、反向代理等。

(1)HTTP代理　用来代理客户机的HTTP访问，主要是代理浏览器访问网页，通常绑定在代理服务器的80、8080等端口上。

(2)SOCKS代理　采用SOCKS协议进行代理的就是SOCKS代理服务器。与其他类型的代理不同，它是一种通用的代理服务器，只是简单地传递数据包，而不关心是何种应用协议(比如HTTP协议、FTP协议等)，所以SOCKS代理服务器比其他类型的代理服务器速度要快得多，通常绑定在代理服务器的1080端口。SOCKS代理又分为SOCKS4和SOCKS5两种，二者不同的是SOCKS4代理只支持TCP协议，而SOCKS5代理支持TCP协议的同时也支持UDP协议，因此SOCKS5代理的内容比SOCKS4更广。例如，我们通过代理使用聊天工具QQ时，就要求用SOCKS5代理，因为它使用UDP协议来传输数据。在实际应用中，SOCKS代理还可以应用于电子邮件、新闻组软件、网络游戏等应用软件中。

(3)VPN代理　VPN(virtual private network)，即虚拟专用网络，在公用网络上建立虚拟专用网络，进行加密通信。VPN网络的任意两个节点之间并没有点到点的物理链路，用户的数据是通过在公共网络中建立的逻辑隧道(tunnel)，即点到点的虚拟专线进行传输的。在这过程中通过相应的加密和认证技术来保证用户内部网络数据在公网上传输的安全性，从而真正实现网络数据的专有性。

(4)反向代理　反向代理是和前面介绍的完全不同的一种代理服务，它并不针对客户端用户提供代理功能，而是针对局域网中一台或多台特定的Web服务器进行代理。当Internet用户访问某个网站时，通过DNS服务器解析后的IP地址是反向代理服务器的IP地址，而非提供该网站WWW服务的原始Web服务器IP地址。如图6-20所示，这时代理服务器对外就表现为一个Web服务器，它直接响应用户发出的请求。如果请求的页面在代理服务器上有缓存的话，它直接将缓冲内容发送给用户；如果没有，则先向Web服务器发出请求，取回数据，本地缓存后再发送给用户。

反向代理降低了向Web服务器发出的请求数，进而降低了Web服务器的负载，提高了访问速度。此外，也能够防止外网主机直接和Web服务器通信带来的安全隐患。

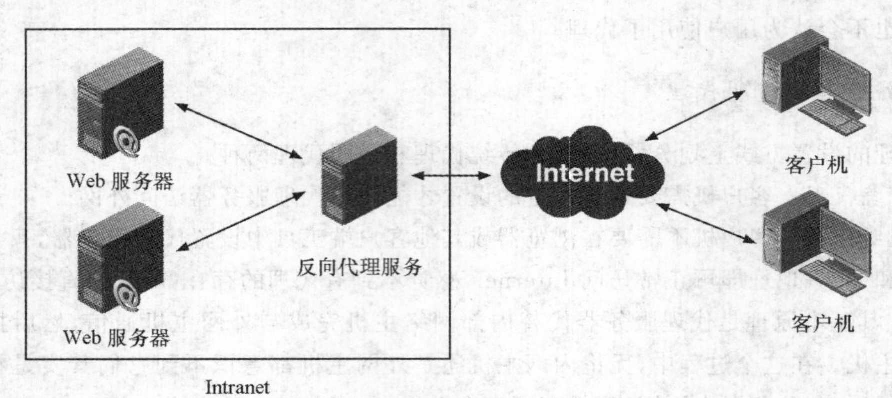

图 6-20 反向代理服务器工作原理

6.5.3 Squid 服务器的搭建和管理

Squid 是在 Linux 系统中使用最多、功能最全的一套代理服务器软件，支持 HTTP、FTP、HTTPS 等多种应用协议。Squid 安装包很小，对服务器 CPU 要求不高，但和其他代理服务器软件一样，需要服务器提供足够的硬盘和内存空间。硬盘空间越大，就能缓存更多的内容，提高访问资源的命中率。此外，硬盘的转速也会影响到访问缓存资源的速度和效率。

1. Squid 的安装

和 Apache 一样，Linux 系统中也自带有 Squid 软件，可以在安装系统时一同安装。如需安装最新版本的 Squid，可以到 http://www.squid-cache.org/网站进行下载。安装命令和安装 Apache 类似，此处不再重复。

2. Squid 服务的管理

Squid 服务的进程名称是 squid，通过以下命令来进行管理：

```
service squid {start|stop|restart|status}
```

其中，start 为启动 squid 服务，stop 为关闭服务，restart 为重启服务，status 为查看服务状态。若 squid 服务为关闭时执行 restart 命令，则进行启动。

3. Squid 的配置文件

Squid 的配置文件是 squid.conf，默认位置是在/etc/squid 目录下。文件格式及语法比较简单，每行一条配置命令，以选项名称开始，后面跟关键字和参数值。需要注意的是，配置文件是区分大小写的。

(1) 网络选项　Squid 中最主要的网络配置选项为 http_port，用来指定 Squid 服务监听客户端请求的 IP 地址和端口，语法如下：

```
http_port [IP 地址:] 端口
```

Squid 默认的监听端口为 3128。如果用来作为缓存代理服务器，此时仅需监听来自局域

网内的客户机请求即可，而不必监听互联网上客户机的请求，因此要指定局域网内接口 IP 地址。

```
http_port 192.168.1.3:3128
```

前面提到，Squid 也可作为反向代理服务器，此时需监听所有客户机的 http 请求，就不必指定 IP 地址，而监听端口一般情况下为 80 端口。

```
http_port 80
```

其他网络选项还有 tcp_incoming_address（指定监听来自客户机或其他 squid 代理服务器的绑定 IP 地址）、tcp_outgoing_address（指定向远程服务器或其他 squid 代理服务器发起连接的 IP 地址）、udp_incoming_address（为 ICP 套接字指定接收来自其他 squid 代理服务器的包的 IP 地址）、udp_outgoing_address（为 ICP 套接字指定向其他 squid 代理服务器发送包的 IP 地址）等。

（2）日志文件　Squid 默认的日志目录是在安装位置下的 logs 文件夹内，包含三个主要的日志文件：cache.log、access.log 和 store.log。

cache.log 包含状态性的和调试性的消息。例如，如果 Squid 服务不能正常启动，那么可以在这个文件末查找到原因。可以改变该日志文件的路径：

```
cache_log /squid/logs/cache.log
```

access.log 记录了所有客户机对 Squid 发起的请求，每个请求记录为一行。如果为缓存代理服务器，那么可以很好地记录局域网内所有客户机的 http 请求；如果为反向代理服务器，由于是面向互联网用户，因此该日志文件将会变得越来越大，管理员可根据实际情况不记录该日志。

```
access_log none
```

store.log 记录了进入和离开缓存的每个对象的记录，对管理员来说并非很有用，同样可以禁止该日志：

```
cache_store_log none
```

（3）访问控制　Squid 默认的配置文件拒绝所有客户端请求。在任何客户端能使用代理服务之前，必须对 squid.conf 配置文件进行修改，加入访问控制规则。

首先，需要定义访问控制列表（ACL），每个 ACL 都有自己的名称，在编写访问控制规则时需要引用它们。基本的 ACL 定义语法如下：

```
acl ACL名称 ACL类型 ACL列举值1 ACL列举值2 …
```

Squid 大约有 25 个不同的 ACL 类型，我们主要介绍以下几种：

- src：客户端 IP 地址。可以是单个，也可以是一个地址段。
- dst：客户端请求资源所在服务器的 IP 地址。
- myip：Squid 服务器自己的 IP 地址。
- srcdomain：客户端所在的域名。
- dstdomain：客户端请求资源所在服务器的域名。

- time:基于时间的访问控制。
- port:基于端口的访问控制。
- method:基于用户请求的访问控制。
- proto:基于协议的访问控制。

例如,我们定义一个 ACL 为一个 IP 段:

```
acl office_network src 192.168.1.0/24
```

定义完 ACL 后,需要对 ACL 对象设置访问控制规则,以此来约束客户端对代理服务器的访问。语法如下:

```
access_list allow|deny [!]ACL 名称 ...
```

access_list 为访问控制规则,一般使用 http_access,它决定哪些客户端的 HTTP 请求被允许,哪些被拒绝。还有 icp_access、miss_access 和 redirector_access 等,在特殊情况下使用,在此不作过多介绍。

例如,我们阻止刚才定义的 office_network 这一个 ACL 访问代理服务器:

```
http_access deny office_network
```

可以定义多条访问控制规则。对于每一个客户端,Squid 按照定义的先后顺序来进行检查匹配。通常将最常用的 ACL 放在列表的前面,这样可以减少 Squid 服务器的资源消耗。

(4)磁盘缓存　cache_dir 指令是 squid.conf 配置文件里最重要的指令之一。它告诉 Squid 以何种方式存储 cache 文件,并存放到磁盘的什么位置。语法如下:

```
cache_dir scheme directory size L1 L2 [options]
```

其中,参数 scheme 用于指定缓存文件的文件系统类型,默认为 ufs;directory 指定存放的文件系统目录,即存放位置;size 指定了 cache 目录的大小,亦即 Squid 缓存的空间上限,单位为 MB;L1 和 L2 指定了允许创建一级子目录和二级子目录的数量,默认为 16 和 256;options 包含 2 个选项:read-only 标签和 max-size 值,read-only 选项指示 Squid 继续从 cache_dir 读取文件,但不往里面写新目标;max-size 指定存储在 cache 目录里的最大文件的大小。

6.6　流媒体服务器的搭建

6.6.1　流媒体的概念

随着网络技术、通信技术、多媒体技术迅速的发展,网络应用深入到了各行各业,人们不再满足网络所能提供 E-Mail、FTP、信息浏览等服务,对诸如电子商务、视频会议、视频点播、远程教学、在线游戏、娱乐等应用的需求越来越广泛,但同时由于人们对网络应用的需求越来越大,上网人数越来越多,使得文件的大小成为网络传输中不可忽视的痛,人们在越来越欢迎大量媒体信息的同时,不得不忍受传输所需要的大量时间,并且下载播放的方式也不能满足人们在线同步欣赏的需要。

于是，"流媒体技术"这种新的网络媒体技术应运而生，并在电子商务、产品发布、视频会议、远程监控、信息广播、远程医疗等方面得到了广泛的应用。流媒体将会成为下一代互联网应用的主流，它对网络信息交流产生的革命性变化，也将会对人们的生活和工作带来深远的影响。

1. 流媒体的含义

流媒体(streaming media)又叫流式媒体，是以流式传输技术在网络中传输音频、视频和多媒体文件的形式。它实际指的是一种新的媒体传送方式，而不是一种新的媒体。就是运用流式传输技术对数字媒体进行传输，使人们可以在线欣赏到连续不断的较高品质的音频和视频节目。

流媒体文件格式是支持采用流式传输及播放的媒体格式。采用流媒体技术，可以用特殊的压缩方式将动画、音频、视频等多媒体文件压缩成一个一个的压缩包，由服务器向用户计算机连续不间断地传送，这个过程一系列相关的包称为"流"，用户通过解压工具对这些数据包进行解压后，可以一边观看、收听一边下载，而不必等到整个文件下载完毕才能欣赏，只需在播放前经过十几秒，甚至几秒的启动延时就可以进行播放。

流媒体技术是一个综合技术，包括信息的采集、编码、传输、存储、解码等多项技术。

2. 流媒体的特征

(1)内容主要是时间上连续的媒体数据(音频、视频、动画、多媒体等)。

(2)内容可以不经过转换就采用流式传输技术传输。

(3)具有较强的实时性，交互性。

(4)启动延时大幅度缩短，缩短了用户的等待时间；用户不用等到所有内容都下载到硬盘上才能开始浏览，在经过一段启动延时后就能开始观看。

(5)对系统缓存容量的要求大大降低。

Internet是以包传输为基础进行的异步传输，数据被分解成许多包进行传输，由于每个包可能选择不同的路由，所以到达用户计算机的时间延迟就会不同，而在客户端就需要缓存系统来弥补延迟和抖动的影响以及保证数据包传输的顺序。

在流媒体文件的播放过程中，由于不再需要把所有的文件都下载到缓存，因此对缓存的要求很低。

6.6.2 流式传输

1. 流式传输方式

流媒体最主要的技术特征就是流式传输，它使得数据可以像流水一样传输。

流式传输是指通过网络传送媒体(音频、视频等)技术的总称。实现流式传输主要有两种方式：顺序流式传输(progressive streaming)和实时流式传输(real time streaming)。采用哪种方式依赖于具体需求，下面就对这两种方式进行简要的介绍。

(1)顺序流式传输　顺序流式传输是顺序下载，用户在观看在线媒体的同时下载文件，在这一过程中，用户只能观看下载完的部分，而不能直接观看未下载部分。也就是说，用户总是在一段延时后才能看到服务器传送过来的信息。由于标准的HTTP服务器就可以发送这种形式的文件，它经常被称为HTTP流式传输。

由于顺序流式传输能够较好地保证节目播放的质量，因此比较适合在网站上发布的、可供用户点播的、高质量的视频。

顺序流式文件是放在标准HTTP或FTP服务器上，易于管理，基本上与防火墙无关。顺序流式传输不适合长片段和有随机访问要求的视频，如：讲座、演说与演示。它也不支持现场广播。

(2)实时流式传输　实时流式传输必须保证匹配连接带宽，使媒体可以被实时观看到。在观看过程中用户可以任意观看媒体前面或后面的内容，但在这种传输方式中，如果网络传输状况不理想，则收到的图像质量就会比较差。

实时流式传输需要特定服务器，如QuickTime Streaming Server、RealServer或Windows Media Server。这些服务器允许对媒体发送进行更多级别的控制，因而系统设置、管理比标准HTTP服务器更复杂。

实时流式传输还需要特殊网络协议，如：RTSP(realtime streaming protocol)或MMS(microsoft media server)。在有防火墙时，有时会对这些协议进行屏闭，导致用户不能看到一些地点的实时内容。

实时流式传输总是实时传送，因此特别适合现场事件。

2.流式传输协议

流式传输协议的设计和制定是为了实现流媒体服务器和客户端的通信。

(1)实时传输协议RTP　RTP(real-time transport protocol)是用于Internet上针对多媒体数据流的一种传输协议，是最典型、最广泛的服务于流媒体的传输层协议。RTP被定义为在一对一或一对多的传输情况下工作，其目的是提供时间信息和实现流同步。RTP通常使用UDP来传送数据，但RTP也可以在TCP或ATM等其他协议之上工作。当RTP工作于一对多的传输情况下时，依靠底层网络实现组播，利用RTP over UDP模式实现组播的传输就是其典型应用。

(2)实时传输控制协议RTCP　RTP协议本身包括两部分：RTP数据传输协议和RTCP(real-time control protocol)传输控制协议。为了可靠、高效地传送实时数据，RTP和RTCP必须配合使用，通常RTCP包的数量占所有传输量的5%。

RTP实时传输协议主要用于负载多媒体数据，并通过包头时间参数的配置使其具有实时的特征。RTP本身并不能为按顺序传送数据包提供可靠的传送机制，也不提供流量控制或拥塞控制，它依靠RTCP传输控制协议提供这些服务。RTCP传输控制协议主要用于周期的传送RTCP包，监视RTP传输的服务质量。在RTCP包中，含有已发送的数据包的数量、丢失的数据包的数量等统计资料。因此，服务器可以利用这些信息动态地改变传输速率，甚至改变有效载荷类型，实现流量控制和拥塞控制服务。

RTP和RTCP配合使用，它们能以有效的反馈和最小的开销使传输效率最佳化，因而特别适合传送网上的实时数据。

(3)实时流协议RTSP　RTSP(real-time steaming protocol)是由RealNetworks和Netcape共同提出的一个应用层协议。它可以在媒体服务器和客户端之间建立和控制连续的音/

视频媒体流，协同更低层协议 RTP、RSVP 等一起来提供基于 Internet 的整套流式服务。

RTSP 提供了一种可扩展框架，使得可控的、点播的实时数据的传送成为可能。RTSP 在语法和操作上类似于 HTTP，因此许多 HTTP 的扩展机制都可以移植于 RTSP 上。在 RTSP 中，每个节目和媒体流由 RTSP URL 确定，全部节目和媒体特性都在节目描述文件中给予了描述，包括编码、语言、RTSP URL、目的地址、端口号以及其他参数。但是，不同于 HTTP 的无状态和非对称，RTSP 是有状态的、对称的协议。RTSP 的服务器保持会话状态以连接 RTSP 流的请求，并且服务器和客户端都可以发出请求。

(4)资源预订协议 RSVP　由于音频和视频数据流比传统数据对网络的延时更敏感，要在网络中传输高质量的音频、视频信息，除带宽要求之外，还需其他更多的条件。RSVP(resource reserve protocol)是 Internet 上的资源预订协议，使用 RSVP 预留一部分网络资源(即带宽)，能在一定程度上为流媒体的传输提供 QoS。资源预订协议使 Internet 应用传输数据流时能够获得特殊服务质量，它同路由协议协同工作，建立与路由协议计算出路由等价的动态访问列表。

6.6.3　流媒体播放方式

1. 单播

单播是指在客户端和媒体服务器之间需要建立一个单独的数据通道，从一台服务器送出的每一个数据包只能传送给一个客户机。在这个播放方式下，每个用户都必须分别对媒体服务器发送查询，而服务器也必须向每个用户分别发送所申请的数据包拷贝，这样数据包的重复发送，会造成服务器的沉重负担，使之响应时间过长，甚至停止播放。

采用单播方式(图 6-21)。有三个客户端向服务器发出了请求，则服务器就需要发出 3 个相同的数据包分别发送给三个客户端，相同的数据包会在链路上重复出现，特别在靠近服务器端的链路，将随着接受者数目的增加而成为整个网络的瓶颈，极大的影响整个传输速率。

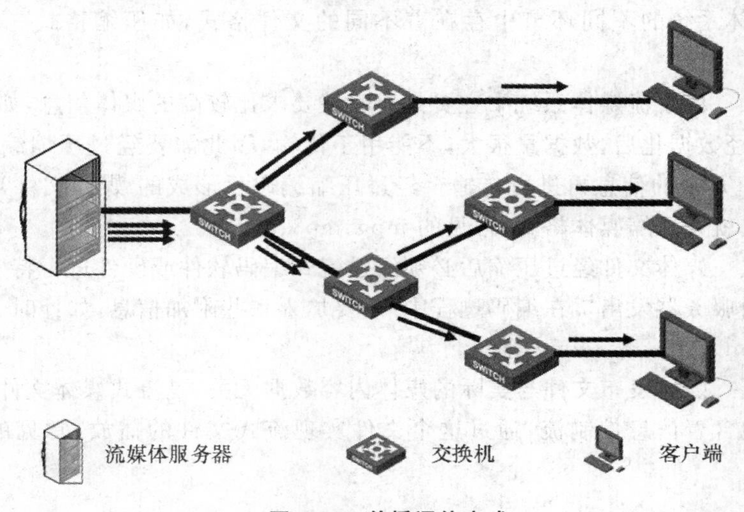

图 6-21　单播通信方式

(1)点播　点播连接是客户端与服务器之间的主动的连接。在点播连接中，用户通过选择

内容项目来初始化客户端连接。用户可以开始、停止、后退、快进或暂停流。点播连接提供了对流的最大控制，但由于每个客户端各自连接服务器，这种方式会迅速用完网络带宽。

(2)广播　广播指的是用户被动接收流，又可分为实时广播和非实时广播两种。

实时广播，顾名思义是指用户收看的是现场直播，例如各种电视直播等。

非实时广播，是指由媒体服务器将制作好的流媒体文件在特定时间向多个预订用户同时传送。

在广播过程中，客户端接收流，但不能控制流，也就是说，用户只能在特定的时间收看特定的内容，但是不能进行快进，暂停，后退等操作。使用单播发送时，需要将数据包复制多个拷贝，以多个点对点的方式分别发送到需要它的那些用户，而使用广播方式发送，数据包的单独一个拷贝将发送给网络上的所有用户，而不管用户是否需要，上述两种传输方式会非常浪费网络带宽。

2. 组播

IP组播技术构建一种具有组播能力的网络，允许路由器一次将数据包复制到多个通道上。服务器能够对几十万台客户机同时发送连续数据流而无延时。媒体服务器只需要发送一个信息包，所有发出请求的客户端共享同一信息包。信息可以发送到任意地址的客户机，减少网络上传输的信息包的总量。网络利用效率大大提高，成本大为下降。

组播不会复制数据包的多个拷贝传输到网络上，也不会将数据包发送给不需要它的那些客户，保证了网络上多媒体应用占用网络的最小带宽。

6.6.4　流媒体文件和发布格式

流媒体文件是存在于计算机存储介质上的适合在网络上传输的多媒体文件，一般都采用高压缩音视频编码(如 MPEG4 等)，按播放时间的先后顺序存储，而且为了快速定位，大都存在索引信息。常见的流媒体文件格式有 rm、asf、mov 等。

在整个流媒体系统的不同环节中存在着不同的文件格式，如压缩格式、文件格式、发布格式。

(1)压缩格式　由于流媒体系统中主要是实时性要求比较高的媒体信息，如音频、视频、动画等。这些媒体经数据化后，数据量很大，不能用于传输，因此需要经过压缩编码后生成一定格式的文件，去掉冗余的信息再进行传输。经过压缩编码后形成的 媒体文件，称为压缩媒体文件，而这些格式就是压缩媒体格式，常见的 mpg、mp3、avi 等。

(2)文件格式　媒体文件经过压缩后必须经过流式编码软件或硬件进行特殊编码，形成流式文件后，才能由服务器发出。在编码过程中，还要加入一些附加信息，如计时、压缩码率和版权等，常见的有 rm、asf、wma、wmv 等。

(3)发布格式　媒体发布文件与实际的媒体内容数据无关，是流式媒体文件存放位置的描述，同时由于它包含着信息控制流，通过这个文件实现流式文件的播放，常见的有 asx、smil、Ram、rpm 等。

6.6.5　流媒体服务器

流媒体服务器是流媒体应用的核心系统，是运营商向用户提供视频服务的关键平台。其

主要功能是对媒体内容进行采集、缓存、调度和传输播放,流媒体应用系统的主要性能体现都取决于媒体服务器的性能和服务质量。因此,流媒体服务器是流媒体应用系统的基础,也是最主要的组成部分。

1. 流媒体服务器的主要产品及功能

流媒体服务器的主要产品:大并发视频服务器、直播时移服务器、P2P直播服务器、视频交互应用服务器,视频应用管理:媒体内容管理系统、H.264/MPEG-4编码工具、机顶盒终端管理系统、节目导航与发布系统。

2. 流媒体服务器软件

流媒体服务器软件系统是流媒体编码、分发和存储的软件系统,包含直播、点播、虚拟直播、剪切、转码、视频管理服务器软件。

3. 硬件准备

流媒体服务器和Web服务器一样,有许多人要同时访问,而且相比Web服务器来说,由于多媒体文件需要更强大的处理能力,其硬件设备应超越一般的Web服务器。因此流媒体服务器的硬件选择要与需要处理的并发数量相适应,需要根据并发数量和每个流的大小,适当配置服务器的内存大小、CPU主频及硬盘容量与大小。

一般来说,流媒体服务器最好满足以下硬件条件:

①高性能的CPU;

②大容量内存和硬盘;

③占用系统资源少的声卡;

④良好的视频捕捉设备和尽量高的带宽。

4. 流媒体服务器的搭建

在互联网上进行流媒体的发布还需要对用于流媒体发布的服务器进行设置,这样才能将流媒体内容进行传播和发布。

目前主流的流媒体技术有三种,分别是RealNetwork公司的Realmedia,Microsoft公司的Windows Media和Apple公司的QuickTime。这三家的技术都有自己的专利算法、专利文件和专利传输控制协议。

这里,我们以Microsoft公司的Windows Media为例对流媒体服务器的设置进行介绍。

首先安装Windows Services 2003,操作系统安装后,可以通过添加安装可选的Windows组件的方式安装Windows Media Services 9,如图6-22所示。

安装完成之后,我们就可以在服务器设置页面或是在“开始”菜单的程序管理工具项目中找到Windows Media Services的设置方式了,如图6-23所示。

当Windows Media Services安装后,会自动创建一个发布点,发布点的点播视频主目录是:C:\wmpub\wmroot。单击“更改”按钮可以重新设置点播视频主目录。在点播发布点的“属性”选项卡中,可以对Windows Media Services进行配置:

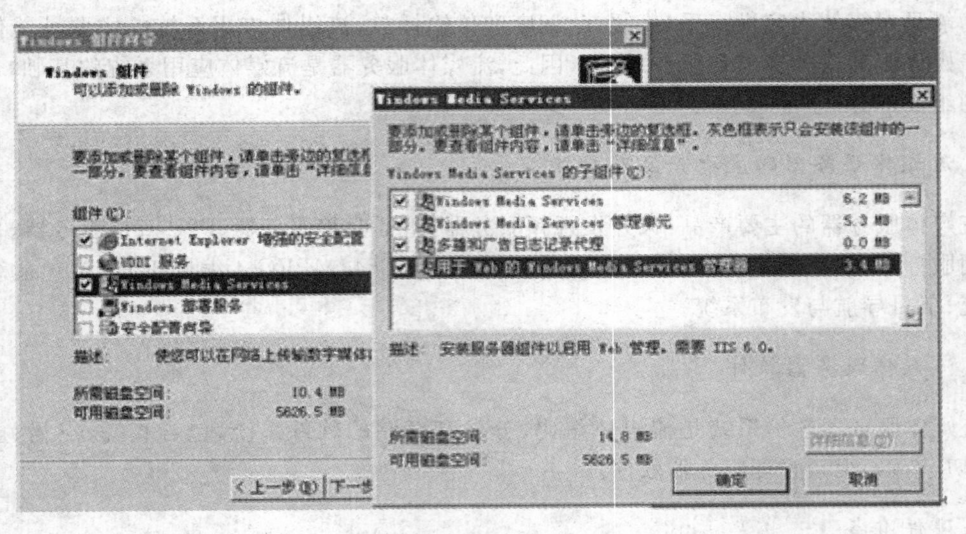

图 6-22　Windows 的组件安装界面

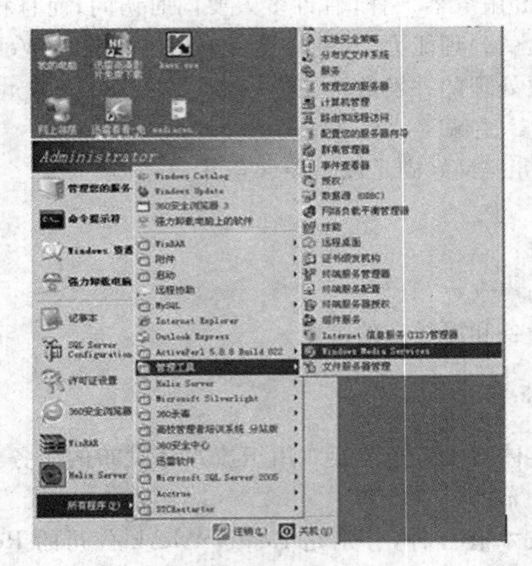

图 6-23　程序菜单管理工具中 Windows Media Services 的快捷方式

(1)新建发布点　在 Windows Media Services 管理界面中,右击"发布点",选择"添加发布点(向导)",在弹出的"添加发布点向导"对话框中按步骤新建发布点,如图 6-24 所示。新建完成后,点击"源",选择播放,进行测试。

(2)创建播放列表　播放列表的创建能够添加一个或多个流媒体文件的发布点,用以发布一组已经在播放列表中指定的媒体流。点击"源"选项卡,新建播放列表,并在"添加媒体元素对话框"中,点击浏览,选择要添加到播放列表中的一个或多个媒体文件,完成后点击"文件"——"保存"。

(3)创建带有播放器的 Web 页　成功创建发布点后,为了让用户知道发布的流媒体内容,应该创建发布公告告诉用户。在"公告"选项卡中,可以创建并发布相应的公告。

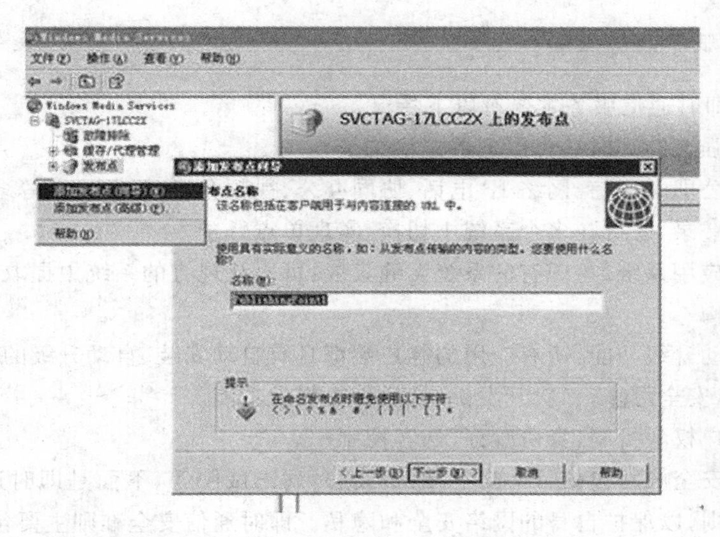

图 6-24 Windows Media Services 添加发布点对话框

6.7 其他企业级应用

6.7.1 即时通信服务

即时通信(instant messaging)是目前 Internet 上最广泛的应用之一,也是最为流行的网络通信方式,各种各样的即时通信软件也层出不穷;服务提供商也提供了越来越丰富的通信服务功能。随着互联网的发展,即时通信的运用将日益广泛。

1. 即时通信服务概述

即时通信是一个终端服务,允许两人或多人使用网络随时传递文字、图片、语音甚至视频等信息,实现即时交流。即时通信软件就是通过即时通信技术来实现在线聊天、交流的软件。

最早的即时通信软件是 ICQ,ICQ 是英文"I seek you"的英文发音的缩写。三名以色列青年在使用因特网时,深感和朋友实时联络十分不便,于是开发了在 Internet 上使用的即时通信软件 ICQ 并于 1996 年 11 月份发布。尽管最初的 ICQ 版本还很不稳定,但是大受欢迎,在六个月内有 85 万用户注册使用,在一年半后,注册用户就有 1 140 万,1998 年 6 月份被著名网络服务公司美国在线 AOL 以 2.87 亿美元收购,创造了网络发展史上的一个奇迹。

随着 IM 近几年的迅速发展,即时通信的功能日益丰富,逐渐集成了电子邮件、博客、音乐、电视、游戏和搜索等多种功能。即时通信不再是一个单纯的聊天工具,它已经发展成集交流、资讯、娱乐、搜索、电子商务、办公协作和企业客户服务等为一体的综合化信息平台。随着移动互联网的发展,互联网即时通信也在向移动化扩张。目前,UcSTAR、微软、AOL、Yahoo 等重要即时通信提供商都提供通过手机接入互联网即时通信的业务,用户可以通过手机与其他已经安装了相应客户端软件的手机或电脑收发消息。

2.即时通信服务的特点和分类

(1)特点　即时通信服务主要有以下特点。

①采用专业强大的即时通信服务器集群构架。

②可实现办公即时通信、网络IP电话、协同办公、视频会议、远程协助等多种应用。

③用户一次登录,既可在多个系统中切换,实现单点登录。

④接入企业应用系统、与现有的系统无缝集成:可以从现有的系统中提取部门、用户列表,支持树形组织架构。

⑤客户端自动升级功能:所有应用的客户端都具有自动安装、自动升级的功能。

⑥性能稳定,安全可靠,二次开发扩展,插件等强大功能。

⑦严谨的用户权限机制,身份验证、访客控制。

即时通信的安全威胁包括:ID被盗、隐私威胁、病毒威胁等,下面是即时通信用户应该遵循的一些安全准则,以保护自身的网络安全和隐私。即时通信安全准则主要包括:不随意泄露即时通信的用户名和密码;不在第三方网站登录网页版即时通信软件;定期更改密码;谨慎使用未经认证的即时通信插件;在即时通信设置中开启文件自动传输病毒扫描选项;不接收来历不明或可疑的文件和网址链接。

(2)分类　按照不同的划分标准,即时通信服务主要可以从以下几方面进行分类。

①按功能分类,可以分为文本、语音、视频即时通信三类。

②按使用对象划分,可以分为个人即时通信和企业即时通信两大类。个人即时通信主要是以个人用户使用为主,开放式的会员资料,非营利目的,方便聊天、交友、娱乐;企业即时通信是以企业内部办公为主,建立员工交流平台,减少运营成本,促进企业办公效率。

③按平台类型划分,可以分为互联网即时通信、移动网即时通信和跨网即时通信。

3.即时通信的技术原理

即时通信是一种基于网络的通信技术,涉及IP/TCP/UDP/Sockets、P2P、C/S、多媒体音视频编解码/传送、Web Service等多种技术手段。无论即时通信系统的功能如何复杂,它们大都基于相同的技术原理,主要包括客户/服务器(C/S)通信模式和对等通信(P2P)模式。C/S结构以数据库服务为核心将连接在网络中的多个计算机形成一个有机的整体,客户机(client)和服务器(server)分别完成不同的功能。但在客户/服务器结构中,多个客户机并行操作,存在更新丢失和多用户控制问题。因此,在设计时要充分考虑信息处理的复杂程度来选择合适的结构。实际应用中,可以采用三层C/S结构,三层C/S结构与中间件模型非常相似,由基于工作站的客户层、基于服务器的中间层和基于主机的数据层组成。在三层结构中,客户不产生数据库查询命令,它访问服务器上的中间层,由中间层产生数据库查询命令。三层C/S结构便于工作部署,客户层主要处理交互界面,中间层表达事务逻辑,数据层负责管理数据源和可选的源数据转换。

P2P模式是非中心结构的对等通信模式,每一个客户(peer)都是平等的参与者,承担服务使用者和服务提供者两个角色。客户之间进行直接通信,可充分利用网络带宽,减少网络的拥塞状况,使资源的利用率大大提高。同时由于没有中央节点的集中控制,系统的伸缩性较强,也能避免单点故障，提高系统的容错性能。但由于 P2P 网络的分散性、自治性、动态性等特点，造成了某些情况下客户的访问结果是不可预见的。例如，一个请求可能得不到任何应答消息的反馈。当前使用的 IM 系统大都组合使用了 C/S 和 P2P 模式。在登录 IM 进行身份认证阶段是工作在 C/S 方式，随后如果客户端之间可以直接通信则使用 P2P 方式工作，否则以 C/S方式通过 IM 服务器通信，如图 6-25 所示。

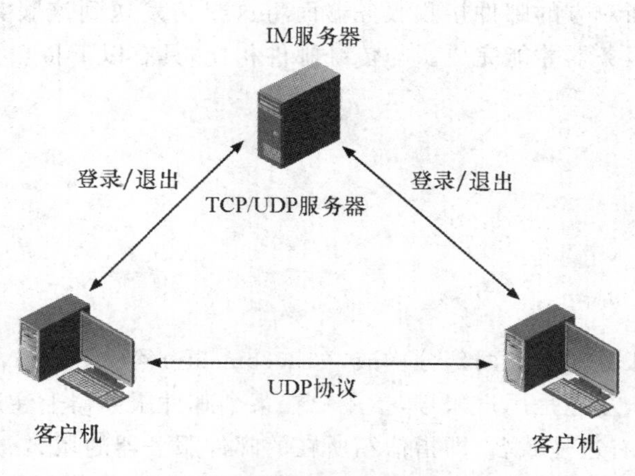

图 6-25　即时通信的通信原理

4. 常用的即时通信软件

(1)腾讯 QQ　QQ 是腾讯公司的一款即时通信软件，从 1999 年开始应用至今，通过网络，实现文字、语音、视频等通信方式，深受广大民众喜爱。不管 UDP 还是 TCP，最终登录成功之后，QQ 都会有一个 TCP 连接来保持在线状态。这个 TCP 连接的远程端口一般是 80，采用 UDP 方式登录的时候，端口是 8000。

(2)中国移动飞信　飞信是中国移动的综合通信服务，即融合语音(IVR)、GPRS、短信等多种通信方式，覆盖三种不同形态(完全实时的语音服务、准实时的文字和小数据量通信服务、非实时的通信服务)的客户通信需求，实现互联网和移动网间的无缝通信服务。飞信官方提供了 PC 客户端和手机客户端两种客户端来使用飞信业务。

(3)腾讯微信　微信是腾讯公司于 2011 年初推出的一款通过网络快速发送语音短信、视频、图片和文字，支持多人群聊的手机聊天软件。用户可以通过微信与好友进行形式上更加丰富的类似于短信、彩信等方式的联系。微信软件本身完全免费，使用任何功能都不会收取费用，使用微信时产生的上网流量费由网络运营商收取。因为是通过网络传送，因此微信不存在距离的限制，即使是在国外的好友，也可以使用微信对讲。

6.7.2　电子邮件服务

电子邮件(E-mail)是 Internet 上最重要的服务之一。随着网络的迅速发展，如今通过电子邮件进行信息交流，已经成为人们联系沟通的重要手段。电子邮件系统以其方便、快捷的优势而成为人们进行信息交流的重要工具，并被越来越多地应用于日常生活和工作，特别是有关日常信息交流、企业商务信息交流和政府网上公文流转等商务活动和管理决策的信息沟通，为

提高社会经济运行效率起到了巨大的带动作用，已经成为企业信息化和电子政务的基础。

1.电子邮件服务概述

电子邮件服务是指通过网络传送信件、单据、资料等电子信息的通信方法，它是根据传统的邮政服务模型建立起来的。当我们发送电子邮件时，这封邮件是由邮件发送服务器发出，并根据收信人的地址判断对方的邮件接收服务器而将这封信发送到该服务器上，收信人要收取邮件也只能访问这个服务器才能完成。与传统邮件相比，具有以下特点：

①传播速度快；

②非常便捷；

③成本低廉；

④广泛的交流对象；

⑤信息多样化；

⑥比较安全。

电子邮件地址由账号和域名两部分构成，如 webmaster@test.com，符号@为电子邮箱符号，将地址分成两部分，左边是用户账号，指用户在某个邮件服务器上注册的用户标识，相当于是他的一个私人邮箱，右边是域名，即指信箱所在的邮件服务器的域名。

电子邮件的格式由信封和内容两大部分，即邮件头(header)和邮件主体(body)两部分组成。邮件头包括收信人邮件地址、发信人邮件地址、发送日期、标题和发送优先级等，其中，前两项是必选的。邮件主体才是发件人和收件人要处理的内容。

2.电子邮件服务使用的协议

电子邮件服务涉及几个重要的 TCP/IP 协议，在此我们介绍其中的 SMTP 协议、POP3 协议和 IAMP 协议。

(1)SMTP 协议　简单邮件传送协议(SMTP)是电子邮件系统中的一个重要协议，它负责将邮件从一个“邮局”传送给另一个“邮局”。SMTP 不规定邮件的接收程序如何存储邮件，也不规定邮件发送程序多长时间发送一次邮件，它只规定发送程序和接收程序之间的命令和应答。SMTP 邮件传输采用客户端/服务器模式，邮件的接收程序作为 SMTP 服务器在 TCP 的 25 端口守候，邮件的发送程序作为 SMTP 客户在发送前需要请求一系列 SMTP 服务器的连接。一旦连接成功，收发双方就可以响应命令、传递邮件内容。

(2)POP3 协议　当邮件到来后，首先存储在邮件服务器的电子信箱中。如果用户希望查看和管理这些邮件，可以通过 POP3 协议将邮件下载到用户所在的主机。POP3 本身采用客户端/服务器模式，其客户程序运行在接收邮件的用户计算机上，POP3 服务器程序运行在其 ISP 的邮件服务器上。

(3)IAMP 协议　因特网报文存取协议(IAMP)现在较新的是版本 4，即 IAMP4，它同样采用客户端/服务器模式。IAMP 是一个联机协议。当用户计算机上的 IAMP 客户程序打开 IAMP 服务器的邮箱时，用户就可看到邮件的首部。若用户需要打开某个邮件，则该邮件才传到用户的计算机上。

3. 电子邮件系统的组成

电子邮件系统主要由以下三部分组成：

用户代理(MUA)：就是用户与电子邮件系统的接口，在大多数情况下就是用户计算机中运行的程序。用户代理使用户能够通过一个很友好的接口，它可以提供命令行方式、菜单方式或图形方式的界面来与电子邮件系统交互，目前主要是窗口界面，允许人们读取和发送电子邮件，如 Outlook Express、Hotmail、Foxmail 以及基于 Web 界面的用户代理程序等。用户代理至少应当具有撰写、显示、处理三个基本功能。

传输代理(MTA)：即邮件服务器，是电子邮件系统的核心构件，包括邮件发送服务器和邮件接收服务器，邮件服务器按照客户端/服务器模式工作。顾名思义，所谓邮件发送服务器是指为用户提供邮件发送功能的邮件服务器；而邮件接收服务器是指为用户提供邮件接收功能的邮件服务器(图 6-26)。

邮件网关(mail gateway)：用于邮件传输过程中进行信息交换的协议。前面已经对相关协议进行了介绍。

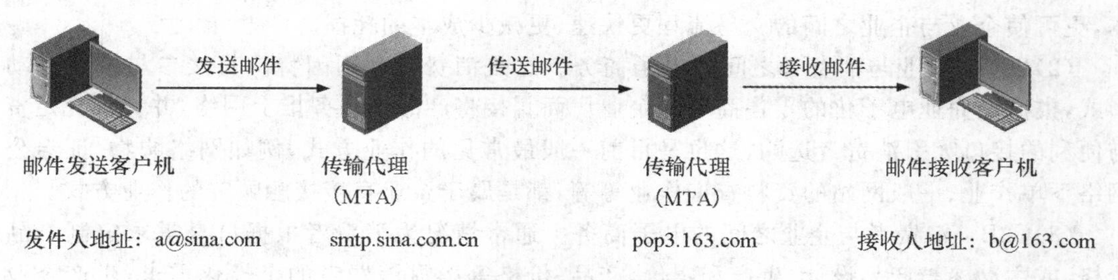

图 6-26　电子邮件系统组成

6.7.3　电子商务

进入 21 世纪，Internet 迅速普及，网络经济、知识经济不断创造新的奇迹，电子商务也得到了空前的发展，并出现了各式各样的网上交易和电子支付方式，电子商务网站也如雨后春笋般的迅猛发展，它们给人们的购物、消费和生活观念带来了巨大的冲击，正在改变社会的经济生活，进而改变整个世界。电子商务作为一种新的经济模式，为世界经济赋予无限的发展空间，为人们创造无限的想象空间，给全球经济注入新的活力，企业界、政府部门纷纷参与到这一新的经济模式中来。

1. 电子商务的定义

电子商务(electronic commerce)是利用计算机技术、网络技术和远程通信技术，实现整个商务过程的电子化、数字化和网络化。它以商务活动为主体，以计算机网络为基础，以电子化方式为手段，在法律许可范围内所进行的商务活动过程。

电子商务可以运用于任何行业，例如制造业和零售业、银行业和金融业、运输业和建筑业、出版业和娱乐业等。面对激烈的竞争以及出于对成本方面的考虑，各种企业正在改进原有的电子商务系统，以支持日益普遍的网络经济。

电子商务为企业带来的优点如下：

- 扩增消费者，加深与用户之间的联系，扩展市场以增加收入；
- 减少费用；
- 减少产品流通时间；
- 加快对消费者需求的响应速度；
- 提高服务质量。

2. 电子商务的运营模式

电子商务经营模式是指电子化企业在网络环境中基于一定技术基础的经营企业的方式，主要包括 B2B(business to business)、B2C(business to consumer)、C2B(consumer to business)、C2C(consumer to consumer)、O2O(online To offline)五种经营模式。

(1)B2B　供应方与采购方之间通过运营者达成产品或服务交易的一种新型电子商务模式。主要是针对企业内部以及企业与上下游协力厂商之间的资讯整合，并在互联网上进行的企业与企业间交易。借由企业内部网建构资讯流通的基础，及外部网络结合产业的上中下游厂商，达到供应链的整合。因此透过 B2B 的商业模式，不仅可以简化企业内部资讯流通的成本，更可使企业与企业之间的交易流程更快速、更减少成本的耗损。

(2)B2C　企业与消费者之间的电子商务。这是消费者利用因特网直接参与经济活动的形式，类同于商业电子化的零售商务。企业厂商直接将产品或服务推上网络，并提供充足资讯与便利的接口吸引消费者选购，这也是目前一般最常见的作业方式，例如网络购物、证券公司网络下单作业、一般网站的资料查询作业等等，都是属于企业直接接触顾客的作业方式。

(3)C2B　消费者与企业之间的电子商务。通常情况为消费者根据自身需求定制产品和价格，或主动参与产品设计、生产和定价，产品、价格等彰显消费者的个性化需求，生产企业进行定制化生产。

(4)C2C　消费者与消费者之间的电子商务。通过为买卖双方提供一个在线交易平台，使卖方可以主动提供商品上网拍卖，而买方可以自行选择商品进行竞价。

(5)O2O　线上与线下相结合的电子商务。通过网购导购机，把互联网与实体店完美对接，实现互联网落地。让消费者在享受线上优惠价格的同时，又可享受线下贴心的服务。

3. 电子商务系统

电子商务系统不是一个孤立的系统，它需要和外界发生信息交流。同时，这一系统内部还包括不同的部分，例如网络、计算机系统、应用软件等。所以，确定系统的基本结构有助于我们了解这一系统的运行环境、内部结构及它们之间的相互关系，如图 6-27 所示：各个不同的企业之间的协同工作和企业及消费者之间的商品交流构成了整个社会的电子商务活动体系，但是对每个企业来讲，其电子商务活动的开展必须需要特定的电子商务系统的支持。支持企业电子商务系统的外部技术环境包括电子化银行支付系统和认证(CA)中心的证书发行及认证管理部分。企业电子商务系统的核心是电子商务应用系统，这一部分是满足企业的商务活动要求，同时电子商务应用系统的基础是不同的服务平台，它们构成应用系统的运行环境。

根据图 6-27 所示的基本框架，我们容易得出组成电子商务系统的主要有以下几个部分：

(1)网络平台　包括互联网、企业内部网、企业外部网等。一个完善的电子商务系统的网络应具有可连接性、安全可靠性、多选择性等特点。

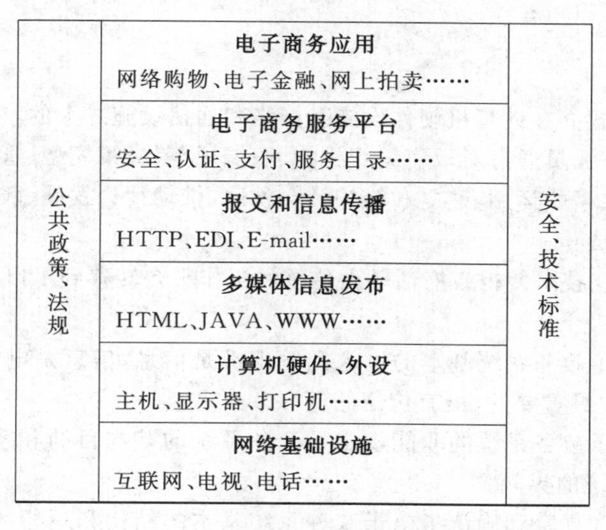

图 6-27　电子商务系统的基本框架

(2)电子商务网站　也就是电子商务系统的展示部分。作为电子商务人机交互平台和信息流的界面平台，其功能就是发布商务信息，接受客户需求。

(3)客户服务中心　作为电子商务系统的管理部分。提供交易过程中的服务平台，处理和满足客户需求。

(4)支付中心　提供资金流平台。为电子商务系统中的供应方、采购方等提供资金支付方面的服务。

(5)认证中心　提供交易双方的信用保障。

(6)物流中心　提供物流平台。

6.7.4　电子政务

如何运用先进的信息技术构建电子政府，实现电子政务，以电子化、信息化的手段来提高政府的行政管理水平、行政效能和决策的准确性，从而更科学、更有效地为社会、企业和公众服务，这已成为摆在各国政府面前的一项越来越紧迫的工作。目前，推行电子政务是国家信息化工作的重点，是深化行政管理体制改革的重要措施，是支持政府各部门履行职能的有效手段。经过多年建设，我国电子政务建设历经基础设施建设阶段、部门业务应用系统建设阶段，目前已进入以“统筹规划、资源共享、深化应用”为主旋律的系统资源整合阶段。

1. 电子政务的概念

电子政务是政府部门运用现代管理思想对传统“政务”进行改革和业务流程重组，充分利用信息和通信技术，将政府的管理和服务通过网络技术进行集成，实现超越时间、空间与部门分隔的限制，全方位地向社会提供优质、规范、透明和符合国际水准的管理和服务。电子政务作为政府的运作模式可简单概括为两方面：一是政府部门内部利用信息技术实现其办公自动化、管理信息化、决策科学化；二是政府部门与社会之间利用网络平台充分进行信息共享，实现信息服务。

2.电子政务系统

电子政务系统是建立在计算机硬件设施及网络和通信设施之上的，在相关法律、制度约束和规范之下，政府公务人员通过对政府组织机构、职能规范、决策模型、管理方法、行政规则、业务流程、信息资源等要素的运用，建立和维护社会秩序、推动社会发展、服务社会大众的人机系统。它由以下要素构成：

• 技术要素：信息技术使得政府活动由传统的工作平台转移到了以网络为基础的信息平台之上。

• 信息要素：电子政务系统基本的输入和输出都是信息，信息是电子政务系统的工作对象，是电子政务系统中最重要的、最有价值的资源。

• 职能要素：电子政务系统的职能规定了政务系统的基本目的和系统任务，也从根本上决定了它的性质和系统的界限。

• 制度要素：制度规定和确认了电子政务系统基本的结构和运行的方式，规定和确认了电子政务系统的具体工作方式。

• 人员要素：电子政务系统中的人的要素是系统的核心。因为电子政务系统从性质上说是一个人机系统，系统的有效性取决于人对系统的结合度、利用度和利用效率。人在系统中是主体。

从网络结构上来看，电子政务系统本身分为内网和外网。

• 政务内网：是指一定级别以上的办公网。按国家标准化委员会的划分，政务内网为各副省级以上的政府机构内所构建的办公网络，而且这种网同其他网是物理隔离的。

• 政务外网：是指政府通过网络运行不涉及国家秘密的行政监管和公共服务所需要的专业性服务的业务网。政府部门之间(同级、上下级、副省级以下的政府机构之间)由于协同办公的需要而建立的专用网络。它同政府内网物理隔离，同互联网逻辑隔离。

从信息处理在总体功能的角度看，电子政务系统可以由五个大的系统来实现。

• 政府内部办公系统；

• 政府间协调系统；

• 政府职能服务系统；

• 政府公共信息库系统；

• 政府公共服务系统。

3.电子政务系统的安全性

电子政务对安全的特殊需求实际上就是要合理地解决网络开放性与安全性之间的矛盾。在电子政务系统信息畅通的基础上，有效阻止非法访问和攻击对系统的破坏。具体到技术层面，除了传统的防病毒、防火墙等安全措施以外，电子政务特殊的安全需求主要表现在以下几个方面：

(1)内外网间安全的数据交换　电子政务应用中势必存在内网与专网、外网间的信息交换需求，然而基于内网数据保密性的考虑，我们又不希望内网暴露在对外环境中。解决该问题的有效方式是设置安全岛，通过安全岛来实现内外网间信息的过滤和两个网络间的物理隔离，从而在内外网间实现安全的数据交换。安全岛是独立于电子政务内、外网的一个特殊的过渡网

络，它被置于内网、专网和外网相交的边界位置，一方面将内网与外网物理隔离断开防止外网中黑客利用漏洞等攻击手段进入内网；另一方面又完成数据的中转，在其安全策略的控制下安全地进行内外网间的数据交换。

(2)网络域的控制　电子政务的网络应该处于严格的控制之下，只有经过认证的设备可以访问网络，并且能明确地限定其访问范围，这对于电子政务的网络安全而言同样十分重要。然而目前绝大部分网络是基于 TCP/IPv4 网络协议的，它本身不具备这种控制能力。

(3)标准可信时间源的获取　时间在电子政务安全应用上具有其特定的重要意义。政务文件上的时间标记是重要的政策执行依据和凭证，政务信息传递过程中的时间标记又是防止网络欺诈行为的重要指标，同时，时间也是政府各部门协同办公的参照物，因此，电子政务系统需要建立全系统可信、统一的时间源，这是保证电子政务系统不致出现混乱的关键因素。建立可信统一的时间源可以通过在标准时间源上附加数字签名的方法来获得，附加数字签名的目的是防止时间在传输途中被篡改情况的发生。

(4)信息传递过程中的加密　电子政务应用涵盖政府内部办公和面对公众的信息服务两大方面。就政府内部办公而言，电子政务系统涉及部门与部门之间、上下级之间、地区与地区间的公文流转，这些公文的信息往往涉及机密等级的问题，应予以严格保密。因此，在信息传递过程中，必须采取适当的加密方法对信息进行加密。

(5)操作系统的安全性考虑　网络安全的重要基础之一是安全的操作系统，因为所有的政务应用和安全措施(包括防火墙、防病毒、入侵检测等)都依赖操作系统提供底层支持。操作系统的漏洞或配置不当将有可能导致整个安全体系的崩溃。

(6)数据备份与容灾　任何的安全措施都无法保证数据万无一失，硬件故障、自然灾害以及未知病毒的感染都有可能导致政府重要数据的丢失。因此，在电子政务安全体系中必须包括数据的容灾与备份，并且最好是异地备份。由此可知，电子政务的安全性相对于电子商务来说要求更严格，需求更迫切，一旦造成破坏，其后果和损失更严重。

习题

1. 简述网络操作系统的概念和功能。
2. 简述 DHCP 的工作原理。
3. 试述 DNS 的解析过程。
4. 简述 Web 服务包含的三要素。
5. 代理服务器的主要功能是什么？
6. 简述流媒体的概念和特征。

第7章 网络安全技术

7.1 网络安全概述

7.1.1 网络安全的概念

1. 网络安全的定义

网络安全涉及硬件、软件和信息数据等多方面,不同的教材及专家对于网络安全的定义有着不同的表述。本教材归纳网络安全的定义为:利用网络管理、控制及多种技术措施,保证网络系统的硬件、软件及系统中的数据受到保护,不因偶然的或者恶意的原因而遭受到破坏、更改、泄露,系统连续可靠正常地运行,网络服务不中断。从广义上讲,凡是涉及网络的技术和理论都属于网络安全的研究范畴。从狭义上讲,网络安全就是确保网络环境下系统的安全及系统中信息的安全,网络安全本质上就是网络上的信息安全。

2. 网络安全的目标

从网络安全的定义可以看出,网络中的信息安全需要达到保密性、完整性、可用性、不可否认性和可控性的目标。

(1)保密性　保密性是指网络中的保密信息,只能给授权用户以允许的方式访问,不能泄露给非授权用户、实体或者过程。常用的保密技术有物理保密、防窃听、防辐射、信息加密等。

(2)完整性　完整性是指网络信息在存储、传输和使用过程中不被修改、破坏和丢失,确保信息或数据不被未授权的篡改或在篡改后能够被迅速发现。保密性、完整性和可用性并称为信息安全的三要素。

(3)可用性　可用性是指合法用户在需要信息和资源时能立即获得,在保证信息完整性的同时,能使信息被正确的利用和操作,即在系统运行时能正确获取信息,当系统遭受攻击或破坏时,能迅速恢复并投入使用。

(4)不可否认性　不可否认性是指信息行为人不能否认自己的信息行为的特性,即在信息交互过程中,信息参与者不能否认或抵赖本人的真实身份以及提供信息的原样性和完成的操作与承诺。

(5)可控性　可控性是指对在网络中的信息的传播及内容实现有效的控制的特性,保证信息和信息系统的授权认证和监控管理。

7.1.2　网络安全的威胁

1. 网络连接威胁

开放性的网络，导致网络技术的全开放，使得网络所面临的破坏和攻击来自多方面，有来自物理线路的攻击，也有来自网络通信协议的攻击，以及对软硬件的攻击。

2. 操作系统威胁

网络系统的安全威胁主要表现在主机可能会受到"人为的攻击"。网络操作系统体系结构自身的不安全性，如动态连接、创建进程、空口令和远程过程调用、超级用户等，给网络安全留下了许多的"后门"。

典型的网络安全威胁有窃取、中断、篡改、伪造。窃取是攻击者未经授权浏览了信息资源；中断是攻击者中断正常的信息传输，使接收方接收不到信息；篡改是攻击者未经授权而访问了信息资源，并篡改了信息；伪造是攻击者在系统中加入了伪造的内容。

3. 数据安全威胁

进入系统的用户可方便的复制系统数据而不留下任何痕迹，网络用户在一定条件下可以访问系统中的所有数据，并将其复制、删除或者破坏掉。

4. 恶意程序威胁

以计算机病毒、网络蠕虫、特洛伊木马和代码炸弹等为代表的恶意程序时刻都威胁着网络的安全。

5. 网络管理威胁

网络系统缺少专业的安全管理人员，缺少安全管理的技术规范，缺少定期的安全测试与检查，缺少安全监控，是网络安全面临的巨大威胁。

7.1.3　网络安全的层次

根据网络安全措施作用位置的不同，可以将网络安全分为物理安全、运行安全、系统安全、应用安全、联网安全、管理安全等六个层次。

1. 物理安全

物理安全又指实体安全，是一切网络安全系统的前提。物理安全是保障计算机网络设备、设施以及其他物理媒体免遭火灾、水灾等环境事故、人为操作失误或者各种计算机犯罪行为导致的破坏过程。物理安全主要包括以下几个方面：机房环境安全、设备安全、电源安全、媒体安全。

2. 运行安全

运行安全包括网络运行和网络访问控制的安全，如设置防火墙实现内外网的隔离、备份系统实现系统的恢复。运行安全可以保障系统的稳定性，较长时间内将网络系统的安全控制在

一定范围内。运行安全提供的实施措施包括:应急处置机制和配套服务、网络系统安全性监测、网络安全产品运行监测、定期检查和评估、系统升级和补丁提供、网络系统安全漏洞、灾难恢复机制与预防、系统改造管理等。

3. 系统安全

系统安全包括操作系统安全、数据库系统安全和通信系统安全。

4. 应用安全

应用安全由应用软件开发平台安全和应用系统安全两部分组成。应用安全可保障相关业务在网络系统上安全运行,它的脆弱性可能给信息化系统带来致命威胁。

5. 联网安全

联网安全包括访问控制安全和通信安全两部分,访问控制用于保护计算机和网络资源不被非授权使用,通信安全用于认证数据保密性和完整性,以及各通信者的可信赖性。

6. 管理安全

管理安全主要指对人和网络系统安全管理的法规、政策、策略、规范、标准、技术手段、机制和措施等。管理安全对以上的安全性提供管理机制,以网络系统的特点、实际条件和管理要求为依据,利用各种安全管理机制,为用户综合控制风险、降低损失和消耗,促进安全生产效益。管理安全设置的机制有人员管理、培训管理、应用系统管理、软件管理、设备管理、文档管理、数据管理、操作管理、运行管理、机房管理。

7.1.4 常用的网络安全技术

(1)加密技术　加密技术是保障信息安全的重要手段之一,它对信息提供强有力的安全防护。加密技术被用于很多方面,例如政治、军事、商业信息等。随着网络应用的不断发展,加密技术也得到迅猛的发展。

(2)身份识别技术　身份认证是一种基本的网络安全技术,主要用于网络中设备身份识别与用户身份识别。身份识别是网络用户直接面对的安全技术,应用于网络安全的方方面面。

(3)入侵检测技术　入侵检测(intrusion detection)是对入侵行为的检测。它通过收集和分析网络行为、安全日志、审计数据、其他网络上可以获得的信息以及计算机系统中若干关键点的信息,检查网络或系统中是否存在违反安全策略的行为和被攻击的迹象。

(4)防火墙技术　防火墙是一个由软件和硬件设备组合而成、在内部网和外部网之间、专用网与公共网之间构造的保护屏障,用于保护内部网络信息不受侵害。

(5)VPN 技术　虚拟专用网(virtual private network,VPN)不是真正的专用网络,但能实现专用网的功能。VPN 在公众网上建立专用的数据通信链路,主要用于远程安全接入。

(6)上网行为管理　上网行为管理是记录用户使用计算机网络系统进行所有活动的过程,记录系统产生的各类事件。上网行为管理可以管理和控制无关工作的网络行为,杜绝宽带资源滥用,提升工作效率;记录上网轨迹,管控外发信息,规避泄密和法规风险;智能数据分析提供可视化报表和详细报告,为网络管理和优化提供决策依据。

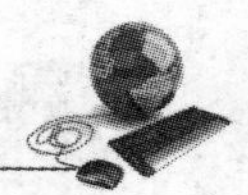

7.2　加密技术

7.2.1　密码学与密码体制

1. 密码学

密码学作为数学的一个分支，是研究信息系统安全保密的科学，是密码编码学和密码分析学的统称。明文、密文、密钥、加密算法、解密算法是密码学的五要素，对应的加密方案被称为密码体制。

明文是作为加密输入的原始信息，即消息的原始形式，通常用M或P表示。

密文是明文经过加密变换后的结果，即消息被加密处理后的形式，通常用C表示。

密钥是进行数据加密或解密时所使用的一种专门的信息或工具，即参加密码变换的参数，通常用K表示。

加密算法是将明文变换为密文的变换函数，相应的变换过程称为加密，即编码的过程，通常用E表示。

解密算法是将密文恢复为明文的变换函数，相应的变换过程称为解密，即解码的过程，通常用D表示。

2. 密码体制

(1)对称加密体制　对称密码体制也称为单密钥密码体制、私钥体制或对称密钥密码体制。其主要的特点是:加/解密双方在加/解密的过程中使用相同或可以推出本质上同等的密钥，即加密密钥与解密密钥相同。其基本原理如图7-1所示。

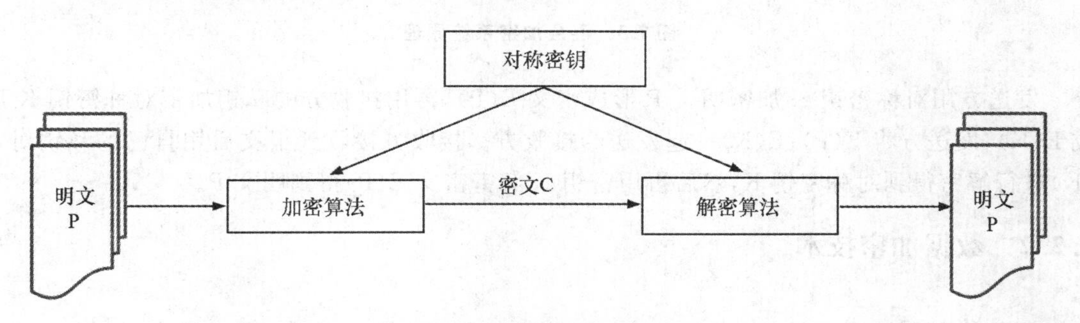

图7-1　对称密钥加密原理

对称密码体制的优点是加/解密速度快、安全强度高、加密算法简单、密钥简短、破译难度大。缺点是不太适合在网络中单独使用、对传输信息的完整性也不能做检查、无法解决消息确认问题、缺乏自动检测密钥泄露的能力。

(2)非对称密码体制　非对称密码体制也称为非对称密钥密码体制或公开密钥密码体制。在非对称密码体制中，加密和解密的密钥不同，一个为加密密钥即公开密钥PK，可以公开通用，另一个为解密密钥即私有密钥，只有解密人才知道。两个密钥相关却不能从公开密钥推算

出对应的私有密钥,用公开密钥加密的信息只有对应的私有密钥才能进行解密。其基本原理如图 7-2 所示。

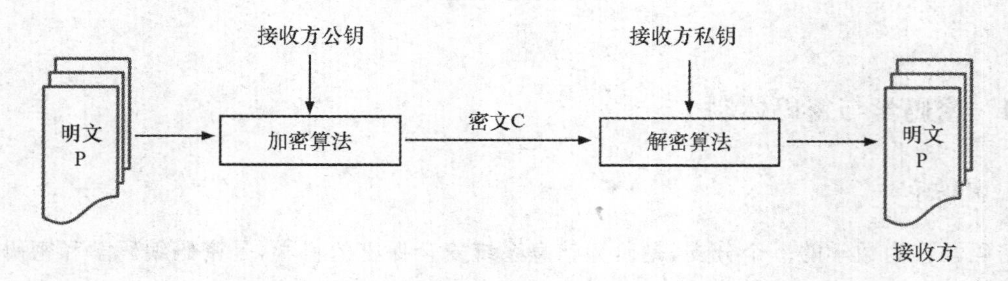

图 7-2 非对称密钥加密

(3)混合加密体制 混合加密体制由对称密码体制和非对称密码体制结合而成。采用对称密码体制对传输的信息进行加密,用非对称密码体制对对称密码体制的密钥进行加密。其基本原理如图 7-3 所示。

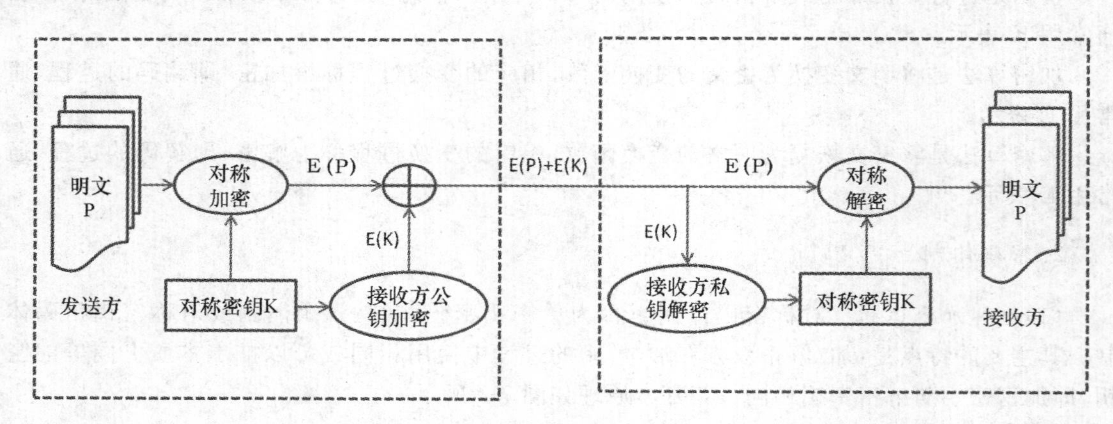

图 7-3 混合加密系统原理

发送方用对称密钥 K 加密明文 P 形成密文 E(P),再用接收方的私钥加密对称密钥 K 形成 E(K),发送方将 E(P)、E(K)一起发送给接收方。接收方接收到报文后用自己的私钥对 E(K)进行解密得到对称密钥 K,然后再用密钥 K 解密密文 E(P)得到明文 P。

7.2.2 数据加密技术

1. 对称加密技术

典型的对称加密技术有 DES、TDES、IDEA、AES、MD5 等。

DES 是 IBM 公司研制的,于 1977 年由美国国家标准局颁布的一种加密算法。DES 被授权用于所有的非保密(民用)数据的加密,1981 年被国际标准化组织接纳为国际标准。DES 主要采用替换和移位的方法加密,它用 56 位密钥对 64 位二进制数据块进行加密,每次加密可对 64 位的输入数据进行 16 轮编码。1998 年被废除使用。

TADA 是在 DES 的基础上采用三重和双密钥加密的方法,其使用三个密钥,执行三次

DES算法。

IDEA是一种分组密码算法，分组长度为64位，但密钥长度为128位。该算法用128位密钥对64位二进制组成的数据组进行加密，也用同样的密钥对64位密文进行解密。

AES是美国国家标准技术研究所于1997年提出的，于2000年选择了比利时两位科学家提出的Rijndael作为AES算法。Rijndael是一种分组长度和密钥长度都可变的分组密码算法，其分组长度和密钥长度分别为127位、192位和256位。

2. 非对称加密技术

当前应用最广泛的非对称加密技术为RSA，它的安全性是基于大整数因子分解的困难性。RSA算法通常先生成一对RSA密钥，其中一个为私钥，由用户保存，一个为公开密钥，可对外公开。如果A要向B发送信息，则必须用B的公钥对信息进行加密，然后再发送。B接收到信息后，用自己的私钥进行解密。RSA为信息加密和验证提供了一种基本方法。

RSA加密/解密步骤为：

①选取两个不同的大素数p和q，计算$n=p\times q$；

②计算函数$\Phi(n)=(p-1)\times(q-1)(\text{mod } n)$；

③随机选取一个与$(p-1)\times(q-1)$互素的整数e，作为公开密钥；

④计算满足同余方程$e\times d\equiv 1(\text{mod}\Phi(n))$的解d为私钥；

⑤任何向A发送明文M的用户，均可用A的公开密钥e和n，根据$C=M^e(\text{mod } n)$得到密文C；

⑥用户A收到C后，可利用自己的私钥d，根据$M=C^d(\text{mod } n)$得到明文M。

3. 无线网络加密技术

(1)WEP加密技术　WEP-Wired Equivalent Privacy加密技术，以满足用户更高层次的网络安全需求。WEP是Wired Equivalent Privacy的简称，有限等效保密(WEP)协议是对在两台设备间无线传输的数据进行加密的方式，用以防止非法用户窃听或侵入无线网络。WEP安全技术源自于名为RC4的RSA数据加密技术，在2003年被Wi-Fi Protected Access (WPA)淘汰。

(2)WPA加密技术　WPA(Wi-Fi protected access)有WPA和WPA2两个标准，是一种保护无线电脑网络(Wi-Fi)安全的系统，它是研究者在前一代的系统有限等效加密(WEP)中找到的几个严重的弱点而产生的。WPA是一种基于标准的可互操作的WLAN安全性增强解决方案，可大大增强现有以及未来无线局域网系统的数据保护和访问控制水平。WPA源于正在制定中的IEEE802.11i标准并将与之保持前向兼容。

7.2.3　数字签名技术

1. 数字签名的基本概念

数字签名可以解决手写签名汇总的签字人否认签字或其他人伪造签字等问题。因此被广泛应用于银行的信用卡系统、电子商务系统、电子邮件以及其他需要验证、核对信息真伪的系统中。手工签名是模拟的，因人而异，而数字签名是数字式的，因信息而异。

数字签名用来保证信息传输过程中信息的完整性和提供信息发送者的身份确认的功能。可以解决否认、伪造、篡改及冒充等问题，即接收方能够确认发送方的签名，但不能伪造；发送方发出签过名的信息后，不能再否认；接收方对收到的信息不能否认；一旦收发双方出现争执，仲裁者有充足的证据进行评判。

2. 数字签名与加密

对文件进行加密只能解决传送信息的保密问题，而防止他人对传输的文件进行破坏，以及确定发信人的身份等还需要数字签名技术。在电子商务中，完善的数字签名应具备签名方不能抵赖、他人不能伪造、在公证人面前能够验证真伪的能力。

数字签名的特点是动态性，如果文件发生改变，数字签名的值也将发生变化。不同的文件得到的数字签名是不同的。目前的数字签名大多是建立在公开密钥体制基础上的，这是公开密钥加密技术的另一种应用。

3. 签名算法

目前，广泛使用的数字签名算法主要有三种：RSA 算法签名、DSS/DSA 签名、Hash 签名。

(1)RSA 算法签名　采用 RSA 签名时，将消息输入到一个 Hash 函数以产生一个固定长度的 Hash 值，再用发送方的私钥加密 Hash 值形成对消息的签名。消息及其签名被一起发给接收方，接收方得到消息再产生出消息的 Hash 值，且使用发送方的公钥对收到的签名进行解密。接收方将得到的这两个 Hash 值进行比对，如果这两个 Hash 值一样，则认为收到的签名是有效的。

(2)DSS/DSA 签名　DSS(数字签名系统)/DSA(数字签名算法)签名是由美国国家标准化研究院和国家安全局共同开发的。美国政府出于保护国家利益的目的不提倡使用任何削弱政府的有窃听能力的加密软件，因此 DSS/DSA 签名主要用于与美国政府做生意的公司。DSS/DSA 签名的设计思想是签名者的计算能力较低且计算时间要短，而验证者计算能力要求较强。

(3)Hash 签名　Hash 签名是最主要的数字签名方法，又被称为数字摘要算法或数字指纹法。Hash 签名的主要思想是采用单向 Hash 函数将需要加密的明文编码成一串 128 位的密文摘要，这个摘要可以作为验证明文是否完整、真实的依据。

Hash 函数的计算过程为：输入一个长度不固定的字符串，返回一串固定长度的字符串。这个固定长度的字符串被称为“摘要”，又称 Hash 值。信息摘要用于创建数字签名，对于特定的文件，信息摘要是唯一的。Hash 函数除了提高数字签名的有效性和签名外，还可以用来验证数据的完整性。

4. 数字签名的过程

数字签名可以用来防止电子信息因易被修改而有人作伪、冒用别人名义发送信息、发出(收到)信息后又加以否认等情况。采用数字签名可以确认信息是由签名者发送的，信息自签发到收到为止未曾做过任何修改。

只有加入数字签名及验证才能真正实现信息在公开网络上的安全传输。数字签名的主要过程见图 7-4。

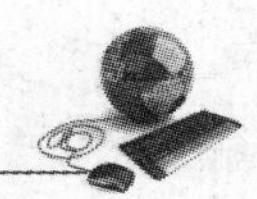

(1)发送方用 Hash 函数从原报文中得到消息摘要,然后用自己的私钥对消息摘要进行加密形成数字签名,并把数字签名附在要发送的报文后面。

(2)发送方用对称加密体制的会话密钥对原文进行加密后发送给接收方。

(3)发送方用接收方的公开密钥对会话密钥进行加密后发送给接收方。

(4)接收方用自己的私钥对会话密钥进行解密,得到会话密钥。

(5)接收方用会话密钥对报文进行解密,得到原文。

(6)接收方用发送方的公开密钥对加密的数字签名进行解密,得到原文的消息摘要。

(7)接收方用 Hash 函数对原文进行计算得到消息摘要,并与解密数字签名得到的消息摘要进行对比。如果两者相同,说明信息在传输过程中没有被破坏。同时,消息摘要是用发送方的私钥进行加密的,可以安全的确认发送方的身份。

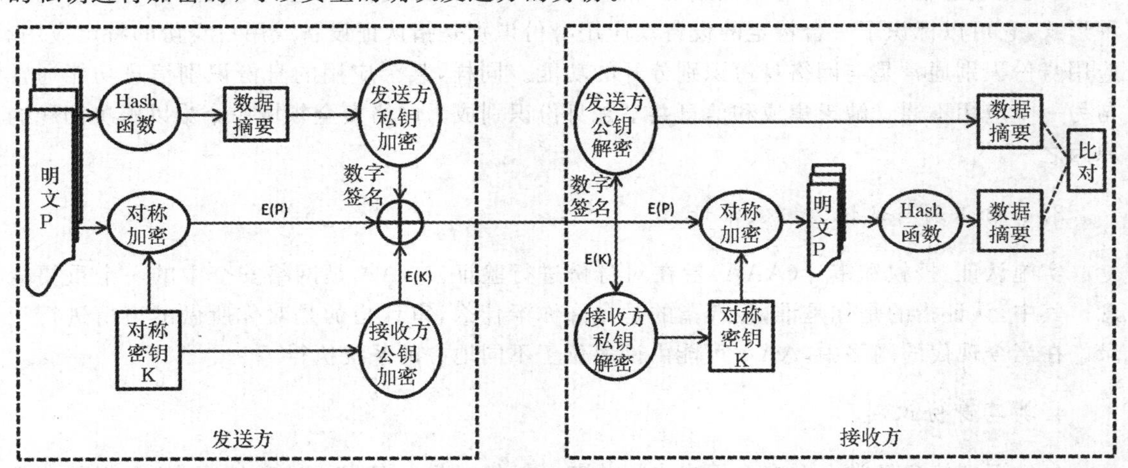

图 7-4　数字签名过程

7.3　身份识别技术

7.3.1　身份识别技术的概念

身份识别是一种基本的网络安全技术。它比其他任何技术更加直接面向网络用户。身份识别并不总是只与用户有关,网络设备和应用有时也需要进行身份识别。身份识别以不同的形式表现在网络安全领域的方方面面。

几乎所有联网的应用都支持某些基本形式的身份识别技术,最常用的是用户名和密码。对于大部分系统来说,只要它们能够检测出不够强健的密码,并告知用户如何设置强健的密码,同时还能优先选择具有一些安全传输形式的应用,它们的安全性就基本能够满足需要。

1. 设备身份识别与用户身份识别

任何关于身份识别设计技术的核心都是理解设备身份识别与用户身份识别之间的区别。设备身份识别是对网络实体进行身份识别。以太网媒体访问控制(MAC)地址是设备身份识

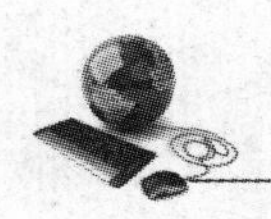

别的一种形式,虽然是较弱的一种,但是它可以代表安装该网卡机主的身份。虽然设备身份识别控制技术能够用来判断某台特定设备是否合法,但是往往无法确定使用该设备的人员。因此该问题就留给了用户身份识别技术。用户身份识别往往与设备身份识别分开执行,但也并不总是如此。用户名和密码这种简单的策略就是用户身份识别的一种形式。网络的安全控制技术经常会要求使用这两种认证技术之一,有时也要求同时使用这两类技术。

2. 网络身份识别与应用身份识别

设备身份识别或者用户身份识别中的任何一种都能执行下述两项功能:进行网络身份识别或进行应用身份识别。IEEE802.1x 扩展认证协议(extensible authentication protocol,EAP)就是通过验证用户身份来判断网络设备身份的一种方式。IP 地址是网络身份识别的一种形式,它可以标识了一台特定的设备。应用身份识别是指认证设备或用户身份的特定应用。应用身份识别通常是与网络身份识别分开的功能。同样,某个应用的身份识别信息功能通常与另一个应用不通。缺乏集成和信息共享是身份识别成为网络安全领域一个难以解决问题的原因之一。

3. 身份识别与认证、授权、审计

实施认证、授权和审计(AAA)旨在对身份进行验证。AAA 是网络安全中的一个重要概念。其中,认证指的是你是谁,授权指的是允许你干什么,审计指的是对你所做的事情进行记录。在当今现代的网络中,AAA 可能由许多位于不同地方的系统执行。

4. 共享身份识别

身份识别信息经常会在多个用户之间共享。任何时候一旦发生这种情况,就会削弱身份识别机制的强度。在多个用户之间共享管理员密码的网络管理中尤其如此。在这种情形下,如果没有采取额外措施,很难确定哪个用户使用管理员账号来执行某些特定的功能。

7.3.2 身份识别的类型

1. 物理访问

一些方法可以为设备的物理访问点提供安全机制,如给门上锁、采用门禁卡、采用智能卡等。所有这些系统都可以限制到物理位置的访问,但只有智能卡能够与网络企业部分直接集成。这不代表其他的身份识别不需要通过物理上的身份识别机制进行控制。实际上,情况往往正好相反。各类物理安全机制都可以通过某种控制手段,来满足受保护区域的不同网络安全需求。尽管一般而言,从物理上访问某台设备往往说明该用户会进行一些更高层面的访问。这意味着能够在物理上接触到一台设备就是某种形式的网络身份。

2. MAC 地址

MAC 地址是网络身份识别的一种形式。因为 MAC 地址是第 2 层的(L2)协定,所以通常只有第 2 层设备才能利用它。由于 MAC 地址分配给网络接口卡而不是分配给用户的,所以它可以用于认证设备的身份,但不能在没有其他认证因素(例如用户/密码)的情况下对用户身

份进行认证。一些 MAC 地址认证的方式包括端口安全、WLAN 认证以及 IEEE802.1x。

MAC 地址不能提供强认证。攻击者能够轻易地更改 MAC 地址来欺骗合法客户。用户因为管理 MAC 地址很麻烦，所以使用基于 MAC 地址进行认证的设备非常麻烦。每次更换系统上的网卡时，都必须要更新数据库。

3. IP 地址

IP 地址与 MAC 地址相比是一种更加固定、有效的网络身份识别形式。同样，它关注设备而不是用户的身份识别。但由于客户的 IP 地址在全网是可确定的，所以使用 IP 地址进行身份认证可以做到更多有意思的事情。当与用户名/密码结合配合使用时，IP 地址能认证是否允许某位管理员连接及管理某个特定的网络资源，管理员是否能通过管理网络连接到设备。

执行有效的 IP 地址身份识别需要在网络中实施复杂的 RFC 2827 过滤。虽然 RFC 2827 无法阻止攻击者伪装 IP 地址的主机位，但是大多数情况下，使用 IP 地址来判断网络身份根据的都是 IP 地址子网而不是单个的主机 IP 地址。

4. 第 4 层信息

虽然与传统的看法略有区别，但第 4 层信息（TCP、UDP）也可以实现身份识别。第 4 层信息可以包括端口号和序列号，后者只有 TCP 才有。当授权客户向服务器发送流量时，正确的序列号和端口号表明当前的通信设备与发起连接的设备相同。因为没有序列号，所以 UDP 就没有那么多的信息可以对客户的身份进行认证。

第 4 层身份识别绝不是一种“强大”的身份认证形式，它只能强化应用层所执行的身份识别。尽管对于诸如 Telnet 这类的应用而言，一旦发生初始认证，就只有第 4 层信息能够阻止攻击者劫持会话。它们不同于 SSH 这类应用，因为后者能够通过加密机制来持续地认证客户端和服务器的应用。

5. 用户名

用户名是当前网络环境中使用的最明显的身份识别形式。大部分用户为需要用户名的不同系统设置了一些不同的密码。如这些密码在某种程度上可以合并到 AAA 服务器和集中的身份识别存储设备中。安全设计人员可以使用 OTP 来增强用户名身份识别的安全性。

6. 数字证书

数字证书可能是提供身份识别的最强方法。从部署观点来看，数字证书存在着明显的缺陷。在没有第二个要素的情况下——例如个人识别码（PIN）或智能卡——数字证书就只能认证设备而不能认证用户。因此，数字证书比较合适站点到站点 VPN 服务这一类的部署环境。引入智能卡或其他额外的认证要素后，数字证书就可以对个人身份进行认证了。

7. 生物特征识别

对于大部分网络，生物特征识别所能提供的潜在优势远远超过该技术自身的风险和不成熟。

7.3.3 身份识别在网络安全中的角色

虽然部署安全技术的方法明显有正误之分,但部署身份识别技术的方案则没有明显的对错之别。作为网络设计人员,要能决定必须在哪里以及如何获得身份识别信息。按照广义定义,有三种可能的网络身份识别路径。

设备到网络——设备由网络或网络中的另一台设备进行认证。

用户到网络——用户由网络或网络中的设备进行认证。

用户到应用——用户直接由网络上某处的应用进行认证。

上述这三种方法能够结合起来实现多层安全。例如,将 802.1x 用于 LAN 认证,同时使用 RFC 2827 和用户应用认证,就同时使用了上述三种方法的多个元素。

7.4 防火墙技术

7.4.1 防火墙概念

防火墙指的是一个由软件和硬件设备组合而成、在内部网和外部网之间、专用网与公共网之间的界面上构造的保护屏障。它是一种计算机硬件和软件的结合,使 Internet 与 Intranet 之间建立起一个安全网关(security gateway),从而保护内部网免受非法用户的侵入,防火墙的应用拓扑见图 7-5。

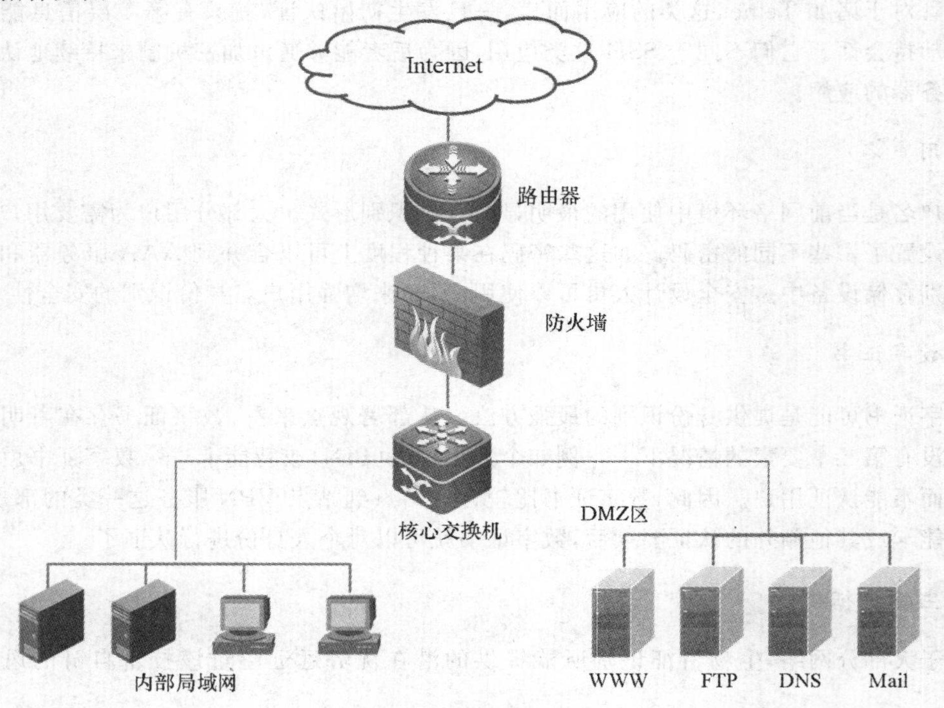

图 7-5 防火墙应用拓扑

防火墙是在内部网和公众访问网两个网络通信时执行的一种访问控制尺度，它能允许你“同意”的人和数据进入你的网络，同时将你“不同意”的人和数据拒之门外，最大限度地阻止网络中的黑客来访问你的网络。换句话说，如果不通过防火墙，公司内部的人就无法访问 Internet，Internet 上的人也无法和公司内部的人进行通信。

7.4.2　防火墙的类型

1. 网络层防火墙

网络层防火墙可视为一种 IP 封包过滤器，运作在底层的 TCP/IP 协议堆栈上。我们可以以枚举的方式，只允许符合特定规则的封包通过，其余的一概禁止穿越防火墙(病毒除外，防火墙不能防止病毒侵入)。这些规则通常可以经由管理员定义或修改，不过某些防火墙设备可能只能套用内置的规则。

我们也能以另一种较宽松的角度来制定防火墙规则，只要封包不符合任何一项“否定规则”就予以放行。操作系统及网络设备大多已内置防火墙功能。

较新的防火墙能利用封包的多样属性来进行过滤，例如：来源 IP 地址、来源端口号、目的 IP 地址或端口号、服务类型(如 WWW 或是 FTP)。也能经由通信协议、TTL 值、来源的网域名称或网段等属性来进行过滤。

2. 应用层防火墙

应用层防火墙是在 TCP/IP 堆栈的“应用层”上运作，您使用浏览器时所产生的数据流或是使用 FTP 时的数据流都是属于这一层。应用层防火墙可以拦截进出某应用程序的所有封包，并且封锁其他的封包(通常是直接将封包丢弃)。理论上，这一类的防火墙可以完全阻绝外部的数据流进到受保护的机器里。

防火墙借由监测所有的封包并找出不符规则的内容，可以防范电脑蠕虫或是木马程序的快速蔓延。不过就实现而言，这个方法比较繁杂，所以大部分的防火墙都不会考虑以这种方法设计。

3. 数据库防火墙

数据库防火墙是一种基于数据库协议分析与控制技术的数据库安全防护系统。基于主动防御机制，实现数据库的访问行为控制、危险操作阻断、可疑行为审计。

数据库防火墙通过 SQL 协议分析，根据预定义的禁止和许可策略让合法的 SQL 操作通过，阻断非法违规操作，形成数据库的外围防御圈，实现 SQL 危险操作的主动预防、实时审计。

数据库防火墙面对来自于外部的入侵行为，提供 SQL 注入禁止和数据库虚拟补丁包功能。通过虚拟补丁包，数据库系统不用升级、打补丁，即可完成对主要数据库漏洞的防控。

7.4.3 防火墙技术

1. 包过滤技术

包过滤(packet filtering)技术应用于网络层防火墙,该技术根据网络层和传输层的原则对传输的信息进行过滤。所以,利用包过滤技术在网络层实现的防火墙也称为包过滤防火墙。

网络上传输的每个数据包都包括两部分:数据部分和包头。包头中含有源地址和目的地址信息。包过滤是在网络的出口(路由器)对通过的数据包进行检测,只有满足条件的数据包才允许通过,否则被抛弃。这样可以有效地防止恶意用户利用不安全的服务对内部网进行攻击。包过滤防火墙只对源 IP 地址和目的 IP 地址及端口进行检查,包过滤模型如图 7-6 所示。

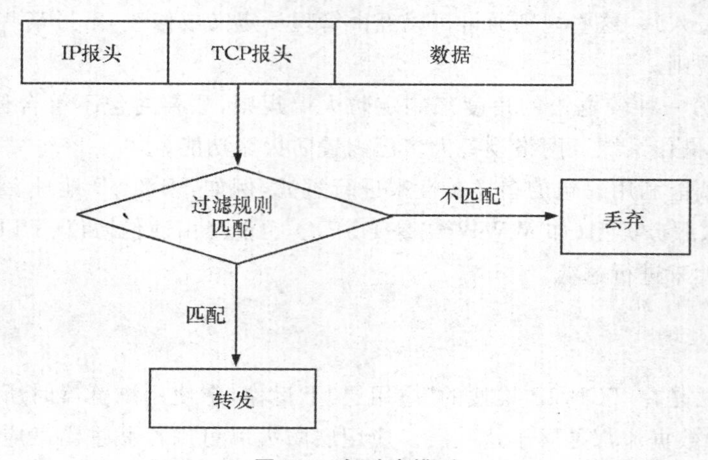

图 7-6 包过滤模型

包过滤是一种简单而有效的方法。通过拦截数据包,读出并拒绝那些不符合标准的包头,过滤掉不应入栈的信息(路由器将其丢弃)。

2. 代理服务技术

代理服务是运行在防火墙主机上的特定的应用程序或服务程序。防火墙主机可以是具有一个内部网接口和一个外部网接口的双穴(duel homed)主机,也可以是一些可以访问 Internet 并可被内部主机访问的堡垒主机。

代理服务位于内部用户和外部服务之间。代理程序在幕后处理所有用户和 Internet 服务之间的通信以代替相互间的直接交谈。对于用户,代理服务器给用户一种直接使用"真正"服务器的感觉;对于真正的服务器,代理服务器给真正服务器一种在代理主机上直接处理用户的假象。用户将对"真正"服务器的请求交给代理服务器,代理服务器评价来自客户的请求,并做出认可或否认的决定。如果一个请求被认可,代理服务器就代表客户将请求转发给"真正"的服务器,并将服务器的响应返回给代理客户,代理防火墙工作原理如图 7-7 所示。

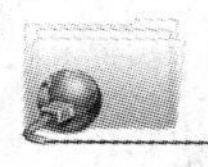
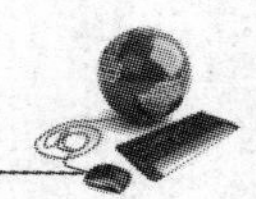

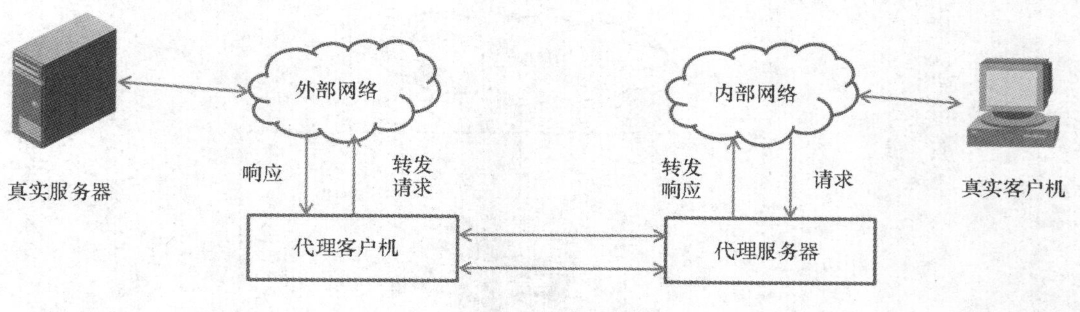

图 7-7 代理防火墙工作原理

3. 状态监测技术

状态检测(stateful inspection)技术又称动态包过滤防火墙。状态检测防火墙在网络层由一个检查引擎截获数据包,抽取出与应用层状态有关的信息,并以此作为依据决定对该数据包是接受还是拒绝。检查引擎维护一个动态的状态信息表并对后续的数据包进行检查。一旦发现任何连接的参数有意外变化,该连接就被中止。

状态检测防火墙监视每一个有效连接的状态,并根据这些信息决定网络数据包是否能通过防火墙。它在协议底层截取数据包,然后分析这些数据包,并且将当前数据包和状态信息与前一时刻的数据包和状态信息进行比较,从而得到该数据包的控制信息,来达到保护网络安全的目的。

状态检测防火墙克服了包过滤防火墙和应用代理服务器的局限性,能够根据协议、端口及源地址、目的地址的具体情况决定数据包是否可以通过。对于每个安全策略允许的请求,状态检测防火墙启动相应的进程,可以快速地确认符合授权标准的数据包,这使得本身的运行速度很快。

4. 自适应代理技术

新型的自适应代理(adaptive proxy)防火墙,本质上也属于代理服务技术,但它也结合了动态包过滤(状态检测)技术。

使用自适应代理技术的防火墙的基本要素有两个:自适应代理服务器与动态包过滤器。它结合了代理服务防火墙安全性和包过滤防火墙的高速度等优点,在保证安全性的基础上将代理服务器防火墙的性能提高。

7.4.4 防火墙的体系结构

1. 双宿主主机模式 (dual-homed/multi-homed)

双宿主主机(dual-homed host)防火墙系统由一台双宿主堡垒主机构成,该主机至少有两个网络接口,两个端口之间不能进行直接的 IP 数据包的转发。防火墙内部的系统可以与双宿主主机进行通信,防火墙外部的系统也可以与双宿主主机进行通信,但内部系统和外部系统之间不能直接进行通信(图 7-8)。

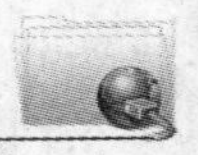

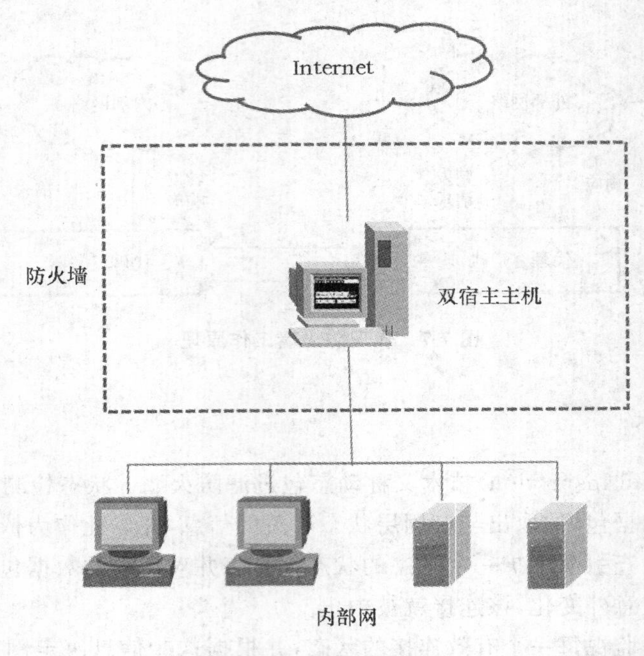

图 7-8　双宿主主机模式

2. 屏蔽主机模式

屏蔽主机(screened host)防火墙由包过滤路由器和堡垒主机组成。此防火墙系统提供的安全等级比包过滤防火墙系统要高,因为它实现了网络层安全(包过滤)和应用层安全(代理服务)。所以入侵者在破坏内部网络的安全性之前,必须首先渗透两种不同的安全系统(图 7-9)。

屏蔽主机防火墙的堡垒主机配置在内部网络上,而包过滤路由器则放置在内部网络和 Internet 之间。

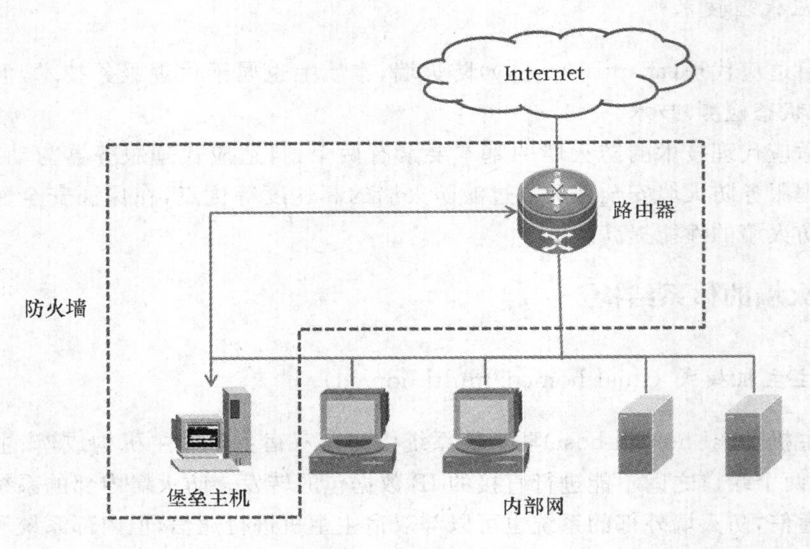

图 7-9　屏蔽主机模式

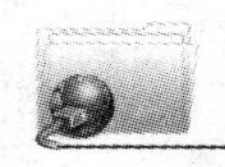

3. 屏蔽子网模式

屏蔽子网防火墙利用两台屏蔽路由器把子网与外部网络隔离开，堡垒主机、信息服务器以及其他公用服务器放在该子网中，这个子网即DMZ。

屏蔽子网防火墙是最安全的防火墙系统之一，因为它在定义了DMZ网络后，支持网络层和应用层安全功能。外部路由器用于防范外部攻击，并管理外部网到DMZ网络的访问，它只允许外部系统访问堡垒主机。内部路由器提供第二层防御，只接收来自堡垒主机和信息服务器的数据包（图7-10）。

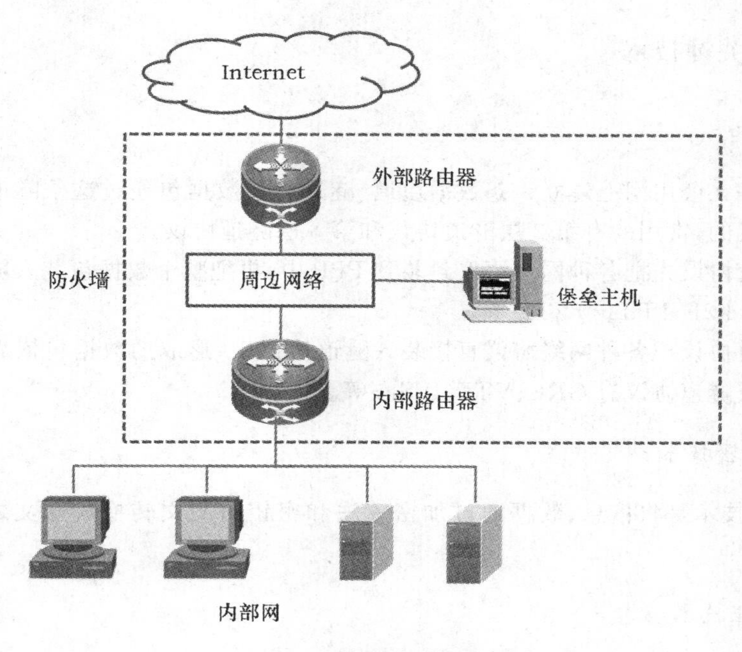

图7-10　屏蔽子网模式

7.5　VPN技术

7.5.1　VPN概述

VPN是虚拟专用网的简称，虚拟专用网不是真的专用网络，但却能够实现专用网络的功能。虚拟专用网指的是依靠ISP（internet service provider 因特网服务提供商）和其他NSP（network service provider 网络服务提供商），在公用网络中建立专用的数据通信网络的技术。在虚拟专用网中，任意两个节点之间的连接并没有传统专网所需的端到端的固定物理链路，而是利用某种公众网的物理链路资源动态组成的。

IETF组织对基于IP的VPN解释为：通过专门的隧道加密技术在公共数据网络上仿真一条点到点的专线技术。所谓虚拟，是指用户不再需要拥有实际的长途数据线路，而是使用

Internet 公众数据网络的长途数据线路。所谓专用网络，是指用户可以为自己制定一个最符合自己需求的网络。早期的虚拟专用网一般指的是电信运营商提供的 Frame Relay 或 ATM 等虚拟固定线路（PVC）服务的网络，或通过运营商的 DDN 专线网络构建用户自己虚拟专用网。

现在的 VPN 是在 Internet 上临时建立的安全专用虚拟网络，用户节省了租用专线的费用，同时除了购买 VPN 设备或 VPN 软件产品外，企业所付出的仅仅是向企业所在地的 ISP 支付一定的上网费用，对于不同地区的客户联系也节省了长途电话费。这就是 VPN 价格低廉的原因。

7.5.2 VPN 关键技术

1. 隧道技术

隧道技术是在公用网上建立一条数据通道（隧道），让数据包通过这条隧道传输。隧道是由隧道协议形成的，常用的有第 2 层隧道协议和第 3 层隧道协议。

第 2 层隧道协议先把各种网络协议封装到 PPP 中，再把整个数据包装入隧道协议中。第 2 层隧道协议有 L2F、PPTP、L2TP 等。

第 3 层隧道协议把各种网络协议直接装入隧道协议中，形成的数据包依靠第 3 层协议进行传输。第 3 层隧道协议有 GRE、VTP、IPSec 等。

2. 加密/解密技术

加密/解密技术是将信息、数据通过加密算法和密钥由明文转换成密文之后，再在 VPN 中传输。

3. 密钥管理技术

密钥管理技术要保证密钥在公共网络上安全传递。在 Internet 安全连接和密钥管理协议中，通信双方都有两个密钥：公钥和私用，分别用于公开和私用。

4. 身份认证技术

在隧道连接之前，身份认证技术要确认使用者和设备的身份，以便系统进一步实施资源访问控制。

5. 访问控制技术

访问控制技术决定允许什么用户可以访问系统，允许访问系统的何种资源以及如何使用这些资源等。访问控制能够阻止未经授权的用户获取数据和访问资源。

7.5.3 VPN 的类型

按照 VPN 的网络连接类型主要分为站点 VPN 和远程用户 VPN 两种类型。站点 VPN 主要指的是网络和网络之间的 VPN 连接。而远程用户 VPN 指的是移动终端到企业私有网络之间的 VPN 连接，而 SSL VPN 就是远程用户 VPN。

以 OSI 模型参照标准，不同的 VPN 技术可以在不同的 OSI 协议层实现，详见表 7-1。

表 7-1　VPN 的类型

VPN 在 OSI 中的层次	VPN 实现技术
数据链路层	PPTP 及 L2TP
网络层	IPSEC
应用层	SSL

1. PPTP

PPTP(点到点隧道协议)是由 PPTP 论坛开发的点到点的安全隧道协议，为使用电话上网的用户提供安全 VPN 业务，1996 年成为 IETF 草案。PPTP 是 PPP 协议的一种扩展，提供了在 IP 网上建立多协议的安全 VPN 的通信方式，远端用户能够通过任何支持 PPTP 的 ISP 访问企业的专用网络。

PPTP 提供 PPTP 客户机和 PPTP 服务器之间的保密通信。PPTP 客户机是指运行该协议的 PC 机，PPTP 服务器是指运行该协议的服务器。通过 PPTP，客户可以采用拨号方式接入公共的 IP 网。拨号客户首先按常规方式拨号到 ISP 的接入服务器，建立 PPP 连接；在此基础上，客户进行二次拨号建立到 PPTP 服务器的连接，该连接称为 PPTP 隧道。PPTP 隧道实质上是基于 IP 协议的另一个 PPP 连接，其中 IP 包可以封装多种协议数据，包括 TCP/IP、IPX 和 NetBEUI。对于直接连接到 IP 网的客户则不需要第一次的 PPP 拨号连接，可以直接与 PPTP 服务器建立虚拟通路。

PPTP 的最大优势是 Microsoft 公司的支持，另外一个优势是它支持流量控制，可保证客户机与服务器之间不拥塞，改善通信性能，最大限度地减少包丢失和重发现象。PPTP 把建立隧道的主动权交给了客户，但客户需要在其 PC 机上配置 PPTP，这样做既会增加用户的工作量，又会造成网络的安全隐患。另外，PPTP 仅工作于 IP，不具有隧道终点的验证功能，需要依赖用户的验证。

2. IPSec VPN

IPSec 也是 IETF 支持的标准之一，它和 PPTP、L2TP 不同之处在于它是第三层即 IP 层的加密。IPSec 不是某种特殊的加密算法或认证算法，也没有在它的数据结构中指定某种特殊的加密算法或认证算法，它只是一个开放的结构，定义在 IP 数据包格式中，不同的加密算法都可以利用 IPSec 定义的体系结构在网络数据传输过程中实施。

IPSec 协议可以设置成在两种模式下运行：一种是隧道(tunnel)模式，一种是传输(transport)模式。在隧道模式下，IPSec 把传输层的数据封装在安全的 IP 包中。传输模式是为了保护端到端的安全性，即在这种模式下不会隐藏路由信息。隧道模式是最安全的，但会带来较大的系统开销。由于 IPSec 是基于网络层的，不能穿越通常的 NAT、防火墙。

3. SSL VPN 技术

(1)SSL 协议　安全套接层(Secure Socket Layer，SSL)属于高层安全机制，广泛应用于 Web 浏览程序和 Web 服务器程序。在 SSL 中，身份认证是基于证书的。服务器方向客户方的认证是必需的，而 SSL 版本 3 中客户方向服务方的认证只是可选项，现在逐渐得到广泛的应用。

SSL 协议过程通过 3 个元素来完成：

握手协议：这个协议负责配置用于客户机和服务器之间会话的加密参数。当一个 SSL 客户机和服务器第一次开始通信时，它们在一个协议版本上达成一致，选择加密算法和认证方式，并使用公钥来生成共享密钥。

记录协议：这个协议用于交换应用数据。应用程序消息被分割成可管理的数据块，还可以压缩，并产生一个 MAC(消息认证代码)，然后结果被加密并传输。接收方接收数据并对它解密，校验 MAC，解压并重新组合，把结果提供给应用程序协议。

警告协议：这个协议用于表示在什么时候发生了错误或两个主机之间的会话在什么时候终止。

SSL 协议通信的握手步骤如下：

第 1 步：SSL 客户端连接至 SSL 服务器，并要求服务器验证它自身的身份。

第 2 步：服务器通过发送它的数字证书证明其身份。这个交换还可以包括整个证书链，直到某个根证书颁发机构(CA)通过检查有效日期并确认证书包含可信任 CA 的数字签名来验证证书的有效性。

第 3 步：服务器发出一个请求，对客户端的证书进行验证，但是由于缺乏公钥体系结构，当今的大多数服务器不进行客户端认证。但是完善的 SSL VPN 安全体系是需要对客户端的身份进行证书级验证的。

第 4 步：协商用于加密的消息加密算法和用于完整性检查的哈希函数，通常由客户端提供它支持的所有算法列表，然后由服务器选择最强大的加密算法。

第 5 步：客户机和服务器通过以下步骤生成会话密钥：客户机生成一个随机数，并使用服务器的公钥(从服务器证书中获取)对它加密，以送到服务器上。服务器用更加随机的数据(客户机的密钥可用时则使用客户机密钥，否则以明文方式发送数据)响应。使用哈希函数从随机数据中生成密钥。使用会话密钥和对称算法(通常是 RC4、DES、3DES)对以后通信的数据进行加密。

在 SSL 通信中，服务器方使用 443 端口，而客户方的端口是任选的。

(2)SSL VPN 技术　SSL VPN 技术帮助用户通过标准的 Web 浏览器就可以访问重要的企业应用。这使得企业员工出差时不必再携带自己的笔记本电脑，仅仅通过一台接入了 Internet 的计算机就能访问企业资源，这为企业提高了效率也带来了方便。SSL VPN 网关位于企业网的边缘，介于企业服务器与远程用户之间，控制二者的通信。

SSL VPN 网关至少要实现一种功能：代理 Web 页面。它将来自远端浏览器的页面请求(采用 HTTPS 协议)转发给 Web 服务器，然后将服务器的响应回传给终端用户。

对于非 Web 页面的文件访问，往往要借助于应用转换。SSL VPN 网关与企业网内部的微软 CIFS 或 FTP 服务器通信，将这些服务器对客户端的响应转化为 HTTPS 协议和 HTML 格式发往客户端，终端用户感觉这些服务器就是一些基于 Web 的应用。

有的 SSL VPN 产品所能支持的应用转换器和代理的数量非常少，有的则很好地支持了 FTP、网络文件系统和微软文件服务器的应用转换。用户在选择网关时，必须对自己所需要转换的应用有一个很明确的了解，并能够根据它们的重要性给它们排个先后顺序。

而有一些应用，如微软Outlook或MSN，它们的外观会在转化为基于Web界面的过程中丢失。此时要用到端口转发技术。端口转发用于端口定义明确的应用。它需要在终端系统上运行一个非常小的Java或ActiveX程序作为端口转发器，监听某个端口上的连接。当数据包进入这个端口时，它们通过SSL连接中的隧道被传送到SSL VPN网关，SSL VPN网关解开封装的数据包，将它们转发给目的应用服务器。使用端口转发器，需要终端用户指向他希望运行的本地应用程序，而不必指向真正的应用服务器。良好的SSL VPN产品应该具有较好的互操作性，较为细致的访问控制能力，完善的日志和认证体系以及对应用的广泛支持。

7.5.4 IPSec VPN的部署

1. 站点到站点的VPN

站点到站点(site-to-site)VPN也称作LAN到LAN(LAN-to-LAN)或网关到网关(gateway-to-gateway)VPN。它们无须在主机到主机之间提供IPSec，只需在站点到站点之间提供。站点到站点VPN部署如图7-11所示。

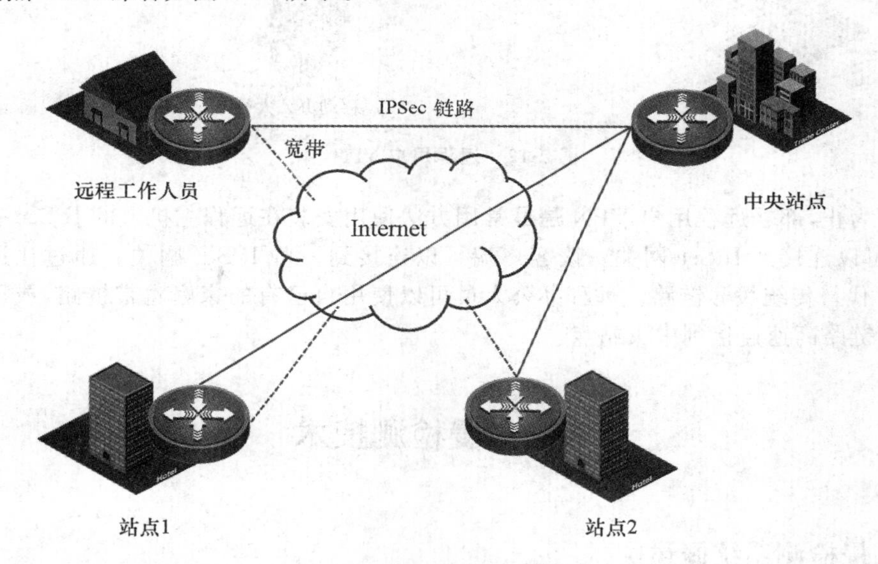

图7-11 站点到站点VPN

站点到站点VPN可以用于私有WAN安全解决方案，代替私有WAN。部署站点到站点VPN主要有三个原因：

(1)在现有私有WAN安全解决方案环境中，所有的通信在进入服务提供商的网络之前都是加密并经过认证的。

(2)站点到站点VPN可以快速启动。如果希望进行通信的商业伙伴都部署了Internet连接，就可以很轻松实现站点到站点VPN，对于相互合并的公司也同样如此。管理员可以在几个小时内建立一条IPSec链路，而不用申请专线。

(3)站点到站点VPN与私有WAN链路相比，节约了大量成本。远程国际连接是使用站点到站点VPN的理想对象。

2. 远程用户 VPN

远程用户 VPN 也称作远程访问或主机到网关 VPN，用来作为远程连接来增强或取代传统拨号的公共交换电话网链路。远程用户 VPN 部署如图 7-12 所示。

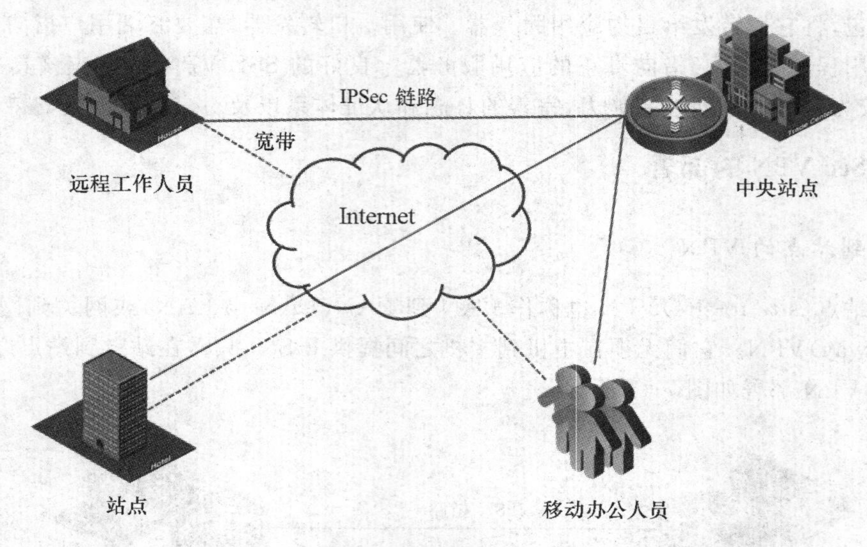

图 7-12　远程用户 VPN

到目前为止，部署远程用户 VPN 是最常用方法使用安装在远程主机上的 IPSec 软件客户端，之后就可以连接到 IPSec 网关。该客户端可以连接到一些 IPSec 网关。通过让远程用户 IPSec VPN 代替传统拨号链路。远程办公人员可以使用自己有的家庭宽带链路，或可以通过机构提供的链路高速连接到中央站点。

7.6　入侵检测技术

7.6.1　入侵检测系统概述

1. IDS 的背景

随着 Internet 的迅速扩张和电子商务的兴起，越来越多的个人、企业以及政府部门依靠网络传递信息。然而网络的开放性与共享性使它很容易受到外界的攻击与破坏，信息的安全保密性受到了严重影响。与此同时，借助网络的广泛性，网上病毒、木马和黑客的攻击活动也逐渐猖狂。人们发现保护资源和数据的安全，让其免受来自恶意入侵者的威胁是件非常重要的事。因此，保证计算机系统、网络系统以及整个信息基础设施的安全已经成为刻不容缓的重要课题，各种安全产品也就应运而生。

当前，防火墙产品在网络安全上的应用已经有了非常高的认知和应用水平，被认可作为网络大门的地位。防火墙作为一种边界安全的手段，在网络安全保护中起着重要作用。其主要功能是控制对网络的非法访问，通过监视、限制、更改通过网络的数据流，然而，防火墙存在明

显的局限性。在OSI模型上，防火墙工作在4层以下，对4～7层以上的攻击无法发觉。

由于传统防火墙存在缺陷，引发了入侵检测系统IDS(intrusion detection system)的研究和开发。IDS对网络数据进行深度分析，除了可检查第4层数据外，更能深入检查到第7层的数据包内容。IDS产品作为一个旁观者接入到网络中，监测网络的可疑行为。入侵检测是防火墙之后的第二道安全闸门，是对防火墙的合理补充。在不影响网络性能的情况下，通过对网络的监测，帮助系统对付网络攻击，扩展系统管理员的安全管理能力(包括安全审计、监视、进攻识别和响应)。

IDS是一种并联在网络上的设备，它只能被动地检测网络遭到了何种攻击，它只是个旁观者，大部分都是通过联动防火墙来阻止攻击。很多用户希望IDS能够增加主动阻断攻击的能力，在危害出现时能够直接将其阻断，这时就产生了IPS产品。IPS在检测上继承了IDS的技术，在IDS的基础上增加了检测后的处理。IPS不再是网络上的旁观者，它串联在网络上起着主动防御的作用。

2. 入侵检测系统的定义

入侵检测(intrusion detection)是对入侵行为的检测。它通过收集和分析网络行为、安全日志、审计数据、其他网络上可以获得的信息以及计算机系统中若干关键点的信息，检查网络或系统中是否存在违反安全策略的行为和被攻击的迹象。

入侵检测系统(intrusion detection system，简称“IDS”)是一种对网络传输进行即时监视，在发现可疑传输时发出警报或者采取主动反应措施的网络安全设备。它与防火墙不同，IDS是一种积极主动地安全防护技术，提供了对内部攻击、外部攻击和误操作的实时保护，在网络系统受到危害之前拦截和响应入侵。

3. 入侵检测系统的功能

根据入侵检测系统的定义可知，入侵检测系统必须具备以下功能：第一，监视用户和系统的运行状况，查找非法用户和合法用户的越权操作；第二，对系统构造和弱点进行审计，对异常行为模式进行统计分析；第三，对操作系统进行跟踪审计管理，评估重要系统和数据文件的完整性，并识别用户违反安全策略的行为。

4. 入侵检测系统的分类

按输入数据的来源，入侵检测系统可以分为基于主机的入侵检测系统、基于网络的入侵检测系统和分布式入侵检测系统三种。基于主机的入侵检测系统安装在主机或服务器上，一般只能检测该主机上发生的入侵，其数据大部分来源于系统审计日志；基于网络的入侵检测系统安装的网络上，能检测该网段上发生的入侵，其数据来源主要为网络上的数据流；分布式入侵检测系统由多个部件组成，同时安装在主机和网络上，能检测来自主机和网络的入侵，其数据源主要为主机系统审计日志和网络数据流。

7.6.2　入侵检测技术的分类

1. 异常检测技术

异常检测的优点是：不需要事先获取入侵攻击的特征，可以检测未知或已知攻击的变种，

而且能适应用户或系统的行为变化。但是异常检测也有它的缺点:异常检测一般根据知识经验选取或动态调整阀值来进行检测,这个阀值非常难确定。当阀值选取不当时,极其容易造成误检测。异常不一定就是由攻击造成的,异常检测容易把用户的特殊行为判定为攻击,造成误检测。

异常检测的方法非常多,有基于统计的异常检测、基于数据挖掘的异常检测、基于规则的异常检测和其他各种人工智能的异常检测(神经网络、人工免疫等等)。

2. 误用检测技术

误用检测技术在网络安全产品中被广泛使用,几乎所有的 IDS/IPS 产品都用到了误用检测技术。误用检测是基于知识或基于签名的检测技术,它根据已知的知识建立特征库,通过用户或系统行为与特征库中各种攻击模式的比较来确定是否发生入侵。

误用入侵检测的优点是:攻击检测的准确率高,能够检测攻击的类型。它的缺点是:只能检测已知攻击。滞后于新出现的攻击。攻击特征库维护困难,新攻击出现后需由专家根据专业知识抽取攻击特征,不断更新攻击特征库。

7.6.3 IDS 应用方案

1. 中小型企业应用方案

在中小型企业,IDS 设备往往部署在防火墙之后,作为所有网络进出口的第二道安全闸门,如图 7-13 所示。它监视所有外部网络和内部网络通信的数据流量,揪出意图入侵内部网络的数据流量。

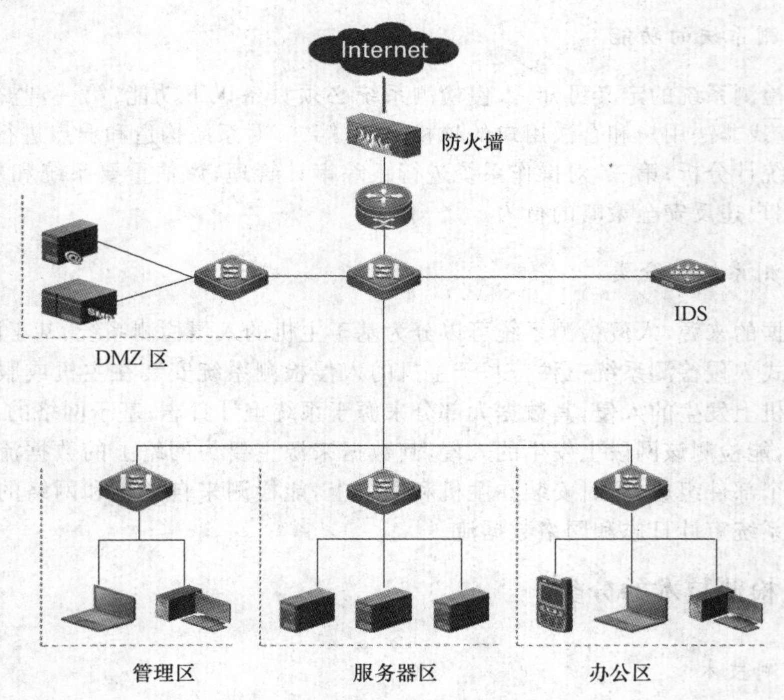

图 7-13 中小型企业 IDS 部署图

IDS设备并联在进出口通道上。作为一个监控者，IDS不会对网络性能造成任何影响，同时它又起到流量监控和分析作用，提高了用户网络的安全性。

2. 大中型企业应用方案

大中型企业的内部网络环境比较复杂，内部网络的终端设备也比较多。在大中型企业中，不仅仅存在外部网络对内部网络的入侵。由于内部网络的终端设备也比较多，在内部网络之间往往也存在着互相攻击的行为，由内部网络攻击引起的危害比例也非常大。

因此，在大中型网络不仅需要在防火墙后面布置第二道闸门看守大门，还需要在每个关键节点布置IDS，监控各个重要网络的数据流量。同样，IDS的管理网络就需要特殊布置，如图7-14所示。

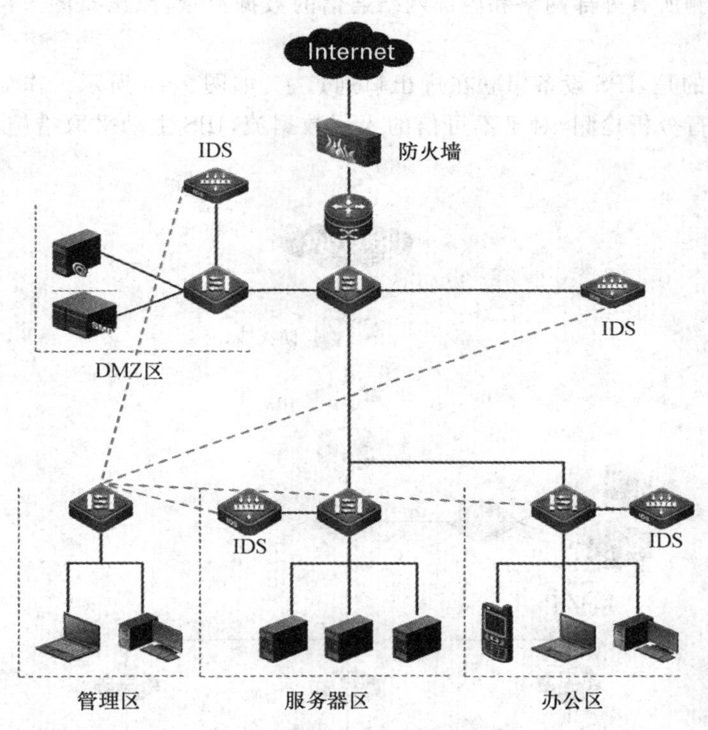

图 7-14　大中型企业 IDS 部署图

7.6.4　入侵防御系统 IPS

1. IPS概念

IDS是一种并联在网络上的设备，它只能被动地监测网络遭到了何种攻击，它只是个旁观者，大部分都是通过联动防火墙来阻止攻击。很多用户希望IDS能够增加主动阻断攻击的能力，在危害出现时能够直接将其阻断，这时就产生了IPS产品。IPS监测上继承了IDS的技术，在IDS的基础上增加了监测后的处理。IPS不再是网络上的旁观者，它串联在网络上起着主动防御的作用。

IPS是一种主动的、积极的入侵防范和阻止系统，它部署在网络的进出口处，当它检测到攻击企图后，就会自动地将攻击包丢掉或采取措施将攻击源阻断。因此，从实用效果上看，与IDS相比，入侵防御系统IPS又有了新的发展，能够对网络起到较好的实时防护作用。

IPS是通过直接嵌入到网络流量中而实现这一功能的，即通过一个网络端口接收来自外部系统的流量，经过检查确认其中不包含异常活动或可疑内容后，再通过另外一个端口将它传送到内部系统中。这样，有问题的数据包以及所有来自同一数据流的后续数据包，都能够在IPS设备中被清除掉。

2. IPS应用方案

同IDS一样，在中小型企业，IPS设备部署在防火墙之后，作为所有网络进出口的第二道安全闸门。它检测所有外部网络和内部网络通信的数据流量，揪出意图入侵内部网络的数据流量。

和IDS区别的是，IPS设备串联在进出口通道上，如图7-15所示。作为一个守卫者，IPS对流经的数据进行分析检测，对于不可信的入侵数据流，IPS主动采取措施，实时地对用户网络进行保护。

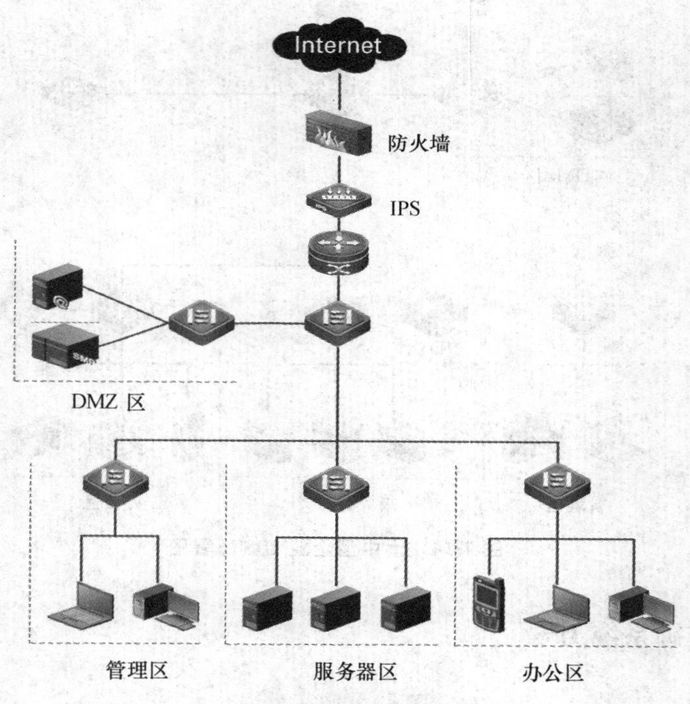

图7-15　IPS部署图

7.7　上网行为管理

7.7.1　上网行为管理概念

上网行为管理可以管控无关工作的网络行为，杜绝宽带资源滥用，提升工作效率，记录上网轨迹，管控外发信息，规避泄密和法规风险，智能数据分析提供可视化报表和详细报告，为网络管理和优化提供决策依据。总之，上网行为管理是指帮助互联网用户控制和管理对互联网的使用，包括对网页访问过滤、网络应用控制、带宽流量管理、信息收发审计、用户行为分析。

7.7.2　上网行为管理的功能

1. 优化带宽管理

上网行为管理能帮助网络管理者了解带宽资源使用情况，并据此制定带宽管理策略，验证策略有效性。同时实现带宽资源实时动态分配，提升资源利用率。

2. 管控网络应用

上网行为管理可以帮助网络管理员了解用户的网络行为内容和行为分布情况。借助上网行为管理，管理员能实现分时间段、基于用户、基于应用、基于行为内容的网络行为控制，限制用户的网络行为。

3. 管控上网权限

管控依据组织架构建立用户身份认证体系，并采用分时间段、基于用户、基于应用、基于行为内容的网络行为控制，从而实现员工职位职责与上网权限的匹配。

4. 防范信息泄露

实现基于内容的外发信息过滤，管控文件、邮件发送行为，对网络中的异常流量、用户异常行为及时发起告警，数据中心保留相关日志，风险智能报表发现潜在的泄密用户，实现“事前预防、事发拦截、事后追查”。

5. 优化上网环境

上网行为管理可以过滤危险插件和恶意脚本，防止用户终端访问被挂载的网页而染毒，对于已中毒的终端，会检测网络中的异常流量如木马流量、端口扫描行为、标准端口中的非标准流量，并自动封锁并发起告警，提升局域网安全。

7.7.3　上网行为管理的部署

1. 网关模式

网关模式是指设备工作在三层交换模式，上网行为管理以网关模式部署在组织网络中，如

图 7-16 所示，所有流量都通过上网行为管理处理，实现对内网用户上网行为的流量管理、行为控制、日志审计等功能。作为组织的出口网关，上网行为管理的安全功能可保障组织网络安全，支持多线路技术扩展出口带宽，NAT 功能代理内网用户上网，实现路由功能等。

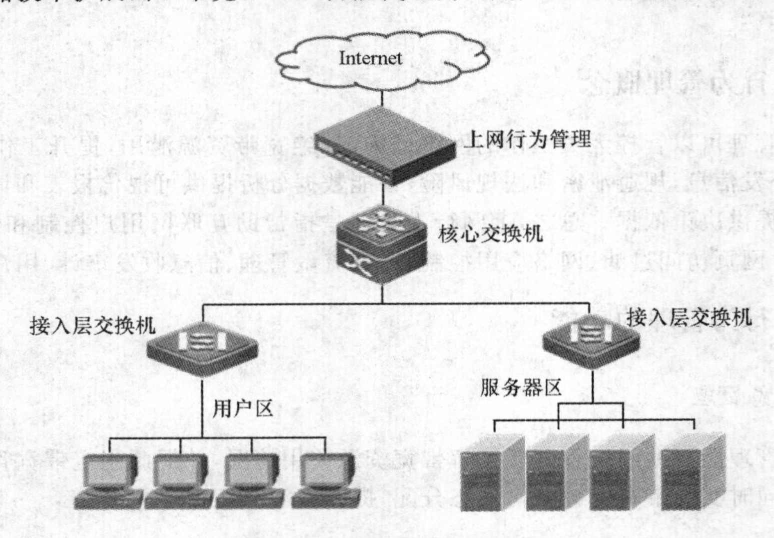

图 7-16　上网行为管理网关模式

网关模式适用于网吧、小型企业、用户和服务器比较少的学校等组织。

2. 网桥模式

网桥模式是指设备工作在二层交换模式，上网行为管理以网桥模式部署在组织网络中，如图 7-17 所示，如同连接在出口网关和内网交换机之间的"智能网线"，实现对内网用户上网行为的流量管理、行为控制、日志审计、安全防护等功能。网桥模式适用于不希望更改网络结构、路由配置、IP 配置的组织，例如政府、学校、大型企业等。

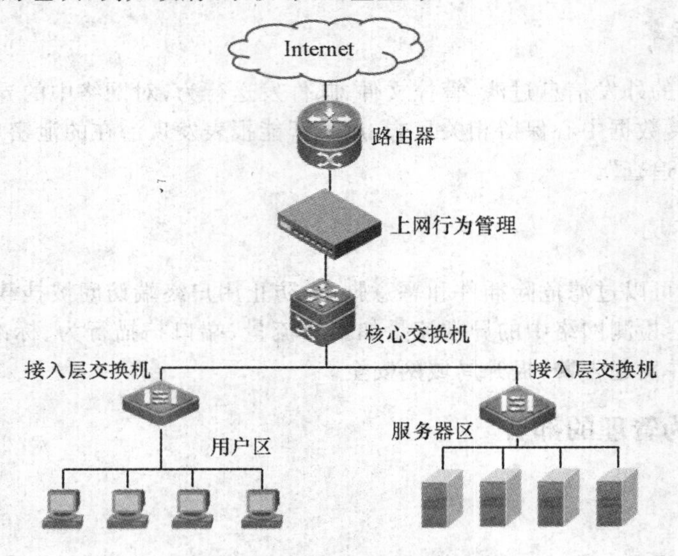

图 7-17　上网行为管理网桥模式

3. *旁路模式*

上网行为管理以旁路模式部署在组织网络中，如图7-18所示，与交换机镜像端口相连，实施简单，完全不影响原有的网络结构，降低了网络单点故障的发生率，旁路模式的上网行为管理不会降低网络效率，成为网络瓶颈。上网行为管理主要用于监听、审计局域网中的数据流及用户的网络行为，以及实现对用户的TCP行为的管控。

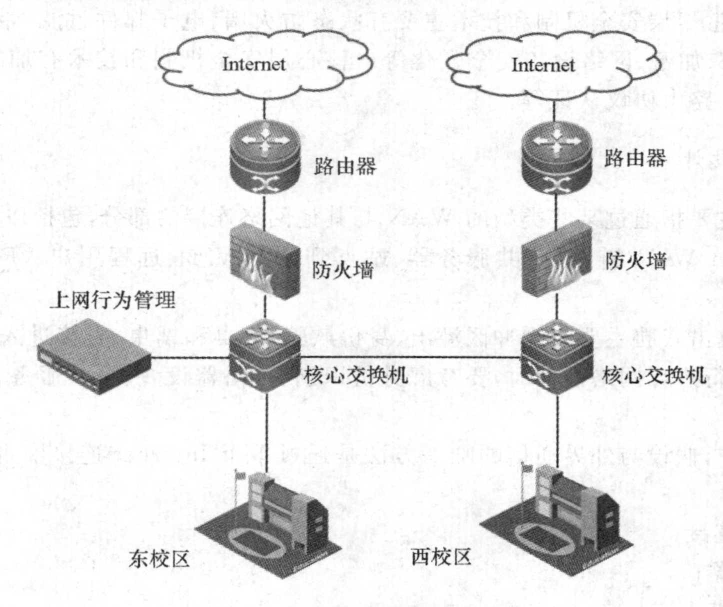

图7-18　上网行为管理旁路模式

7.8　网络安全方案设计

7.8.1　网络安全方案概述

网络安全方案是指网络安全工程实施过程中，为解决网络安全整体问题，在网络系统的分析、设计和具体实施过程中，采用的各种安全技术、方法、策略、措施、安排和管理文档等。一个好的网络安全解决方案包括安全技术、安全策略和安全管理三个部分。

常用的网络安全产品和技术主要有：传输加密、身份识别、防火墙、入侵检测、上网行为管理、防病毒和VPN等，在实际的设计中，要结合用户的网络、系统和应用的实际情况，对安全产品和技术做针对性地选择，解决实际的问题，不应该求全求大。

7.8.2　安全网络设计

目前大部分的网络设计遵循核心层、汇聚层和接入层的模型。接入层是大部分终端主机与网络相连的地方，通常放置在一栋大楼或某一层的配线间。接入层一般是指第2层，所以与PC直连的网络设备上并不部署路由选择。如果网络比较大，就需要将接入层设备连接到一

个或者多个汇聚层设备上，对于 PC 用户，这些汇聚层设备通常是它们的第 3 层接入点。在网络设计中，这些设备是第 3 层交换机。为了让汇聚层设备相互通信，就需要核心层，核心层是转发速度非常快的第 3 层设备。

在网络的接入/边界层和汇聚层存在很多的安全机制和技术，而核心层的网络安全机制和技术相对较少。接入/边界层的安全机制和技术主要有身份识别技术、主机和应用安全、状态防火墙、NIDS、加密、电子邮件过滤、Web 过滤、代理服务器、网络设备安全强化、物理安全、入口/出口过滤等。汇聚层安全机制和技术主要有状态防火墙、电子邮件过滤、带有访问控制列表的路由器、NIDS、加密、网络设备安全强化等。核心层安全机制和技术有加密、网络设备安全强化、物理安全、路由协议认证等。

1. 边界网络设计

网络的边界主要指通过某些类型的 WAN 与其他网络连接的部分，包括以下区域：专用的 WAN 链路、Internet WAN 链路、公共服务器、站点到站点 VPN、远程用户 VPN、外部网络连接等。

边界网络的攻击威胁主要有缓冲区溢出、身份欺骗、病毒和蠕虫、直接进入、IP 欺骗等，针对这些威胁，在进行边界网络设计时，要考虑身份识别、路由器设置、公共服务器数量、远程防火需求等。

在网络设计中，假设与外界通信的唯一方法是通过单个 Internet 连接实现的。设计的需求如下：

- Internet 连接；
- 公共服务器；
- 站点到站点 VPN；
- 远程用户 VPN。

根据需求，网络边界网络设计如图 7-19 所示。

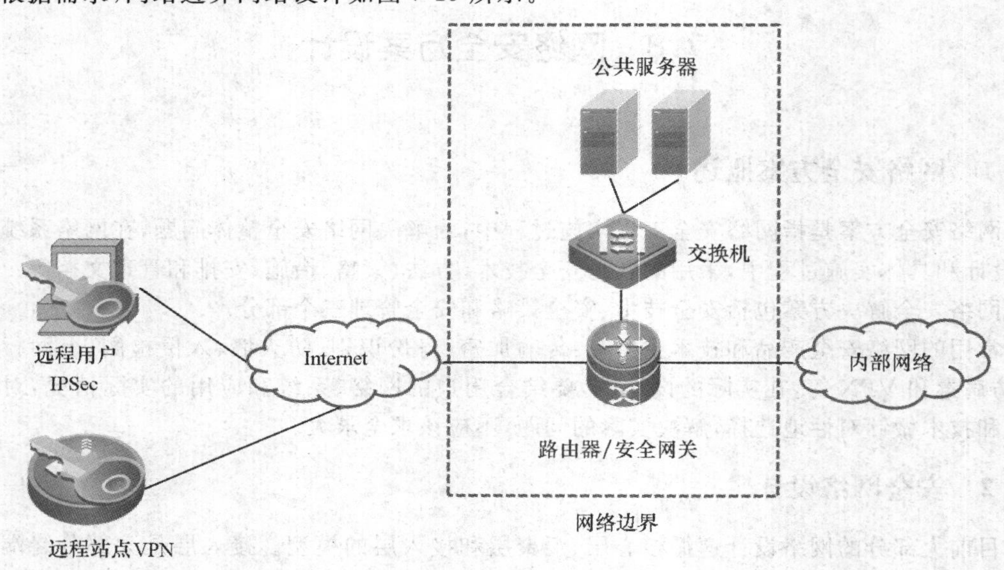

图 7-19　边界网络设计

为了增加网络的安全性，将 VPN 功能由安全网关转移到一个单独的系统中，设置专用 VPN 网络，将解密后的流量路由到主要的安全网关。同时为了增强对网络的监管力度，在公共网段设立专门的防火墙和 IDS 系统。增强安全的小型网络设计如图 7-20 所示。

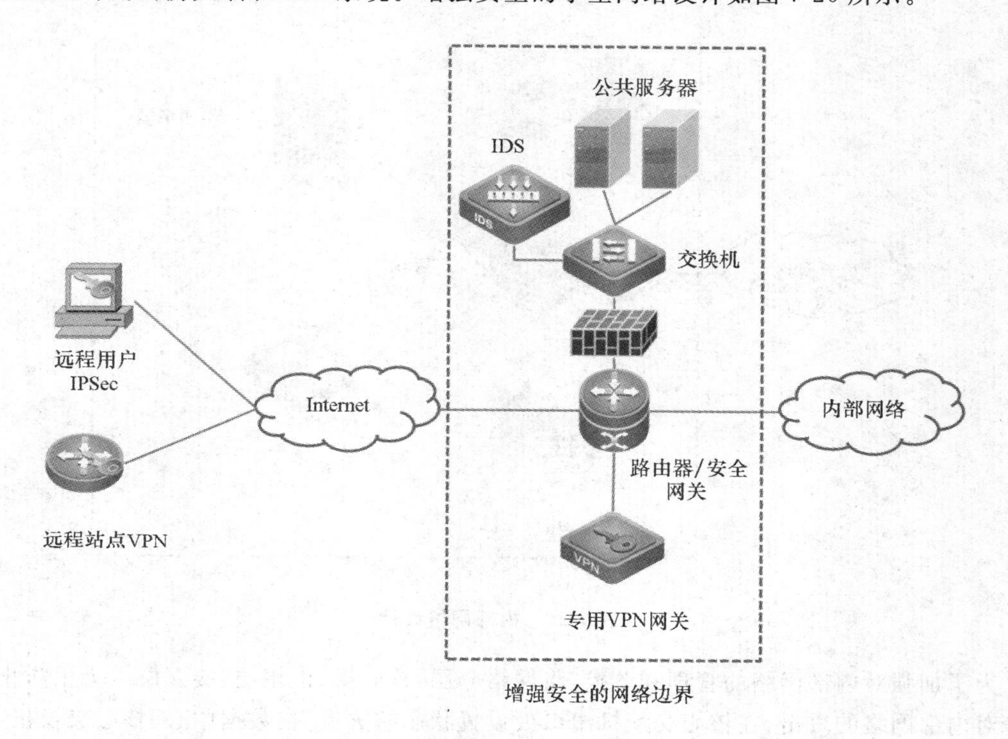

图 7-20　增强安全的边界网络设计

2. 内部网络设计

内部网络又称为园区网络，指单个地点内所有内部连通性，内部网络通过一个或多个连接以连接到边界。大多数的内部网络包含以下组成部分：

客户端：终端用户的 PC、工作站等。

部门服务器：只允许园区内一组有限用户访问的服务器和应用程序。

中央服务器：所有用户可以访问的服务器和应用程序。

管理设备：管理或监控其他系统的设备。

可交换/可路由的网络基础设施：路由器、2 层/3 层交换机以及使得内部网络和边界网络以及外部网络互通的基础设施，如图 7-21 所示。

内部网络的攻击元素主要有身份欺骗、病毒和蠕虫、嗅探器、直接进入、ARP 重定向/欺骗、缓冲区溢出、MAC 欺骗/泛洪、IP 重定向、IP 欺骗、数据清除等。

内部网络中有很多特殊的安全需求源于很多的网络资源可以在第 2 层互相连接而不需要经过路由设备。入侵检测系统是增强内部系统安全而对网络设计干扰最少的方式。

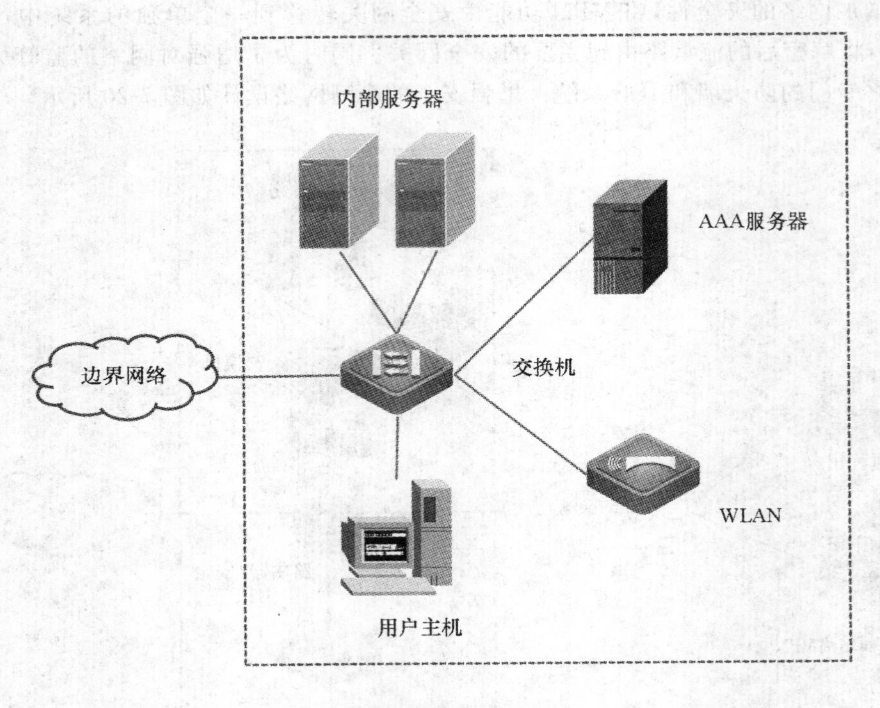

图 7-21　内部网络设计

为了加强对内部网络的管理和监控，将网络分层：核心层、汇聚层、接入层。为了防止外部网络对内部网络的攻击，在核心交换机出口处设置状态防火墙，在数据中心、核心交换机、汇聚交换机上部署旁路 IDS，如图 7-22 所示。

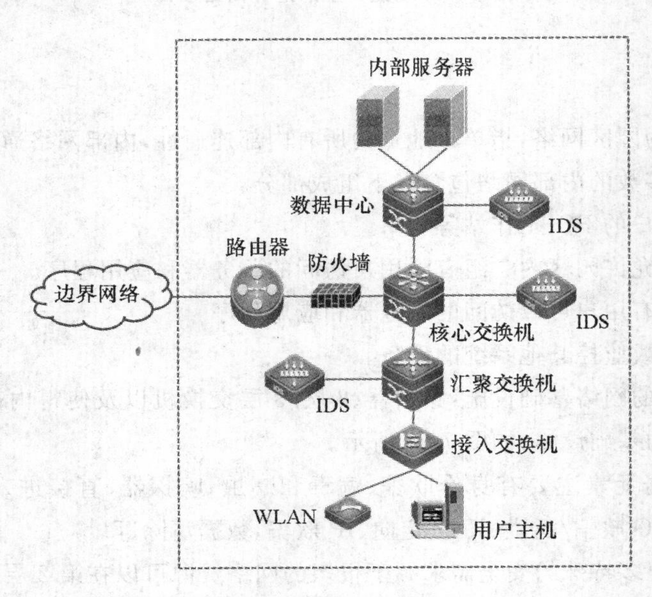

图 7-22　增强安全的内部网络设计

7.8.3 网络安全方案设计实例

以某高校为例，学校内部网络通过路由器与运营商(ISP)路由器相连接入互联网，内部网通过核心交换机互联，学校网络拓扑图如图 7-23 所示。

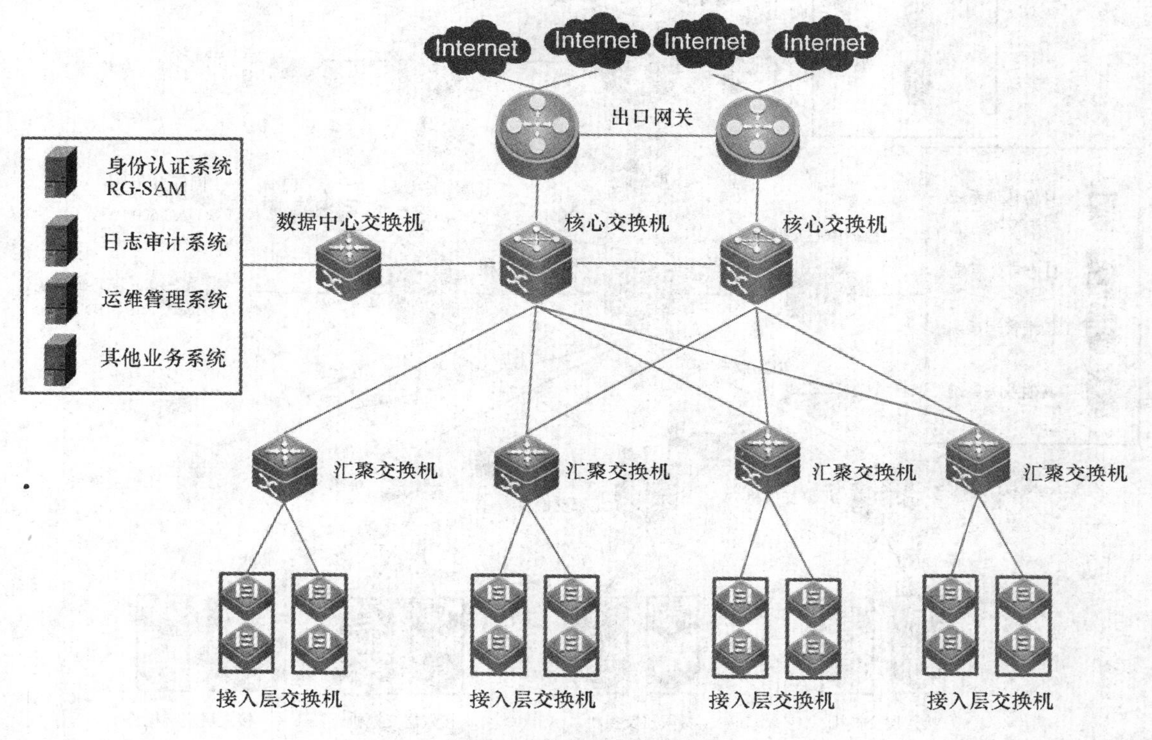

图 7-23 学校网络拓扑图

为了实现高性能的上网权限管理、精细的流控和审计功能，同时进行实名日志溯源和流量控制，采用旁路方式部署上网行为管理。

入侵防御系统 RG-IDP2000 部署在网络出口，用来抵御来自互联网的威胁，保护 DMZ 区服务器免受攻击，以及学生对学校重要服务器的攻击。同时，开启策略路由功能，对网络流量进行分流处理。对于校园网内的各学生宿舍、图书馆、教学楼等单位，与学校网络中心的接口通过透明模式接入入侵防御系统，开启网页内容过滤功能，防止学生访问不良网站。

在核心交换机上部署防火墙业务 RG-WALL1600，以高性能提供防病毒、IPS、行为监管、反垃圾邮件、深度状态检测、外部攻击防范、应用层过滤等功能，有效保证网络安全。

为了便于远程用户安全访问校园网，采用 IPSec VPN 的方式接入校园网。为了增强网络的安全性，设置专门的 VPN 网关设备 RG-WALL 1600-VX，将高度安全机制、智能联动应用系统、高稳定可靠和灵活方便的管理有机地融合为一体，实现“主/被动安全防御”的完美结合。

学校增强安全的网络拓扑图如图 7-24 所示。

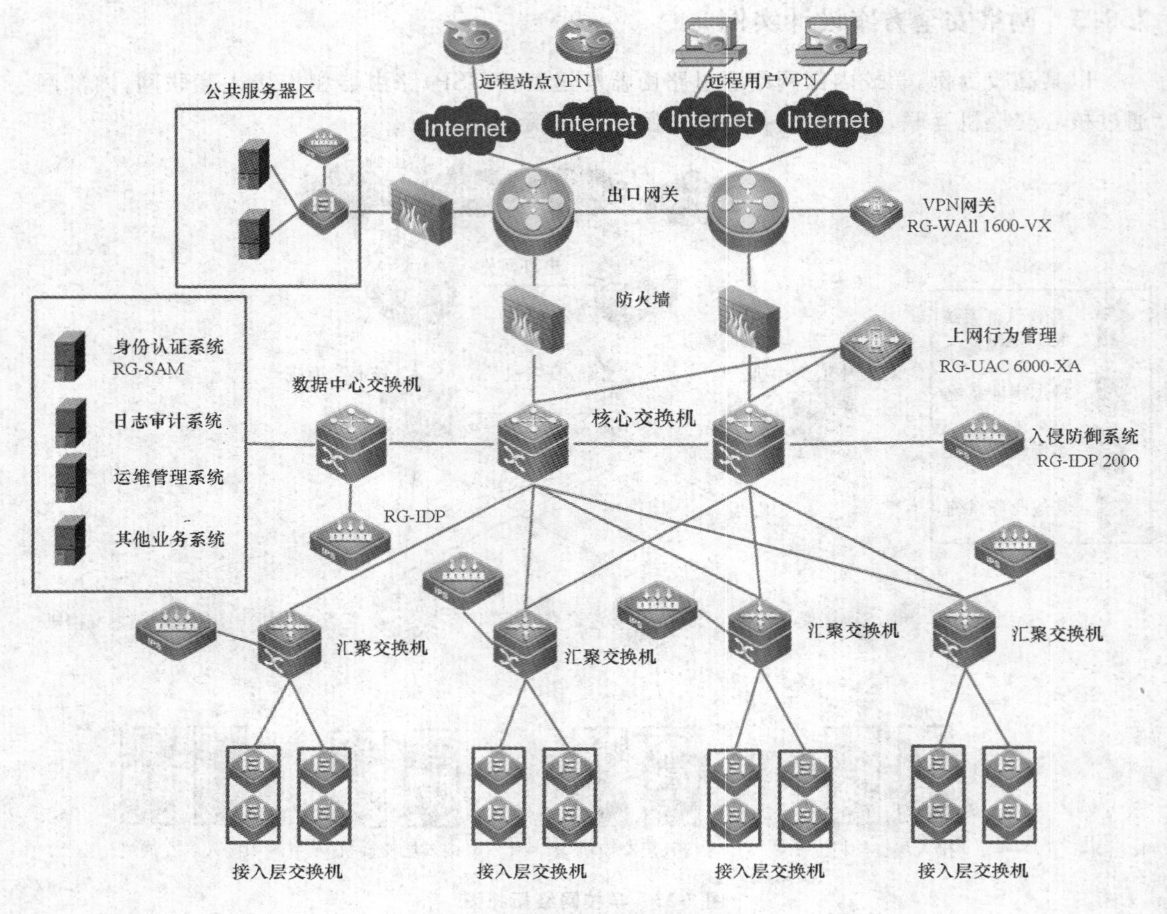

图 7-24　增强安全的网络拓扑图

习题

1. 分析网络安全的重要性。
2. 简述数字签名的原理。
3. 简述身份识别技术在网络安全中的作用。
4. 分析防火墙常用的技术及防火墙的体系结构。
5. 简述 IPSEC VPN 的原理及使用场景。
6. 分析上网行为管理系统部署方式。
7. 分析网络安全方案设计的原理。

第8章 热点网络技术应用

8.1 云计算

8.1.1 云计算概述

云计算(cloud computing)是一种基于互联网的相关服务,这种服务通常是通过互联网来提供动态易扩展且经常是虚拟化的资源。所谓云的概念是从“网云”转换而来的。在我们最初研究网络的时候,习惯把电信端也就是互联网和电信底层基础设施一方称为网云。在进行网络拓扑图的绘制中我们用网云来代表这些不可知和不可支配的网络基础设施,这其实是一种比喻的说法(图 8-1)。

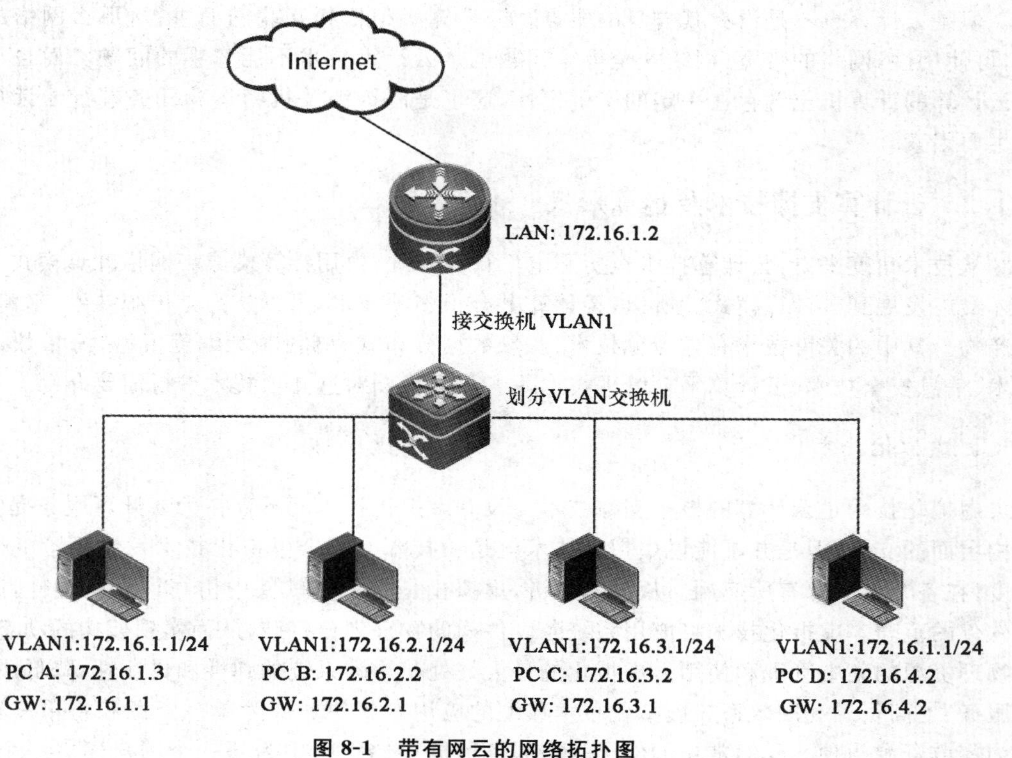

图 8-1 带有网云的网络拓扑图

针对云计算的定义有很多。我们普遍认可的官方定义是美国国家标准与技术研究院的定义:云计算是一种按使用量付费的模式,这种模式提供可用的、便捷的、按需的网络访问,进入可配置的计算资源共享池(资源包括网络、服务器、存储、应用软件、服务),这些资源能够被快速提供,只需投入很少的管理工作,或与服务供应商进行很少的交互。

云计算的发展也经历了很久的历程。因为云计算必须依托两大技术的发展:第一,互联网的发展和普及。第二,计算机运算能力的发展。没有这两项技术的发展根本就谈不到云计算技术。30 年前也就是 1983 年 SUN 公司提出"网络就是计算机"的理念,可以看作是云计算理念的最早雏形。到后期亚马孙提供的"云端计算"服务以及谷歌正式提出"云计算"这个概念也经历了很多次思想的创新和技术的升级。直到现在,各国建立的云计算中心才成为真正能提供云计算服务的具体平台。

云计算的最大特点就是运算能力强大,这也是最早构建云计算思想的根本所在。云计算的另一大特点是分布式计算。针对计算任务不再是有单台计算机或者服务器完成,而是由大量的、数以万计或者百万计的运算服务器共同来完成。所以,这样的运算能力是任何一台计算机难以达到的。既然有了大量的计算机进行运算,那么同一个运算任务完成的时间也会大大缩短。云计算的第三大特点是虚拟化,用户在申请云计算服务的过程中不用了解具体的云计算中心的构成。这些服务端给用户的感觉就像云一样。我们只需要一台计算机或者一台移动设备提出申请就可以随时随地的享受云计算服务。除此之外云计算还有其他的一些特点,比如:可靠性高,云计算的可靠性要高于一台计算机的运算可靠性;通用性强,云计算机不针对操作系统、设备类型等等;扩展性大,云计算服务只是开端,类似云存储、云互联等等很多服务都可以针对云计算的能力进行发展等等。

但是云计算也不是没有其自身的弱点。云计算必须依托互联网而进行,那么网络的可靠性,可使用性,网络的带宽,网络安全等等问题也是云计算技术不能忽视的问题。而且具体进行云计算的计算机位置存在一定的不确定性,这也是制约涉及机密运算任务进行云计算的一个主要因素。

8.1.2 云计算支撑技术及运算形式

从技术角度来看,云计算技术经历了电厂计算模式,效用计算模式和网格计算模式 3 个阶段才最终发展到云计算模式。所以,云计算融合了多项技术,可以认为是传统技术"平滑演进"的产物。其中的关键技术有虚拟化技术、海量数据分布式存储技术、编程模型、海量数据管理技术、信息安全技术、云计算平台管理技术等。下面我们对这几项技术进行简要介绍。

1. 虚拟化技术

虚拟化技术是云计算的核心支撑技术。没有虚拟化技术就不存在为云计算服务提供基础架构层面的支撑,但是并不能说虚拟化技术就是云技术。如今虚拟化技术发展到了一个新的高度,在各个方面都有所应用。从技术上讲,虚拟化是一种在软件中仿真计算机硬件,属于硬件软化的范畴。虚拟化技术将应用系统各硬件间的物理划分打破,从而实现架构的动态化,实现物理资源的集中管理和使用。虚拟化的最大好处是增强系统的弹性和灵活性、降低成本、改进服务、提高资源利用效率。虚拟化技术典型的应用有集中资源为单一资源和将单一资源分配为零散资源两种。我们常见的例子是在服务器的存储空间中为每一个用户建立一个目录,

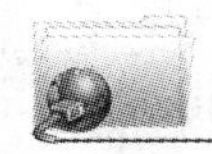
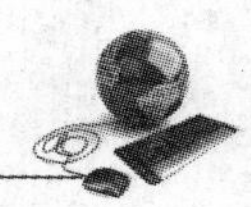

而给用户感觉是自已在独享一个网络磁盘。这就是最早的虚拟化技术。

2.海量数据分布式存储技术

在大数据时代,数据仓库、数据集市、数据挖掘等技术都需要依托云计算才得以实现。所谓云计算的根本优势也就是能够快速、高效地处理海量数据。为了保证数据的高可用性和高可靠性,云计算通常会采用分布式存储技术,也就是将数据存储在不同的物理设备中。这种模式可用减少数据对硬件设备的依赖性,并存在很大的扩展性,能更好地满足和响应客户需要的变化。分布式存储还有一个特点是在数据使用过程中不会出现数据存储瓶颈的问题,可用实现在多个存储空间之间的负载均衡。

3.编程模式

云计算的各项技术都不再是针对单机处理数据任务的延续,所以对处理数据的软件构成也就是编程模式带来了很大的改变。针对云计算的软件的编程模式必须是针对多用户、多任务、支持并发处理的,其重点就是必须采用分布式并行编程模式。分布式并行编程模式的特点是通过更高效地利用软、硬件资源,让用户快速、简单地使用应用或服务,并且要做到后台复杂的任务处理和资源调度对于用户来说是透明的。

4.海量数据管理技术

云计算要处理大量数据,而且这些数据还是以分布式的形式存储在多个存储空间。因此高效的数据管理技术也是云计算不可或缺的核心技术。数据管理技术必须能够高效的管理大量的数据。例如:数据的存储、访问、检索和分析等等。现在流行的海量数据管理技术大体通过以下几项分支技术得以实现。首先是选用优秀的数据仓库或者数据技术软件,类似 Oracle 或者 DB2。再有就是在编写程序时减少冗余代码,第三是处理数据时采用分区操作的方法。这是三项主要技术,还有一些类似对数据存储前首先进行清洗,抛弃脏数据,加大存储缓存等技术。

5.信息安全技术

在上一节我们讲到云计算的优势的时候简单提到了云计算的问题,其中就包括互联网的安全问题。如果从宏观的角度看,这些问题都隶属于信息安全技术。这项技术更像是云计算服务得以正常运行的保障技术,而不是能发挥云计算优势的支撑技术。信息安全技术现在已经成为网络学科中的一个子学科,涉及的知识面很广,内容也很多。而且,云计算安全也不是新问题,传统互联网存在同样的安全问题,只是云计算出现以后,安全问题变得更加突出。在云计算体系中,安全涉及很多层面,包括网络安全、服务器安全、软件安全、系统安全等等。因此,随着云计算的发展,云安全产业也将得到很大的发展,将把传统的网络安全技术提到一个新的阶段。现在,不管是软件安全厂商还是硬件安全厂商都在积极研发云计算安全产品和方案。包括传统杀毒软件厂商、软硬防火墙厂商、IDS/IPS 厂商在内的各个层面的安全供应商都已加入到云安全领域。

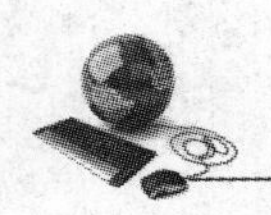

6. 云计算平台管理技术

云计算平台管理就是针对规模庞大的运算服务器进行合理的管理。这些服务器数量众多并且分布在不同的地点，同时并行着数百种应用。必须要通过平台管理技术对这些服务器进行有效的管理，才能保证整个系统能提供不间断的服务。云计算系统平台管理技术的核心是高效调配大量服务器资源，使其更好地协同工作。其中，方便地部署和开通新业务、快速发现并且恢复系统故障、通过自动化、智能化手段实现大规模系统可靠的运营是云计算平台管理技术的关键。

在众多的技术支持下云计算得以正常运行，如果从服务的层次分云计算还可以分为以下几个层次：基础设施即服务（IaaS）、平台即服务（PaaS）和软件即服务（SaaS）。下面我们简单介绍其概念和常见应用。

首先是基础设施即服务 IaaS（Infrastructure-as-a-Service）：此类服务是指用户可以通过 Internet 从完善的计算机基础设施获得服务。服务提供商提供给用户的服务是对所有设施的利用，包括处理、存储、网络和其他基本的计算资源，用户能够部署和运行任意软件，包括操作系统和应用程序。用户无须管理或控制任何云计算基础设施，但能控制操作系统的选择、储存空间的应用等等。最简单的应用就是网络存储或云存储服务。这类服务是典型的 IAAS 层次。

其次平台即服务 PaaS（Platform-as-a-Service）：此类服务是指将软件研发的平台作为一种服务，提交给用户使用，让用户拥有二次开发的能力。因此，PaaS 也是 SaaS 模式的一种应用。服务提供商将开发语言和工具类似 Java 等，程序硬件接口类似代码段等以及其他的应用程序部署到云计算的基础设施上去。用户不需要管理或控制底层的云基础设施，但用户能通过再次开发实现应用程序的控制和部署等等。

第三种是软件即服务 SaaS（Software-as-a-Service）：此类服务指的是通过 Internet 提供软件服务的模式，用户无须购买软件，而是向服务提供商租用基于 Web 的软件，来管理企业经营活动等。典型的应用类似分析电商数据的阿里云等服务的提供。

根据云计算服务性质的不同，我们还可以将云计算区分为公有云、私有云和混合云三类。公有云是放在互联网之上的，只要是注册用户、付费用户都可以用；现在很多网站提供网络存储服务就是典型的公有云的存储服务。私有云是放在非互联网环境中的，比如学校、单位、企业、政府、组织等自己在私有网络环境中建立的。或者是运营商负责建设，整体为某些组织，机构提供服务的。例如，交通实时监控系统的存储就是这一类服务的典型应用。这类服务只能提供给某一组织，这个组织之外的用户无法访问和使用；混合云是公有云和私有云的混合，常见的应用就是国家防灾数据中心的建设，企业将自己的数据存放在自己的私有云中，但是为了防止大的自然或人为灾害，还要将数据在国家建立在全国各地的数据防灾中心中备份一份。这就是混合云的典型应用。当然我们举的例子多是云存储的层面，这个层面的例子好理解，但是并不是表示这些应用只有存储，也包括运算，控制等其他方面。

8.1.3 云计算的应用

云计算的应用依托各地的云计算中心展开，在随着云运算中心的基础设施越来越完备，云计算的应用也越来越广泛。现在云计算的应用已经从简单的云存储发展到了云企业、云教育、云政府、云桌面、云物联等等多个方面。因为篇幅有限我们简单介绍其中几项最新的云计算技术和应用最广泛的云计算技术。

1. 云存储

由于数据是企业非常重要的资产和财富，所以需要对数据进行有效的存储和管理，而且普通的个人用户也需要大量的存储空间用于保存大量的个人数据和资料，但由于本地存储在管理方面的缺失，使得数据的丢失率非常高。而云存储系统能解决上面提到这些问题，它是通过整合网络中多种存储设备来对外提供云存储服务，并能管理数据的存储、备份、复制和存档。云存储系统非常适合那些需要管理和存储海量数据的企业，比如互联网企业、电信公司等。云存储现在是应用最广泛的云计算技术的体现。很多网站都提供云存储服务。

2. 企业云

随着商业智能的发展和大数据的发展。我们针对商业运行模式有了新的思路。这些新的思路需要巨大的数据和高效的运算作为运行保障，这正是云计算的优势所在。一个企业可以将运行数据进行收集整理然后从大量无序的数据中找到商业规律，针对接下来的商业决策进行辅助。这就需要企业进行云计算，当然这些技术还要整合数据仓库、数据挖掘等技术。云计算的成熟使得这种运算变得可以实现，这是云计算最新的应用方面，而且这方面的应用在变得越来越广泛，著名的阿里云服务就是代表。

3. 云桌面

随着云计算的成熟和基础设施的完善以及无处不在的互联网接入。我们下一步可以实现云桌面，这个桌面将不简单的是个人电脑的桌面技术，还将会涉及移动设备的桌面技术。下一步个人电脑和移动设备例如：手机、pad 等都将减弱自身的运算能力来实现价格的降低。个人电脑和移动通信设备都将作为云计算的远程桌面而存在，其数据处理能力将完全有云计算服务来提供。当然，要实现这项技术还需要考虑人类的行为习惯等诸多因素。

4. 云政府

一个强大的云计算能力配合大量的云存储能力还可以成为一个城市的“大脑”，甚至可以为城市的运行提供数据依据和建议。云计算技术能够按照规定的程序帮助政府变得更加高效，从而推动智慧城市的建设与发展，使市民生活品质得到提升、政府行政效率和公共服务能力得到提升、城乡建设和管理科学化水平得到提高。一个运用云政府技术的决策部门可以依据云计算中心提供的针对海量数据的存储、分享、挖掘、搜索、分析和服务的能力，把数据作为无形资产进行统一有效的管理。通过数据集成和融合技术，打破政府部门间的数据堡垒，实现部门间的信息共享和业务协同。通过对数据的分析处理，将数据以更清晰直观的方式展现给部门决策者，为决策者更好的决策提供数据支持。

5. 云杀毒

新型病毒的不断涌现，使得杀毒软件的病毒特征库的大小与日俱增，如果在安装杀毒软件的时候，附带安装庞大的病毒特征库的话，将会影响用户的体验。而且，杀毒软件本身的运行也会极大地消耗系统的资源。通过云杀毒技术，杀毒软件可以将有嫌疑的数据上传到云中，并通过云中庞大的特征库和强大的处理能力来分析此数据是否含有病毒，这对于一般用户非常

适用。现有很多的杀毒软件都有一定的云杀毒能力，这个能力也逐渐成为检测杀毒软件的几项重要指标。

6. 云教育

云教育的核心是基于云计算技术研发的优质教育资源共享平台，为学生个性化学习和学校教学管理提供教育资源推送、共享、管理服务，可以提供海量的优质教育资源，涵盖个性化学习资源、网络课程、备课素材资源以及专业的教研资源等，资源格式包括文本、图片、视频、音频、动画及应用等，方便教师与学生检索、浏览、创建、共享、下载、管理等，并用于各种教学活动中。

7. 云物联

物联网技术也是新兴的一项技术，现在被广泛地使用于实时监控类的数据采集和信息处理。物联网的发展一样也离不开云计算技术。物联网中的感知识别设备(如传感器、RFID技术等)生成的大量信息，如果不能有效地分析、整合与利用，那么这些数据将无法为决策处理提供依据，那么也就无法发挥物联网的优势。云计算架构正好可以用来解决数据如何存储、检索、使用等问题。物联网业务量的逐步增加，势必带来针对大数据存储和高运算量的要求。物联网将越来越依靠云计算技术而得以继续发展，反之其也将促进云计算技术的进一步发展。

8.1.4 云计算技术的发展现状

近年来，云计算技术有了很大的发展。这项技术不但改变了我们处理数据的方式方法，甚至对我们处理数据的思想都产生了改变。可以说这项技术带来的不只是技术层面的变革，更多的是我们思想体系的变革。

随着云计算中心建设的加快，各国以及我国各省、很多厂商、运营商都在建设云计算中心。而且云计算中心的设施也越来越先进和完备，随着用户使用价格的逐步降低，云计算将迎来更大的发展前景。云计算在以下几个方面的发展是最值得我们去关注的。

1. 商业智能和云计算的结合

商业智能(BI)通常被理解为将企业中现有的数据转化为知识，帮助企业做出明智的业务经营决策的工具。过去我们研究商业智能只能停留在简单的数据运算基础上，缺乏针对大数据量的运算能力。现在依托云计算技术我们可以将商业智能应用的层面变得更加广泛。依托云计算技术的商业智能将比以往传统的商业模式更高效，可以辅助企业进行决策和优化企业的投资规模和方向。这不简单的是降低成本的商业模式，而是赋予企业更大的灵活性更可靠的数据支持的商业模式。有很多的企业正在通过云计算优化他们的投资。很多企业正扩展和创新他们的IT能力，这将会给企业带来更多的商业机会。

2. 混合云的新应用

随着私有云和公有云建设的完善，用户将有能力将自己的私有云与云计算中心的公有云进行结合进行数据处理。通过私有云的特性数据与公有云的普遍性数据结合将运算出适合用户自身的数据处理结果，这种云混合技术也是未来云计算的一个发展方向。也将为云计算提供一种崭新的运算功能。

3. 移动云的大发展

随着智能移动通信终端的技术发展，未来一定是移动互联网的。作为移动设备在数量和质量方面都有了显著的提高并且这些智能移动设备已经发挥了比我们想象得更多的作用。这些平台因为具有可移动，随时随地可接入互联网的特性将很有可能超过传统的计算机平台成为云计算技术应用的新平台和新领地。

4. 云安全

现在整体互联网安全环境并不是很乐观。整体网络安全面临很多的挑战，而且从安全行业来看，只要存在网络安全的重灾区，整体网络安全就无从谈起。这也是云计算可以解决的问题，也将是云计算技术可以大显身手的场所。

云计算技术从提出到成熟再到应用于各个行业以及将适应未来新发展的应用也不是不存在任何问题。随着云计算技术的广泛应用，相应的一些问题也逐渐暴露出来，这些问题有些是技术因素，有些是人为因素。具体的问题主要有以下几点：

数据隐私和安全问题。如何保证存放在云服务提供商的数据隐私不被非法利用，不仅需要技术的改进，也需要法律的进一步完善。有些数据是企业的商业机密，数据的安全性关系到企业的生存和发展。云计算数据的安全性问题解决不了会影响云计算在企业中的应用。

网络带宽和传输速度问题。云计算服务依赖网络，目前网速低且不稳定，使的云计算服务的性能不高。云计算的普及依赖网络技术的发展，如果移动云要得到大的发展就需要移动接入的速度和可靠性都要有所提高，再有一些信号盲区的存在也是需要新的通信技术解决的问题。

第三方开发平台的接口问题。云计算技术的发展前景让传统 IT 厂商纷纷向云计算方向转型。但是业内尚未制定统一的技术标准，尤其是接口标准。因为接口标准涉及具体个性化的云计算应用，所以对于云计算的发展起着至关重要的作用。但是现阶段各厂商在开发各自产品和服务的过程中缺乏统一的标准，这也将对未来云计算的普及和跨平台运用提出新的问题。

用户的使用习惯问题。如何改变用户的使用习惯，使用户适应网络化的软硬件应用是长期而且艰巨的挑战。让用户更相信云计算的能力，从而放弃属于自已的计算机平台或者移动通信平台的运算能力。这些问题的解决可能比上述几个技术问题都要困难得多。

8.2 物联网

8.2.1 物联网概述

物联网是新一代信息技术的重要组成部分，其英文名称是：The Internet of things。物联网的概念是在传统的无线传感网的基础上发展而来的。经过了近 20 年的发展，我们现在认识的物联网已经超过了传感器网络的界限，而是从全方位的角度给予了全新的定义。类似云计算一样，物联网也有很多版本的定义。我们还是认为以下定义最能突出物联网的核心技术。

物联网是指以客观信息的交互，处理为目的，通过各种感知设备、网络手段将信息采集并传输至特定的信息处理平台，并在此基础上构建应用服务体系，以期实现全方位信息交互和决策优化的综合性网络架构。

要熟悉物联网就需要从物联网的组成单元了解起，物联网由三个组成单元，分别是感应末梢、传输网络和应用单元，也称为感知层、应用层和网络层，其构成如图 8-2 所示。感应末梢就是利用传感器，条形码，GPS 系统等等收集信息，传输网络包括有线网络和无线网络，无线网络包括无线局域网、WIFI、2G、3G 通信技术等等，应用单元是指通过上一节我们所讲述的云计算、信息反馈等各种智能处理技术，针对海量信息进行分析、归类、处理，并且根据处理后的信息来执行事先定义好的相关操作的运算平台。

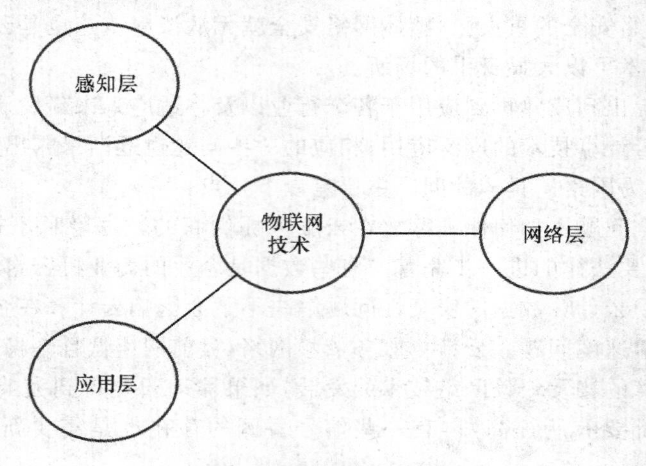

图 8-2　物联网组成结构图

物联网的发展是以相应技术的成熟和广泛应用为阶段的。物联网涉及的技术包括射频识别技术也就是我们常说的 RFID 技术、无线传感网络技术、全球卫星定位技术、高速宽带无线广域网技术或者通信网技术，类似 3G 技术、云计算技术、人工智能技术等等。这些技术的逐步成熟以及相应设施的逐步建立才使得物联网从理论逐步走向现实并能为各行各业服务。所以说物联网的发展是多项技术的集合产物，这一点与云计算的渐进式发展有所不同。图 8-3 就是物联网的发展阶段示意图。

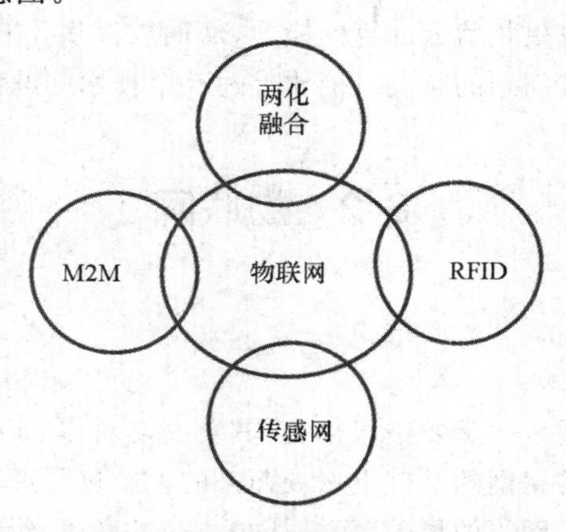

图 8-3　物联网发展阶段示意图

物联网最常见的三个特点分别是：数据感知技术、广泛的接入和互联以及深入的智能分析和反馈。下面我们针对这三项技术进行分别的阐述：

1. 数据感知技术

物联网进行数据采集的终端设备种类很多，包括各类传感器，如温度湿度传感器、烟雾传感器，还有手机、电脑、摄像头一些我们常见的设备。除此之外就是一些嵌入式的传感系统，这些设备已经嵌入了相关的数据采集对象。刚才我们提到的 RFID 识别器，GPS 等也是物联网数据的采集设备。

2. 广泛的接入和互联

物联网必须有数据得以传输的通道，互联网、移动互联网、无线局域网等都是物联网所必需的传输通道。没有可靠的和高利用率的以及高带宽的传输通道就不会存在物联网的具体应用。

3. 深入的智能分析和反馈

数据采集之后经过传输通道进行传输，最终还是到达处理中心。这些处理中心可大可小，要根据处理的信息量来决定。小的可能是一台个人电脑，大的类似我们上一节讲述的云计算中心。数据在处理中心进行处理，并分析出有用信息，然后根据这些有用信息来决定应该如何进行决策，最终还要将决策进行反馈，这些反馈信号可能是操作层面的也可能是辅助参考层面的。

只有上述特点的物联网系统才是真正实用的物联网，才可以实现物联网所要达到的人和人之间的对话，人和物之间的对话甚至是物和物之间的对话。

8.2.2　物联网的关键技术及应用模式

物联网需要的技术支持涉及面很广，这些技术分别应用于物联网的三个组成单元，感应末梢单元、传输网络单元和应用单元。传输网络主要涉及数据通信技术类似 3G、4G 技术这些技术的讲解不是本节的重点，在此不再进行讲述。应用单元的主要技术是云计算技术和人工智能技术，其中云计算技术我们在前面已经进行了介绍，人工智能技术也不是本节重点。所以我们将重点放在感应末梢单元的主力支撑技术上。作用于此单元的主要技术有传感器技术，RFID 标签技术，嵌入式技术三大类。

1. 传感器技术

信息技术的三种支撑技术之一就是传感器技术。传感器技术的主要作用是从自然界获取相应信息，并将这些模拟类信息转换为数字化信息。这是传感器技术的主要技术宗旨。具体到不同的传感器还和相应采集信号种类有关。传感器技术的产物就是各类传感器，传感器是获取信息的主要设备也是物联网要实现人和人、人和物、物和物进行信息交流的重要组成部分。目前传感器技术与无线通信技术相结合发展的无线传感技术是未来传感器技术的主要发展方向。

2. RFID 标签技术

RFID 标签技术的核心是 RFID 技术。RFID 全称是射频识别（radio frequency identifica-

tion，RFID）。射频识别技术是20世纪90年代开始兴起的一种非接触式自动识别技术，该技术的广泛应用尤其是其在商业领域的应用大大促进了物联网的发展。RFID技术是通过射频信号等一些先进手段自动识别目标对象并获取相关数据。射频识别系统通常由电子标签和阅读器组成。电子标签可以存储一定格式和一定容量的标识物体信息的电子数据。此类技术现在发展得非常迅速，已经不是简单的条码阶段。现在的RFID标签可以是条形码、二维码一类的图像，也可以是芯片等一些可以进行嵌入安装的装置。这些标签和配套的阅读器进行配合可以简单方便的获取标签内部所包含的信息。现在很多阅读器也进行了软件化处理，常见的扫描条码和二维码的，且基于移动通信设备的工具“我查查”就是一款软件。

3. 嵌入式技术

嵌入式技术包含了计算机软硬件技术，集成电路技术，单片机技术甚至还包括了传感器技术。嵌入式设备一般由嵌入式处理单元、外围硬件、嵌入式操作系统以及应用程序四个部分组成，主要功能是用于实现对被嵌入设备的控制、监视或管理等功能。嵌入式技术以单片机技术为基础，将传感器技术加入单片机系统，使得嵌入式系统可以将信息进行全面收集，与通信技术相结合可以将获取的信息进行发送以供处理。此类技术经过了很长时间的发展现在应用非常广泛。嵌入式技术今后的发展方向是充分的和通信技术进行结合，以实现将信息更方便地进行传送。

物联网根据其技术特征有三种应用模式分别是：智能标签模式、环境监控和智能追踪模式以及智能控制模式。下面我们简单对这三种模式进行阐述。

第一种模式是智能标签技术。这项技术现在的应用非常普及。我们日常生活中见到的条形码、二维码、智能卡等等都是此类应用模式的体现。我们通过这些智能标签可以获取标签之外的更多的信息以对个体进行识别和定义甚至是获取其他的扩展参数。例如，我们通过超市物品的条码获取价格，通过二维码获取网站地址通过智能卡进行电子交易等等。

第二种模式是环境监测和智能追踪模式。此类模式多用于环境的监测和针对特定对象的控制。此类应用模式需要大量的各种传感设备。比如我们通过水中的感知器获取水质资料，通过空气中的感知器获取空气质量的信息，通过全球卫星定位系统获取车辆，人员的信息等等。此类应用模式的最大特点是针对不同的需要采用不同的传感设备。

第三种模式是智能控制模式。智能控制模式可以看作是第二种模式的一种发展。首先这种模式也需要大量的传感设备的支持，除此之外还需要云计算技术，人工智能技术进行辅助控制。此类应用模式最大的特点是要根据传感器的反馈数据进行辅助决策，并且由决策产生控制信息，还要将这些控制信息及时地反馈给相应的设备。例如，农田自动灌溉系统，此类的物联网系统需要收集土壤信息、温度信息、湿度信息等等多种信息，通过云计算实现有用数据的提取，然后将数据输入预先编制的人工智能系统进行决策，再将系统决策定义的各类操作信息进行反馈以实现智能化、无人化的管理。

8.2.3 物联网的应用

物联网现在被广泛地应用于智能交通、环境保护、政府工作、公共安全、平安家居、智能消防、工业监测、环境监测、照明管控、老人护理、个人健康、花卉栽培、水系监测、食品溯源等多个领域。下面我们通过一些案例来展示物联网的具体应用领域。

1. 智能交通

智能交通是物联网最早也是最成功的应用领域。这个领域远远不是我们理解的交通监控那么简单。我们用交通监控来获取数据信息，从而实现交通的智能化管理。通过对车流量的统计和分析我们不但可以得到实时的交通状况，甚至还可以预测一段时间内的交通状况。现在计算机和手机都有相应的软件和网站可以获取此类信息。智能交通还包括很多内容，比如不停车缴费系统也就是我们在高速公路收费站见到的ETC系统，智能车位管理系统等等。

2. 环境保护和监测

随着国人对生态环境的关注度越来越高，相应的环境保护物联网系统的应用也越来越广泛。我们现在可以通过传感器测算出PM2.5的值，二氧化碳的含量，饮用水的水质等等很多参数，这些参数都通过物联网结合互联网第一时间对公众公布。针对水质的监测是环境保护物联网很成功的案例，类似太湖，洪泽湖等大的湖泊现在都存在水质监测系统，通过这些系统我们可以了解水质污染的情况还可以得知水质污染的源头所在。

3. 政府工作

物联网也可以为政府工作提供服务，政府工作可以通过多个针对不同方向的物联网提供的信息获得决策依据。例如，在北京市现在运行的烟花爆竹综合管理物联网应用系统，此系统实现了春节期间烟花爆竹综合管理，系统整合接入5 011个物联网感知设备实时监测信息，对3 740个管理对象进行实时监测。系统按照烟花爆竹流向管理、燃放期间综合保障和燃放后环境整治3个环节进行组织，在烟花爆竹销售前，应用卫星定位、温湿度传感器、红外越界、无线射频识别(RFID)和视频图像等技术手段，实时掌握烟花爆竹运输、仓储、配送等实时状态；在燃放期间通过视频图像、卫星定位、噪声监测等技术结合信息报送手段，实时掌握人员受伤、火灾及环境污染等信息，动态跟踪消防、急救、城管等保障力量部署与调动情况等等。而且该系统还可以为春节期间庙会、文体活动等大型活动保障提供支撑服务。再有北京市现在运行的应急移动政务应用系统也是物联网辅助政府工作的另外一种案例。此系统通过移动终端开发部署相关应用系统，初步建设了市应急移动政务应用系统，已为市委、市政府和市应急委提供服务。该系统主要功能包括3个方面：一是应急管理工作。可随时了解全市突发事件和值守应急情况，并可查询全市各类应急预案；二是城市运行监控。整合市交通委、市公安局、市水务局、市气象局等部门的各类信息，可掌握全市主要道路交通、轨道交通和航空交通的运行情况，掌握全市的气象情况及各类预警信息；可调用全市1万余路社会面视频图像信号，并可接收突发事件现场图像和照片。三是相关信息服务。提供网媒聚焦、网络舆情、政策法规、电子期刊的浏览以及全市法人信息查询等服务。

4. 公共安全

物联网在公共安全领域也有很广泛应用。现在的城市监控系统，包括室外监控系统和室内监控系统都是保证公共安全的主要措施。对辅助安全事件的调查有很大的帮助，现在监控录像已经成为刑事案件侦破的重要物证。除此之外，在此领域，物联网还可以和110系统、119系统甚至120系统进行对接，对问题的处理提供了速度、准确性等多方面的保障。

5. 智能家居

通过嵌入式技术可以让物联网为智能家居服务。我们可以针对家庭住所进行智能化管理。此类物联网应用成型的产品很多,解决方案也很多。现在有些居民小区已经实现了智能家居、平安家居。我们可以将嵌入式芯片植入家电系统、门禁系统、报警系统、家庭监控监测系统等等之中。我们可以通过手机甚至远程的计算机来控制家电,监控家居内外部情况,可以远程灌溉家内植物、监测天然气、煤气的运转情况、家庭照明情况等等。

6. 智能消防

物联网可以实现智能消防系统的建设。智能消防系统是将 GPS(全球卫星定位系统)、GIS(地理信息系统)、GSM(无线移动通信系统)和计算机、网络等现代高新技术集于一体的无线报警网络服务系统。系统建设需要协调电信、建筑、供电、交通等多个部门。系统由消防指挥中心与用户单位联网,可以实现报警自动化、接警智能化、处警预案化、管理网络化、服务专业化、科技现代化,大大减少了中间环节,极大地提高了处理速度,保证了生命和财产的安全。

7. 智能工业

从当前技术发展和应用前景来看,物联网在工业领域的应用主要集中在以下几个方面:

制造业供应链管理:物联网应用于企业原材料采购、库存、销售等领域,通过完善和优化供应链管理体系,可以提高供应链效率,降低成本。空中客车通过在供应链体系中应用传感网络技术,构建了全球制造业中规模最大、效率最高的供应链体系。生产过程工艺优化:物联网技术的应用可以提高生产线过程检测、实时参数采集、生产设备监控、材料消耗监测的能力和水平,可以促进生产过程的智能监控、智能控制、智能诊断、智能决策、智能维护水平不断地提高。钢铁企业应用各种传感器和通信网络,可以在生产过程中实现对加工产品的宽度、厚度、温度实时监控,从而提高产品质量,优化生产流程。产品设备监控管理:各种传感技术与制造技术融合可以实现对产品设备操作使用记录、设备故障诊断的远程监控。工业安全生产管理:把感应器嵌入和装配到矿山设备、油气管道、矿工设备中,可以感知危险环境中工作人员、设备机器、周边环境等方面的安全状态信息。

8. 食品溯源

食品安全溯源系统,最早是 1997 年欧盟为应对"疯牛病"问题而逐步建立并完善起来的食品安全管理制度。一旦食品质量在用户端出现问题,可以通过食品标签上的溯源码进行联网查询,查出全部流通信息,明确事故方相应的法律责任。溯源管理网络系统也可应用于餐饮酒店,食品原料生产、供应商、采购和烹饪加工人员、适宜人群、菜品特点等信息都将被采集,并存储于企业数据库中。食品溯源首先需要通过无线射频技术完成视频信息采集,利用无线射频技术,技术人员在原料产地为产品植入芯片,并依托网络技术及数据库技术,将产品生长过程中的所有信息输入网络。通过物联网技术实现全程实时监控。通过这个系统,食品安全监控、检疫人员可以更加便捷地感知、采集和处理网络覆盖区域内被监控食品的信息。一旦有违规操作情况,监控人员可以及时发现并进行处置。最后通过物流跟踪定位技术确保运输信息全透明。在物流运输环节,技术人员运用物流跟踪定位技术,有效解决了物流运输过程中的准确跟踪和实时定位的难题。该技术以GPS全球卫星定位系统为基础,通过地球同步卫星与地面接收装置,实时计算某一食品原料运输车辆的经纬度坐标,并确定运输车辆的运行状况。

8.2.4　物联网发展现状

物联网在近几年的发展尤为迅速,在各行各业都存在成功案例。在世界范围内已经将物联网和移动互联网进行结合用以建设智慧的城市,智慧的交通等等项目。在我国物联网的发展也很迅速,在无锡还建立了物联网产业展示园,国家也在政策资金上扶持我国的物联网企业。我国发布的《物联网"十二五"发展规划》中明确地指出要建立智能工业、智能农业、智能物流、智能交通、智能电网、智能环保、智能安防、智能医疗、智能家居等等。

但是物联网的未来发展还是存在一些需要解决的问题。类似云计算技术一样针对这些新的技术所存在的问题有一些共性。物联网现在发展也存在以下几个问题。

1. 标准不统一

相应的技术标准问题现在主要存在于数据模型和数据接口的标准化这两个方面。这些技术标准因为不是单一的技术标准而是复合的标准所以在一段时间难以做到全世界的标准化。比如,物联网需要网络传输,那么3G技术也是其需要提供标准化的技术之一,但是现在各国的3G标准还尚未统一,又如何能建立统一的物联网标准呢?此类问题还很多,也因此物联网的统一标准很难很快制定出来。

2. 行业协作和产业链

在我国尚未形成物联网的主要运营商群体,所以具体的产业链在我国还不是很明晰。相关的不同行业的协作也就属于无序阶段。如果物联网的建设没有产业链的支持,这项技术很难得到长足的发展。这些问题需要国家进行干预,指定具体的运营商群体和建立相应的行业协会来促进我国的物联网发展。

3. 盈利模式

物联网作为一种产品是必须有存在自身的盈利模式。但是现在物联网发展直接带来的一些经济效益主要集中在与物联网有关的电子元器件领域,如射频识别装置、感应器等等。而庞大的数据传输给网络运营商带来的机会以及对最下游的如物流及零售等行业所产生的影响还需要相当长时间的观察。

4. 个人隐私的安全问题

物联网获取信息最终要进行辅助决策的操作,那么这些信息就必须是实时信息,如果要实现对象智能控制就需要对数据采集对象进行实时监控。这就涉及个人隐私等等非技术因素。和云计算类似,这些非技术因素恐怕相比技术因素要更难以解决。

即使存在一些问题,物联网的发展仍然是一个大的趋势。尤其物联网和移动互联网进行结合将智能处理技术应用于社会的各个领域,这是未来物联网的主要发展方向。物联网将对我们现有的生态环境和商业环境甚至是人文环境都带来很大的改变和进步。

8.3 大数据

8.3.1 大数据概述

大数据是近几年很流行的一个词语,类似的词语有巨量数据、海量数据等等,含义基本相似。关于大数据的概念更是种类繁多,有从数据量角度定义的,有从数据特征角度定义的,有从数据发展的角度定义的,有从数据处理角度定义的。本书综合几个方面对大数据做一个全面的定义:“大数据”是一个数据量特别大,数据类别特别多的数据集,并且这样的数据集无法用传统数据库工具对其内容进行抓取、管理和处理。“大数据”首先是指数据量大,例如大型数据集合,一般在10 TB或者更大的规模,在实际应用中,这个规模也早被一些企业所突破。其次是指数据类别多,数据来自多种数据源,数据种类和格式不统一,这一点已冲破了以前所限定的结构化数据范畴。再有是数据处理速度快,在数据量非常庞大的情况下,必须能够做到数据的实时处理。最后是指数据真实性高,也就是数据可用性高。这个定义基本能体现大数据的含义。

大数据的发展一个角度是信息爆炸的产物,另一个角度是源于我们对人工智能的探索。第一个因素是大数据产生的客观因素,第二个因素是人类社会发展需要的社会因素。首先,我们从现实社会获取的信息量在以爆炸式的方式增加,这些信息已经成为人类生产生活的重要参数,我们做任何事情都离不开这些数据。其次,如此众多的数据不但量大而且类型繁多,我们处理这些数据存在很大的困难,这也激发了类似云计算技术这些技术的快速发展和成熟。当数据仓库、数据集市、数据安全、数据挖掘等技术和产品的面世,我们开始了利用这些大数据实现计算机辅助实现智能化处理的尝试。这也是大数据被接受和广泛提及的一个原因。

从大数据的定义中我们基本可以看到大数据的几个特点:

1. 数据量巨大

既然是大数据就很难限制数据量的级别,TB级的数据量早就不在能成为企业运行的依据。例如,亚马孙、谷歌、淘宝等企业的数据最少是在PB级别的,甚至可能达到EB级别。这些海量数据给数据处理提出了很大的难题。

2. 数据种类繁多

这些数据不但量大,而且数据种类繁多,数据类型难以统一,甚至进行定义都很困难。这些数据可能是文字、语音、视频、图片等等。通过不同的数据源进行采集,然后进行汇总。要处理这些数据常见的结构化处理方法就无能为力了,这些数据必须经过筛选,清洗等操作才能使用。

3. 数据价值密度低

虽然数据量很大,而且数据类型很多,但是这些数据的价值密度很低。所谓价值密度就是单位数据量中有用的数据所占的比例。这也是处理这些数据的一个难点，但是这些数据中存在着有价值的数据，这些数据可能是长期数据，比如一个企业的经营数据，也可能是短期数据，比如一个超市一天的销售产品数据。要想获得这些有用数据就必须对原始数据进行提取。

4. 处理速度快时效性高

大数据的一个看似很难以实现的特点就是时效性。这些数据是实时获取的，处理就需要时效性。没有时效性处理这些数据将没有任何意义，比如，对比50年的气象数据来预测天气，这就是典型的时效性要求。所以，要实现时效性就需要强大的处理速度。处理速度需要硬件的配合这是确定的，但是除了硬件技术也需要类似云计算技术、新的数据库技术、数据处理技术等等的支持。

8.3.2　大数据应用

大数据的处理应用离不开相应的技术，现在流行的大数据应用技术有以下几种：

1. 数据仓库

数据仓库是一个面向主题的、集成的、相对稳定的、反映历史变化的数据集合，用于支持管理决策。数据仓库是一个过程而不是一个项目；数据仓库是一个环境，而不是一件产品。数据仓库提供用户用于决策支持的当前和历史数据，这些数据在传统的操作型数据库中很难或不能得到。数据仓库技术是为了有效的把操作型数据集成到统一的环境中以提供决策型数据访问的各种技术和模块的总称。数据仓库由数据仓库数据库、数据采集和抽取工具、元数据、访问工具等几个部分组成。是大数据应用的支持技术。

2. 数据采集和抽取技术

数据抽取是把数据从各种各样的存储方式中拿出来，进行必要的转化、整理，再存放到数据仓库内。对各种不同数据存储方式的访问能力是数据抽取工具的关键。数据转换都包括：删除对决策应用没有意义的数据段；转换到统一的数据名称和定义；计算统计和衍生数据；给缺值数据赋给缺省值；把不同的数据定义方式统一。这些数据文件等抽取到临时中间层后进行清洗、转换、集成，最后加载到数据仓库或数据集市中，成为联机分析处理、数据挖掘的基础。

3. 数据集市

数据集市是为了特定的应用目的或应用范围，而从数据仓库中独立出来的一部分数据，也可称为部门数据或主题数据。在数据仓库的实施过程中往往可以从一个部门的数据集市着手，以后再用几个数据集市组成一个完整的数据仓库。需要注意的就是在实施不同的数据集市时，同一含义的字段定义一定要相同，这样在以后实施数据仓库时才不会造成大麻烦。

4. 数据挖掘

数据挖掘(data mining，DM)是目前人工智能和数据库领域研究的热点问题，所谓数据挖掘是指从数据库的大量数据中揭示出隐含的、先前未知的并有潜在价值的信息的过程。数据

挖掘是一种决策支持过程，它主要基于人工智能、机器学习、模式识别、统计学、数据库、可视化技术等，高度自动化地分析企业的数据，做出归纳性的推理，从中挖掘出潜在的模式，帮助决策者调整市场策略，减少风险，做出正确的决策。知识发现过程由以下三个阶段组成：①数据准备，②数据挖掘，③结果表达和解释。数据挖掘可以与用户或知识库交互。

大数据的大容量不是大数据应用的最难点，因为再多的数据也可以由更多的云计算服务器来进行运算。针对大数据的分析才是大数据应用的难点，因为只有经过数据分析我们才能获取很多智能的，深入的，有价值的信息。尤其是现在更多的应用涉及到了大数据，而且这些应用还有增加之势，即使是原有的大数据应用其数据量，速度，多样性等等都是呈现不断增长的复杂性。所以大数据的分析方法在大数据应用领域就显得尤为重要，可以说是决定最终信息是否有价值的决定性因素。常见的分析方法有以下几类：

可视化分析：大数据分析的使用者有大数据分析专家，同时还有普通用户，但是他们二者对于大数据分析最基本的要求就是可视化分析，因为可视化分析能够直观的呈现大数据特点，同时能够非常容易被用户所接受，方便决策者理解其中的含义。

数据挖掘算法：大数据分析的理论核心就是数据挖掘算法，数据挖掘的算法有分片、分块等等。这些数据挖掘的算法只有基于不同的数据类型和格式才能更加科学的呈现出数据本身具备的特点，也正是因为这些被全世界统计学家所公认的各种统计方法才能深入数据内部，挖掘出公认的价值。另外一个方面也是因为有这些数据挖掘的算法才能更快速的处理大数据，如果一个算法得花上好几年才能得出结论，那大数据的价值也就无从说起了。

预测分析能力：大数据分析最重要的应用领域之一就是预测性分析，从大数据中挖掘出数据的特点，通过科学的建立模型，之后便可以通过模型带入新的数据，从而预测未来的数据。当然预测的准确性并不是预测分析能力所决定的，预测分析的准确性往往和数据源获取的数据的准确性以及分析预测模型建立的科学性有很大关系。

语义定义能力：大数据分析广泛应用于网络数据挖掘，可从用户的搜索关键词、标签关键词或其他输入语义，分析、判断用户需求，从而实现更好的用户体验和广告匹配。这项能力被广泛地运用于针对互联网数据进行搜索的搜索引擎技术当中。

数据质量和数据管理：大数据分析离不开数据质量和数据管理，高质量的数据和有效的数据管理，无论是在学术研究还是在商业应用领域，都能够保证分析结果的真实和有价值。大数据分析的基础就是以上五个方面，当然更加深入大数据分析的话，还有很多很多更加有特点的、更加深入的、更加专业的大数据分析方法。因为篇幅有限我们在此不再赘述。

了解了大数据分析的重要性和几张常见的分析方法，我们对可以进行大数据分析的工具做一个简单的介绍。常见的大数据分析工具有以下几类。具体分析过程如图 8-4 所示流程。

EMC 的 Greenplum 统一分析平台(UAP)。EMC 的 Greenplum 统一分析平台(UAP)是一款单一软件平台，数据团队和分析团队可以在该平台上无缝地共享信息、协作分析。正因为如此，UAP 包括 ECM Greenplum 关系数据库、EMC Greenplum HD Hadoop 发行版和 EMC Greenplum Chorus。EMC 为大数据开发的硬件是模块化的 EMC 数据计算设备(DCA)，它能够在一个设备里面运行并扩展 Greenplum 关系数据库和 Greenplum HD 节点。DCA 提供了一个共享的指挥中心(command center)界面，让管理员可以监控、管理和配置 Greenplum 数据库和 Hadoop 系统性能及容量。

咨询和实施服务
解决方案 销售 | 市场营销 | 财务 | 运营 | IT | 风险 | 人力资源
分析 性能管理 | 风险分析 | 决策管理 | 内容分析 商业智能和预测分析
大数据平台 内容管理 | Hadoop系统 | 流计算 | 数据仓库 信息集成与治理
基础架构 系统（PureSystem/Power/x/z）|存储（Disk/Tape/Network）|FlashSystem|云计算 可靠、安全、高可扩展性以及灵活性

图 8-4　大数据分析流程

IBM 的 BigInsights 和 BigCloud。IBM 公司通过其智慧云企业基础架构，将 BigInsights 和 BigSheets 作为一项服务来提供。这项服务分基础版和企业版；一大卖点就是客户不必购买支持性硬件，也不需要 IT 专门知识，就可以学习和试用大数据处理和分析功能。BigInsights 可以使组织内的任何用户都可以做大数据分析。云上的 BigInsights 软件可以分析数据库里的结构化数据和非结构化数据，使决策者能够迅速将洞察转化为行动。

惠普的 Vertica 数据分析平台。惠普发布 Vertica 5.0 是能提供高效数据存储和快速查询的列存储数据库实时分析平台。该数据库还支持大规模并行处理(MPP)。HP Vertica 是基于 x86 硬件结构的。通过 MPP 的扩展性可以让 Vertica 为高端数字营销、电子商务客户分析处理的数据达到 PB 级。惠普展示了一款 Vertica 设备——Vertica Analytics Appliance，和小冰箱差不多大小。它是惠普融合基础架构中的一款全集成技术栈。通过这款新设备惠普可以真正打开大数据这个市场，尤其是将数据分析作为一项服务的市场。

甲骨文的 Oracle Big Data Appliance。甲骨文的 Big Data Appliance 集成系统包括 Cloudera 的 Hadoop 系统管理软件和支持服务 Apache Hadoop 和 Cloudera Manager。Oracle 的(Oracle Big Data Appliance)，是一个软、硬件集成系统，该大数据机采用 Oracle Linux 操作

系统，并配备 Oracle NoSQL 数据库社区版本和 Oracle HotSpot Java 虚拟机。

微软的 SQL Server。2011 年初微软发布了 SQL Server R2 Parallel Data Warehouse（PDW，并行数据仓库），PDW 使用了大规模并行处理来支持高扩展性，它可以帮助客户扩展部署数百 TB 级别数据的分析解决方案。

大数据应用的价值很大，究其根本是大数据自身拥有很大的价值。我们要理解大数据的价值，就必须先了解大数据应用的环境。大数据是为解决巨量复杂数据这种趋势而生的。所以大数据的价值体现在几个方面：第一，数据量大，没有充足的数据量我们分析得出的结果就不一定有普遍性，没有了普遍性其辅助决策的功能就会大大减弱。第二，数据细微性很高，数据采集源很多，采集的数据种类也很多，这些数据往往是细微的，其细分价值很大。第三，数据真实而具有普遍性，所有采集的数据都是对数据忠实的记录，这就决定了这些数据的真实性和普遍性。只有真实性的数据才有分析的意义，而数据的普遍性则决定了根据这些数据分析出来的结果是否可以适用于其他类似项目。第四，数据具有可预测性和重复使用性。我们得到这些数据之后可以通过分析获取其中的隐含规律，通过这些规律我们可以针对相应的项目进行预测，而且这些数据都具备可重复使用的可能性。所有这些价值都隐藏在大数据之中，也是吸引我们去针对大数据进行处理的主要原因。图 8-5 是大数据的商业价值示意图。

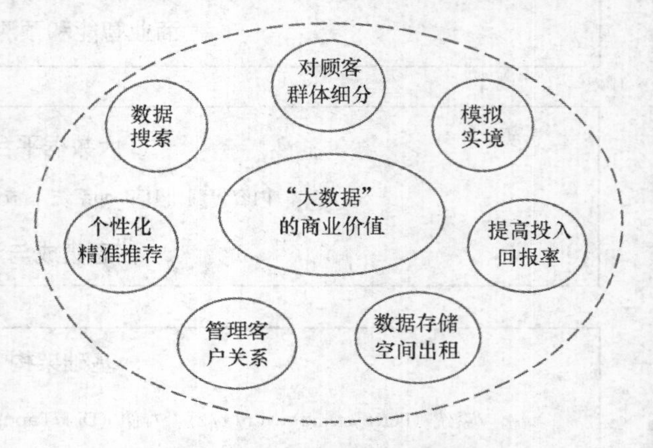

图 8-5　大数据商业价值示意图

我们可以通过几个实例来感受大数据应用的具体价值。这些实例有针对预测技术和商业运营模式的改变还有针对我们日常生活习惯的改变。我们可以通过这些案例来了解大数据应用给整个世界和人类社会带来的改变。

以下是大数据应用在商业领域的应用案例：

①连锁型的社区生鲜超市 M6 于 8 年前就开始了大数据化管理，物品一经收银员扫描，总部的服务器马上就能知道哪个门店，哪些消费者买了什么。M6 免费为顾客办理实名制会员卡，用户持卡结账可以享受优惠，但 M6 不找零，这样一来，既可以提高收银效率，又为数据分析提供基础。在一些细节上，M6 的收银模块甚至比一些大商超更细致，比如，信息被扫描进系统后，顾客突然要求退掉其中一件或几件，或者整单退掉，为什么要退掉，这些信息全都被写入了后台数据库。2012 年，M6 的服务器开始从互联网上采集天气数据，然后，从中国农历正月初一开始推算，分析不同节气和温度下，顾客的生鲜购买习惯会发生哪些变化。

②华尔街"德温特资本市场"公司分析全球 3.4 亿微博账户留言，判断民众情绪，人们高兴的时候会买股票，而焦虑的时候会抛售股票，依此决定公司股票的买入或者卖出，该公司当年第一季度获得 7％的收益率。

③对于美国第二大超市塔吉特百货，孕妇是个含金量很高的顾客群体，但是她们一般会去专门的孕妇商店。人们一提起塔吉特，往往想到的都是日常生活用品，却忽视了塔吉特有孕妇需要的一切。在美国，出生记录是公开的，等孩子出生了，新生儿母亲就会被铺天盖地的产

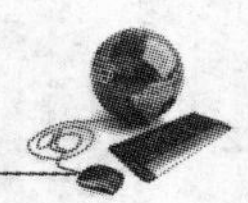

品优惠广告包围，那时候再行动就晚了，因此必须赶在孕妇怀孕前期就行动起来。

塔吉特的顾客大数据分析部门发现，怀孕的妇女一般在怀孕第三个月的时候会购买很多无香乳液。几个月后，她们会购买镁、钙、锌等营养补充剂。根据数据分析部门提供的模型，塔吉特制订了全新的广告营销方案，在孕期的每个阶段给客户寄送相应的优惠券。结果，孕期用品销售呈现了爆炸性的增长。2002 年到 2010 年间，塔吉特的销售额从 440 亿美元增长到了 670 亿美元。大数据的巨大威力轰动了全美。

我们从这个案例可以看到，许多孕妇在浑然不觉的情况下成了塔吉特的忠实拥趸，许多孕妇产品专卖店也在浑然不知中破产，这就是大数据应用带来的改变。

大数据应用在农业领域的应用案例：

①The Climate Corporation 公司为农业种植者提供名为 Total Weather Insurance (TWI)、涵盖全年各季节的天气保险项目。本项目利用公司特有的数据采集与分析平台，每天从 250 万个采集点获取天气数据，并结合大量的天气模拟、海量的植物根部构造和土质分析等信息对意外天气风险做出综合判断，以向农民提供农作物保险。公司声称该保险的特点是：当损失发生并需要赔付时，只依据天气数据库，而不需要繁琐的纸面工作和恼人的等待。该公司总部位于美国加州，已经运营 6 年，从 Google Ventures、Founders Fund 等多家公司获得超过 5 000 万美元的风险投资。

②Farmeron 公司为全世界的农民提供类似于 Google Analytics 的数据跟踪和分析服务。农民可在其网站上利用这款软件，记录和跟踪自己饲养畜牧的情况(饲料库存、消耗和花费、畜牧的出生、死亡、产奶等信息，还有农场的收支信息)。其可贵之处在于：Farmeron 帮着农场主将支离破碎的农业生产记录整理到一起，用先进的分析工具和报告有针对性地监测分析农场及生产状况，有利于农场主科学地制定农业生产计划。Farmeron 创建于克罗地亚，自 2011 年 11 月成立至今，Farmeron 已在 14 个国家建立农业管理平台，为 450 个农场提供商业监控服务。

③日本宫崎县西南部的“都城”市已经开始利用云和大数据进行农业生产。通过传感器、摄像头等各种终端和应用收集和采集农产品的各项指标，并将数据汇聚到云端进行实时监测、分析和管理。富士通和新福青果合作进行卷心菜的生产改革。两家公司在农田里安装了内置摄像头的传感器。把每天的气温、湿度、雨量、农田的图像储存到云端。还向农民发放了智能手机和平板电脑，让大家随时记录工作成果和现场注意到的问题，也都保存到云端。

④来自明尼苏达州 Astronaut A4 挤奶机，不仅帮农场主可以代替农场主喂牛，还会使用无线电或红外线来扫描牛的项圈，辨识牛的身份，在挤奶时对牛的几项数据进行跟踪：牛的重量和产奶量，以及挤奶所需的时间、需要喂多少饲料，甚至牛反刍需要多长时间。机器也会从牛产的奶中收集数据。每一个乳头里挤出的奶都需要查验颜色、脂肪和蛋白质含量、温度、传导率(用于判断是否存在感染的指标)，以及体细胞读数。每头牛身上收集到的数据汇总后得出一份报告，一旦 A4 检测到问题，奶农的手机上会得到通知。

大数据应用在公共安全领域的应用案例：

美国纽约的警察分析交通拥堵与犯罪发生地点的关系，有效改进治安。美国纽约的交通部门从交通违规和事故的统计数据中发现规律，改进了道路设计。

大数据分析也可服务于医疗保健。微软的“健康存储库”和“谷歌健康”为广大病患者提供医疗卫生档案管理在线服务。谷歌和美国疾病控制和预防中心等机构合作，如果发生流感，网民会在搜索引擎上搜索什么地方有医院，什么地方可以买药，谷歌根据搜索引擎用户访问的关键词来找出流感的规律。

PredPol 公司通过与洛杉矶和圣克鲁斯的警方以及一群研究人员合作，基于地震预测算法的变体和犯罪数据来预测犯罪发生的几率，可以精确到 500 平方英尺的范围内。在洛杉矶运用该算法的地区，盗窃罪和暴力犯罪分布下降了 33%和 21%。

大数据在互联网领域的应用案例：

①沃尔玛这家零售业寡头为其网站 Walmart. com 自行设计了最新的搜索引擎 Polaris，利用语义数据进行文本分析、机器学习和同义词挖掘等。根据沃尔玛的说法，语义搜索技术的运用使得在线购物的完成率提升了 10%～15%。对沃尔玛来说，这就意味着数十亿美元的金额。

②中国最大的电子商务公司阿里巴巴已经在利用大数据技术提供服务：阿里信用贷款与淘宝数据魔方。每天有数以万计的交易在淘宝上进行。与此同时相应的交易时间、商品价格、购买数量会被记录，更重要的是，这些信息可以与买方和卖方的年龄、性别、地址、甚至兴趣爱好等个人特征信息相匹配。各大中小城市的百货大楼做不到这一点，大大小小的超市做不到这一点，而互联网时代的淘宝可以。

淘宝数据魔方就是淘宝平台上的大数据应用方案。通过这一服务，商家可以了解淘宝平台上的行业宏观情况、自己品牌的市场状况、消费者行为情况等，并可以据此进行生产、库存决策，而与此同时，更多的消费者也能以更优惠的价格买到更心仪的宝贝。

而阿里信用贷款则是阿里巴巴通过掌握的企业交易数据，借助大数据技术自动分析判定是否给予企业贷款，全程不会出现人工干预。据透露，截至目前阿里巴巴已经放贷 300 多亿元，坏账率约 0.3%，大大低于商业类银行。

大数据的应用和案例还不远如此。随着大数据与各行各业的深度融合发展，以前依靠传统方法不能解决的诸多问题也会迎刃而解。当大数据应用大发展的时代，每个行业都会找到和大数据应用的结合点。图 8-6 是大数据应用在国外创造的价值统计。

英国医疗服务业
- 每年价值3 000亿美元
- 大约0.7%的年生产率增长

欧洲公共部门管理
- 每年价值2 500亿欧元（约3 500亿美元）
- 大约0.5%的年生产率增长

全球个人位置数据
- 服务提供商收入1 000亿美元或以上
- 最终用户价值达7 000亿美元

美国零售业
- 可能的净利润增长水平为60% 或以上
- 0.5%～1.0%的年生产率增长

制造业
- 产品开发、组装降低达50%
- 运营资本降低达7%

图 8-6　大数据应用带来的价值统计

8.3.3 机遇与挑战

互联网特别是移动互联网的发展，加快了信息化向社会经济各方面、大众日常生活的渗透。有资料显示，1998 年全球网民平均每月使用流量是 1 MB(兆字节)，2000 年是 10 MB，2003 年是 100 MB，2008 年是 1 GB(1 GB 等于 1 024 MB)，2014 年将是 10 GB。全网流量累计达到 1 EB(即 10 亿 GB 或 1 000 PB)的时间在 2001 年是一年，在 2004 年是一个月，在 2007 年是一周，而 2013 年仅需一天，即一天产生的信息量可刻满 1.88 亿张 DVD 光盘。我国网民数居世界之首，每天产生的数据量也位于世界前列。淘宝网站每天有超过数千万笔交易，单日数据产生量超过 50 TB(1TB 等于 1 000 GB)，存储量 40 PB(1 PB 等于 1 000 TB)。百度公司目前数据总量接近 1 000 PB，存储网页数量接近 1 万亿页，每天大约要处理 60 亿次搜索请求，几十 PB 数据。一个 8 Mbps(兆比特每秒)的摄像头一小时能产生 3.6 GB 数据，一个城市若安装几十万个交通和安防摄像头，每月产生的数据量将达数十 PB。医院也是数据产生集中的地方。现在，一个病人的 CT 影像数据量达数十 GB，而全国每年门诊人数以数十亿计，并且他们的信息需要长时间保存。总之，大数据存在于各行各业，一个大数据时代正在到来。

时代的发展让人们更加感受到大数据的来势迅猛。数据规模越大，处理的难度也越大，但对其进行挖掘可能得到的价值更大，这就是大数据热的原因。也可以说大数据时代的到来给了我们很多的机遇。数据量大，种类繁多，我们可以选择和使用的数据越来越多，我们就有可能尽量还原或者贴近事物发展的规律来处理具体事务。我们可以通过商业智能分析数据来制定商业决策，通过物联网来进行智能化管理，通过移动互联网来改变生活方式。这些都是大数据时代给我们提供的机遇。

与机遇并存的就是挑战。目前，大数据技术的运用仍存在一些困难，大数据应用所面临的挑战有如下几个方面。

首先是数据管理的挑战，来自不同地方、不同标准，数据量大小不一、结构形式多样、实时性等要求不同。这无形之中就增加数据采集、检索与整合的困难，需要对传统的数据传输工具和流程进行重新设计，新的模式要对来自网络包括物联网和机构信息系统的数据附上时空标志，去伪存真，尽可能收集异源甚至是异构的数据，必要时还可与历史数据对照，多角度验证数据的全面性和可信性。

其次是数据挖掘，大量的仿真和计算任务必须协调数百个参数，大多数数据挖掘算法有很高的计算复杂度，需要实时操控超量和耗时的计算任务。有些行业的数据涉及上百个参数，其复杂性不仅体现在数据样本本身，更体现在多源异构、多实体和多空间之间的交互动态性，难以用传统的方法描述与度量，处理的复杂度很大，需要将高维图像等多媒体数据降维后处理，利用上下文关联进行语义分析，从大量动态而且可能是模棱两可的数据中综合信息，并导出可理解的内容。

第三是数据呈现，大数据的运算结果需要可视化的呈现，使结果更直观以便于洞察。目前，尽管计算机智能化有了很大进步，但还只能针对小规模、有结构或类结构的数据进行分析，谈不上深层次的数据挖掘，现有的数据挖掘算法在不同行业中难以通用。尤其针对跨行业数据分析的最终数据或者是中间运算数据的前端呈现还很困难。

第四是数据处理的延迟问题，因为大数据的特点有时效性，这就要求运算的速度必须能达到用户要求。这一点需要有高性能的，大量的数据运算处理服务器的支持，还需要高速网络的

传输支持，这些问题的解决还是要从基础设施建设入手。

第五是数据灵活性问题，我们针对大数据的处理现在还处于必须进行定制模式的处理方式，这就无法实现数据处理的灵活性，难以实现临时的变化和用户新的要求，现阶段这些要求必须还是要定制为处理模式才能得以运行。

除此之外还有数据安全，数据处理成本等等一些问题，在数据存储和处理方面要达到低成本、低能耗、高可靠性目标，通常要用到冗余配置、分布化和云计算技术，在存储时要按照一定规则对数据进行分类，通过过滤和去重，减少存储量，同时加入便于日后检索的标签。

最后，大数据应用尤其是大数据的挖掘与再利用应当有法可依。我们既要鼓励拥有大量客户信息的企业充分展开面向群体、服务社会的数据挖掘，又要防止侵犯个体隐私；既提倡数据共享，又要防止数据被滥用。此外，还需要界定数据挖掘、利用的权限和范围。大数据系统本身的安全性也是值得特别关注的，要注意技术安全性和管理制度安全性并重，防止信息被损坏、篡改、泄露或被窃，保护公民和国家的信息安全。以上几点都是大数据应用现在所面临的挑战。

虽然还有一些需要解决的困难，还要面对一些挑战，但是我们不能否认大数据技术的运用前景是十分光明的。尤其在我国，大数据应用会对我国的工业化、信息化、城镇化、农业现代化的建设起到很大的帮助。大数据分析对我们深刻领会世情和国情，把握规律，实现科学发展，做出科学决策具有重要意义。

为了更好地利用大数据，我们要做的工作还很多。首先，大数据分析需要有大数据的技术与产品支持。我们还要加强大数据应用在软硬件等多方面的支持。过分依赖国外的大数据分析技术与平台，难以回避信息泄密风险。而且在整体互联网和移动互联网的基础设施建设中我们与发达国家有不少差距，更需要加快建设的脚步。

再有，中国是人口大国将会产生大量的数据，但我们对数据保存还不够重视，对存储数据的利用率也不高，部门间的相互壁垒也比较多。跨部门使用数据还存在诸多壁垒。政府应通过体制机制改革打破数据割据与封锁，应注重信息公开和数据挖掘。让大数据应用更好的为国家和人民服务。

第9章 网络规划与设计

9.1 网络规划的基本内容

9.1.1 网络的生命周期

由于技术的更新换代、设备的使用寿命、用户需求变化等因素导致网络系统无法永远使用下去，根据网络所经过的不同阶段，思科公司提出了规划、设计、实现、运行、优化的网络生命周期，并得到了业界的普遍认可。

规划(planning)，根据现有网络的情况和未来网络的扩展，深入开展详细的网络需求调研。

设计(design)，在网络需求和对现有网络的分析基础上，设计出网络建设方案，并与用户交换设计意见，进一步改进设计方案。

实现(implementation)，按照最终的设计方案实施建设网络。

运行(operation)，网络进入运行阶段，并对用户提供服务，同时也对网络进行监测和测试。

优化(optimization)，随着网络的运行，会发现和纠正一些问题，如 IP 地址规划不够、网络性能不能满足业务需求等等。这些问题如果太多，则可能需要重新进行设计。

这五个阶段是循环往复的，其中网络规划与设计是生命周期中的两个重要部分，将直接影响到其他各个阶段。

9.1.2 网络信息系统体系架构

一个完整的网络信息系统，不仅仅是指信息系统软件，也不仅仅是网络基础设施，而是一个软硬件有机结合的系统。一个完整的网络信息系统应如图 9-1 所示。

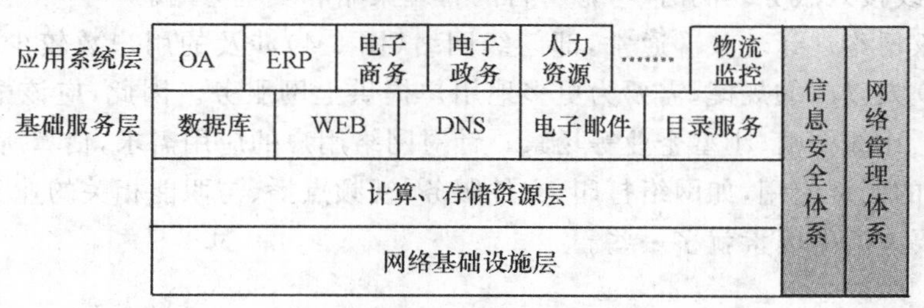

图 9-1 网络信息系统组成

从图 9-1 中可以看出，一个完整的网络信息包括 4 个层次，从上到下为应用系统层、基础服务层、计算存储资源层、网络基础设施层。应用系统层即为用户提供应用服务的，为用户完成特定的管理需求，提供实际的应用；基础服务层为各种应用系统提供基础服务，如数据库管理服务、中间件服务、域名解析服务、目录服务等等；计算、存储资源层即为上层的应用提供高速的计算环境、海量的存储空间、可靠的操作系统等；而最下层是网络基础设施层，包括综合布线系统、网络交换路由设施设备，为上层提供一个优良的传输平台。这 4 个层次有机地结合在一起，为网络用户提供多种多样应用和功能。图 9-1 还包含了信息安全体系和网络管理体系，是贯穿前述 4 个层次必不可少的支撑体系，因此在网络规划和设计中也应该详细设计。在本章中主要介绍网络设计与规划。

9.1.3 网络规划与实施过程

网络规划与设计的过程是网络生命周期中的一个非常重要的部分，俗话说“种瓜得瓜，种豆得豆”，网络规划与设计就是“播种”的过程，规划与设计有问题，将影响后续的顺利实施和良好运行。

典型的网络规划与设计过程包括用户需求分析、逻辑网络设计、物理网络设计 3 个步骤。3 个步骤是一个迭代循环的过程，如图 9-2 所示，每个任务为下一任务提供规划与设计基础，当某个步骤发现问题时，需要回溯到上一步或第一步进行重新改进，直到问题解决为止。

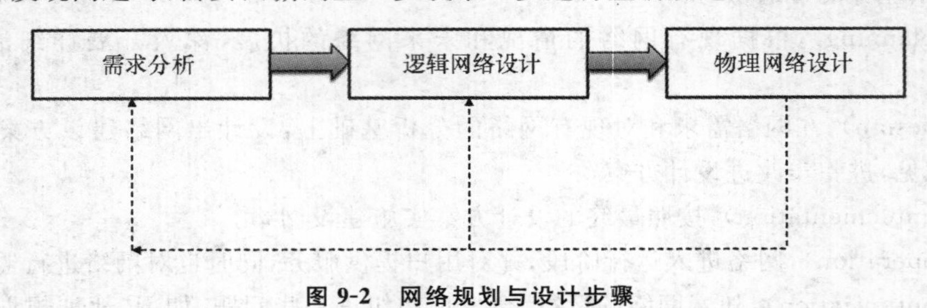

图 9-2　网络规划与设计步骤

9.1.4 网络规划与设计场景

(1)桌面级网络设计场景　当前，互联网已渗透到世界的各个角落，一个家庭、一间办公室、一间学生公寓都会涉及网络组建的问题。针对区域小、用户少的场景，如何进行弱电设计、网络规划是时常遇到的情况。通常情况下，可以了解用户成员的用网需求，选择合适的互联网接入服务，设计合适网络信息点和无线接入点，选择合适的桌面级网络设备(图 9-3)，满足各房间有线和无线接入服务。同时，考虑可行的管理策略和安全策略。

(2)部门级网络设计场景　通常，部门级网络(图 9-4)涉及的用户数较少，一般用户数在 10 人以上，100 人以内的规模，需要为更多地用户提供上网服务。因此，应该配置更专业的交换机和路由器，比如网吧、小型企业等场景。针对网络用户的应用需求，估算所需的网络带宽，设计满足需求的网络应用，如网络打印、文件服务、视频点播、与职能相关的业务系统等。在规划设计中，需要考虑的因素就多一些。

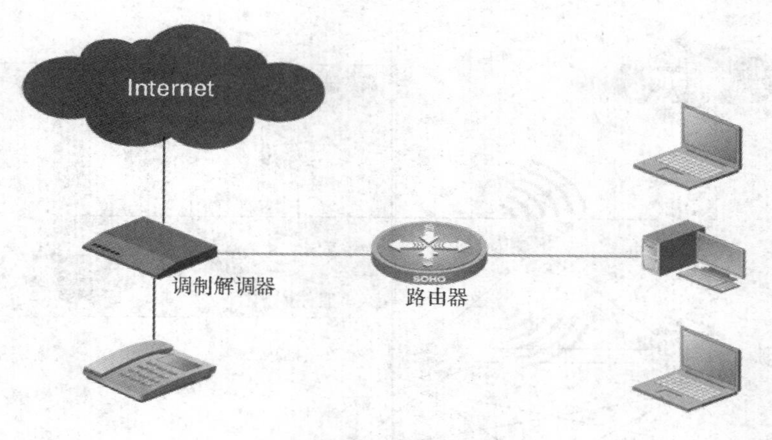

图 9-3　桌面级网络场景

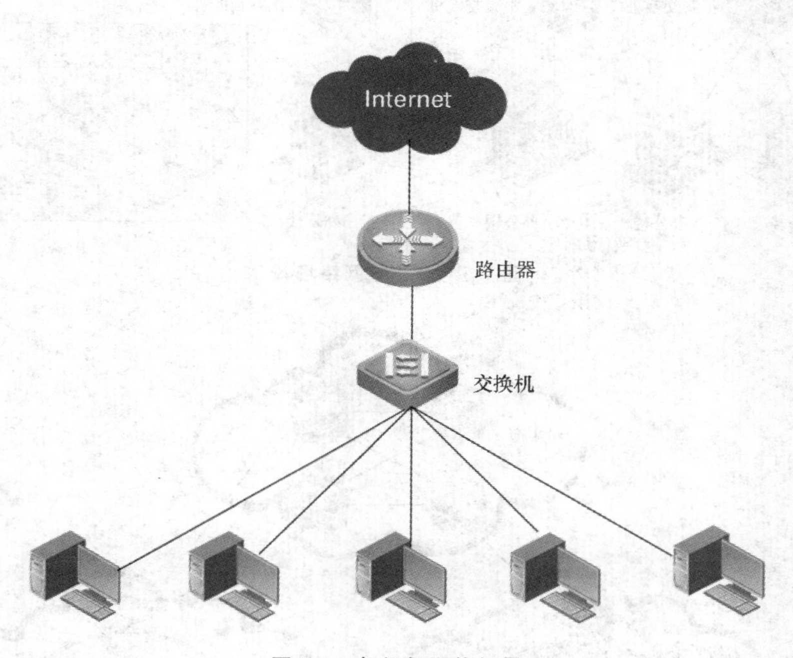

图 9-4　部门级网络场景

(3)企业级网络设计场景　对于一些中、大型企业、学校、其他事业单位等场景，其网络用户数在几百上千，甚至几万人的规模，其业务需求也更加多样化。在规划设计网络过程中，需要考虑的因素就会更多，不仅需要满足用户对外的互联网访问，更多要注重企业、单位的内部业务应用、网络性能、安全性、可靠性等，如有分支机构的还需要使用 VPN 技术，搭建于公网的专用网络接入(图 9-5)。

(4)电信级网络设计场景　在超大型网络场景中，规划设计就更为复杂，往往此类网络是跨市县、跨省市、跨地区的广域网，有数据流量非常大、并发数非常高等特点，如银行系统的网络、电信运营商的网络、铁路系统网络等。在规划设计这些超大型的网络时，不仅需要考虑大流量、高并发，还得考虑网络的可靠性，链路的冗余性和安全性。超大规模网络的规划设计一般逐一规划设计核心网、地区网、省级网、接入网，采用分级的方式进行规划设计(图 9-6)。

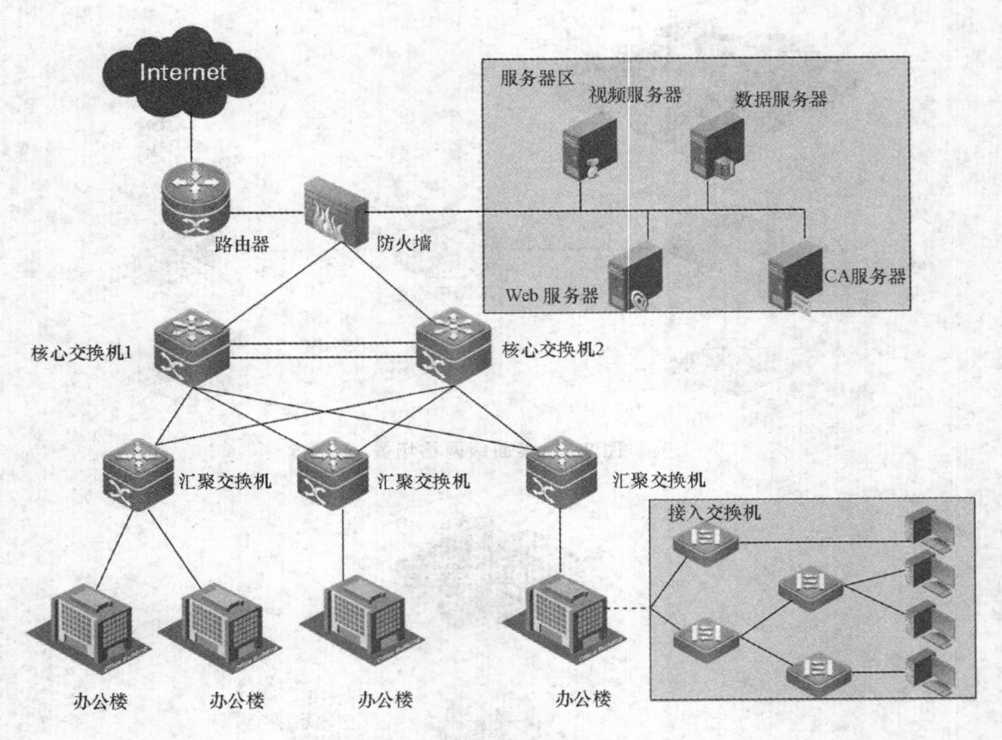

图 9-5　企业级网络场景

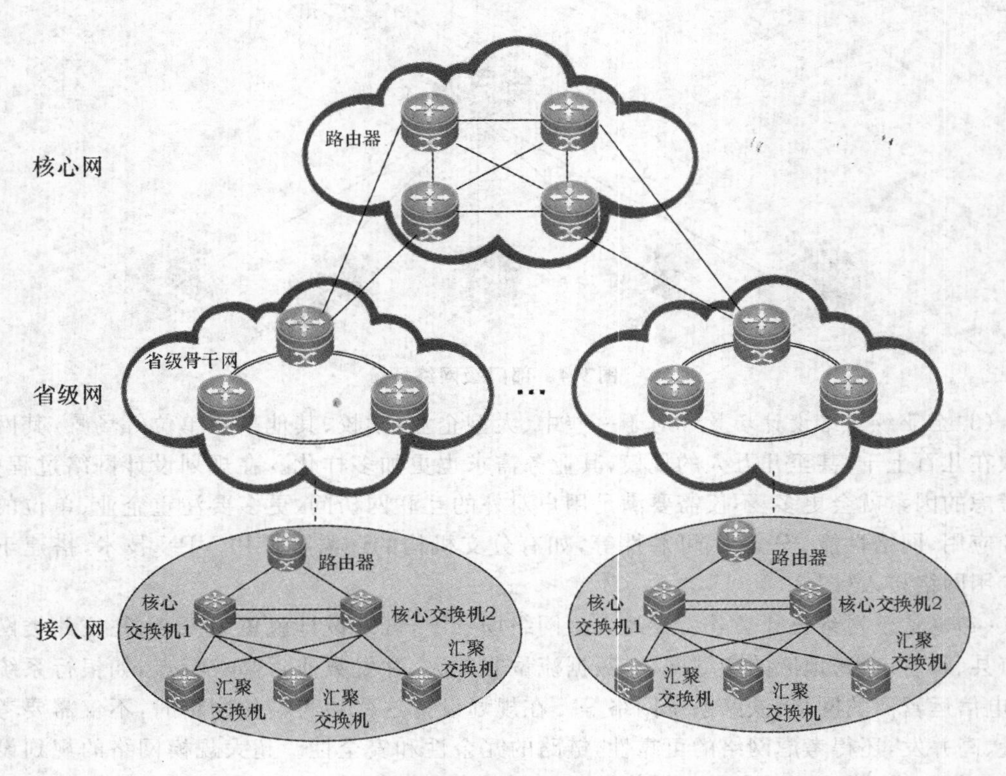

图 9-6　电信级网络设计场景

9.1.5 自顶向下的设计方法

一个好的网络设计必须能够体现客户的各种商业和技术需求，包括可用性、可扩展性、可靠性、安全性、可管理性等。而不同的网络建设需求会导致设计问题的复杂和重复，这就需要一种有效、有序的设计方法和设计模型。

网络的设计通常采用自顶向下(top-down)的模块化设计方法，即从网络模型上层开始，直至底层，最终确定个模块，从而满足应用需求，如图 9-7 所示。

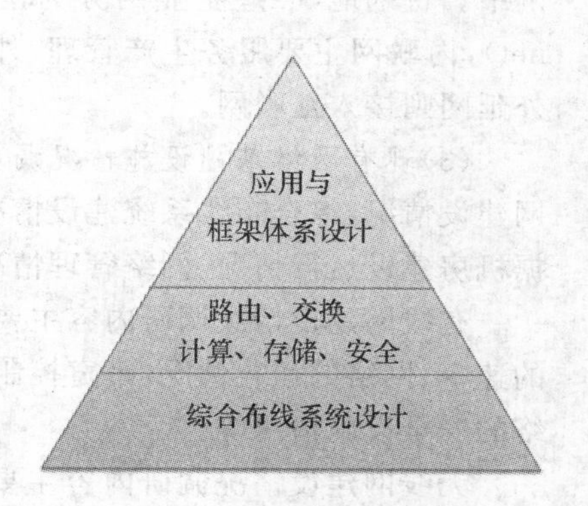

图 9-7 自顶向下设计模型

自顶向下的设计方法可按照 TCP/IP 体系结构层次模型进行设计，即先研究应用层、传输层的需求与功能，包括网络安全方面的内容，确定好网络技术架构；再确定网络层的路由、IP 子网与 Vlan 划分；最后规划设计物理链路。

在本书中，主要阐述基础网络硬件设施的规划与设计，网络业务应用系统的规划与设计请参考其他技术资料。

9.2 网络规划需求分析

需求分析主要是针对用户的现有网络及现有系统进行调研，明确用户的建设目标、建设范围、功能需求和应用需求等。需求分析是网络规划与设计中最关键的一步，所获取的信息决定了下一步对整个网络架构的设计和资金投入。这不仅需要网络技术知识，还涉及商业和社会因素等各个方面的问题。

9.2.1 需求调研

需求调研是为了真正了解用户建设网络的目的以及现有的基础和环境。具体调研手段包括问卷调查、用户访谈和实地环境考察等。其中的关键就是如何把用户模糊的要求转换为一个可实现、可测量的需求。比如，用户可能说新网络必须有助于降低总成本，则必须要明确用户是否意味着把某些电话业务迁移到网络上来减少成本。因此，作为网络专业设计人员，在需求调研中的重要任务就是合理引导用户表述出清晰、可行的需求。

需求调研应从技术上考虑以下内容：

(1)用户需要的网络应用、实现哪些业务管理功能　主要为用户考虑其职能方面的业务管理需求，从提高管理效率，增强管理质量，降低管理成本，拓展业务能力，提高服务质量，延伸增值业务，适应信息化发展的目的出发，引导用户提升其自身的信息化能力。当然也不能好高骛远，脱离用户的实际建设能力和需求。在进行用户网络应用需求调研时，还应考虑各类应用的服务对象，是内网用户还是外网用户，分清楚是否提供互联网访问等。特别是当前移动互联时代，还应考虑那些应用提供移动端的服务功能。

(2)互联网访问及服务需求　包括访问互联网的方式、出口带宽的需求、未来带宽的扩展、公网 IP 地址需求、互联网安全需求、对外提供的服务等。其中，互联网访问方式方面，需要确

定专用网络还是公共网络(开放网络),专用网络将与互联网物理隔绝,公用网络则需融入互联网中。特别地,一些企业网分为两个部分,一部分为企业内联网(Intranet)、外延网(Extranet),内联网主要服务生产管理,外延网服务于销售、宣传、服务。内联网则禁止访问互联网,外延网则接入互联网。

(3)现有网络基础设施情况调研　对现有网络基础设施的调研包括有线网建设情况、无线网建设情况、综合布线系统建设情况、现有网络设备情况、服务器基本情况、存储设备情况、数据机房建设运行情况、网络管理情况、终端设备配备情况等。

有线网建设情况调研内容主要包括有线网所采用的技术体系、网络的拓扑结构图、骨干网的速率、网络的运行情况、带宽控制、运行中存在的问题、网络用户数、准入准出的认证方式、网络的安全设施情况等。

无线网建设情况调研内容主要包括无线网所采用的技术体系、无线网的拓扑结构、无线AP采用的协议、无线AP的管理控制方式、无线AP的信号覆盖范围、无线AP的运行情况和接入能力、无线网运行情况与存在的问题。

综合布线系统建设与运行情况需摸清现有的弱电信息点数量、布线系统的规范性、能否满足当前应用以及未来业务扩展需求。光缆系统建设的合理性、性能、芯数是否满足当前和未来需求等。楼宇的弱电信息点包括网络信息点、有线电视点、电话信息点和其他专用信息点(比如安防系统、广播系统、一卡通系统、门禁系统等)。

现有网络设备情况调研包括核心设备技术指标参数、支持的协议与技术体系、可扩展性如何、设备运行情况与存在的问题;接入设备的接入能力与运行情况,能否满足当前的接入需求;网络安全设备的技术参数与运行情况。

服务器是承载网络业务应用的核心设备,调研中需要了解清楚当前服务器的数量、性能、架构、运行情况、存在的问题等。

存储设备是数据资源汇集区,调研中需要了解清楚当前存储的容量、采用的技术体系、存储的性能、设备的可扩展能力、数据备份情况、存储的冗余能力、运行情况与存在的问题等。

数据机房是网络系统中的重要部分,核心设备、服务器、存储都安装于数据机房内,数据机房建设的好坏直接关系到网络的服务能力和网络的可管理性。调研数据机房建设情况时,要求了解清楚数据机房的建设水平,主要包括数据机房的综合布线系统、供配电系统、防雷接地系统、后备电源系统、空调系统、装修、KVM管理系统、机柜建设情况、新风系统、环境监测系统、消防灭火系统等的建设情况、运行情况与存在的问题。

网络运行管理情况的调研需要了解网络管理的技术平台、技术队伍的人员结构与管理水平、管理队伍熟悉的技术等。

终端配置情况的调研内容主要有:用户终端的类型、性能参数、使用的操作系统、办公系统等。

(4)现有业务应用系统调研　此部分需详细了解用户方现有的业务应用系统,特别是构筑在网络上的应用有哪些,各业务系统的技术架构、开发平台、基础支撑软件、实现的功能、存在的问题、对网络的带宽需求、可靠性需求和安全性需求等。例如,针对一个生产企业,需要了解他有无生产控制系统、在线监测系统、企业ERP系统、客户关系系统、办公自动化系统、人力资源管理系统等等,这些系统的功能如何、技术架构如何、能否满足当前或未来的需求;再如,针对一个高校,需要了解教育信息化方面的业务应用,如教务管理系统、财务管理系统、校园一卡通系统、资

产管理系统、实验室管理系统、科研管理系统、学生工作管理系统、教学资源管理系统等等。对各个业务系统的运行情况、功能实现、存在的问题进行详细的记录，以便在规划设计时做出科学、合理、先进的设计方案。业务应用系统的规划设计更多是软件工程方面的内容。

(5)专用设备和专用协议的使用　在一些特别的场合，有可能需要使用到专用设备，比如工业控制设备、特有的网络安全设备等，在需求调研中需要特别咨询用户。另外，一些特有应用系统可能会使用专用的网络协议进行数据通信，也需要进行了解。

(6)网络安全需求调研　网络安全是信息系统建设的重要部分，在本书中已详细阐述过网络安全的内容与技术。调研时应特别注重用户对网络安全区域的分隔、用户角色权限的设置与分配、安全策略与防护措施、应用系统的访问控制、数据安全保障、防病毒系统等需求。

(7)网络可靠性需求调研　针对用户的业务应用情况和带宽流量需求情况，了解用户在核心骨干网的链路冗余需求、核心会聚网络设备的热备份需求、关键服务器的双机热备需求、存储系统的可靠性需求以及关键部位的接入设备和线路的高可靠性需求等进行深入讨论，得出合理、完善的需求分析。

(8)网络建设需求调研　通过与用户沟通，根据用户的实际情况，确定好建设内容与建设范围，并向用户提出合理化的建议。网络建设需求调研主要包括综合布线系统建设范围与建设标准、网络交换设备需求的数量与档次、数据机房建设需求、服务器需求、存储系统需求、应用系统需求等。

针对每一种需求都必须有详细的、可实现的界定描述，而且要对每一项需求的重要性和合理性进行评估，以备出现不能兼顾时尽量满足更重要的部分。

9.2.2　需求分析报告

在需求调研之后，需要形成一份完整的报告文档。该文档将详细地说明网络必须支撑的应用系统和达到的性能需求，文档的大小与网络系统的规模和建设内容确定。一般需求分析报告包括以下一些内容。

①网络调研和用户需求资料；

②网络预期方案设计描述；

③网络可行性分析及研究结论；

④网络使用寿命；

⑤网络的可管理性、可扩展性描述；

⑥网络的运行方式描述；

⑦网络提供的业务应用和服务内容；

⑧网络的通信容量；

⑨系统需要的设备类型和性能指标；

⑩成本效益分析；

⑪风险评估；

⑫建设周期与进度安排。

完善清晰的分析报告是下一步网络设计的依据。需求分析是设计者和用户沟通交流的重要过程，是后续网络规划设计、部署和实施的关键内容，尽量考虑周全，以免在后续过程中出现变更、失误的问题。

9.3 逻辑网络设计与物理网络设计

9.3.1 逻辑网络设计

逻辑网络设计主要以网络拓扑结构设计和IP地址规划为主，另外还涉及网络管理和网络安全设计。逻辑网络设计的第一步是设计网络拓扑结构，网络拓扑结构是表示网络结构与分段、互联位置和用户群体的网络结构图，该图的主要目的是显示网络的抽象结构，而不考虑实际地理位置和设备实现。如果用户网络的规模较大，设计网络拓扑结构时一般需要采用相应的设计模型分层和结构化设计，在后续有详细的阐述。

逻辑网络设计的第二步是交换策略和路由协议的选择。交换策略的选择主要是Vlan规划、设计冗余的链路和配置生成树协议、MAC地址管理策略。路由协议选择是指确定采用什么路由协议，采用动态路由还是静态路由。动态路由采用RIP路由协议，还是OSPF路由协议，或者BGP协议。

第三步是IP地址规划和子网划分。根据用户申请到的IPv4/IPv6地址空间以及需要接入网络的主机终端数量，确定使用相应策略：静态地址设置、动态地址分配或者私有IP地址分配。而且为了网络安全和管理的需要，往往需要划分不同的子网，确定子网个数和子网掩码等，特别是与Vlan规划结合起来，Vlan和IP子网一一对应，后续也将有详细阐述。

最后一步对网络安全和网络管理策略的设计。网络安全是网络运行的重要保障，设计时既要保证网络的高可用、数据的完整性和安全性。安全设计包括物理层安全设计、网络层安全设计、系统层安全设计、应用层安全设计和管理层安全设计。

网络安全设计需要考虑以下问题：

(1)互联网防护设计　来自互联网的威胁、攻击很多，如病毒、蠕虫、木马、黑客攻击、非法访问、信息篡改等等，因此网络互联网出口是整个网络的第一道安全闸门。可以设计专业防火墙以解决互联网的访问控制问题；设计IPS设备进行深度检测，有效防御Internet网络上大量肆虐的具备渗透防火墙能力的木马、病毒。通过防火墙与IPS的组合，在保证性能的前提下，实现对互联网2～7层的立体防护，有效抵御各种安全威胁。防火墙应具备高性能NAT能力，并支持日志审计功能。设计时应进行详细计算互联网访问会话数和NAT能力需求。

(2)服务器安全防护　服务器的安全包括访问安全策略、操作系统安全、应用系统安全、数据访问安全三个方面，访问安全策略可在防火墙中进行设置开放哪些端口，允许哪些地址访问；操作系统安全可考虑按时更新安全补丁、安装防病毒系统等；应用系统安全考虑防篡改、防SQL注入等措施；数据访问安全则制定相应的文件访问权限和规则，按角色进行授权。

(3)远程访问和虚拟专用网　在很多网络场景中，用户需要从互联网中远程访问本地网络资源和数据传送，比如分布在全国的多个分支机构与总部互联问题、用户出差需要远程连接网内系统或访问网内资源等。这时，我们需要虚拟专用网来解决远程安全访问的需求。可以考虑使用专用的VPN设备实现加密数据传输与远程安全访问。设计VNP时考虑接入的用户数、带宽需求、加密协议等因素确定适合的VPN设备。

9.3.2 物理网络设计

物理网络设计是指选择具体的技术和设备来实现逻辑设计。这一任务具体包括网络技术的选择、网络设备选型以及综合布线系统设计。其中,网络设备选型会在后续相许阐述。

网络技术选择我们根据不同的应用场景选择合适的技术。家庭或桌面级网络一般以电信宽带接入互联网,采用以太网技术或无线以太网技术组网,其网络设备一般也采用桌面级的网络设备;部门级网络场景的设计也比较简单,目前流行的组网方式一般都选择以太网技术与无线以太网技术混合使用的方式,网络设备也有部门级设备可供选择;大型企业网、园区网场景则较复杂一些,网络技术的选择可结合用户需求作出合理选择,以太网技术是最为常见的一种选择,在一些特别的场合(如电信运营商建设住宅小区网络)可能会用到PON(无源光网络)技术、SDH传输技术或者HFC技术,无线网络一般使用无线以太网技术组网,电信运营商提供手机业务的场合则使用3G、4G技术;超大型网络场景的网络技术选择则更为复杂,分为核心网络技术选择、地区网络技术选择、接入网络技术选择,需要经过深入研究和论证后方可确定。

综合布线系统的设计包含较多的内容,前面章节中详细地阐述了综合布线系统包括六个子系统,本部分的设计也需要根据六个子系统进行,包括工作区子系统设计、水平子系统设计、垂直干线子系统设计、管理子系统设计、设备间子系统、建筑群子系统设计六个方面。

工作区子系统的设计。需考虑信息插座合理的布放位置,尽可能与用户的使用习惯相结合,缩短工作区跳线的长度。另外,根据房间的功能和面积设计合理的信息点数量,一般情况下10 m^2 左右设计1个网络信息点和1个电话信息点,工作人员密集区域单独考虑信息点数量。

水平子系统的设计。主要考虑楼层配线架到工作区信息插座之间的线缆路由、水平桥架、线缆型号、数量等。以太网水平线缆一般用六类或超五类双绞线,HFC网络使用同轴电缆,PON采用室内光缆,语音点可以和以太网双绞线混用,其他系统根据其传输信号的方式选择合适的传输介质,比如:安防系统采用模拟信号传输则敷设视频线,广播系统常用音频电缆等。确定了配线间后即可确定水平的走线路由,采用水平桥架的走线方式是规范的做法,若不具备安装桥架的条件,可以考虑使用PVC管道或线槽的方式。进入房间的各分支线缆大多采用墙面剔槽暗埋的方式至信息插座。

管理子系统的设计。管理子系统由交连、互联和输入输出组成,为连接其他子系统提供连接手段,管理子系统也叫做管理间,常常把配线间和设备间合在一起作为管理间。设计中可以考虑每层一个配线间,小一些的楼宇可考虑几层一个配线间或者一栋楼一个配线间。特别注意选择位置合适的配线间达到节省线缆的目的,一般选择在楼层的中间位置较优,同时需要兼顾管理的方便性和设备散热,防雷接地也是管理子系统重点设计部分,常见的做法是每个管理间与大楼主接地连接起来。

垂直干线子系统的设计。主要完成楼层之间的互联,垂直干线系统一般采用光缆方式连接,使用垂直桥架或者PVC管道进行敷设。垂直干线的路由通常走专用的弱电垂直竖井,或者单独架设管道。

设备间子系统的设计。设备间子系统是楼宇的中心汇聚点,所有的垂直干线均汇聚于此,建筑群子系统线缆经楼宇弱电线缆入口也将汇聚于此。设备间子系统比楼层管理间的设计考虑更多一些,除了防雷接地以外,还需考虑后备电源UPS、空调、防尘、防潮等设施。

建筑群子系统的设计。建筑群子系统包括楼群配线架与其他建筑物配线架之间的缆线及

配套设施组成，使得相邻楼宇的布线系统形成一个有机整体，实现建筑群内数据数据传输与交换。设计时应考虑使用什么类型的缆线，缆线的长度和芯数，走线方式与走线路由等。一般情况下，建筑群子系统的缆线一般采用单模或多模光缆，大多数系统都能使用光缆作为传输介质；由于建筑群子系统的布线基本上在室外实施，因此设计时充分考虑光纤交接箱的设置，方便今后的使用；线缆走线方式有直埋、管道、架空、弱电管沟几种方式，在条件允许的情况下，尽可能考虑管道或管沟的方式，以方便管理维护，不影响室外景观。

9.4 网络规划设计的原则与技术指标

9.4.1 设计原则

(1)适当的高性能　随着业务的增加和计算机技术的发展，接入网络的用户将越来越多，终端和工作站的处理能力越来越强，以及图形图像和多媒体的应用越来越广泛，要求每个用户实际可用带宽足够才能使网络通信流畅，网络将成为提供多种业务的统一网络平台，并应该为不同的业务提供服务质量保证(QoS)。因此，设计方案时要充分考虑将来业务量的增大，保证当前及今后一定时期内网络的高效与通畅。

(2)良好的可扩展性　网络要能满足用户当前需求以及将来需求的增长、新技术发展等变化。因此在保护原有的投资同时，要保证用户数的增加，以及用户随时随地增加设备、增加网络功能等。随着应用规模的发展，系统能灵活方便地进行硬件或软件系统的扩展和升级。在网络设计时应考虑到网络在未来几年中的发展，使得网络的扩展可以在现有网络的基础上通过简单的增加设备和提高电路带宽的方法来解决，以适应不断增长的业务需求，保护本次网络建设的投资。

(3)合理的可靠性和安全性　网络的可靠性是网络设计中需要考虑的一个主要原则。作为信息系统应用的依赖和基础，要求系统连续安全可靠地运行，所以在系统结构设计中选用高可靠性网络产品，合理设计网络架构，尽可能地利用成熟技术，网络关键部分要制定可靠的网络备份策略，对于重要的网络节点应采用先进可靠的容错技术，以保证网络系统具有故障自愈的能力，最大限度地支持专网内各业务系统的正常运行。安全性：通过VPN网络、内外网隔离、加密、防火墙等技术实现。

(4)标准性与开放性　设计的网络需支持国际上通用标准的网络协议、国际标准的大型的动态路由协议等开放协议，有利于保证与其他网络(如资源数据库、金融网络)之间平滑连接互通，以及将来网络的扩展。

(5)良好的可管理性及易维护性　对网络实行集中监测、分权管理，并统一分配带宽资源。选用先进的网络管理平台，具有对设备、端口等的管理、流量统计分析及提供故障自动报警。

(6)对业务流量模型变化的适应性　未来网络中的业务流量模型将会业务的发展而不断发生变化。因此在进行网络设计时应该考虑网络结构对未来业务流量模型的变化的适应性，可以根据流量的变化方便的进行调整。

(7)降低网络管理的复杂程度　鉴于IP网络越来越大，未来的网络管理的工作量也会变得越来越大和复杂。因此在网络设计应该考虑网络管理的因素，使得故障定位和流量调整的难度和复杂性降低。

(8)良好的负载均衡　整个网络的设计,应具有多路由选择、路由迂回、路由备份的能力,以防止因单路由或单节点的损坏而造成全网或非损坏节点的中断。同时,网络禁止出现路由循环、路由不被利用或很少利用的情况,尽可能地做到负载均衡。

(9)对新业务的支持程度　随着传输技术的不断发展,以及基于IP的业务种类的增加,采用IP网络技术建立支持多种业务的统一网络平台已经成为一种经济的,高效率的做法。网络将成为提供多种业务的统一网络平台,在网络设计时应该是网络结构能够适应未来新业务、新技术的发展。

9.4.2　网络技术指标

网络性能水平和服务水平可以通过具体的、量化的技术指标来描述,也是网络工程验收的依据。这些指标包括网络带宽、差错率、网络时延、包转发率、NAT会话、并发连接数等内容。

(1)网络带宽　网络带宽是指在一个单位时间内(通常是1 s),能通过多少位数据。就好像高速公路的车道一样,车道越多,单位时间内通过的车辆越多。网络带宽作为衡量网络使用情况的一个重要指标。它不仅是政府或单位制订网络通信发展策略的重要依据,也是互联网用户和单位选择互联网接入服务商的主要因素之一。设计网络带宽时依据业务应用需求进行核算,选择合理有一定富余的网络带宽。

(2)差错率　差错率也叫误码率,是在一定时间内收到的数字信号中发生差错的比特数与同一时间所收到的数字信号的总比特数之比,就叫做"误码率",误码率(bit error rate;BER)是衡量数据在规定时间内数据传输精确性的指标。差错率是衡量链路质量好坏的重要指标,是工程验收的重要依据。

(3)网络时延　对于一个特定的网络路径,延迟主要有传输延迟、传播延迟、处理延迟是固定延迟,排队延迟是可变延迟。排队延迟是由网络动态来决定的,网络中的拥塞状况不同,排队延迟有很大的变化。影响网络时延的因素与网络设备的性能和处理能力、传输介质、所选择的传输技术及传输距离有关。因此在设计时需要综合考虑,选择合适的线缆以达到理想效果。

(4)包转发率　包转发率,也称端口吞吐量,是指路由器在某端口进行的IP数据包转发能力,单位通常使用pps(包每秒)来衡量。一般来讲,低端的路由器包转发率只有几K到几十Kpps,而高端路由器则能达到几十Mpps(百万包每秒)甚至上百Mpps。如果小型办公使用,则选购转发速率较低的低端路由器即可,如果是大中型企业部门应用,就要严格这个指标,建议性能越高越好。

(5)NAT会话性能　NAT及网络地址转换,一般用于内网地址转换为外网地址,不仅能解决lP地址不足的问题,而且还能够有效地避免来自网络外部的攻击,隐藏并保护网络内部的计算机。网络出口的NAT能力是大型网络中的一个重要技术指标,直接关系到用户访问互联网体验的好坏,因此需要有良好的NAT能力支撑。一般情况下,每个用户可按500～1 000的NAT会话数进行计算。

(6)并发连接数　并发连接数是衡量防火墙、应用系统性能的一个重要指标。低端设备的500、1 000个并发连接,一直到高端设备的数十万、数百万,甚至上千万的并发连接。网络终端工作时,与服务器或其他终端进行一次完整的数据通信叫做一次"连接",TCP协议中有详细的介绍,一个TCP连接包括连接建立、数据通信、连接施放三个阶段。最大并发连接就是防火墙或应用系统同时能处理的最大连接数量,就是"并发连接数"。一般情况下,打开一个网页根据网页包含的图片数量需要 50～100 个连接，上网用户同一时刻可能会边下载边看视频，同时可能使用即时通信进行聊天，这种情况会耗费大量的连接数，特别是 P2P 的下载方式更能发起大量的连接。因此限制用户的连接数能节约网络的带宽，但也需要保证用户的上网体验良好。

在规划设计网络时，根据实际情况需要，确定科学合理的网络性能指标，并依据性能指标来选择相应的设备与线缆。

9.5 网络拓扑结构设计

9.5.1 网络拓扑结构类型

网络拓扑结构是抽象表示网络组成和路由的图形，它把网络设备、线路等网络元素抽象为规范的图标来表现，现在最主要的拓扑结构有总线型拓扑、星形拓扑、环形拓扑、树形拓扑以及网状拓扑结构。

(1)总线型拓扑　总线型拓扑结构将所有的节点都连接到一条电缆上，这条电缆成为所有节点的总线，早期以太网常用总线型组网。它的连接形式简单、易于安装、成本低，增加和撤销网络设备都比较灵活。但由于总线型的拓扑结构中，任意的节点发生故障，都会导致网络的阻塞。同时，这种拓扑结构还难以查找故障。如图 9-8 所示。

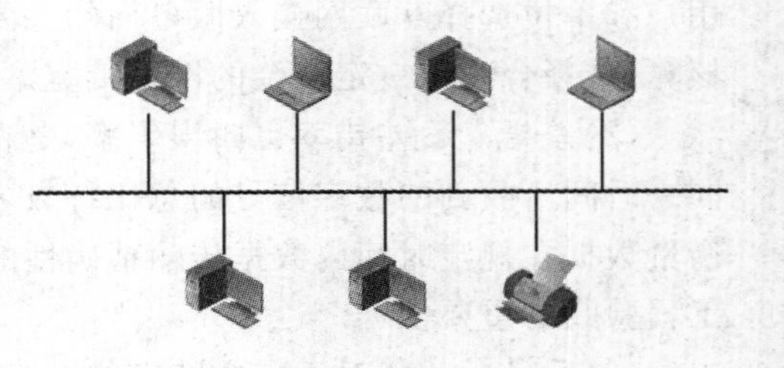

图 9-8　总线型网络拓扑结构

①总线型网络拓扑结构的优点：

a. 所需电缆数量较少。

b. 结构简单，无源工作有较高可靠性。

c. 易于扩充。

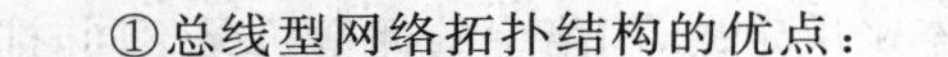

②总线型网络拓扑结构的缺点：

a. 总线传输距离有限，通信范围受到限制。

b. 故障诊断和隔离比较困难。

c. 分布式协议不能保证信息的及时传送，不具有实时功能，站点必须有介质访问控制功能，从而增加了站点的硬件和软件开销，会产生冲突。

总线型拓扑结构适用于计算机数目相对较少的局域网，通常这种局域网络的传输速率为 10 Mbps/100 Mbps，网络连接选用同轴电缆。

(2)星形网络拓扑结构　在星形拓扑结构中，网络中的各节点通过点到点的方式连接到一个中心节点上，一般是集线器或交换机，由该中心节点向目的节点传送信息。中央节点执行集中式通信控制策略，因此中心节点构造复杂，负载比各节点重得多。在星形网中任何两个节点要进行通信都必须经过中心节点控制。结构如图 9-9 所示。

①星形网络拓扑结构的优点：

a. 控制简单。任何一站点只和中央节点相连接，因而介质访问控制方法简单，致使访问协议也十分简单。易于网络监控和管理。

b. 故障诊断和隔离容易。中央节点对连接线路可以逐一隔离进行故障检测和定位，单个连接点的故障只影响一个设备，不会影响全网。

c. 方便服务。中央节点可以方便地对各个站点提供服务和网络重新配置。

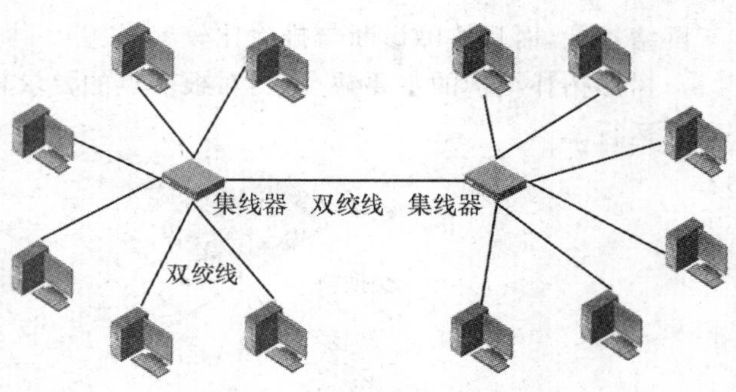

图 9-9　星形网络拓扑结构

②星形网络拓扑结构的缺点：

a. 需要耗费大量的电缆，安装、维护的工作量也骤增。

b. 中央节点负担重，形成“瓶颈”，一旦发生故障，则全网受影响。

c. 各站点的分布处理能力较低。

总的来说星形拓扑结构相对简单，便于管理，建网容易，局域网普遍采用的一种拓扑结构。采用星形拓扑结构的局域网，一般使用双绞线或光纤作为传输介质，符合综合布线标准，能够满足多种宽带需求，目前大部分网络均采用星形网络拓扑结构组网。

网络元素的表示

(3) 环形拓扑结构　环形拓扑结构是使用公共电缆组成一个封闭的环，各节点直接连到环上，信号沿着环按一定方向从一个节点传送到另一个节点。常用于令牌环网、FDDI 等网络技术。环路中各节点地位相同，环路上任何节点均可请求发送信息，请求一旦被批准，便可以向环路发送信息。环形网中的数据按照设计主要是单向也可以双向传输(采用双向环结构)。由于环线公用，一个节点发出的信息必须穿越环中所有的环路接口，信息流的目的地址与环上某节点地址相符时，信息被该节点的环路接口所接收，并继续流向下一环路接口，一直流回到发送该信息的环路接口为止。如图 9-10 所示。

①环形拓扑结构的优点如下：

a. 电缆长度短，只需要将各节点逐次相连。

b. 可使用光纤。光纤的传输速率很高，十分适合于环形拓扑的单方面传输。

c. 所有站点都能公平访问网络的其他部分，网络性能稳定。

②环形拓扑结构的缺点如下：

a. 节点故障会引起全网故障，是因为数据传输需要通过环上的每一个节点，如某一节点故障，则引起全网故障。

b. 节点的加入和撤出过程复杂。

c. 介质访问控制协议采用令牌传递的方式，在负载很轻时信道利用率相对较低。

(4) 树形网络拓扑结构　树形拓扑结构实际上是星形结构的发展和扩充，外形是一棵倒置的树的分级结构，具有根节点和各分支节点，通常用做根节点和各分支节点的是交换机或集线器(图 9-11)。

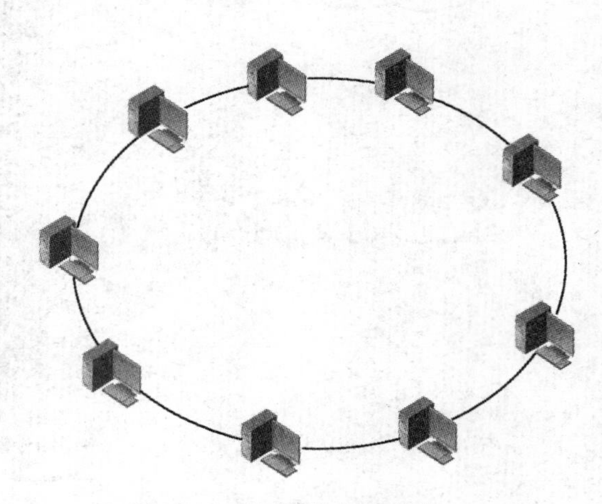
图 9-10　环形网络拓扑结构

树形拓扑结构的优点是：结构比较灵活，易

于网络扩展，而且故障诊断与排除比较容易。

树形拓扑结构的主要缺点是：对根节点的要求较高，一旦根节点出现问题则整个网络不能正常运行。

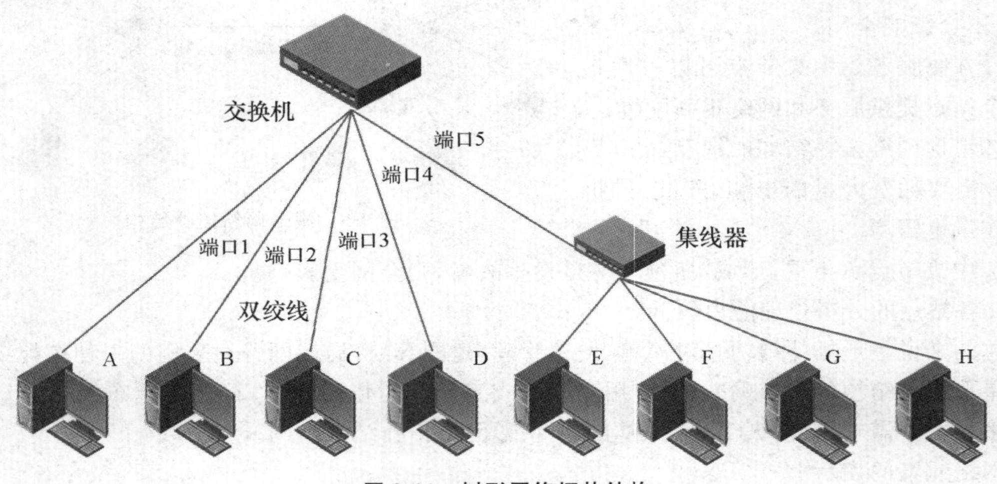

图 9-11　树形网络拓扑结构

(5)网状拓扑结构　网状拓扑结构，这种拓扑结构主要指各节点通过传输线互联连接起来，并且每一个节点至少与其他两个节点相连。网状拓扑结构具有较高的可靠性，但其结构复杂，实现起来费用较高，不易管理和维护，常用于大型网络(图 9-12)。

①网状拓扑的优点：

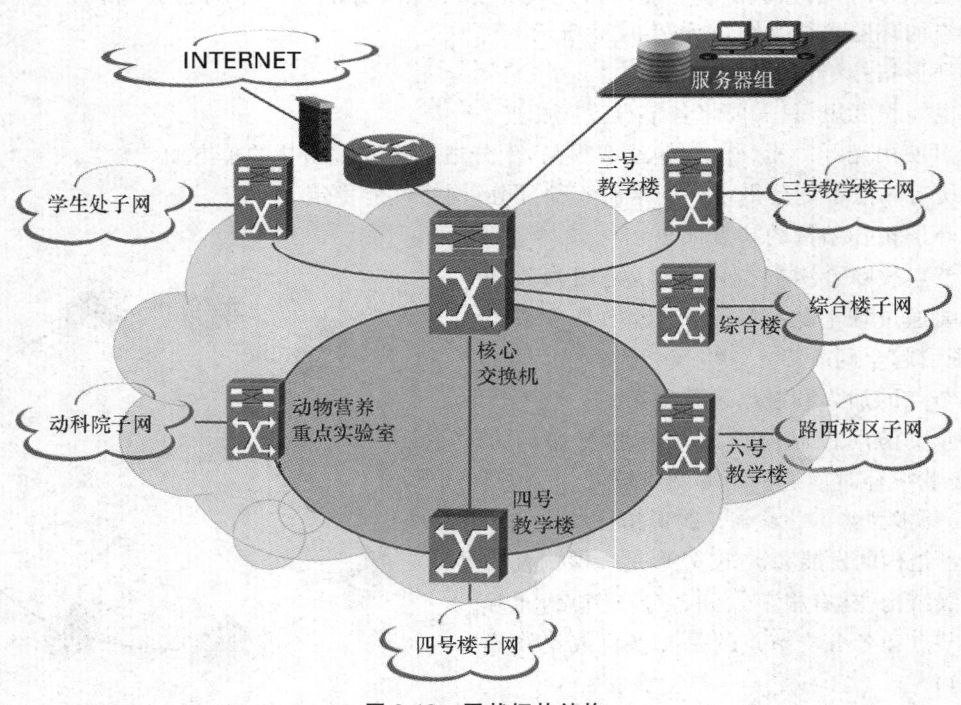

图 9-12　网状拓扑结构

a. 网络可靠性高，一般通信子网中任意两个节点交换机之间，存在着两条或两条以上的通信路径，当一条路径发生故障时，还可以通过另一条路径把信息送至节点交换机。

b. 网络可组建成各种形状，采用多种通信信道，多种传输速率。

c. 网内节点共享资源容易。

d. 可改善线路的信息流量分配。

e. 可选择最佳路径，传输延迟小。

②网状拓扑的缺点：

a. 控制复杂，软件复杂。

b. 线路费用高，不易扩充。

网状拓扑结构一般用于大型网络的骨干网上，使用动态路由协议进行路由选择和数据传输。

9.5.2　网络拓扑结构中的网元表示

网元即为网络元素，包括网络设备、网络线路、服务器、网络终端等。在网络管理系统中，网元是对一切被管对象的总称，就会出现一台网络设备包含多个网元，如 Vlan、端口、IP 地址、路由表项、Mac 地址表等。

为规范表达网络拓扑结构，将各类网络设备用规范的图标来表示，图 9-13、图 9-14 是网络设备厂商——锐捷网络的基本网络设备图标集，各个厂家设计了自己的图标集。在设计网络拓扑图时，可以规范地使用此类图标画出网络拓扑结构图。其中交换机、路由器、防火墙、VPN 网关、无线 AP 是较常用的图标。

图 9-13　抽象图标(一)

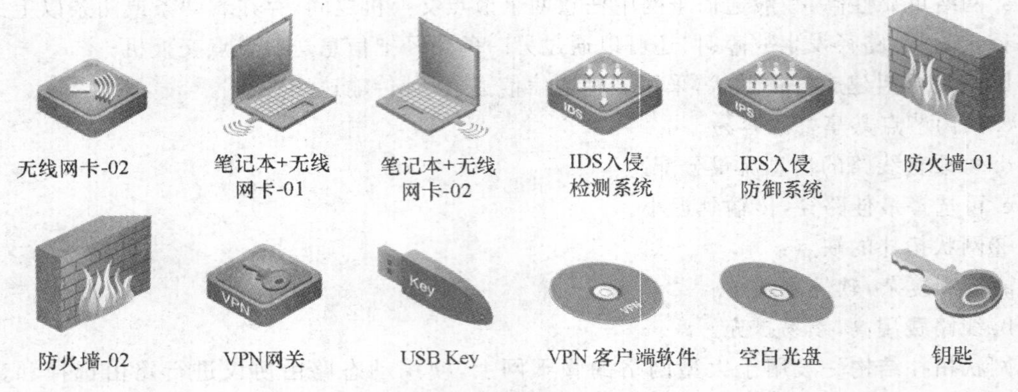

图 9-14 抽象图标(二)

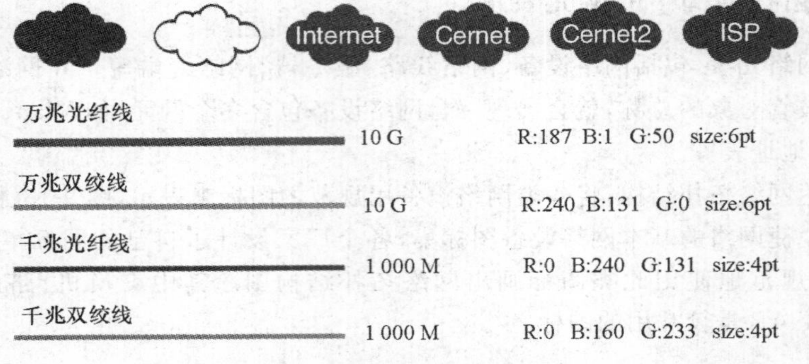

图 9-15 网络、线路图标

在图 9-15 中,把网络或子网抽象为一朵云,这是拓扑结构中常用的表示方法,也就是不用关心这个网络的内部实现细节。网络链路也有特定的画法,比如 10 G 的万兆链路光缆采用 6 pt 宽的线段表示,颜色的 RGB 值分别为:187,1,50;万兆双绞线也使用 6 pt 宽度的线段表示,颜色的 RGB 值分别为:240,131,0。

图 9-16 为服务器图标,在网络中有多种服务器,如 Web 服务器、文件服务器、CA 认证服务器、数据库服务器等。

除了上述图标以外,还有很多辅助性图标,如建筑环境图标、移动网络图标、用户图标及办公设备图标等。利用这些规范的图标,很容易制作出规范、精美的网络拓扑结构。

9.5.3 小型网络拓扑结构设计

小型网络的拓扑结构一般采用星形或树形结构,一般 500 个以内的终端可按小型网络来进行规划设计。一般有“接入层”、“汇聚层”和“核心层”3 个层次。各层中的每一台交换机又各自形成一个相对独立的星形网络结构,主要应用于小型企业网络中。在这类网络中通常会有一个单独的机房,集中摆放所有关键设备,如服务器、管理控制台、核心层或汇聚层交换机、路由器、防火墙、UPS 等。对此类网络的拓扑结构设计首先需要明确组网需求,再根据设计思路确定核心层、汇聚层、接入层的设计,最后完成拓扑结构的绘制。

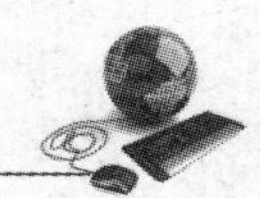

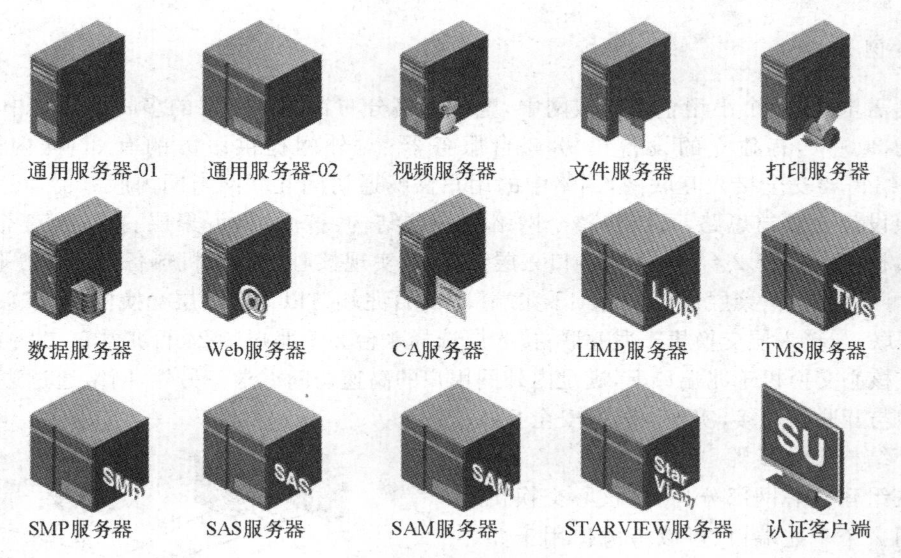

图 9-16　服务器图标

1. 小型网络拓扑结构设计要求

第一，在经费允许的情况下核心交换机最好能提供负载均衡和冗余配置，也就是实现双核心的架构。

第二，所有设备都连接在核心交换机上，如有可能采用双网卡接入核心交换机，且使各服务器负载均衡，整个网络无性能瓶颈。

第三，各设备所连交换机要适当，不要出现超过双绞线 100 m 的距离限制。

第四，拓扑结构中要清晰地知道各主要设备所连端口的类型和传输介质。

2. 设计思路

(1)采用自上而下的分层结构设计　首先确定的是核心交换机的连接，然后再是汇聚层交换机的连接，再次是接入层的交换机连接。

(2)把关键设备冗余连接在两台核心交换机上　要实现核心交换机负载均衡和冗余配置，最好对核心交换机之间、核心交换机与汇聚层交换机之间，以及核心交换机与关键设备之间进行均衡和冗余连接与配置。

(3)连接其他网络设备　把关键用户的工作站和大负荷网络打印机等设备连接在核心交换机或汇聚层交换机的普通端口上，把工作负荷相对较小的普通工作站用户连接在接入交换机上。

3. 设计步骤

①确定核心交换机位置及主要设备连接。

②级联下级汇聚层交换机。

③级联接入层交换机。

④为了确保与外部网络之间的连接性能，通常与外部网络连接的防火墙或路由器是直接连接在核心交换机上的。如果同时有防火墙和路由器，则防火墙直接与核心交换机连接，而路由器直接与外部网络连接，因为路由器的 WAN(广域网)端口很丰富。

4. 案例分析

组网需求：在一个小型企业局域网中，整个网络分布在同一楼层的多间办公室中。网络终端数量约 200 个，有独立的设备机房，6 台服务器（对外网提供服务的有 3 台，内网服务的 3 台），网络需要安全接入互联网，网络中的用户需畅通访问互联网与网内服务器。

按照设计要求与思路，可以将整个网络分三层结构：核心层、汇聚层、接入层三个层次，核心层交换机可以选择 2 台 24 千兆端口三层交换机，实现核心层的双机热备与千兆互联，满足高性能、高可靠要求；汇聚层选择 2 台 4 千兆端口、48 百兆端口以太网二层交换机，与核心交换机通过千兆互联，与接入层交换机千兆互联；接入层选择 4 台 2 千兆端口 24 百兆端口二层交换机；服务器接在核心交换机千兆端口上，满足内外网用户的高速访问需求。另外，网络通过边界路由器和防火墙与互联网连接，实现内外网安全互联。

拓扑结构设计步骤：

首先组建核心网部分，两台核心交换机各自使用 2 个千兆端口（可以考虑使用千兆光口互联）进行负载均衡和冗余连接，与核心交换机连接的服务器通过两块双绞线千兆网卡与两台核心交换机进行冗余连接。如图 9-17 所示。

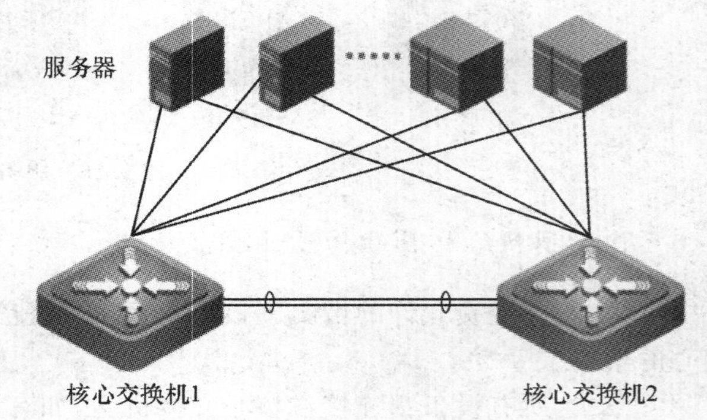

图 9-17　核心交换机互联和服务器的冗余连接

核心网络设计完成后，接着将汇聚层交换机接入，每台汇聚交换机通过普通双绞线连接核心交换机与汇聚层交换机的千兆端口，以实现扩展级联。当然，为了实现冗余连接，汇聚层的每台交换机都要与 2 台核心交换机分别连接。因为所选用的核心交换机和汇聚层交换机都有足够的千兆端口，可以满足冗余连接的要求。完成汇聚交换机接入后，把与汇聚交换机相连接的网络设备连接起来，如管理控制台、一些特殊应用的工作站、负荷较重的网络打印机、具有优先级的用户计算机等。但要注意至少每台交换机要留有几个备用端口。完成后的拓扑结构如 9-18 所示。

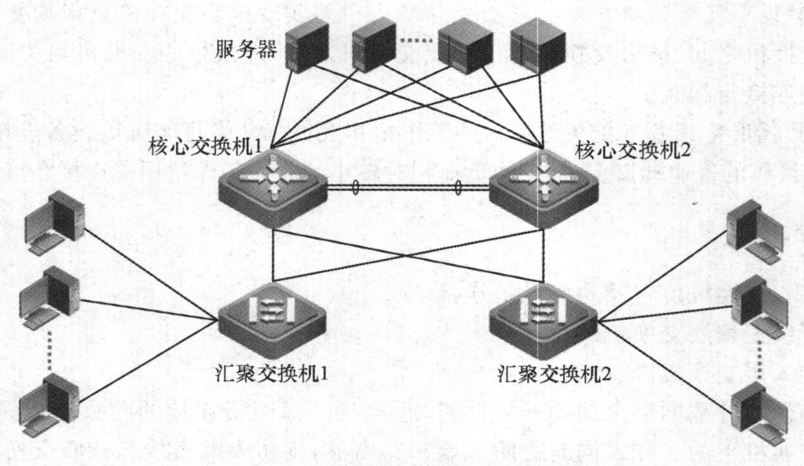

图 9-18　加入汇聚层设备后的网络拓扑图

所谓冗余连接就是一台服务器同时要与两台核心交换机分别连接，这样当一台核心交换机出现故障时，另一台交换机同样可提供正常的连接服务。在两台核心交换机都正常的情况下，又可相互分担负荷，实现负载均衡。

接下来便是接入层交换机的接入，每台汇聚交换机有 4 个千兆端口，与核心交换机互联用去 2 个，还剩余 2 个，刚好能够级连 2 台接入交换机，千兆端口刚好用满。每台接入层交换机有 2 个千兆端口，连接汇聚交换机用 1 个端口，空一个。所有用户终端均连接在百兆端口上。完成后的网络拓扑图如 9-19 所示。

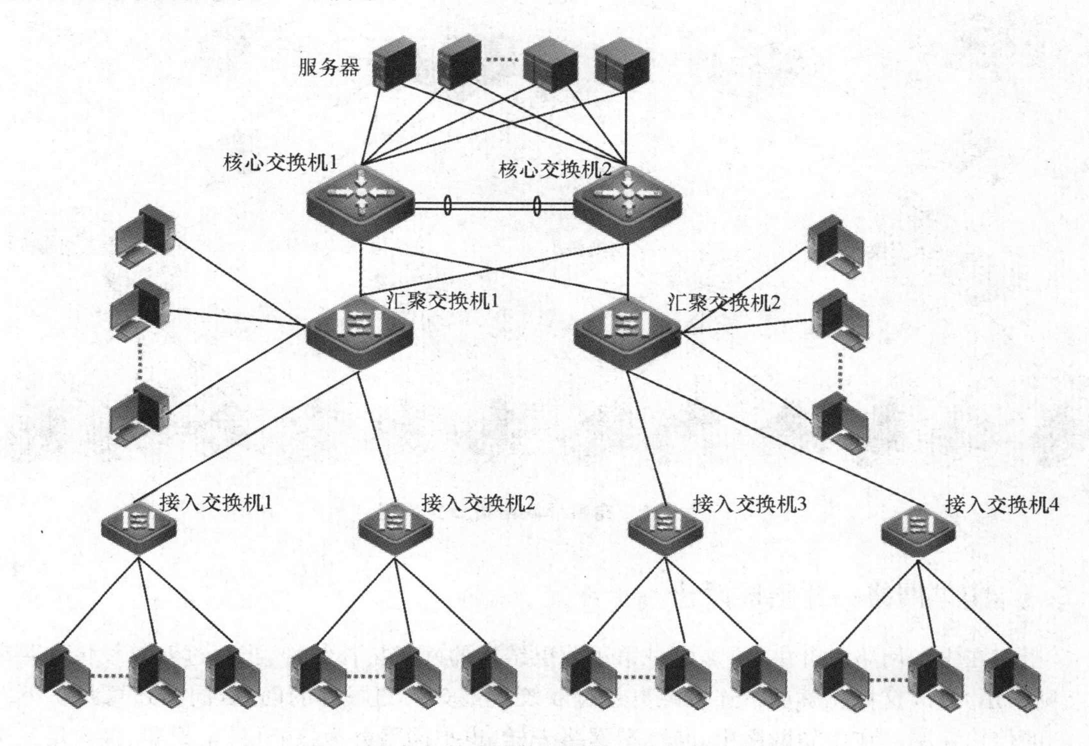

图 9-19　加入接入交换机后的网络拓扑结构图

最后进行出口设计，为了确保与互联网之间的连接性能，一般把防火墙、路由器直接连接在核心交换机上。如果同时有防火墙和路由器，则防火墙直接与核心交换机连接，而路由器直接与外部网络连接，因为路由器的广域网接口很丰富，可以连接不同的类型的线路。

以上网络拓扑结构是一个典型、高效的小型网络结构，适合于 200 用户左右的小型网络选用。网络中的冗余链路和负载均衡方式也是经常采用的，在经费不足的情况下，可减少一台核心交换机。当然这要求核心交换机支持这两方面的技术，在选购时需注意。

在整个网络中都应当充分考虑负载均衡，不要把所有高负荷的用户或设备都连接在同一台交换机上，而应当尽可能地均衡分配负载（图 9-20）。另外，每台交换机上至少要留有一定数量的备用空端口，以防端口故障或扩展网络时使用。

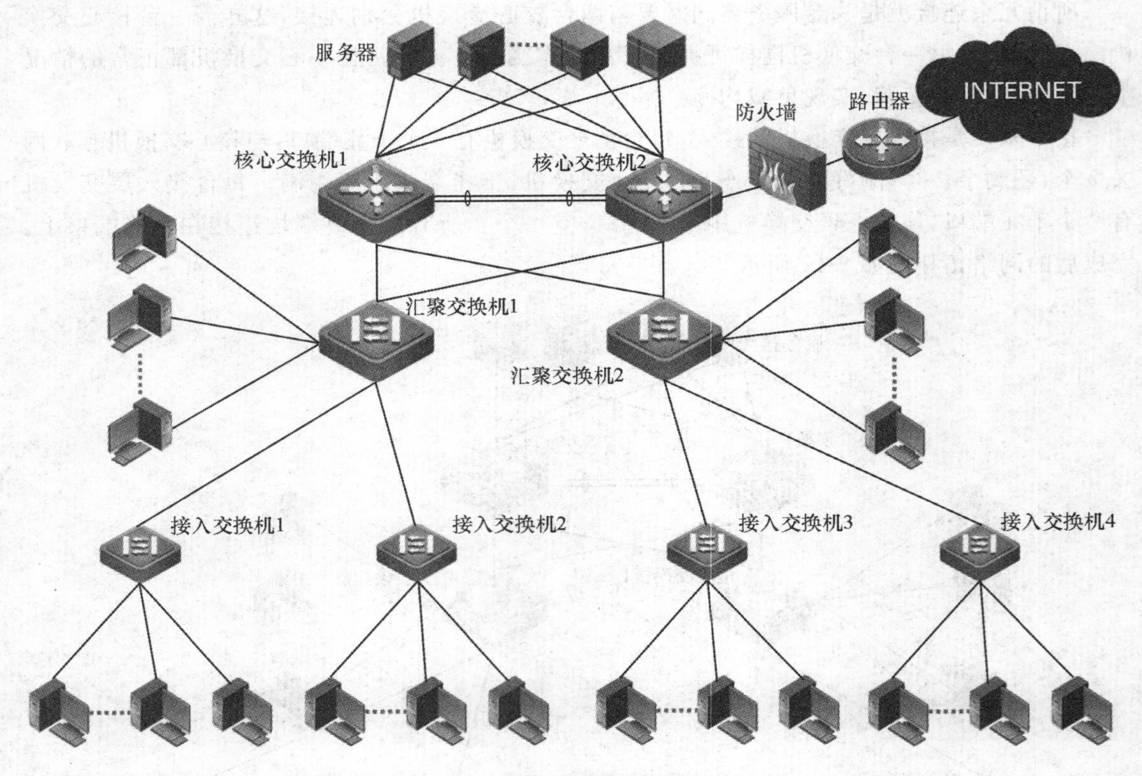

图 9-20　完整的网络拓扑结构图

9.5.4　中型网络拓扑结构设计

当前在中型网络设计中，更多的是采用分层结构的网络拓扑结构，当超过双绞线传输距离时，则采用光纤，这样就解决了连接距离超过双绞线 100 m 的限制的问题，同时还可提供万兆以上的传输速率。在中型网络中，与小型网络一样，也把网络分为核心层、汇聚层、接入层三个层次，只不过每个层次的范围更大了一些，所选的设备性能更高一些，设计的要求和思路也更为复杂，中型网络一般可以容纳 1 000 用户左右的规模。

1. 网络要求

第一，网络中的所有设备都必须用上，且必须尽可能保障负载均衡，无性能瓶颈。

第二，中型网络涉及的楼宇更多，每栋楼设置一台汇聚交换机，通常采用光纤连到核心层，根据用户需求使用千兆互联或万兆互联。

第三，核心层与汇聚层使用双链路连接，保障链路的可靠性。

第四，接入层交换机可通过千兆方式上连到汇聚层交换机。

第五，核心交换机和汇聚层交换机都要留有可扩展端口。

第六，接入层交换机可采用堆叠技术，提高接入层设备的整体性能、可靠性和可管理性。

第七，设计的网络拓扑结构图能清晰知道各主要设备所连端口类型和传输介质类型。

2. 设计思路

①仍然采用自顶向下的设计方法。先设计核心层，再设计汇聚层，进而设计接入层，最后解决网络与互联网的出口设计问题。

②特别注意骨干网络中光纤连接设计。

③各楼宇内部采用星形网络设计方法一一进行部署。

④服务器、互联网出口设备可考虑负载均衡和链路冗余的方式进行设计。

3. 设计步骤

(1)选择骨干网的中心节点位置　一般中心节点设置在建筑群的中间位置，这样可以缩短光缆线路的长度，降低成本。

(2)设计核心层网络　可以考虑双核心的冗余热备模式，实现服务器、存储系统等的接入。中型网络的业务应用更多，因此核心层设备比小型网络更复杂一些，需要更高性能的服务器、专业的存储系统和更好的网络设备来支撑业务应用。

(3)设计汇聚层网络　如果核心层采用双核心，汇聚层交换机应使用双链路与核心交换机互联。建筑楼宇之间的传输介质采用光缆互联，如业务量较大，汇聚与核心交换机之间的连接可以考虑使用万兆端口。

(4)设计接入层网络　接入层可以选择支持堆叠技术的交换机，进行互联。条件允许的情况下，接入交换机与汇聚交换机的互联可以考虑千兆连接。

(5)分类　对所有工作站及其他网络终端设备按带宽需求和应用负荷大小进行分类，把最高需求的连接在汇聚交换机的空余端口上，把一般需求的网络终端设备连接在接入层交换机的空余端口上。但要注意的是，在核心层和汇聚层交换机上不能把所有端口都用上，每台交换机至少要保留部分端口用于替换损坏端口和网络扩展。

(6)互联网出口设计　由于对网络的性能和可靠性要求更高，互联网出口可设计为双出口冗余模式，相比小型网络来说在安全性方面也需进一步增强。

4. 案例分析

网络需求：某企业有生产楼、行政楼和市场楼 3 栋建筑物，行政楼与其他楼间的距离约 200 m。其中行政楼联网用户约 300 人，生产楼联网用户约 200 人，市场楼联网用户约 400 人，总用户数达 900 人。

设计思路：在此规模的网络中，网络拓扑结构设计按照中型网络进行设计。根据网络需求和设计要求，将网络的中心设在行政楼，生产楼和工程楼均配置高性能汇聚层交换机、接入交换机，各楼内部采用星型网络连接。在行政楼部署边界路由器和防火墙，满足与互联网的连接。

设计步骤：

(1)设计核心网络　核心网络可采用两台高性能三层交换机，实现与汇聚交换机、服务器、存储系统的高速互联。核心设备可采用模块化的交换机，在经费允许的情况下配置 16 端口的万兆业务板卡，24 端口的千兆业务板卡。万兆端口可下联汇聚交换机、需要高速接入的服务器和需高带宽支持的存储系统。千兆端口主要用于服务器和互联网出口的接入。核心网拓扑结构设计完成后如图 9-21 所示。

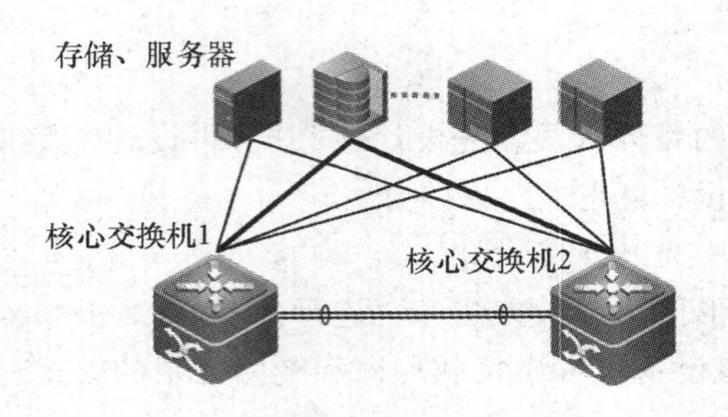

图 9-21　核心网拓扑结构

(2)设计汇聚层网络　汇聚层网络可以考虑本地 IP 转发。在小型网络中设计时汇聚层使用二层交换机,没有路由转发的功能,所有的 IP 数据都通过核心交换机实现,这样的设计方式在大一点规模的网络中就会出现 IP 广播风暴的问题、ARP 解析压力较大的问题,再有如果网络中发生病毒或异常流量则会影响到网络的其他部分,造成全网瘫痪的可能。在汇聚层实现 IP 转发,一方面能够减轻核心交换机的负担,另一方面可以抑制广播报文范围,缩小异常流量的影响范围等。楼宇汇聚交换机中可能需要接入对网络可靠性和性能要求高的工作站、管理控制设备和其他有特殊要求的终端,可以利用汇聚交换机的一般端口连接这些终端设备。图 9-22 为骨干网络(核心层与汇聚层网络)拓扑结构图。

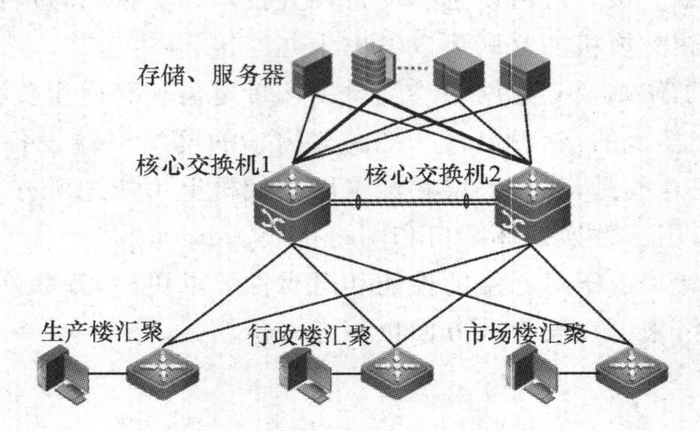

图 9-22　骨干网络拓扑结构

(3)设计接入网络　接入网络的设计与小型网络的设计类似,只不过可以考虑采用交换机堆叠技术将多台接入层交换机连接起来,从而形成一个逻辑上的大接入交换机。每栋楼根据设备间的数量来设置交换机堆叠数量,每个设备间一堆,然后通过垂直干线接入汇聚层交换机,最后将用户终端设备连入各交换机堆中。设计完成后的拓扑结构如图 9-23 所示。

(4)互联网出口设计　在此规模的网络中,互联网出口的设计需要考虑的因素更多,除了保证速率和安全以外,还需考虑出口的可靠性、流量控制、上网认证和行为审计等。出口的可靠性可以使用双路由器的方式连接,或者使用双链路冗余链接核心交换机。流量控制可通过上网认证网关进行控制,在路由器中可以控制用户的连接数。上网认证系统一般都会有行为审计的功能,也有专业的行为审计系统来实现相关功能。

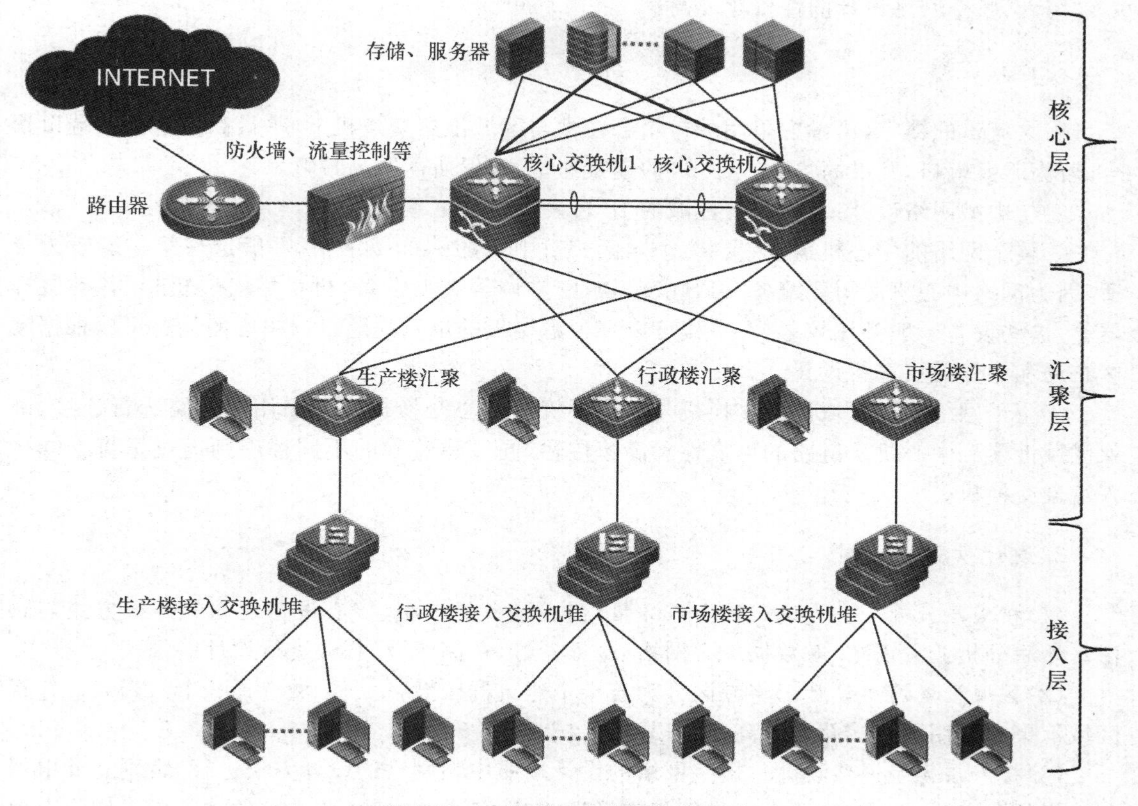

图 9-23　中型网络完整拓扑结构图

9.5.5　大型网络拓扑结构设计

前面介绍了一个多栋建筑物通过光纤互联的网络拓扑结构设计示例，在园区网络中，建筑物的数量更多，有几十栋楼甚至上百栋楼宇，因此不仅需要设计楼内汇聚点，还需要设计区域汇聚（建筑群汇聚），园区网容纳的上网用户数从几千到几万人，比如高校园区网上网人数多的达 7 万人以上。核心层就不仅设计在一个机房里，可能分布在几个机房中，从而提高网络性能和可靠性。

1. 设计要求

第一，整个网络无性能瓶颈，满足多种应用场景的要求，如一所高校，需要满足办公、教学、科研、财务、一卡通、数字图书、访问互联网等的网络需求。

第二，各区域汇聚既要保持相对独立，又要允许有权限的用户能相互访问。

第三，核心网络设备可分布在不同的地点，形成多个分中心的网络布局。

第四，汇聚点的选择可以根据建筑物的布局确定，选择在某一区域的中心位置或主要建筑物。一方面方便室外光缆布放，降低布线系统的成本；另一方面要兼顾主要建筑物的业务需求。

第五，接入层的设计与中型网络接入层类似，可采用堆叠技术或接入交换机直接连接汇聚设备。

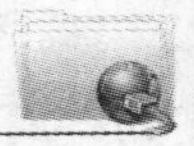

第六，整个网络设计的性价比要高。

2. 设计思路

①大流量的楼宇，可考虑采用端口聚合技术与区域汇聚交换机上联，最高可达到8端口聚合，若为千兆端口，则最高可达8 Gbps的连接速率，确保所需的高带宽。

②与中型网络设计一样，将各区域的IP转发设置在汇聚层。

③整个网络的中心机房设置在整个园区相对中央的一栋楼宇中，一般选择第一层较为合适，因为网络中心机房需要配备UPS电源，精密空调等大型设备，机房中安装机柜、各类服务器等，这些设备一般都比较重，在一楼可以不考虑楼板的承重问题。分中心的设置可以根据园区布局和业务需要进行设置。

④主干网络中各区域汇聚交换机与各中心机房核心交换机之间采用双链路进行连接，确保区域汇聚到中心机房链路的可靠性和高速传输，同一建筑物的不同楼层则通过垂直干线接入汇聚交换机。

3. 设计步骤

(1)核心层设计　首先确定核心点数量、核心设备的选型、核心设备之间的连接方式与路由。然后分析业务需求，对数据中心网络(服务器群、存储区域网络)进行设计。

(2)区域汇聚网络设计　将园区分为若干个建筑群区域，每个区域选择一个汇聚点。并将区域汇聚点采用冗余链路方式高速、可靠接入核心层。

(3)接入层楼宇网络设计　楼宇网络的设计按照中型网络的设计方法进行，特别需要根据各楼宇的业务需求和速率要求来进行相应设计，在业务量大、速率要求高的楼宇内需增强交换设备的性能，提高链路的可靠性。

(4)互联网出口设计　在大型网络中，互联网出口的可靠性、安全性、可用性需要重点保障，大部分采用双出口网关、双防火墙等方式来保证出口畅通，采用策略路由、负载均衡设备来实现多出口共享带宽、通过流量控制设备来保障网络的可用性。

4. 案例分析

网络需求：某大学需建设校园网，整个网络分布于大学的教学区、科研区一区、科研二区、行政管理区、学生宿舍区、教师家属区和图书馆区域。联网用户数30 000人左右，高峰区上网人数达20 000人；教学区有大量计算机实验室，需要实现分布式在线课堂和远程教学。图书馆实现了数字化图书、期刊及大量的音视频资源。学生宿舍区访问互联网的流量非常大，约27 000人规模。

设计步骤：

(1)设计核心网　在校园网中，可以分析出校园网业务应用的特点：第一，人员的流动性较大，学生经常在教学区和宿舍区来回移动；第二，图书馆的业务流量较大，师生通过数字图书馆来获取学习资源；第三，用户量很大，校园内各类业务系统需要高性能的计算、存储资源进行支撑。

根据业务特点和需求，核心网络设计4个节点，即学校数据中心区、学生宿舍区、教学区、图书馆区。4个核心节点在逻辑上组成双环结构，以提高网络的性能和可靠性。

学校数据中心是业务系统的心脏，数据中心的网络可单独考虑一台高效能数据中心交换

机，并与至少2个核心节点交换机进行互联。服务器选用千兆或万兆方式接入数据中心交换机。后端存储系统可选用FC-SAN的存储系统，通过高性能光纤交换机接到各服务器，为服务器群提供高速、大容量的存储空间（图9-24）。

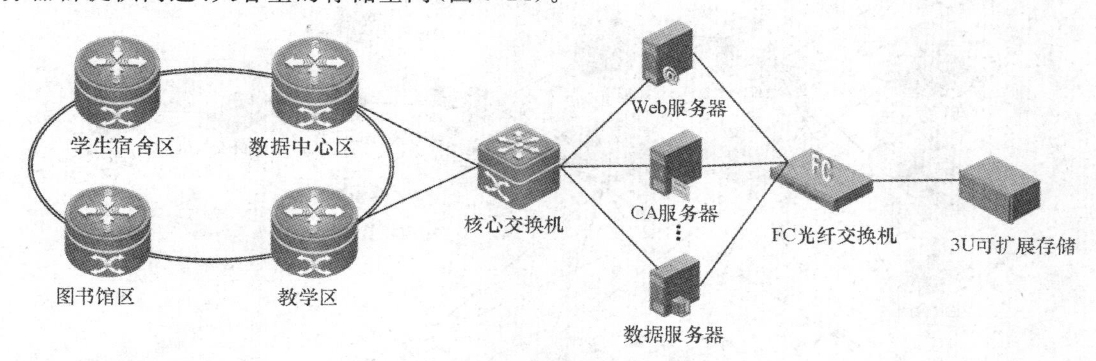

图9-24 核心网拓扑结构

（2）汇聚层设计 根据校园建筑物的分布，除了核心节点的4个区域外，还需将科研区一区、科研二区、行政管理区、教师家属区4个区域设置为汇聚点，学生宿舍区人数众多，可根据实际情况划分成4～5个汇聚区，以分担流量，每个汇聚区承担5 000用户的网络接入。各汇聚点交换设备通过链路冗余接入到至少两个核心节点上，连接的端口可选择万兆速率端口（图9-25）。

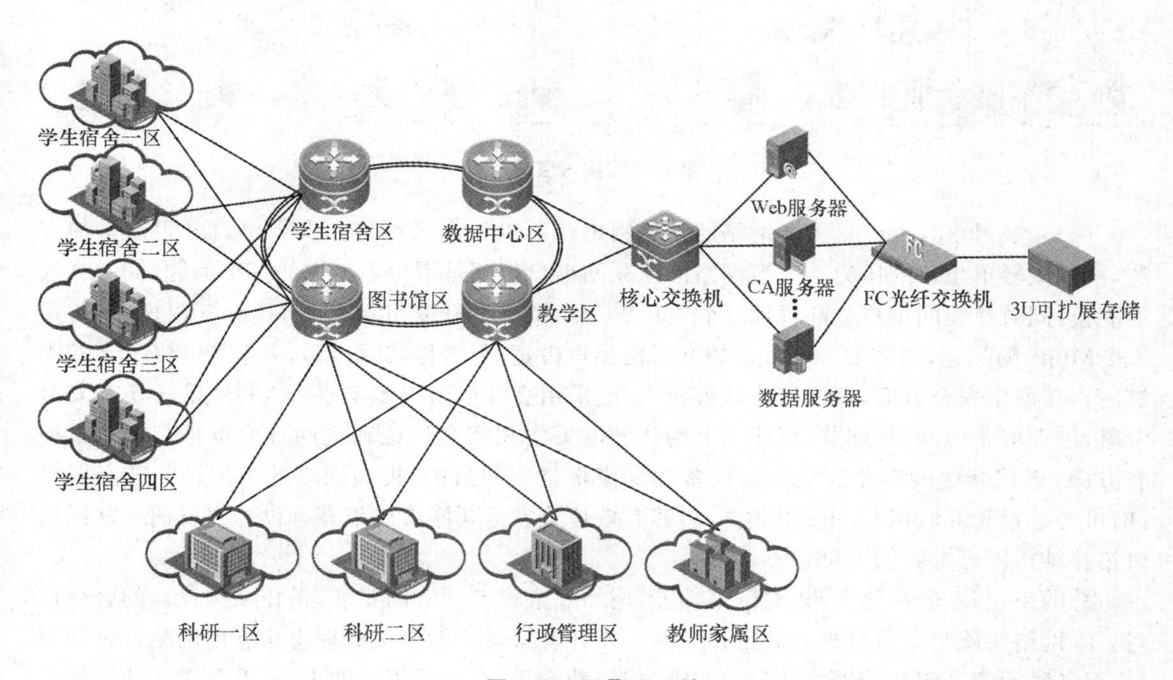

图9-25 汇聚层设计

（3）接入层设计 区域汇聚点经常称为大汇聚，每栋楼宇的汇聚称为小汇聚。这里的接入层包括了楼宇汇聚。每栋楼按照用户的多少来选择楼宇汇聚交换机的性能。各楼层的终端用户接入交换机与中型网络的设计进行选择，可以使用堆叠技术，也可直接连接楼宇汇聚（图9-26）。

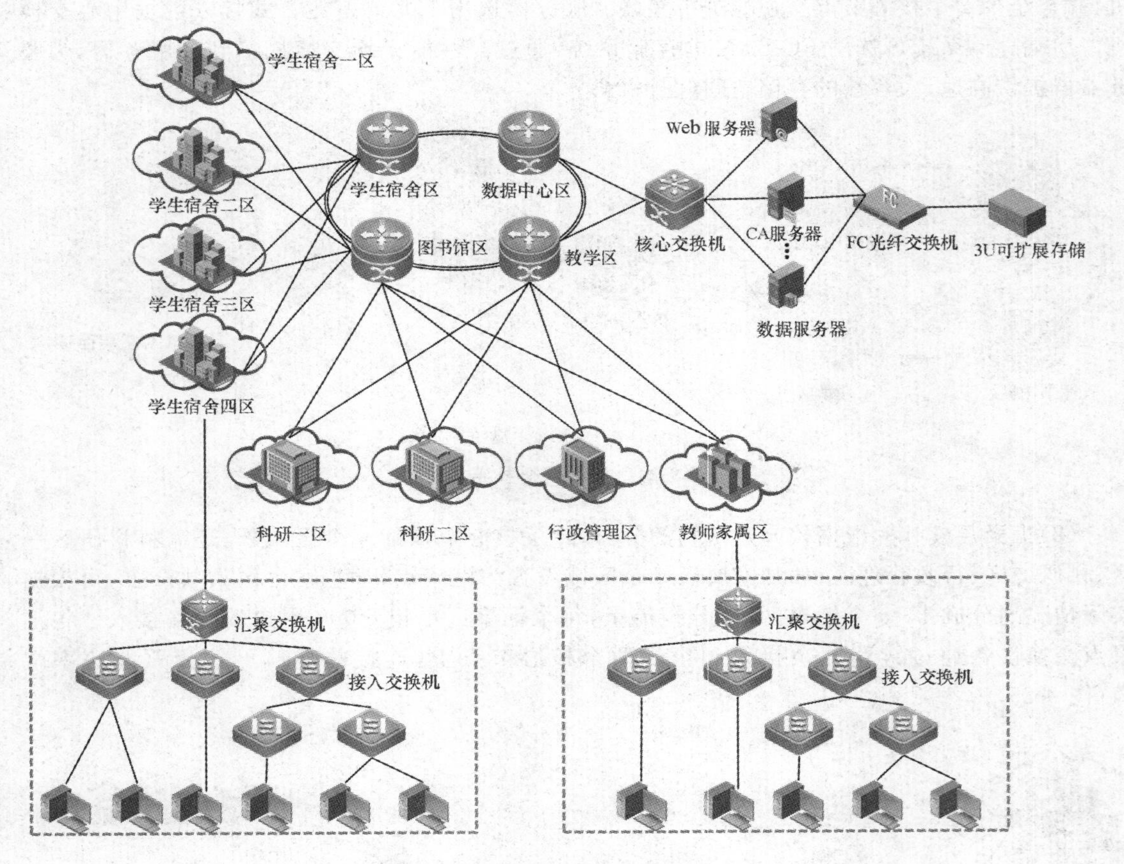

图 9-26　接入层设计

（4）互联网出口设计　大型网络的互联网出口可以考虑采用建立多个出口分担流量的方法，从而减轻单出口的压力。大型网络的互联网出口带宽是不得不考虑的一个问题，30 000 人的规模，同时在线的用户数高峰期达到 20 000 人，并发用户按 50％计算，10 000 用户左右，每人 2 Mbps 的带宽，则需要 20 Gbps 的互联网出口带宽，但根据实际经验，一般 6～8 Gbps 基本够用。在网络安全方面，由于网络规模较大，应采用高性能防火墙实现 NAT 地址转换和安全策略，进而屏蔽内网 IP 细节，可使用上网认证网关实现实名认证和上网行为审计。在流量控制方面，通过高性能专业流量控制设备达到流量整形的目的，提高网络的可用性。若经费允许，可考虑设置互联网 Cache 服务器，能够有效地节省互联网出口带宽。设计完成的互联网出口拓扑结构图可参看图 9-26。

总的来说，不管网络大小，对网络性能、网络安全都有相应的要求，拓扑结构设计的合理性对后续网络实施与运营管理有着密切关系。设计者总希望能够按照理想状态把网络设计到最好，但各种因素又制约着网络的技术实现，如经费不足、布线系统条件不足、设备端口达不到要求等因素。因此在做设计时，需提前考虑网络的实际因素，设计科学、合理的网络拓扑结构。

9.6　Vlan与IP地址规划

为了有效地提高网络管理的灵活性，提高网络效率和网络安全性，一个合理的 Vlan 规划给网络的管理更加有效。如果把一个庞大的网络作为一个 Vlan，那么校园网的网络性能和安全性就会大大的降低，而且会产生网络风暴使网络瘫痪。因此，对这个庞大的校园网进行规划，把它划分为若干个 Vlan，这样可以提高校园网的网络性能和安全性，防止网络风暴。IP 地址规划需要整网考虑，往往与 Vlan 规划同步进行，达到统一规划、合理利用的目的。

9.6.1　Vlan 规划原则

第一，确定三层 IP 转发的位置，是在核心设备上，还是在汇聚设备上。如果在核心设备上，Vlan 规划需全网考虑，每个 Vlan 号必须唯一。若 IP 转发放在汇聚设备上，则可以按区域进行单独规划 Vlan。

第二，设备的管理 Vlan 应独立规划，与业务 Vlan 分离，当业务 Vlan 出现故障时不会影响到管理 Vlan 的正常运行，为后期管理维护带来方便。

第三，若汇聚层承担三层 IP 转发的任务，汇聚设备与核心设备之间设置独立的 Vlan 作为连接 Vlan，这样骨干网络中就只做三层路由转发，以纯路由的方式运行，二层的业务 Vlan 信息就不会传输到骨干网络中，各个汇聚区域的 Vlan 号互相不会干扰。

第四，业务 Vlan 的规划可按一台接入交换机规划一个 Vlan，或者按照业务需求进行规划，如财务 Vlan 希望与其他 Vlan 隔离开，以提高安全性。

第五，前面章节提到 Vlan 划分方式有基于 MAC 地址的划分方式和基于端口的划分方式，一般选用基于交换机端口的 Vlan 划分方式。

9.6.2　IP 地址规划

第一，IP 地址需要全网整体规划。

第二，分三个 IP 段进行规划。一为公网 IP 段，此部分是针对有面向互联网提供服务的服务器和网络用户进行按需规划；二为业务 IP 段，可以使用私网 IP 地址来进行规划；三为管理 IP 地址段，也使用私有 IP 地址进行规划。

第三，互联网出口中，用于 NAT 地址转换的公网地址池需要根据网络用户数计算足够的地址数。一个公网 IP 地址可用的会话连接 65 535 个，需根据最高并发连接数达到多少进行计算。

第四，IP 规划步骤：首先按三个段确定能够使用的 IP 地址范围；规划 NAT 地址转换池公网 IP；其余公网 IP 规划到哪些区域；业务 Vlan 的 IP 子网按照汇聚区域先进行大段划分，如教学区 IP 子网：10.10.0.0 255.255.0.0，学生宿舍区 IP 子网：10.20.0.0 255.254.0.0，区域子网 IP 应留有足够的地址空间，以便运行管理中进行扩展；最后对业务 Vlan 划分 IP 子网，每个子网也需要留有足够空余地址。

第五，IP 地址规划应有利于路由协议配置、地址归纳和自治域设定。

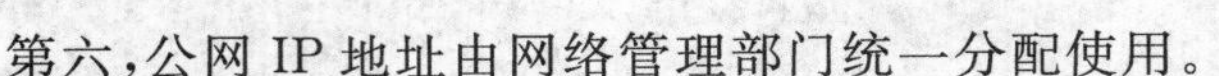

第六，公网 IP 地址由网络管理部门统一分配使用。

第七，地址分配本着简化路由、充分利用地址资源、兼顾网络发展、便于管理等原则进行。

第八，整个网络内部保持 CIDR(无级域间路由)地址块的连续性，便于网络统一规划。

9.6.3 Vlan 规划案例

网络需求：这里以拓扑结构设计中的中型网络案例为例，其网络拓扑结构见图 9-22。该网络分为四个区域，即数据机房区、行政楼区域、生产楼区域和市场楼区域。若公网 IP 地址段为 100.20.100.0/24 的 1 个 C 类网段大小，各楼宇对公网 IP 的需求约 10 个地址。网络用户为 900 人，行政楼 300 人，生产楼 200 人，市场楼 400 人。

(1)公网 IP 子网划分为 5 个子网　NAT 地址转换池子网、数据机房服务器地址子网、行政楼子网、生产楼子网和市场楼子网，每个子网分配一个 Vlan 号。

互联网出口 NAT 地址转换池子网：网络为 1 000 人规模，使用 6 个公网 IP 地址转换即可满足需求，同一时刻可以提供超过 39 万个连接会话。

IP 子网为：100.20.100.0 255.255.255.248 Vlan ID 2

数据机房公用服务器子网：服务器约 20 台，分配 30 个公网 IP，预留 10 个。

IP 子网为：100.20.100.32 255.255.255.224 Vlan ID 3

各楼公网 IP 地址需求为 10 个，每楼分配 14 个可用 IP，预留 4 个。子网分别为：

行政楼子网：100.20.100.16 255.255.255.240 Vlan ID 4

生产楼子网：100.20.100.64 255.255.255.240 Vlan ID 5

市场楼子网：100.20.100.80 255.255.255.240 Vlan ID 6

(2)设备管理子网规划　中型网络的设备数量较少，可按每栋楼设置一个管理子网，每个楼宇汇聚到核心设备划分一个管理子网作为核心与汇聚之间的连接子网，设备管理子网和连接子网的 IP 段可以使用私有 IP 段，这里使用 10.0.0.0/8 的 A 类私有 IP 段。设备管理子网规划如下，

行政楼设备管理子网：10.1.1.0 255.255.255.0 Vlan ID 200

生产楼设备管理子网：10.1.2.0 255.255.255.0 Vlan ID 300

市场楼设备管理子网：10.1.3.0 255.255.255.0 Vlan ID 400

核心与汇聚的连接子网划分：每个连接子网分配一个 Vlan 号，Vlan 号与各汇聚区域的 Vlan 号不能重复，即全网内必须唯一。

核心设备至行政楼汇聚：10.1.4.0 255.255.255.0 Vlan ID:100

核心设备至生产楼汇聚：10.1.5.0 255.255.255.0 Vlan ID:101

核心设备至市场楼汇聚：10.1.6.0 255.255.255.0 Vlan ID:102

(3)业务 Vlan 与子网规划　业务子网即各楼宇用户子网，包括行政楼、生产楼和市场楼，对此三栋楼宇逐一进行规划，并将 Vlan 一起纳入规划，业务子网的 IP 地址段使用 192.168.0.0 255.255.255.0 这段私有 IP 地址。

行政楼共 300 人，使用 24 端口接入交换机，共需要 15 台接入交换机，每台规划一个业务 Vlan 和一个业务子网，共需 15 个子网，整个行政楼分配 192.168.0.0 255.255.224.0 这一网段，共 32 个 C 的地址空间，规划的 Vlan 如表 9-1 所示。

表 9-1　行政楼 Vlan 与 IP 子网规划

序号	汇聚区域	Vlan 号	IP 子网	子网掩码	子网网关
1	行政楼区域	10	192.168.1.0	255.255.255.0	192.168.1.1
2		11	192.168.2.0	255.255.255.0	192.168.2.1
3		12	192.168.3.0	255.255.255.0	192.168.3.1
4		13	192.168.4.0	255.255.255.0	192.168.4.1
5		14	192.168.5.0	255.255.255.0	192.168.5.1
6		15	192.168.6.0	255.255.255.0	192.168.6.1
7		16	192.168.7.0	255.255.255.0	192.168.7.1
8		17	192.168.8.0	255.255.255.0	192.168.8.1
9		18	192.168.9.0	255.255.255.0	192.168.9.1
10		19	192.168.10.0	255.255.255.0	192.168.10.1
11		20	192.168.11.0	255.255.255.0	192.168.11.1
12		21	192.168.12.0	255.255.255.0	192.168.12.1
13		22	192.168.13.0	255.255.255.0	192.168.13.1
14		23	192.168.14.0	255.255.255.0	192.168.14.1
15		24	192.168.15.0	255.255.255.0	192.168.15.1

生产楼共 200 用户，若使用 24 端口接入交换机，共需要 9 台接入交换机，每台规划一个业务 Vlan 和一个业务子网，共需 9 个子网，整个生产楼分配 192.168.32.0 255.255.240.0 这一网段，共 16 个 C 的地址空间，规划的 Vlan 如表 9-2 所示。

表 9-2　生产楼 Vlan 与 IP 子网规划

序号	汇聚区域	Vlan 号	IP 子网	子网掩码	子网网关
1	生产楼区域	10	192.168.33.0	255.255.255.0	192.168.33.1
2		11	192.168.34.0	255.255.255.0	192.168.34.1
3		12	192.168.35.0	255.255.255.0	192.168.35.1
4		13	192.168.36.0	255.255.255.0	192.168.36.1
5		14	192.168.37.0	255.255.255.0	192.168.37.1
6		15	192.168.38.0	255.255.255.0	192.168.38.1
7		16	192.168.39.0	255.255.255.0	192.168.39.1
8		17	192.168.40.0	255.255.255.0	192.168.40.1
9		18	192.168.41.0	255.255.255.0	192.168.41.1

市场楼共 400 用户，是此网络中用户最多的一栋楼，若使用 24 端口的接入交换机，共需要 17 台接入交换机，每台规划一个业务 Vlan 和一个业务子网，共需 17 个子网，整个生产楼分配 192.168.64.0 255.255.224.0 这一网段，共 32 个 C 的地址空间，规划的 Vlan 如表 9-3 所示。

表 9-3 市场楼 Vlan 与 IP 子网规划

序号	汇聚区域	Vlan 号	IP 子网	子网掩码	子网网关
1	市场楼区域	10	192.168.64.0	255.255.255.0	192.168.64.1
2		11	192.168.65.0	255.255.255.0	192.168.65.1
3		12	192.168.66.0	255.255.255.0	192.168.66.1
4		13	192.168.67.0	255.255.255.0	192.168.67.1
5		14	192.168.68.0	255.255.255.0	192.168.68.1
6		15	192.168.69.0	255.255.255.0	192.168.69.1
7		16	192.168.70.0	255.255.255.0	192.168.70.1
8		17	192.168.71.0	255.255.255.0	192.168.71.1
9		18	192.168.72.0	255.255.255.0	192.168.72.1
10		19	192.168.73.0	255.255.255.0	192.168.73.1
11		20	192.168.74.0	255.255.255.0	192.168.74.1
12		21	192.168.75.0	255.255.255.0	192.168.75.0
13		22	192.168.76.0	255.255.255.0	192.168.76.1
14		23	192.168.77.0	255.255.255.0	192.168.77.1
15		24	192.168.78.0	255.255.255.0	192.168.78.1
16		25	192.168.79.0	255.255.255.0	192.168.79.1
17		26	192.168.80.0	255.255.255.0	192.168.80.1

9.7 网络设备技术指标与设备选型

9.7.1 交换机

1.交换机的类型

交换机的分类方式有多种多样，根据不同的分类标准，可以划分为不同类型，常见的类型有以下几种：

根据网络覆盖范围划分，可以分为局域网交换机和广域网交换机；

根据传输介质和传输速度划分，可以将交换机划分为以太网交换机、快速以太网交换机、千兆以太网交换机、10 千兆以太网交换机、ATM 交换机、FDDI 交换机和令牌环交换机；

根据交换机应用网络层次划分，分为企业级交换机、校园网交换机、部门级交换机和工作组交换机、桌机型交换机；

根据交换机端口结构划分，分为固定端口交换机和模块化交换机；

根据工作协议层划分，分为第二层交换机、第三层交换机和第四层交换机；

根据是否支持网管功能划分为网管型交换机和非网管理型交换机。

2.交换机的技术指标

交换机作为网络的核心连接设备，它的性能是保障网络速度的主要标准。衡量交换机性能的重要技术参数主要以下几个：

端口带宽：端口带宽是一个交换机的最基本技术指标，反映了交换机的网络连接性能，主要有10/100 Mb/s、100 Mb/s、1 000 Mb/s、10 Gb/s。

支持的标准和协议：二层协议如IEEE802.3x、IEEE802.3ad、IEEE802.1p、IEEE802.1x、IEEE802.3ab、IEEE802.1Q等，三层协议如OSPF、RIPV1、RIPV2、PIM(DM/SM)、VRRP、IGMP等，交换机所支持的协议和标准直接决定了交换机的网络适应能力。

背板带宽：交换机接口处理器或接口卡和数据总线间所能吞吐的最大数据量。一台交换机如果可能实现全双工无阻塞交换，那么它的背板带宽应该大于"端口总数×最大端口带宽×2"。

数据转发技术：交换机所采用的用于决定如何转发数据包的转发机制，主要有直通转发技术、存储转发技术和碎片隔离式三种。

单/多MAC地址类型：单MAC交换机的每个端口只有一个MAC硬件地址，多MAC交换机的每个端口可捆绑多个MAC硬件地址。单MAC交换机主要用于连接最终用户，不能用于连接集线器或含多个网络设备的网段。多MAC交换机在每个端口有足够存储体记忆多个硬件地址。

MAC地址表大小：交换机的MAC地址数量是指交换机的MAC地址表中最多可以存储的MAC地址数量，存储的MAC地址数量越多，数据转发的速度和效率也越高。

可扩展性：主要指交换机的堆叠性和模块化。

延时：交换机接收到数据包到开始向目的端口复制数据包之间的时间间隔。有许多因素会影响延时的大小，如转发技术。采用直通转发技术的交换机有固定的延时，因为直通式交换机不管数据包的整体大小，而只根据目的地址来决定转发方向。采用存储转发技术的交换机必须要接收完了完整的数据包才开始转发数据包，所以它的延时与数据包的大小有关，数据包大，延时大，反之亦然。

管理功能：交换机如何控制用户访问交换机，以及用户对交换机的可视程度。

扩展树：交换机扩展树协议支持交换机用于连接网络中关键资源的交换冗余。

全双工：交换机的端口可以同时发送和接收数据，具有高吞吐量、避免碰撞、突破长度限制等优点。目前支持全双工通信的协议有快速以太网、千兆以太网和ATM。

3. 交换机的选型

(1)设备基本指标

①网络接口类型　选择交换机时，首先要确定网络中所需的接口类型、速率和机房所使用的布线标准，来选择合适的设备，根据接口的应用范围，可以划分为局域网接口和广域网接口(表9-4)。

局域网接口参数：

- 速率：根据接口运行速率，有10 M、100 M、1 000 M以及10 G、40 G和100 G
- 介质：根据传输介质不同，有铜介质(电口)和光介质(光口)
- 传输距离：100 m、550 m、5 km、10 km、70 km、100 km
- 布线标准：根据IEEE布线标准，有五类、超五类和六类线缆

广域网接口参数：

- 速率：2 M、155 M、622 M、2.5 G、10 G
- 技术标准：E1/T1、ATM、POS/SDH
- 传输距离：300 m、5 km、10 km、70 km、120 km
- 工作方式：同步串行、异步串行、光纤
- 接入方式：专线、拨号

表 9-4　接口与速率

标准			收发器	速率	连接器	传输距离
局域网接口	千兆以下	10/100/1 000 Base-T	N/A	10/100/1 000 M	RJ45	100 m
		100/1 000 Base-TX	N/A	100/1 000 M	RJ45	
		1 000 Base-SX/LX/ZX	SFP	1 000 M	LC	
		1 000 Base-SX/LX/ZX	GBIC	1 000 M	SC	
		10/100-FL/FX	N/A	10/100 M	MT-RJ	
		10/1 000 Base-TX	RJ21	10/100 M	RJ21	
	万兆	10 GBase-X	XENPAK	10 Gb	LC	30 m～40 km
		10 GBase-X	X2	10 Gb	LC	300 m～400 km
		10 GBase-X	XFP	10 Gb	LC	300 m～120 km
广域网接口	E1/T1		N/A	2 Mb	Serial	300 m
	POS/SDG		GBIC/SFP	155/622 M 2.5/10 Gb	SC/LC/ MT-RJ	
	ATM		GBIC	155/622 M 2.5 Gb	SC	

②固定或模块化配置　根据业务发展，确定使用固定配置的还是模块化配置的交换机，为投资提供良好的保护。

固定配置交换机：一种端口数量固定的交换机，无法扩展端口，如图 9-28 所示。

图 9-28　固定配置交换机

模块化配置交换机：一种可以按照用户业务需求，随意更换板卡的交换机，如图 9-29 所示。

图 9-29 模块化配置交换机

③端口密度 该参数是指一台交换机在满配情况下所能提供的最大端口数量，为用户计算每端口成本提供了依据。端口数量越多，用户所能连接的终端设备也就越多，而相应的每个端口的成本也就越低。

④机框尺寸 网络设备的尺寸分机架式标准和非机架式标准，一般要选择标准机架式的设备。

(2)设备功能指标

①Vlan 划分 大多数交换机都是支持 Vlan 划分的，但是也有例外。一般家用产品都不支持 Vlan 划分。Vlan 划分可以隔离广播域、控制广播风暴范围、提高网络安全性等。

②模块热插拔 即带电插拔，该参数是针对模块化设备来说的。热插拔功能就是允许用户在不切断电源的情况下替换和更换损坏的板卡、电源等部件。该功能对于核心层设备来说非常重要，因为核心层设备一般不允许停机。支持热插拔的模块主要包括引擎热插拔、板卡热插拔和电源热插拔。

③支持堆叠 所谓堆叠就是使用专门的线缆将交换机之间的背板连接起来，达到将多台交换机逻辑上变为一台交换机的技术，堆叠可以大大提高交换机端口密度和性能(图 9-30)。一个堆叠组具有足以匹敌大型机架式交换机的端口密度，而投资却比机架式交换机便宜很多，实现也比较灵活。

图 9-30 交换机堆叠

④可管理性　交换机的管理功能是指交换机控制用户访问的方式，它对交换机来说非常的重要。机架式设备必须支持 Console、Telnet、SNMP 等管理接口，并提供友好的设备管理界面。

⑤服务质量保证　在选择交换机时，还应根据实际需求和未来业务的发展趋势选择是否具备 QoS 功能。QoS 是网络的一种安全机制，用来解决网络延迟和阻塞等问题。在正常情况下，如果网络只用于特定的无时间限制的应用系统，并不需要 QoS，比如 Web 应用，E-mail 设置等。但是对于关键应用，如语音和视频应用就十分必要，当网络出现过载或拥塞时，QoS 能保证重要业务流量不会有延迟或丢弃的现象发生，同时保证网络的高效运行。

⑥支持以太网供电(PoE)　以太网供电是指在以太网铜缆上提供 48 V 直流电源的能力。实施以太网供电需要两种主要设备：供电设备(有 POE 供电功能的交换机)和受电设备(从以太网电缆接收和使用电源以运行的终端设备)。

利用 POE，用户无须再为每个支持 POE 的设备提供电源，从而消除了为连接设备所必须花费的电源布线成本。此外，还可以将关键的设备锁定在一个电源上，用 UPS 备份电源支持整个系统。

⑦安全特性　对于接入层交换机设备来说，安全特性是一个重要指标。由于二层交换网络是一种不安全的网络，有大量的病毒、木马和黑客攻击。管理元可以通过在接入层设备部署安全特性，提高网络准入门槛，增加网安全性，如 DHCP 侦听、网络准入控制(NAC)、动态 ARP 检测、IP 源防护、端口安全和 AAA 认证。

(3)设备性能指标

①背板带宽　一台交换机的背板带宽越高，所能处理数据的能力也就越强，但同时设计成本也就越高。由于所有板卡间的通信都是通过背板完成，所以背板能够提供的带宽就成为板卡间并发通信时的瓶颈。带宽越大，能够给板卡提供的可用带宽越大数据交换速度越快，反之亦是。普通固定端口交换机没有背板带宽的概念，它的转发/交换容量就相当于背板带宽。

②交换容量　交换容量与设备内部的转发结构息息相关，因为数据是靠交换引擎(高端交换机)或是转发芯片(低端交换机)来转发的，由于业务板也交换引擎之间的传输器件的限制，这些器件的传输能力可能达不到背板线路的最大带宽，所有即使有很高的背板带宽，但交换引擎没有很好的交换能力也不行(表 9-5)。

表 9-5　交换机交换容量能力比较

型号	C3560V2-48TS	C3560E-48TD	C3750E-48TD	S5500-28C-EI	S5500-52C-EI
背板带宽	32 Gbps	128 Gbps	160 Gbps	256 Gbps	256 Gbps
交换容量	17.6 Gbps	96 Gbps	136 Gbps	56 Gbps	112 Gbps
包转发率	13.1 Mpps	71 Mpps	101 Mpps	41 Mpps	82 Mpps

③包转发率　包转发率越大，交换机性能就越强劲，不同的厂家对于该参数有很多叫法，如转发速率、转发性能、吞吐率、每秒分组数等。交换机能否达到线速转发，是衡量交换机好坏的重要标准。表 9-6 是各种速率端口所对应的包转发率。

表 9-6　不同速率接口的包转发率

局域网接口		广域网接口	
速率端口	包转发率	速率端口	包转发率
10 Gbps(万兆以太网)	14.88 Mpps	OC-48(2.5 G)的 POS 端口	3.72 Mpps
1 Gbps(千兆以太网)	1.488 Mpps	OC-12(622 M)的 POS 端口	0.925 Mpps
100 Mbps(快速以太网)	0.148 8 Mpps	E1(2 M)的端口	2.976 Kpps
10 Mbps(快速以太网)	0.0148 8 Mpps		

④最大 MAC 地址　MAC 地址表中越大,存储的 MAC 地址数量也越多,数据转发的速度和效率也就越高,抗 MAC 地址溢出攻击能力也就越强。

9.7.2　路由器

1. 路由器的分类

路由器产品,按照不同的划分标准有多种类型。常见的分类有以下几类:

按性能档次分为高、中、低档路由器。通常将路由器吞吐量大于 40 Gbps 的路由器称为高档路由器,背吞吐量在 25～40 Gbps 之间的路由器称为中档路由器,而将低于 25 Gbps 的看作低档路由器。

按结构划分为“模块化路由器”和“非模块化路由器”。模块化结构可以灵活地配置路由器,以适应企业不断增加的业务需求,非模块化的就只能提供固定的端口。通常中高端路由器为模块化结构,低端路由器为非模块化结构。

按功能划分,可将路由器分为“骨干级路由器”,“企业级路由器”和“接入级路由器”。骨干级路由器是实现企业级网络互联的关键设备,数据吞吐量较大,非常重要;企业级路由器连接许多终端系统,连接对象较多,但系统相对简单,且数据流量较小;接入级路由器主要应用于连接家庭或 ISP 内的小型企业客户群体。

按所处网络位置划分通常把路由器划分为“边界路由器”和“中间节点路由器”。“边界路由器”是处于网络边缘,用于不同网络路由器的连接;“中间节点路由器”则处于网络的中间,通常用于连接不同网络,起到一个数据转发的桥梁作用。

按性能划分为“线速路由器”和“非线速路由器”。“线速路由器”就是完全可以按传输介质带宽进行通畅传输,基本上没有间断和延时。通常线速路由器是高端路由器,具有非常高的端口带宽和数据转发能力,能以媒体速率转发数据包;中低端路由器是非线速路由器,但是一些新的宽带接入路由器也有线速转发能力。

2. 路由器的性能参数

衡量路由器性能的指标有很多,最重要的有以下几种:

全双工线速转发能力:指以最小包长(以太网 64 字节、POS 口 40 字节)和最小包间隔(符合协议规定)在路由器端口上双向传输同时不引起丢包。该指标是路由器性能重要指标。

设备吞吐量:指设备整机包转发能力,是设备性能的重要指标。路由器的工作在于根据 IP 包头或者 MPLS 标记选路,所以性能指标是转发包数量每秒。设备吞吐量通常小于路由器所有端口吞吐量之和。

端口吞吐量:指端口包转发能力,通常使用 pps:包每秒来衡量,它是路由器在某端口上的包转发能力。通常采用两个相同速率接口测试。但是测试接口可能与接口位置及关系相关。例如同一插卡上端口间测试的吞吐量可能与不同插卡上端口间吞吐量值不同。

背靠背帧数:指以最小帧间隔发送最多数据包不引起丢包时的数据包数量。该指标用于测试路由器缓存能力。有线速全双工转发能力的路由器该指标值无限大。

路由表能力:路由器通常依靠所建立及维护的路由表来决定如何转发。路由表能力是指路由表内所容纳路由表项数量的极限。由于 Internet 上执行 BGP 协议的路由器通常拥有数十万条路由表项,所以该项目也是路由器能力的重要体现。

背板能力:路由器的内部实现。背板能力能够体现在路由器吞吐量上:背板能力通常大于依据吞吐量和测试包场所计算的值。但是背板能力只能在设计中体现,一般无法测试。

丢包率:指测试中所丢失数据包数量占所发送数据包的比率,通常在吞吐量范围内测试。丢包率与数据包长度以及包发送频率相关。在一些环境下可以加上路由抖动、大量路由后测试。

时延:指数据包第一个比特进入路由器到最后一比特从路由器输出的时间间隔。在测试中通常使用测试仪表发出测试包到收到数据包的时间间隔。时延与数据包长相关,通常在路由器端口吞吐量范围内测试,超过吞吐量测试该指标没有意义。

时延抖动:指时延变化。数据业务对时延抖动不敏感,所以该指标没有出现在 Benchmarking 测试中。由于 IP 上多业务,包括语音、视频业务的出现,该指标才有测试的必要性。

VPN 支持能力:通常路由器都能支持 VPN。其性能差别一般体现在所支持 VPN 数量上。专用路由器一般支持 VPN 数量较多。

无故障工作时间:该指标按照统计方式指出设备无故障工作的时间。一般无法测试,可以通过主要器件的无故障工作时间计算或者大量相同设备的工作情况计算。

3.路由器设备的选型

在选择路由器设备时,一般从以下几个方面考虑:

(1)路由协议　路由器就是用来连接不同网络的,这些所连接的不同网络可能采用的是同一种通信协议,也可能采用的是不同的通信协议。这就要在选配路由器时充分考虑。如果路由器不支持一方的协议,就无法实现他在网络之间的路由功能,为此在选配路由器时还要注意所选路由器所能支持的网络协议有哪些,特别是在广域网中的路由器。只是因为广域网中路由协议非常的多,网络相当的复杂。相对而言,由于局域网之间的路由器就较为简单。因此选配路由器时,要根据路由器目前即将来的实际需要来决定所选的路由器支持何种协议。

(2)背板能力　通常是指路由器背板容量或者总线带宽能力,通常中档路由器的包转发能力均应在 1 Mpps 以上。这个性能对于保证整个网络之间的连接速度是非常重要的。如果所连接的两个网络速率都较快,而由于路由器的带宽限制,就将直接影响整个网络之间的通信速率。如果连接的是两个较大的网络,当网络流量较大时应格外注意一下背板容量。但要注意,背板能力只能在设计中体现,一般无法测试。

(3)丢包率　丢包率是指在一定的数据流量下,路由器不能正确进行数据转发的数据包在总的数据包中所占的比例。丢包率的大小会影响到路由器线路的实际工作速率,严重时甚至

会使线路中断。通常正常工作所需的路由器丢包率应小于1%。

(4)转发延迟　路由器的转发延迟指从需转发的数据包最后一比特进入路由器端口,到该数据包第一比特出现在段落链路上的时间间隔,该值越小越好,通常用毫秒计算。时延与数据包长度和链路速率都有关,通常在路由器端口吞吐量范围内对其进行测试。

(5)路由表容量　路由表容量是指路由器运行中可以容纳的路由数量。一般来说,路由器越高档,路由表容量越大,因为他可能要面对非常庞大的网络。这一参数还与路由器自身所带的缓存大小有关。

(6)扩展能力　扩展能力是考查路由器性能的一个关键点。随着计算机网络应用的逐渐增长,现有的网络规模可能不能满足实际需求,由此会产生扩大网络规模的要求,因此扩展能力是在设计和建设一个网络的过程中必须要考虑的。网络规模的扩展对路由器的扩展的影响主要体现在路由器的子网连接能力上。当然用户数的支持也是路由器扩展能力的一个重要体现。还有一个就是企业与外部网络的连接能力上。

(7)可靠性　可靠性是指路由器的可用性、无故障工作时间和故障修复时间等指标,当然这一指标只能看和听开发商介绍,新买的路由器暂时无法验证。不过还是应该选择信誉较好、技术先进的品牌。

(8)安全性　网络安全现在越来越受到用户的高度重视。路由器作为个人、事业单位内部网和外部进行连接的设备,能否提供高要求的安全保障就显得极其重要了。目前许多厂家的路由器可以设置访问权限列表,以控制哪些数据可以进行路由器,从而实现防火墙的功能,防止非法用户的入侵。路由器的另外一个功能就是网络地址转换功能,利用该功能能够屏蔽内部局域网的网络地址,并将其统一转换成电信提供的广域网地址,这样网络上的外部用户就无法了解到公司内部网的网络地址,从而进一步防止了非法用户的入侵。

(9)管理方式　路由器最基本的管理方式是利用终端通过专用配置电缆链接到路由器的Console(控制端口)端口上直接进行的。

(10)网管能力　在大型网络中,路由器担任着非常关键和重要的控制任务。随着网络规模的不断增大,其维护和管理负担就越来越重,所以在路由器这一层上支持标准的网管系统尤为重要。一般的路由器厂商都会提供一些与之配套的网络管理系统软件,有些还支持用标准的SNMP管理系统进行集中管理。选择路由器时,务必要关注网络系统的监管和配置能力是否强大,设备是否可以提供统计信息和深层故障检测的诊断功能等。

9.7.3　防火墙

1. 防火墙的性能指标

评价防火墙重要参数有:

吞吐量:防火墙转发数据包的能力。每秒钟可以通过防火墙的最大数据流量,通常用防火墙不丢包的条件下每秒转发包的最大数目来表示。单位为bit/s或p/s。

时延:在系统重载情况下,防火墙是否会成为网络访问服务的瓶颈。时延指的是防火墙最大吞吐量的情况下,数据包从到达防火墙到被防火墙转发出去的时间间隔。

丢包率:防火墙在不同负载情况下,因为来不及处理而不得不丢弃的数据包占收到数据包总数的比例。

并发连接数:防火墙对业务流的处理能力,是其能够同时处理的点到点连接的最大数目。

配置与管理:包括图形化界面和命令行界面。

接口数量和类型:防火墙一般设有多个内联网络接口、一个外联网络接口和用户系统配置和维护控制接口。

日志和审计参数:对所有流经它的数据流都应该有详细的记录,包括正常的通信和攻击行为。

可用性参数:用户评价防火墙容灾容错能力和附加的性能增强能力,主-备份双机模式等。

其他:内容过滤、入侵检测、用户认证、VPN 等。

2. 防火墙设备的选型

防火墙相对前面介绍的交换机、路由器来说,在选型方面的考虑要简单些,主要考虑是选择软件防火墙,还是硬件防火墙,以及防火墙的少数几种包过滤类型、防火墙产品的品牌和服务等方面。

(1)软、硬件防火墙的选型　防火墙有软件防火墙和硬件防火墙两种。软件防火墙是安装在计算机平台的软件产品,它通过在操作系统底层工作来实现网络管理和防御功能的优化。硬件防火墙的硬件和软件都单独进行设计,采用专用的网络芯片处理数据包。同时,采用专门的操作系统平台,从而避免通用操作系统的安全性漏洞。所以硬件防火墙无论在性能方面,还是在自身安全性方面都较软件防火墙先进许多。软件防火墙因为是基于主机方式的,所以通常用于保护单台主机,而硬件防火墙则是基于网络方式的,所以常用于网络的保护。

(2)防火墙技术类型的选型　在防火墙的选型问题上,关键是要明确选择采用哪种防火墙技术的防火墙。目前在市场中的防火墙根据所采用的主要过滤技术可划分为包过滤型防火墙、应用代理型防火墙和状态包过滤型防火墙 3 种。

包过滤型防火墙目前在广大中小型企业中应用最广,主要是它的价格比较便宜,而且性能也相当不错。

应用代理型防火墙目前是最为主流的防火墙技术,也是应用最广的一种防火墙类型,特别是在一些中型或中型以上网络中。应用代理型防火墙相对于包过滤防火墙来说具有比较明显的优点,如它对内部网络用户是透明的,而外部网络无法了解内部网络的拓扑。它提供的安全级别高于包过滤型防火墙,但价格比起包过滤型的要高许多,其速度比包过滤慢。

状态包过滤型防火墙是为了克服包过滤型防火墙明显的安全不足而开发的。而且目前有些状态包过滤型防火墙还具备了部分应用代理型防火墙的应用代理功能。目前这种类型的防火墙尚处于发展之中,也只是在一些较大型企业,或者应用较复杂的因特网应用中采用,如 Web 服务器、数据库应用和电子商务应用等。

(3)LAN 端口类型和数量的选型　防火墙的 LAN 端口类型要符合应用环境的网络连接需求。主要的 LAN 端口类型有以太网、快速以太网、千兆位以太网、ATM 等主流网络类型。在企业局域网中,通常只需要能支持以太网、快速以太网,浸透数新型的防火墙还支持千兆位以太网。支持接口类型越多,价格越高,在防火墙主板中的电路会越复杂。所以在选择防火墙时,要根据实际情况,选择合适的接口类型,不能一味贪全。

(4)协议支持的选型　防火墙要对各种数据包进行过滤,就必须对相应数据包通信方式提供支持,除了广泛受支持的 TCP/IP 协议外,还有可能需要支持 AppleTalk、DECnet、IPX 及

NETBEUI 等协议。要根据具体的应用环境来确定需要支持的协议，通常只需支持 TCP/IP 协议即可。如果防火墙要支持 VPN 通信，则一定要选择支持 VPN 隧道协议(PPTP 和 L2TP)，以及 IPSec 安全协议等。

(5)访问控制配置的选型　防火墙的访问规则是防火墙的一项重要而又基本的参数。在防火墙中的访问规则列表中，不同的防火墙有不同的配置方式，也就体现了不同防火墙系统的安全策略完善程度。好的防火墙过滤规则应涵盖所有出入防火墙的数据包的处理方法，对于没有明确定义的数据包，也应有一个默认处理方法。同时要求过滤规则应易于理解，易于编辑修改，并具备一致性检测机制等。

(6)自身的安全性的选型　防火墙的安全性能取决于防火墙是否采用了安全的操作系统和是否采用了专用的硬件平台。在硬件配置方面，提高防火墙的可靠性通常是通过提高防火墙部件的强健性、增大设计阈值和增加冗余部件进行的。

(7)防御功能的选型　防火墙除了要能发现攻击之外，还要能主动防御攻击。防火墙要能通过控制、检测与报警等机制，应可有效地防止或抵御黑客的攻击。

(8)连接性能的选型　由于防火墙位于网络边界，需对进入网络的所有数据包进行过滤，这就要求防火墙能以最快的速度及时对所有数据包进行检测，否则就可能造成比较的延时，甚至死机。这个指标非常重要，体现了防火墙的可用性。就防火墙类型来说，包过滤型速度最快，对原有网络性能影响最小，但本身就存在许多不足，所以尽管它的数据处理性能最佳，仍不宜在安全性要求较高的网络中采用。

(9)管理功能的选型　在管理方面，主要是出于网络管理员对防火墙的日常管理工作方便性角度考虑，防火墙要能为管理员提供足够的信息或操作便利。对于大型网络，如果存在多个防火墙，我们还要考虑防火墙是否支持集中管理。在大中型企业防火墙管理方面，还需考虑是否支持带宽管理、是否支持负载均衡特性、是否支持失效恢复特性(failover)等。

(10)灵活的可扩展和可升级性的选型　在选择防火墙时，要考虑网络的发展前景，因为网络不可能一成不变，随着业务的发展，网络的规模和安全级别都有可能会改变。这就要求防火墙能够增加接口、提高安全级别。

(11)协同工作能力的选型　防火墙只是一个基础的网络安全设备，它不代表网络安全防护体系的全部。通常它需要与防病毒系统和入侵检测系统等安全产品协同配合，才能从根本上保证整个系统的安全。所以在选购防火墙时就要考虑它是否能够与其他安全产品协同工作。

9.7.4 无线 AP

AP 是(Wireless) Access Point 的缩写，即(无线)访问接入点。AP 相当于一个连接有线网和无线网的桥梁，其主要作用是将各个无线网络客户端连接到一起，然后将无线网络接入以太网。

1. 无线 AP 的类型

从功能上划分，无线 AP 可以分为两类：单纯型 AP 和扩展型 AP。

单纯型 AP 由于缺少了路由功能，相当于无线交换机，仅仅是提供一个无线信号发射的功能。它的工作原理是将网络信号通过双绞线传送过来，经过无线 AP 的编译，将电信号转换成

为无线电讯号发送出来,形成无线网络的覆盖。后面介绍的无线 AP 都是单纯型无线 AP。

扩展型 AP 就是我们常说的无线路由器了,它是带有无线覆盖功能的路由器,它主要应用于用户上网和无线覆盖。通过路由功能,可以实现家庭无线网络中的 Internet 连接共享,也能实现 ADSL 和小区宽带的无线共享接入。

从无线 AP 部署的方式划分,分为放装式和分布式。放装式 AP 只需要用网线和交换机或路由器连接就可以使用,如图 9-31 所示。分布式 AP 需要用专门的馈线将 AP 与天线互联,主要有室内分布式和智能分布式,如图 9-32 智分 AP 所示。

图 9-31　放装 AP

图 9-32　智分 AP

2. 无线 AP 的重要性能参数

速率标准:无线 AP 的传输速率,不同类型的 AP 的传输速率也不相同,主要有这么几种:11 Mbps、54 Mbps、150 Mbps、300 Mbps、450 Mbps、600 Mbps、1 300 Mbps。

工作频段:2.4G Hz 和 5.8G Hz

发射功率:指 AP 通过天线可以每秒辐射出的能量,室内放装型设备一般为 100 mW,室内分布式与室外设备一般为 500 mW。

支持协议:无线 AP 支持的协议类型,主要有 802.11、802.11a、802.11b、802.11g、802.11n、802.11ac 等,支持不同协议有着不用的速率。

无线传输空间流:主要有单条流、两条流、三条流、四条流四种,不同空间流对应速率见表 9-7 所示。

表 9-7　空间流和速率关系

空间流速率	协议	
	802.11N	802.11AC
单条流速率	150 M	433 M
两条流速率	300 M	857 M
三条流速率	450 M	1 300 M
四条流速率	600 M	6 900 M

射频设计:单路频卡设计和双路频卡设计。

供电方式:是否支持 POE 供电。

衰减:信号在传输介质中传播时,将会有一部分能量转化成热能或者被传输介质吸收,从而造成信号强度不断减弱。所以射频信号在空气或者其他传导介质中传播的时候,随着距离

的增加，信号在不断减弱。相同的介质，频率越高衰减的越大。因此相同介质传递5G的信号衰减比传递2.4G的信号衰减大很多。所以能够传递2.4G信号的线缆在传递5G信号时，就可能会出现衰减太大。

最大接入用户数和最佳接入用户数：最大接入用户数指单个AP能接入的最大用户数量，而最佳接入用户数指单个AP在保证用户使用效果的前提下可以接入的用户数量。是评定AP的重要参数。

负载均衡：对于多信道、多频段的AP，必须具有负载均衡的能力，无线AP能实时的根据用户数及数据流量调整分配到不同的信道和频段。

3. 无线AP的选型

由于无线AP产品的型号不是很多，产品的选型也相对比较简单。可以从以下几个方面考虑：

(1)无线AP部署场景的选型　根据AP部署场景的不同，可以选择不同类型的无线AP。对于学校宿舍、医院病房等复杂应用环境，可以选择智分专用型无线接入点(AP)产品。将天线直接接入宿舍内部，解决宿舍、病房中信号差、同频干扰大、性能低的问题。对于室内人员比较密集的地方，如会议室、礼堂等，可以选择放装式无线AP。此类AP支持大覆盖，高并发，可以减少网络建设成本。

(2)同频干扰的选型　干扰是无线网络的最大难题，特别是当在狭小的空间部署大量AP时，干扰影响会尤为明显，无线AP要能满足使用者位置自动调整无线信号的输出方向，当受到干扰时，能够自适应选择更优的路径避开干扰的功能。

(3)工作频段及空间流的选型　用户要根据实际的使用场景，选择具有合适频段和空间流的无线AP，对于多频段和多条空间流的无线AP，其性能比较好，但相应的价格也就比较昂贵。

(4)智能负载均衡的选型　在高密度无线用户的情况下，无线AP要能结合无线控制器智能实时的根据用户数及数据流量调整分配到不同的AP上提供接入服务，平衡接入负载压力，提高用户的平均带宽和QoS，提高连接的高可用性。

(5)用户无感知漫游访问的选型　通过无线控制器产品的配合，无线AP要能满足无线用户在无线AP间移动访问时，可以保证二层网络和三层网络的无缝漫游，用户在过程中不会感觉到数据访问的中断。

(6)无线IPv6接入的选型　IPv6在以后将会用得越来越多，那么选择的无线AP也要具有全面支持IPv6特性，实现了无线网络的IPv6转发，让IPv4用户和IPv6用户都可以自动地与AC系列控制器进行隧道连接，让IPv6的应用承载在无线网络中。

(7)安全防护的选型　从安全方面考虑，无线AP需要具备WIDS(无线入侵检测)、射频干扰定位、流氓AP的反制、防ARP欺骗、DHCP安全保护等一系列无线安全防护功能。同时还要支持无感知，短信和二维码访客等多种高效便捷的认证方式。

(8)设备管理模式的选型　无线AP还要能在胖瘦模式间灵活的切换，在FIT(瘦)模式下更能实现零配置安装使用。具有友好的Web界面管理，通过AC的Web界面能够管理AP还能管理AP下联的用户，可以对用户进行限速和限制用户连入网络等行为。同时，无线AP还应能与其他的网管软件兼容联动，方便设备的监控和管理。

9.7.5 无线控制器

图 9-33 无线控制器

无线控制器(wireless access point controller)是一种网络设备(图 9-33),用来集中化控制无线 AP,是一个无线网络的核心,负责管理无线网络中的所有无线 AP,对 AP 管理包括:下发配置、修改相关配置参数、射频智能管理、接入安全控制等。

1. 无线控制器的重要性能参数

基础可管理 AP 数目:一台 AC 最少能关联的 AP 数目。可管理 AP 数目可以在基础可管理数目的基础上增加。

最大可管理 AP 数目:一台无线控制器最大可以关联的无线 AP 数目。

最大可配置 AP 数目:一台无线控制器实际可以关联的无线 AP 数目,是衡量无线控制器的一个重要指标,无线控制器能关联的 AP 数目越多越好。

802.11 性能:无线控制器是数据转发能力。

无线用户数:在 WLAN 网络中,一台 AC 可以关联多台 AP,一台 AP 又可以连接多个无线用户数。可管理用户数目指用户可以配置指定 AC 的服务范围内,最多可连接多少个无线用户数。

本地认证:无线控制器内置本地用户数据库,可结合内置 Portal 服务器,通过 WEB 认证的方式,实现无线用户的本地认证。

AC 内漫游切换时间:无线控制器关联用户在不用 AP 间切换的时间,是用户体验的一个重要参数。

802.11 局域网协议:无线控制器支持的网络协议有 802.11,802.11b,802.11a,802.11g,802.11d,802.11h,802.11w,802.11k,802.11r,802.11i,802.11e,802.11n。

AP 反制:当无线网中有非法 AP 出现时,无线控制器能够发现并自动管理无线网内的非法 AP。

2. 无线控制器的选型

无线控制器的产品型号比较少,在进行选择时,主要考虑以下几个方面:

(1)可管理 AP 数和可管理用户数的选型　用户可以根据实际的无线网中布放的 AP 数以及接入的用户数来确定无线控制器的型号,可关联 AP 数越多的无线控制器,其价格也相对比较贵,从实际的接入 AP 数以及未来发展的增加数量,来选择合适的 AC。

(2)智能负载均衡的选型　AC 要能根据每个关联的 AP 上的用户数及数据流量调整分配到不同的 AP 上提供接入服务,平衡接入负载压力,实现基于用户、流量的智能负载均衡,而且还能实现基于频段的负载均衡。

(3)灵活扩展的选型　AC 要能根据用户网络的规模,通过增加相应的升级许可证 License 产品,实现灵活的控制权扩展,增加接入的 AP 数量。

(4)支持协议的选型　AC 要能支持接入 AP 的多种协议,从而提供单路、双路无线网络。同时,利用先进的本地转发技术,避免了无线控制器的流量转发瓶颈。

(5)智能射频的选型 从射频扫描考虑，AC要能控制AP对无线网络进行按需射频扫描，识别非法AP和非法无线网络，并向管理员发出警报。同时要实时控制AP的射频扫描功能，进行信号强度和干扰的测量，并根据软件工具动态调整流量负载、功率、射频覆盖区域和信道分配，以使覆盖范围和容量最大化。

(6)全网无缝漫游的选型 从漫游角度考虑，AC要能支持无线控制器集群技术，在多台AC间实时同步所有用户在线连接信息和漫游记录。当无线用户漫游时，通过集群内对用户的信息和授权信息的共享，使得用户可以跨越整个无线网络，并保持良好的移动性和安全性，保持IP地址与认证状态不变，从而实现快速漫游和语音的支持。

(7)安全策略的选型 从安全策略考虑，AC要能支持本地认证、用户数据加密安全、支持虚拟无线分组技术、射频安全、病毒与攻击防范、多种易用性认证方式、ARP欺骗的防护、AP反制、DHCP安全、管理信息安全等多种安全策略。

(8)管理策略的选型 从管理策略考虑，AC要能支持命令行等多种管理方式，还可对全网AP实施集中、有效、低成本的计划、部署、监视和管理，支持WEB界面的管理。

9.7.6 UPS

UPS(uninterruptible power system)是不间断电源，伴随着计算机的诞生而出现。作为计算机的外围设备，UPS是一种含有储能装置，以逆变器为主要元件，稳压稳频输出的电源保护设备，它可以解决现有电力的断电、低电压、高电压、突波、杂讯等现象，使计算机系统运行更加安全可靠。现在已经被广泛应用于计算机、交通、银行、证券、通信、医疗、工业控制等行业，并且正在迅速地走入家庭。

1. UPS的类型

按其工作原理可分为三种，即后备式、在线式及线上互动式。后备式UPS结构简单、价格便宜、噪声低，但绝大部分时间，负载得到的是稍加稳压处理过的“低质量”正弦波电源。

按输入输出相数分：单进单出、三进单出和三进三出UPS。

按功率等级分：微型(<3 kV·A)、小型(3～10 kV·A)、中型(10～100 kV·A)和大型(>100 kV·A)。

按输出波形的不同分：可分为方波和正弦波两种。

2. UPS的指标参数

输入电压范围：指保证UPS不转入电池逆变供电的市电电压范围。

频率输入范围：指UPS能自动跟踪市电、保持输出电压与输入电压同步的频率范围。

输入功率因数：输入功率因数高低是衡量是否对电网存在污染的一个重要电性能指标。输入功率因数低时，不仅在吸取有功功率的同时，还要吸收无功功率，其结果增大了系统配电容量，影响系统供电质量。

输入电流谐波：因为可控硅的关断和开通，UPS的输入电流中含有丰富的谐波成分，它形成输入的无功功率，是造成UPS输入功率因数低的一个重要因素。因此在电路设计时，有的UPS加入了PFC电路。

输入频率范围：指UPS能自动跟踪市电、保持输出电压与输入电压同步的频率范围。

频率跟踪速率:指 UPS 在 1 s 内能够完成的输出频率变化范围。

输出电压波形失真度:指 UPS 输出波形中谐波分量所占的比率。失真度越小,对负载可能造成的干扰或破坏就越小。

输出电压稳压精度:指市电-逆变供电时,当输入电压在设计范围内,负载在满负荷内100%变化时,输出电压的变化量与额定值的百分比。输出电压稳定程度越高,UPS 输出电压的波动范围越小,也就是电压精度越高。

输出功率因数:指 UPS 输出端的功率因数,表示非线性负载能力的强弱。负载功率因数低时,所吸收的无功功率就大,将增加 UPS 的损耗,影响可靠性。

输出电流峰值因数:指 UPS 输出所能达到的峰值电流与平均电流之比。一般峰值因数越高,UPS 所能承受的负载冲击电流越大。

三相不平衡能力:对于三进三出的 UPS 来说,若出现三相的每一相电流不一致,就会造成输出电压的不平衡。具有 100%负载不平衡能力的 UPS,表示该 UPS 允许一相输出带满载,而其他两相空载。

UPS 输出效率:指 UPS 的输出有功功率与输入有功功率之比。UPS 的输出效率越高,表示内部损耗越小,反之则表示 UPS 本身功耗大,增大机房的空调负荷。此外输出效率低有可能使电池供电时间变短。

输入保护特性:指交流输入过压/欠压保护,输入频率过高/过低保护等。当输入电压失真度过大,UPS 会进入输入保护模式。对于三相输入的 UPS,还有输入错相保护、缺相保护等。

输出过压/欠压保护特性:指当 UPS 逆变单元出现故障时,UPS 的输出电压超出允许的范围而产生的保护动作。

输出过载/短路保护:指当 UPS 输出回路中出现短路故障或长时间出现过载现象,为了保护 UPS 的自身安全,通过控制电路将 UPS 切换到旁路工作模式的保护动作。

电池低压保护:电池容量的大小直接决定 UPS 在交流停电时能够保证不间断输出的时间长短,因此电池适时地发出电池低压告警可以使维护人员能够了解当前电池的剩余容量和后备保障时间,采取相应的应急措施。一旦电池电压达到保护值,为保护电池免于过放电造成的永久损伤,UPS 就会关闭输出。

UPS 的其他保护性能:UPS 为了保证自身系统的安全工作,另有许多的故障监测点和相应的告警信息,如器件高温告警、风扇故障告警、熔丝熔断告警、整流模块故障告警、逆变模块故障告警等。

3. UPS 的选型

一台 UPS 至少可以使用 3 年以上。用户在挑选 UPS 电源时,应根据自己的要求来确定挑选标准,选择最适合使用的 UPS。

(1)UPS 类型选型　不同的用户对 UPS 类型的需求也是不同的,如:重要设备须选用性能优异,安全系数极高的在线式机种,在线式 UPS 功能完善,能抵抗来自电网上的各种侵害,如高压、尖峰、浪涌、杂讯干扰等等,输出纯净的电源,时刻保护您的负载。个人及家庭用户可以考虑选用后备式机型,后备式 UPS 价格低廉,外形轻巧。

(2)UPS 功率(VA)值选型　根据用户把所有部件的 VA 值汇总,将汇总值加上 30%的预留扩充容量,以备系统升级时使用。

(3)备用时间的选型　根据断电后负载设备需要运行的时间,来确定UPS电池的配置,一般选择长效型的UPS。

9.8 数据中心机房规划与设计

数据中心作为信息化系统工程建设的"心脏",正在大型网络中扮演着越来越重要的角色。机房的环境条件是影响计算机主机及各种通信设备长期可靠运行的一个重要的因素。它直接影响到设备的稳定性、可靠性、使用效率和寿命。同时,数据机房又是工作人员进行操作和监控的场所,如何既满足计算机机房内设备的运行环境又考虑工作人员工作环境的舒适性,即以人为本、人机并重理论是现代数据机房设计的基本理念。图9-34为标准数据机房的布局图。

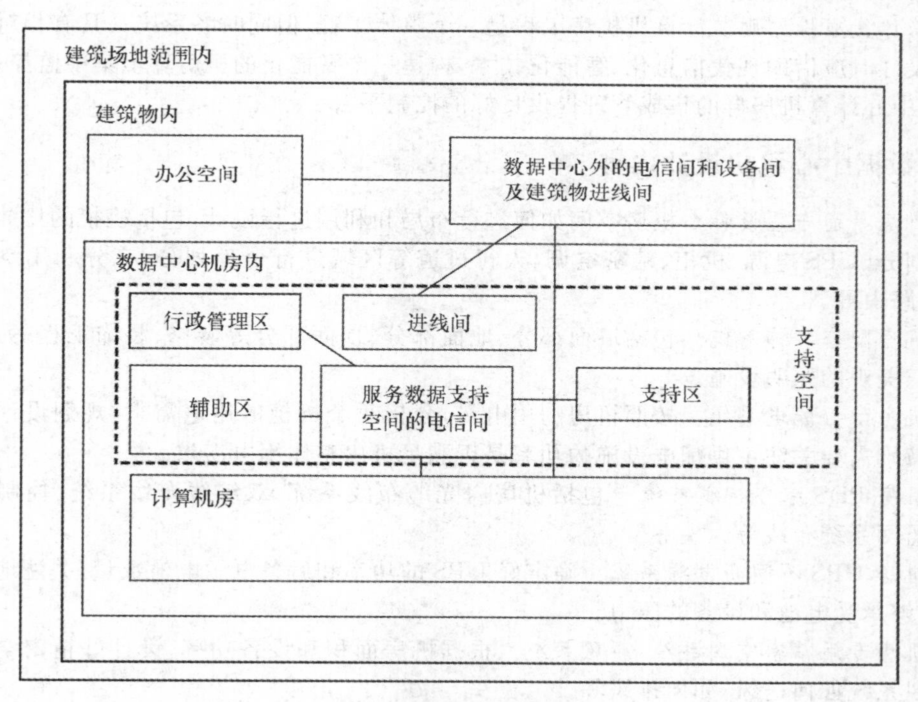

图9-34　数据机房标准布局

9.8.1 数据中心规划设计原则

为将机房建设成为一个具有智能化数据处理中心,设计过程中应遵循以下原则:

(1)整体性原则　机房工程包含了装饰、电气、暖通、环境监控等多个方面,在设计时应整体考虑,统一规划,相互协调配合,使机房工程成为一个统一的有机体。

(2)适用性原则　机房的设计标准要达到国际、国内先进水平,满足各类计算机及辅助设备的运行工作环境要求,满足网络系统、服务器系统、存储系统安全、稳定、不间断运行的高性能要求。同时,适当满足未来业务发展的要求。

(3)可靠性原则　各系统应采用高可靠性设计标准,以保证各子系统连续稳定不间断的工作。供电系统的设计要达到系统全年运行故障率小于10万分之一的标准。空调系统的设计要满足计算机系统正常运行的工作温、湿度要求，以及空气洁净度和降噪声等方面的要求。

(4)安全性原则　应具有完整的安全策略和切实可靠的安全手段来保障计算机机房用户运行系统基础环境的安全。从建筑安全性、区域逻辑管理安全性、运行管理安全性、通信系统管理安全性、配套基础设施安全性等各个方面进行设计。

(5)先进性与经济性相结合原则　应采用国际先进技术，构建合理的适当超前的技术体系架构，用以确保较长时期的技术领先地位。同时又要兼顾投资的合理性，以及系统建成后的运行和维护成本的经济性。

(6)灵活性和扩展性原则　机房建筑平面和空间的布局应当具有适当的灵活性，应进行合理的面积分割，按业务发展程度分步投入使用，机房精密空调的数量应根据需要分步配置。机房内的隔断墙结构应便于拆装，既能相对独立分割使用，又能适应扩容组合和面积扩充，各子系统也应适应这种变化，满足实际需求。

(7)总体集成性原则　计算机机房工程是一个整体工程，但同时各系统又具有相对的对立性，系统设计时应借助现代信息化、智能化技术，构建一个智能化的机房环境集中监控系统，为数据处理中心计算机房群的集成管理提供良好的控制平台。

9.8.2　数据中心机房设计内容

(1)机房平面布置设计　机房空间如何进行布局和利用进行设计，包括机柜的摆放位置设计、空间划分(UPS电源、机柜、精密空调、人行过道等区域进行合理划分，充分利用空间)、强弱电走线路由等。

(2)机房配套装饰系统　包括墙面部分、地面部分、顶面部分等装修、装饰工程，另外还需设计合理、美观的照明设施。

(3)机房动力配电系统　按照机房的用电量，分析每个机柜的用电需求，规划设计好供配电系统，特别需要关注主供配电设施的功率是否满足机房整体用电需求。

(4)机房PDS综合布线系统　包括机房内光缆布线系统、双绞线布线系统、控制系统布线、环境监测系统布线等。

(5)机房UPS不间断电源系统　确定好UPS的功率和后备电源电池数量，关注地面的承重是否能够承受电池和设备的压力。

(6)机房专用精密空调系统、新风系统　根据机房面积和设备功率，设计好精密空调的送风量，新风系统如何送风，如何排风等。

(7)机房门禁监控系统　能够实现机房安全进出，远程监控机房动态等。

(8)机房防雷接地、静电释放系统　做好机房均压网、防静电地板、三级防雷系统、接地电阻需小于1.5 Ω的标准。

(9)机房气体消防报警系统　设计机房所需的气体消防系统，能够自动感应、自动灭火。

(10)机房动力设备环境集中监控系统　实现机房精密空调、UPS系统的动力环境监测，能够通过网络和短信对机房环境实时监控和异常报告。

(11)机房机柜系统　设计好机柜的布局、机柜承重等。

(12)机房KVM管理系统　通过KVM系统实现远程管控机房内的网络设备、服务器等。

9.8.3　技术指标要求

1. 环境要求

数据中心机房对环境要求较为严格，温度调节、湿度控制、空气洁净度要求、磁场干扰、噪声干扰、湿度较大需要有除湿设施。

温度：夏季(23±1)℃，冬季(20±2)℃，变化率<5℃/h。

湿度：40%～70% 不能凝露。

尘净度：主要工作区域尘埃粒径大于或等于 0.5 μm 的个数≤18 000 粒/ cm^3。

噪声：5 点测试平均值<70 dB。

磁场干扰：≤800 A/m。

噪声：5 点测试平均值<68 dB 磁场干扰环境场强：≤800 A/m。

无线电干扰场强：频率范围 0.15～1 000 MHz 时不大于 126 dB。

停机条件下，主机房地板垂直级水平向的振动加速度不大于 500 mm/s^2。

2. 供配电要求

为了确保各系统安全运行，电源规格必须符合下列标准：

电压：单相交流，220 V+4%，−8%(198～232 V)。

频率：50 Hz +/−0.5Hz。

瞬间电压波动不能超过 220 V+/−15%，且必须在 25 个周期(0.5 s)内恢复，对于磁盘存储设备则需在三个周期内恢复。

总谐波(HARMONIC)成分不得高于 5%。

瞬间脉冲电压(IMPULSE)若大于 100 V(UP TO 200 US)时，将影响计算机及网络通信设备系统的正常运行。表 9-8 列出瞬间脉冲在不同情况下的摘要。

表 9-8　瞬间脉冲电压与校正

脉冲电压/V	出现次数/(次/d)	采取行动
<20		不须校正
50～100	20～50	需要校正
50～100	>50	必须校正
100～250	2～3	需要校正
100～250	>3	必须校正
>250	>1	必须校正

3. 照明要求

地面 0.8 m 处>350 lx，禁止使用电感整流器；主要工作区和基本工作区的平均照度应不低于 350 lx；其他工作区的平均照度为 250 lx 以上；应急事故照明：照度应为普通照明照度的 1/10 即可；应急疏散照明照度应大于等于 5 lx。

4. 地线要求

直流工作地电阻需小于1 Ω;交流工作地电阻小于4 Ω;安全保护地电阻小于4 Ω;防雷保护地电阻小于1.5 Ω;静电释放地电阻1.5 Ω。

5. 屏蔽要求

电磁感应会使设备产生通信信息产生错误或丢失。电磁干扰的来源有:雷暴雨产生的闪电干扰、广播台无线电电磁波干扰、雷达发出的电磁波干扰、高压电源线可能传送瞬时干扰、大功率电工具干扰、办公室设备(如影印机、吸尘机、冷气机等)干扰、汽车马达产生干扰、大电流设备(如延迟继电器、接触器、电机用打火设备等)的干扰。抑制电磁干扰的主要办法是系统接地和屏蔽。

电磁干扰可以用屏蔽的方法使之削弱,以确保弱电的正常运转,提高其可靠性。采用屏蔽要根据机房周围的环境条件来确定。一般来讲,电子设备的机壳都是用金属制造的,而且它们都要接地,因此具有一定的屏蔽作用。为防止电源线的干扰,电源设备装置至机房配电柜以及供电电缆都要采用屏蔽电缆或加金属管屏蔽,在机房场地四周墙壁加金属围板或金属网,是一个非常好的防止外间对计算机及网络通信设备系统产生干扰的方法。

6. 综合布线要求

机房内信息点至配线架,可采用六类非屏蔽双绞线布线,使用国际标准测试仪进行测试,并通过六类双绞线测试标准。

7. 结构装修要求

墙面:主机房达到半屏蔽效果。
隔断墙:质轻易改,牢固安全,通透明亮。
天棚以上地板以下:必须不会结尘,纳垢。
地板以下:具有保温功能,不结露。
介质柜:抗静电防磁作用。
其他用材也必须做到:阻燃、绝燃、不起尘、抗静电、易清洗、无眩光。

9.8.4 区域功能分析设计

一个好的机房建设,首先要有一个合理的功能分区。可以说,功能分区的好坏是机房建设的关键。根据我们多年的机房建设经验,机房功能分区除了要满足国家有关规范及用户的基本要求外,还应注重考虑如下几点:

1. 机房的分级管理

为便于管理,机房分区应按辅助功能间→基本功能间→中心机房分级管理。即辅助功能间在入口处,基本功能间在中部,主机房在最内。

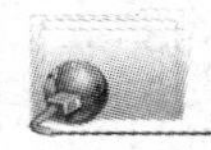

2. 空间的可扩展性

机房建设的高科技、高投入特性，使机房的改建、扩建都是一项既浪费资金、又浪费人力物力的行为。因此，在机房建设的初期设计阶段，应充分考虑到机房的可扩展性。对可能扩展的功能分区留出较大的余量，这在建设初期可能有些浪费，但在未来的使用中，尤其是系统扩容中就能体现巨大的优越性。

3. 分区各自独立

各功能分区应既协调统一，又互相独立，避免出现互相干扰现象。

4. 流畅的通道

宽敞、流畅的通道不但在紧急情况供工作人员快速撤离，保证人员的安全，而且可供外来人员方便参观，提升业主信息化建设的总体形象。

5. 隐藏立柱

现代高层建筑柱为较多且比较粗大，在机房建设中应尽量弱化这些立柱，即尽量将柱位隐藏在功能区隔断墙体内。

中心机房是整个数据中心的核心部分，主要安装主机，网络等 IT 设备，同时也安装部分空调，配电设备。核心机房的面积一般按照机柜的数量来估算。

另外，在机柜的排列上，我们建议在每排设备机柜的正面保证 1 200 mm 的操作空间，在设备机柜的背面保证 700 mm 的维护空间，这样不但提高了机房的空间利用，也利于设备的散热分布。

另外，在考虑机架、机柜设备的选型时，必须全面考虑未来数据中心需求，在以下三个关键领域采取相应的对策：

通风：随着服务器数量的增加，每个服务器的计算容量要求更大的电源，于是每个机柜的散热就变得更加重要。良好的通风性能可以提高机柜内部件的可用性。

数据电缆布线：因为每个机柜内服务器和网络互联设备数量的增加，数据线路数量的管理可能变得非常困难。必须避免由于机柜背面电缆过多而导致机柜后门无法关闭的情况。

配电：数据中心的管理人员必须根据机柜内设备的数量和耗电量，预留足够的输出插座数。如果缺乏管理输出插座的策略，将会降低 IT 机柜的可用性。

9.8.5　机房装修工程设计

在装修系统设计上，需本着先进、安全、美观、环保的装修理念，注重各个装修细节，把机房设计成先进、可靠、稳定和高度信息化的数据中心。

机房的顶面刷防尘漆，地面、顶面、墙面铺保温棉。无边吊顶一般采用微孔 600×600×1.0 铝板吊顶，能更好地保证机房的洁净度和整体的美观度，墙面的装修处理和顶面处理方式一样；机房墙面采用彩钢板加龙骨的装饰方式，彩钢板下敷设轻钢龙骨石膏板，起到保温隔热的效果；地面采用进口全无边防静电地板，能够保证防静电效果，整体效果美观、大方，还可以

根据房间不同的使用功能更换不同的贴面材料，在考虑地板下空调的冷风更好的流通，静电地板的安装高度考虑 300 mm；机房照明可采用嵌入式三管格栅灯具，为了照度均匀，灯具应均匀分布；机房设计可采用下送风方式，楼地面必须符合土建规范要求的平整度，在地板下的墙面、柱面、均刷涂防尘漆，达到不起尘的作用，从而保证空调送风系统的空气洁净，满足 A 级机房的要求；地板系统的设计要求可以承受较高压力的碾压，在高压力下有较好的支撑性。根据机房的功能分区和机房内电气设备，安装通风地板，以保证空气通过空调系统后精确送达设备处；在抗静电地板与墙面交接处安装不锈钢亚光踢脚线，保证机房洁净、美观；机房的门要求与墙协调，如设计有不锈钢玻璃隔墙，则门采用不锈钢无框玻璃自由门，使玻璃隔断看起来整体、美观。机房入口处采用防火防盗门。

9.8.6 配电系统

数据中心机房的供电一般采用 380/220 V 电压、50 Hz 频率和三相五线制的配线方式供电，集中单回路供给机柜用电，因此机房内设置电源列头柜，所有网络、服务器、存储设备的供电均接在相应的电源列头柜上的 UPS 电源输出端上；精密空调、照明等用电设备由一楼配电室单独引一组二类负荷供电，根据房间面积及照明亮度要求设计了一定比例的应急照明，直接接在 UPS 输出电源端上，以满足机房停电情况下保持良好的照明。

9.8.7 KVM 系统

随着 KVM 技术的发展，机房 KVM 监控管理系统已经不再是键盘、鼠标和显示器的简单延伸。机房 KVM 监控管理系统整合了现代机房管理的理念，为设备管理、用户管理、用户操作控制及用户操作记录提供了全新的技术手段，已成为现代机房管理的重要环节。

利用机房 KVM 监控管理系统对 KVM 交换机进行集群管理，可以应对机房设备及操作人员数量不断增加、机房设备种类日益多样化的复杂局面。

机房 KVM 监控管理系统可以提供 KVM 交换机需具备的增值功能：①集中、安全地管理机房设备；②统一地用户管理，用户权限分配；③完整地用户访问记录；④完整地安全性架构。

KVM 系统具备事后审计的能力，记录和跟踪各种系统状态的变化；提供对系统故意入侵行为的记录和危害系统安全的记录；实现对各种安全事故的定位；监控和捕捉各种安全事件。KVM 系统的使用减少机房人员进出，提高物理安全性，主机运行机房是核心部位之一，减少人员频繁进出，可以提高机房设备的物理安全性。使用机房 KVM 监控管理系统使得操作员可以在机房外操作维护机房设备，可以有效减少机房内人员流动。另外，机房 KVM 监控管理系统，为机房管理提供了新的技术手段。根据新的技术手段对机房管理模式进行调整，可以提供一套与目前机房设备规模和安全性要求相适应的高效、集中管理平台，完善机房管理制度。

KVM 系统按照机房设备的容量进行设计，包括设备管理的数量，支持的功能等。

9.8.8 UPS 系统设计

一套大型的 UPS 系统设计包含了主机容量与蓄电池容量计算、冗余问题、热备份、与通信系统连接、接地、防雷、安装、维护等。其中重点是主机容量和蓄电池容量的计算，根据工程经验和行业标准《通信电源设备安装工程设计规范》(DY 5040—2005)，计算的思路可以大致归

结如下：分析通信设备的负荷需求并进行汇总，然后计算蓄电池放电时需要输出的功率（即蓄电池的放电电流），同时根据放电时间要求来配置蓄电池的容量。这样得出 UPS 系统必须提供给通信设备的负荷功率，以及蓄电池的均充功率，另外还要考虑瞬间启动容量和一定的预留发展容量，最终就可以得到 UPS 系统的总容量。

在确定 UPS 容量后，选择 UPS 系统主要考虑以下几个因素：输入电压允许变化范围，输入功率因数和 UPS 双向抗干扰的能力等，这些性能参数在通信行业标准《通信用不间断电源-UPS》（YD/T 1095—2000）中有详细的规定，在满足这些条件下，应尽量选择性能优越的产品，但同时也要考虑工程投资实际承受能力，得出一个最合理的设计方案。

第一步，确定负荷：根据分析，当前机房设备对 UPS 的需求为 20 kW，还有部分重要的办公用电脑负荷需求为 15 kW，另外为未来业务预留 15 kW 的功率，得出总负荷 P1＝20＋15＋15＝50 kW，因此需要考虑大功率的 UPS，一般这种系统要求是三相电压输入，输出可以是三相和单相。

第二步，确定蓄电池容量。根据实际用电功率进行设计，一般电池容量需支持市电断电后持续供电 2～4 h，特殊场合需要更长时间，比如金融数据机房、军用数据机房等可靠性要求极高的场合。

第三步，确定 UPS 的容量。除了正常机房设备用电以外，还需加上蓄电池组的均充功率，另外还考虑到瞬间启动容量。冗余方式的选择：一般 UPS 系统冗余方式主要是串联冗余和并联冗余。串联冗余，有主机和从机之分。其基本原理是：主机正常时 100％的承担负载电流，故障时由从机提供后备电源。由于备用 UPS 是在主机旁路处在等待工作状态，故称为热备份。

为方便系统配电，还需在 UPS 系统的输入端设置 1 个 380 V/400 A 的交流配电柜，输出端配置 1 个 380 V/160 A 交流配电柜。根据电源线的选型原则“交流导线按允许载流量并兼顾机械强度选型，机房内交流导线采用阻燃电缆，接地导线采用多股铜芯电缆”，从低压配电屏到 UPS 输入柜，因为要通过室外电缆沟，因此采用铠装的 ZRVV22 3×120＋1×70 线缆；从输入柜到 UPS 主机，以及主机到输出柜都采用 ZRVV 4×35 线缆；从输出柜到二次分配柜采用 ZRVV 5×16 线缆。

9.8.9　精密空调

对于数据机房来说，要保证机房的环境稳定可靠，95％以上的热量均为显热量，需要高显热比机组，需要机房专用精密空调来实现，其特点如下。

①空调空气处理的焓差小，风量大；

②全年供冷；

③温度基本无波动；

④湿度控制精度高；

⑤保障机房洁净；

⑥控制严密。

机房专用空调控制系统装备微型电子计算机控制器，能够对室内外环境进行监视，自动调节室内温湿度，具有自诊断功能，对机房中漏水及发生火灾等情况进行监视和报警，另外，控制

器可进行联机以及远程监控等。精密空调的设计主要注意四个方面的内容：一是精密空调的总冷量的测算；二是精密空调的送风回风方式，一般有下送风上回风的方式、上送风下回风方式和上送风侧回风方式；三是精密空调热备设计，可设计两台精密空调互为备份，当一台出现故障时，另一台能自动运行，以保证机房恒温恒热；四是当市电停电后机房的降温措施设计，一般情况下精密空调不接入 UPS 供电系统中，而是使用市电，当市电供给出现故障时，机房温度调节功能就丧失了，为在市电断电的情况下能够保证机房正常运转，可以考虑增加适当数量的小功率吸顶空调，并接入 UPS 供电系统中，在市电断电后开启使用，可有效降低机房温度。

9.8.10 综合布线系统设计

数据机房布线系统的整体规划，首先要了解布线系统在数据机房中的作用。布线系统需要为数据机房的关键设备提供可靠的连接，需提供适应网络运营的传输带宽，需要支持网络 7×24 小时的不间断运行。同时，对安全性、可用性和灵活性有着较高的要求。另外，需要直观、有效、方便的网络与布线的管理方式和工具。

数据机房布线系统工程的建设特点：

①机房内信息点密集；

②网络数据传输为主；

③铜缆、光纤类型繁多；

④传输链路稳定可靠；

⑤设备连接变更特别频繁；

⑥动态智能链路管理。

在布线结构和网络设计时，能够对数据机房的建设要求有个整体的了解，也希望能够较早地、全面地考虑与建筑物之间的关联与作用。同时，为数据机房的数据通信接入和连接提供了几种常见的布线系统结构形式和基础设施的整体布局框架，以综合考虑和解决场地规划布局中，有关建筑、电气、机电、通信、安全等多方面的协调，涉及信息安全、机柜密度以及易管理性之间的相适宜和平衡等的问题。

数据机房的综合布线系统设计应注意的事项：

第一，需要确定机房总进出桥架的路由、光缆、铜缆进入机房的位置和数量，该桥架原则上采用封闭式桥架。

第二，确定机柜桥架的走线方式，是采用上走线还是下走线方式，走线方式与机房的布局和机房层高有一定关系，对于层高较低的最好采用上走线方式；上走线桥架有两种方式可供选择，一种方式是从吊顶固定方式，桥架距离机柜 300 mm 的位置安装，并在每个出线孔安装进线倒角；另一种方式是桥架直接安装在机柜顶上。两种方式各有其特点，第一种方式便于机柜移动和扩容，可以先布线以后根据需要购买机柜，第二种方式为机柜厂家配套的桥架，工程效果较好，但缺点是需要在布线施工时就把所有的机柜均安装到位；整体来说第一种方式更为合理。对于较大的数据中心，主干桥架需要跨越机房，对于这样的情况最好采用防静电地板下走线方式。对于下走线桥架需要考虑以下问题：不妨碍精密空调出风；与强桥架直接的水平垂直间距符合规范要求；便于维护管理。

第三，确定好每个机柜的配置铜缆的数量和光缆的数量，一般铜缆配置 12 条，光缆单模配

置12芯,多模配置12芯。铜缆一般选择6类布线系统,光缆选择万兆专用光纤。

第四,数据中心内的每一电缆、光缆、配线设备、端接点、接地装置、敷设管线等组成部分均应给定唯一的标识符。标识符应采用相同数量的字母和数字等标明,按照一定的模式和规则来进行。

良好的布线标签标识系统为今后的维护和管理带来最大的便利,提高其管理水平和工作效率,减少网络配置时间。标签标识系统包括三个方面:标识分类及定义,标签和建立文档。所有需要标识的设施都要有标签。建议按照"永久标识"的概念选择材料,标签的寿命应能与布线系统的设计寿命相对应。建议标签材料符合通过UL969(或对应标准)认证以达到永久标识的保证;同时建议标签要能达到环保RoHS指令要求。从结构上可分为粘贴型和插入型标签,所有标签应保持清晰、完整,并满足环境的要求。标签应打印,不允许手工填写,应清晰可见、易读取。特别强调的是,标签应能够经受环境的考验,比如潮湿、高温、紫外线,应该具有与所标识的设施相同或更长的使用寿命。聚酯或聚烯烃等材料通常是最佳的选择。

从根本上说,智能化管理需求的增长凸显出来的是系统对技术和功能的整合。目前,都在关注"绿色"数据中心的建设,合理地设计、安装和维护数据机房的综合布线系统是建设数据机房的关键。

9.8.11　动力环境监控

为提高机房可靠性、安全性和维护、管理方便性,在设计中对机房采用先进的智能化、数字化技术,应建立IT监控、供配电、UPS、空调、环境、消防、安保、漏水检测等机房设备及动力环境安防一体化保障的综合机房监控系统。

IT设备及动力环境安全综合运维网管系统采用全网嵌入式IP化的监控模式,实时监测机房设备及动力环境的各项指标,遇到服务器宕机、机房停电、电源故障、环境温度过高、空调运行异常、空调停机、非法闯入、火灾和漏水等紧急意外情况,能够及时记录、查询和自动快速报警。采用计算机、通信、网络、遥测、遥信、遥控、遥视技术,构成一个一体化网络化的集中监控系统,可以在计算机屏幕上看到监控点的图形,了解监控点的信息,提高机房的可靠运行能力,提高机房日常维护效率,降低维护成本和劳动强度。

设计思路:

①设计要满足日常的机房管理体系架构,管理人员能实时方便地进行日常维护,可对设备进行集中监控管理,可随时监控设备运行状况。

②应实现带外管理功能和考虑系统的安全、冗余设计,符合专用系统的应用需求。

③动力环境监控系统支持多个并发用户的远程访问,支持多个维护人员同时管理控制同一台设备。

④动力环境监控系统应统一集中管理平台,通过一个IP地址统一管理所有设备,可详细、完整的定义用户权限管理策略和查询设备策略。管理平台应能管理机房供配电、UPS、精密空调、漏水、温湿度、视频、红外、消防等系统,应实现对机房数据的实时处理、分析、存储、显示和输出等功能,并处理所有报警信息,记录报警事件,通过电话语音、手机短信、EMAIL、多媒体语音等多种方式输出报警内容,使机房管理人员第一时间掌握机房的动力环境运行情况和设备故障的报警情况。

习题

1. 简述网络规划中需求分析应包括哪些内容。
2. 在网络规划设计时我们一般遵循哪些原则。
3. 某中学有 6 栋楼宇，分别是教学楼(80 个房间)、宿舍楼 1(120 个房间)、宿舍楼 2(100 个房间)、图书馆(60 个房间)、实验楼(60 个房间)、行政楼(60 个房间)。请你为该学校设计规划网络，画出网络拓扑结构图，并说明设计思想。
4. 请阐述数据中心机房规划设计的内容与注意事项。

参考文献

[1] Andrew S Tanenbaum，David J Wetherall. 计算机网络［M］. 5版. 严伟，潘爱民，译. 北京：清华大学出版社，2012.

[2] 杨延双，张建标，王全民. TCP/IP协议分析及应用［M］. 北京：机械工业出版社，2013.

[3] 徐宇杰. TCP/IP协议深入分析［M］. 北京：清华大学出版社，2009.

[4] 李刚. 最新网络组建、布线和调试实务［M］. 北京：电子工业出版社，2004.

[5] 杜思深，等. 综合布线工程实践［M］. 西安：西安电子科技大学出版社，2013.

[6] 方洋，张选波. 构建高级的交换网络［M］. 北京：电子工业出版社，2008.

[7] 石林，李文宇. 构建高级的路由器互联网络［M］. 北京：电子工业出版社，2009.

[8] 钟小平，张金石. 网络服务器配置与应用［M］. 北京：人民邮电出版社，2007.

[9] 曹占涛，曾小波，王渊. LINUX服务器配置与管理［M］. 北京：电子工业出版社，2009.

[10] 齐俊杰，胡洁，麻信洛. 流媒体技术入门与提高［M］. 北京：国防工业出版社，2009.

[11] 贾铁军. 网络安全技术及应用实践教程［M］. 北京：机械工业出版社，2010.

[12] Sean convery. 网络安全体系结构［M］. 田果，刘丹宁，译. 北京：人民邮电出版社，2011.

[13] 梁亚声. 计算机网络安全教程［M］. 北京：机械工业出版社，2011.

[14] 陈广山. 网络与信息安全技术［M］. 北京：机械工业出版社，2011.

[15] 刘远生. 网络安全技术与应用实践［M］. 北京：清华大学出版社，2010.

[16]（英）迈尔-舍恩伯格，（英）库克耶. 大数据时代［M］. 盛杨燕，周涛，译. 杭州：浙江人民出版社，2013.

[17]［美］道格拉斯·W·哈伯德(Douglas W Hubbard)，数据化决策［M］. 邓洪涛，译. 世界图书出版公司，2013.

[18] 刘鹏. 云计算［M］. 北京：电子工业出版社，2011.

[19] 胡铮. 物联网［M］. 北京：科学出版社，2010.

[20] 高建良，贺建飚. 物联网RFID原理与技术［M］. 北京：电子工业出版社，2013.

[21] 涂子沛. 大数据［M］. 广西师范大学出版社，2013.

[22] 百度百科. 存储. http：//baike. baidu. com/view/87682. htm.

[23] Basho. Why Vector Clock are Hard［EB/OL］. 2010-04-05［2012-06-20］. http：//basho. com/blog/technical/2010/04/05/why-vector-clocks-are-hard/.

[24] http：//en. wikipedia. org/wiki/Two-phase _ commit _ protocol.

[25] Julian Browne. Brewer's CAP Theorem [EB/OL]. 2009-01-11 [2012-06-20]. http：//www. julianbrowne. com/article/viewer/brewers-cap-theorem.

[26] Guy Pardon. A CAP Solution (Proving Brewer Wrong) [EB/OL]. 2008-09-07 [2012-06-20]. http：//guysblogspot. blogspot. com/2008/09/cap-solution-proving-brewer-wrong. html.

[27] Werner Vogels. Eventually Consistent-Revisited [EB/OL]. 2008-12-22 [2012-06-20]. http：//www. allthingsdistributed. com/2008/12/eventually _ consistent. html.

[28] 师雪霖，赵英，马晓艳. 网络规划与设计 [M]. 北京：清华大学出版社，2014.

[29] 吴建胜，孙良旭，张玉军，等. 路由交互技术 [M]. 北京：清华大学出版社，2010.